普通高等教育"十三五"规划教材

功能性食品

第二版

钟耀广　主编

化学工业出版社

·北京·

功能性食品被誉为"21世纪的食品"，是当今世界研究的热点。《功能性食品》（第二版）从教学、科研和生产实际出发，论述功能活性成分，阐述各类功能性食品，并介绍功能食品的评价、管理、配方、加工及检测技术。

　　《功能性食品》（第二版）既具有一定的理论性，又具有较强的实践性，可作高等院校食品科学与工程、包装工程、食品质量与安全、生物、医疗、营养、物流工程及相关专业教学用书，也可供从事功能性食品研究、开发、生产及销售人员参考使用。

图书在版编目（CIP）数据

功能性食品/钟耀广主编. —2 版 . —北京：化学工业
出版社，2020.2（2024.1重印）
普通高等教育"十三五"规划教材
ISBN 978-7-122-35448-8

Ⅰ.①功…　Ⅱ.①钟…　Ⅲ.①疗效食品-高等学校-
教材　Ⅳ.①TS218

中国版本图书馆 CIP 数据核字（2019）第 244333 号

责任编辑：徐雅妮　马泽林　　　　　　装帧设计：关　飞
责任校对：宋　玮

出版发行：化学工业出版社（北京市东城区青年湖南街 13 号　邮政编码 100011）
印　　装：大厂聚鑫印刷有限责任公司
787mm×1092mm　1/16　印张 23½　字数 603 千字　2024 年 1 月北京第 2 版第 5 次印刷

购书咨询：010-64518888　　　　　　售后服务：010-64518899
网　　址：http://www.cip.com.cn
凡购买本书，如有缺损质量问题，本社销售中心负责调换。

定　　价：59.00 元　　　　　　　　　　　　　版权所有　违者必究

《功能性食品》（第二版）
编写人员名单

主　　　编：钟耀广　上海海洋大学
副　主　编：钱　和　江南大学
　　　　　　李景明　中国农业大学
　　　　　　姜　梅　南京农业大学
其他参编人员（按姓氏拼音排序）：
　　　　　　陈林林　哈尔滨商业大学
　　　　　　陈树兴　河南科技大学
　　　　　　党　辉　陕西师范大学
　　　　　　何计国　中国农业大学
　　　　　　李巨秀　西北农林科技大学
　　　　　　刘　宁　东北农业大学
　　　　　　乔旭光　山东农业大学
　　　　　　孙永海　吉林大学
　　　　　　吴金鸿　上海交通大学
　　　　　　薛照辉　天津大学
　　　　　　杨　鑫　哈尔滨工业大学
　　　　　　张佳程　青岛农业大学
　　　　　　张　敏　哈尔滨工业大学

前言

　　《功能性食品》第一版问世以来，得到全国高等院校广大师生的关注和欢迎，使我们备受鼓舞；不少师生提出了宝贵的意见和建议，使我们深为感动。十多年来，科学技术日新月异，为适应新形势的需要，我们就大家的意见和建议，对第一版做了相应的删改和增补。我们深知，一本优秀的教材要经过不断锤炼和琢磨，才能日臻完善。

　　第二版的内容和第一版相比，在某些方面有着重大的变动。第二版将调节血糖的功能性食品改为辅助降血糖的功能性食品；增加了清咽的功能性食品、促进泌乳的功能性食品、对辐射危害有辅助保护作用的功能性食品、对化学肝损伤有辅助保护作用的功能性食品、促进消化的功能性食品、通便的功能性食品六章内容；删去了延缓衰老的功能性食品、美容的功能性食品、辅助抑制肿瘤的功能性食品三章内容。

　　《功能性食品》（第二版）可作为32~40学时本科或研究生课程的教学用书，若选取部分章节，也适用于24学时课程，同时可供从事功能性食品研究的科技工作者参考。

　　本书由上海交通大学、吉林大学、天津大学、哈尔滨工业大学、中国农业大学、西北农林科技大学、江南大学、南京农业大学、东北农业大学、哈尔滨商业大学、河南科技大学、青岛农业大学、山东农业大学、陕西师范大学、上海海洋大学15所院校联合编写。全书由上海海洋大学钟耀广主编，参加编写的人员分工如下：钟耀广（绪论，第二、十、十一、十七、十八、十九、二十、三十一章）、张佳程（第一、三十章）、姜梅（第三、四章）、陈树兴（第五、二十九章）、党辉（第六章）、李巨秀（第七章）、钱和（第八章）、乔旭光（第九、十二、十四章）、刘宁（第十三章）、陈林林（第十五、十六章）、杨鑫与张敏（第二十一、二十三章）、吴金鸿（第二十二章）、薛照辉（第二十四、二十五章）、李景明（第二十六章）、何计国（第二十七章）、孙永海（第二十八章）。衷心感谢各位作者对本书所做出的巨大贡献！

　　由于本书涉及的领域很广，作者水平有限，书中难免有不足之处，敬请广大读者提出宝贵意见！

钟耀广

2019 年 10 月于上海滴水湖

第一版前言

→ → → → → →
→ → → → → →

功能性食品被誉为"21世纪的食品"，是当今世界研究的热点。2003年12月，全球华人功能性食品科技大会在中国深圳举行，会议讨论了国际功能性食品的现状、功能性食品的科学评价等。目前，美国重点发展婴幼儿食品、老年食品和传统食品；日本重点发展调节血糖的食品，整肠、减肥的低热食品，抗衰老食品以及降血压食品等。

本书从教学、科研和生产实际出发，论述功能活性成分，阐述各类功能性食品，并介绍功能性食品的评价、管理、配方、加工及检测技术。本书简明扼要、重点突出，既具有一定的理论性，又具有较强的实践性，可供高等院校食品、包装、食品质量与安全、生物工程、生物技术、医疗、营养、生化及相关专业的广大师生参考，也可供从事功能性食品研究、开发、生产及销售人员使用。

本书的完成，得到了众多专家的鼎力支持与多方指点。北京联合大学金宗濂教授、华南农业大学孙远明教授、中国农业大学南庆贤教授都给予了特别的关心与热情的鼓励！本书还得到大连轻工业学院教材建设基金资助，在此谨致以衷心的感谢！

全书分为三篇二十八章，由大连轻工业学院钟耀广主编。参加编写的人员分工如下：钟耀广（绪论，第二、九、十、十一、十四、十七、十八、十九、二十八章），张佳程（第一、二十七章），宁喜斌（第二章），姜梅（第三、四章），陈树兴（第五章），党辉（第六章），李巨秀（第七章），钱和、孙定红、姚卫蓉（第八章），刘宁（第十二、十三章），刘颖（第十五、十六章），李景明（第二十章），乔旭光（第二十一、二十二、二十三章），陈辉（第二十四章），孙永海（第二十五章），陈树兴（第二十六章）。

由于水平有限，书中难免有一些不足和疏漏之处，敬请广大读者批评指正，以便我们今后修订、补充和完善。

编者
2004年8月

目录

绪　论

2017 年 4 月，国家食品药品监督管理总局成立了特殊食品注册管理司，该新部门的职能包括保健食品、婴幼儿配方食品、特殊医学用途配方食品的注册。2018 年 2 月 13 日，国家食品药品监督管理总局发布了《总局关于规范保健食品功能声称标识的公告》（2018 年第 23 号），进一步加强相关管理工作。

2018 年末，中国 60 岁及以上老年人口为 24949 万人，占 17.9%，其中，65 岁及以上老年人口为 16658 万人，占 11.9%。老年人口比重持续上升，导致医疗费用支出迅速增加，使人们认识到应该从饮食上保持健康，预防疾病的发生。

功能性食品在中国有着深厚的背景，已是国民经济中的重要组成部分。随着新政策的出台，监管工作的不断完善，将会给功能性食品发展带来新的机遇，功能性食品行业将开启新的篇章。

第一节　功能性食品的基本概念

一、功能性食品的定义

功能性食品（functional food）是一类预防疾病、调节人体生理功能、促进康复的食品。它必须符合下面 4 条要求。

① 无毒、无害，符合应有的营养要求。

② 其功能必须是明确的、具体的，而且经过科学验证是肯定的。同时，其功能不能取代人体正常的膳食摄入和对各类必需营养素的需要。

③ 功能性食品通常是针对需要调整某方面机体功能的特定人群而研制生产的。

④ 它不以治疗为目的，不能取代药物对病人的治疗作用。

功能性食品有时也称为保健食品。在学术与科研上，称为"功能性食品"更科学些。

二、功能性食品的分类

功能性食品由于其原料和功能因子的多样性，使其分类方法多种多样。

（一）按消费对象分类

1. 日常功能性食品

日常功能性食品是根据各种不同的健康消费群（如婴儿、学生和老年人等）的生理特点和营养需求而设计的，旨在促进生长发育、维持活力和精力，强调其成分能够充分显示身体防御功能和调节生理节律的工业化食品。它分为婴儿日常功能性食品、学生日常功能性食品和老年人日常功能性食品等。

（1）**婴儿日常功能性食品**　应该完美地符合婴儿迅速生长对各种营养素和微量活性物质的要求，促进婴儿健康生长。

（2）**学生日常功能性食品**　应该能够促进学生的智力发育，促进大脑以旺盛的精力应付紧张的学习和生活。

（3）**老年人日常功能性食品**　应该满足以下要求：含有足够的蛋白质、膳食纤维、维生素和矿物元素；低糖、低脂肪、低胆固醇和低钠。

2. 特种功能性食品

特种功能性食品着眼于某些特殊消费人群的身体状况，强调功能性食品在预防疾病和促进康复方面的调节功能，如减肥功能性食品、提高免疫调节的功能性食品和美容功能性食品等。

（二）按科技含量分类

1. 第一代产品（强化食品）

第一代产品主要是强化食品。它是根据各类人群的营养需要，有针对性地将营养素添加到食品中去。这类食品仅根据食品中的各类营养素和其他有效成分的功能，来推断整个产品的功能，而这些功能并没有经过任何试验予以证实。

2. 第二代产品（初级产品）

第二代产品要求经过人体及动物试验，证实该产品具有某种生理功能。

3. 第三代产品（高级产品）

第三代产品不仅需要经过人体及动物试验证实该产品具有某种生理功能，而且需要查清具有该项功能的功效成分，以及该成分的结构、含量、作用机理、在食品中的配伍性和稳定性等。

（三）按调节功能分类

分为改善生长、减肥、缓解体力疲劳、辅助降血压、辅助降血脂、改善营养性贫血、增强免疫力、调节肠道菌群、辅助降血糖、辅助改善记忆、缓解视疲劳、改善睡眠等功能性食品。

（四）按原料不同分类

分为动物类、植物类、微生物（益生菌）类功能性食品。

（五）按产品形态分类

分为口服液、胶囊、片剂、散剂、酒剂、鲜汁、茶饮、蜜膏、露剂、颗粒等不同剂型功能性食品。

（六）按功能因子不同分类

分为肽与蛋白质类、多糖类、功能性甜味剂类、自由基清除剂类、微量元素类、维生素类、功能性油脂类、功能性调味剂类等功能性食品。

三、功能性食品调节人体机能的作用

功能性食品除了具有普通食品的营养和感官享受两大功能外，还具有调节生理活动的第三大功能，它主要具有以下作用。

① 增强免疫力　　　　　　　⑤ 辅助改善记忆

② 辅助降血脂　　　　　　　⑥ 缓解视疲劳

③ 辅助降血糖　　　　　　　⑦ 促进排铅

④ 抗氧化　　　　　　　　　⑧ 清咽

⑨ 辅助降血压

⑩ 改善睡眠

⑪ 促进泌乳

⑫ 缓解体力疲劳

⑬ 提高缺氧耐受力

⑭ 对辐射危害有辅助保护

⑮ 减肥

⑯ 改善生长发育

⑰ 增加骨密度

⑱ 改善营养性贫血

⑲ 对化学性肝损伤有辅助保护

⑳ 祛痤疮

㉑ 祛黄褐斑

㉒ 改善皮肤水分

㉓ 改善皮肤油分

㉔ 调节肠道菌群

㉕ 促进消化

㉖ 通便

㉗ 对胃黏膜有辅助保护

四、功能性食品与药品的区别

功能性食品与药品有着严格的区别，不能认为功能性食品是介于食品与药品之间的一种中间产品或加药产品。

功能性食品与药品的区别，主要体现在：

① 药品是用来治病的，而功能性食品不以治疗为目的，不能取代药物对病人的治疗作用。功能性食品重在调节机体内环境平衡与生理节律，增强机体的防御功能，以达到保健康复的目的。

② 功能性食品要达到现代毒理学上的基本无毒或无毒水平，在正常摄入范围内不能带来任何毒副作用。而作为药品，则允许一定程度的毒副作用存在。

③ 功能性食品无需医生的处方，没有剂量的限制，可按机体的正常需要自由摄取。

五、功能性食品的常用原料

（一）药食两用的动植物品种

国家卫生健康委员会（简称"卫健委"）至今已批准 87 种属于药食两用的动、植物品种。用除此之外的中草药加工制得的产品，从严格角度出发，不应属于功能性食品的范畴。

这 87 种药食两用品种分别为枣（大枣、酸枣、黑枣）、酸枣仁、刀豆、白扁豆、赤小豆、淡豆豉、杏仁（苦、甜）、桃仁、薏苡仁、火麻仁、郁李仁、砂仁、决明子、莱菔子、肉豆蔻、麦芽、龙眼肉、黑芝麻、胖大海、榧子、芡实、莲子、白果（银杏种子）、沙棘、枸杞子、栀子、山楂、桑葚、乌梅、佛手、木瓜、黄荆子、余甘子、罗汉果、益智、青果、香橼、陈皮、橘红、花椒、小茴香、黑胡椒、八角茴香、甘草、葛根、白芷、肉桂、姜（干姜、生姜）、高良姜、百合、薤白、山药、鲜白茅根、鲜芦根、莴苣、金银花、菊花、丁香、代代花、鱼腥草、蒲公英、薄荷、藿香、马齿苋、香薷、淡竹叶、紫苏、桑叶、荷叶、乌梢蛇、蝮蛇、蜂蜜、牡蛎、鸡内金、茯苓、昆布、阿胶、白扁豆花、覆盆子、槐花、槐米、桔梗、橘皮、小蓟、玉竹、枳椇子、紫苏籽。

（二）新资源食品品种

1. 2008 年以来原卫生部、国家卫生和计划生育委员会公告批准的新食品原料（新资源食品）名单

序号	名称	英文名/拉丁名	备注
1	低聚木糖	Xylo-oligosaccharide	2008 年 12 号公告
2	透明质酸钠	Sodium hyaluronate	2008 年 12 号公告

序号	名称	英文名/拉丁名	备注
3	叶黄素酯	Lutein esters	2008 年 12 号公告
4	L-阿拉伯糖	L-Arabinose	2008 年 12 号公告
5	短梗五加	Acanthopanax sessiliflorus	2008 年 12 号公告
6	库拉索芦荟凝胶	Aloe vera gel	2008 年 12 号公告
7	低聚半乳糖	Galacto-Oligosaccharides	2008 年 20 号公告
8	水解蛋黄粉	Hydrolyzate of egg yolk powder	2008 年 20 号公告
9	异麦芽酮糖醇	Isomaltitol	2008 年 20 号公告
10	植物甾烷醇酯	Plant stanol ester	2008 年 20 号公告 2014 年 10 号公告
11	珠肽粉	Globin peptide	2008 年 20 号公告
12	蛹虫草	Cordyceps militaris	2009 年 3 号公告 2014 年 10 号公告
13	菊粉	Inulin	1. 2009 年 5 号公告 2. 增加菊芋来源
14	多聚果糖	Polyfructose	2009 年 5 号公告
15	γ-氨基丁酸	Gamma aminobutyric acid	2009 年 12 号公告
16	初乳碱性蛋白	Colostrum basic protein	2009 年 12 号公告
17	共轭亚油酸	Conjugated linoleic acid	2009 年 12 号公告
18	共轭亚油酸甘油酯	Conjugated linoleic acid glycerides	2009 年 12 号公告
19	杜仲籽油	Eucommia ulmoides Oliv. seed oil	2009 年 12 号公告
20	茶叶籽油	Tea Camellia seed oil	2009 年 18 号公告
21	盐藻及提取物	Dunaliella salina（extract）	2009 年 18 号公告
22	鱼油及提取物	Fish oil（extract）	2009 年 18 号公告
23	甘油二酯油	Diacylglycerol oil	2009 年 18 号公告
24	地龙蛋白	Earthworm protein	2009 年 18 号公告
25	乳矿物盐	Milk minerals	2009 年 18 号公告
26	牛奶碱性蛋白	Milk basic protein	2009 年 18 号公告
27	DHA 藻油	DHA algal oil	2010 年 3 号公告
28	棉籽低聚糖	Raffino-oligosaccharide	2010 年 3 号公告
29	植物甾醇	Plant sterol	2010 年 3 号公告
30	植物甾醇酯	Plant sterol ester	2010 年 3 号公告
31	花生四烯酸油脂	Arochidonic acid oil	2010 年 3 号公告
32	白子菜	Gynura divaricata(L.)DC	2010 年 3 号公告
33	御米油	Poppyseed oil	2010 年 3 号公告
34	金花茶	Camellia chrysantha(Hu) Tuyama	2010 年 9 号公告
35	显脉旋覆花（小黑药）	Inula nervosa wall. ex DC.	2010 年 9 号公告
36	诺丽果浆	Noni puree	2010 年 9 号公告
37	酵母 β-葡聚糖	Yeast β-glucan	2010 年 9 号公告
38	雪莲培养物	Tissue culture of Saussurea involucrata	2010 年 9 号公告
39	玉米低聚肽粉	Corn oligopeptides powder	2010 年 15 号公告

序号	名称	英文名/拉丁名	备注
40	磷脂酰丝氨酸	Phosphatidylserine	2010 年 15 号公告
41	雨生红球藻	Haematococcus pluvialis	2010 年 17 号公告
42	表没食子儿茶素没食子酸酯	Epigallocatechin gallate(EGCG)	2010 年 17 号公告
43	翅果油	Elaeagnus mollis Diels oil	2011 年 1 号公告
44	β-羟基-β-甲基丁酸钙	Calcium β-hydroxy-β-methyl butyrate(CaHMB)	2011 年 1 号公告
45	元宝枫籽油	Acer truncatum Bunge seed oil	2011 年 9 号公告
46	牡丹籽油	Peony seed oil	2011 年 9 号公告
47	玛咖粉	Lepidium meyenii Walp	2011 年 13 号公告
48	蚌肉多糖	Hyriopsis cumingii polysacchride	2012 年 2 号公告
49	中长链脂肪酸食用油	Medium-andlong-chain triacylglycerol oil	2012 年 16 号公告
50	小麦低聚肽	Wheat oligopeptides	2012 年 16 号公告
51	人参(人工种植)	Panax Ginseng C. A. Meyer	2012 年 17 号公告
52	蛋白核小球藻	Chlorella pyrenoidesa	2012 年 19 号公告
53	乌药叶	Linderae aggregate leaf	2012 年 19 号公告
54	辣木叶	Moringa oleifera leaf	2012 年 19 号公告
55	蔗糖聚酯	Sucrose ployesters	2010 年 15 号公告 2012 年 19 号公告
56	茶树花	Tea blossom	2013 年 1 号公告
57	盐地碱蓬籽油	Suaeda salsa seed oil	2013 年 1 号公告
58	美藤果油	Sacha inchi oil	2013 年 1 号公告
59	盐肤木果油	Sumac fruit oil	2013 年 1 号公告
60	广东虫草子实体	Cordyceps guangdongensis	2013 年 1 号公告
61	阿萨伊果	Acai	2013 年 1 号公告
62	茶藨子叶状层菌发酵菌丝体	Fermented mycelia of Phylloporia ribis(Schumach: Fr.) Ryvarden	2013 年 1 号公告
63	裸藻	Euglena gracilis	2013 年 4 号公告
64	1,6-二磷酸果糖三钠盐	D-Fructose 1,6-diphosphate trisodium salt	2013 年 4 号公告
65	丹凤牡丹花	Paeonia ostii flower	2013 年 4 号公告
66	狭基线纹香茶菜	Isodon lophanthoides(Buchanan-Hamilton ex D. Don)H. Hara var. gerardianus(Bentham)H. Hara	2013 年 4 号公告
67	长柄扁桃油	Amygdalus pedunculata oil	2013 年 4 号公告
68	光皮梾木果油	Swida wilsoniana oil	2013 年 4 号公告
69	青钱柳叶	Cyclocarya paliurus leaf	2013 年 4 号公告
70	低聚甘露糖	Mannan oligosaccharide(MOS)	2013 年 4 号公告
71	显齿蛇葡萄叶	Ampelopsis grossedentata	2013 年 10 号公告
72	磷虾油	Krill oil	2013 年 10 号公告
73	壳寡糖	Chitosan oligosaccharide	2014 年 6 号公告
74	水飞蓟籽油	Silybum marianum Seed oil	2014 年 6 号公告

序号	名称	英文名/拉丁名	备注
75	柳叶蜡梅	Chmonathus salicifolius S. Y. H	2014 年 6 号公告
76	杜仲雄花	Male flower of Eucommiaulmoides	2014 年 6 号公告
77	塔格糖	Tagatose	2014 年 10 号公告
78	奇亚籽	Chia seed	2014 年 10 号公告
79	圆苞车前子壳	Psyllium seed husk	2014 年 10 号公告
80	线叶金雀花	Aspalathus Linearis（Brum. f.）R. Dahlgren	2014 年 12 号公告
81	茶叶茶氨酸	Theanine	2014 年 15 号公告
82	燕麦 β-葡聚糖	Oat β-glucan	2014 年第 20 号
83	竹叶黄酮	Bamboo leaf flavone	2014 年第 20 号
84	湖北海棠（茶海棠）叶	Malus hupehensis（Pamp.）Rehd. leaf	2014 年第 20 号
85	枇杷叶	Eriobotrya japonica（Thunb.）Lindl.	2014 年第 20 号
86	番茄籽油	Tomato Seed Oil	2014 年第 20 号
87	木姜叶柯	Lithocarpus litseifolius folium	2017 年第 7 号
88	β-羟基-β-甲基丁酸钙	Calcium β-hydroxy-β-methyl butyrate（CaHMB）	2017 年第 7 号
89	γ-亚麻酸油脂（来源于刺孢小克银汉霉）	Gamma-linolenic Acid Oil	2017 年第 7 号
90	米糠脂肪烷醇	Rice bran fatty alcohol	2017 年第 7 号
91	西兰花种子水提物	Aqueous Extract of Seed of Broccoli	2017 年第 7 号
92	顺-15-二十四碳烯酸	Cis-15-Tetracosenoic Acid	2017 年第 7 号
93	N-乙酰神经氨酸	Sialic acid	2017 年第 7 号
94	宝乐果粉	Borojo powder	2017 年第 7 号
95	乳木果油	Shea butter（Sheanut oil, Shea oil）	2017 年第 7 号

2. 原卫生部、国家卫生和计划生育委员会以公告、批复、复函形式同意作为食品原料名单

序号	名称	英文名/拉丁名	备注
1	油菜花粉	Rape pollen	2004 年 17 号公告
2	玉米花粉	Corn pollen	2004 年 17 号公告
3	松花粉	Pine pollen	2004 年 17 号公告
4	向日葵花粉	Helianthus pollen	2004 年 17 号公告
5	紫云英花粉	Milk vetch pollen	2004 年 17 号公告
6	荞麦花粉	Buckwheat pollen	2004 年 17 号公告
7	芝麻花粉	Sesame pollen	2004 年 17 号公告
8	高粱花粉	Sorghum pollen	2004 年 17 号公告
9	魔芋	Amorphophallus rivieri	2004 年 17 号公告
10	钝顶螺旋藻	Spirulina platensis	2004 年 17 号公告
11	极大螺旋藻	Spirulina maxima	2004 年 17 号公告
12	刺梨	Rosa roxburghii	2004 年 17 号公告

序号	名称	英文名/拉丁名	备注
13	玫瑰茄	Hibiscus sabdariffa	2004 年 17 号公告
14	蚕蛹	Silkworm chrysalis	2004 年 17 号公告
15	酸角	Tamarindus indica	2009 年 18 号公告
16	玫瑰花(重瓣红玫瑰)	Rose rugosa cv. plena	2010 年 3 号公告
17	凉粉草(仙草)	Mesona chinensis Benth.	2010 年 3 号公告
18	夏枯草	Prunella vulgaris L.	1. 2010 年 3 号公告 2. 作为凉茶饮料原料
19	布渣叶(破布叶)	Microcos paniculata L.	1. 2010 年 3 号公告 2. 作为凉茶饮料原料
20	鸡蛋花	Plumeria rubra L. cv. acutifolia	1. 2010 年 3 号公告 2. 作为凉茶饮料原料
21	针叶樱桃果	Acerola cherry	2010 年 9 号公告
22	水苏糖	Stachyose	2010 年 17 号公告
23	平卧菊三七	Gynura procumbens (Lour.)Merr	2012 年 8 号公告
24	大麦苗	Barley leaves	2012 年 8 号公告
25	抗性糊精	Resistant dextrin	2012 年 16 号公告
26	梨果仙人掌(米邦塔品种)	Opuntia ficus-indica(Linn.)Mill	2012 年 19 号公告
27	沙棘叶	Hippophae rhamnoides leaf	2013 年 7 号公告
28	天贝	Tempeh	1. 2013 年 7 号公告 2. 天贝是以大豆为原料经米根霉发酵制成
29	海藻糖	Trehalose	2014 年 15 号公告
30	纳豆	Natto	《卫生部关于纳豆作为普通食品管理的批复》(卫法监发〔2002〕308 号)
31	木犀科粗壮女贞苦丁茶	Ligustrum robustum(Roxb.)Blum.	《卫生部关于同意木犀科粗壮女贞苦丁茶为普通食品的批复》(卫监督函〔2011〕428 号)
32	养殖梅花鹿副产品(除鹿茸、鹿角、鹿胎、鹿骨外)	By-products from breeding sika deer (Cervus Nippon Temminck) except Pilose antler (Cervi Cornu Pantotrichum), Antler (Cervi cornu), Deer fetus and Deer bone	《卫生部关于养殖梅花鹿副产品作为普通食品有关问题的批复》(卫监督函〔2012〕8 号)
33	柑橘纤维	Citrus fibre	《卫生部办公厅关于柑橘纤维作为普通食品原料的复函》(卫办监督〔2012〕262 号)
34	玉米须	Corn silk	《卫生部关于玉米须有关问题的批复》(卫监督函〔2012〕306 号)
35	小麦苗	Wheat seedling	《卫生部关于同意将小麦苗作为普通食品管理的批复》(卫监督函〔2013〕17 号)

序号	名称	英文名/拉丁名	备注
36	冬青科苦丁茶	Ilex kudingcha C. J. Tseng	《关于同意将冬青科苦丁茶作为普通食品管理的批复》（卫计生函〔2013〕86号）
37	牛蒡根	Arctium lappa root	《国家卫生计生委关于牛蒡作为普通食品管理有关问题的批复》（国卫食品函〔2013〕83号）
38	中链甘油三酯	Medium chain triglycerides	《国家卫生计生委办公厅关于中链甘油三酯有关问题的复函》（国卫办食品函〔2013〕514号）
39	五指毛桃	Ficus hirta Vahl	《国家卫生计生委办公厅关于五指毛桃有关问题的复函》（国卫办食品函〔2014〕205号）
40	耳叶牛皮消	Cynanchum auriculatum Royle ex Wight	《国家卫生计生委办公厅关于滨海白首乌有关问题的复函》（国卫办食品函〔2014〕427号）
41	黄明胶	Oxhide gelatin	"国家卫生计生委办公厅关于黄明胶、鹿角胶和龟甲胶有关问题的复函"（国卫办食品函〔2014〕570号）

3. 可用于食品的菌种名单

项目	名称	拉丁学名
一	双歧杆菌属	*Bifidobacterium*
1	青春双歧杆菌	*Bifidobacterium adolescentis*
2	动物双歧杆菌（乳双歧杆菌）	*Bifidobacterium animalis*（*Bifidobacterium lactis*）
3	两歧双歧杆菌	*Bifidobacterium bifidum*
4	短双歧杆菌	*Bifidobacterium breve*
5	婴儿双歧杆菌	*Bifidobacterium infantis*
6	长双歧杆菌	*Bifidobacterium longum*
二	乳杆菌属	*Lactobacillus*
1	嗜酸乳杆菌	*Lactobacillus acidophilus*
2	干酪乳杆菌	*Lactobacillus casei*
3	卷曲乳杆菌	*Lactobacillus crispatus*
4	德氏乳杆菌保加利亚亚种（保加利亚乳杆菌）	*Lactobacillus delbrueckii subsp. Bulgaricus*（*Lactobacillus bulgaricus*）
5	德氏乳杆菌乳亚种	*Lactobacillus delbrueckii subsp. Lactis*
6	发酵乳杆菌	*Lactobacillus fermentum*
7	格氏乳杆菌	*Lactobacillus gasseri*
8	瑞士乳杆菌	*Lactobacillus helveticus*
9	约氏乳杆菌	*Lactobacillus johnsonii*
10	副干酪乳杆菌	*Lactobacillus paracasei*

项目	名称	拉丁学名
11	植物乳杆菌	*Lactobacillus plantarum*
12	罗伊氏乳杆菌	*Lactobacillus reuteri*
13	鼠李糖乳杆菌	*Lactobacillus rhamnosus*
14	唾液乳杆菌	*Lactobacillus salivarius*
三	链球菌属	*Streptococcus*
	嗜热链球菌	*Streptococcus thermophilus*
四	乳球菌属	*Lactococcus*
1	乳酸乳球菌乳酸亚种	*Lactococcus Lactis subsp. Lactis*
2	乳酸乳球菌乳脂亚种	*Lactococcus Lactis subsp. Cremoris*
3	乳酸乳球菌双乙酰亚种	*Lactococcus Lactis subsp. Diacetylactis*
五	丙酸杆菌属	*Propionibacterium*
	费氏丙酸杆菌谢氏亚种	*Propionibacterium freudenreichii subsp. Shermanii*
六	明串球菌属	*Leuconostoc*
	肠膜明串珠菌肠膜亚种	*Leuconostoc mesenteroides subsp. Mesenteroides*
七	马克斯克鲁维酵母	*Kluyveromyces marxianus*
八	片球菌属	*Pediococcus*
1	乳酸片球菌	*Pediococcus acidilactici*
2	戊糖片球菌	*Pediococcus pentosaceus*

注：1. 传统上用于食品生产加工的菌种允许继续使用。名单以外的、新菌种按照《新食品原料安全性审查管理办法》执行。

2. 可用于婴幼儿食品的菌种按现行规定执行，名单另行制定。

4. 可用于婴幼儿食品的菌种名单

序号	菌种名称	拉丁学名	菌株号
1	嗜酸乳杆菌*	*Lactobacillus acidophilus*	NCFM
2	动物双歧杆菌	*Bifidobacterium animalis*	Bb-12
3	乳双歧杆菌	*Bifidobacterium lactis*	HN019
			Bi-07
4	鼠李糖乳杆菌	*Lactobacillus rhamnosus*	LGG
			HN001
5	罗伊氏乳杆菌	*Lactobacillus reuteri*	DSM17938

* 仅限用于1岁以上幼儿的食品。

(三) 用于功能性食品的部分中草药

目前，卫健委允许使用部分中草药来开发现阶段的功能性食品，名单如下。

人参、人参叶、人参果、三七、土茯苓、大蓟、女贞子、山茱萸、川牛膝、川贝母、川芎、马鹿胎、马鹿茸、马鹿骨、丹参、五加皮、五味子、升麻、天门冬、天麻、太子参、巴戟天、木香、木贼、牛蒡子、牛蒡根、车前子、车前草、北沙参、平贝母、玄参、生地黄、生何首乌、白及、白术、白芍、白豆蔻、石决明、石斛、地骨皮、当归、竹菇、红花、红景天、西洋参、吴茱萸、怀牛膝、杜仲、杜仲叶、沙苑子、牡丹皮、芦荟、苍术、补骨脂、诃子、赤芍、远志、麦门冬、龟甲、佩兰、侧柏叶、制大黄、制何首乌、刺五加、刺玫果、泽兰、泽泻、玫瑰花、玫瑰茄、知母、罗布麻、苦丁茶、金荞麦、金樱子、青皮、厚朴、厚朴花、姜黄、枳壳、枳实、柏子仁、珍珠、绞股蓝、胡芦巴、茜草、荜茇、韭菜子、首乌藤、香附、骨碎补、党参、桑白皮、桑枝、浙贝母、益母草、积雪草、淫羊藿、菟丝子、野菊花、银杏叶、黄芪、湖北贝母、番泻叶、蛤蚧、越橘、槐实、蒲黄、蒺藜、蜂胶、酸角、墨旱莲、熟大黄、熟地黄、鳖甲。

(四) 功能性食品中禁用的中草药名单

卫健委规定，功能性食品中不宜应用的中草药名单如下。

八角莲、八里麻、千金子、土青木香、山莨菪、川乌、广防己、马桑叶、马钱子、六角莲、天仙子、巴豆、水银、长春花、甘遂、生天南星、生半夏、生白附子、生狼毒、白降丹、石蒜、关木通、农吉痢、夹竹桃、朱砂、米壳（罂粟壳）、红升丹、红豆杉、红茴香、红粉、羊角拗、羊踯躅、丽江山慈菇、京大戟、昆明山海棠、河豚、闹羊花、青娘虫、鱼藤、洋地黄、洋金花、牵牛子、砒石（白砒、红砒、砒霜）、草乌、香加皮（杠柳皮）、骆驼蓬、鬼臼、莽草、铁棒槌、铃兰、雪上一枝蒿、黄花夹竹桃、斑蝥、硫磺、雄黄、雷公藤、颠茄、藜芦、蟾酥。

(五) 注意事项

在开发功能性食品时，常见的注意事项如下。

① 当功能性食品的原料是中草药时，其用量应控制在临床用量的 50％ 以下。

② 有明显毒副作用的中药材，不宜作为开发功能性食品的原料。

③ 受国家中药保护的中成药和已获得国家药政管理部门批准的中成药，不能作为功能性食品加以开发。

④ 传统中医药中典型强壮阳药材，不宜作为开发改善性功能功能性食品的原料。

⑤ 在重点考虑功效成分的同时，还要注意其他基本营养成分的均衡。

⑥ 要注意产品形式、成分含量等方面与药品相区别。

⑦ 配方设计要和生产工艺相结合。

六、功能性食品的特征

功能性食品是一类不同于普通食品又有别于药品的特殊食品，其特征如下。

① 产品安全。

② 产品必须经过相关部门批准。

③ 功能因子达到有效剂量。

④ 能够调节人体某一种生理功能。

⑤ 产品的配方设计和工艺流程科学合理。

第二节 功能性食品发展概况

一、功能性食品发展的历史

中国功能性食品的发展历史悠久，早在几千年前中国的医药文献中就记载了与现代功能性食品相类似的论述——"医食同源""食疗""食补"。

国外较早研究的功能性食品是强化食品。20 世纪 10～20 年代，芬克提出了人体必需的

"生物胺"（Vitamine）的概念，随后被命名为"维生素"（Vitamine）。对于维生素生理功能的研究，以及对它的"缺乏症"的研究，使人类进一步认识到它对于人体生理机能的重要性，并通过补充维生素而很快使维生素缺乏引起的疾病得到缓解甚至治愈。1935年美国提出了强化食品，随后强化食品得到迅速发展。1938年路斯提出了必需氨基酸的概念，他指出20种氨基酸中有8种人体必须通过食物补充。必需氨基酸的缺乏会造成负氮平衡而导致蛋白质营养不良。所有这些研究，提示人们在食品中添加某种或某些营养素，能够通过食物使人们更健康，避免营养素不足引起的疾病，于是研制出强化食品。为了规范强化食品的发展，加强对其进行监督管理，美国于1942年公布了强化食品法规，对强化食品的定义、范围和强化标准都做了明确规定。随后，加拿大、菲律宾、欧洲各国以及日本也先后对强化食品做出了立法管理，并建立了相应的监督管理体制，包括强化指标、强化食品市场检查和商标标识等方面的规定和管理。美国食品药品管理局（FDA）还曾规定了一些必须强化的食品，包括面粉、面包、通心粉、玉米粉、面条和大米等。另外，营养专家对微量元素的深入研究，不断拓宽了强化剂的范围，使得人类对食品强化的作用和意义有了更深刻的认识。几十年来，通过在牛奶、奶油中强化维生素A和维生素D，防止了婴幼儿由于维生素D缺乏而引起的佝偻病；以食用强化的碘盐来消除地方性缺碘引起的甲状腺肿疾病；强化硒盐能防止克山病；在米面中强化维生素B_1，使缺乏维生素B_1引起的脚气病几乎绝迹；通过必需氨基酸的强化，提高蛋白质的营养价值，可节约大量蛋白质。可以说，强化食品的出现和发展，是人类营养研究的基础理论与人类膳食营养的实践活动密切结合的典范。由于强化食品价格便宜，效果明显，食用方便，强化工艺简单，所以，强化食品有很大的市场优势，深受消费者欢迎。

随着强化食品的发展，强化的概念也得到不断的拓宽，不仅是以向食物中添加某种营养素来达到营养平衡，防止某些营养缺乏症为目的，某些以含有一些调节人体生物节律、提高免疫能力和防止衰老等有效的功效成分为基本特点的食品也属强化食品。这就超出了原有的强化食品的范畴。

鉴于这些情况，1962年日本率先提出了"功能性食品"，并围绕着"调节功能"做文章。随着衰老机制、肿瘤成因、营养过剩疾病、免疫学机理等基础理论研究的进展，功能性食品研究开发的重点转移到这些热点上来。

从日本功能性食品的发展历程可以看出，它的出现标志着在国民温饱问题解决后，人们对食品功能的一种新需求，它的出现是历史的必然。功能性食品的需求量随着国民经济发展而发展，随着人民生活水平的提高而不断增长。

在国际市场上，功能性食品的发展一直呈上升趋势，在欧美等发达国家，由于人民生活水平高，保健意识很强，在医药保健方面消费很高。20世纪90年代以来，随着国际"回归大自然"之风的盛行，目前全球功能性食品具有不可替代的重要作用，它不但得到世人的认可和重视，而且深入人心，增加的势头还在上升。

中国在进入20世纪80年代以后，人们的生活水平有了较大提高，人们在解决了温饱问题之后，提高生活的质量和健康生活成为新的追求。同时，生活水平的提高，大量高质量营养素的摄入，营养过剩而引起的富贵病（如糖尿病、冠心病与癌症等）、成人病及老年病已逐渐成为人们的主要疾病。于是，对功能性食品的渴望促进了中国功能性食品行业的迅猛发展。1980年全国保健品厂还不到100家，至2010年，功能性食品生产企业已发展达2600多家，产业规模达2600多亿元。2015年底，中国共批准15373个功能性食品，其中国产14711个，进口662个。截至2016年11月，中国共批准16627个功能性食品，其中国产

15875 个，进口 752 个。

功能性食品的发展经历了三个阶段。目前功能性食品正在从第一代、第二代向第三代发展。所谓第一代功能性食品，大多是厂家用某些活性成分的基料加工而成，根据基料推断该产品的功能，缺乏功能性评价和科学性。同时，原材料的加工粗糙，活性成分未加以有效保护，难以成为稳定态势，产品所列功能难以相符。这些没有经过任何实验予以验证的食品，充其量只能算是营养品。中国目前多数的功能性食品属于这一代产品。目前欧洲、美国、日本等发达国家，仅将此类产品列入一般食品。

第二代功能性食品是指经过动物和人体实验，确知其具有调节人体生理节律功能，建立在量效基础上。欧、美等一些发达国家规定，功能性食品必须经过严格的审查程序，提供量效的科学实验数据，以确证此食品的确具有保健功能，才允许贴有功能性食品标签。目前，第二代功能性食品在中国已开始崭露头角。

在具有某些生理调节功能的第二代功能性食品的基础上，进一步提取、分离、纯化其有效的生理活性成分；鉴定活性成分的结构；研究其构效和量效关系，保持生理活性成分在食品中的有效稳定态势，或者直接将生理活性成分处理成功能性食品，称为第三代功能性食品。目前，在美、日等发达国家的市场上，大部分是第三代功能性食品。而中国尽管功能性食品在市场上已有一定规模，但与发达国家相比还有不小的差距。第三代功能性食品的迅速成长，标志着中国功能性食品与国际接轨，同时也给功能性食品行业的发展提供又一次良机。

二、功能性食品迅速发展的原因

功能性食品能够在世界范围迅速发展，是与世界经济和环境的变化密切相关的。

1. 人口老龄化促进了功能性食品的发展

世界人口正在向老龄化发展，据统计，已有 55 个国家和地区进入老年型社会。目前，全世界老年人达到 5.8 亿，占总人口的 6%。在美国，65 岁以上的老年人已超过 3200 万，占人口的 13.3%。而中国 60 岁以上的老年人已超过 2 亿，医疗费用成为社会及个人庞大的开支和沉重的负担，使人们认识到从饮食上保持健康、预防疾病更为合算、安全，因此，功能性食品得到迅速发展。

2. 疾病谱和死因谱的改变刺激了功能性食品的消费

随着科学和公共卫生事业的发展，各种传染病得到了有效的控制，但是，各种慢性疾病如心脑血管疾病、恶性肿瘤、糖尿病已占据疾病谱和死因谱的主要地位。慢性病与多种因素有关，常涉及躯体的多个器官和系统，生活习惯、行为方式（吸烟、酗酒、不良的饮食习惯、营养失调、紧张的行为方式和个性）、心理、社会因素等在患病过程中起重要作用。疾病模式的变化促使人们重新认识饮食与现代疾病的关系，寻找人们饮食习惯的弊病，从而引发了饮食革命，刺激了功能性食品的消费，促进了功能性食品的发展。

3. 科学的进步推动了功能性食品的发展

近半个世纪以来，生命科学取得了极其迅速的发展，特别是生物化学、分子生物学、人体生理学、遗传学及相关分支学科的发展，使人们进一步认识到饮食营养与躯体健康的关系，认识到如何通过营养素的补充及科学饮食去调节机体功能进行预防疾病。科学的发展使人们懂得了如何利用功效成分去研制开发功能性食品，使人们对功能性食品的认识从感性阶段上升到理性阶段，从而推动了功能性食品的发展。

4. 回归大自然加速了功能性食品的发展

由于回归大自然的热潮兴起，富含膳食纤维、低脂肪、低胆固醇、低糖、低热量的食品越来越受到人们的欢迎，从而也推动了功能性食品的发展。

第三节　功能性食品存在的问题

现阶段，中国功能性食品虽然发展较快，但存在的问题令人担忧，主要有以下几个方面。

一、低水平重复现象严重

中国对功能性食品"审批门槛"定得较低。如果将"审批门槛"定得较高，势必会有大量的产品淘汰出局，在一定程度上会影响功能性食品产业的发展。对于这一问题，日本处理得较好。他们认为"功能性食品"和"健康食品"是两个概念，以不同法规予以管理。他们将"功能性食品"的审批门槛定得很高。如前所述，日本的功能性食品必须是第三代产品，其功能因子应是天然成分，采用传统的食品形态，并作为每日膳食的一部分。因此，日本自1991年立法至今，只批准了100多个功能性食品。但他们将有益健康的"健康食品"的审查门槛定得较低，这样对大量的健康产品进入市场给予了一条出路。近几年虽然中国也在逐步提高审批门槛，但顾虑甚多。加之国内一些功能性食品企业管理层的文化素质不高，他们对企业没有一个长远考虑，缺乏科学决策，造成产品开发力度不够，低水平重复现象严重。据统计，卫健委批准的3000多个功能性食品，功能主要集中在免疫调节、调节血脂、抗疲劳3项，约占60%，开发的产品功能如此集中，不仅使市场销售艰巨，也难以取得良好的经济效益。

二、基础研究不够

众所周知，功能性食品是一个综合性产业，需要各部门密切配合。从学科发展来说，功能性食品是一个综合性学科，它需要多学科携手合作。目前，中国的教育体系不适应当前功能性食品产业的发展。如国内的"食品科学"专业大都设置在轻工和农业院校，他们研究的重点是食品加工过程中的科学问题，很少涉及研究"食品与人健康的关系"，也很少涉及食品的功能问题。而医药院校的科研领域的主要精力在研究"天然药物"，对"功能性食品"涉足不多，更不用说对"专业人才"的培养。

三、主要采用非传统的食品形态，价格较高

日本规定功能性食品（特定健康用食品）只能以食品作载体，而中国的功能性食品常采用非传统食品形态，以片剂和胶囊等形式出现，脱离人们日常生活，且价格较高，使消费者望而却步。

四、监督管理难度较大

目前，中国对功能性食品管理的重点是对功能性食品配方的审批，确保产品配方无毒，功能真实。截至2001年底，经卫健委批准的功能性食品有3148个，其中90%以上属第二代产品，功能因子不明确，作用机理不清楚，一旦造假难以鉴别，给产品监督管理带来较大困难。

五、缺少诚信，夸大产品功效

一些功能性食品生产厂家或经销商，擅自夸大宣传功能性食品的功效，误导了消费者，对社会造成严重的不良影响，失去消费者的信任。

六、现有的"药食同源"名单跟不上时代发展

现有的"药食同源"名单长期没有修订，在生产使用和监管中出现问题，如缺乏拉丁学名导致品种误用，缺乏食用量要求导致过度食用或缺少食用指南导致加工不当等问题均可能引起人体不良反应等。

第四节　中国功能性食品的展望

目前，美国重点发展婴幼儿食品、老年食品和传统食品。日本重点发展降血压、改善动脉硬化、降低胆固醇等与调节循环器官有关的食品；降低血糖值和预防糖尿病等调节血糖的食品及抗衰老食品；整肠、减肥的低热食品。中国功能性食品的发展趋势有以下几个方面。

一、大力开发第三代功能性食品

目前中国的功能性食品大部分是建立在食疗基础上，一般都采用多种既是药品又是食品的中药配制产品，这是中国功能性食品的特点。它的好处是经过了前人的大量实践，证实是有效的。如果进一步在现代功能性食品的应用基础研究的基础上，开发出具有明确量效和构效的第三代功能性食品，就能与国际接轨，参与国际竞争。随着中国加入世界贸易组织（WTO），人民对生活质量日益注重，具有明确功能因子的第三代功能性食品的需求量必然增加，因此，发展第三代功能性食品，推动功能性食品的升级换代迫在眉睫。

二、加强高新技术在功能性食品生产中的应用

采用现代高新技术，如膜分离技术、微胶囊技术、超临界流体萃取技术、生物技术、超微粉碎技术、分子蒸馏技术、无菌包装技术、现代分析检测技术、干燥技术（冷冻干燥、喷雾干燥和升华干燥）等，实现从原料中提取有效成分，剔除有害成分的加工过程。再以各种有效成分为原料，根据不同的科学配方和产品要求，确定合理的加工工艺，进行科学配制、重组、调味等加工处理，生产出一系列名副其实的具有科学、营养、健康、方便的功能性食品。

三、开展多学科的基础研究与创新性产品的开发

功能性食品的功能在于本身的活性成分对人体生理节律的调节，因此，功能性食品的研究与生理学、生物化学、营养学及中医药等多种学科的基本理论相关。功能性食品的应用基础研究应是多学科的交叉。应用多学科的知识、采用现代科学仪器和实验手段，从分子、细胞、器官等分子生物学水平上研究功能性食品的功效及功能因子的稳定性，开发出具有知识产权的功能性食品。

四、产品向多元化方向发展

随着生命科学和食品加工技术的进步，未来功能性食品的加工更精细、配方更科学、功能更明确、效果更显著、食用更方便。产品形式除目前流行的口服液、胶囊、饮料、冲剂、粉剂外，一些新形式的食品，如烘焙、膨化、挤压类等食品也将上市，功能性食品将向多元化的方向发展。

五、重视对功能性食品基础原料的研究

要进一步研究开发新的功能性食品原料，特别是一些具有中国特色的基础原料，对功能

性食品原料进行全面的基础和应用研究，不仅要研究其中的功能因子，还应研究分离保留其活性和稳定性的工艺技术，包括如何去除这些原料中有毒物质。

六、实施名牌战略

"名牌产品"和"明星企业"对于一个产业的推动作用十分重要。在未来几年内，应着手扶持和组建一些功能性食品企业，使之成为该行业的龙头企业，以带动整个功能性食品行业健康发展。

七、定期修订"药食同源"名单

从社会公众健康食用的角度考虑，有必要对"药食同源"名单的具体内容进行补充或修订，以确保其来源准确，食用恰当，加工规范。当今社会，随着对健康饮食含义的理解，越来越多的人希望通过"药食同源"的饮食方式调养身体，延年益寿。

总之，食品科技工作者应加强基础研究，同时应加快产品开发，规范法规，提高产品的技术含量，使中国功能性食品的发展走上一条具有中国特色的健康发展道路，为功能性食品的研究与开发做出应有的贡献。

━━━━━━ 思 考 题 ━━━━━━

1. 什么是功能性食品？
2. 功能性食品如何分类？
3. 功能性食品在调节人体机能时有哪些作用？
4. 功能性食品与药品有何区别？
5. 试述功能性食品的发展概况。
6. 简述中国功能性食品存在的问题。
7. 试述中国功能性食品的发展趋势。

第一篇
功能性食品的理论基础

第一章

蛋白类生物活性物质

主要内容

1. 免疫球蛋白的基本概念、分布、结构与组成。
2. 牛乳中的免疫球蛋白。
3. 免疫球蛋白的生物学功能。
4. 乳铁蛋白的基本性质、生物活性及其影响因素。
5. 乳铁蛋白的分离方法。
6. 溶菌酶的基本性质、加工适应性及其在食品中的应用。

　　免疫球蛋白作为重要的蛋白类生物活性物质，目前有着比较广泛的研究背景和应用潜力，乳铁蛋白和溶菌酶等作为具有抑菌性蛋白已经得到广泛的关注，因此本章介绍了它们的基本概念、来源与分布、结构与组成、生物活性等。

第一节　免疫球蛋白

　　免疫球蛋白（immunoglobulin，Ig）是一类具有抗体活性，能与相应抗原发生特异性结合的球蛋白。免疫球蛋白不仅存在于血液中，还存在于体液、黏膜分泌液以及 B 淋巴细胞膜中。它是构成体液免疫作用的主要物质，与补体（complement，C。补体是血清或组织液中存在的一组经活化后具有酶活性的蛋白质，可辅助和补充特异性抗体。）结合后可杀死细菌和病毒，因此，可增强机体的防御能力。

　　目前，食物来源的免疫球蛋白主要是来自乳、蛋等畜产品，特别是牛初乳和蛋黄来源的免疫球蛋白研究开发得较多。

　　在牛初乳和常乳中，Ig 总含量分别为 50mg/mL 和 0.6mg/mL，其中 80％～86％ 为 IgG。人乳免疫球蛋白主要以 IgA 为主，含量为 $4.1\sim4.75\mu g/g$。

　　从鸡蛋黄中提取的免疫球蛋白为 IgY，是鸡血清 IgG 在孵卵过程中转移至鸡蛋黄中形成的，其生理活性与鸡血清 IgG 极为相似，相对分子质量 164000。其活性易受到温度、pH 的影响。当温度在 60℃以上、pH<4 时，活性损失较大。

一、Ig 的基本概念

　　从功能性食品角度考虑，能够与病原微生物、毒素等许多抗原发生特异性结合的 Ig，其功能性机制十分确切。Ig 的特殊性表现在：①生物合成的分子遗传学较为特别；②异种性，即表现型很多；③具有极其重要的生物功能。由于这些特征，必须借助一定工具才能对它们正确定性和命名。1964 年，WHO 首次提出了人体免疫球蛋白的名称，一直沿用至今，并用相似体系对牛以及其他动物的这类物质进行了命名。实践上，免疫球蛋白的分类与命名在很大程度上依据免疫化学，包括与参照蛋白质（一般来源于人）的交叉反应性。

（一）Ig 的定义

免疫球蛋白的定义为具有抗体活性或化学结构与抗体相似的球蛋白。

免疫球蛋白过去也称为 γ-球蛋白，主要存在于血液和某些分泌液中。应指出，抗体都是免疫球蛋白，而免疫球蛋白并不一定都是抗体。如骨髓瘤患者血清中浓度异常增高的骨髓瘤蛋白，虽在化学结构上与抗体相似，但无抗体活性，没有真正的免疫功能，因此不能称为抗体。可见，免疫球蛋白是化学结构上的概念，而抗体则是生物学功能上的概念。

（二）Ig 的分类与命名

实际测定每一种免疫球蛋白的结构是难以实现的工作，故通常根据免疫反应特性进行 Ig 分类。

免疫球蛋白通常具有抗体活性，但其本身对其他动物或同一种系不同个体来说，也是一种抗原物质。免疫球蛋白产生的遗传背景不同，其抗原性也有差异，它们在异种、同种异体和同一个体内可引起免疫应答，产生相应的抗体。因此，可利用血清学方法测定和分析免疫球蛋白的抗性，据此可将 Ig 分为同种型、同种异型和独特型三种血清型。

1. 同种型（isotype）

它是指同一种属所有正常个体免疫球蛋白分子共同具有的抗原特异性标志。同种型免疫球蛋白抗原特异性因而异。根据 Ig 重链或轻链恒定区肽链抗原特异性的不同，可将 Ig 分为若干类、亚类和型、亚型。

（1）类和亚类　根据免疫球蛋白重链恒定区（CH 区）肽链抗原特异性的不同，可将人免疫球蛋白分为 IgG、IgA、IgM、IgD 和 IgE 5 类。这 5 类免疫球蛋白的重链分别以希腊字母 γ、α、δ、η 和 ξ 表示。这些重链间恒定区内的氨基酸组成约有 60% 的不同，也即有约 40% 相同，其含糖量也存在明显差异。

同一类免疫球蛋白，因其重链恒定区内肽链抗原特异性仍有某些差异，所以又可将它们分为若干亚类。目前已经发现 IgG 有 4 个亚类即 IgG_1、IgG_2、IgG_3、IgG_4，IgA 有 IgA_1 和 IgA_2 两个亚类，IgM 有 IgM_1 和 IgM_2 两个亚类，而 IgD 和 IgE 尚未发现有亚类。各类 Ig 不同亚类间的氨基酸组成约有 10% 的差异。

（2）型和亚型　各类免疫球蛋白根据轻链恒定区肽链抗原特异性的不同，可分为 κ 型和 λ 型。每个 Ig 分子中的两条轻链都是相同的，在一个 Ig 单体分子上不可能同时出现 κ 型和 λ 型轻链。由于 λ 型轻链恒定区内氨基酸仍存在微小差异，因此又可将其分为 4 个亚型。

2. 同种异型（allotype）

同种异型是指同一种属不同个体所产生的同一类型 Ig，由于重链或轻链恒定区内一个或数个氨基酸不同（即遗传标志不同）而表现的抗原性差异。

目前已在 IgG 和 IgA 重链（γ 和 α）恒定区及 κ 型轻链恒定区中发现有决定同种异型抗原特异性的遗传标志，简称为同种异型标志。

3. 独特型（idiotype）

独特型是指不同 B 细胞克隆所产生的免疫球蛋白分子 V 区和 T、B 细胞表面抗原（识别）受体 V 区所具有的抗原特异性标志。

二、Ig 的分布

免疫球蛋白是在人和动物的体液中广泛分布的一种免疫活性物质。人乳中以 IgA 为主，牛乳中则 IgG 含量最高。牛初乳中 Ig 的含量受多种因素制约，如乳牛的年龄影响乳中 Ig 的含量和类型，较老的乳牛初乳量少且含 IgG（IgG_1、IgG_2）低，IgG_1/IgG_2 的比值较年龄小的乳牛高。再如，乳中 Ig 的浓度不受血液中 Ig 浓度的影响，而与泌乳阶段有关，如初乳、末乳 Ig 含量较高。

不同动物乳汁、血清中 Ig 的含量如表 1-1 所示。各种体液中免疫球蛋白的分布与含量如表 1-2 所示。

表 1-1　不同动物乳汁、血清中 Ig 的含量

种　　类	免疫球蛋白	浓度/(mg/mL)			Ig 主要成分含量/%		
		血清	初乳	常乳	血清	初乳	常乳
人	IgG	12.1	0.43	0.04	78		
	IgA	2.5	17.35	1.00		90	87
	IgM	0.93	1.59	0.10	96	76	—
狗	IgG	11.1	23.4	0.24	81	68	
	IgA	0.7	9.8	2.63			85
	IgM	1.7	0.8	0.22			
猪	IgG	21.5	58.7	3.0	89	80	
	IgA	1.8	10.7	7.7			70
	IgM	1.1	3.2	0.3			
马	IgG（总）	21.9	113.4	0.39	89	88	
	IgA	1.5	10.7	0.48			
	IgM	1.2	5.4	0.03			
牛	IgG（总）	25.0	32～212	0.72	88	85	66
	IgG_1	14.0	20～200	0.6			
	IgG_2	11.0	12.0	0.12			
	IgA	0.4	3.5	0.13			
	IgM	3.1	8.7	0.04			

表 1-2　在各种体液中免疫球蛋白的分布与含量

种类	IgA/(mg/L)	IgG/(mg/L)	IgM/(mg/L)	IgA/IgG
耳下腺唾液	0.395	0.0036	0.0043	110
颚下腺唾液	0.45	0.004	0.006	112
鼻液	2	1	痕量	2
鼻液（刺激后）	14.4	1.6	0.08	9
汗	0.08	0.32	约 0	0.25
初乳（人）	60	3	5	20
泪	2	痕量	约 0	—
胃液	5.6	2	0.3	2.8
胆汁	16	14.5	—	1.1
腔分泌液	0.63	3.6	—	0.18

种类	IgA/(mg/L)	IgG/(mg/L)	IgM/(mg/L)	IgA/IgG
十二指肠液	2.3	0.12	0.15	19.2
空肠液	16	2.2	0.15	7.3
粪便	1.7	0.1	0.3	17
尿/(mg/d)	1.1	3.0	—	0.37

三、Ig 的结构和组成

(一) Ig 的基本结构

1962 年，Porter 首先提出 IgG 分子的化学结构模式。后来证实，其他几类 Ig 也都具有与 IgG 相似的基本结构。图 1-1 为免疫球蛋白的结构示意图。总体上看，所有 Ig 的基本结构均为由 4 条多肽链（2 条相同的重链和 2 条相同的轻链通过二硫键连接）组成的对称结构。活性 Ig 可以是这种基本结构单位的单体或聚合体。对于聚合态免疫球蛋白 IgA 和 IgM 而言，比 IgG 基本结构多了附加的多肽链。此外，Ig 为糖蛋白，糖基连接于重链。

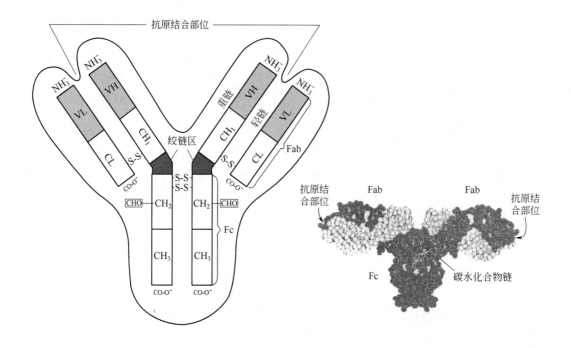

图 1-1　免疫球蛋白的结构

VH—重链可变区；CH—重链恒定区；VL—轻链可变区；CL—轻链恒定区；
Fab—抗原结合段，fragment of antigen binding；Fc—可结晶段，fragment crystallizable

(二) Ig 的基本组成

Ig 的基本组成：①2 条重链，每条均有 1 个由 310～500 个氨基酸残基（因类别不同而异）组成的恒定区（constant region）和 1 个由 107～115 个残基（因可变区亚群不同而异）组成的可变区（variable region）构成；②2 条轻链，每条也分别含有 1 个恒定区（107～110 个氨基酸残基）和 1 个可变区（107～115 个残基）。免疫球蛋白的轻链和重链之间依靠二硫键以及其他非共价键结合，形成一个整体。抗原结合部位正是在重链和轻链的可变区内，故这些区域的结构决定了抗体结合抗原的特异性。

IgG 的重链（H 链）相对分子质量约 49893，由 440 个氨基酸残基组成。其中 N 端 1/4 区域因氨基酸组成及排列顺序多变，称重链可变区（VH 区），特别是其中第 31～35，49～66，86～91 和 101～110 位置上的氨基酸具有更大的变异性，称之为超变区（HV 区，hyper variable region）。重链可变区中非 HV 区部分称为骨架区。重链剩余 3/4 区域因氨基酸组成和排列顺序变化较小且相对稳定，称重链恒定区（CH 区）。

IgG 轻链（L 链）相对分子质量较小，约 24974，由 214 个氨基酸残基组成。其中近 N 端 1/2 区域因氨基酸组成及排列多变，称为轻链可变区（VL 区），其中第 26～34，50～56，89～93 位置上的氨基酸具有更大变异性，称之为超变区。轻链剩余 1/2 区域因氨基酸组成及排列顺序相对稳定，故称轻链恒定区（CL 区）。

如图 1-1 所示，Ig 分子中两条相同的重链和两条相同的轻链通过链间二硫键维系构成，其中每条肽链又可被链内二硫键连接折叠成几个球形结构，这种结构使一系列对于 Ig 生物功能有贡献的氨基酸彼此靠近，集中在一个部位，称为 Ig 的功能区（domain）。IgG、IgA 和 IgD 的重链有 4 个功能区，即 VH、CH_1、CH_2 和 CH_3；IgM 和 IgE 的重链还有第 5 个功能区（CH_4）；轻链则有 VL 和 CL 两个功能区。

介于 CH_1 和 CH_2 功能区之间的区域称为绞链区（hinge region），此区含大量脯氨酸和二硫键，富有柔性，张合自如，可伸展 180°。此种结构有利于补体结合部位的暴露，为补体活化创造条件。此外，该区对木瓜蛋白酶和胃蛋白酶敏感，经酶处理后可从该处断裂成几个不同的片段。

免疫球蛋白的恒定区结构仅仅用于定性、分类，借以区分成各种类、亚类或者型、亚型。重、轻链的恒定区几乎决定了整体 Ig 分子的全部抗原性。

（三）IgG 的氨基酸组成

蛋黄 IgG（即 IgY）、鸡血 IgG 和牛乳 IgG 的氨基酸组成见表 1-3。牛乳 IgG 与鸡血 IgG 显著不同，前者的 Asp、Thr 和 Ser 含量较高，而 Gly、Ala 和 Leu 的含量较低。用于制造功能性食品，为提高 IgG 对特定抗原的效果，常对动物进行免疫处理，它对 IgG 氨基酸组成一般无影响。

表 1-3 IgG 和 IgY 的氨基酸组成

氨基酸种类	普通母鸡蛋黄 IgY/%	免疫母鸡蛋黄 IgY/%	鸡血 IgG/%	牛乳 IgG/%
Asp	6.9	6.8	6.7	8.1
Thr	8.3	8.3	8.5	9.9
Ser	12.3	12.4	12.7	14.4
Glu	9.3	9.2	8.8	9.2
Pro	7.5	7.1	7.1	6.8
Gly	9.8	9.9	9.9	7.7
Ala	8.0	8.0	8.4	5.4
1/2Cys	2.3	2.5	2.5	2.2
Val	7.5	7.5	7.8	8.4

氨基酸种类	普通母鸡蛋黄	免疫母鸡蛋黄	鸡血	牛乳
	IgY/%	IgY/%	IgG/%	IgG/%
Met	1.0	1.0	1.0	0.9
Ile	3.1	3.1	3.1	2.6
Leu	8.2	8.2	8.2	6.9
Tyr	3.2	3.2	3.3	4.0
Phe	2.8	2.8	2.8	2.7
Lys	3.5	3.5	3.2	5.5
His	1.6	1.6	1.3	1.6
Arg	4.8	4.7	4.7	3.7

四、牛乳中的 Ig

乳牛或其他哺乳动物通过乳腺分泌的免疫球蛋白并非乳腺独有的产物，乳腺合成的 Ig 与机体其他部位合成的 Ig 在结构与组成上是完全相同的。然而，乳腺分泌物，尤其是初乳，独到之处在于富集了各种 Ig，总浓度高于血液或者其他外分泌液。现已经证实，牛初乳中存在 IgG、IgA、IgM、IgE 和 IgD 5 类 Ig。人乳及牛乳之间、初乳与常乳之间各类 Ig 的含量差别很大（见表 1-4）。表 1-5 列出了牛乳中 Ig 的主要理化性质和生物学活性。

表 1-4　牛乳和人乳免疫球蛋白含量比较

免疫球蛋白	牛乳		人乳	
	初乳/(g/L)	常乳/(g/L)	初乳/(g/L)	常乳/(g/L)
IgG			0.40	0.04
IgG$_1$	47.60	0.60	—	—
IgG$_2$	2.90	0.02	—	—
IgA(SIgA)	3.90	0.14	17.40	1.00
IgM	4.20	0.05	1.60	0.10

表 1-5　牛乳中 Ig 的主要理化性质和生物学活性

理化与生物学活性	IgG	IgM	IgA/SIgA	IgD	IgE
分子量	150000	900000	16000/390000	185000	190000
沉降系数/10^{-13} s	7	19	7/11	7	8
重链					
类	γ	μ	α	δ	ε
亚类	γ_1、γ_2、γ_3、γ_4	μ_1、μ_2	α_1、α_2	—	—
轻链					
型	κ、λ	κ、λ	κ、λ	κ、λ	κ、λ
主要存在形式	单体	五聚体	单体或二聚体	单体	单体
抗原结合价	2	5～10	2～4	2	2
半衰期/d	23	5	6	3	2
体内开始形成时间	出生后 3 个月	胚胎末期	出生后 4～6 个月	较晚	较晚
生物学活性	通过胎盘、激活补体、亲细胞活性、调理作用、抗菌、抗病毒	激活补体、抗菌、抗病毒	抗菌、抗病毒、黏膜局部免疫	B 细胞表面免疫球蛋白、免疫记忆	亲细胞活性

IgG 是牛初乳和常乳中含量最高的 Ig，例如牛初乳中 IgG 占 Ig 总量的 55% 以上。IgG 占血清 Ig 总量的 75%～80%，多以单位形式存在，相对分子质量为 150000。IgG 也是血清

半衰期（约 23d）最长的 Ig，主要由脾脏和淋巴结中的浆细胞合成，是机体重要的抗菌、抗病毒和抗毒素的抗体。牛初乳 Ig 在乳牛体内半衰期约 21d，但牛犊持续摄入初乳在 4～6 个月内均有较强的抗病能力。IgG 更是惟一能通过胎盘的抗体，故对哺乳动物新生幼仔、新生儿抗感染起重要作用，通常婴儿出生后 3 个月内不能合成 IgG。

牛乳 IgG 至少包括 IgG_1 和 IgG_2 两个亚类，它们与相应抗原结合后可激活补体，但各亚类与补体结合的能力不同，一般认为 $IgG_1 > IgG_2$。在牛初乳和分娩前乳腺分泌物中，IgG_1 占总乳清蛋白的近 80%，在初乳乳清中浓度超过 100mg/mL。

牛 IgM 通常以四链单体的五聚物形式存在，沉降系数为 19×10^{-13} s，IgM 在补体和吞噬细胞参与下，其杀菌、溶菌、激活补体和促吞噬等作用均显著强于 IgG。脾脏是 IgM 的主要合成部位。IgM 相对分子质量大，不能通过血管壁，几乎全部分布于血液中，占血清 Ig 总量的 5%～10%。

机体感染后血液中最早产生的 Ig 是 IgM。鉴于 IgM 在血清中的半衰期（5d 左右）比 IgG 短，所以血清中特异性 IgM 含量增高提示有近期感染，临床上测定血清特异性 IgM 含量有助于早期诊断。目前已知天然血型抗体、类风湿因子和冷凝集素等均为 IgM 类抗体。

1965 年前后，一些研究者在牛体和血清中发现了分泌型 IgA（SIgA）。牛 IgA 最有趣的特性在于它在乳汁中相对浓度较低。在大多数其他牛外分泌物中，IgA 均为一种主要的免疫球蛋白，但在牛初乳和常乳中含量相对较低。分泌型 IgA 为人初乳中含量最高的 Ig，初产、年轻妇女乳汁 IgA 浓度以较快速度下降。牛初乳中 IgG 可部分替代 IgA 的生物功能。

血清型 IgA 和分泌型 IgA 不能通过胎盘。婴儿在出生 4～6 个月后才能自身合成 IgA，需从母亲乳汁中获得分泌型 IgA，这对婴儿抵抗呼吸道和消化道病原微生物的感染具有重要意义。这是大力提倡母乳喂养的重要原因之一。

五、Ig 的生物学功能

Ig 的生物学功能和抑菌特性如表 1-6、表 1-7 所示。以下简要介绍 Ig 的几个主要生物学功能。

表 1-6　各种 Ig 的生物学功能

功能	IgM	IgD	IgG_1	IgG_2	IgG_3	IgG_4	IgA_1	IgA_2	IgE
活化补体(经典途径)	+++	-	++	+	+++	-	-	-	-
活化补体(旁路途径)	-	-	-	-	-	-	+	-	-
胎盘通过性	-	-	+	+	+	+	-	-	-
体外分泌	+	-	+	+	+	+	+++	+++	-
结合细胞									
中性粒细胞	-	-	+	+	++	-	-	-	-
嗜酸性粒细胞	-	-	+		+	-	-	-	+
嗜碱性粒细胞	-	-					-	-	+
淋巴细胞	+	+	+	+	+	+	+	-	+
乳突细胞	-	-					-	-	+++
血小板	-	-	+	+	+	+	-	-	-
巨噬细胞	-	-			+		-	-	+
生物功能	凝集反应的主体	在淋巴细胞表面存在	在血管外体液中含量最多,对异物反应				在消化道、气管表面存在,对异物反应		

表 1-7 Ig 能抑制的微生物和毒素

微生物	毒 素
Shigella dysenteriae	Influen virus(毒素)
Shigella flexneri 1	Diptheria toxin
Shigella flexneri 6	Tetanus toxin
Shigella sonnei	Streptolysin
Salmonella	Poli virus(毒素)
Escherichia coli oill:B_4	
Bacteroides fragilis	
Streptococci	
Pneumococci	

1. 与相应抗原特异性结合

免疫球蛋白最主要的功能是能与相应抗原特异性结合,在体外引起各种抗原-抗体的反应。抗原可以是侵入人体的菌体、病毒或毒素,它们被 Ig 特异性结合后便丧失破坏机体健康的能力。需指出,若 Ig 发生变性,空间构象发生变化便可能无法与抗原发生特异性结合,即丧失了相应的抗病能力。

2. 活化补体

IgG_1、IgG_2、IgG_3 和 IgM 与相应抗原结合后,可活化补体经典途径（classical pathway,CP）,即抗原-抗体复合物刺激补体固有成分 $C_1 \sim C_9$ 发生酶促连锁反应,产生一系列生物学效应,最终发生细胞溶解作用的补体活化途径。

通常 Ig 分子呈"T"型,与抗原结合后发生构型改变而呈"Y"型,此时 IgG 分子中原来被掩盖的 CH_2 功能区即补体结合点所在处得以暴露,从而使 C_{19} 与该区补体结合点结合,启动活化途径。IgG_1、IgG_2、IgG_3 的补体结合点位于 CH_2 功能区,而 IgM 的补体结合点则位于 CH_3 功能区。两类 Ig 活化补体的能力也有所不同,一般地,一个 IgM 分子就可活化补体经典途径。IgA 和 IgE 不能通过经典途径激活补体,但它们的凝聚物能活化补体旁路途径（alternative pathway,AP）。

3. 结合细胞产生多种生物学效应

免疫球蛋白能够通过其 FC 段与多种细胞（表面具有相应 FC 受体）结合,从而产生多种不同的生物效应。

4. 通过胎盘传递免疫力

不同类型的 Ig 在不同的动物的母体和幼体间有不同的 Ig 转移方式,对于在多种病原菌中出生的幼体,母体传递给幼体多种抑菌物质,Ig 是其中最主要的一种。例如,在哺乳动物中,IgG 是唯一可以进入胚胎的免疫球蛋白,而对于禽类,能进入卵子（特别是卵黄）的主要是 IgY（IgG 同源物）,进入卵清的 Ig 通常不能到达子代的血液,但能被子代消化吸收。母源性 IgG（或 IgY）主要进入子代血液,可防御全身感染,而通过卵清或初乳传递给子代的 Ig（如 IgA、IgE 和 IgM）则可防御幼体肠道感染。但是对于牛、羊而言,由于母源 Ig 不能通过胎盘传递,所以只能依靠初乳中 Ig 传递给幼体,为此牛、羊的初乳中 IgG 为主要成分。

第二节　乳铁蛋白

近年来,乳铁蛋白（Lf）的研究受到广泛重视。1993 年在日本召开了第一届乳铁蛋白

（Lf）的结构与功能的国际会议，会上研究者就 Lf 的铁结合机制、生物功能、医学临床应用和食品中的应用进行了探讨，这标志着 Lf 特有的生物学意义已受到世界范围的广泛重视。

一、Lf 的基本性质

（一）Lf 的基本结构和组成

乳铁蛋白是一种天然蛋白质的降解物，存在于牛乳和人乳中。乳铁蛋白晶体呈红色，是一种铁结合性糖蛋白，相对分子质量为 77100 ± 1500。牛乳铁蛋白的等电点（pI）为 8，比人乳铁蛋白高 2 个 pH 单位。在 1 分子乳铁蛋白中，含有 2 个铁结合部位。其分子由单一肽键构成，谷氨酸、天冬氨酸、亮氨酸和丙氨酸的含量较高；除含少量半胱氨酸外，几乎不含其他含硫氨基酸；终端含有一个丙氨酸基团。

1939 年，Sorensen 等在分离乳清蛋白时得到一种红色蛋白，Polis 等在分离乳清蛋白（Lp）时也得到部分纯化的红色蛋白，但直到 1959 年 Groves 用色谱法得到纯的红色物质后，才确认这种红色物质是一种含铁蛋白质，称之为乳铁蛋白（lactoferrin，Lf），又称红蛋白。

通过 Lf 的组成和氨基酸顺序分析，证明它是由转铁蛋白（transferrin，Tf）演变而来。各种哺乳动物（如人、羊、牛）的乳铁蛋白在氨基酸排列上有较小的差异。1 分子 Lf 能结合两个 Fe^{3+}，含 $15 \sim 16$ 个甘露糖，$5 \sim 6$ 个半乳糖，$10 \sim 11$ 个乙酰葡萄糖胺和 1 个唾液酸，其中中性糖 8.5%，氨糖 2.7%。

乳清 Lf 和初乳 Lf 有相同的性质。X 光衍射（XRD）实验表明，其主体呈无柄银杏叶并列状结构，铁离子结合在两叶的切入部位，铁离子的间隔为 $0.28 \sim 0.43 \mu m$，椭圆形叶的大小为 $0.55 \mu m \times 0.35 \mu m \times 0.35 \mu m$。

乳铁蛋白由乳腺合成，分娩后乳腺合成 Lf 的能力减弱，故其含量在分娩几天后迅速下降。人乳中乳铁蛋白含量最高，其常乳中的含量为 $2.0 \sim 4.0 mg/mL$，是牛乳（$0.02 \sim 0.35 mg/mL$）的 10 倍，而人初乳中 Lf 含量更高，高达 $6.0 \sim 8.0 mg/mL$。乳铁蛋白是由血清中转移而来。现已证明乳铁蛋白有两种分子形态，相对分子质量为 86000 和 82000，其主要差别在于它们所含的糖类不同，经溴化氰切断和脱糖化实验证实 Lf 是以复相分子形式存在，它们的生理功能的差别尚不清楚。

（二）Lf 的金属结合性质

1 分子饱和 Lf 中含两个 Fe^{3+}。乳铁蛋白不仅能结合 Fe^{3+}，且对 Cu^{2+} 也有结合作用，其结合能力也是每个 Lf 分子含两个 Cu^{2+}。在乳铁蛋白和 Fe 或 Cu 形成络合物的过程中有碳酸氢盐的参与，Fe 或 Cu 和碳酸氢盐的比例为 $1:1$，碳酸氢盐的存在对络合物的生成有催化作用。维生素 C 对缺铁 Lf 的饱和过程也有催化作用，维生素 C 的存在有利于饱和 Lf 的形成，Tf 也有类似的性质。

用 XRD 实验证实，Tf 的铁结合 2 个酪氨酸、1 个组氨酸、1 个天冬氨酸和碳酸根，碳酸根上连接 1 个精氨酸和水分子，这种模式是否和 Lf 一样，尚需实验进一步证实。

（三）Lf 的热力学性质

对加热 Lf 的抗原性和其他生物活性进行分析的结果表明：缺铁乳铁蛋白 pH＞7 时胶凝，pH＜7 时不沉淀，pH＝4.0 时，$90 \sim 100℃$、5min 的加热，对 Lf 的铁结合能力、抗菌性没有影响；在 pH $2.0 \sim 3.0$，$100 \sim 120℃$，加热 5min 后，Lf 明显降解，但其抑菌活性反而增强。

对多种乳清蛋白的热变性温度的研究表明，饱和 Lf 有两个变性峰（$69.0℃$ 和 $83.5℃$），不饱和 Lf 有一个变性峰（64.7℃）。第一个峰是一铁离子 Lf，第二个峰是二铁离子 Lf；一铁离子 Lf 和二铁离子 Lf 的变性焓分别是 2100kJ/mol 和 2900kJ/mol。

二、Lf 的生物活性及其影响因素

（一）Lf 的生物活性

乳铁蛋白具有结合并转运铁的能力，能增强铁的吸收利用率，降低有效铁的使用量，减少铁的负面影响。

乳铁蛋白对铁的结合，避免了人体内 $OH\cdot$ 有害物质的生成。超氧离子 $O_2^-\cdot$ 和抗坏血酸盐或 H_2O_2 反应能产生高反应活性的 $OH\cdot$，这种 $OH\cdot$ 被认为是一种对人体有害的物质，$O_2^-\cdot$ 和 H_2O_2 的反应称为 Haber-Weiss 反应，它在过渡元素（如 Fe）的催化下进行反应。

乳铁蛋白还有多种生物活性，归纳起来有以下几个方面。

① 参与铁代谢，刺激肠道中铁的吸收。

② 抑菌作用，抗病毒效应。

③ 调节吞噬细胞功能。

④ 调节发炎反应，抑制感染部位炎症。

⑤ 有抗氧化作用，抑制由于 Fe^{2+} 引起的脂氧化，Fe^{2+} 或 Fe^{3+} 的生物还原剂（如抗坏血酸盐）是脂氧化的诱导剂。

⑥ 促进细胞生长，促使原始成骨细胞增殖和分化，减少成骨细胞凋亡。

（二）Lf 生物活性的影响因素

乳铁蛋白的生物活性受多种因素的制约，铁含量、盐类、pH、抗体或其他免疫物质、介质等均有影响。它的铁含量对其抑菌作用有决定性作用。

（1）铁饱和程度的影响　乳铁蛋白的铁含量对抑菌有决定性作用，如从乳房炎中分离的大肠埃希菌（大肠杆菌）、葡萄球菌和链球菌类在一定的合成介质中均被缺铁乳铁蛋白抑制，这种抑制作用因加入 Fe^{3+} 使其饱和而消失，说明了乳铁蛋白抑菌作用的铁依赖性，它的抗脂氧化有类似结果。

（2）盐类作用　在上述实验中，碳酸盐的存在可明显增强乳铁蛋白的抑菌能力，柠檬酸盐的增加明显减弱了缺铁乳铁蛋白对三种菌的抑制。乳汁的实际抑菌作用和其分泌的乳铁蛋白与柠檬酸盐的比例有关，其实质仍是二者竞争 Fe^{3+} 使微生物可对铁利用，因而减弱了抑制能力。

（3）pH 的影响　乳铁蛋白的抑菌效果和 pH 密切相关，在 pH 7.4 时效果明显高于 pH 6.8 时，pH<6 基本无抑菌作用。

（4）抗体或其他免疫物质间的协同作用　研究表明乳铁蛋白和 IgA 抑菌有协同作用，Sarllson 等也得出相同结论。

（5）介质的作用　金黄色葡萄球菌用 [125]I 示踪蛋白实验表明：85% 能和 Lf 稳定结合，其他部分很少或不能结合，其介质以血液、胨-琼脂较好，盐汁或富盐脱脂乳较差，最适 pH 为 4.0~7.0。

（6）形态　Lf 的生物活性和其形态有关，如 10% 水解的 Lf 有最好的抑菌效果，HPLC 法分析有 8 种 Lf 的降解肽存在。

（7）动物的种类　Lf 的活性和动物的种类相关，人、牛、羊等乳汁中 Lf 的含量和结构稍有不同，在许多体液、组织液（如唾液、鼻汁、胆汁、精液、眼泪等）均有 Lf 存在，它们在这些部分参与生物调解作用。

Lf 对多种病原菌有抑制作用，服用含 Lf 的食品或制剂，对抑制肠道的病原菌，增加有益菌类和平衡肠道菌群，均有较好的作用。

三、Lf 的分离方法

目前报道的 Lf 分离方法很多，主要有色谱法（吸附色谱法、离子交换色谱法、亲和色谱法、固定化单系抗体法等）和超滤法。

色谱法的优点是分离效果好、纯度高，抗体被固定化可重复使用，其缺点是柱的制备工艺复杂，抗体成本昂贵，难以工业化生产。超滤法操作简便，费用相对较低，易于形成工业化规模，其缺点是乳铁蛋白纯度较低，膜需经常清洗。超滤法是生产食品用乳铁蛋白最具实现工业化潜力的方法之一。

第三节　溶菌酶

溶菌酶（lysozyme，Lz，EC3.2.1.17）又称胞壁质酶（muramidase）或 N-乙酰胞壁质聚糖水解酶（N-acetyl muramide glycanohydralase），它于 1922 年由英国细菌学家 Fleming 在人的眼泪和唾液中发现并命名。它广泛存在于鸟、家禽的蛋清，哺乳动物的眼泪、唾液、血浆、尿、乳汁和组织（如肝肾）细胞中，其中以蛋清中含量最为丰富，而人的眼泪、唾液中的 Lz 活力远高于蛋清中 Lz 的活力。

一、Lz 的基本性质

Lz 是一种碱性球蛋白，广泛存在于鸟和家禽的蛋清中。其酶蛋白性质稳定，热稳定性很高。人乳中的 Lz 活力比鸡蛋清 Lz 高 3 倍，比牛乳 Lz 高 6 倍。Lz 是由 129 个氨基酸组成，相对分子质量 14200，等电点为 pH 10.7～11.0，分子内有 4 个二硫键交联，对热极为稳定。Shahani 等报告牛乳的 Lz 相对分子质量为 18000，一级结构尚未确定。人乳 Lz 和 α-乳白蛋白的一级结构有 74% 是相同的，α-乳白蛋白是人乳中含量较多的蛋白质，它对于乳腺中乳糖的合成是必不可少的，是乳糖合成酶的辅酶。溶菌酶和 α-乳白蛋白在生物学上是同源的，但它们的三级结构有着很大的差异。Lz 通过其肽键中第 35 位的谷氨酸和第 52 位的天冬氨酸构成的活性部位，水解破坏组成微生物细胞壁的 N-乙酰葡萄糖胺与 N-乙酰胞壁质酸间的 β-(1,4) 糖苷键，使菌体细胞壁溶解而起到杀死球菌的作用。

Lz 在人血清中含量平均为 0.6～1.0mg/100mL，人初乳中达 40mg/100mL，牛乳中的含量约为人乳的 1/3000，目前在人、猪、猫、兔、马、驴、猴乳中均发现有 Lz 存在，羊乳中仅有微量的 Lz。

二、Lz 的加工适应性

1. 热稳定性

Lz 在酸性 pH 下是稳定的，此时 100℃ 的加热对 Lz 仅有很小的活力损失。在 pH 4.5（100℃，3min）、pH 5.29（100℃，3min）下加热，Lz 是稳定的。一般认为 Lz 在酸性条件下稳定，在碱性条件不稳定。

Genentech 和 Genoneor 两公司用遗传工程的方法生产出一种改性溶菌酶，此酶中有一种新的二硫键，这个键通过稳定酶的四级结构而增加了溶菌酶的热力学稳定性，使其在食品防腐方面更为有效。

糖和聚烯烃类能增加 Lz 的热稳定性，NaCl 对 Lz 也有抗热变性作用，而且盐溶液的存在对 Lz 的活力是十分必要的。在低盐浓度时，Lz 的活化和离子强度密切相关，在高盐浓度时 Lz 的活力受到抑制，阳离子的价态愈高则其抑制作用愈强。具有—COOH 和—SH$_3$OH 基的多糖对 Lz 活力有抑制作用。

2. 加工过程中的化学反应

蛋白质和过氧化的脂类作用对食品的储藏有着重要影响，自由基使不饱和脂肪酸过氧化产生 H$_2$O$_2$，导致产品的损坏，这类反应的一个特征是产品的溶解性下降。溶菌酶和过氧化甲基亚油酸盐一起培养，导致蛋白质溶解度的下降和增加了溶解部分的相对分子质量，这是由于在 Lz 中产生了游离基，而导致其和过氧化的甲基亚油酸作用，研究表明 Lz 中游离基浓度随水分活度的上升而下降。

焙烤时，溶菌酶被作为一个纯蛋白质样品，在 250℃ 几乎所有溶菌酶的氨基酸被分解，色氨酸、含硫氨基酸、碱性氨基酸和 β-OH 氨基酸，较酸性氨基酸、脯氨酸、芳香族氨基酸（除色氨酸外）、有烷侧链的氨基酸容易分解，这在氨基酸和还原糖间形成风味和有色物质的美拉德反应中是很重要的。

3. 络合作用

溶菌酶和许多物质形成络合物导致其失活。人们发现等量蛋清和蛋黄的混合物其溶菌酶无活力；脱水全蛋中仅保留部分溶菌酶活力；蛋黄污染的蛋清仅有两个离子交换色谱峰，而不是无污染的三个峰；对全蛋的色谱分离无溶菌酶。据此，研究者认为抑制机理是在溶菌酶和蛋黄化合物间形成静电相互作用的络合物所致。

三、Lz 在食品中的应用

由于 Lz 对多种微生物有抑制作用，因此可以用于食品保藏。目前已经用于香肠、鱼片、火腿、蔬菜和水果的防腐剂。在日本，Lz 还用于豆腐的保存。Lf、Lz 有防止肠道炎和变态反应的作用，因此可用于婴幼儿食品。而且 Lz 可以使肠道双歧乳杆菌（*Bifidus bacillus*）增殖，对婴幼儿的肠道菌群有平衡作用。

人们对 Lz 添加于干酪等乳制品的影响进行了广泛研究。Lz 加入乳中，可引起酪蛋白的水解。Lz 的添加可以使用 CaCl$_2$ 进行乳凝的时间缩短。Edam 干酪易受到丁酸菌的污染，用 H$_2$O$_2$、硝酸盐或用 Lz 对丁酸菌可以进行抑制。在加工 Edam 干酪时加入 Lz 不但对加工工艺无任何影响，而且还可以明显改善干酪的感官质量。意大利干酪、Edam 干酪和 Gouda 干酪后期膨胀产气主要是酪丁酸梭菌（*Clostridum tyrobutyricum*）所致。用 500 单位/mL 的 Lz 能杀死 99% 的酪丁酸梭菌，为此，Lz 可替代硝酸盐防止干酪产气。特别是添加干酪中的 Lz 还可以回收使用，添加于酸乳清、乳、皱胃酶乳清和干酪中的 Lz 的回收率分别为 97%～100%、75%～80%、88%～93% 和 87%～91%。

Lz 还可以用于各种肉肠类食品起防腐作用。将 Lz、NaCl 和 NaNO$_2$ 三者相结合的防腐效果比单独使用 Lz 或 NaCl＋NaNO$_2$ 的效果好。此外，溶菌酶还可用于保存海产品。

第四节　其他蛋白类生物活性物质

一、金属硫蛋白

金属硫蛋白（metallothiomein，MT）是一种含有大量 Cd 和 Zn、富含半胱氨酸的低相对分子质量的蛋白质。相对分子质量 6000～10000，每摩尔金属硫蛋白含有 60～61 个氨基酸，其中含—SH 的氨基酸有 18 个，占总数的 30%。每 3 个—SH 键可结合 1 个 2 价金属离子。

金属硫蛋白的生理功效，体现在以下几方面。

① 参与微量元素的储存、运输和代谢。

② 清除自由基，拮抗电离辐射。

③ 重金属的解毒作用。

④ 参与激素和发育过程的调节，增强机体对各种应激的反应。

⑤ 参与细胞 DNA 的复制和转录、蛋白质的合成与分解以及能量代谢的调节过程。

全世界接受治疗的癌症患者中，50％～70％曾接受过放射性与化学治疗。放射性与化学治疗在伤害癌细胞的同时，对正常细胞有严重的损伤，导致出现白细胞减少症，使患者生存质量恶化。应用特异活性成分防止放射性治疗的副作用，保护正常人体细胞，已成为提高癌症放射性治疗治愈率、改善患者生存质量的重要手段。金属硫蛋白就是这样一种有效的活性成分，它具有很强的抗辐射、保护细胞损伤及修复损伤细胞的功能。

某些行业的工作人员，长期与重金属（如 Hg、Pb）接触，可引起中毒，出现四肢疼痛、口腔疾病、肾损伤、红细胞溶血等病症。锌-金属硫蛋白进入体内后，与 Pb 或 Hg 可结合成稳定的金属硫蛋白排出体外，而被置换出的 Zn 离子对人体无害，从而起到保健作用。

二、大豆球蛋白

大豆球蛋白（glycinin）是存在于大豆籽粒中的储藏性蛋白的总称，约占大豆总量的 30％。其主要成分是 11S 球蛋白（可溶性蛋白）和 7S 球蛋白（β 与 γ-浓缩球蛋白），其中，可溶性蛋白与 β-浓缩球蛋白两者约占球蛋白总量的 70％。

1. 蛋白质的营养价值

大豆球蛋白的氨基酸模式，除了婴儿以外，自 2 周岁的幼儿至成年人，都能满足其对必需氨基酸的需要。

将大豆球蛋白与牛肉相混合，不论大豆球蛋白与牛肉按什么比例混合，其蛋白质利用率都没有什么差别。也就是说，在保持氮平衡的情况下，即使将大豆球蛋白置换牛肉，其整体营养价值与牛肉没多大差别。

2. 大豆球蛋白对血浆胆固醇的影响

大豆球蛋白对血浆胆固醇的影响，已确认的特点如下。

① 对血浆胆固醇含量高的人，大豆球蛋白有降低胆固醇的作用。

② 当摄取高胆固醇食物时，大豆球蛋白可以防止血液中胆固醇的升高。

③ 对于血液中胆固醇含量正常的人来说，大豆球蛋白可降低血液中低密度脂蛋白/高密度脂蛋白（LDL/HDL）胆固醇的比值。

作为蛋白质来源的大豆球蛋白，以 140g/d 剂量连续摄取 1 个月，可以改善并保持健康状况。若进一步过量摄取，则会抑制 Fe 的吸收。不过，摄取量在 0.8g/kg 左右，对 Fe、Zn 等微量元素的利用没有影响。

三、酶蛋白

1. 超氧化物歧化酶（SOD）

超氧化物歧化酶（EC 1.15.1.1）是生物体内防御氧化损伤的一种重要的酶，能催化底物超氧自由基发生歧化反应，维持细胞内超氧自由基处于无害的低水平状态。

SOD 是金属酶，根据其金属辅基成分的不同，可将 SOD 分为三类：铜锌超氧化物歧化酶（Cu/Zn-SOD）、锰超氧化物歧化酶（Mn-SOD）和铁超氧化物歧化酶（Fe-SOD）。

SOD 都属于酸性蛋白，结构和功能比较稳定，能耐受各种物理或化学因素的作用，对热、pH 和蛋白水解酶的稳定性比较高。通常，在 pH 5.3～9.5 范围内，SOD 催化反应速度不受影响。

作为一种功效成分，SOD 的生理功效可概括为以下几个方面。

① 清除机体代谢过程中产生过量的超氧阴离子自由基，延缓由于自由基侵害而出现的衰老现象，如延缓皮肤衰老和脂褐素沉淀的出现。

② 提高人体对由于自由基侵害而诱发疾病的抵抗力，包括肿瘤、炎症、肺气肿、白内障和自身免疫疾病等。

③ 提高人体对自由基外界诱发因子的抵抗力，如烟雾、辐射、有毒化学品和有毒医药品等，增强机体对外界环境的适应力。

④ 减轻肿瘤患者在进行化疗、放疗时的疼痛及严重的副作用，如骨髓损伤或白细胞减少等。

⑤ 消除机体疲劳，增强对超负荷大运动量的适应力。

2. 谷胱甘肽过氧化物酶 (GPX)

GPX（EC 1.11.1.9）是生物体内第一种含硒酶，硒是 GPX 的必需组成成分。GPX 可以清除组织中有机氢过氧化物等，对由活性氧和·OH 诱发的脂氢过氧化物有很强的清除能力，延缓细胞衰老。也可清除 DNA 氢过氧化物，降低细胞突变的发生率。

─────── 思 考 题 ───────

1. 简述免疫球蛋白的种类、基本性质和生物学功能。

2. 请说明乳铁蛋白与转铁蛋白关系，并简述乳铁蛋白的生物活性。

3. 简述溶菌酶的生物活性及其在食品中的应用。

4. 请阅读有关文献，叙述本章没有阐述的蛋白类生物活性物质的名称和所具有的生物活性。

第二章

活性肽类

主要内容

1. 生物活性肽的生理功能。
2. 生物活性肽的基本内容。
3. 调味肽的基本内容。

生物活性肽（简称活性肽）指的是一类相对分子质量小于6000，具有多种生物学功能的多肽。这些活性肽具有多种人体代谢和生理调节功能，食用安全性极高。生物活性肽是肽类的热门研究领域，肽的吸收与生理作用已有较深入的研究。由于动物体内存在大量的蛋白酶和肽酶，人们长期以来一直认为，蛋白质降解成寡肽后，只有再降解为游离氨基酸才能被动物吸收利用。20世纪60年代，有研究证明寡肽可以被完整吸收，人们才逐步接受了肽可以被动物直接吸收利用的观点。此后人们对寡肽在动物体内的转运机制进行了大量的研究，表明动物体内可能存在多种寡肽的转运体系。目前的研究认为，二、三肽能被完整吸收，大于三肽的寡肽能否被完整吸收还不确定，但也有研究发现四肽、五肽甚至六肽都能被动物直接吸收。

生物活性肽的生理功能如下。

① 调节体内的水分、电解质平衡。

② 为免疫系统制造对抗细菌和感染的抗体，提高免疫功能。

③ 促进伤口愈合。

④ 在体内制造酵素，有助于将食物转化为能量。

⑤ 修复细胞，改善细胞代谢，防止细胞变性，能起到防癌的作用。

⑥ 促进蛋白质、酶、酵素的合成与调控。

⑦ 沟通细胞间、器官间信息的重要化学信使。

⑧ 预防心脑血管疾病。

⑨ 调节内分泌与神经系统。

⑩ 改善消化系统、治疗慢性胃肠道疾病。

⑪ 改善糖尿病、风湿、类风湿等疾病。

⑫ 抗病毒感染、抗衰老，消除体内多余的自由基。

⑬ 促进造血功能，治疗贫血，防止血小板聚集，能提高血红细胞的载氧能力。

通过对活性肽类的研究，促进了人类对肽类物质的应用，营养学家、生物医学家不断开发出各种各样的肽类产品，以满足人类健康事业的需要。目前对肽类物质的应用主要在以下三个方面。

① 功能性食品。具有一定功能的肽类食品，目前是国际上研究的热点。日本、美国、欧洲已捷足先登，推出具有各种各样功能的食品和食品添加剂，形成了一个具有极大商业前景的产业。

② 肽类试剂。纯度非常高，主要应用在科学试验和生化检测上，价格十分昂贵。

③ 肽类药物。

生物活性肽分子结构复杂程度不一，从简单的二肽到环形大分子多肽，而且这些多肽可通过磷酸化、糖基化或酰基化而被修饰。依据其功能，生物活性肽大致可分为生理活性肽、调味肽、抗氧化肽和营养肽等，但因一些肽具有多种生理活性，因此这种分类只是相对的。

本章主要介绍了生物活性肽、调味肽的基本概念和生理功能等。

第一节　生物活性肽

生物活性肽是沟通细胞间与器官间信息的重要化学信使，通过内分泌等作用方式，使机体形成一个高度严密的控制系统，调节生长、发育、繁殖、代谢和行为等生命过程。这些多肽通称为生物活性肽。它主要有以下几种。

一、矿物元素结合肽

多数矿物元素结合肽中心位置含有磷酸化的丝氨酸基团和谷氨酰残基，与矿物元素结合的位点存在于这些氨基酸带负电荷的侧链一侧，其最明显的特征是含有磷酸基团。与钙结合需要含丝氨酸的磷酸基团以及谷氨酸的自由羧基基团，这种结合可增强矿物质-肽复合物的可溶性。酪蛋白磷酸肽（CPP）是目前研究最多的矿物元素结合肽，它能与多种矿物元素结合形成可溶性的有机磷酸盐，充当许多矿物元素如 Fe^{2+}、Mn^{2+}、Cu^{2+}、Se^{2+}，特别是 Ca^{2+} 在体内运输的载体，能够促进小肠对 Ca^{2+} 和其他矿物元素的吸收。

酪蛋白磷酸肽的分子内具有丝氨酸磷酸化结构，对钙的吸收作用显著。它是应用生物技术从牛奶蛋白中分离的天然生物活性肽，存在于牛乳干酪素中，有两种物质。由 α-干酪素制成的 α-酪蛋白磷酸肽是由 37 个不同氨基酸组成的磷肽，其中有与磷酸基相结合的丝氨酸 7 个，相对分子质量为 46000。由 β-干酪素制成的 β-酪蛋白磷酸肽，是由 25 个不同氨基酸组成的磷肽，其中有与磷酸基相结合的丝氨酸 5 个，相对分子质量为 3100。酪蛋白磷酸肽是一类含有 25～37 个氨基酸残基的多肽，在 pH 7～8 的条件下能有效地与钙形成可溶性络合物。

酪蛋白磷酸肽的生理功能主要有以下几个方面：①促进成长期儿童骨骼和牙齿的发育；②预防和改善骨质疏松症；③促进骨折患者的康复；④预防和改善缺铁性贫血；⑤抗龋齿。

日本、澳大利亚、德国等将其应用于功能性食品中，如日本添加酪蛋白磷酸肽的补钙、补铁功能性食品，包括液体饮料、强化乳制品、饼干、糕点、糖果等。我国已于 1994 年由广州市轻工研究所独家实现了酪蛋白磷酸肽的规模化工业生产，酪蛋白磷酸肽作为第一种用于食品中的矿物元素结合肽，日益受到人们的重视。

二、酶调节剂和抑制剂

这类肽包括谷胱甘肽、肠促胰酶肽等。谷胱甘肽在小肠内可以被完全吸收，它能维持红细胞膜的完整性，对于需要巯基的酶有保护和恢复活性的功能，它是多种酶的辅酶或辅基，可以参与氨基酸的吸收及转运，参与高铁血红蛋白的还原作用及促进铁的吸收。

谷胱甘肽（GSH）是由谷氨酸、半胱氨酸和甘氨酸通过肽键缩合而成的三肽化合物，广泛存在于动物肝脏、血液、酵母和小麦胚芽中，各种蔬菜等植物组织中也有少量分布。谷胱甘肽具有独特的生理功能，被称为长寿因子和抗衰老因子。日本在 20 世纪 50 年代开始研制并将其应用于食品，现已在食品加工领域得到广泛应用。我国对谷胱甘肽的研究还处于起步阶段。谷胱甘肽的生产方法主要有溶剂萃取法、化学合成法、微生物发酵法和酶合成法等 4 种，其中利用微生物细胞或酶生物合成谷胱甘肽极具发展潜力，目前主要以酵母发酵法生产谷胱甘肽。

谷胱甘肽在生物体内有着重要的作用。

① 作为解毒剂，可用于丙烯腈、氟化物、一氧化碳、重金属以及有机溶剂的解毒上。

② 作为自由基清除剂，可保护细胞膜，防止红细胞溶血及促进高铁血红蛋白的还原。

③ 对白细胞减少症起到保护作用。

④ 起到抗过敏作用。

⑤ 对缺氧血症、恶心以及肝脏疾病所引起的不适具有缓解作用。

⑥ 可防止皮肤老化及色素沉着，改善皮肤抗氧化能力并使皮肤产生光泽。

随着酶调节剂和抑制剂研究的不断深入，它们对人体的健康发挥越来越大的作用。

三、抗菌肽

又称抗菌活性肽，它通常与抗生素肽和抗病毒肽联系在一起，包括环形肽、糖肽和脂肽，如短杆菌肽、杆菌肽、多黏菌素、乳酸杀菌素、枯草菌素和乳酸链球菌肽等。抗菌肽热稳定性较好，具有很强的抑菌效果。

除微生物、动植物可产生内源抗菌肽外，食物蛋白经酶解也可得到有效的抗菌肽，如从乳铁蛋白中获得的抗菌肽。乳铁蛋白是一种结合铁的糖蛋白，作为一种原型蛋白，被认为是宿主抗细菌感染的一种很重要的防卫机制。研究人员利用胃蛋白酶分裂乳铁蛋白，提纯出了三种抗菌肽，它们可作用于大肠杆菌，均呈阳离子形式。这些生物活性肽接触病原菌后 30min 见效，是良好的抗生素替代品。

四、神经活性肽

多种食物蛋白经过酶解后，会产生神经活性肽，如来源于小麦谷蛋白的类鸦片活性肽，它是体外胃蛋白酶及嗜热菌蛋白酶解产物。

神经活性肽包括类鸦片活性肽、内啡肽、脑啡肽和其他调控肽。神经活性肽对人具有重要的作用，它能调节人体情绪、呼吸、脉搏、体温等，与普通镇痛剂不同的是，它无任何副作用。

五、免疫活性肽

免疫活性肽能刺激巨噬细胞的吞噬能力，抑制肿瘤细胞的生长，我们将这种肽称为免疫活性肽。它分为内源免疫活性肽和外源免疫活性肽两种。内源免疫活性肽包括干扰素、白细胞介素和 β-内啡肽，它们是激活和调节机体免疫应答的中心。外源免疫活性肽主要来自人乳和牛乳中的酪蛋白。

免疫活性肽具有多方面的生理功能，它不仅能增强机体的免疫能力，在动物体内起重要的免疫调节作用；而且还能刺激机体淋巴细胞的增殖和增强巨噬细胞的吞噬能力，提高机体对外界病原物质的抵抗能力。

第二节 调味肽

某些生物活性肽可以提高食品的适口性，改善食品的风味，我们把这种肽称为调味肽。

一、酸味肽

酸味肽通常与酸味和 Umami 味有关。Umami 味具有谷氨酸钠的味道，它通常由含有谷氨酸钠盐和天冬氨酸钠盐的二肽或三肽组成。首次从木瓜蛋白酶处理的牛肉提取物中分离出来的八肽，被称为"美味肽"，是代表 Umami 风味最好的例子。据报道，美味肽具有典型的牛肉汤味道。

二、甜味肽

甜味肽典型的代表是二肽甜味素和阿力甜素，它们具有味质佳、安全性高、热量低等特点。其中二肽甜味素已经被 70 多个国家批准在 500 余种食品和药品中应用，可用于增强食品的甜度，调节风味。此外，赖氨酸二肽被证明是二肽甜味素有效的替代品，其不含酯的功能特性，在食品加工和储藏过程中更加稳定。

三、苦味肽

苦味是有些食品如啤酒、咖啡、奶酪等的重要口感组分。碱性二肽如鸟氨酸-β-丙氨酸呈现出强烈的苦味，谷氨酸低聚物常常被用作很多食品的苦味成分。目前，研究人员已从发酵食品和酪蛋白的酶解产物中分离出苦味肽。

四、咸味肽

某些碱性二肽，如鸟氨酰牛磺酸-氢氯化物、鸟氨酰基-β-丙氨酸-氢氯化物表现出强烈的咸味。但研究发现，肽类在缺少氯化氢条件下是无咸味的。其可发展成为高钠调味品的替代品。

五、增强风味的肽

某些食品添加剂，虽然抗菌效果较好，也不会在动物体内产生残留，是一种安全、无残留抗生素。但其口感太差，加入食品后，食品适口性显著降低。某些二肽如 *Gly-Leu*、*Pro-Glu* 和 *Val-Glu* 可利用它们的缓冲作用起到改善食品适口性的作用。短链谷氨酸多肽则可有效掩盖苦味。总之，某些生物活性肽可以通过模拟、掩蔽、增强风味而提高食品的适口性。

六、激素肽

激素肽包括生长激素释放肽、催产素等，它们通过自身作为激素或调节激素反应而产生多种生理作用。激素肽作为 20 世纪 90 年代发展起来的一类新合成的生物活性肽，在动物体中具有释放生长激素的生物活性。

第三节　一些有价值的其他活性肽

一、抗氧化肽

某些食物来源的肽具有抗氧化作用，其中人们最熟悉的是存在于动物肌肉中的一种天然二肽——肌肽。据报道，抗氧化肽可抑制体内血红蛋白、脂氧合酶和体外单线态氧催化的脂肪酸败作用。此外，从蘑菇、马铃薯和蜂蜜中鉴别出几种低分子量的抗氧化肽，它们可抑制多酚氧化酶的活性，可直接与多酚氧化酶催化后的醌式产物发生反应，阻止聚合氧化物的形成，从而防止食品的棕色反应。通过清除重金属离子以及促进可能成为自由基的过氧化物的分解，一些抗氧化肽和蛋白水解酶能降低自动氧化速率和脂肪的过氧化物含量。

二、营养肽

对人或动物的生长发育具有营养作用的肽，称为营养肽。如蛋白质在肠道内酶解消化可释放游离的氨基酸和肽。大量研究表明，蛋白质和肽除可直接供给动物机体氨基酸需要外，对动物生长还有一些特殊的作用。以游离氨基酸代替完整蛋白质的数量是有限的，低蛋白日粮无论如何平衡氨基酸都无法达到高蛋白日粮的生产水平。动物日粮中蛋白质的重要性部分体现在小肠部位可以产生具有生物活性的肽类。肽类的营养价值高于游离氨基酸和完整蛋白质，其原因有以下几个方面。

① 与转运游离氨基酸相比，机体转运小肽通过小肠壁的速度更快。

② 肽类的渗透压比游离氨基酸低，因此可提高小肽的吸收效率，减少渗透问题。

③ 小肽还具有良好的感官/味觉效应。

目前，生物活性肽的研究发展很快，已经受到了各国科学家和政府的高度重视。有些生物活性肽已经作为功能性食品实现了工业化生产。生物活性肽的研究与开发作为国际上新兴的生物高科技领域，具有极大的市场潜力。

此外，活性肽类还可作为药物使用。目前，已经生产出的肽类药物达数百种，涉及大部分疾病的临床治疗。例如胰岛素的人工合成，它已解救无数糖尿病患者的生命。2003 年，我国爆发了 SARS（重症急性呼吸综合征，在发现初期也被称为"非典"）。第四军医大学研究人员在进行抗非典药物研究中，发现了 3 个对 SARS 病毒有明确抑制作用的多肽。这一抑制冠状病毒的研究对系列多肽药物的合成、为研制抗非典药物奠定了坚实的基础。这 3 个多肽已正式通过我国疾病预防控制中心病毒病预防控制所、病毒资源中心的鉴定。研究人员认为非典冠状病毒是一种单链核糖核酸病毒。在非典病原体被确定后，研究人员发现非典冠状病毒外围有一个类似"日冕"的圆环，其内部的 4 个结构蛋白，尤其是 S 蛋白在非典病毒的自身复制、侵蚀人体细胞中起关键作用，而多肽可以阻止冠状病毒侵入细胞，从而抑制冠状病毒入侵人体细胞。专家们说，在世界范围内，临床上还没有特效的药物治疗 SARS，因此，这一类多肽对非典冠状病毒具有明确的抑制作用。

思 考 题

1. 什么是生物活性肽？它有何优点？

2. 生物活性肽有哪些？

3. 试述酪蛋白磷酸肽和谷胱甘肽的生理功能。

4. 为什么说肽类的营养价值高于游离氨基酸和完整的蛋白质？

第三章

活性多糖

1. 膳食纤维的定义与分类。
2. 膳食纤维的化学组成与物化性质。
3. 膳食纤维的生理功能。
4. 膳食纤维的副作用。
5. 膳食纤维的加工、应用及推荐摄入量。
6. 真菌多糖的物理性质与功效的关系。
7. 真菌多糖的生理功能。
8. 乳酸菌胞外多糖的结构与功效的关系。
9. 乳酸菌胞外多糖的生理功能。

多糖是由糖苷键连接起来的醛糖或酮糖组成的天然大分子。多糖是所有生命有机体的重要组成成分并与维持生命所必需的多种功能有关，大量存在于藻类、真菌、高等陆生植物中。具有生物学功能的多糖又被称为"生物应答效应物"（biological response modifier，BRM）或活性多糖（active polysaccharides）。很多多糖都具有抗肿瘤、免疫、抗补体、降血脂、降血糖、通便等活性。

第一节　膳食纤维

一、膳食纤维的定义与分类

（一）膳食纤维及其与粗纤维的区别

1. 膳食纤维的定义

1972 年 Trowell 等在测定食品中各种营养成分时给出了膳食纤维（dietary fiber）这一名词的定义，即食物中不被消化吸收的植物成分。1976 年 Trowell 又将膳食纤维的定义扩展为"不被人体消化吸收的多糖类碳水化合物和木质素"。主要是指那些不被人体消化吸收的多糖类碳水化合物与木质素，以及植物体内含量较少的成分如糖蛋白、角质、蜡等。

1979 年第 93 届美国职业分析化学家学会（AOAC）年会上，Prosky 和 Harland 提出统一膳食纤维的定义和分类方法。1981 年在加拿大渥太华进行的春季工作会议上，按照

Trowell 等在 1976 年提出的定义，就膳食纤维定量方法达成共识。其中 Asp、Furda 和 Schweizer 等提出的测定方法被认为是较好的研究方法。在 Prosky 的倡导下，这些研究者（包括 Devries 和 Harland）建立了一种适合国际间合作研究的简单方法，约有 29 个国家的 43 个实验室成功地完成这项研究。这种方法被 AOAC 首次采纳作为测定总膳食纤维的方法（AOAC985.29）。基于同样成功的实验室间的合作研究，同年美国谷物化学家学会（AACC）也采纳了该方法（AACC32-05）。

1999 年 7 月 26 日，美国食品科学技术学会（the Institute of Food Technologists，IFT）年会在芝加哥举行，大会就膳食纤维的定义举行了专门的论坛；1999 年 11 月 2 日在第 84 届 AACC 年会上举行专门会议对膳食纤维的定义进行了讨论。

膳食纤维被定义为"凡是不能被人体内源酶消化吸收的可食用植物细胞、多糖、木质素以及相关物质的总和"。这一定义包括了食品中的大量组成成分如纤维素、半纤维素、木质素、胶质、改性纤维素、黏质、寡糖、果胶以及少量组成成分如蜡质、角质、软木质。

膳食纤维的测定方法可分为两大类，即重量法和化学法。

重量法较简单，主要测定总膳食纤维、可溶性膳食纤维和不可溶性膳食纤维。重量法中目前应用较多的是酶法。

化学法则可定量地测定其中每一种中性糖和总的酸性糖（糖醛酸），还可单独测定木质素。但是，化学法受仪器设备制约，因而不适用于常规的膳食纤维分析。

总之，目前膳食纤维的定义与测定方法之间仍然存在一定的差距，所有膳食纤维组成成分的测定方法有待于进一步建立。

2. 膳食纤维与粗纤维的区别

不同于常用的粗纤维（crude fiber）的概念，传统意义上的粗纤维是指植物经特定浓度的酸、碱、醇或醚等溶剂作用后的剩余残渣。强烈的溶剂处理导致几乎 100％水溶性纤维、50％～60％半纤维素和 10％～30％纤维素被溶解损失掉。因此，对于同一种产品，其粗纤维含量与总膳食纤维含量往往有很大的差异，两者之间没有一定的换算关系。

虽然膳食纤维在人体口腔、胃、小肠内不被消化吸收，但人体大肠内的某些微生物仍能降解它的部分组成成分。从这个意义上说，膳食纤维的净能量并不严格等于零。而且，膳食纤维被大肠内微生物降解后的某些成分被认为是其生理功能的一个起因。

（二）膳食纤维的分类

膳食纤维有许多种分类方法，根据溶解特性的不同，可将其分为不溶性膳食纤维和水溶性膳食纤维两大类。不溶性膳食纤维是指不被人体消化道酶消化且不溶于热水的那部分膳食纤维，是构成细胞壁的主要成分，包括纤维素、半纤维素、木质素、原果胶和动物性的甲壳素和壳聚糖。其中木质素不属于多糖类，是使细胞壁保持一定韧性的芳香族碳氢化合物。水溶性膳食纤维是指不被人体消化酶消化，但溶于温水或热水且其水溶性又能被 4 倍体积的乙醇再沉淀的那部分膳食纤维。主要包括存在于苹果、橘类中的果胶，植物种子中的胶，海藻中的海藻酸、卡拉胶、琼脂和微生物发酵产物黄原胶，以及人工合成的羧甲基纤维素钠盐等。

按来源分类，可将膳食纤维分为植物来源、动物来源、海藻多糖类、微生物多糖类和合成类。

植物来源的有纤维素、半纤维素、木质素、果胶、阿拉伯胶和半乳甘露聚糖等；动物来源的有甲壳素、壳聚糖和胶原等；海藻多糖类有海藻酸盐、卡拉胶和琼脂等；微生物多糖有黄原胶等；合成类的有羧甲基纤维素等。其中，植物是膳食纤维的主要来源，也是研究和应用最多的一类。

中国营养学会将膳食纤维分为总的膳食纤维、可溶膳食纤维、水溶膳食纤维和非淀粉多糖。

二、膳食纤维的化学组成与物化性质

(一) 膳食纤维的化学组成

膳食纤维的化学组成包括三大类：①纤维状碳水化合物（纤维素）；②基质碳水化合物（果胶类物质等）；③填充类化合物（木质素）。

其中，①、②是构成细胞壁的初级成分，通常是死组织，没有生理活性。来源不同的膳食纤维，其化学组成的差异很大。

1. 纤维素

纤维素是吡喃葡萄糖经 β-1,4-糖苷键连接而成的直链线性多糖，聚合度大约是数千，它是细胞壁的主要结构物质。在植物细胞壁中，纤维素分子链由结晶区与非结晶区组成，非结晶区内的氢键结合力较弱，易被溶剂破坏。纤维素的结晶区与非结晶区之间没有明确的界限，转变是逐渐的。不同来源的纤维素，其结晶程度也不相同。

通常所说的"非纤维素多糖"泛指果胶类物质、β-葡聚糖和半纤维素等物质。

2. 半纤维素

半纤维素的种类很多，不同种类的半纤维素其水溶性也不同，有的可溶于水，但绝大部分都不溶于水。不同植物中半纤维素的种类、含量均不相同，其中组成谷物和豆类膳食纤维中的半纤维素有阿拉伯木聚糖、木糖葡聚糖、半乳糖甘露聚糖和 β-(1-3,1-4) 葡聚糖等数种。

3. 果胶及果胶类物质

果胶主链是经 α-1,4-糖苷键连接而成的聚 GalA（半乳糖醛酸），主链中连有 1,2-Rha（鼠李糖），部分 GalA 经常被甲基酯化。果胶类物质主要有阿拉伯聚糖、半乳聚糖和阿拉伯半乳聚糖等。果胶能形成凝胶，对维持膳食纤维的结构有重要的作用。

4. 木质素

本质素是由松柏醇、芥子醇和对羟基肉桂醇三种单体组成的大分子化合物。天然存在的木质素大多与碳水化合物紧密结合在一起，很难将之分离开来。木质素没有生理活性。

(二) 膳食纤维的物化特性

从膳食纤维的化学组成来看，其分子链中各种单糖分子的结构并无独特之处，但由这些并不独特的单糖分子结合起来的大分子结构，却赋予膳食纤维一些独特的物化特性，从而直接影响膳食纤维的生理功能。

1. 高持水力

膳食纤维化学结构中含有很多亲水基团，具有很强的持水力。不同品种膳食纤维其化学组成、结构及物理特性不同，持水力也不同。

膳食纤维的持水性可以增加人体排便的体积与速度，减轻直肠内压力，同时也减轻了泌尿系统的压力，从而缓解了诸如膀胱炎、膀胱结石和肾结石这类泌尿系统疾病的症状，并能使毒物迅速排出体外。

2. 吸附作用

膳食纤维分子表面带有很多活性基团，可以吸附或螯合胆固醇、胆汁酸及肠道内的有毒物质（内源性毒素）、化学药品和有毒医药品（外源性毒素）等有机化合物。膳食纤维的这种吸附螯合的作用，与其生理功能密切相关。

3. 对阳离子有结合和交换能力

膳食纤维化学结构中所包含的羧基、羟基和氨基等侧链基团可产生类似弱酸性阳离子交换树脂的作用，可与阳离子，尤其是有机阳离子进行可逆交换，从而影响消化道的 pH、渗透压及氧化还原电位等，并出现一个更缓冲的环境以利于消化吸收。

4. 无能量填充剂

膳食纤维体积较大，遇水膨胀后体积更大，易引起饱腹感。同时，由于膳食纤维还会影响可利用碳水化合物等成分在肠内的消化吸收，使人不易产生饥饿感。所以，膳食纤维对预防肥胖症十分有利。

5. 发酵作用

膳食纤维不能被人体消化道内的酶降解，但却能被大肠内的微生物发酵降解，产生乙酸、丙酸和丁酸等短链脂肪酸，使大肠内 pH 降低，从而影响微生物菌群的生长和增殖，诱导产生大量的好气有益菌，抑制厌气腐败菌。

不同种类的膳食纤维降解的程度不同，果胶等水溶性纤维素几乎可被完全酵解，纤维素等水不溶性纤维则不易为微生物所作用。同一来源的膳食纤维，颗粒小者较颗粒大者更易降解，而单独摄入的膳食纤维较包含于食物基质中的膳食纤维更易被降解。

由于好气菌群产生的致癌物质较厌气菌群少，即使产生也能很快随膳食纤维排出体外，这是膳食纤维能预防结肠癌的一个重要原因。

6. 溶解性与黏性

膳食纤维的溶解性、黏性对其生理功能有重要影响，水溶性纤维更易被肠道内的细菌所发酵，黏性纤维有利于延缓和降低消化道中其他食物成分的消化吸收。

在胃肠道中，这些膳食纤维可使其中的内容物黏度增加，增加非搅动层（unstirred layer）厚度，降低胃排空率，延缓和降低葡萄糖、胆汁酸和胆固醇等物质的吸收。

三、膳食纤维的生理功能

美国的 Graham 早在 1839 年和英国的 Allinson 在 1889 年就已提出膳食纤维的生理功能，Allinson 认为假如食物中完全不含膳食纤维或麸皮，不但易引起便秘，而且还会引起痔疮、静脉血管曲张和迷走神经痛等疾病。1923 年 Kellogg 论述了小麦麸皮的医疗功能，可是这些早期的研究工作当时均未得到人们的重视。直到 20 世纪 60 年代，在大量的研究事实与流行病调查结果基础上，膳食纤维的重要生理功能才为人们所了解，并逐渐得到公认。现在膳食纤维已被列入继蛋白质、碳水化合物、脂肪、维生素、矿物元素和水之后的第七营养素。

（一）调整肠胃功能（整肠作用）

膳食纤维能使食物在消化道内的通过时间缩短，一般在大肠内的停留时间约占总时间的 97%，膳食纤维能使物料在大肠内的移运速度缩短 40%，并使肠内菌群发生变化，增加有益菌，减少有害菌，从而预防便秘、静脉瘤、痔疮和大肠癌等，并预防其他合并症状。

1. 预防便秘

膳食纤维使食糜在肠内通过的时间缩短，大肠内容物（粪便）的量相对增加，有助于大肠的蠕动，增加排便次数。此外，膳食纤维在肠腔中被细菌产生的酶酵解，先分解成单糖而后又生成短链脂肪酸。短链脂肪酸被当作能量利用后在肠腔内产生二氧化碳并使酸度增加、粪便量增加及加速肠内容物在结肠内的转移而使粪便易于排出，从而达到预防便秘的作用。

2. 改善肠内菌群和辅助抑制肿瘤作用

膳食纤维能改善肠内的菌群，使双歧杆菌等有益菌活化、繁殖，并因而产生有机酸，使大肠内酸性化，从而抑制肠内有害菌的繁殖，并吸收掉有害菌所产生的二甲基联氨等致癌物质。粪便中可能会有一种或多种致癌物，由于膳食纤维能促使它们随粪便一起排出，缩短了粪便在肠道内的停留时间，减少了致癌物与肠壁的接触，并降低致癌物的浓度。此外，膳食纤维还能清除肠道内的胆汁酸，从而减少癌变的危险性。

已知膳食纤维能显著降低大肠癌、结肠癌、乳腺癌、胃癌、食管癌等癌症的发生。

3. 缓和由有害物质所导致的中毒和腹泻

当肠内有中毒菌和其所产生的各种有毒物质时，小肠腔内的移动速度亢进，营养成分的消化、吸收降低，并引起食物中毒性腹泻。而当有膳食纤维存在时可缓和中毒程度，延缓有毒物质在小肠内的通过时间，提高消化道酶的活性和对营养成分正常的消化吸收。

4. 预防阑尾炎的发生

膳食纤维在消化道中可防止小的粪石形成，减少此类物质在阑尾内的蓄积，从而减少细菌侵袭阑尾的机会，避免阑尾炎的发生。

(二) 调节血糖值

膳食纤维中的可溶性纤维能抑制餐后血糖值的上升，其原因是膳食纤维能延缓和抑制对糖类的消化吸收，并改善末梢组织对胰岛素的感受性，降低对胰岛素的要求。随着凝胶的形成，水溶性膳食纤维阻止了糖类的扩散，推迟了在肠内的吸收，因而抑制了糖类吸收后血糖的上升和血胰岛素升高的现象。此外，膳食纤维能改变消化道激素的分泌，如减少胰汁的分泌，从而抑制了糖类的消化吸收，并减少小肠内糖类与肠壁的接触，从而延迟血糖值的上升。因此，提高可溶性膳食纤维的摄入量可以防止Ⅱ型糖尿病的发生。但可溶性膳食纤维对Ⅰ型糖尿病的控制作用很小。

(三) 调节血脂

可溶性膳食纤维能够螯合胆固醇，从而抑制机体对胆固醇的吸收，并降低5％～10％血浆胆固醇，且都是降低对人体健康不利的低密度脂蛋白胆固醇，而高密度脂蛋白胆固醇降得很少或不降。相反，不溶性纤维很少能改变血浆胆固醇水平。此外，膳食纤维能结合胆固醇代谢分解，从而促使胆固醇向胆酸转化，进一步降低血浆胆固醇水平。流行病学的调查表明，冠心病死亡的危险性大幅度降低与纤维摄入量高有关。

(四) 控制肥胖

大多数富含膳食纤维的食物，仅含有少量的脂肪。因此，在控制能量摄入的同时，摄入富含膳食纤维的膳食会起到减肥的作用。黏性纤维使碳水化合物的吸收减慢，防止了餐后血糖的迅速上升并影响氨基酸代谢，对肥胖病人起到减轻体重的作用。膳食纤维能与部分脂肪酸结合，使脂肪酸通过消化道时不被吸收，因此对控制肥胖症有一定的作用。

(五) 消除外源有害物质

膳食纤维对汞、砷、镉和高浓度的铜、锌都具有清除能力，可使它们的浓度由中毒水平降低到安全水平。

可溶性和不溶性膳食纤维在生理作用方面的差别见表3-1。

四、膳食纤维的缺点

(1) 束缚 Ca^{2+} 和一些微量元素　许多膳食纤维对 Ca、Cu、Zn、Fe、Mn 等金属离子都有不同程度的束缚作用，不过，膳食纤维是否影响矿物元素代谢还有争论。

表 3-1　可溶性和不溶性膳食纤维在生理作用方面的差别

生理作用	不溶性膳食纤维	可溶性膳食纤维
咀嚼时间	延长	缩短
胃内滞留时间	略有延长	延长
对肠内 pH 值的变化	无	降低
与胆汁酸的结合	结合	不结合
可发酵性	极弱	较高
肠黏性物质	偶有增加	增加
大便量	增加	关系不大
血清胆固醇	不变	下降
食后血糖值	不变	抑制上升
对大肠癌	有预防作用	不明显

（2）束缚人体对维生素的吸收和利用　研究表明，果胶、树胶和大麦、小麦、燕麦、羽扇豆等的膳食纤维对维生素 A、维生素 E 和胡萝卜素都有不同程度的束缚作用。由此说明膳食纤维对脂溶性维生素的有效性有一定影响。

（3）引起不良生理反应　过量摄入，尤其是摄入凝胶性强的膳食纤维，如瓜尔豆胶等会有腹胀、大便次数减少、便秘等副作用。

另外过量摄入膳食纤维也可能影响到人体对其他营养物质的吸收。如膳食纤维会对氮代谢和生物利用率产生一些影响，但损失氮很少，在营养上几乎未起很大作用。

五、膳食纤维的推荐摄入量

鉴于膳食纤维对人体有有利的一面，但过量摄入也可能有副作用，为此许多科学工作者对膳食纤维的合理摄入量进行了大量细致的研究。美国 FDA 推荐的成人总膳食纤维摄入量为 20～35g/d。

我国低能量摄入（7.5MJ）的成年人，其膳食纤维的适宜摄入量为 25g/d。中等能量摄入的（10MJ）为 30g/d，高能量摄入的（12MJ）为 35g/d。但对患病者来说，剂量一般都有所加大。膳食纤维生理功能的显著性与膳食纤维中可溶性膳食纤维和不溶性膳食纤维的比例有很大关系，合理的可溶性膳食纤维和不溶性膳食纤维的比例大约是 1∶3。

六、膳食纤维的加工

膳食纤维的资源非常丰富，现已开发的膳食纤维共 6 大类约 30 余种。这 6 大类包括：谷物纤维、豆类种子和种皮纤维、水果和蔬菜纤维、微生物、其他天然纤维及合成和半合成纤维。然而，目前在生产实际中应用的只有 10 余种，利用膳食纤维最多的是烘焙食品。

膳食纤维依据原料及对其纤维产品特性要求的不同，其加工方法有很大的不同，必需的几道加工工序包括原料粉碎、浸泡冲洗、漂白脱色、脱水干燥和成品粉碎、过筛等。

不同的加工方法对膳食纤维产品的功能特性有明显的影响。反复的水浸泡冲洗和频繁的热处理会明显减少纤维终产品的持水力与膨胀力，这样会恶化其工艺特性，同时影响其生理功能的发挥，因为膳食纤维在增加饱腹感、预防肥胖症、增加粪便排出量、预防便秘与结肠癌方面的作用与其持水力、膨胀力有密切的关系，持水力与膨胀力的下降会影响膳食纤维这方面功能的发挥。高温短时的挤压机处理会对纤维产品的功能特性产生良好的影响。有试验表明，小麦与大豆纤维经挤压机处理后，由于高温、高剪切挤压力的作用，大分子的不溶性纤维组分会断裂部分连接键，转变成较小分子的可溶性组分，变化幅度达 3%～15%（依挤压条件的不同而异），这样就可增加产品的持水力与膨胀力。除此之外，纤维原料经挤压后可改良其色泽与风味，并能钝化部分引起不良风味的分解酶，如米糠纤维。

（一）小麦纤维（wheat bran fiber）

小麦麸俗称麸皮，是小麦制粉的副产物。麸皮的组成因小麦制粉要求的不同而有很大差异，在一般情况下，所含膳食纤维约为 45.5%，其中纤维素占 23%，半纤维素占 65%，木质素约占 6%，水溶性多糖约占 5%，另含一定量的蛋白质、胡萝卜素、维生素 E、Ca、K、Mg、Fe、Zn、Se 等多种营养素。在当今食品日趋精细时，小麦麸不失为粗粮佳品。

加工方法：

原料预处理→浸泡漂洗→脱水干燥→粉碎→过筛→灭菌→包装→成品

麸皮受小麦本身及储运过程中可能带来的污染，往往混杂有泥沙、石块、玻璃碎片、金属屑、麻丝等多种杂质，加工前的原料预处理中，去杂是一个重要步骤。其处理手段一般有筛选、磁选、风选和漂洗等。

因麸皮中植酸含量较高，植酸可与矿物元素螯合，从而影响人体对矿物元素的吸收，因此，脱除麸皮的植酸成了小麦纤维加工的重要步骤。

先将小麦麸皮与 50～60℃ 的热水混合搅匀，麸皮与加水量之比为（0.1～0.15）∶1，用硫酸调节 pH 至 5.0，搅拌保持 6h，以利用存在于麸皮中的天然植酸酶来分解其所含有的植酸。随后，用 NaOH 调节 pH 至 6.0，在水温为 55℃ 条件下加入适量中性或碱性蛋白酶分解麸皮蛋白，时间 2～4h。然后升温至 70～75℃，加入 α-淀粉酶保持 0.5～3h 以分解去除淀粉类物质，再将温度提高至 95～100℃，保持 0.5h，灭酶同时起到杀菌的作用。之后分数次清洗、过滤和压榨脱水，再送到干燥机烘干至所需要的水分，通常是 7% 左右。洗涤步骤有时也可在升温灭酶之前进行。

这样制得的产品为粒状，80% 的颗粒大小为 0.22mm。其化学成分是果胶类物质 4%、半纤维素 35%、纤维素 18%、木质素 13%、蛋白质 ≤8%、脂肪 ≤5%、矿物质 ≤2% 和植酸 ≤0.5%，膳食纤维总量在 80% 以上。这种产品对 20℃ 水的膨胀力为 4.7mL/g，并保持 17h 不变。该产品颗粒适宜，可直接食用，也可与酸奶、面包等一起食用。若要加工成食品添加剂，只需再经粉碎、过筛即可。

考虑到小麦纤维的吸水（潮）性较强，因而在其加工制备的生产过程必须连续，且容器的密闭性要求高，尤其是南方地区湿度较高，需对生产环境的相对湿度作一些特殊处理，以免产品吸潮过量而影响产品质量。

（二）大豆纤维

1. 大豆皮膳食纤维

工艺流程：

大豆皮→粉碎→筛选→调浆→软化→过滤→漂白→离心→干燥→粉碎→成品

以大豆的外种皮为原料，为增加外种皮的表面积，以便更有效地除去不需要的可溶性物质（如蛋白质），可用锤片粉碎机将原料粉碎至以全部通过 30～60 目筛为适度大小。然后加入 20℃ 左右的水使固形物浓度保持在 2%～10%，再将其搅打成水浆并保持 6～8min，以使蛋白质和某些糖类溶解，但时间不宜太长，以免果胶类物质和部分可溶性半纤维素溶解损失掉。浆液的 pH 保持在中性或偏酸性，pH 过高易使之褐变，色泽加深；pH 低色泽浅且柔和。

将上述处理液通过带筛板（325 目）振动器进行过滤，滤饼重新分散于 25℃、pH 为 6.5 的水中，固形物浓度保持在 10% 以内，通入 0.01% 的过氧化氢进行漂白 25min，再经离心机或再次过滤得白色的湿滤饼，干燥至含水量8%左右，用高速粉碎机使物料全部通过100目筛为止，即得天然豆皮纤维添加剂。这个过程纤维最终得率为70%～75%。

2. 多功能纤维

工艺流程：

豆渣→湿热处理→脱腥→干燥→粉碎→筛选→成品

多功能纤维（multifunction fiber additive，MFA）是由大豆种子的内部成分组成，与通常来自种子外覆盖物或麸皮的普通纤维明显不同。这种纤维是由大豆湿加工所剩的新鲜不溶性残渣为原料，经过特殊的湿热处理转化内部成分而达到活化纤维生理功能的作用，再经脱腥、干燥、粉碎和过筛等工序而制成，其外观呈乳白色，粒度小于面粉。

化学分析表明，MFA含有68%的总膳食纤维和20%的优质植物蛋白，添入食品中既能有效地提高产品的纤维含量又有利于提高蛋白含量。所以，更确切地说，MFA应称为"纤维蛋白粉"。多功能纤维添加剂的氨基酸组成见表3-2。

表3-2　多功能纤维添加剂的氨基酸组成（%）

氨基酸	Asp	Thr	Ser	Glu	Gly	Ala	Cys	Val	Met
含量	9.98	4.58	5.46	14.66	5.82	4.46	0.66	5.54	1.46
氨基酸	Ile	Leu	Tyr	Phe	Lys	His	Arg	Hyp	Pro
含量	4.08	8.50	2.42	5.12	5.42	3.02	5.04	2.04	4.82

MFA有良好的功能特性，可吸收相当于自身质量7倍的水分，也就是MFA的吸水率达到700%，比小麦纤维的吸水率400%高出很多。由于MFA的持水性高，有利于形成产品的组织结构，以防脱水收缩。在某些产品如肉制品中，它能使肉汁中的香味成分发生聚集作用而不逸散。此外，高持水特性可明显提高某些加工食品的经济效益，如在焙烤食品中添加它可减少水分损失而延长产品的货架寿命。这种多功能纤维添加剂能在很多食品中得到应用并能获得附加的经济效益。

（三）甜菜纤维

新鲜甜菜废粕洗净去杂质并挤干，分别用自来水、1.5%柠檬酸、95%乙醇浸泡1h，然后用匀浆器打碎。用自来水冲洗，4层尼龙布过滤至滤液变清。挤去水分，50℃下烘干，再用粉碎机磨成粉末。

该方法生产的产品的食物纤维含量达到76%～80%，持水能力为6.1～7.8g水/g干纤维。与一般食物纤维相比，甜菜纤维具有中等水平的持水能力，吸油能力为1.51～1.77g油/g干纤维。

（四）玉米纤维

利用玉米淀粉加工后的下脚玉米皮为原料，用枯草芽孢杆菌、α-淀粉酶（0.02g/50g原料）及少量蛋白酶，在60℃下酶解90min后过滤、干燥而得。酶法生产比酸法、碱法操作简单，设备要求低，产品中无机物含量低。玉米纤维也可由玉米秸经碱、酸水解后精制而得。

产品为乳白色粉末，无异味，含半纤维素70%、纤维素25%、木质素5%。玉米纤维在80℃时可吸水6倍。

（五）新型纤维

1. 壳聚糖

壳聚糖（chitosan）是以甲壳类物质为原料，脱去Ca、P、蛋白质、色素等制备成甲壳素（chitin），进一步脱去分子中的乙酰基而获得的一种天然高分子化合物，其化学结构是β-1,4-D-萄糖胺的聚合物，在结构上与纤维素很相似。由于这种特殊的化学结构，致使壳聚糖有高分子性能、成膜性、保湿性、吸附性、抗辐射线和抑菌防霉作用，对人体安全无毒，且具备可吸收性能。壳聚糖不仅具有一般膳食纤维的生理功能，且更具有一般膳食纤维所不具备的特性，如它是地球上至今为止发现的膳食纤维中的唯一阳离子高分子基团，并且具有成膜性、人体可吸收性、抗辐射线和抑菌防霉作用等。这些特性使壳聚糖作为膳食纤维具备更优越的生理功能。

2. 菊粉（inulin）

菊粉是由 D-呋喃果糖分子以 β-2,1-糖苷键连接而成的果聚糖。菊粉在自然界中分布很广，某些真菌和细菌中含有菊粉，但其主要来源是植物。菊粉是一种水溶性膳食纤维，具有膳食纤维的营养功能。

菊粉主要从菊芋或菊苣块茎中提取，这两种植物来源丰富，菊粉含量高，占其块茎干重的 70% 以上。

生产工艺流程：

菊芋块茎→清洗→切片→沸水提取→过滤→石灰乳除杂→阴离子交换树脂脱色→阳离子交换树脂脱盐→真空浓缩→喷雾干燥→菊粉成品

菊粉粗提液中通常含有蛋白质、果胶、色素等杂质，需要进一步纯化处理。参照制糖工艺，在提取液中添加石灰乳可以有效去除非菊粉杂质，通过离子交换树脂去除提取液中各种离子成分，从而达到最终纯化菊粉提取液的目的。

食品中添加菊粉可以改善低能量冰淇淋的质构和口感；保持饮料稳定，增强饮料体积和口感；替代焙烤食品中的脂肪和糖分，提高焙烤食品的松脆性；改善肉制品的持水性；保持低能量涂抹食品的品质稳定性。

七、膳食纤维的应用

1. 在焙烤食品中的应用

膳食纤维在焙烤食品中的应用比较广泛。丹麦自 1981 年就开始生产高膳食纤维面包、蛋糕、桃酥、饼干等焙烤食品，用量一般为面粉含量的 5%～10%，如其用量超过 10%，将使面团醒发速度减慢。因膳食纤维吸水性特强，故配料时应适当增加水量。

2. 在果酱、果冻食品中的应用

此类食品主要添加水溶性膳食果胶，所用果蔬原料主要是苹果、山楂、桃、杏、香蕉和胡萝卜等。

3. 在制粉业中的应用

利用特殊加工工艺，含麸量达 50%～60% 的面粉，适口性稍差于精白粉，但蛋白质含量、热量优于精白粉，粗脂肪低于精白粉，面粉质地疏松，可消化的蛋白量优于精白粉。国内市场仍处于开发和起步阶段。

4. 在制糖业中的开发应用

采用酶法生产工艺生产双歧杆菌的增殖因子——低聚糖，对双歧杆菌增殖效果明显，生产成本低，热值低，用途广，可实现工业化生产。

5. 在馅料、汤料食品中的应用

为了改变膳食纤维面食制品中外观质量，人们将膳食纤维与焦糖色素、动植物油脂、山梨酸、水溶性维生素、微量元素等营养成分及木糖醇、甜菊苷等甜味剂混合后，加热制成膳食纤维馅料，可用于牛肉馅饼、点心馅、汉堡包等面食制品，效果较好。此外，也可在普通汤料中加入1%的膳食纤维后一同食用，同样能达到补充膳食纤维的目的。

6. 在油炸食品中的应用

取豆渣膳食纤维1kg，水0.5kg，淀粉5kg，混匀后蒸煮30min，再加入食盐90g、糖100g、咖喱粉50g，混匀、成型，干燥至含水量15%左右，油炸后得油炸膳食纤维点心。也可在丸子中加入30%膳食纤维，混匀，油炸制成油炸丸子或油条。

7. 在饮料制品中的应用

日本雪印等公司从1986年起先后推出了膳食纤维饮料或酸奶，每100g饮料含2.5～3.8g膳食纤维，其销量势头良好。此外，还可将膳食纤维用乳酸杆菌发酵处理后制成乳清饮料。

8. 在其他食品中的应用

除上述应用之外，膳食纤维还可用于快餐、膨化食品、糖果、酸奶、肉类及其他一些功能性方便食品中。

第二节　真菌多糖

真菌多糖是从真菌子实体、菌丝体、发酵液中分离出的、可以控制细胞分裂分化，调节细胞生长衰老的一类活性多糖。真菌多糖主要有香菇多糖、灵芝多糖、云芝多糖、银耳多糖、冬虫夏草多糖、茯苓多糖、金针菇多糖、黑木耳多糖等。对真菌多糖的研究主要始于20世纪50年代，在20世纪60年代以后成为免疫促进剂而引起人们兴趣。研究表明，香菇多糖、银耳、灵芝多糖、茯苓多糖等食药性真菌多糖具有抗肿瘤、免疫调节、抗突变、抗病毒、降血脂、降血糖等功能。

一、物理性质与功效的关系

多糖的溶解度、分子量、黏度、旋光度等性状影响其生理功能。

1. 溶解度与功效的关系

多糖溶于水是其发挥生物学活性的首要条件，如从茯苓中提取的多糖组分中，不溶于水的组分不具有生物学活性，水溶性组分则具有突出的抗肿瘤活性。降低分子量是提高多糖水溶性，从而增加其活性的重要手段。多糖中引入分支可在一定程度上削弱分子间氢键的相互作用，从而增加其水溶性。有些含有疏水分支的多糖不溶于水，经过氧化还原成羟基多糖后才溶于水，从而产生生物学活性。由此可见，降低分子量、引入支链或对支链进行适当修饰，均可提高多糖溶解度，从而增强其活性。

2. 分子量与功效的关系

研究结果表明，真菌多糖的抗肿瘤活性与分子量大小有关，分子量大于16000时才有抗肿瘤活性。如分子量为16000的虫草多糖有促进小鼠巨噬细胞吞噬作用的活性，而分子量为12000的虫草多糖就失去此活性。大分子多糖免疫活性较强，但水溶性较差，分子量介于10000～50000的高分子组分的真菌多糖属于大分子多糖，呈现较强的免疫活性。高分子量的β-1,4-D-葡聚糖具有独特的分子结构，其高度有序结构（三股螺旋）对于免疫调节活性至关重要，只有分子量大于90000的分子才能形成三股螺旋，三股螺旋结构靠β-葡萄糖苷键的分支来稳定。Janusz等发现多糖分子大小与其免疫活性之间存在明显的对应关系。分子量越大其结构功能单位越多，抗癌活性越强。

3. 黏度与功效的关系

多糖的黏度主要是由于多糖分子间的氢键相互作用产生，还受多糖分子量大小的影响，它不仅在一定程度上与其溶解度呈正相关，还是临床上药效发挥的关键控制因素之一，如果黏度过高，则不利于多糖药物的扩散与吸收。通过引入支链破坏氢键和对主链进行降解的方法可降低多糖黏度，提高其活性。如向纤维素中引入羧甲基后，分子间的氢键发生断裂，产物黏度从 0.15Pa·s 降至 0.05Pa·s。

二、生理功能

1. 真菌多糖的免疫调节功能

免疫调节作用是大多数活性多糖的共同作用，也是它们发挥其他生理或药理作用（抗肿瘤）的基础。真菌多糖可通过多条途径、多个层面对免疫系统发挥调节作用。大量免疫实验证明，真菌多糖不仅能激活 T、B 淋巴细胞、巨噬细胞和自然杀伤细胞（NK）等免疫细胞，还能活化补体，促进细胞因子的生成，对免疫系统发挥多方面的调节作用。

2. 抗肿瘤的功能

据文献报道，高等真菌已有 50 个属 178 种的提取物都具有抑制 S-180 肉瘤及艾氏腹水瘤等细胞生长的生物学效应，它们能明显促进肝脏蛋白质、核酸的合成及骨髓造血功能，促进体细胞免疫和体液免疫功能。

3. 真菌多糖的抗突变作用

在细胞分裂时，由于遗传因素或非遗传因素的作用，会产生转基因突变。突变是癌变的前提，但并非所有突变都会导致癌变，只有那些导致癌细胞产生恶性行为的突变才会引起癌变，但可以肯定，抗突变的发生有利于癌症的预防。多种真菌多糖表现出较强的抗突变作用。

4. 降血压、降血脂、降血糖的功能

冬虫夏草多糖对心律失常、房性早搏有疗效；灵芝多糖对心血管系统有调节作用，可强心、降血压、降低胆固醇、降血糖等。试验结果表明，蜜环菌多糖（AMP）能使正常小鼠的糖耐量增强，能抑制四氧嘧啶糖尿病模型小鼠的血糖升高；研究也发现，蘑菇、香菇、金针菇、木耳、银耳和滑菇等 13 种食用菌的子实体具有降低胆固醇的作用，其中尤以金针菇为最强。腹腔给予虫草多糖对正常小鼠、四氧嘧啶糖尿病模型小鼠均有显著的降血糖作用，且呈现一定的量效关系。云芝多糖、灵芝多糖、猴头菇多糖等也具有降血糖或降血脂等活性。真菌多糖可降低血脂，预防动脉粥样硬化斑的形成。

5. 真菌多糖的抗病毒作用

多糖对多种病毒，如艾滋病毒（HIV-1）、单纯疱疹病毒（HSV-1，HSV-2）、巨细胞病毒（CMV）、流感病毒、囊状胃炎病毒（VSV）、劳斯肉瘤病毒（RSV）和反转录病毒等有抑制作用。香菇多糖对水泡性口炎病毒感染引起的小鼠脑炎有治疗作用，对阿拉伯耳氏病毒和十二型腺病毒有较强的抑制作用。

6. 真菌多糖的抗氧化作用

已发现许多真菌多糖具有清除自由基、提高抗氧化酶活性和抑制脂质过氧化的活性，起到保护生物膜和延缓衰老的作用。

7. 真菌多糖的其他功能

除具有上述生理功能外，真菌多糖还具有抗辐射、抗溃疡和抗衰老等功能。具有抗辐射作用的真菌多糖有灵芝多糖和猴头菇多糖。具有抗溃疡作用的真菌多糖有猴头菇多糖和香菇多糖。具有抗衰老作用的真菌多糖有香菇多糖、虫草多糖、灵芝多糖、云芝多糖和猴头菇多

糖等。

三、加工

真菌多糖的加工方法有两种，一种是从栽培真菌子实体中提取，另一种是利用发酵法短时间生产大量的真菌菌丝体。多糖从真菌子实体中提取，由于人工栽培真菌子实体，生产周期长达半年以上，因此价格也比较高。采用真菌深层发酵工艺来获得真菌多糖，易于连续化生产，规模大，生产周期短，产量高，降低了价格。但发酵法生产多糖一次性投资大，设备多，工艺流程长，而且部分真菌菌丝体缺乏真菌子实体的芳香风味。

一般粉碎后在真菌子实体中加入多糖 5～20 倍体积的水、稀酸或稀碱（0.2～1mol/L），在 50～80℃温度下进行浸提，有时为了加速浸提速度，也可添加些纤维素酶或半纤维素酶。深层发酵提取多糖的工艺是菌种活化→种子罐发酵→发酵罐发酵。

若是需要得到供研究用的真菌多糖纯品，则可对上法得到的粗制多糖进行分级提纯处理，包括使用溶剂的分级提纯、凝胶色谱或离子交换色谱的分级提纯等。

这里主要介绍几个典型的真菌多糖的加工工艺。

（一）香菇多糖

1. 提取法

（1）工艺流程

鲜香菇→捣碎→浸渍→过滤→浓缩→乙醇沉淀→乙醇、乙醚洗涤→干燥→成品

（2）操作要点

① 取香菇新鲜子实体，用水洗干净，捣碎后加 5 倍体积的沸水浸渍 8～15h，过滤，滤液减压浓缩。

② 浓缩液加 1 倍体积的乙醇得沉淀物，过滤，滤液再加 3 倍体积的乙醇，得沉淀物。

③ 向沉淀物加约 20 倍体积的水，搅拌均匀，在猛烈搅拌下，滴加 0.2mol/L 氢氧化十六烷基三甲基胺水溶液，逐步调至 pH 为 12.8 时产生大量沉淀，经离心分离后，用乙醇洗涤沉淀物，收集沉淀物。

④ 沉淀物用氯仿、正丁醇去蛋白，水层加 3 倍体积的乙醇，得沉淀物，收集沉淀物。

⑤ 沉淀物依次用甲醇、乙醚洗涤，置真空干燥器干燥，即得到香菇多糖。

2. 深层发酵法

（1）工艺流程

菌种→斜面培养→一级种子培养→二级种子培养→深层发酵→发酵液

（2）操作要点

① 斜面培养：在土豆琼脂培养基接菌种，25℃培养 10d 左右，至白色菌丝体长满斜面，0～4℃冰箱保存备用。

② 摇瓶培养：500mL 三角瓶盛培养液 150mL 左右，0.12kPa 蒸汽压力下灭菌 45min。当温度达到 30℃时，接斜面菌种，置旋转摇床（230r/min），25℃培养 5～8d。

培养液配方（g/100mL）：蔗糖 4，玉米淀粉 2，NH_4NO_3 0.2，KH_2PO_4 0.1，$MgSO_4$ 0.05，维生素 B_1 0.001。pH 6.0。

③ 种子罐培养：培养液同前，装量 70%（体积分数），接入摇瓶菌种，菌种量 10%（体积分数），在 25℃，通气比 1:0.5～1:0.7 的条件下体积分数培养 5～7d。

④ 发酵罐培养配料与接种：发酵罐先灭菌，罐内配料，培养液配方同前。配料灭菌，0.12kPa灭菌50～60min。冷却后，以压差法将二级菌种注入发酵罐，接种量10%（体积分数），装液量70%（体积分数）。

发酵控制：发酵温度22～28℃，通气比1∶0.4～1∶0.6（体积分数），罐压0.05～0.07kPa，搅拌速度70r/min；发酵周期5～7d。

放罐标准：发酵液pH降至3.5，镜检菌丝体开始老化，即部分菌丝体的原生质出现凝集现象，中有空泡，菌丝体开始自溶，也可发现有新生、完整的多分枝的菌丝；上清液由混浊状变为澄清透明的淡黄色；发酵液有悦人的清香，无杂菌污染。

（3）发酵液中多糖的提取　香菇发酵液由菌丝体和上清液两部分组成，胞内多糖含于菌丝体，胞外多糖含于上清液。因此要分上清液和菌丝体两部分来完成多糖的提取。

① 上清液胞外多糖的提取

工艺流程：

发酵液→离心→发酵上清液→浓缩→透析→浓缩→离心→上清液→乙醇沉淀→沉淀物→丙酮、乙醚洗涤→P$_2$O$_5$干燥→胞外粗多糖

操作步骤：

离心沉淀，分离发酵液中菌丝体和上清液。上清液在不大于90℃条件下浓缩至原体积的1/5。上清浓缩液置于透析袋中，于流水中透析至透析液中无还原糖为止。透析液浓缩为原浓缩液体积，离心除去不溶物，将上清液冷却至室温。加3倍体积的预冷至5℃的95%乙醇，5～10℃下静置12h以上，沉淀粗多糖。沉淀物分别用无水乙醇、丙酮、乙醚洗涤后，真空抽干，然后置于P$_2$O$_5$干燥器中进一步干燥，得胞外粗多糖干品。

② 菌丝体胞内多糖的提取

工艺流程：

发酵液→离心→菌丝体→干燥→菌丝体干粉→抽提→浓缩→离心→上清液→透析→浓缩→离心→上清液→沉淀物→丙酮、乙醚洗涤→P$_2$O$_5$干燥→胞内粗多糖

操作要点：

菌丝体在60℃下干燥，粉碎，过80目筛。菌丝体干粉水煮抽提三次，总水量与干粉质量之比为50∶1～100∶1。提取液在不大于90℃下浓缩至原体积的1/5。其余步骤同上清液胞外多糖的提取。

（二）金针菇多糖

金针菇子实体多糖分离工艺。

1. 工艺流程

原料→称重→匀浆→调配→热水抽提→过滤→滤液醇析→复溶→去除蛋白→多糖产品

　　　　　　　　　　　　　　　　　　↓

　　　　　　　　　　　　　　滤渣弃去

2. 操作要点

① 选用质地优良的鲜子实体（或按失水率计算称取一定量的干菇）。

② 使用试剂——氯仿、正丁醇、乙醇、葡萄糖等均为分析纯。

③ 多糖总量测定采用酚-硫酸法，以葡萄糖为标准品。

④ 提取条件：浸提时间1h，温度80℃，溶剂体积为样品体积的30倍，多糖得率达到1.03%。

⑤ 醇析的乙醇最终浓度为60%～70%，放置一定时间后，离心收集沉淀并烘干称重得

多糖粗品。

⑥ 可用 Sevag 法去除多糖粗品中的蛋白质，即氯仿/正丁醇（体积比），（氯仿＋正丁醇)/样品（体积比）分别为 1∶0.2 和 1∶0.24。选用该法去除蛋白质时，如能连续操作，直接使用溶剂抽提，多糖粗品中蛋白质去除效率高，效果好。

⑦ 多糖粗品经 Sevag 法去除蛋白质后，再进行真空干燥，即得到纯多糖粉状产品。

上述工艺在分离多糖产品时，可因生产目的和要求不同而异。通过 30 倍体积、80℃ 浸提 1h 后，再经醇析制得的多糖产品可广泛用于食品行业；粗多糖经优化的 Sevag 法去除蛋白质，纯化后即可用于医药、保健行业。

第三节　乳酸菌胞外多糖

一、定义与分类

乳酸菌胞外多糖（extracellular polysaccharides，EPS）是一类糖类化合物，指乳酸菌在生长代谢过程中分泌到细胞外的一类多糖。胞外多糖包括荚膜多糖（capsular polysaccharides，CPS）和黏多糖，与细胞壁相结合的胞外多糖称为荚膜多糖，释放到培养基中的多糖称为黏多糖。胞外多糖是两种多糖的总称。

按单糖组成分类，乳酸菌胞外多糖分为同多糖和异多糖。乳酸菌胞外多糖的单糖组成比较简单，除了常见的单糖如葡萄糖、半乳糖和鼠李糖等，一些非糖残基如 3-磷酸甘油、N-乙酰糖胺、磷酸和乙酰基也经常在乳酸菌胞外多糖中出现。由一种单糖组成的乳酸菌胞外多糖叫同多糖，如肠膜明串珠菌产生的右旋糖苷。由几种单糖组成的称为异多糖或杂多糖。乳酸菌同多糖主要有葡聚糖和果聚糖。乳酸菌异多糖则由多个重复的低聚糖组成，每个重复单元通常含有两个或两个以上单糖并具有不同的连接方式。不同乳酸菌异多糖重复单元之间的相似性很低。这些聚合物的分子量一般介于 $4.0 \times 10^4 \sim 6.0 \times 10^6$。

目前已报道的乳酸菌胞外多糖主要有 30 种左右，如干酪乳杆菌、保加利亚乳杆菌、植物乳杆菌、嗜酸乳杆菌、鼠李糖乳杆菌、瑞士乳杆菌等。

二、乳酸菌胞外多糖结构与功能的关系

多糖的高级结构与蛋白质及核酸的一样，也是取决于其一级结构，并且结构与功能有一定的相关性。有研究结果证实其一级结构是由 β-(1→2) 连接的葡聚糖、甘露聚糖、半乳聚糖或 β-(1→3) 连接的葡聚糖、半乳聚糖组成。以 β-(1→3) 为主链的葡聚糖有的具有抑瘤活性，有的则不具有，多糖高级结构的改变经常伴有活性的改变。

多糖的生理活性与多糖的分子量、单糖组成、取代基团类型和数目、取代位置、分支程度等一级结构有关。一般情况下，由 β-糖苷键组成的葡聚糖比 α-糖苷键组成的葡聚糖具有更强的抗肿瘤活性。Kolender 等发现 3 位和 4 位硫酸化取代的岩藻依聚糖比仅在 3 位或 4 位取代的衍生物具有更强的抗肿瘤活性。研究表明，如果多糖的构象由有序变为无序，其活性会立即消失，多糖的多种活性都可能与其"有序构象"直接相关，但至今依然无法确定这种"有序构象"。总之，关于多糖结构和功能关系的研究还未全面深入，确切的结构与物理特性和生理活性之间的关系还需进一步的研究。

三、乳酸菌胞外多糖的生理功能

1. 乳酸菌胞外多糖对菌体的作用

乳酸菌胞外多糖对菌体有保护作用，包括保护细胞免受毒害、抵御不良环境、增强抗

性、螯合金属离子。乳酸菌胞外多糖可以结合水，使菌体耐受低湿度的环境。荚膜多糖可以保护菌体免受噬菌体的侵害。乳酸菌胞外多糖对免疫系统可能有调节作用。

2. 乳酸菌胞外多糖的抗肿瘤作用

1982年日本学者 Shiomi 等报道了乳酸菌胞外多糖具有抗肿瘤作用，这一发现引起了众多学者的广泛注意，并试图阐述其作用机理。

3. 乳酸菌胞外多糖的提高系统免疫作用

众多研究者的相关试验得出乳酸菌胞外多糖具有调节免疫系统的作用。

4. 乳酸菌胞外多糖的改善肠黏膜的黏附作用

乳酸菌胞外多糖在食品发酵过程中能增加其黏度，改善肠黏膜的黏附作用。

5. 乳酸菌胞外多糖的防治结肠癌作用

它能在肠道内抑制致癌物质的产生，主要是乳酸菌胞外多糖在其内繁殖改善了肠道菌群的组成，例如乳杆菌和双歧杆菌在肠道内繁殖代谢产生的生物活性物质能分解致癌物 N-亚硝基胺，其中乳酸菌胞外多糖就是一种对人体健康有巨大影响的生物活性代谢物。

四、乳酸菌胞外多糖在食品中的应用

1. 在酸奶中的应用

含有乳酸菌胞外多糖的发酵剂可以提高乳制品黏度、稳定性和保水性，使产品具有良好的口感、质地和风味。酸奶的生产是乳酸菌胞外多糖重要的商业应用领域，很多人研究了乳酸菌胞外多糖发酵剂对酸奶的物理性质的影响。

2. 在保健品中的应用

目前公认的益生元有果寡糖、半乳寡糖、大豆寡糖、异麦芽寡糖、木寡糖和乳醇寡糖等。现在用乳酸菌产生的胞外多糖作为益生元的报道还很少，但乳酸菌胞外多糖具有不可消化性，这使其作为益生元成为可能。

思 考 题

1. 什么是膳食纤维，其与粗纤维有何区别？
2. 膳食纤维的化学组成是什么？各有什么特点？
3. 举例说明大豆纤维的生理功能和加工方法。
4. 举例说明膳食纤维在食品加工中的应用。
5. 真菌多糖加工的方法有几种？各是什么？
6. 什么是乳酸菌胞外多糖？
7. 乳酸菌胞外多糖有哪些生理功能？
8. 说说乳酸菌胞外多糖在食品中的应用。

第四章

功能性甜味剂

甜味剂是指能赋予食品甜味的一种调味剂，而功能性甜味剂（functional sweeteners）是指具有特殊生理功能或特殊用途的食品甜味剂，也可理解为可代替蔗糖应用在功能性食品中的甜味剂。它包含两层含义。

一是最基本的，对健康无不良影响的，它解决了多吃蔗糖无益于身体健康的问题。

二是更高层次的，对人体健康起有益的调节或促进的作用。

功能性甜味剂分为四大类。

① 功能性单糖，包括结晶果糖、高果糖浆和 L-糖等。

② 功能性低聚糖，包括低聚异麦芽糖、异麦芽酮糖、低聚半乳糖、低聚果糖、乳酮糖、棉籽糖、大豆低聚糖、低聚乳果糖、低聚木糖等。

③ 多元糖醇，包括赤藓糖醇、木糖醇、山梨糖醇、甘露糖醇、麦芽糖醇、异麦芽糖醇、氢化淀粉水解物等。

④ 强力甜味剂，包括三氯蔗糖、阿斯巴甜、纽甜、二氢查耳酮、甘草甜素、甜菊苷、罗汉果精、甜蜜素、安赛蜜等。强力甜味剂的甜度很高，通常都在蔗糖的 50 倍以上。

功能性甜味剂有特殊的生理功能，既能满足人们对甜食的偏爱，又不会引起副作用，并对糖尿病、肝病患者有一定的辅助治疗作用。功能性甜味剂对发展食品工业，提高人们的健康水平，丰富人们的物质生活起着重要的作用。

本章主要讲述功能性单糖和功能性低聚糖。

第一节　功能性单糖

自然界中的单糖有很多种类，如葡萄糖、果糖、木糖、甘露糖和半乳糖等；单糖几乎都是 D-糖，其中属于功能性食品基料的仅 D-果糖一种，这是因为它具有以下几种独特的性质。

① 甜度大，等甜度下的能量值低，可在低能量食品中应用。

② 代谢途径与胰岛素无关，可供糖尿病人食用。

③ 不易被口腔微生物利用，对牙齿的不利影响比蔗糖小，不易造成龋齿。

一、功能性单糖的物化性质与甜味特性

果糖是人类最早认识的自然界中最甜的一种糖，在蜂蜜中的含量最为丰富。1792 年，德国 Löwity 在分离结晶葡萄糖时，发现并分离出一种会阻碍葡萄糖结晶的糖。1843 年，Mitscherlich 对这种物质作了系统的研究，发现这种物质在水果中的含量比较丰富，故称为"水果糖"，后定名为"果糖"。由于果糖（如不特别标明指的是 D-糖，L-糖将特别标明）具有优越的代谢特性和甜味特性。因此，美国自 20 世纪 50 年代起就深入系统地对它加以研究，20 世纪 80 年代开始工业化生产。果葡糖浆是果糖含量较高的一种产品。

果糖是己酮糖，其分子式为 $C_6H_{12}O_6$，分子量 180，相对密度 1.60（20/4℃），熔点 103～105℃。水溶液中果糖主要以吡喃结构存在，有 α 和 β 异构体，与开链结构呈动态平衡。果糖的互变异构体如图 4-1 所示。

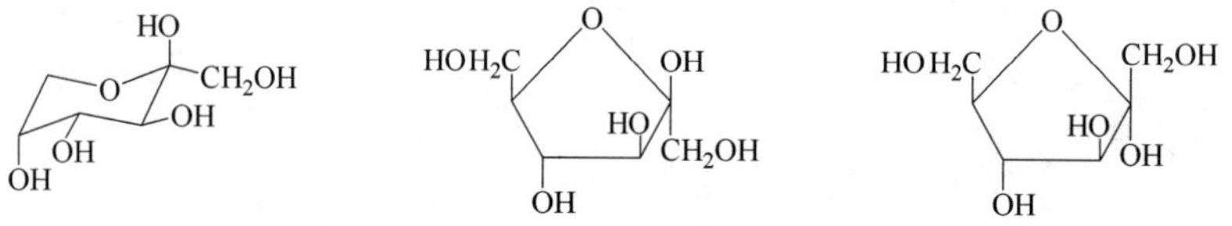

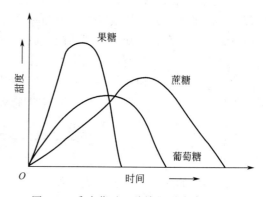

β-D-吡喃果糖   β-D-呋喃果糖   α-D-呋喃果糖

图 4-1 果糖的互变异构体

（一）果糖的物化性质与甜味特性

1. 物化性质

纯净的果糖呈无色针状或三棱形结晶，故称结晶果糖（crystalline fructose）；能使偏振光面左旋，在水溶液中有变旋光现象；吸湿性强，吸湿后呈黏稠状。

结晶果糖在 pH 为 3.3 时最稳定，其热稳定性较蔗糖和葡萄糖低；具有还原性，能与可溶性氨基化合物发生美拉德褐变；与葡萄糖一样可被酵母发酵利用，故可用于焙烤食品中。果糖不是口腔微生物的合适底物，不易造成龋齿。果糖的净能量值为 15.5kJ/g，等甜度下的能量值较蔗糖和葡萄糖低，加上它优越的代谢特性，因此果糖是一种重要的低能量功能性甜味剂。

2. 甜味特性

果糖是最甜的天然糖品，甜度一般为蔗糖的 1.2～1.8 倍。

温度、pH 和浓度都会影响果糖的甜度，其中温度的影响最明显，温度降低，甜度升高。

除了高甜度的特性外，果糖的甜味独特，图 4-2 是两次甜度的试验结果。味蕾对果糖的甜味的感觉比对葡萄糖和蔗糖快，消失得也快。使之能很好地应用到饮料和其他多汁食

图 4-2 舌味蕾对几种糖的甜味感觉反应

品中。果糖甜味的快速消退，不会掩盖食品的其他风味，有利于保持食品原有的风味。

果糖还具有很好的甜味协同作用，可同其他甜味剂混合使用。10%的果糖和蔗糖的混合溶液 [果糖/蔗糖(体积比)=60/40] 比纯蔗糖的10%的水溶液的甜度提高30%，50/50的果糖、蔗糖混合物的甜度为纯蔗糖的1.3倍。这种协同机制在果糖与其他高甜度甜味剂，如糖精钠、蛋白糖的混合使用中显得更加突出。一方面可使甜味剂甜度大大提高，另一方面可减少或清除糖精钠或蛋白糖的苦涩味及其他不良后味。

甜味剂甜度提高的一个重要的有利方面就是可以减少甜味剂的热量，生产出低热值的食品。

(二) 果葡糖浆的物化性质与甜味特性

果葡糖浆是一种低淀粉品，因其组成主要是果糖和葡萄糖，故称为果葡糖浆。1966年工业上开始生产果葡糖浆，目前世界上已有20多个国家和地区生产果葡糖浆，中国于1976年在安徽省蚌埠市建起了第一个果葡糖浆工厂。

根据产品中固形物果糖含量将果葡糖浆分为三个品种：F42糖浆，含果糖42%，是第一代产品；F55糖浆，含果糖55%，是第二代产品；F90糖浆，含果糖90%，是第三代产品，又叫高纯糖浆。三种产品性能有差异，应用领域也有不同，见表4-1。

表4-1 各种果葡糖浆的化学成分

成分	42%果葡糖浆	55%果葡糖浆	90%果葡糖浆
果糖/%	42	55	90
葡萄糖/%	52	40	9
多糖/%	6	4	1
固形物/%	71	77	80
相对于蔗糖的甜度	1^-	1	1.2^+

果葡糖浆还含有相当数量的葡萄糖等其他成分，它在甜味特性及与其他甜味剂协同增效特性等方面，与结晶果糖有很大的差别。特别在代谢上，果糖进入机体不会引起血糖的波动，因此糖尿病人可食用。但果葡糖浆含相当数量的葡萄糖，不具备这方面的生理功能，两者不可混为一谈。结晶果糖与果葡糖浆的比较见表4-2。

表4-2 结晶果糖与果葡糖浆的比较

特性	结晶果糖	42%果葡糖浆	55%果葡糖浆	90%果葡糖浆
物理状态	结晶体	液体	液体	液体
化学组成	己酮糖,纯单糖	葡萄糖、果糖、麦芽糖、异构麦芽糖和更高级糖类混合物	葡萄糖、果糖和更高级糖类混合物	葡萄糖、果糖和更高级糖类混合物
果糖含量/%	99.6	29.8	42.4	69.3
水分含量/%	0.2	29	23	23
相对于蔗糖的甜度	1.3~1.8	0.90~0.95	0.95~1	1~1.3
贮藏运输容器	袋装	圆桶罐	圆桶罐、箱式罐	圆桶罐、箱式罐
最适合使用的典型食品	营养食品和低能量食品,要求特别甜的干混合物	色拉调味料、焙烤食品、果酱和果冻	软饮料、水果罐头	软饮料、液体营养食品

(三) L-糖的物化性质与甜味特性

对某一特定的L-糖和D-糖，它们的差别仅是由于它们的镜影关系引起的。其化学和物理性质如沸点、熔点、可溶性、黏度、质构、吸湿性、密度、颜色和外观等都一样，而且它们的甜味特性也相似。因此，有望用 L-糖代替 D-糖加工相同的食品，同时又降低了产品的能量。

在一些包含 L-糖和 D-糖的试验中，通过风味评定证实了 L-糖及其异构体 D-糖的口感在实验允许误差范围内是一样的。与其他低能量甜味剂相比，L-糖在某些重要方面有其优越性。L-糖和 D-糖在水中的稳定性一样。就现在所能得到的低能量甜味剂而言，除 D-果糖之外，没有一种能在焙烤中发生褐变反应，而 L-糖则可能。L-糖有望在食品的外观、加工配方、加工工艺和产品储藏等方面与 D-糖一样。目前，已应用在食品和医药品中的 L-糖包括 L-古洛糖（L-gulose）、L-果糖、L-葡萄糖、L-半乳糖、L-阿洛糖（L-allose）、L-艾杜糖（L-idose）、L-塔罗糖（L-talose）、L-塔格糖（L-tagatose）、L-阿洛酮糖（L-allulose）和 L-阿卓糖（L-altrose）等。

二、功能性单糖的生理代谢性质

（一）果糖的生理代谢性质

果糖优于其他甜味剂的最重要的是其生理代谢性质。果糖在体内的代谢不受胰岛素的控制，在肝脏内果糖首先磷酸化生成 1-磷酸果糖，然后分解成丙糖，丙糖进一步合成为葡萄糖和甘油三酯或进入酵解途径。身体正常的人仅有极少量葡萄糖从肝脏释放出来，因此人体摄入果糖不会造成摄入葡萄糖和蔗糖容易引起的严重的饭后血糖高峰和低血糖，Olefsky 和 Crapo 的试验表明，口服 50g 果糖、20g 脂肪和 20g 蛋白质所引起的胰岛素和血糖波动是很小的。表 4-3 是几种食物的血糖指数。从表中可以看出果糖的血糖指数大大低于其他糖类。

表 4-3　血糖指数表

食物名称	葡萄糖	蔗糖	果糖	麦芽糖	苹果	葡萄	白面包
血糖指数	100	59±10	20±5	105±12	39±3	64±11	69±5

果糖的这个特性使得它可作为糖尿病患者的食物甜味剂，并广泛用于老年和儿童食品中。山梨醇是一种广泛用于糖尿病人食物中的甜味剂，它在体内被吸收后迅速转化为果糖，其后的代谢与果糖一致。另外，山梨醇的甜度只有果糖的 1/3。因此，果糖更适于糖尿病患者食用。此外，果糖在体内代谢不会产生乳酸，不会引起肌肉酸痛、倦怠感。果糖与体内的细胞结合力强，在极稳定的状态下释放热能，具有强化人体耐力及代谢的效果，是运动饮料的良好甜味剂。

（二）L-糖生理代谢性质

① 不提供能量；

② 与 D-糖的口感一样；

③ 口腔微生物不能发酵 L-糖，因此它不会引起牙齿龋变反应；

④ 对通常由细菌引起的腐败具有免疫力；

⑤ 作为 D-糖的替代品，不需另外添加填充剂；

⑥ 在水溶液中稳定；

⑦ 在需经热处理的食品加工中稳定；

⑧ 可用在焙烤食品中，能发生美拉德褐变反应；

⑨ 适合于糖尿病人或其他糖代谢紊乱病人食用。

三、功能性单糖的加工

（一）果葡糖浆的加工

果葡糖浆一般以玉米、马铃薯、小麦等富含淀粉的物质或直接以淀粉为原料，经液化、糖化和异构化工艺加工而成。原料液化和糖化可以用酸（盐酸、草酸等）水解法，也可以用酶水解法。

许多工厂采用双酶法生产果葡糖浆。淀粉或液化富含淀粉的原料经α-淀粉酶、β-淀粉酶水解到一定程度，黏度大为降低，流动性增强，为酶糖化提供物质基础。一般采用喷射法液化，在110～120℃时淀粉迅速糊化而不会发生回生现象，从而使糖化液顺利过滤。糖化时利用葡萄糖淀粉酶进一步将上述产物水解成葡萄糖，制得淀粉糖化液，精制后再经葡萄糖异构酶的作用，将葡萄糖异构为果糖，制得果葡糖浆。

（二）结晶果糖的加工

早期，商业化加工果糖主要以菊粉为原料。通过控制菊粉多聚果糖（polyfructan）的水解，其中β-1,2-糖苷键断裂，释放出含量丰富的呋喃果糖，呋喃果糖随后转化成更为稳定的异构物吡喃果糖。此法生产成本高，不适合果糖的大规模加工需要。

目前，以果葡糖浆生产工艺为基础，利用酶技术生产出结晶果糖。

四、功能性单糖的应用

果糖可以同其他甜味剂、淀粉和其他风味添加剂起协同作用，增强风味和节约添加剂，广泛应用于食品工业中。

（一）果糖的应用

1. 果糖与其他甜味剂混合使用

一般高甜度的甜味剂有苦涩味和金属味，如糖精钠。果糖与其他高甜度甜味剂混合使用则可大大降低甜味剂的热值和保证甜味剂的甜味纯正。在保证配制的甜味剂甜味纯正的前提下，果糖与糖精混合使用可将甜度提高50%～60%；果糖与蛋白糖混合使用，两种甜味剂可按各自的甜度以50：50（体积比）进行配比。

用98.0%～98.4%结晶果糖混合0.6%～1.0%糖精能制得各种低能量饮料。有一种结晶果糖与糖精混合物的简单配方：结晶果糖98%，糖精钠1%，二氧化硅1%。用该混合物配制低能量饮料时，只需按原来加糖质量的1/5添加即可。

通常在可可粉饮料中，结晶果糖的甜度会下降。但以98：1混合的果糖与糖精混合物，在可可粉中有独特效果。利用它能配制出与全能量饮料相媲美的低能量饮料来。

2. 果糖在低热值饮料中的应用

（1）低热值葡萄风味饮料　结晶果糖47.55%，蔗糖47.55%，葡萄香精1.90%，柠檬酸1.55%，苹果酸1.45%。

（2）低热值草莓-橙汁饮料　结晶果糖80.97%，浓缩橙汁10.12%，草莓酱6.07%，柠檬酸1.55%，草莓香精1.01%，抗坏血酸0.3%，柠檬酸钠0.3%，橘子香精0.2%，色素少许。

在上述两配方的混合物中加11～13倍体积的冰水搅匀即可饮用。

3. 果糖在乳制品中的应用

果糖用于酸乳酪中可起到增甜和增香作用，减少果汁的用量，降低成本，还可降低产品的热量。

使用果糖作甜味剂时，同样的总固形物可多生产15%的巧克力奶，因而降低产品的热量和成本。

4. 果糖在冷饮中的应用

糖对冰淇淋的质构与融化有重要的影响，糖的浓度越高，冰淇淋的熔点降得越多。

果糖代替蔗糖后，冰淇淋的外观、质构和风味差别不大，但在25℃储存3个月后，用果糖的冰淇淋的融化情况仍然令人满意，而用蔗糖的却不好。

此外，果糖在糖果、果酱、果冻和布丁中也有应用。

（二）果葡糖浆的应用

果葡糖浆的糖类组成与蜂蜜相近，所以果葡糖浆用于各类饮料如汽水、可乐型饮料和果汁中，不但风味好，而且透明度也好，也可用于含酒精饮料如果酒、汽酒、药酒和其他配制酒中。美国的果葡糖浆大部分用于饮料，中国则90%用于饮料。

果葡糖浆的冰点较蔗糖低，用于加工冰淇淋、雪糕等可避免冰晶的出现，使产品柔软、细腻。

果葡糖浆中的果糖保潮性较好，果葡糖浆用于加工面包、西式糕点、蛋糕、月饼和其他糕点时，产品不但松软，而且货架保存期较长。果葡糖浆用于卷烟时，可防止过于干燥，避免空头。

利用果葡糖浆中的果糖和葡萄糖的单糖发酵速度快这一特点，可用于面包等酵母发酵食品中，不仅发酵速度快，气孔性也好。此外，果葡糖浆还适宜加工果脯、蜜饯、果酱等。

第二节　功能性低聚糖

低聚糖（oligosaccharide）或寡糖是由2～10个单糖分子通过糖苷键连接形成直链或支链的低度聚合糖。低聚糖主要分两大类，一类是β-1,4-糖苷键等连接的低聚糖，称为直接低聚糖或普通低聚糖，如蔗糖、乳糖、麦芽糖、麦芽三糖和麦芽四糖；另一类是以α-1,6-糖苷键连接的低聚糖，称为双歧增殖因子，这些低聚糖由于其糖分子相互结合的位置不同，而人体没有代谢这类低聚糖的酶系，所以就成为难消化性低聚糖，也就是说，人吃了不产生热量，它们不能成为人体的营养源。但它们对人体有特别的生理功能，所以称它们为功能性低聚糖。因而也可以说，一般低聚糖和功能性低聚糖的不同，就在于其能否被人体胃酸和胃酶所降解并对人体有无特殊的生理功能。

功能性低聚糖包括低聚异麦芽糖、低聚半乳糖、低聚果糖、低聚乳果糖、乳酮糖、大豆低聚糖、低聚木糖、帕拉金糖、耦合果糖、低聚龙胆糖等。其中，除了低聚龙胆糖无甜味反具有苦味外，其余的均带有程度不一的甜味，可作为功能性甜味剂用来替代或部分替代食品中的蔗糖。目前，已知的功能性低聚糖有1000多种，自然界中只有少数食品中含有天然的功能性低聚糖，例如洋葱、大蒜等含有低聚果糖，大豆中含有大豆低聚糖。由于受到生产条件的限制，所以除大豆低聚糖等少数几种由提取法制取外，大部分功能性低聚糖以来源广泛的淀粉为原料经生物技术合成。目前，国际上已研究开发成功的有70多种功能性低聚糖。

一、功能性低聚糖的生理功能

功能性低聚糖的生理功能分为直接生理功能与间接生理功能，间接生理功能指服用功能性低聚糖后，肠内双歧杆菌显著增殖并产生的许多积极的生理功能。

（一）直接生理功能

1. 低热量，难消化

由于大多数功能性低聚糖的糖苷键不能被人体内的消化酶水解，摄食后难以消化吸收，因而能量值很低或为零，基本上不增加血糖、血脂，能有效防治肥胖、高血压、糖尿病等。例如一般的糖类的热量为21kJ/g，而果糖的热量仅为3.6kJ/g，低聚半乳糖的热量也仅为

7.1kJ/g。

2. 有水溶性膳食纤维作用

功能性低聚糖是一类低分子量的膳食纤维，与一般膳食纤维相比有如下优点：甜味圆润柔和，有较好的组织结构和口感特性；易溶于水，使用方便，且不影响食品原有的性质；在推荐范围内不会引起腹泻；整肠作用显著；日常需求量较少，约3g。

3. 低龋齿性糖类

龋齿主要是由突变链球菌引起的，它不能将低聚糖分解成黏着性的单糖如葡萄糖、果糖、半乳糖等，另外突变链球菌从功能性低聚糖生成的乳酸也明显比从非功能性低聚糖如蔗糖、乳糖生成的乳酸少，故功能性低聚糖是一种低龋齿性糖类。

4. 促进肠道中有益菌群双歧杆菌增殖

功能性低聚糖在通过消化道时不被酸和酶分解，直接进入大肠被双歧杆菌利用，使双歧杆菌得以迅速增加。人体摄入低聚果糖后，体内双歧杆菌数量可以增加100～1000倍。

研究表明，每天摄入2～10g低聚糖，并持续数周后，人肠道中双歧杆菌平均增加7.5倍。某些品种的低聚糖所产生的乳酸菌数量也增加了2～3倍。

(二) 间接生理功能

1. 抑制病原菌

双歧杆菌能防止外源性病原微生物的生长和内源性有害微生物的过度生长，这种抑制作用主要源于双歧杆菌产生的短链脂肪酸〔乙酸：乳酸(物质的量比)=3：2〕的抑菌作用，乙酸和乳酸对病原菌的抑制作用已被许多研究者所证实。

2. 抑制有毒物代谢和有害酶的产生

服用功能性低聚糖能够抑制有毒物质的产生，降低有害酶的生成量。

3. 防止腹泻

由于功能性低聚糖能降低病原菌的量，故它对腹泻有预防作用和治疗效果。

4. 防止便秘

由于功能性低聚糖类可以刺激肠的蠕动和通过渗透压增加粪便水分，故有防止便秘的作用，日服3.0～10.0g低聚糖，1周内就有明显的抗便秘效果，但对严重便秘患者，低聚糖的治疗效果不明显。

5. 降低血清胆固醇

服用功能性低聚糖后，血清胆固醇的含量明显下降。

6. 保护肝功能

摄入功能性低聚糖，有毒的代谢产物减少，从而减少了肝的去毒负担，故其对肝有保护作用。

7. 降低血压的作用

摄入功能性低聚糖有降血压作用。Hata等让46个高血脂患者服用低聚果糖5周，血压平均下降799.8Pa（6mmHg），同时血糖值下降，但不显著。对6个健康的、年龄介于28～48岁的男士，日摄入3.0g大豆低聚糖1周，心房扩张血压下降893.7Pa（6.3mmHg）。

8. 提高机体免疫力，抗肿瘤

双歧杆菌在肠道内大量繁殖，有抗癌作用。这种作用归功于双歧杆菌的细胞，细胞壁物质和细胞间物质提高机体免疫力。

9. 促进营养素吸收，产生营养素

双歧杆菌能产生维生素 B_1、B_2、B_6、B_{12}、烟酸、叶酸，含双歧杆菌的发酵乳制品改善了乳糖不耐症、钙的吸收和消化。双歧杆菌对矿物元素有促进吸收的作用。

10．血糖值的改善作用

低聚果糖具有明显的降低血糖作用，对非胰岛素依赖性糖尿病有一定的疗效。

二、功能性低聚糖的摄入剂量和副作用

功能性低聚糖纯品的日摄入有效剂量是低聚果糖3.0g，低聚半乳糖2.0～2.5g，大豆低聚糖2.0g，低聚木糖0.7g。Hata等报道大豆低聚糖不引起腹泻的最大剂量为男士0.64g/kg、女士0.96g/kg。Spiesel等报道低聚果糖引起腹泻的最小剂量男士44g/kg、女士49g/kg。低聚半乳糖急性中毒的LD_{50}＞15g/kg（对兔）。

三、功能性低聚糖的种类、性质及其应用

功能性低聚糖产品中有的以原料冠其首命名，如大豆低聚糖，其中主要含的是水苏糖，少量棉籽糖，还有蔗糖；有的则以单糖或二糖基命名，如低聚异麦芽糖、低聚果糖。

1．低聚异麦芽糖

低聚异麦芽糖又称分枝低聚糖，是功能低聚糖中产量最大、目前市场销售最多的一种。它是指葡萄糖之间至少有一个以α-1,6-糖苷键结合而成的单糖数在2～5不等的一类低聚糖，商品低聚异麦芽糖主要由异麦芽糖、潘糖、异麦芽三糖和异麦芽四糖组成，占总糖的50％以上。商品低聚异麦芽糖产品分两种规格：主成分50％以上的为IMO-500和主成分85％以上的为IMO-900。异麦芽糖、潘糖、异麦芽三糖的化学结构如图4-3所示。

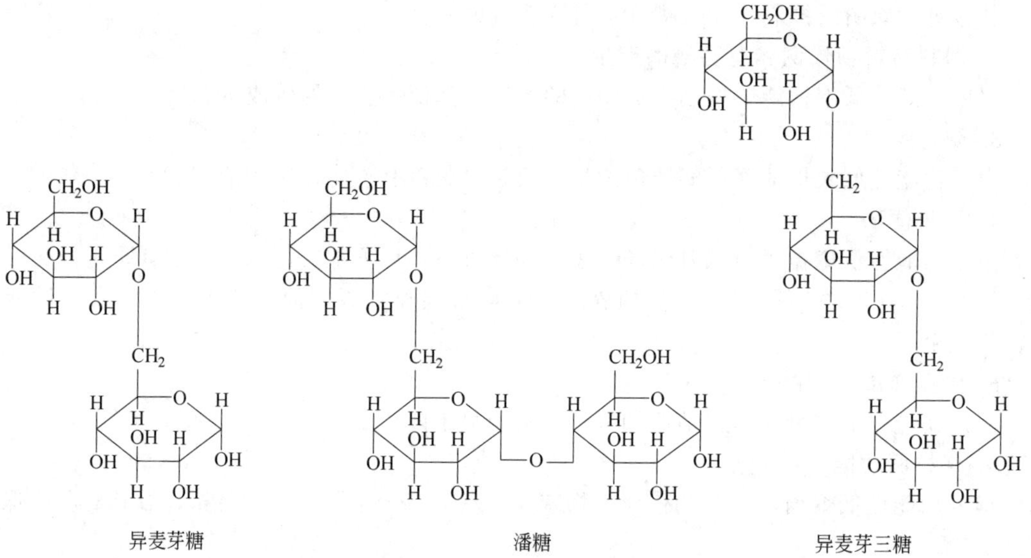

异麦芽糖　　　　　　　　　潘糖　　　　　　　　异麦芽三糖

图4-3　异麦芽糖、潘糖、异麦芽三糖的化学结构

低聚异麦芽糖甜味温和，甜度是蔗糖的30％～50％，黏度、水分活度、冰点下降情况与蔗糖相近，食品加工比饴糖易操作。耐酸耐热性较强，浓度为50％的糖浆在pH＝3、120℃下长时间加热也不分解。它适合应用于饮料、罐头及高温处理和酸性食品中，有优良的保水性和风味改善品质，并有很好的双歧杆菌增殖效果。健康成人每天摄入低聚异麦芽糖20g持续1周，其肠道内双歧杆菌量由14.8％增加至24.5％。此外，它可防龋齿，它的保水性可抑制食品中的淀粉回生老化和结晶糖的析出，将其添加到面包类、糕点等以淀粉为主的食品中可延长保存期。

2. 低聚半乳糖

低聚半乳糖是在乳糖分子上通过 β-1,6-糖苷键结合 1～4 个半乳糖的杂低聚糖，其产品中含有半乳糖基乳糖、半乳糖基葡萄糖、半乳糖基半乳糖等，属于葡萄糖和半乳糖组成的杂低聚糖。低聚半乳糖的化学结构如图 4-4 所示。

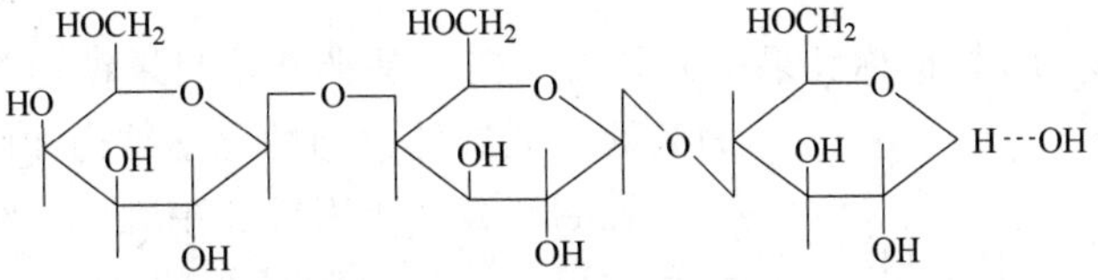

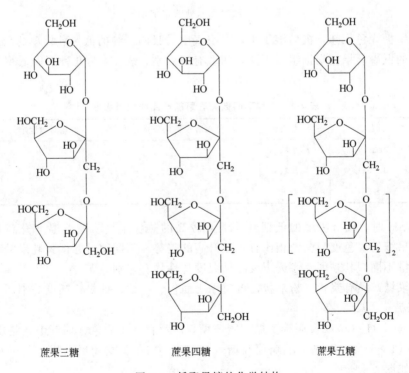

图 4-4　低聚半乳糖的化学结构

在自然界中，动物的乳汁中存在微量的低聚半乳糖，母乳中含量稍多。低聚半乳糖甜味比较纯正，热值较低（1.7kcal/g），甜度为蔗糖的 20%～40%，保水性极强。在 pH 为中性条件下有较高的热稳定性，100℃下加热 1h 或 120℃下加热 30min 后，低聚半乳糖无任何分解。低聚半乳糖同蛋白质共热会发生美拉德反应，可以用于特殊性质的食品如面包、糕点等的加工中。

目前低聚半乳糖已被广泛地应用于乳制品、面包、饮料、果酱、饴糖、软糖、糕点、酱料、酸味饮料等。

3. 低聚果糖

又称低聚蔗果糖或寡果糖，它广泛存在于自然界，是在蔗糖分子上以 β-1,2-糖苷键与 1～3 个果糖结合而成的低聚糖，主要由蔗果三糖、蔗果四糖、蔗果五糖组成的混合物。低聚果糖的化学结构如图 4-5 所示。

蔗果三糖　　　　　蔗果四糖　　　　　蔗果五糖

图 4-5　低聚果糖的化学结构

当环境 pH 为中性时，低聚果糖在 120℃条件下非常稳定，在 pH=3 的酸性的条件下，温度达到 70℃以后，低聚果糖极易分解，稳定性明显降低。低聚果糖耐高温，抑制淀粉老化，保水性很好。低聚果糖可应用于饮料（发酵乳、乳饮料、咖啡、碳酸饮料等）、糕点、糖果、冷饮、冰淇淋、火腿等中。

4. 乳酮糖

乳酮糖（$C_{12}H_{22}O_{11}$）也称乳果糖或异构乳糖，是半乳糖与果糖通过 β-1,4-糖苷键结合的双糖。低聚乳酮糖的化学结构如图 4-6 所示。

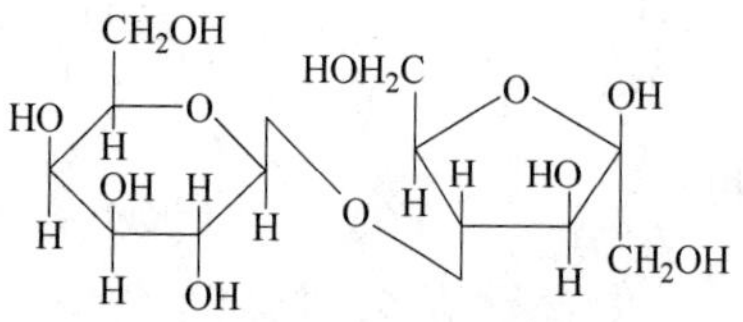

乳酮糖存在于人乳和牛乳中。纯净乳酮糖具有清凉醇和的甜味，甜度为蔗糖的 48%～62%；商业产品糖浆为淡黄色略透明的糖浆，高温或长期储存，色泽会加深，其黏度很低，其甜度比纯净的乳酮糖略高，为蔗糖的 60%～70%。

图 4-6　低聚乳酮糖的化学结构

乳酮糖广泛应用于饮料、糖果、果酱、果冻、冰淇淋等中。

5. 低聚乳果糖

图 4-7 为低聚乳果糖的化学结构。

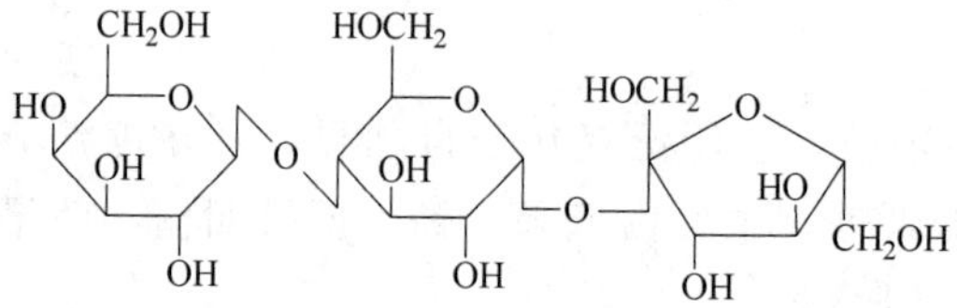

图 4-7　低聚乳果糖的化学结构

低聚乳果糖无色无味，极易溶于水，在空气中易吸潮。纯的低聚乳果糖的甜度为蔗糖的 30%，市售的低聚乳果糖根据组成不同，甜度有所差别，表 4-4 为几种不同低聚乳果糖的相对甜度。

表 4-4　几种不同低聚乳果糖产品的相对甜度

商品名	状态	低聚乳果糖的质量分数/%	相对甜度/%
LS-35	浆状	>35	70
LS-55L	浆状	>55	55
LS-55P	粉末	>55	50

在中性 pH 时，较低浓度的低聚乳果糖有较高的热稳定性。随着温度升高及 pH 的降低，低聚乳果糖的着色度与蔗糖相比有明显升高的趋势。不同牌号的低聚乳果糖商品由于糖类成分及含量不同，其黏度、渗透压及冻结温度特性均有差别。

低聚乳果糖产品有浆状、粉末状，可应用于面包、冷饮、糖果、糕点等中。

6. 棉籽糖

棉籽糖（$C_{18}H_{32}O_{16}$）又叫棉实糖、蜜三糖，广泛存在于甜菜、棉籽中，是由 α-D(+)-吡喃半乳糖（1→6）、α-D(+)-吡喃葡萄糖（1→2）、β-D(-)-呋喃果糖构成的三糖。棉籽糖的化学结构如图 4-8 所示。

无水棉籽糖呈长针状结晶体，为白色或淡黄色。缓慢加热 100℃以上逐渐失去结晶水。

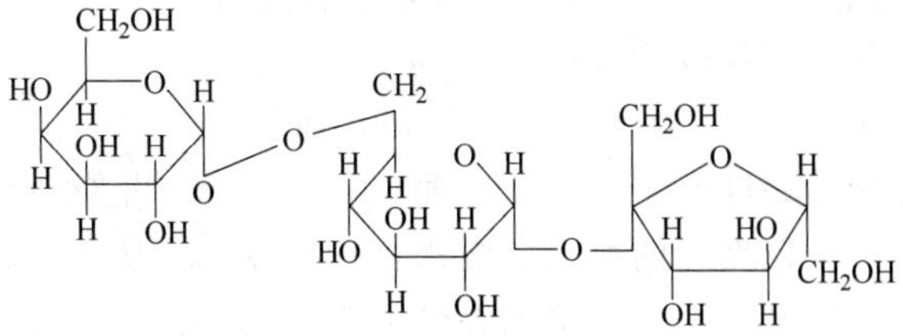

图 4-8 棉籽糖的化学结构

棉籽糖微带甜味，溶于水，微溶于酒精，熔点为 80℃。

棉籽糖晶体即使在相对湿度 90% 的环境中也不会吸湿结快，其他低聚糖粉末的吸湿性都较强，这是棉籽糖的一个显著特点。棉籽糖是非还原糖，发生美拉德反应的程度较低；热稳定性能几乎与蔗糖相同，即使加热至 140℃ 时仍保持稳定；加热至 180℃ 棉籽糖会分解成蜜二糖和果糖，蜜二糖可能会进一步分解；棉籽糖在酸性条件下也很稳定。

棉籽糖广泛用于糖果、糕点、粉状和片剂食品中。

7. 水苏糖

水苏糖是近年来食品市场上比较受欢迎的一种功能原料，是一种能显著促进双歧杆菌增殖的功能性低聚糖，被誉为"超强双歧因子"。其分子式为 $C_{24}H_{42}O_{21}$，相对分子质量为 666，水苏糖的化学结构如图 4-9 所示。

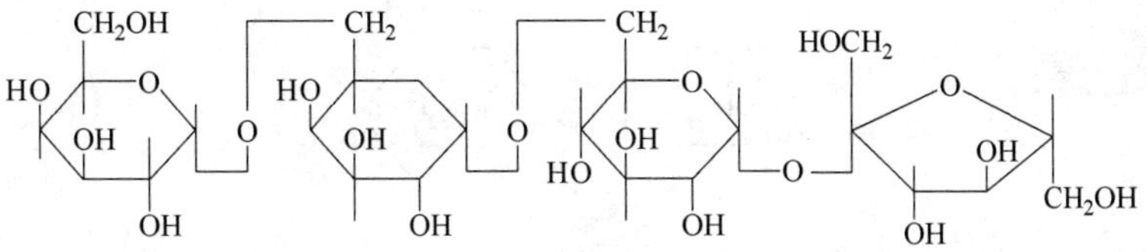

图 4-9 水苏糖的化学结构

水苏糖溶于水，不溶于乙醚、乙醇等有机溶剂，有弱甜味，甜度比蔗糖低。水苏糖的保水性和吸水性均小于蔗糖，但大于果葡糖浆，渗透压接近于蔗糖。水苏糖没有还原性。

水苏糖是一种功能性低聚糖，具有良好的热稳定性，但在酸性条件下，热稳定性有所下降，因此，水苏糖可用于需热压反应处理的食品；当用于酸性饮料时，只要 pH 不太低，水苏糖在 100℃ 的杀菌条件下足够稳定；它在酸性环境中的储藏稳定性和温度有关，当温度低于 20℃ 时，水苏糖相当稳定。

水苏糖可直接或间接配制口服液、压片等做保健品用，也可添加于饮料、糖果、糕点、奶制品、调味品中。

8. 大豆低聚糖

大豆低聚糖是一种广泛存在于豆科植物中的碳水化合物，它是由水苏糖、棉籽糖和蔗糖组成的混合物，占大豆总固形物的 7%～10%。常见大豆低聚糖产品的一般组成见表 4-5。

表 4-5　大豆低聚糖产品的一般组成　　　　　单位：%（以干基计）

名称	水分	水苏糖	棉籽糖	蔗糖	其他
糖浆	24	18	8	34	16
颗粒	3	23	7	44	23
混合粉末	3	11	4	22	60
精制品	24	32	17	5	22

液态大豆低聚糖为淡黄色、透明黏稠状液体；固体产品是淡黄色粉末，极易溶于水中。精制大豆低聚糖与蔗糖相近，甜度为蔗糖的 70%。

大豆低聚糖的热稳定性较强，140℃下不分解，在酸性条件（pH＝3）下加热时，其稳定性优于蔗糖；大豆低聚糖黏度低于麦芽糖，而略高于蔗糖和果葡糖浆，和其他糖一样，随温度升高，黏度降低；大豆低聚糖的保水、吸水性比蔗糖小，水分活性接近于蔗糖，也能降低水分活性，抑制微生物繁殖。大豆低聚糖在食品中可起保鲜、保湿的作用。

大豆低聚糖有明显抑制淀粉老化作用，如在面包等面类食品中添加大豆低聚糖，能延续淀粉的老化、防止产品变硬、延长货架保存期；由于大豆低聚糖属非还原糖，则在食品加工过程中添加，可减少美拉德反应的产生和营养素的损失，并且在一般食品中应用也很方便。

大豆低聚糖可应用于清凉饮料、酸奶、乳酸菌饮料、冰淇淋、面包、糕点、糖果、巧克力等食品中；在豆豉、大豆发酵饮料和醋等产品中，它能增加豆腐甜味，消除豆豉氨臭。

9. 海藻糖

海藻糖广泛存在于微生物、低等动植物体内，如真菌类、藻类、虾类及酵母中。现在已开发出了以淀粉为原料生产海藻糖的技术。

海藻糖（$C_{12}H_{22}O_{11}$）是 2 分子葡萄糖结合的非还原性二糖。海藻糖的化学结构如图 4-10 所示。

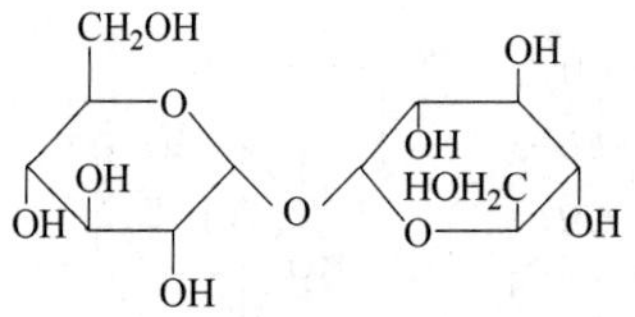

图 4-10 海藻糖的化学结构

海藻糖在食品和药品中可以非常有效地保护生物膜和生物大分子，从而避免细胞受到干燥、冷冻和渗透压剧变造成的伤害。海藻糖还可以有效保护 DNA 免受由放射线引起的损伤。海藻糖的用途非常广泛，在医药上可替代血浆蛋白作为生物制品、疫苗的稳定剂；用于化妆品中，具保湿功能；还用于食品保鲜、食品甜味剂，替代高热量的蔗糖，尤其适合糖尿病患者食用；用于儿童食品如糖果、巧克力的甜味剂，可有效降低儿童龋齿发病率。

━━━━━━ **思 考 题** ━━━━━━

1. 什么是功能性甜味剂？分为几类？
2. 功能性单糖有几种？有何特点？
3. 举例说明功能性果糖在食品加工中的应用。
4. 功能性低聚糖有怎样的生理功能？

第五章

自由基清除剂

主要内容

1. 自由基理论的产生机理。
2. 自由基对机体活动的影响。
3. 自由基清除剂的基本概念。

随着生命科学的飞速发展，英国 Harman 于 1956 年提出了自由基学说。该学说认为，自由基攻击生命大分子造成组织细胞损伤，是引起机体衰老的根本原因，也是诱发肿瘤等恶性疾病的重要起因，其中的观点被越来越多的实验所证明。

自由基（free radical）是人体生命活动中各种生化反应的中间代谢产物，具有高度的化学活性，是机体有效的防御系统，若不能维持一定水平则会影响机体的生命活动。但自由基产生过多而不能及时地清除，它就会攻击机体内的生命大分子物质及各种细胞器，造成机体在分子水平、细胞水平及组织器官水平的各种损伤，加速机体的衰老进程并诱发各种疾病。

近年来，国内外对自由基及自由基清除剂的研究十分活跃，在各类食品科学、生命科学及医学书籍上都有许多关于自由基及其清除剂的研究报道，通过人们日常消费的食品来调节人体内自由基的平衡，已受到食品营养学家的广泛重视。

第一节　自由基理论

一、自由基的产生机理

自由基又叫游离基，它是由单质或化合物的均裂而产生的带有未成对电子的原子或基团。它的单电子有强烈的配对倾向，倾向于以各种方式与其他原子基团结合，形成更稳定的结构，因而自由基非常活泼，成为许多反应的活性中间体。

人体内的自由基分为氧自由基和非氧自由基。氧自由基占主导地位，大约占自由基总量的95%。氧自由基包括超氧阴离子（$O_2^-\cdot$）、过氧化氢分子（H_2O_2）、羟自由基（$OH\cdot$）、氢过氧基（$HO_2^-\cdot$）、烷过氧基（$ROO\cdot$）、烷氧基（$RO\cdot$）、氮氧自由基（$NO\cdot$）、过氧亚硝酸盐（$ONOO^-$）、氢过氧化物（$ROOH$）和单线态氧（$^1O_2$）等，它们又统称为活性氧（ROS），都是人体内最为重要的自由基。非氧自由基主要有氢自由基（$H\cdot$）和有机自由基（$R\cdot$）等。

自由基反应在燃烧、气体化学、聚合反应、等离子体化学、生物化学和其他各种化学学科中扮演很重要的角色。历史上第一个被发现和证实的自由基是由摩西·冈伯格在 1900 年于密歇根大学发现的三苯甲基自由基。

人体细胞在正常的代谢过程中，或者受到外界条件的刺激（如高压氧、高能辐射、抗癌剂、抗菌剂、杀虫剂、麻醉剂等药物，香烟烟雾和光化学空气污染物等作用），都会刺激机体产生活性氧自由基。

自由基反应包含 3 个阶段，即引发、增长和终止阶段。反应之初，引发阶段占主导地位，反应体系中的新生自由基形成许多链的开端，反应物浓度高。引发后的增长阶段为反应的主体，若起始有几个引发自由基在增长阶段没有消失或增加，那么反应中就有几条链。随着反应的进行，体系中的反应物浓度越来越低，自由基相互碰撞的机会越来越小，反应速度就越来越慢，自由基越来越少，最后反应停止。由此可见，自由基反应动力学有别于普通的分子反应，自由基可以连续传递而出现连锁反应。

过氧化物作为引发剂可以使反应在较低温度下进行，如果反应体系中有自由基清除剂存在，它就能很快地捕捉自由基使扩散不能形成。活性强的自由基清除剂能阻止连锁反应的开始。因为氧分子与许多有机物反应时产生自由基，而自由基清除剂能捕捉过氧自由基而中断连锁反应阻止有机物的氧化，所以自由基清除剂又称为抗氧化剂。

二、自由基对机体生命活动的影响

自由基是体内各种生化反应的中间代谢产物，在人体的生命活动过程中，各种生化反应，不管是酶促反应还是非酶促反应，都会产生各种自由基。从自由基的化学结构可以看出，它含有未配对的电子，是一类具有高度化学活性的物质。在正常的情况下，体内自由基处于不断产生与清除的动态平衡之中，并在代谢中发挥着重要作用，如参与一些酶和前列腺素的合成，增强白细胞吞噬活性，提高杀菌效果等。但是，如果自由基过多或清除过慢，则会对人体造成严重危害。

1. 自由基积极的生物学功能

自由基作为人体正常的代谢产物，对维持机体的正常代谢有特定的促进作用。这种促进作用主要表现在对机体危害物的防御作用。

① 增强白细胞的吞噬功能，提高杀菌效果；

② 促进前列腺素的合成；

③ 参与脂肪加氧酶的生成；

④ 参与胶原蛋白的合成；

⑤ 参与肝脏的解毒作用；

⑥ 参加凝血酶原的合成；

⑦ 参与血管壁松弛而降血压；

⑧ 杀伤外来微生物和肿瘤细胞。

然而，在生命活动中，由于机体经常受到各种外界不良因素的刺激，导致机体组织中的自由基数量往往过多，甚至对机体组织产生危害。

2. 自由基对生命大分子的损害

自由基具有高度的活泼性和极强的氧化反应能力，能通过氧化作用攻击体内的生命大分子如核酸、蛋白质、糖类和脂质等，使这些物质发生过氧化变性、交联和断裂，从而引起细胞结构和功能的破坏，导致机体的组织破坏和退行性变化。自由基是无处不在的，自由基对人体攻击的途径是多方面的，既有来自体内的，也有来自外界的。当人体中的自由基超过一定的量，并失去控制时，这些自由基就会乱跑乱窜，攻击细胞膜，与血清抗蛋白酶发生反应，甚至跟基因竞争电子，使我们的身体受到各种各样的伤害，导致人体产生各种各样的疑难杂病。

3. 自由基学说

从古至今，依据对衰老机理的不同理解，人们提出多达 300 余种的衰老学说。主要有自由基学说、免疫功能下降学说、脑中心学说、代谢失调学说、生物膜衰老学说、脂褐素与衰老学说、衰老过程中基因淋巴因子及其基因表达改变的学说等。自由基学说就是其中之一，它能反映出衰老本质的部分机理。

自由基学说认为，自由基的强氧化作用损伤了机体的生命大分子，导致人体细胞免疫和体液免疫的功能减弱，最终导致免疫疾病的出现，其作用机理可概括为以下几个方面：①生命大分子的交联聚合和脂褐素的累积；②器官组织细胞的破坏与减少；③免疫功能的降低。

第二节　自由基清除剂

一、自由基清除剂简介

自由基是人体正常的代谢产物，正常情况下人体内自由基是处于不断产生与清除的动态平衡中，人体内存在少量的氧自由基，它不但对人体不构成威胁，而且可以促进细胞增殖，刺激白细胞和吞噬细胞杀灭细菌，消除炎症，分解毒物。但如果人体内自由基的数量过多，就会对生物膜和其他组织造成损伤，破坏细胞结构，干扰人体的正常代谢活动，引起疾病，加速人体衰老进程。

在长期的进化过程中，生命有机体内必然会产生一些物质来清除这些自由基，将它们统称为自由基清除剂（scavenger）。

自由基清除剂是指能清除自由基或能阻断自由基参与氧化反应的物质。自由基清除剂的种类繁多，可分为酶类清除剂和非酶类清除剂两大类。酶类清除剂一般为抗氧化酶，主要有超氧化物歧化酶（SOD）、过氧化氢酶（CAT）、谷胱甘肽过氧化物酶（GPX）等几种。非酶类自由基清除剂一般包括黄酮类、多糖类、维生素 C、维生素 E、β-胡萝卜素和还原型谷胱甘肽（GSH）等活性肽类。

自由基清除剂发挥作用必须满足三个条件：第一，自由基清除剂要有一定的浓度；第二，因为自由基活泼性极强，一旦产生马上就会与附近的生命大分子起作用，所以自由基清除剂必须在自由基附近，并且能以极快的速度抢先与自由基结合，否则就起不到应有的效果；第三，在大多数情况下，自由基清除剂与自由基反应后会变成新的自由基，这个新的自由基的毒性应小于原来自由基的毒性才有防御作用。

二、酶类自由基清除剂

1. 超氧化物歧化酶

超氧化物歧化酶（superoxide dismutase，SOD）是一种源于生命体的活性物质，能消除生物体在新陈代谢过程中产生的有害物质，是目前研究最深入、应用最广泛的一种酶类自由基清除剂。

SOD 存在于几乎所有靠氧呼吸的生物体内，包括细菌、真菌、高等植物、高等动物中。SOD 是一类含金属的酶，按其所含金属辅基的不同可分为含铜锌 SOD（Cu·Zn-SOD）、含锰 SOD（Mn-SOD）和含铁 SOD（Fe-SOD）3 种。

SOD 作为功能性食品基料的生理功能主要有以下几方面。

① 清除体内产生的过量的超氧阴离子自由基，减轻或延缓甚至治愈某些疾病，延缓因自由基损害生命大分子而引起的衰老现象，如延缓皮肤衰老和老年斑的形成等。

② 提高人体对自由基外界诱发因子的抵抗力，增强机体对烟雾、辐射、有毒化学品及医药品的适应性。

③ 增强人体自身的免疫力，提高人体

对自由基受损引发的一系列疾病的抵抗力，如炎症、肿瘤、白内障、肺气肿等，治疗由于免疫功能下降而引发的疾病。

④ 清除放疗所诱发的大量自由基，从而减少放射对人体其他正常组织的损伤，减轻癌症等肿瘤患者放化疗时的痛苦及副作用。

⑤ 消除疲劳，增强对剧烈运动的适应力。

⑥ 有效降低血脂、胆固醇、血压。

⑦ 抗辐射。

⑧ 增强肝肾功能。

⑨ 对糖尿病有明显的恢复作用。

⑩ 消除副作用。

因此，具有清除自由基功能的SOD已成为医学、食品和生命科学等领域研究的热点。

2. 过氧化氢酶

过氧化氢酶（catalase，CAT）是另一种酶类清除剂，又称为触酶，是以铁卟啉为辅基的结合酶。它可促使 H_2O_2 分解为分子氧和水，清除体内的过氧化氢，从而使细胞免于遭受 H_2O_2 的毒害，是生物防御体系的关键酶之一。CAT 作用于过氧化氢的机理实质上是 H_2O_2 的歧化，必须有两个 H_2O_2 先后与 CAT 相遇且碰撞在活性中心上，才能发生反应。H_2O_2 浓度越高，分解速度越快。

几乎所有的生物机体都存在过氧化氢酶。其普遍存在于能呼吸的生物体内，主要存在于植物的叶绿体、线粒体、内质网，动物的肝脏和红细胞中，其酶促活性为机体提供了抗氧化防御机理。

CAT 是红血素酶，不同的来源有不同的结构。在不同的组织中，其活性水平高低不同。过氧化氢在肝脏中分解速度比在脑或心脏等器官快，就是因为肝脏中的 CAT 含量水平高。

三、非酶类自由基清除剂

1. 维生素类

具有清除自由基作用的物质之中，除抗氧化酶（如 SOD、GSH-Px、CAT）和抗氧化剂（如维生素 E、维生素 C、维生素 A、硒、辅酶 Q、谷光甘肽、半胱氨酸）以外，许多中草药如人参、三七、黄芪、五味子、枸杞、丹参、甘草、首乌、绞股蓝、灵芝、赤芍、附子、女贞子、黄精、丹皮、金樱子、茯苓、麦冬、肉桂、黄芩、白术、苍术、虎杖、当归、川芎等，其本身或其所含成分均有抗氧化、清除自由基的作用。

维生素不仅是人类维持生命和健康所必需的重要营养素，还是重要的自由基清除剂。对氧自由基具有清除作用的维生素主要有维生素 E、维生素 C 及维生素 A 的前体——β-胡萝卜素。

维生素 E 又称为生育酚，是强有效的自由基清除剂。维生素 E 可清除自由基，防止油脂氧化和阻断亚硝胺的生成，故在提高免疫能力、预防癌症等方面有重要作用，同时预防和治疗缺血再灌注损伤等疾病有一定功效。

维生素 C 又称为抗坏血酸，在自然界中存在还原型抗坏血酸和氧化型脱氢抗坏血酸两种形式。维生素 C 具有强抗氧活性，能增强免疫功能、阻断亚硝胺生成、增强肝脏中细胞色素酶体系的解毒功能。人体血液中的维生素 C 含量水平与肺炎、心肌梗死等疾病密切相关。

β-胡萝卜素广泛存在于水果和蔬菜中，经机体代谢可转化为维生素 A。β-胡萝卜素具有较强的抗氧化作用，能通过提供电子，抑制活性氧的生成，从而达到防止自由基产生的目的。

健康人可以通过日常均衡的膳食摄取充足的维生素，但在机体受到感染、体力活动增加、服用特殊药物、体液大量丢失及妇女怀孕和哺乳等情况下，机体对维生素的需求大大增加，不额外补充，则易导致维生素缺乏，自由基损伤机体，诱发或加速其他疾病。

2. 黄酮类化合物

黄酮类化合物泛指两个苯环通过中央三碳链相互联结而成的一系列 C_6-C_3-C_6 化合物，主要是指以 2-苯基色原酮为母核的一类化合物，在植物界广泛分布。黄酮类化合物是具有酚羟基的一类还原性化合物。在复杂反应体系中，由于其自身被氧化而具有清除自由基和抗氧化作用。

黄酮及其某些衍生物具有广泛的药理学特性，包括抗炎、抗诱变、抗肿瘤形成与生长等活性。黄酮类化合物在生物体外和体内都具有较强的抗氧化性，具有许多药理作用，对人的毒副作用很小，是理想的自由基清除剂。目前已发现有 4000 多种黄酮类化合物，可分为黄酮、儿茶素、花色素、黄烷酮、黄酮醇和异黄酮等。

3. 微量元素

除了上述的各种酶及维生素类、黄酮类化合物，许多微量元素也起到清除自由基的作用。

（1）硒　硒是一种非常重要的微量元素，是硒谷胱甘肽过氧化酶的活性成分，Se-GPX能使有毒的过氧化物还原成无毒的羟基化合物，并使过氧化氢分解成醇和水，摄入硒不足时使 Se-GPX 活力下降，在体内处于低硒水平时，Se-GPX 活力与硒的摄入量呈正相关，但到一定水平时，酶活力不再随硒水平的上升而上升。

（2）锌　锌在清除自由基的过程中也起到很重要的作用。锌能减少铁离子进入细胞并抵制其在羟自由基引发的链式反应中的催化作用，锌也能终止自由基引起的脂质过氧化链式反应。

（3）锰　锰是体内多种酶的组成成分，与体内许多酶的活性有关。锰与铜同样是 SOD 的重要组成成分，在清除超氧化物、增强机体免疫功能方面产生影响。

（4）锗　有机锗能降低脂质过氧化，保护细胞质膜，降低血浆、肝、脑等组织中脂质过氧化水平。

四、富含自由基清除剂的食品

随着人们对自由基理论的了解，越来越多的人开始关注能够清除自由基的功能性食品。食品专家们也对此进行了积极的研究和探索。目前，对此类食品的研究大致有两个方向。一是从天然动植物中提取有效成分，添加于各种饮料或固态食品中作为功能性食品的功能因子或食品营养强化剂。目前已有添加 SOD 的蛋黄酱、牛奶、可溶性咖啡、啤酒、白酒、果汁饮料、矿泉水、奶糖、酸牛乳、冷饮类等类型的功能性食品面市。二是利用微生物发酵或细胞培养来得到自由基清除剂含量丰富的产品。

开发和利用高效无毒的自由基清除剂，已成为当今科学发展的趋势。随着研究的深入，将有更多更有效的自由基清除剂被开发和利用，将会进一步推动功能性食品产业向前发展，为保障人类的身体健康作出更大贡献。

━━━━━━━━ **思　考　题** ━━━━━━━━

1. 自由基理论的核心内容是什么？
2. 什么是自由基清除剂？各有哪些种类？
3. SOD 在食品中有哪些应用？

第六章

矿 物 质

1. 常量元素的种类及其生理功能。
2. 微量元素的种类及其生理功能。

食物或机体灰分中那些为人体生理功能所必需的无机元素称为矿物质，也称无机盐。人体已发现有 20 余种必需的无机盐，约占人体质量的 4%～5%。其中含量较多的（＞5g）为钙、磷、钾、钠、氯、镁、硫七种，它们每天的膳食需要量都在 100mg 以上，称为常量元素。随着近代分析技术的进步，利用原子吸收光谱、中子活化、等离子发射光谱等痕量分析手段，发现了铁、碘、铜、锌、锰、钴、钼、硒、铬、镍、硅、氟、钒等元素也是人体必需的，它们每天的膳食需要量甚微，称为微量元素。

第一节　常量元素

一般将矿物质中占人体质重 0.01% 以上，每人每日膳食需要量在 100mg 以上的元素称为常量元素。常量元素在体内的主要生理功能如下。

① 构成人体组织的重要成分，如骨骼和牙齿等硬组织，大部分是由钙、磷和镁组成，软组织含钾较多；

② 在细胞液中与蛋白质一起调节细胞膜的通透性，控制水分，维持正常的渗透压和酸碱平衡，维持神经肌肉兴奋性；

③ 构成酶的成分或激活酶的活性，参与物质代谢。

常量元素在人体新陈代谢过程中，每日都有一定量随各种途径如粪、尿、汗、头发、指甲、皮肤及黏膜的脱落排出体外，因此必须通过膳食补充。许多国家都制定了钙、磷、镁、钾、钠和氯等 6 种常量元素的推荐摄入量（recommended nutrient intake，RNI）和适宜摄入量（adequate intake，AI）。

一、钙和磷

钙和磷是硬组织如骨骼和牙齿的重要矿物成分。骨骼中的钙、磷比几乎是恒定的，二者之一在体内的含量显著变动时，另一个也随之改变，因此钙和磷常一起考虑。

（一）钙

1. 钙在体内的分布

钙是人体内含量较多的元素之一。健康成人体内含钙量约为 1000～1300g，约占体重的

1.5%～2.0%。其中大约99%的钙以磷酸盐的形式集中在骨骼和牙齿内，统称为"骨钙"；其余1%的钙，大部分以离子状态存在于软组织、细胞液及血液中，少部分与柠檬酸螯合，或与蛋白质结合，这一部分统称为"混溶钙池"（也称"混合钙库"）。"混溶钙池"中的钙与骨钙维持着动态平衡。

（1）骨钙　骨组织储藏的钙占体钙的99%以上，因此骨被誉为钙库。成人每天约有700mg的钙出入于骨组织。在人的一生中，骨钙的沉淀与溶解始终在不断进行着。随着年龄的增大，钙的沉淀逐渐缓慢，到了老年，钙的溶出占主导地位，因而出现骨质疏松的症状。幼儿的骨骼需1～2年就要更新一次，成年人则需10～12年才会更新一次。男性在18岁以后，骨骼的长度开始稳定，女性则更早一些，但骨密度仍在不断地增加。40岁以后，开始有骨质疏松现象出现，一般女性快于男性，而体力活动有减慢骨质疏松的作用。牙釉质的钙较为惰性，不能被置换出来，故牙齿不能自行修复。

（2）血钙　血液中的钙不及人体总钙量的0.1%，因为血液中的钙几乎全部存在于血浆中，所以一般提到血钙主要就是指血浆钙。在机体多种因素的调节和控制下，血钙浓度通常比较稳定，正常值为2.25～2.75mmol/L。血钙主要以离子钙和结合钙两种形式存在，各约占50%。其中结合钙的绝大部分是与血浆蛋白（主要是清蛋白）结合，小部分与柠檬酸、重碳酸盐等结合。血浆蛋白结合钙不能透过毛细血管壁，故称为不扩散钙；柠檬酸钙和离子钙等钙化合物可以透过毛细血管壁，称为可扩散钙。

2. 钙的生理功能

① 钙是构成骨骼和牙齿的主要成分，起支持和保护作用；

② 钙能促进体内某些酶的活动，调节酶的活性作用；

③ 钙起电荷载体作用；

④ 钙参与神经、肌肉的活动。

3. 吸收、排泄和储留

（1）吸收　正常成人每天需钙0.8～1.0g，儿童、孕妇及哺乳期妇女需钙量增加，每天需钙1.2～2.0g。人体所需的钙主要来自食物，普通膳食一般能满足成人每日钙的需要量。食物中的钙大部分以难溶的钙盐形式存在，需在消化道转变成Ca^{2+}才能被吸收。钙盐在酸性条件下较易溶解，因此钙的吸收主要在酸性较强的小肠上端进行。钙的吸收为主动吸收，需要维生素D的参与。膳食成分对钙的吸收和利用的影响见表6-1。

表6-1　膳食成分对钙的吸收和利用的影响

降低	增高	无影响
植酸盐	乳糖	磷
纤维素	某些氨基酸	蛋白质
草酸盐	维生素D	维生素C
脂肪		柠檬酸
乙醇		果胶

植物成分中的植酸盐、纤维素、糖醛酸、藻酸钠和草酸可降低钙的吸收，果胶和维生素C对钙的吸收的影响很小。谷类含植酸较多，以谷类为主的膳食应供给较多的钙。含草酸多的食物如菠菜，其钙难于吸收且影响其他食物钙的吸收，故选择供给的食物时，不仅考虑钙含量还应注意草酸含量（表6-2）。

表 6-2　几种常见蔬菜中钙和草酸的含量　　　　单位：mg/100g 鲜菜

蔬菜名称	钙	草酸	可利用钙的理论值
大蕹菜	224	691	−30
厚皮菜	64	471	−142
苋菜	359	1142	−143
圆叶菠菜	102	606	−165
折耳根	121	1150	−384

近来的研究表明，膳食纤维可以降低结肠和高胆固醇血症的危险性，但纤维会影响钙的吸收。如果膳食中既有草酸又有纤维，则钙的吸收更低。膳食中的脂肪对健康人的钙吸收影响不大，但对脂肪吸收不良或患脂肪痢的患者来说，其钙吸收会降低。钙与脂肪酸形成皂钙，当脂肪酸碳链增长，不饱和度降低时，钙的利用率更低。中链脂肪酸能改善脂肪和钙的吸收，适合应用于婴儿代乳粉、胃切除或胆汁性肝硬变患者的饮食中。钙的吸收与磷的水平无关，只与钙的摄取量有关。维生素 D 可促进小肠吸收钙。乳糖可增强钙的扩散转运，它被乳糖酶水解成葡萄糖和半乳糖，从而改善钙的吸收。其他糖如蔗糖、果糖也能增加钙吸收率。蛋白质被消化成氨基酸，如赖氨酸、色氨酸、精氨酸、亮氨酸、组氨酸等与钙形成可溶性钙盐，从而促进钙的吸收。碱剂、应激和卧床不动、食物在消化道中停留时间长都会使钙的吸收率降低。

（2）排泄　未吸收的钙的大部分经肠黏膜上皮细胞的脱落和消化液的分泌排入肠道。除来自膳食的钙以外，小肠消化液有钙 600mg，肠内总钙量约为 $1200mg \cdot d^{-1}$，其中 600mg 钙重吸收（reabsorption），900mg 钙由粪便排出，250mg 钙由尿液排出，$20 \sim 350mg$ 钙由汗液排出，高温作业者汗分泌多，钙在汗液中的浓度增加，损失钙可高达 $1g \cdot d^{-1}$。哺乳期妇女乳中排出的钙为 $150 \sim 300mg \cdot d^{-1}$。

粪钙包括未吸收的摄入钙和分泌到胃肠道的内源钙。成人每天进出体内的钙量大致相等，处于平衡状态，即钙摄入量＝粪钙＋尿钙。男性内源钙平均为 $(194 \pm 73)mg \cdot d^{-1}$，其中不吸收者即内源粪钙，平均为 $130mg \cdot d^{-1}$。粪钙对钙平衡的调节作用较小，也不受蛋白质摄入量的影响。

（3）储留　学龄前儿童分别摄入钙 339、555、704 和 $904mg \cdot d^{-1}$，钙储留量分别为 60、103、125 和 $154mg \cdot d^{-1}$，储留量和摄入量呈正相关。但是也有摄入量相差很大而储留量差不多的，可能机体对钙的需要不同而影响其储留。磷摄入过多对于钙的储留影响不大。

4. 钙的需要量

2018 年，中华人民共和国国家卫生健康委员会推荐的钙的摄入量（RNI）标准（$mg \cdot d^{-1}$）为从 0～0.5 岁，200（AI）；0.5～1 岁，250（AI）；1～4 岁，600；4～7 岁，800；7～11 岁，1000；11～14 岁，1000；14～18 岁，800；18～50 岁，800；50 岁以上，1000；孕妇（1～12 周），800；孕妇（≥13 周），1000；乳母，1000。

5. 钙在食物中的含量

乳及乳制品含钙丰富，吸收率高。水产品中小虾米皮含钙特别多，其次是海带。干果豆、豆制品及绿叶蔬菜中含钙也不少。谷物、肉类和禽类含钙不多。骨粉含钙 20% 以上，吸收率约为 70%。蛋壳粉含大量钙。膳食中补充骨粉或蛋壳粉可以改善钙的营养状况。一些食品中钙的含量见表 6-3。

（二）磷

磷在生理上和生化上是人体最必需无机盐之一，但在营养上，人们很少注意它，因为动

表 6-3　食品中钙、磷含量（mg/100g 食物）及比值

品名	钙	磷	钙磷比	品名	钙	磷	钙磷比
人乳	34	15	2.3/1	海带	1177	216	5.4/1
牛乳	120	93	1.3/1	发菜	767	45	17/1
乳酪	590	393	1.5/1	大白菜	61	37	1.6/1
鸡蛋	55	210	1/3.8	小白菜	93	50	1.8/1
鸡蛋黄	134	532	1/4	标准粉	38	268	1/7.1
虾皮	2000	1005	2/1	标准米	8	164	1/20.5
黄豆	367	571	1/1.6	瘦猪肉	11	177	1/16.1
豆腐（南）	240	64	3.8/1	瘦牛肉	16	168	1/10.5
豆腐（北）	277	57	4.9/1	瘦羊肉	15	233	1/15.5
豆腐丝	284	291	1/1	鸡（肉及皮）	11	190	1/17.3
芝麻酱	870	530	1.6/1	鲤鱼	25	175	1/7
豌豆	84	400	1/4.8	鲫鱼	54	203	1/3.8
蚕豆	61	560	1/9.2	带鱼	24	160	1/6.7
花生仁（炒）	67	378	1/5.6	大黄鱼	33	135	1/4.1
西瓜子	237	751	1/3.2	青鱼	25	171	1/6.8
核桃仁（炒）	93	386	1/4.2				

植物细胞中普遍都存在磷。

1. 磷在体内的分布

成人体内含磷（750±50)g，约占体重的 1%、矿物质总量的 1/4。其中 87.6% 的磷以羟磷灰石的形式构成骨盐储存在骨骼和牙齿中，10% 的磷与蛋白质、脂肪、糖及其他有机物结合构成软组织。

2. 磷的生理功能

① 磷存在于人体每个细胞中，其量居无机盐的第二位，对骨骼生长、牙齿发育、肾功能和神经传导都是不可缺少的。

② 磷是核酸、磷脂和某些酶的组成成分，促进生长维持和组织修复，有助于对碳水化合物、脂肪和蛋白质的利用，调节糖原分解，参与能量代谢。

③ 磷脂是细胞膜的主要脂类组成成分，与膜的通透性有关。

④ 磷酸盐能调节维生素 D 的代谢，维持钙的内环境稳定，在体液的酸碱平衡中起缓冲作用，而钙和磷的平衡也有助于细胞对无机盐的利用。所以，磷对细胞的生理功能极为重要。

3. 吸收和排泄

（1）吸收　从膳食摄入的磷酸盐有 70% 在小肠内吸收。磷的吸收需要维生素 D。当缺乏维生素 D 时，血清中无机磷酸盐的含量就会下降。佝偻病患者就往往出现血钙含量正常而血磷含量较低的现象。钙、镁、铁、铝等金属离子常与磷酸形成难溶性盐而影响磷的吸收。高脂肪食物或脂肪消化与吸收不良时，肠中磷的吸收会增加。但这种不正常情况会减少钙的吸收，从而扰乱钙磷平衡。

（2）排泄　从膳食摄入的部分未吸收的磷和分泌到胃肠道的内源磷会一起随粪便排出。一个每天摄入 1.0～1.5g 磷的男子，内源粪磷约为 3mg/(kg·d)。磷主要经肾排泄，肾小球滤出的磷一般在肾小管重吸收。

4. 需要量

正常膳食可供给 1g 磷/d。中国膳食以谷类为主，磷偏高。美国规定磷的需要量如下：1岁以上男女的钙磷比为 1：1，不满 1 岁男女的钙磷比为 1.5：1。日本在 1979 年规定 1 岁以上男女的钙磷比为 1：1，不满 1 岁男女的钙磷比为 1：0.9，比美国的标准高。维持平衡时的需要量（mg/d）随年龄增高而下降，Sherman 提出需要量为 520～1200mg/d，男子为 870mg/d，女子为 800mg/d。它取决于蛋白质的需要量。磷的生理需要量为 12.3mg/(kg·d)。儿童、孕妇和乳母的磷的供给量应与钙相同。钙磷比在（2：1）～（1：2）较为适宜。

2018 年中华人民共和国国家卫生健康委员会推荐的磷的摄入量（RNI）（mg/d）为：0～0.5 岁，100（AI）；0.5～1 岁，180（AI）；1～4 岁，300；4～7 岁，350；7～11 岁，470；11～14 岁，640；14～18 岁，710；18～50 岁，720；50～65 岁，700；65 岁以上，670；孕妇和乳母，720。

磷的储留与钙和磷的摄入量有关。当钙摄入量超过 940mg/d 时，增加膳食磷摄入量可使磷的储留量增加。钙摄入量低时，则磷储留量也低。

5. 缺乏或过多

膳食磷较为充裕，很少见磷缺乏病。磷缺乏时会引起精神错乱、厌食、关节僵硬等现象。

近年来聚磷酸盐、偏磷酸等被广泛用作食品添加剂，可引起磷摄入量过多。其表现是神经兴奋、手足抽搐和惊厥。

6. 磷在食物中的含量

人乳中磷的含量为 150～175mg/L，钙磷比为 2：1，牛乳中磷的含量为 100mg/L。人乳中磷的含量可满足正常婴儿生长的需要。

肉、鱼、牛乳、乳酪、豆类和硬壳果等食物中的磷含量较多。一些食物的磷含量见表 6-3。

二、镁

镁是人体细胞内的主要阳离子之一，主要存在于线粒体中，含量仅次于钾和磷。

1. 镁在体内的分布

成人体内镁总量为 20～28g 或 43mg·kg^{-1}，其中 60％～65％存在于骨骼和牙齿中，27％在肌细胞中，6％～7％分布于其他细胞中，在细胞外液中的镁只有约 1％。

2. 镁的生理功能

镁的生理作用广泛并重要，分述如下。

① 镁是酶的激活剂。

② 镁是骨细胞结构和功能所必需的元素，可促进骨骼生长和维持。

③ 镁参与肌浆网对钙的释放和结合，从而影响心肌的收缩过程。

④ 镁离子在肠腔中吸收缓慢，促进水分滞留，起到导泻作用。

⑤ 镁和钙又有拮抗作用，与某些酶的结合有竞争关系，在吸收、排泄及对心脏和神经肌肉等活动方面表现出相反的作用。

⑥ 镁能降低钾离子的通透性，减少细胞失钾。

3. 吸收和排泄

（1）吸收　镁摄入后主要由小肠吸收，吸收率一般约为摄入量的 30％。镁的吸收与膳食摄入量的多少密切相关，摄入量少时吸收率增加，摄入量多时吸收率降低。镁由主动运输通过肠壁，其途径与钙相同。摄入量高时，二者在肠道内竞争吸收，相互干扰。膳食磷酸盐和乳糖的含量、肠腔内镁的浓度及食物在肠内的过渡时间对镁的吸收都有影响。氨基酸可以增加难溶性镁盐的溶解度，所以蛋白质可促进镁的吸收。膳食纤维能降低镁的吸收。

（2）排泄　健康成人食物供应镁约 200mg/d，大量的镁从胆汁、胰液分泌到肠道，其中 60%～70% 随粪便排出，少量保留在新生组织，有些在汗液或脱落的皮肤中丢失，其余从尿液中排出。

4. 缺乏或过多

食物中镁一般较充裕，且肾脏有良好的保镁功能，所以，因摄入量不足而缺镁者较罕见。镁缺乏多数由疾病引起镁代谢紊乱所致。但最近发现克山病患者有低镁血症，所以镁缺乏可能是克山病病因之一。

（1）镁缺乏病　镁缺乏的原因有摄入不足；吸收不良；排泄过多；透析失镁；其他原因。低钾血症引起的低镁血症的发生率较高，是低钾血症难以纠正的一个原因。镁缺乏的临床表现以神经系统和心血管为主。常见的临床表现有肌肉震颤、手足抽搐，有时听觉过敏、出现幻觉，严重时出现谵妄、精神错乱，甚至惊厥、昏迷等。

（2）镁过多症　镁摄入量过多发生恶心、呕吐、发热和口渴，严重时则出现嗜睡、血压下降、呼吸减慢、心动过缓、体温降低、四肢软瘫，甚至死亡。

5. 镁的需要量及来源

一般认为，成人每日适合的镁摄入量为 200～300mg。美国和丹麦规定（mg/d）：1 岁以内婴儿每日适合的镁摄入量为 40～70，1～2 岁为 100，2～3 岁为 150，3～6 岁为 200，6～10 岁为 250，成年男子为 350，女子为 300；意大利、波兰为 400；加拿大男子为 300，女子为 250。

2018 年中华人民共和国国家卫生健康委员会推荐的镁的摄入量（RNI）（mg/d）为：0～0.5 岁，20（AI）；0.5～1 岁，65（AI）；1～4 岁，140；4～7 岁，160；7～11 岁，220；11～14 岁，300；14～18 岁，320；18～65 岁，330；65～80 岁，320；80 岁以上，310；孕妇，370；乳母，330。

镁主要存在于绿叶蔬菜、谷类、干果、蛋、鱼、肉乳中。谷物中小米、燕麦、大麦、豆类和小麦中含镁丰富，动物内脏中含镁亦多。

三、其他常量元素

1. 钾

钾占人体无机盐的 5%，是人体必需的营养素。体内钾含量（mmol/kg 体重）的标准为：儿童平均为 4，成年男子为 45～55，女子为 32。随着年龄的增加，钾和钾钠比都有所下降。钾漏到细胞外可能是细胞老化的一个因素。

人体的钾主要来自食物。摄入的钾大部分由小肠迅速吸收。在正常情况下，钾的摄入量的 85% 经肾排出，10% 左右从粪便排出，其余少量由汗液排出。

钾是生长必需的元素，是细胞内的主要阳离子，可维持细胞内液的渗透压。它和细胞外的钠合作，激活 Na^+、K^+-ATP 酶，产生能量，维持细胞内外钾、钠离子的浓度梯度，发生膜电位，使膜产生电信号。膜去极化可激活肌肉纤维收缩并引起突触释放神经递质。钾维持神经肌肉的应激性和正常功能。钾参与细胞的新陈代谢和酶促反应。它可使体内保持适当的碱性，有助于皮肤的健康，维持酸碱平衡。钾可对水和体液平衡起调节作用。钾还能对抗食盐引起的高血压。

当血清中钾低于 $3.5mmol \cdot L^{-1}$ 时引起低钾血症，其症状为软弱、畏寒、头晕、缺氧、口渴。急性缺钾达 $15\%\sim30\%$ 时，出现严重腹胀、肠麻痹。当血钾浓度高于 $5.5mmol \cdot L^{-1}$ 称为高钾血症，症状为全身软弱无力、面色苍白、肌肉酸痛、肢体寒冷、动作迟钝、嗜睡、神志模糊、窒息。

2018 年中华人民共和国国家卫生健康委员会推荐的钾的适宜摄入量（AI）（$mg \cdot d^{-1}$）为：$0\sim0.5$ 岁，350；$0.5\sim1$ 岁，550；$1\sim4$ 岁，900；$4\sim7$ 岁，1200；$7\sim11$ 岁，1500；$11\sim14$ 岁，1900；$14\sim18$ 岁，2200；18 岁以上，2000；孕妇，2000；乳母，2400。

2. 氯

氯是人体必需的一种元素，在自然界中氯总是以氯化物的形式存在，最普遍的形式是食盐。成人的体内氯的含量平均为 $33mmol \cdot kg^{-1}$ 体重，氯的总量有 $82\sim100g$，主要以氯离子形式与钠或钾离子相结合。

氯以氯化钠的形式摄入，经胃肠道吸收，主要由肾脏排泄。经过肾小球滤过的氯，少量可随汗液排出。在热环境中劳动，大量出汗，可使氯化钠排泄增加。

氯离子是细胞外最多的阴离子，能调节细胞外液的容量，维持渗透压并可维持体液的酸碱平衡，此外，氯还参与胃液中胃酸（HCl）的形成、稳定神经细胞中的膜电位、刺激肝功能，促使肝中的废物排出，帮助激素分布，保持关节和肌腱健康。

正常膳食的氯来自食盐，摄入量大都过多。当大量出汗丢失氯化钠、腹泻呕吐从胃肠道丢失氯、慢性肾病或急性肾功能衰竭等肾功能异常及使用利尿剂使氯从尿液中丢失，都能引起氯缺乏和血浆钠氯比例改变，引起低氯血症；而当血浆氯浓度超过 $110mmol \cdot L^{-1}$ 时称为高氯血症。

2018 年中华人民共和国国家卫生健康委员会推荐的氯的适宜摄入量（AI）（mg/d）为：$0\sim0.5$ 岁，260；$0.5\sim1$ 岁，550；$1\sim4$ 岁，1100；$4\sim7$ 岁，1400；$7\sim11$ 岁，1900；$11\sim14$ 岁，2200；$14\sim18$ 岁，2500；$18\sim50$ 岁，2300；$50\sim80$ 岁，2200；80 岁以上，2000；孕妇和乳母，2300。

3. 钠

钠是食盐的成分。氯化钠是人体最基本的电解质。钠对肾脏功能也有影响，钠缺乏或过多会引起多种疾病。人体钠的含量差别颇大，为 $2700\sim3000mg$，占体重的 0.15%。成人每日钠的适宜需要量为 $10\sim60mmol/d(0.6\sim3.5g$ NaCl)。正常情况下，肾脏根据机体情况，排钠量可多至 $1000mg/d$ 或少至 $1mmol/d$。小部分钠可随汗液排出，也有少量钠随粪便排出。

体钠可分成两部分：

①可交换钠，$35.4\sim48.9mmol \cdot kg^{-1}$ 体重，占总体钠的 $70\%\sim75\%$，称为钠库。当人体缺钠时，它补充到细胞外液。②不可交换钠，$15.2\sim16.3mmol \cdot kg^{-1}$ 体重，骨骼中钠不易与细胞外液交流动用。

钠主要存在于细胞外液，构成细胞外液的渗透压。与水的关系密切，体内水的量随钠量而变，钠多则水量增加，钠少则水量减少。体内钠量的调节对细胞的内环境稳定起重要作用。

在体内起多方面作用的 Na^+、K^+-ATP 酶驱动钠、钾离子主动运转，维持 Na^+、K^+ 浓度梯度，称为钠钾泵，其活动依赖钠、钾离子。钠离子从细胞内主动排出，有利于维持细胞内外液的渗透压平衡。钠、钾浓度梯度的维持与神经冲动的传导、细胞的电生理、膜的通透性和电位差、肾小管重吸收、肠吸收营养素及其他功能有关。因此，钠对 ATP 的生成和利用，对肌肉运动、心血管功能及能量代谢都有影响。钠不足时，ATP 的生成和利用减少，能量的生成和利用较差，神经肌肉传导迟钝。临床表现为肌无力，神志模糊甚至昏迷，出现心血管功能受抑制等症状。糖的代谢和氧的利用必须有钠参加。

一个人对盐量的要求（所谓盐食欲）与体内盐量的关系并不一致，人体内缺钠时会主动要求吃含盐较多的膳食，可是喜欢吃含盐较多的膳食者却不一定缺盐，这可能是习惯的原因。但动物的盐食欲却是体内缺钠的表现。盐食欲对调节动物体内盐平衡起重要作用。人体钠平衡的调节主要依靠肾脏控制钠的排出量及激素调节来实现的。

膳食的钠一般较充足，不至于引起钠缺乏，钠缺乏多由疾病引起。当血浆钠水平＜135mmol·L^{-1} 时称为低钠血症，其表现为疲倦、眩晕、直立时可发生昏厥、恶心、呕吐、视力模糊，严重时休克及急性肾功能衰竭而死亡。正常人摄入过多的钠并不会蓄积，但当疾病影响肾功能时容易发生钠过多。当血浆钠水平＞150mmol·L^{-1} 时称为高钠血症，其表现为水肿、体重增加、血压偏高等。正常人每天摄入 35～40g 食盐可引起急性中毒，出现水肿。意外盐中毒发生高钠血症的死亡率为 43%。

中国南北方高血压患病率显著不同，可能与食盐摄入量不同有关。拉萨藏族高血压患病率高达 19%，湖南常饮盐茶的地区、舟山盐区和渔区的人群患高血压者也较多。一直摄取低盐（钠＜50mmol·d^{-1}）膳食的人群，几乎不发生高血压病。四川凉山彝族人民高血压患病率最低（0.34%）。全国"盐与高血压"研究的协作组在 12 个省市 14 个地区对 2277 人研究的结果指出：中国膳食钠偏高，钾偏低，钠钾比高，从尿钠、钾和钠钾比来看，盐对血压确实有影响。每人每天进盐量不超过 5g 的限盐膳食，可使高血压病人的血压下降 1.33kPa(10mmHg)。限制钠的摄入量、增加钾的摄入量可以作为一项预防高血压措施。

2018 年中华人民共和国国家卫生健康委员会推荐的钠的适宜摄入量（AI）（mg·d^{-1}）为：0～0.5 岁，170；0.5～1 岁，350；1～4 岁，700；4～7 岁，900；7～11 岁，1200；11～14 岁，1400；14～18 岁，1600；18～50 岁，1500；50～80 岁，1400；80 岁以上，1300；孕妇和乳母，1500。

第二节　微量元素

一般把含量占人体体重 0.01% 以下的元素称为微量元素。微量元素与人的生长、发育、营养、健康、疾病、衰老等生理过程关系密切，是重要的营养素。人体必需微量元素的生理功能表现在以下几个方面：①酶和维生素必需的活性因子；②构成某些激素或参与激素的作用；③参与核酸代谢；④协助常量元素发挥作用。

1990 年，FAO、IAEA、WHO 三个国际组织的专家委员会重新界定了必需微量元素的定义，按其生物学作用分为三类：①人体必需微量元素，共 8 种，包括碘、锌、硒、铜、钼、铬、钴和铁；②人体可能必需的元素，共 5 种，包括锰、硅、硼、钒和镍；③具有潜在的毒性，但在低剂量时，可能具有人体必需功能的微量元素，共 7 种，包括氟、铅、镉、汞、砷、铝和锡。

一、铁

由于铁是血红素（heme）分子的组分，在氧和电子的输送中起着核心作用。因此，它对高级形式的生命是必需的，也是人体最重要的营养素之一。和其他微量元素相比，它对人的生命和健康具有更直接更敏感的影响。

1. 铁在人体内的含量、分布和功能

人体内含铁量随体重、血红蛋白浓度、性别而异。成年男子铁的含量平均约为 $50\text{mg} \cdot \text{kg}^{-1}$ 体重，成年女子铁的含量平均约为 $35\text{mg} \cdot \text{kg}^{-1}$ 体重。

体内的铁按其功能可分为必需与非必需两部分。必需部分占体内铁总量的 70%，存在于血红蛋白、肌红蛋白、血红素酶类（细胞色素、细胞色素氧化酶、过氧化物酶）、辅助因子和运输铁中。非必需部分则作为体内的储备铁，主要以铁蛋白和含铁血黄素的形式存在于肝、脾和骨髓中。铁的必需部分大约有 85% 分布在血红蛋白中，5% 在肌红蛋白中，10% 在全身各处细胞内血红素酶类中，或在其他酶系统中起辅助因子的作用。有 4mg 作为运输铁与血浆中的运铁蛋白相结合。

铁在体内的生理功能主要是作为血红蛋白、肌红蛋白、细胞色素等的组成部分，参与体内氧的运送和组织呼吸过程。血红蛋白能与氧可逆地结合，当血液流经氧分压较高的肺泡时，血红蛋白能与氧结合成氧合血红蛋白；而当血液经氧分压较低的组织时，氧合血红蛋白又离解成血红蛋白和氧，从而完成把氧从肺泡送至组织的任务。肌红蛋白能在组织内储存氧，细胞色素能在细胞呼吸过程中起转运电子的作用。

2. 铁的吸收

食物中的铁主要是三价铁，只有在胃中经过胃酸的作用使之游离，并还原成二价铁后才能为肠黏膜所吸收。吸收部位主要在十二指肠和空肠。

铁在体内可被反复利用。一般情况下，铁损失很少，除肠道分泌和皮肤、消化道与尿道上皮细胞脱落会损失一定数量（平均每日不超过 1mg）铁外，几乎不存在其他途径的损失。因此，只要从食物中吸收的铁能弥补这些损失，机体对铁的需要就能够得到满足。妇女因经期失血、孕妇需将铁转移给胎儿，故应适当增加铁的供给量。

膳食中铁的吸收率平均约为 10%。但各种食物间有很大的差异，动物性食品中铁的吸收率一般高于植物性食品，例如牛肉为 22%、牛肝为 14%～16%、鱼肉为 11%，而玉米、大米、大豆、小麦的铁吸收率只有 1%～5%。所以，如果膳食中植物性食品较多时，铁的吸收率就可能不到 10%。鸡蛋的铁的吸收率低于其他动物性食品，在 10% 以下。

食品中的铁可分为血红素铁和非血红素铁两类，它们以不同的机理被吸收。血红素铁主要存在于动物性食品中，是与血红蛋白及肌红蛋白的原卟啉结合的铁。此种类型的铁不受植酸、磷酸等的影响，而以原卟啉铁的形式直接被肠黏膜上皮细胞吸收，然后在黏膜细胞内分离出铁，并和脱铁运铁蛋白结合，其吸收率较非血红素铁高，且其吸收过程不受其他膳食因素的干扰，吸收率一般可达 25%。另一类为非血红素铁，主要存在于植物性食品中，其吸收常可受到膳食因素（如食物中所含的植酸盐、草酸盐、碳酸盐、磷酸盐等）的干扰，吸收率很低，一般约为 3%。

食物中有些成分如维生素 C、胱氨酸、半胱氨酸、赖氨酸、组氨酸、葡萄糖、果糖、柠檬酸、琥珀酸、脂肪酸、肌苷、山梨酸等能与铁螯合成小分子可溶性单体，阻止铁的沉淀，因而有利于铁的吸收。其中维生素 C 除了能与铁螯合以促进铁的吸收外，还可作为还原性物质，它可在肠道内将三价铁还原为二价铁从而促进铁的吸收。必须指出，维生素 C 应与含铁的膳食同时摄入，才能促进膳食中铁的吸收。铁剂和燕麦粥共食时，同时摄入 25mg 维生素 C，可使铁的吸收率增加 2 倍。

食物中另有一些成分可妨碍铁的吸收，如茶叶所含的鞣酸在肠内与铁形成难溶性的复合物，进而妨碍铁的吸收。

铁的吸收也受体内铁的需要程度的影响，如缺铁、患血色病、妊娠的后半期和红细胞生成作用受刺激时，铁的吸收增加；而铁负荷过量和红细胞生成受抑制时，铁的吸收减少。

3. 铁的需要量和来源

成人铁的排出量约为 $1mg \cdot d^{-1}$，考虑到膳食中铁的吸收率只有 10%，而在膳食中的植物性食品比例较大时，铁的吸收率甚至不足 10%，因此成人膳食的供给量应当为 $10mg$ 或高于 $10mg$。

在人的生长期，除维持铁的正常代谢外，还要满足身体的增长和循环中血红蛋白量的增加所需的铁，因此，此时铁的需要量显著较高。

2017 年中华人民共和国国家卫生健康委员会推荐的铁的摄入量（RNI）（mg/d）为：$0 \sim 0.5$ 岁，0.3（AI）；$0.5 \sim 1$ 岁，10；$1 \sim 4$ 岁，9；$4 \sim 7$ 岁，10；$7 \sim 11$ 岁，13；$11 \sim 14$ 岁，15（男），18（女）；$14 \sim 18$ 岁，16（男），18（女）；$18 \sim 50$ 岁，12（男），20（女）；50 岁以上，12；孕妇（$1 \sim 12$ 周），20；孕妇（$13 \sim 27$ 周），24；孕妇（$\geqslant 28$ 周），29；乳母，24。

关于铁的来源，动物性食品如肝脏、瘦猪肉、牛羊肉不仅含铁丰富而且铁吸收率很高，但鸡蛋和牛乳的铁吸收率低。植物性食品如黄豆、小油菜、芹菜、鸡毛菜、萝卜缨、毛豆等铁的含量较高，其中黄豆的铁不仅含量较高且吸收率也较高，它是铁的良好来源。

用铁质烹调用具来烹调食物可显著增加膳食中铁的含量，用铝或不锈钢取代铁的烹调用具就会使膳食中铁的含量减少。

4. 铁缺乏和铁中毒

（1）铁缺乏 铁缺乏常见于婴幼儿、青春期女性、孕妇及乳母中。缺铁时血液中血红细胞数量及血红蛋白含量减少，导致缺铁性贫血。其主要症状是皮肤、黏膜苍白，头晕，对寒冷过敏，体质虚弱，记忆力减弱，工作能力下降。缺铁性贫血仅仅是缺铁对身体的影响之一。缺铁还可对人体的其他系统产生影响。例如神经系统缺铁可能影响神经传导而使儿童出现智力降低和行为障碍。肌肉缺铁可能使肌肉代谢特别是 α-甘油磷酸脱氢酶活力异常，从而使肌肉活动能力降低。

对于铁缺乏的预防可采取下述措施。

① 改进膳食组成，增加含铁丰富及其吸收较高的食品，如肉类和大豆类食品。

② 增加膳食中的维生素 C，并使与含铁食物同时摄入，以提高膳食中铁的吸收与利用。

③ 合理地、有计划地发展铁强化食品，尤其是婴儿食品。如铁强化的乳粉和代乳糕等。使用铁质烹调用具对膳食起着一定程度强化铁的作用。

（2）铁中毒 铁中毒可分为急性和慢性，急性中毒常见于过量误服铁剂，尤其常见于儿童。急性铁中毒主要症状为消化道出血，死亡率很高。慢性铁中毒或称负荷过多，可发生于消化道吸收的铁过多和肠外输入过多的铁。

二、锌

1. 锌在人体内的分布和代谢

成人体内含锌 $2 \sim 3g$，存在于所有组织中，$3\% \sim 5\%$ 在白细胞中，其余在血浆中。头发含锌量为 $125 \sim 250\mu g \cdot g^{-1}$，其量可反映人体锌的营养状况。锌主要在小肠内吸收，先与来自胰脏的一种分子量小的、能与锌结合的配体结合，进入小肠黏膜，然后和血浆中的白蛋白或运铁蛋白结合。

人们平均每天从膳食中摄入 10～15mg 的锌，吸收率一般为 20％～30％。锌的吸收率可因食物中的含磷化合物植酸的量增多而下降，因植酸与锌可生成不易溶解的植酸锌复合物而降低锌的吸收率。植酸锌复合物还可与钙进一步生成更不易溶解的植酸锌-钙复合物，使锌的吸收率进一步下降。纤维素也可影响锌的吸收，植物性食品中锌的吸收率低于动物性食品，这与其含有纤维素和植酸有关。锌的吸收率还部分地取决于锌的营养状况。体内锌缺乏时，锌的吸收率增加。

吸收的锌经代谢后主要通过胰脏的分泌而由肠道排出，只有小部分（每天约 0.5mg）经尿液排出。汗液中也含有锌，一般约为 $1mg \cdot L^{-1}$，在无明显出汗时，每天随汗液丢失的锌量很少，但在大量出汗时，据测定一天随汗丢失的锌可高达 4mg。

2. 锌的生理功能

（1）参加人体内许多金属酶的组成　锌是人体中 200 多种酶的组成部分，在组织呼吸及蛋白质、脂肪、糖和核酸等的代谢中有重要作用。

（2）促进机体的生长发育和组织再生　锌是调节基因表达即调节 DNA 复制、转译和转录的 DNA 聚合酶的必需组成部分。因此，缺锌动物的突出的症状是生长、蛋白质合成、DNA 和 RNA 代谢等发生障碍。对于人体来说，缺锌儿童的生长发育受到严重影响而导致缺锌性侏儒症。不论成人或儿童，缺锌都能使创伤的组织愈合困难。锌对于蛋白质和核酸的合成及细胞的生长、分裂和分化的各个过程都是必需的。因此，锌对于正处于生长发育旺盛期的婴儿、儿童和青少年及组织创伤的患者来说，是更加重要的营养素。

（3）促进食欲　缺锌可明显导致食欲不振。

（4）锌缺乏导致味觉迟钝　锌可能通过参加构成一种含锌蛋白——唾液蛋白对味觉及食欲起促进作用。

（5）促进性器官和性机能的正常　缺锌可能导致性成熟推迟、性器官发育不全、性机能降低、精子减少、第二性征发育不全、月经不正常或停止。如果及时补锌治疗，这些症状都会好转或消失。

（6）保护皮肤健康　动物和人都会因缺锌而影响皮肤健康，出现皮肤粗糙、干燥等现象。

（7）参加免疫功能过程　机体缺锌可削弱免疫机制，降低抵抗力，使机体易受细菌感染。

3. 锌的需要量和来源

2017 年中华人民共和国国家卫生健康委员会推荐的锌的摄入量（RNI）（mg/d）为：0～0.5 岁，2（AI）；0.5～1 岁，3.5；1～4 岁，4；4～7 岁，5.5；7～11 岁，7；11～14 岁，10（男），9（女）；14～18 岁，12（男），8.5（女）；18 岁以上，12.5（男），7.5（女）；孕妇，9.5；乳母，12。

锌的来源广泛，普遍存在于各种食品中，但在动、植物性食品之间，锌的含量和吸收利用率有很大差别。动物性食品含锌丰富且吸收率高。

4. 锌缺乏和锌中毒

（1）锌缺乏　儿童发生慢性锌缺乏病时，主要表现为生长停滞。青少年除生长停滞外，还会出现性成熟推迟、性器官发育不全、第二性征发育不全等现象。如果慢性锌缺乏症发生于孕妇，可以不同程度地影响胎儿的生长发育，进而引起胎儿的种种畸形。不论儿童或成人缺锌，均可引起味觉减退及食欲不振，出现异食癖。例如发生于伊朗的缺锌性侏儒症中，常见有食土癖。严重缺锌时，即使肝脏中有一定量维生素 A 储备，也可出现暗适应能力降低的现象。急性锌缺乏病中，主要表现为皮肤损害和秃发病，也有发生腹泻、嗜眠、抑郁症和眼的损害。

（2）锌中毒　锌中毒可能发生于治疗中过量涂布或服用锌剂及锌容器储存食品时，表现为恶心、呕吐、急性腹痛、腹泻和发热。给实验动物供给大剂量的锌，可产生贫血、生长停滞和突然死亡。锌中毒通常在停止锌的接触或摄入后，症状在短期内即可消失。

三、硒

硒是 1817 年发现的，并于 1957 年证实硒为动物所必需的微量元素，1958 年研究发现许多国家的羊、猪、牛、马等所流行的白肌病都由缺硒引起。但首次证实硒为人体所必需，则是中国克山病防治工作者的贡献。从 20 世纪 60 年代起中国克山病防治工作者就已经观察到硒对于防治克山病的作用。在以后的大规模防治中，又进一步验证和肯定了克山病和缺硒的关系，从而肯定了硒是人体必需的微量元素。这是自 1957 年证实硒为动物所必需的微量元素以来，对硒的研究所取得的重大进展，也是近些年来在微量元素研究中所取得的重大进展之一。

1. 硒在人体内的分布和代谢

关于人体含硒总量报告数字不一，有 6mg 者，亦有 14～21mg 者。硒广泛分布于除脂肪以外的所有组织中，人体血硒浓度不一，它受不同地区的土壤、水和食物中硒含量的影响。

硒主要在小肠吸收，人体对食物中硒的吸收率为 60%～80%。硒的吸收率因其存在的化学结构形式、化合物溶解度的大小等而不同，蛋氨酸硒较无机形式的硒更容易吸收，溶解度大的硒化合物比溶解度小的硒化合物更容易吸收。经肠道吸收进入体内的硒，经代谢后大部分经尿液排出。尿硒是判定体内硒的盈虚状况的良好指标。硒的其他排出途径为粪便和汗液。

2. 硒的生理功能

① 作为谷胱甘肽过氧化酶的成分；

② 促进生长；

③ 保护心血管和心肌的健康；

④ 解除体内重金属的毒性作用；

⑤ 保护视器官的健全功能和视力；

⑥ 抗肿瘤作用。

3. 硒的需要量和来源

2017 年中华人民共和国国家卫生健康委员会推荐的硒的摄入量（RNI）（$\mu g \cdot d^{-1}$）为：0～0.5 岁，15（AI）；0.5～1 岁，20（AI）；1～4 岁，25；4～7 岁，30；7～11 岁，40；11～14 岁，55；14 岁以上，60；孕妇，65；乳母，78。

4. 硒缺乏病和硒中毒

（1）硒缺乏病　1957 年以后人们逐渐弄清了动物中许多原因不明的疾病是由缺硒引起的。大鼠单纯缺硒会引起生长停滞、白内障生成和无精症。给鸡喂一种只缺硒饲料会引起羽毛生长不良和胰萎缩。

虽然对克山病的病因还在进一步研究，但已肯定其与缺硒有密切关系，其根据是：

① 与非病区相比，克山病区的居民在营养上都有缺硒的特点，硒摄入量、血中硒含量、尿中硒排出量和头发中硒含量都明显低于非病区；

② 通过给予亚硒酸钠可使克山病得到有效的预防。

（2）硒中毒　动物在摄入含硒量高的牧草或其他含硒量高的饲料时，可发生中毒。急性中毒时出现一种被称作"蹒跚盲"的综合征，其特征是失明、腹痛、流涎，最后因肌肉麻痹而死于呼吸困难。慢性中毒时出现脱毛、脱蹄、角变形、长骨关节糜烂、四肢僵硬、跛行、心脏萎缩、肝硬化和贫血，即所谓"家畜硒中毒或碱毒病（alkali disease）"。人因食用含硒量高的食物和水，或从事某些常常接触到硒的工作，可出现不同程度的硒中毒症状，包括毛发脱落、皮肤脱色、指甲异常、疲乏无力、恶心呕吐、呼出气有大蒜气味等。

四、铬

从 1959 年报告了微量的铬对大鼠正常的糖耐量是必要的之后，人们才认识到铬的生物学重要性。由于常常无法以已知的病因学来解释人糖耐量降低的原因，这使得人们对铬的研究兴趣增加。但由于分析技术上的困难，这种元素在营养和代谢中的作用仍然有待进一步研究。

1. 铬在人体的含量、分布及代谢

人体的含铬量甚微，仅为 6mg 或更低，其中骨、皮肤、脂肪、肾上腺、大脑和肌肉中的铬的含量较高。人体组织的铬含量随着年龄的增长而降低。

无机铬的吸收率很低，铬与有机物生成的"自然复合物"的铬较易吸收。吸收的铬主要随尿液排出，少量的铬从胆汁和小肠经粪便排出，微量的铬通过皮肤排出。摄食混合膳食的健康人每日随尿液排出的铬的含为 $2\sim20\mu g$。

2. 铬的生理功能

（1）促进胰岛素的作用　糖代谢中，铬作为一个辅助因子对启动胰岛素有作用。其作用方式可能是含铬的葡萄糖耐量因子促进在细胞膜的巯基和胰岛素分子 A 链的两个二硫键之间形成一个稳定的桥，使胰岛素能充分地发挥作用。

（2）预防动脉硬化　铬可能对血清胆固醇内环境稳定有作用。

（3）促进蛋白质代谢和生长发育　某些氨基酸掺入蛋白质受铬的影响。在 DNA 和 RNA 的结合部位发现有大量的铬，揭示铬在核酸的代谢或结构中发挥作用。铬对生长也是需要的，缺铬会导致动物生长发育停滞。

3. 铬的需要量和来源

2017 年中华人民共和国国家卫生健康委员会推荐的铬的适宜摄入量（AI）（$\mu g \cdot d^{-1}$）为：$0\sim0.5$ 岁，0.2；$0.5\sim1$ 岁，4；$1\sim4$ 岁，15；$4\sim7$ 岁，20；$7\sim11$ 岁，25；$11\sim14$ 岁，30（男），35（女）；14 岁以上，30；孕妇（$1\sim12$ 周），31；孕妇（$13\sim27$ 周），34；孕妇（≥28 周），36；乳母，37。

铬的最好来源一般是整粒的谷类、豆类、肉和乳制品。谷类经加工精制后，铬的含量大大减少。家畜肝脏不仅含铬高而且其所含的铬活性也大。红糖中铬的含量高于白糖。

4. 铬缺乏

铬缺乏主要引起葡萄糖耐量降低、生长停滞、动脉粥样硬化和冠心病发病率增高。

五、其他微量元素

1. 铜

成人体内含铜量为 $50\sim100mg$，在肝、肾、心、毛发及脑中含量较高。2017 年中华人民共和国国家卫生健康委员推荐成人每日膳食中铜的摄入量为 0.8mg。食物中铜主要在胃和小肠上部吸收，吸收后送至肝脏，在肝脏中参与铜蓝蛋白（coruloplasmin）的组成。肝脏是调节体内铜代谢的主要器官。铜可经胆汁排出，极少部分由尿液排出。

体内铜除参与构成铜蓝蛋白外，还参与多种酶的构成，如细胞色素 C 氧化酶、酪氨酸酶、赖氨酸氧化酶、单胺氧化酶、超氧化物歧化酶等。因此，铜的缺乏会导致结缔组织中胶原交联障碍、贫血、白细胞减少、动脉壁弹性减弱及神经系统症状等。目前，体内铜代谢异常的遗传病除 wilson 病（肝豆状核变性）外，还发现有 Menke 病，表现为铜的吸收受阻碍，导致肝、脑中铜含量降低，组织中含铜酶活力下降，机体代谢紊乱。

2. 碘

正常成人体内碘含量为 $25\sim50mg$，大部分集中于甲状腺中，2017 年中华人民共和国国家卫生健康委员推荐成人每日膳食中碘的摄入量为 $120\mu g$。碘主要由食物中摄取，碘的吸收较快且完全，吸收率可高达 100%。吸收入血液的碘与蛋白结合而被运输，主要浓集于甲状腺从而被利用。体内碘主要由肾排泄，约 90% 随尿液排出，10% 随粪便排出。

碘主要参与合成甲状腺素［三碘甲腺原氨酸（T3）和四碘甲腺原氨酸（T4）］。甲状腺素在调节代谢及生长发育中均有重要作用。成人缺碘可引起甲状腺肿大，称为甲状腺肿；胎儿及新生儿缺碘则可引起呆小症、智力迟钝、体力不佳等严重发育不良症。常用的预防方法是食用含碘盐或碘化食油等。

3. 锰

成人体内锰含量为 $10\sim20mg$，主要储存于肝和肾中，在细胞内则主要集中于线粒体中。成人每日需要锰量为 $3\sim5mg$。锰在肠道中的吸收与铁的吸收机制类似，吸收率较低，约为 30%。吸收后与血浆 β-球蛋白、运锰蛋白结合而被运输，主要由胆汁和尿液排出。

锰参与一些酶如线粒体中丙酮酸羧化酶、精氨酸酶等的构成。它不仅参加糖和脂类代谢，而且在蛋白质、DNA 和 RNA 合成中均起作用。锰在自然界分布广泛，在茶叶中含量最丰富。锰的缺乏症较为少见。若锰吸收过多可出现中毒症状，主要是由于生产及生活中防护不善，锰以粉尘形式进入人体所致。锰是一种原浆毒，可引起慢性神经系统中毒。

4. 氟

在人体内氟含量为 $2\sim3g$，其中 90% 积存于骨及牙齿中，成人每日需要氟量为 2.4mg。氟主要经胃部吸收，氟易吸收且吸收较迅速，主要经尿液和粪便排出。氟对龋齿具有抵抗作用。此外，氟还可直接刺激细胞膜中 G 蛋白，激活腺苷酸环化酶或磷脂酶 C，启动磷脂酰肌醇信号系统等，引起广泛生物效应。氟过多也可对机体产生损伤。如长期饮用高氟（>2mg/L）水，则会出现牙釉质受损出现斑纹、牙变脆易破碎等症状。

5. 钒

钒在人体内含量极低，体内总量不足 1mg。主要分布于内脏，尤其是肝、肾、甲状腺等部位，骨组织中含量也较高。人体对钒的正常需要量为 $100\mu g/d$。钒在胃、肠吸收率仅 5%，其吸收部位主要在上消化道。此外环境中的钒可经皮肤和肺吸收入体中。血液中约 95% 的钒以离子状态与转铁蛋白结合而被运输，因此钒与铁在体内可相互影响。

钒与骨和牙齿的正常发育及钙化有关，能增强牙齿对龋齿的抵抗力。钒还可以促进糖代谢，增强脂蛋白酯酶活性，加快腺苷酸环化酶活化和氨基酸转化。因此钒缺乏时可出现牙齿及骨和软骨发育受阻、肝内磷脂含量减少、营养不良性水肿及甲状腺代谢异常等现象。

═══════════ **思 考 题** ═══════════

1. 什么叫矿物质？什么叫微量元素？

2. 什么是常量元素？它在体内有哪些主要的生理功能？

3. 在人血液中钙与磷浓度之间存在着怎样的关系？

4. 在媒体上经常可见到有关中国人缺钙、补钙的广告，通过对本章的学习，试述你对此的看法。

5. 简述铁、钙、磷、镁、钾和氯的生理功能。

6. 什么叫钠泵？它有怎样的作用？

7. 试述盐食欲与体内盐含量的关系。

8. 食物中的铁可分为哪几类？它们是怎样被吸收的？铁在吸收时受到哪些因素的影响？

9. 简述锌、硒、铬的生理功能。

10. 简述微量元素的分类及生理功能。

第七章

维 生 素

主要内容

1. 食品加工和储藏中维生素损失的原因。
2. 脂溶性维生素的分类、理化性质及生理功能。
3. 水溶性维生素的分类、理化性质及生理功能。

维生素（Vitamins）是人体必需营养素，是维持人体正常生理功能所必需的一类微量有机物质。它们不能在体内合成，或者所合成的量难以满足机体的需要，所以必须由食物供给。维生素的每日需要量较少（常以 mg 或 μg 计），但是它们在调节物质代谢、促进生长发育和维持生理功能等方面发挥着重要作用，如果机体长期缺乏某种维生素往往导致维生素缺乏症。

根据溶解性，维生素可分为两类：脂溶性维生素和水溶性维生素。脂溶性维生素包括维生素 A（视黄醇 retinol）、维生素 D（钙化醇 calciferol）、维生素 E（生育酚 tocopherol）、维生素 K（凝血维生素）。脂溶性维生素吸收后与脂蛋白或某些特殊蛋白质结合而运输，可在体内储存，排泄缓慢，如果摄入过多，可引起蓄积性中毒。而水溶性维生素的排泄效率高，一般不在体内蓄积。水溶性维生素包括维生素 B_1（硫胺素 thiamine）、维生素 B_2（核黄素 riboflavin）、维生素 PP[烟酸（尼克酸）及尼克酰胺 nicotinic acid and nicotinamide]、维生素 B_6（吡哆醇 pyndoxine 及其醛、胺衍生物）、泛酸（pantothenic acid）、生物素（biotin）、叶酸（folic acid）、维生素 B_{12}（钴胺素 cobalamin）、维生素 C（抗坏血酸 ascorbic acid）。由于维生素的化学名称复杂，国际上都采用俗名。例如，维生素 B_1 又名硫胺素，维生素 B_2 又名核黄素。人体通常容易缺乏的维生素主要是维生素 A、维生素 D、维生素 B_1、维生素 B_2、维生素 B_6、维生素 C。

大部分维生素的生理功能已经被研究清楚。通常来说，维生素是辅酶的主要或者唯一的组成成分。辅酶是促进生化反应进行的酶复合体的一部分。只有酶和辅酶同时存在的时候，生化反应才能正常进行。

一般认为，均衡的饮食应该包括 5 种基本食物种类：谷类、肉类、乳制品、蔬菜和水果，这样才能补充足够的维生素。

食品在储藏和加工过程中造成维生素损失和破坏的主要原因如下所述。

1. 食品原料中维生素的内在变化

对水果、蔬菜而言，食品中的维生素含量变化是随成熟度、生长地、气候、品种的变化而变化。如番茄在成熟之前，其维生素 C 的含量一般最高。果蔬原料收获后，由于酶的作用而使得维生素损失，如维生素 C 氧化酶的作用导致维生素 C 含量的减少。

动物在屠宰后，一些水解酶的活动导致维生素的存在形式发生变化，如从辅酶状态变成游离状态。

2. 储藏过程中维生素的变化

储藏温度、环境、时间等因素都会影响食品维生素的变化。食品暴露在空气中，一些对光敏感的维生素就很容易遭到破坏，酶的作用也是储藏过程中维生素损失的主要原因，储藏温度对维生素的变化有显著的影响。一般情况下，食品冷藏可降低维生素的损失。此外，在低水分食品中，维生素的稳定性也受到水分活度的影响。较低的水分活度下，食品中的维生素的降解速度缓慢。Youna M 等研究报道影响维生素 A 保留率和氧化反应程度的主要因素为储藏时间、包装类型和温度。经过 6 个月的储藏试验发现，维生素 A 降解最快且损失最高的条件为储藏时间 3 个月，不透氧 PET/铝包装、25℃条件下维生素 A 损失超过 45％，40℃损失超过 85％；透氧纸包装、40℃条件下维生素 A 损失超过 97％。

3. 食品加工前处理对维生素的影响

食品加工前处理对维生素的损失有显著的影响。在食品加工中，往往要进行去皮、修整、清洗等工序，造成维生素不可避免的损失，如水果加工中加碱去皮，会破坏维生素 C、叶酸、硫胺素等在碱性条件下不稳定的维生素。清洗工序加重了水溶性维生素的损失。谷类原料在磨粉时，造成 B 族维生素的大量损失。

4. 热烫和热加工

为了灭酶、减少微生物的污染，热烫是果蔬加工中不可缺少的工艺，但同时造成了不耐高温的维生素的损失。在现代食品加工中，采用高温瞬时杀菌（HTST）的方法可以减少维生素的损失。

5. 后续加工对维生素的影响

在常压下加热时间过长，对水溶性维生素的破坏程度较大。制作糕点时，需要加入一些碱性膨松剂，这对维生素 B_1 和维生素 B_2 的破坏较为严重。因此在加工这类产品时，要注意碱性膨松剂的用量。脱水加工对维生素的损失影响非常明显。如蔬菜经热空气干燥，其维生素 C 的含量可损失 10％～15％。

由于食品是个多组分的复杂体系，在加工储藏中，食品中的其他成分也会对维生素的变化产生一定的影响。

维生素在食品中广泛存在，它们有着独特的生理功能和理化性质。本章概括地介绍了维生素的分类、理化性质、生理功能、富含维生素的食品和中国营养学会对各种维生素的膳食营养素参考摄入量（dietary reterence intakes，DRIs）。

第一节　脂溶性维生素

脂溶性维生素有 A、D、E、K 四种，可溶解在脂肪及乙醚、氯仿等有机溶剂中，储存于体内的脂肪组织内，它们在肠道中的吸收与脂肪的存在有着密切关系。本节内容主要介绍脂溶性维生素的分类、理化性质及生理功能等内容。

一、维生素 A

维生素 A 是指含有 β-白芷酮环结构的多烯基结构，并具有视黄醇生物活性的一大类物质，有视黄醇（维生素 A_1）和脱氢视黄醇（维生素 A_2）两种存在形式。维生素 A_1 存在于哺乳动物和咸水鱼肝脏中，而维生素 A_2 存在于淡水鱼肝油中，其生理活性仅为维生素 A_1 生理活性的 40％。从化学结构上比较，维生素 A_2 在 β-紫罗酮环上比维生素 A_1 多一个双键，

维生素 A_1 与维生素 A_2 的化学结构如图 7-1 所示。

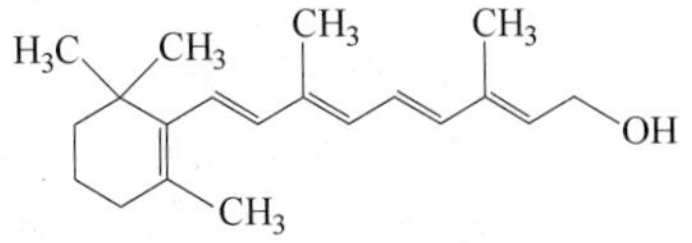

动物性食品（肝、蛋、肉）中含有丰富的维生素 A，而存在于植物性食品如胡萝卜、红辣椒、菠菜等有色蔬菜和动物性食品中的各种类胡萝卜素（carotenoid）也具有维生素 A 的功效，将它们称为"维生素 A 原"（provitamin A，指在体内可部分地转化为维生素 A 的类胡萝卜素）。类胡萝卜素是由 8 个类异戊二烯单位组成的一类碳氢化合物及其氧化衍生物，现已知结构的类胡萝卜素近 600 种，存在于所有植物、部分动物和少数微生物中，其中只有 50 多种类胡萝卜素中具有维生素 A 活性，而最重要的为 β-胡萝卜素（β-carotene），其化学结构如图 7-2 所示。食品中天然存在的类胡萝卜素都是全反式双键结构，受到环境影响，它们可转变为各种顺反异构体，其生物活性会有所降低。

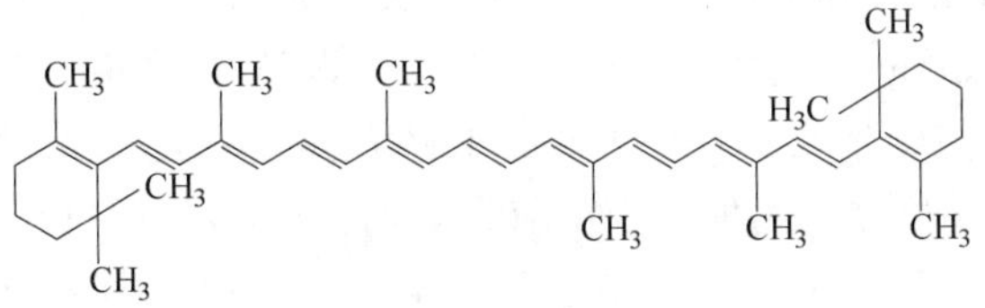

(a) 维生素 A_1 的化学结构

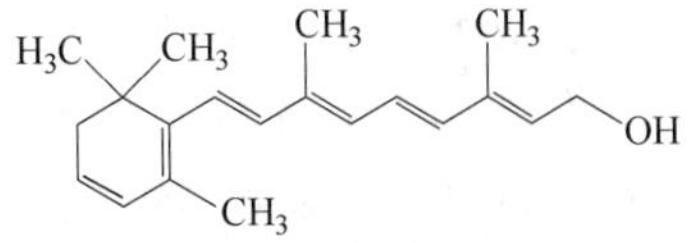

(b) 维生素 A_2 的化学结构

图 7-1　维生素 A_1 与维生素 A_2 的化学结构

图 7-2　β-胡萝卜素的化学结构

具备维生素 A 或维生素 A 原活性的类胡萝卜素必须具有类似于维生素 A_1 的结构：

① 有一个无氧合的 β-白芷酮环；

② 异戊二烯支链的终端有一个羟基、醛基或羧基。

β-胡萝卜素可被小肠黏膜或肝脏中的加氧酶（β-胡萝卜素-15,15'-加氧酶）作用转变成为维生素 A_1。尽管理论上 1 分子 β-胡萝卜素可以生成 2 分子维生素 A，但由于胡萝卜素在体内吸收困难，转变有限，所以实际上 $6\mu g$ β-胡萝卜素才具有 $1\mu g$ 维生素 A 的生物活性。$1\mu g$ β-胡萝卜素与 $0.167\mu g$ 维生素 A_1 相当。维生素 A 的量常用国际单位 IU（international unit，IU）表示，1IU 维生素 A 和 $0.3\mu g$ 维生素 A_1 相当。国家卫生行业标准中采用维生素 A_1 活性当量。维生素 A_1 活性当量（retinol activity equivalents，RAE）表示膳食中具有维生素 A_1 活性物质含量的单位。具有维生素 A_1 活性物质间的换算关系及维生素 A_1 活性当量（以 μg 表示）的计算方法分别见式(7-1) 和式(7-2)：

$$1\mu g \text{ 维生素 } A_1 \text{ 活性当量(RAE)} = 1\mu g \text{ 全反式维生素 } A_1$$
$$= 2\mu g \text{ 来自补充剂的全反式 } \beta\text{-胡萝卜素}$$
$$= 12\mu g \text{ 膳食全反式 } \beta\text{-胡萝卜素}$$
$$= 24\mu g \text{ 其他膳食维生素 A 原类胡萝卜素} \tag{7-1}$$

维生素 A_1 活性当量(RAE,μg)＝膳食或补充剂来源的全反式维生素 A_1(μg)＋1/2 补充剂纯品全反式 β-胡萝卜素(μg)＋1/12 膳食全反式 β-胡萝卜素(μg)＋1/24 其他膳食维生素 A 原类胡萝卜素

$$\tag{7-2}$$

维生素 A_1 是无色或淡黄色的板条状的结晶体。食品中的维生素 A 是以稳定的酯类化合物的形式存在，具有较稳定的化学性质。但是当维生素 A 溶解在油脂中，受到光照和氧气

的作用会发生变质现象。维生素 A 的氧化降解与不饱和脂肪酸的氧化降解有相似之处，紫外线和金属离子可促使维生素 A 的氧化破坏。当食品中的磷脂、维生素 E 等天然抗氧化物质与维生素 A 共存时，维生素 A 比较稳定，不易遭到破坏。维生素 A_1 或 A_2 都可与三氯化锑起反应，呈现深蓝色。这种性质可用于测定维生素 A。

当 pH<4.5 时，维生素 A 的有效价值有所降低。水果、蔬菜、肉、乳、蛋等食品中的维生素 A 及维生素 A 原在一般情况下对加工处理都比较稳定，如热烫、冷冻、高温杀菌。

维生素 A 对人体有非常重要的生理作用，机体如果长期缺乏维生素 A，可引起夜盲、干眼病及角膜软化症，表现为在较暗光线下视物不清、眼睛干涩、易疲劳等。据 WHO 报道，因缺乏维生素 A，全世界每年有 50 万名学龄前儿童患有活动性角膜溃疡，600 万人患干眼症，这是影响视力和导致失明的重要原因。但若过量摄入维生素 A 会出现恶心、头痛、皮疹等中毒症状。

大量医学资料表明，维生素 A 的生理作用主要表现在以下几个方面。

1. 构成视网膜的感光物质，即视色素

缺乏维生素 A 主要影响暗视觉，与暗视觉有关的是视网膜杆状细胞中所含的视紫红质（visual purple，又名 rhodopsin）。视紫红质是由维生素 A 的醛衍生物（维生素 A_1）与蛋白质结合生成的。视蛋白与维生素 A_1 的结合要求后者具有一定的构型，体内只有 11-顺位的维生素 A_1 才能与视蛋白结合，此种结合反应需要消耗能量并且只在暗处进行，因为视紫红质遇光则易分解。视紫红质对弱光非常敏感，甚至一个光量子即可诱发它的光化学反应，导致其最终分解成视蛋白和全反位维生素 A_1。视紫红质的作用机制如图 7-3 所示。

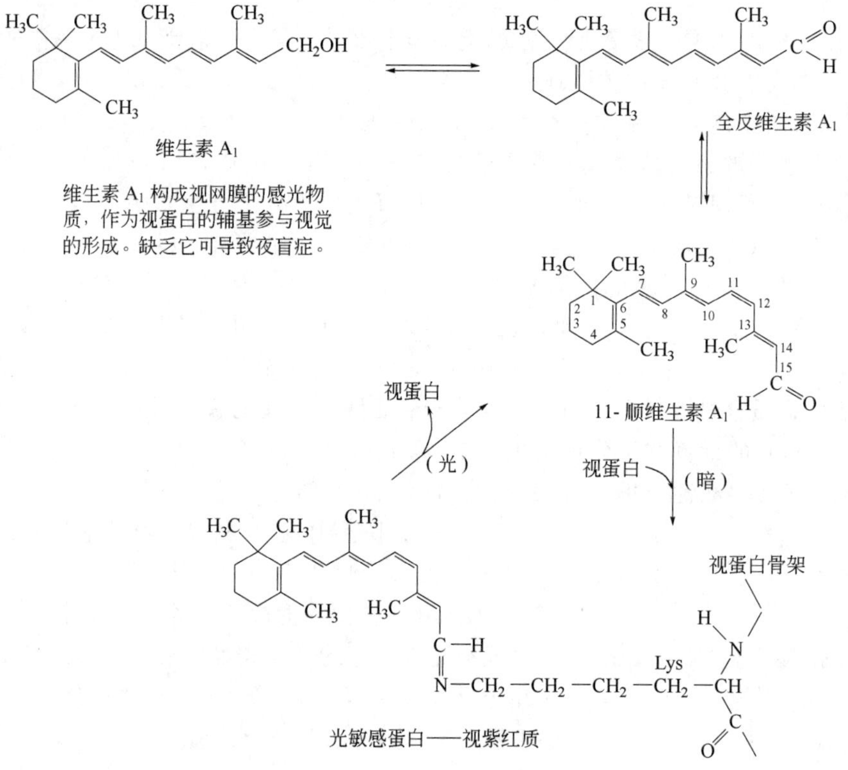

图 7-3 视紫红质的作用机制

因为视紫红质分解而褪色的这一过程是放能反应，通过视网膜杆状细胞外段特有的结构，能量转换为神经冲动，引起视觉。

人们从强光下转而进入暗处，起初看不清物体，但稍停一会儿，由于在暗处视紫红质的合成增多，分解减少，视网膜杆状细胞内视紫红质含量逐渐积累，对弱光的感受性加强，便又能看清物体，这就是所谓的暗适应（dark adaptation）。暗适应的能力下降，可致夜盲（night blindness）。

2. 维持上皮组织细胞的正常功能

维生素 A 是维持一切上皮组织细胞功能正常所必需的物质，缺乏时上皮干燥、增生及角化。在眼部，由于泪腺上皮角化，泪液分泌受阻，以致角膜、结合膜干燥产生干眼病（xerophthalmia），所以维生素 A 又称为抗干眼病维生素。皮脂腺及汗腺角化时，皮肤干燥，毛囊周围角化过度，从而发生毛囊丘疹与毛发脱落。维生素 A 有利于长期保持表皮结构、调节皮肤的厚度和弹性。维生素 A 还参与水合作用，改善皮肤干燥的状况。

3. 促进人体的生长、发育

维生素 A 与人体的生长密切相关，是人体生长的要素之一。它对人体细胞的增殖和生长具有重要作用，特别是对儿童生长和胎儿的正常发育必不可少。维生素 A 对身高的影响还在于它是骨骼的重要成分。如果维生素 A 摄入不足，骨骼就可能停止发育。

4. 维生素 A 是重要的自由基清除剂

5. 提高机体免疫力

有研究报道，维生素 A 可通过肠道菌群的作用发挥抗病毒功能，如视黄醇和视黄酸抑制小鼠诺瓦克病毒在体外及体内的复制。维生素 A 还参与维生素 D 与其受体结合的过程，从而发挥其抗炎症作用。

天然维生素 A 只存在于动物体内。动物的肝脏、奶类、蛋类及鱼卵是维生素 A 的最好来源。维生素 A 原——类胡萝卜素广泛分布于植物性食品中，其中最重要的是 β-胡萝卜素。红色、橙色、深绿色植物性食品中含有丰富的 β-胡萝卜素，如胡萝卜、红心甜薯、菠菜、苋菜、杏、芒果等。β-胡萝卜素是中国膳食中维生素 A 的主要来源。据有关部门介绍，中国人均维生素 A 的摄入量只达到中国营养学会推荐摄入量的一半。

表 7-1 是不同人群对维生素 A 的膳食营养素参考摄入量[1]（dietary reference intakes，DRIs）。

表 7-1　维生素 A 的膳食营养素参考摄入量

年龄/岁	EAR[2]/(μg RAE·d^{-1})		RNI[2]/(μg RAE·d^{-1})		UL[2]/(μg RAE·d^{-1})
	男	女	男	女	
0~	—		300[a]		600
0.5~	—		350[a]		600
1~	220		310		700

---

[1] DRIs 是评价膳食营养素供给量能否满足人体需要、是否存在过量摄入风险以及是否有利于预防某些慢性非传染性疾病的一组参考值，包括：平均需要量（EAR）、推荐摄入量（RNI）、适宜摄入量（AI）、可耐受最高摄入量（UL）以及建议摄入量（PI-NCD）、宏量营养素可接受范围（AMDR）。

[2] 平均需要量（EAR，estimated average requirement）是指群体中各个体营养素需要量的平均值。RNI 是指可以满足某一特定性别、年龄及生理状况群体中绝大多数个体需要的营养素摄入水平。适宜摄入量（AI，adequate intakes）是通过观察或实验获得的健康人群某种营养素的摄入量。可耐受最高摄入量（UL，tolerable upper intake level）是指平均每日可以摄入营养素的最高量。此量对一般人群中的几乎所有个体都不至于造成损害。

年龄/岁	EAR/(μg RAE·d⁻¹)		RNI/(μg RAE·d⁻¹)		UL /(μg RAE·d⁻¹)
	男	女	男	女	
4～	260		360		900
7～	360		500		1500
11～	480	450	670	630	2100
14～	590	450	820	630	2700
18～	560	480	800	700	3000
50～	560	480	800	700	3000
65～	560	480	800	700	3000
80～	560	480	800	700	3000
孕妇（1周～12周）		480		700	3000
孕妇（13周～27周）		530		770	3000
孕妇（≥28周）		530		770	3000
乳母		880		1300	3000

二、维生素 D

维生素 D 又称钙化醇、麦角甾醇、麦角骨化醇、抗佝偻病维生素，是固醇类的衍生物。维生素 D 中最具生物活性的形式为胆钙化醇（维生素 D_3）和麦角骨化醇（维生素 D_2），其化学结构如图 7-4 所示。维生素 D_2 由麦角固醇经阳光照射后转变而成。维生素 D_3 由 7-脱氢胆固醇经紫外线照射而成。所以，人体所需的维生素 D 大部分均可由阳光照射得到满足，只有少量需从食物中摄取。

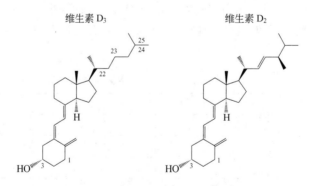

图 7-4 维生素 D_2 和维生素 D_3 的化学结构

维生素 D 的生理功效体现在以下几个方面。

① 促进钙、磷的吸收，维持正常血钙水平和磷酸盐水平。

② 促进骨骼和牙齿的生长发育。

③ 维持血液中正常的氨基酸浓度。

④ 调节柠檬酸代谢。

维生素 D 对钙吸收和骨骼生长至关重要。维生素 D 缺乏时，人体吸收钙、磷能力下降，钙、磷不能在骨组织内沉积，成骨作用受阻。对于婴儿和儿童，上述情况可使新形成的骨组织和软骨基质不能进行矿化，从而引起骨生长障碍，即所谓佝偻病。钙化不良的一个后果是佝偻病患者的骨骼异常疏松，而且由于支撑重力负荷和紧张而产生该病的特征性畸形。

对于成人，维生素 D 缺乏引起骨软化病或成人佝偻病，该病常见于钙的需要量增大时，如妊娠期或哺乳期。该病特点是骨质密度普遍降低。它与骨质疏松症不同，表现为骨骼异常，包含过量未钙化的基质。骨骼的显著畸形见于疾病的晚期阶段。不同国家的膳食指南中对于维生素 D 的推荐量不同，但它们统一认为所有 1 岁以内的婴幼儿每天应该摄入 400IU（约 $10\mu g$）维生素 D；所有老年人群应该每天补充维生素 D（大部分膳食指南建议的量为 $400\sim800$IU）。血浆 25OHD 水平不能低于 25nmol/L（10ng/mL）。不经常日晒的儿童和成年人应该补充维生素 D，但是不同的膳食指南的推荐摄入量不同（$200\sim2000$IU/d），最低血浆 25OHD 水平也不同（$25\sim100$nmol/L 以上）。

研究和临床结果显示，维生素 D 对降低结直肠癌风险有积极作用，并参与细胞分化和凋亡过程，这可能是由于维生素 D 介导细胞增殖迁移的基因表达，从而起到抗肿瘤作用。也有越来越多的证据表明，维生素 D 在不同的过敏性疾病（如哮喘、食物过敏、过敏性皮肤炎）中起重要作用，其重要功能之一是通过抑制 Th2 型免疫反应并增加 NK 细胞以调节先天性及适应性免疫系统反应。

不过要特别指出的是，服用过量维生素 D 可使血钙浓度上升，钙质在骨骼内过度沉积，并使肾脏等器官发生钙化。随机临床试验发现，维生素 D 摄入量超过可耐受上限会增加骨折和跌倒的风险。成人每日摄入 $2500\mu g$ 钙，儿童每日摄入 $500\sim1250\mu g$ 钙，数周后即可发生中毒。其具体表现为头痛、厌食、恶心、口渴、多尿、低热、嗜睡，血清钙、磷增加，软组织钙化，可出现肾功能衰竭、高血压等症状。停止食用过量的钙，数周后可恢复正常。

鱼、奶油、蛋黄等食品中含有丰富的维生素 D。表 7-2 是中国居民对膳食维生素 D 的参考摄入量。

表 7-2　中国居民对膳食维生素 D 的参考摄入量

年龄/岁	EAR /($\mu g \cdot d^{-1}$)	RNI /($\mu g \cdot d^{-1}$)	UL /($\mu g \cdot d^{-1}$)	年龄/岁	EAR /($\mu g \cdot d^{-1}$)	RNI /($\mu g \cdot d^{-1}$)	UL /($\mu g \cdot d^{-1}$)
0～	—	10[a]	20	50～	8	10	50
0.5～	—	10[a]	20	65～	8	15	50
1～	8	10	20	80～	8	15	50
4～	8	10	30	孕妇(1 周～12 周)	8	10	50
7～	8	10	45	孕妇(13 周～27 周)	8	10	50
11～	8	10	50	孕妇(≥28 周)	8	10	50
14～	8	10	50	乳母	8	10	50
18～	8	10	50				

三、维生素 E

维生素 E 又称生育酚（tocopherol），多存在于植物组织中。有 α、β、γ、δ 生育酚等，其中以 α-生育酚的生理效用最强，维生素 E 的化学结构如图 7-5 所示。维生素 E 为微黄色和黄色透明的黏稠液体；几乎无臭，遇光色泽变深，对氧敏感，易被氧化，故在体内可保护其他可被氧化的物质（如不饱和脂肪酸、维生素 A），是一种天然有效的抗氧化剂。在无氧状况下能耐高热，并对酸和碱有一定抗力。接触空气或紫外线照射则会缓慢氧化变质。维生素 E 被氧化后就会失去生理活性。

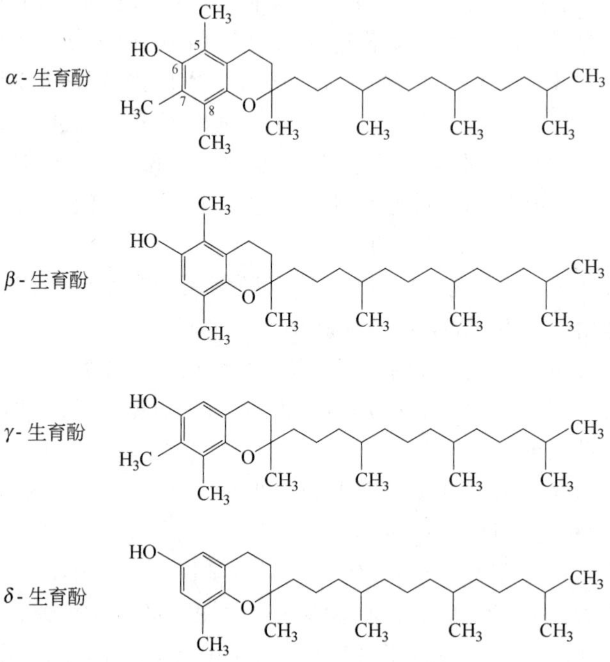

图 7-5　维生素 E 的化学结构

维生素 E 对人体有非常重要的生理功效，体现在以下几个方面。

① 具有抗衰老作用。维生素 E 可增强细胞的抗氧化作用，在体内能阻止多价不饱和脂肪酸的过氧化反应，抑制过氧化脂质的生成，减少对机体的损害，有一定的抗衰老作用。

② 参与多种酶活动，维持和促进生殖机能。

③ 提高机体免疫功能。

④ 防止动脉粥样硬化。

⑤ 保持血红细胞完整性，调节体内化合物的合成。

⑥ 降低血清胆固醇水平。

因为很多食物中含有维生素 E，故几乎没有发现维生素 E 缺乏引起的疾病。而维生素 E 过量可能的副作用是凝血机制损害，导致某些个体出现出血倾向。维生素 E 含量丰富的食品有植物油、麦胚、硬果、种子类、豆类及其他谷类；而肉、鱼类动物性食品、水果及其他蔬菜中含量很少。α-生育酚当量（α-tocopherol equivalents，α-TE）是指膳食中具有维生素 E 生物活性物质的总量，以毫克 α-生育酚当量（mg α-TE）表示，见式(7-3)：

$$\alpha\text{-TE(mg)}=1\times\alpha\text{-生育酚(mg)}+0.5\times\beta\text{-生育酚(mg)}+0.1\times\gamma\text{-生育酚(mg)}+$$
$$0.02\times\delta\text{-生育酚(mg)}+0.3\times\alpha\text{-三烯生育酚(mg)} \tag{7-3}$$

表 7-3 是中国居民对膳食维生素 E 的参考摄入量。

四、维生素 K

维生素 K 是具有抗出血活性的一组化合物，是 2-甲基-1,4-萘醌及其衍生物的总称。维

表 7-3　中国居民对膳食维生素 E 的参考摄入量

年龄/岁	UL /(mg α-TE·d^{-1})	AI /(mg α-TE·d^{-1})	年龄/岁	UL /(mg α-TE·d^{-1})	AI /(mg α-TE·d^{-1})
0～	—	3	50～	700	14
0.5～	—	4	65～	700	14
1～	150	6	80～	700	14
4～	200	7	孕妇(1 周～12 周)	700	14
7～	350	9	孕妇(13 周～27 周)	700	14
11～	500	13	孕妇(≥28 周)	700	14
14～	600	14	乳母	700	17
18～	700	14			

生素 K 包括维生素 K_1、维生素 K_2 和维生素 K_3，维生素 K 的化学结构如图 7-6 所示。缺乏维生素 K 时会使凝血时间延长，引起出血病症。维生素 K 广泛存在于绿叶蔬菜中，肠道细菌亦能合成维生素 K。

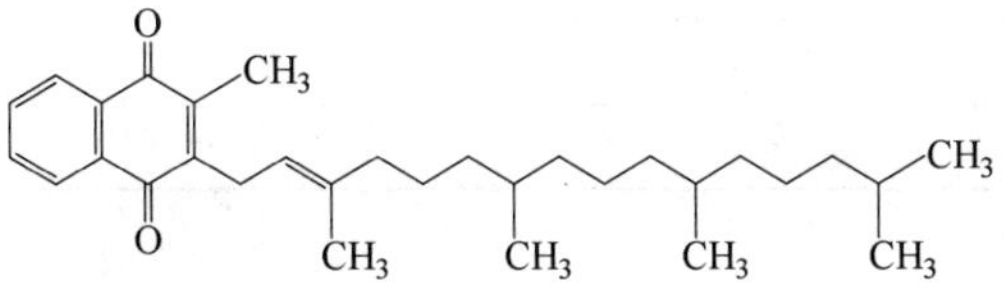

维生素 K_1

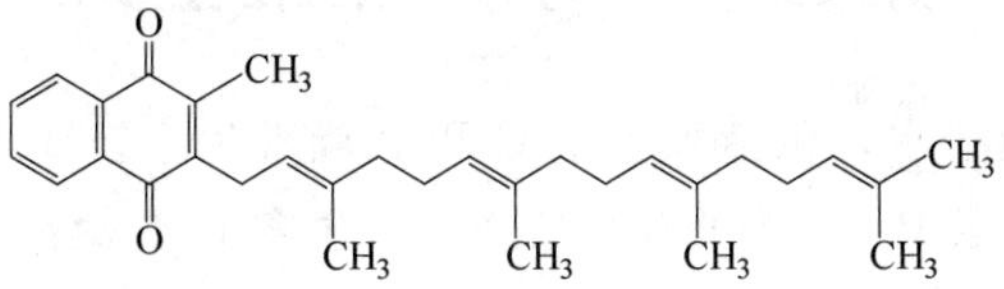

维生素 K_2

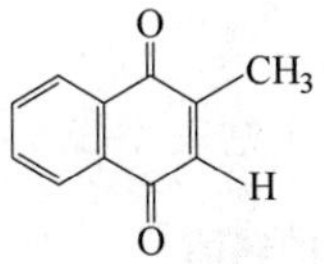

维生素 K_3

图 7-6　维生素 K 的化学结构

维生素 K 可溶于有机溶剂，对热和空气较稳定，但在光照、碱性条件下易被破坏。维生素 K 为形成活性凝血因子Ⅱ、凝血因子Ⅶ、凝血因子Ⅸ和凝血因子Ⅹ所必需。维生素 K 还有助于无活性蛋白质的谷氨酸残基的 γ-羧化作用，这些羧化谷氨酸残基对钙和磷酸酯与凝血酶原的结合是必要的。

维生素 K 缺乏的症状是由于凝血酶原和其他凝血因子不足导致继发性出血，包括伤口出血、大块皮下出血和中枢神经系统出血。新生儿的维生素 K 往往不足。一项对新生儿群体的追踪调查结果显示，新生儿出血发生率约为 2.4‰，在 52 名出现出血症状的婴儿中，就有 30 名是由维生素 K 缺乏引起的，且 93％发生在出生后的前 3 个月。据研究者说，中国每年约有 10 万儿童死于颅内出血，维生素 K 缺乏是主要原因之一。

健康成人一般不会出现原发性维生素 K 缺乏，营养化学家们也认为一般人并不需要补充维生素 K，正常的饮食可提供足够的维生素 K，人的小肠细菌也可以合成它。但维生素 K 不能通过胎盘传送，新生儿又无肠道细菌，有可能出现维生素 K 缺乏。在高收入国家进行的一项研究发现，孕期补充维生素 K 与新生儿出血无显著关联，可显著增加母亲血浆中的维生素 K_1 水平。

深绿色蔬菜中含有丰富的维生素 K，如紫苜蓿、菠菜、卷心菜等及动物的肉、蛋、奶。中国居民膳食维生素 K 的参考摄入量见表 7-4。

表 7-4　中国居民膳食维生素 K 的参考摄入量

年龄/岁	AI/(mg·d^{-1})	年龄/岁	AI/(mg·d^{-1})
0～	2	50～	80
0.5～	10	65～	80
1～	30	80～	80
4～	40	孕妇(1 周～12 周)	80
7～	50	孕妇(13 周～27 周)	80
11～	70	孕妇(≥28 周)	80
14～	75	乳母	85
18～	80		

第二节　水溶性维生素

水溶性维生素均可溶于水，包括维生素 C 和 B 族维生素。B 族维生素包括硫胺素（维生素 B_1）、核黄素（维生素 B_2）、烟酸和烟酰胺、维生素 B_6、泛酸、叶酸、生物素、维生素 B_{12} 等，其共同特点如下。

① 在自然界常共存，最丰富的来源是酵母和肝脏。

② 人体所必需的营养物质。

③ 同其他维生素比较，B 族维生素作为酶的辅基（见表 7-5），参与碳水化合物的代谢。

表 7-5　含有 B 族维生素的辅酶

维生素	辅酶	转移基团
尼克酰胺	辅酶 Ⅰ（NAD$^+$）	氢原子
尼克酰胺	辅酶 Ⅱ（NADP$^+$）	氢原子
核黄素（维生素 B_2）	黄素单核苷酸（FMN）	氢原子
核黄素（维生素 B_2）	黄素腺嘌呤二核苷酸（FAD）	氢原子
硫胺素（维生素 B_1）	焦磷酸硫胺素（TPP）	醛类
泛酸	酶 A（HsCoA 或 CoA）	酰基
钴胺素（维生素 B_{12}）	钴胺素辅酶	烷基
生物素	生物胞素（ε-N-生物素酰-1-赖氨酸）	CO_2
维生素 B_6	磷酸吡哆醛	氨基
叶酸	四氢叶酸辅酶类	一碳化合物

④ 从化学结构上看，除个别例外，B族维生素大都含氮。

⑤ B族维生素大多易溶于水，对酸稳定，易被碱破坏。

下面分别详细介绍。

一、维生素C

维生素C又名抗坏血酸（ascorbic acid），它是含有内酯结构的多元醇类，其特点是具有可解离出 H^+ 的烯醇式羟基，其水溶液有较强的酸性。它主要存在于新鲜水果及蔬菜中。水果中以猕猴桃中维生素C的含量最多，在柠檬、橘子和橙子中维生素C的含量也非常丰富；蔬菜以辣椒中的维生素C的含量最丰富，在番茄、甘蓝、萝卜、青菜中维生素C的含量也十分丰富；野生植物以刺梨中的维生素C的含量最丰富，每100g中含2800mg维生素C，有"维生素C王"之称。

维生素C含有不对称碳原子，具有光学异构体。自然界存在的有生理活性的是L-维生素C。L-维生素C是一种高度溶解性的化合物，并有强还原性。这些性质与它的烯二醇结构有关，此结构与内环中的羰基相共轭。维生素C的天然形式是L-异构体，D-异构体的活性仅为L-异构体活性的10%，维生素C的化学结构如图7-7所示。

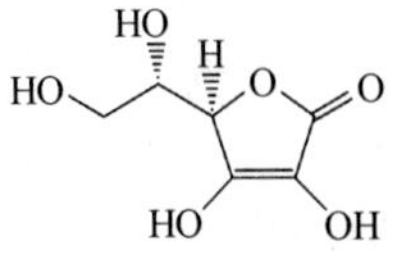

图7-7　维生素C的
化学结构

维生素C可脱氢而被氧化，氧化型维生素C（脱氢抗坏血酸，dehydroascorbic acid）还可接受氢而被还原。同时，氧化型维生素C会进一步水解，形成产物2,3-二酮古洛糖酸，在有氧的条件下，2,3-二酮古洛糖酸被氧化为草酸和L-苏阿糖酸（图7-8）。

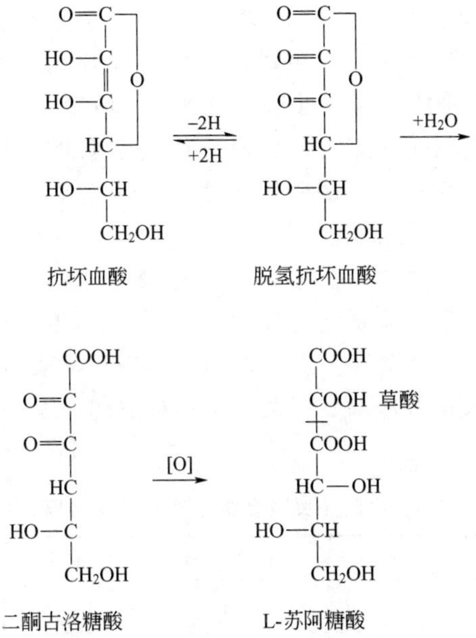

图7-8　维生素C的氧化反应示意图

在所有维生素中，维生素C是最不稳定的，能够以各种形式进行降解。维生素C在酸性水溶液（pH≤4）中较为稳定，在中性及碱性溶液中易被破坏。当微量金属离子（如 Cu^{2+}、Fe^{3+} 等）存在时，维生素C更易被氧化分解；加热或受光照射也可使维生素C分解。此外，植物组织中尚含有维生素C氧化酶，能催化维生素C氧化分解，失去活性。所以当蔬菜和水果储存过久时，其中维生素C可遭到破坏而使其营养价值降低。

在有氧条件下，维生素C主要是通过其单价阴离子（HA$^-$）而降解成氧化型维生素C，其反应途径和总速度是反应体系中金属催化剂（M^{n+}）浓度的函数。当金属催化剂是Cu^{2+}、Fe^{3+}时，反应速度比自动氧化要大大加快。金属离子催化维生素C的氧化速度与溶解氧气分压成正比（40～100kPa下），在氧气分压低于20kPa时，维生素C的氧化速度与氧气分压无关。

pH对维生素C的降解有显著影响。由于维生素C的氧化是一个质子解离过程，pH的升高可以促进反应的进行。

在维生素C的无氧降解中，形成中间产物3,4-二羟基-5-甲基-2(5H)呋喃酮，这种化合物或其他不饱和产物会进一步聚合产生类黑素（含氮聚合物）或焦糖类色素（无氮聚合物），对果蔬加工产品的非酶促褐变产生一定的作用。

由于维生素C能够降低食品体系中的氧气含量，可以保护食品中其他易氧化的物质被氧化；可以还原邻位醌类而抑制食品加工的酶促褐变，因此，在食品中，维生素C具有广泛的用途。

维生素C在机体中发挥着非常重要的作用。

① 具有可辅助抑制肿瘤的作用；
② 具有抗氧化作用，减少自由基对身体的损害；
③ 增强机体对外界环境的抗应激能力和免疫力；
④ 保护牙齿、骨骼，增加血管壁弹性；
⑤ 防治维生素C缺乏病（俗称坏血病）；
⑥ 维生素C能预防中风发作。

此外，也有研究结果表明维生素C可以与放疗和化疗结合来治疗肿瘤，但对于其对癌细胞有选择性毒性而对正常细胞没有毒性这一机理还不清楚。

维生素C是最容易缺乏的维生素之一。缺乏维生素C的直接后果是坏血病，表现为疲劳、倦怠、容易感冒。典型症状是牙龈肿胀出血、牙床溃烂、牙齿松动、毛细血管脆性增加。维生素C缺乏还会促进内毒素血症。

虽然维生素C是无毒的营养素，但近年来发现摄入过多的维生素C对身体也有一定的损伤，会诱发尿路结石，加速动脉硬化的发生。对一个健康人来说，每日维生素C的需要量为50～150mg，适当吃一些富含维生素C的新鲜水果和蔬菜即可满足人体每天对维生素C的需要。用维生素C制剂来代替水果、蔬菜更是不可取的。表7-6是中国居民膳食维生素C的参考摄入量。

表7-6　中国居民膳食维生素C的参考摄入量

年龄/岁	EAR/(mg·d^{-1})	AI/(mg·d^{-1})	RNI/(mg·d^{-1})	UL/(mg·d^{-1})
0～	—	40	—	—
0.5～	—	40	—	—
1～	35	—	40	400
4～	40	—	50	600
7～	55	—	65	1000
11～	75	—	90	1400

年龄/岁	EAR/(mg·d⁻¹)	AI/(mg·d⁻¹)	RNI/(mg·d⁻¹)	UL/(mg·d⁻¹)
14～	85	—	100	1800
18～	85	—	100	2000
50～	85	—	100	2000
65～	85	—	100	2000
80～	85	—	100	2000
孕妇(1周～12周)	85	—	100	2000
孕妇(13周～27周)	95	—	115	2000
孕妇(≥28周)	95	—	115	2000
乳母	125	—	150	2000

注：1. "—"表示未制定。

2. 在有些维生素未制定 UL，主要原因是研究资料不充分，并不表示没有健康风险。

二、维生素 B₁

维生素 B_1（thiamin，硫胺素）是 B 族维生素家族中重要的一个成员，大多以盐酸盐或硫酸盐的形式存在，维生素 B_1 的化学结构如图 7-9 所示。它在体内以硫胺素焦磷酸（thiamine pyrophosphate，TPP）的形式构成丙酮酸脱氢酶、转酮醇酶、α-酮戊二酸脱氢酶等的辅酶，参与能量代谢。

维生素 B_1 为白色结晶，有酵母的香味，易溶于水，在体内可游离存在，也可与脂肪酸成酯。维生素 B_1 耐热，对空气中的氧稳定，在酸性介质中非常稳定，但在碱性介质中很容易被破坏。氧化剂及还原剂均可使其失去作用，维生素 B_1 经氧化后转变为脱氢硫胺素（又称硫色素 thiochrome）。维生素 B_1 具有特别的酸碱性，嘧啶环上的 N_1 位上的质子电离（$pK_a = 4.8$），生成硫胺素游离碱。在碱性范围内再失去一个质子（$pK_a = 9.2$）生

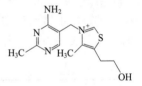

图 7-9　维生素 B_1 的
化学结构

成硫胺素假碱。硫胺素假碱打开噻唑环生成硫醇式结构，同时解离出一个质子，这是一种特殊的质子解离形式，其表观 pK_a 为 9.2。维生素 B_1 的另一个特征是噻唑环的季铵盐氮在任何 pH 下都保持阳离子状态，是典型的强碱。在酸性介质下，质子化硫胺素比游离碱、硫胺素假碱和硫醇式硫胺素要稳定得多。

维生素 B_1 的降解受到热、pH、水分等因素的影响。它的热降解主要是分子中亚甲基桥的断裂，其反应速率受到 pH 和反应介质的影响。在酸性条件下（pH＜6），维生素 B_1 的热降解速率较为缓慢，亚甲基桥断裂时释放出完整的嘧啶和噻唑组分；在 pH 为 6～7 时，硫胺素的降解速率有所上升，噻唑环断裂程度增加；pH 达到 8 时，降解产物中几乎没有完整的噻唑环。

维生素 B_1 的生理功效体现在以下几个方面。

① 促进能量代谢；

② 维持神经与消化系统的正常功能；

③ 促进生长发育；

④ 参与糖的代谢。

维生素 B_1 长期摄入不足而引起的营养不良疾病（脚气病），多发生于以精白米为主食的

地区，主要病变为多发性周围神经炎、浮肿、心肌变性等。神经是燃烧及消耗糖的组织，若缺乏维生素 B_1 会引起乳酸堆积，侵入脑部，毒化中枢神经系统，使脑部消耗氧的能力减弱，以致引起暂时性的痉挛。此外，脑部细胞要从碳水化合物中获得能量，当维生素 B_1 缺乏时，葡萄糖就不能充分产生能量，乳糖就会以丙酮酸的形式堆积在脑中，产生一定的毒性作用，还会引起人情绪急躁、精神惶恐、健忘等。如大量补充维生素 B_1，症状可以减退，记忆力也可以逐渐恢复。

维生素 B_1 在碱性介质中对热极不稳定，在 pH 大于 7 的情况下煮沸，发现大部分或全部维生素 B_1 被破坏；甚至在一般室温下，也可逐渐破坏维生素 B_1。煮粥、煮豆或蒸馒头时，若放入大量的碱，会造成维生素 B_1 的大量破坏。在酸性介质中，维生素 B_1 对热较稳定，如 pH 为 3 时，将食品在 120℃下加热 1h，维生素 B_1 仍能够保持其生理活性。此外，某些鱼及软体动物体内含硫胺素酶，它可分解、破坏维生素 B_1，如加热就可使硫胺素酶失活。一般不要生吃鱼和软体动物，以免造成维生素 B_1 的缺乏。

据中国预防医学科学院营养与食品卫生研究所报告，维生素 B_1 的营养状况应引起人们的注意。虽然维生素 B_1 摄入量达到了 1.2mg，占 RDA 的 86%，没有明显的缺乏迹象。但可以预计，随着国民经济发展和人民生活水平的提高，粗粮摄入的进一步减少，维生素 B_1 的摄入量也会减少，维生素 B_1 缺乏人群的比例极有可能会增加。

含维生素 B_1 丰富的食物有粮谷、豆类、酵母、干果、硬果、动物内脏、蛋类、瘦猪肉、乳类、蔬菜、水果等。在谷类食物中，全粒谷物含硫胺素较丰富，杂粮也含较多的硫胺素，可作为供给维生素 B_1 的主要来源，但是一定要注意加工烹调方法，否则损失太多，同样引起维生素 B_1 缺乏病。谷类在除去麸皮与糖的过程中，损失很多维生素 B_1，国外对精加工后的面粉进行维生素与矿物质强化，使其含量相当于粗制品，这点应引起食品工业部门及消费者的注意。表 7-7 是中国居民膳食维生素 B_1 的参考摄入量。

表 7-7 中国居民膳食维生素 B_1 的参考摄入量

年龄/岁	EAR/(mg·d^{-1})		RNI/(mg·d^{-1})		AI/(mg·d^{-1})
	男	女	男	女	
0～	—	—	—	—	0.1
0.5～	—	—	—	—	0.3
1～	0.5	0.5	0.6	0.6	—
4～	0.6	0.6	0.8	0.8	—
7～	0.8	0.8	1.0	1.0	—
11～	1.1	1.0	1.3	1.1	—
14～	1.3	1.1	1.6	1.3	—
18～	1.2	1.0	1.4	1.2	—
50～	1.2	1.0	1.4	1.2	—
65～	1.2	1.0	1.4	1.2	—
80～	1.2	1.0	1.4	1.2	—
孕妇（1 周～12 周）		1.0		1.2	—
孕妇（13 周～27 周）		1.1		1.4	—
孕妇（≥28 周）		1.1		1.5	—
乳母		1.2		1.5	—

注：1. "—"表示未制定。

2. 在有些维生素未制定 UL，主要原因是研究资料不充分，并不表示没有健康风险。

三、维生素 B₂

维生素 B₂（riboflavin，核黄素）为黄褐色针状结晶，溶解度较小，溶于水呈绿色荧光，在 280℃时开始被分解，维生素 B₂的化学结构如图 7-10 所示。植物能合成维生素 B₂，动物一般不能合成，必须由食物供给，但在哺乳动物肠道中的微生物可以合成维生素 B₂，并为动物吸收，但其量甚微，不能满足需要。

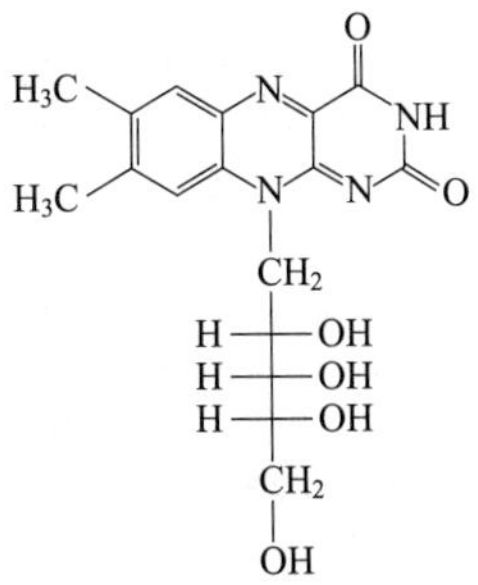

维生素 B₂在体内以黄素腺嘌呤二核苷酸（FAD）、黄素单核苷酸（FMN）作为辅酶与特定蛋白质结合，形成黄素蛋白，参与体内的氧化还原反应和能量代谢。

维生素 B₂在酸性介质下有非常好的稳定性，在中性介质中稍不稳定，在碱性条件下分解速度非常快。在光照条件下，维生素 B₂会发生光降解，生成光黄素或光色素，故维生素 B₂要储存于褐色的罐中。

图 7-10　维生素 B₂的化学结构

维生素 B₂或其辅酶在食物中与蛋白质结合形成复合物——黄素蛋白，从乳、蛋中得来后，经消化道内蛋白酶、焦磷酸酶水解为核黄素。

维生素 B₂是机体必需微量营养素之一，具有广泛的生理功能，WHO 将其列为评价人体生长发育和营养状况的六大指标之一。维生素 B₂缺乏时，主要表现为口角炎、舌炎、口腔炎、眼结膜炎、脂溢性皮炎、阴囊炎等症状。然而，近年最新研究认为维生素 B₂还有利尿消肿、防治肿瘤、降低心脑血管病的功效。大量的流行病学和动物实验资料表明，维生素 B₂等微量营养素具有防癌作用。维生素 B₂对维持哺乳动物正常生殖功能也具有重要作用。但据 1992 年营养调查结果表明：中国人均每日摄入维生素 B₂不足 0.8mg，仅占 RDA 的 58.4%，尤其见于儿童、青少年、孕妇。因此，在平常的膳食中，要注意多吃一些维生素 B₂含量较高的食物，如乳类及其制品、动物肝肾、蛋黄、鳝鱼、胡萝卜、香菇、紫菜、芹菜、橘子、柑、橙等。中国居民膳食维生素 B₂的参考摄入量见表 7-8。

表 7-8　中国居民膳食维生素 B₂的参考摄入量

年龄/岁	EAR/(mg·d⁻¹)		RNI/(mg·d⁻¹)		AI/(mg·d⁻¹)
	男	女	男	女	
0～	—	—	—	—	0.4
0.5～	—	—	—	—	0.5
1～	0.5	0.5	0.6	0.6	—
4～	0.6	0.6	0.7	0.7	—
7～	0.8	0.8	1.0	1.0	—
11～	1.1	0.9	1.3	1.1	—
14～	1.3	1.0	1.5	1.2	—
18～	1.2	1.0	1.4	1.2	—
50～	1.2	1.0	1.4	1.2	—
65～	1.2	1.0	1.4	1.2	—
80～	1.2	1.0	1.4	1.2	—

年龄/岁	EAR/(mg·d⁻¹)		RNI/(mg·d⁻¹)		AI/(mg·d⁻¹)
	男	女	男	女	
孕妇(1 周～12 周)	1.0			1.2	—
孕妇(13 周～27 周)	1.1			1.4	—
孕妇(≥28 周)	1.2			1.5	—
乳母	1.2			1.5	

注：1. "—"表示未制定。

2. 在有些维生素未制定 UL，主要原因是研究资料不充分，并不表示没有健康风险。

四、烟酸

烟酸（niacin）又称为尼克酸（nicotinic acid），包括烟酸（nicotinic acid）、烟酰胺（nicotinamide）及其具有烟酸活性的衍生物。烟酸的衍生物是烟酰胺，又称为尼克酰胺。烟酸及烟酰胺的化学结构见图 7-11。

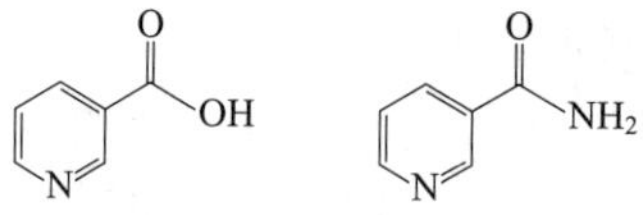

图 7-11　烟酸及烟酰胺的化学结构

烟酸为不吸水的较稳定的白色结晶，在 230℃时升华，能溶于水及酒精中，25℃时，1g 烟酸能溶于 60mL 水或 80mL 酒精中，不溶于乙醚中。烟酸很容易变成烟酰胺，它比烟酸更易溶解，1g 烟酰胺可溶于 1mL 水或 1.5mL 酒精中，在乙醚中也能溶解。

烟酸是构成烟酰胺腺嘌呤二核苷酸（辅酶Ⅰ，NAD^+）及烟酰胺腺嘌呤二核苷酸磷酸（辅酶Ⅱ，$NADP^+$）的成分，在生物氧化还原反应中作为辅酶，起电子载体或递氢体作用。

烟酸是 B 族维生素中最稳定的化合物，对热、光、空气、酸及碱都不是很敏感。烹调时，烟酸在混合膳食中损失的量通常不超过 15％～25％。

烟酸缺乏时主要表现为癞皮病（pellagra），癞皮病有三个方面的体征：皮炎（dermatitis）、腹泻（diarrhea）和痴呆（dementia），可作为癞皮病的确诊依据。这三个特征的英文名字以 D 开头，故有人称之为"三 D 症状"。国内外调查发现，烟酸缺乏引起的癞皮病大都发生于以玉米为主食的地区。营养工作者分析发现：玉米中所含的烟酸多数为结合型，约占烟酸总量的 64％～73％，结合型烟酸非常稳定，酸性情况下加热 30min 也不释放出游离型烟酸，故结合型烟酸一般情况下不能被人体所利用。另外，玉米蛋白质中又缺乏能转化成烟酸的色氨酸，再加上无其他富含烟酸的食物来源，故长期食用玉米时，就可能出现烟酸缺乏，进而导致发生癞皮病。人体可利用主要氨基酸之一的色氨酸可自行合成烟酸。

一般情况下，烟酸不会引起中毒，但大剂量的烟酸对人体有一定的伤害，过量烟酸可引起血管舒张、胃肠道反应和肝毒性等。

富含烟酸的食物有动物肝脏与肾脏、瘦肉、全麦制品、啤酒酵母、麦芽、鱼、卵、炒花生、白色的家禽肉、鳄梨、枣椰（dates）、无花果、干李（prunes）。

由于体内部分烟酸来源于色氨酸的转化，膳食烟酸摄入量以烟酸当量表述，计算见式(7-4)：

$$烟酸当量(mgNE) = 烟酸(mg) + 1/60 色氨酸(mg) \tag{7-4}$$

表 7-9 是中国居民膳食烟酸的参考摄入量。

表 7-9 中国居民膳食烟酸的参考摄入量

年龄/岁	烟酸						烟酰胺
	EAR/(mgNE·d^{-1})		RNI/(mgNE·d^{-1})		AI /(mgNE·d^{-1})	UL /(mgNE·d^{-1})	UL /(mgNE·d^{-1})
	男	女	男	女			
0～	—	—	—	—	2	—	—
0.5～	—	—	—	—	3	—	—
1～	5	5	6	6	—	10	100
4～	7	6	8	8	—	15	130
7～	9	8	11	10	—	20	180
11～	11	10	14	12	—	25	240
14～	14	11	16	13	—	30	280
18～	12	10	15	12	—	35	310
50～	10	10	14	12	—	35	310
65～	11	9	14	11	—	30	300
80～	11	8	13	10	—	35	280
孕妇(1周～12周)		10		12		35	310
孕妇(13周～27周)		10		12		35	310
孕妇(≥28周)		10		12		35	310
乳母		12		12		35	310

注：1. "—"表示未制定。

2. 有些维生素未制定 UL，主要原因是研究资料不充分，并不表示没有健康风险。

五、维生素 B$_6$

维生素 B$_6$ 的基本结构是 2-甲基-3-羟基甲基吡啶，包括三种形式：吡哆醇（pyridoxine，PN）、吡哆醛（pyridoxal，PA 或 PL）和吡哆胺（pyridoxamine，PM）。磷酸吡哆醛（PLP）及磷酸吡哆胺（PMP）是多种氨基酸的辅酶，参与多种代谢。吡哆醇、吡哆醛和吡哆胺在体内可以相互转变（图 7-12）。

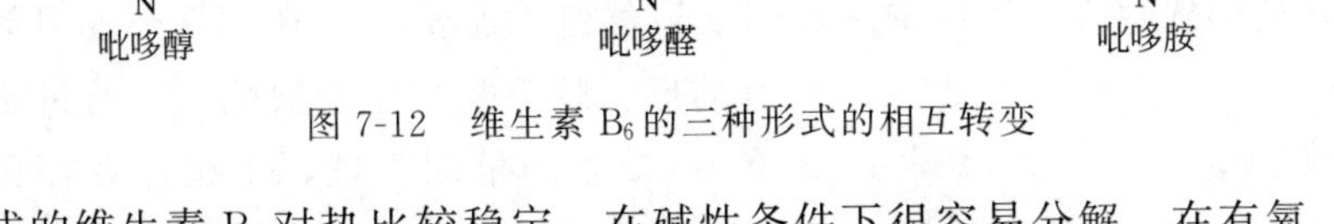

图 7-12 维生素 B$_6$ 的三种形式的相互转变

三种形式的维生素 B$_6$ 对热比较稳定，在碱性条件下很容易分解。在有氧、紫外光照射下，三种形式的维生素 B$_6$ 可转化为无生物活性的产物 4-吡哆酸，是许多氨基酸、碳水化合物、脂质代谢反应中的辅酶。食品经加工或烹调可破坏 50% 的维生素 B$_6$。

维生素 B$_6$ 是人体色氨酸、脂肪和糖代谢的必需物质，其生理作用表现为在蛋白质代谢中参与氨基酸的代谢；可将色氨酸转化为烟酸；参与脂肪代谢，可降低血中胆固醇的含量。最新研究认为维生素 B$_6$ 可以预防肾结石。维生素 B$_6$ 可降低心脏发病率，但目前尚不能解释

维生素 B_6 降低心脏发病率的作用机制。

维生素 B_6 缺乏可引起末梢神经炎、唇炎、舌炎、皮脂溢出和小细胞性贫血等。此外，维生素 B_6 参与原血红素的合成，故缺乏维生素 B_6 时，亦会造成人体或动物的贫血。美国临床医学杂志报道维生素 B_6 缺乏增加结直肠癌风险，主要作用于癌症发展过程，而不是发生环节。

维生素 B_6 一般无毒，维生素 B_6 过量可引起感觉神经疾病和光敏感反应等，若孕妇过量服用，可致胎儿畸形。自 2014 年以来报告了 50 多例因补充维生素 B_6 而引起的感觉神经元疼痛，但毒性机制不明。维生素 B_6 存在于各种动植物食品中，在肉、奶、蛋黄及鱼中含量居多。表 7-10 是中国居民膳食 B_6 的参考摄入量。

表 7-10 中国居民膳食 B_6 的参考摄入量

年龄/岁	EAR/(mg·d^{-1})	AI/(mg·d^{-1})	RNI/(mg·d^{-1})	UL/(mg·d^{-1})
0～	—	0.2	—	—
0.5～	—	0.4	—	—
1～	0.5	—	0.6	20
4～	0.6	—	0.7	25
7～	0.8	—	1.0	35
11～	1.1	—	1.3	45
14～	1.2	—	1.4	55
18～	1.2	—	1.4	60
50～	1.3	—	1.6	60
65～	1.3	—	1.6	60
80～	1.3	—	1.6	60
孕妇(1 周～12 周)	1.9	—	2.2	60
孕妇(13 周～27 周)	1.9	—	2.2	60
孕妇(≥28 周)	1.9	—	2.2	60
乳母	1.4	—	1.7	60

注：1. "—"表示未制定。

2. 有些维生素未制定 UL，主要原因是研究资料不充分，并不表示没有健康风险。

六、叶酸

叶酸（floic acid）又名维生素 M，在动物组织中以肝脏含叶酸最丰富。叶酸为一种黄色或橙黄色结晶性粉末，无臭、无味，紫外线可使其溶液失去活性，碱性溶液容易被氧化，在酸性溶液中对热不稳定，微溶于水、乙醇等溶剂。天然存在的叶酸是很少的，而大多是以叶酸盐（folate）的形式存在。叶酸缺乏可引起巨幼红细胞贫血，在妇女孕期可导致胎儿神经管畸形、唇腭裂等先天缺陷。叶酸过量可掩盖维生素 B_{12} 缺乏的早期表现，干扰锌吸收和抗惊厥药物的作用等。叶酸的化学结构如图 7-13 所示。

叶酸具有特殊的生理功能，已经受到医学界和营养学家的普遍关注，并对叶酸对人体的生理作用做了深入的研究，主要有叶酸是蛋白质和核酸合成的必需因子，在细胞分裂和繁殖中起重要作用；血红蛋白的组成成分——卟啉基的形成、红细胞和白

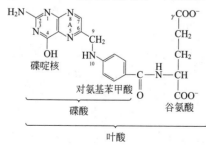

图 7-13 叶酸的化学结构

细胞的快速增生都需要叶酸参与；使甘氨酸和丝氨酸相互转化，使苯丙氨酸形成酪氨酸，组氨酸形成谷氨酸，半胱氨酸形成蛋氨酸；参与大脑中长链脂肪酸如 DHA 的代谢，肌酸和肾上腺素的合成等；使酒精中乙醇胺合成为胆碱。

由于不适当的食品加工和膳食结构，叶酸是最容易缺乏的维生素之一。婴儿缺乏叶酸时会引起有核巨红细胞性贫血，孕妇缺乏叶酸时会引起巨红细胞性贫血。孕妇在怀孕早期如缺乏叶酸，其生出畸形儿的可能性较大。膳食中缺乏叶酸将使血中高半胱氨酸水平提高，易引起动脉硬化。膳食中摄入叶酸不足，易诱发结肠癌和乳腺癌。

日本的厚生省（现为厚生劳动省）发出通知，呼吁孕妇尽可能多摄入叶酸。经实验证实，如果孕妇每天摄取 $400\mu g$ 叶酸，便会降低新生儿脊椎异常的先天性障碍（脊椎裂等）的发病率；瑞典研究人员发现叶酸可防止脑发育变异。目前已确认每天摄取 $400\mu g$ 叶酸能够抑制动脉硬化。因为它能减少导致动脉硬化恶化的血液中的不良成分"高半胱氨酸（homocysteine）"；对于胆固醇较高或血糖值不稳定的"亚生活习惯病"来说，叶酸是最合适的维生素。另外，叶酸也有望具有预防大肠癌及阿尔茨海默病的效果；据上海市消化疾病研究所的研究人员研究得出，叶酸还可降低胃癌发生的危险性。

人体自身不能合成叶酸，必须依靠食物中的叶酸加以消化而吸收。叶酸类的许多种化合物广泛分布于多种生物中。许多种植物的绿叶均能合成叶酸。各种绿叶蔬菜如菠菜、青菜、龙须菜、花椰菜、莴苣、扁豆，各种瓜、豆，水果如香蕉、柠檬，动物性食品如肝、肾、乳制品等均含有丰富的叶酸。许多种细菌包括肠道细菌能将喋啶、对氨基苯甲酸及谷氨酸结合成叶酸。酵母也含有丰富的叶酸。一般食物中虽然叶酸含量很丰富，但烹饪，特别是将食物在大量水中烹煮过久，能破坏大部分叶酸。由于天然叶酸和合成叶酸的吸收利用程度不同，所以膳食叶酸摄入量以膳食叶酸当量表述，计算见式(7-5)：

$$膳食叶酸当量(\mu gDFE)=天然叶酸(\mu g)+1.7\times 合成叶酸(\mu g) \tag{7-5}$$

叶酸在正常情况下没有毒性。表 7-11 给出了中国居民膳食叶酸的参考摄入量。

表 7-11 中国居民膳食叶酸的参考摄入量

年龄/岁	EAR/(μgDEF·d^{-1})	AI/(μgDEF·d^{-1})	RNI/(μgDEF·d^{-1})	UL/(μg·d^{-1})
0～	—	65	—	—
0.5～	—	100	—	—
1～	130	—	160	300
4～	150	—	190	400
7～	210	—	250	600
11～	290	—	350	800
14～	320	—	400	900
18～	320	—	400	1000
50～	320	—	400	1000
65～	320	—	400	1000
80～	320	—	400	1000
孕妇(1 周～12 周)	520	—	600	1000
孕妇(13 周～27 周)	520	—	600	1000
孕妇(≥28 周)	520	—	600	1000
乳母	450	—	550	1000

注：1. "—"表示未制定。

2. 在有些维生素未制定 UL，主要原因是研究资料不充分，并不表示没有健康风险。

七、维生素 B₁₂

维生素 B_{12} 是具有氰钴胺素（cobalamin）相似维生素活性的化合物总称，是结构最复杂的维生素之一，也是唯一含有金属元素的维生素，其化学结构如图 7-14 所示。辅酶形式是甲基钴胺素和腺苷钴胺素，参与核酸合成及红细胞生成。氰钴胺（cyanocobalamine）在自然界中存在很少，大多为人工合成品，是一种红色结晶，无臭、无味，具有较强的引湿性。微溶于水或乙醇，溶于丙酮、氯仿或乙醚。化学性质非常稳定，但重金属和还原剂可以使其破坏，可用于食品的强化和营养补充。维生素 B_{12} 缺乏可引起巨幼红细胞贫血等。

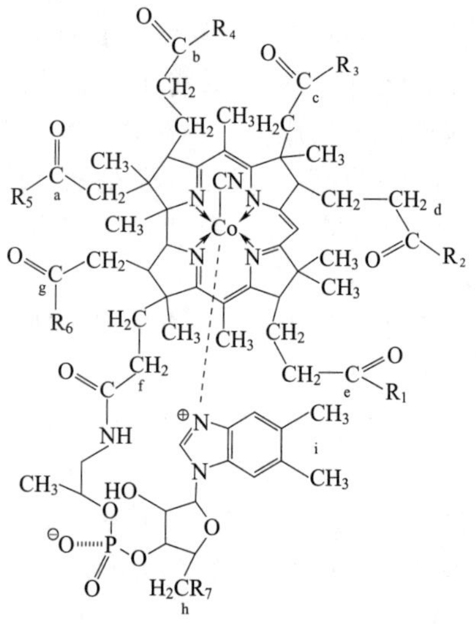

图 7-14 维生素 B_{12} 的化学结构

英国一项研究表明，加大维生素 B_{12} 和叶酸的摄入有利于避免常见的精神分裂症。其主要生理功能有促进红细胞的发育和成熟，使机体造血机能处于正常状态，预防恶性贫血；促进碳水化合物、脂肪和蛋白质代谢；具有活化氨基酸的作用和促进核酸的生物合成，可促进蛋白质的合成，它对婴幼儿的生长发育有重要作用。

维生素 B_{12} 主要来源于动物性食品，如动物内脏、肉类、贝壳类、蛋类、奶及奶制品；植物性食品中基本不含维生素 B_{12}。因此，对于一些素食主义者，要注意补充适量的维生素 B_{12}。而在一般的食品加工和储藏过程中，维生素 B_{12} 的损失非常小。如添加于早餐谷物的维生素 B_{12} 在加工中损失 17%，在常温下储藏 12 个月又损失 17%。经过瞬时高温杀菌的液体乳可保留 96% 的维生素 B_{12}。

维生素 B_{12} 很难被人体吸收，在吸收时需要与钙结合才能有利于人体的机能活动。维生素 B_{12} 的严重缺乏会导致恶性贫血、精神抑郁、记忆力下降等神经系统疾病。表 7-12 是中国居民膳食维生素 B_{12} 的参考摄入量。

表 7-12 中国居民膳食维生素 B_{12} 的参考摄入量

年龄/岁	EAR/($\mu g \cdot d^{-1}$)	AI/($\mu g \cdot d^{-1}$)	RNI/($\mu g \cdot d^{-1}$)
0～	—	0.3	—
0.5～	—	0.6	—
1～	0.8	—	1.0
4～	1.0	—	1.2
7～	1.3	—	1.6
11～	1.8	—	2.1
14～	2.0	—	2.4
18～	2.0	—	2.4
50～	2.0	—	2.4
65～	2.0	—	2.4
80～	2.0	—	2.4
孕妇（1 周～12 周）	2.4	—	2.9

年龄/岁	EAR/(μg·d^{-1})	AI/(μg·d^{-1})	RNI/(μg·d^{-1})
孕妇(13 周～27 周)	2.4	—	2.9
孕妇(≥28 周)	2.4		2.9
乳母	2.6		3.2

注：1. "—"表示未制定。

2. 有些维生素未制定 UL，主要原因是研究资料不充分，并不表示没有健康风险。

八、生物素

生物素（biotin）是带有双环的水溶性维生素，包括含硫的噻吩环、尿素和戊酸三部分。在脂肪和糖代谢中，生物素以辅酶形式参与体内羧基转运过程。膳食生物素缺乏比较少见。生物素的化学结构如图 7-15 所示。

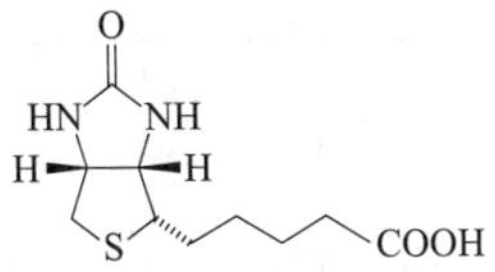

生物素是无色、针状的物质，稍微溶解在冷水中，较易溶解于酒精中，但不溶于有机溶剂中。生物素对热、光、空气较稳定，酸或碱对其的破坏性较小。

图 7-15　生物素的化学结构

自然界中的生物素存在两种形式，α-生物素和 β-生物素，两者具有同样的生理功能，广泛分布在动、植物中。生物素在各种食物中分布广泛，并且人体肠道细菌也能合成生物素以供人体需要，因此人体极少缺乏生物素。生鸡蛋中因含有抗生物素蛋白因子，故常吃生鸡蛋会导致生物素缺乏。磺胺药物和广谱抗生素用量多时，也可能会造成生物素缺乏。成人生物素缺乏症状表现为脱发、厌食、精神抑郁、部分记忆缺乏、皮炎等，婴儿则可发生脂溢性皮炎。据国外报道，初生婴儿的脂溢性皮炎可能与缺乏生物素有关。

富含生物素的食物有牛奶、水果、啤酒酵母、牛肝、蛋黄、动物肾脏、糙米。表 7-13 是中国居民膳食生物素的参考摄入量。

表 7-13　中国居民膳食生物素的参考摄入量

年龄/岁	0～	0.5～	1～	4～	7～	11～	14～	18～	50～	65～	80～	孕妇(1 周～12 周)	孕妇(13 周～27 周)	孕妇(≥28 周)	乳母
AI/(mg·d^{-1})	5	9	17	20	25	35	40	40	40	40	40	40	40	40	50

注：1. "—"表示未制定。

2. 在有些维生素未制定 UL，主要原因是研究资料不充分，并不表示没有健康风险。

九、泛酸

泛酸（pantothenic acid）或 D-N-(2,4-二羟基-3,3-二甲基-丁酰基)-酰基丙氨酸是由 β-丙氨酸与羟基丁酸结合而成，又称为遍多酸或维生素 B$_5$，其化学结构如图 7-16。泛酸是辅酶 A 和酰基载体蛋白的组成部分。辅酶 A 参与糖、脂肪和蛋白质的代谢，酰基载体蛋白在脂肪酸合成时发挥作用。

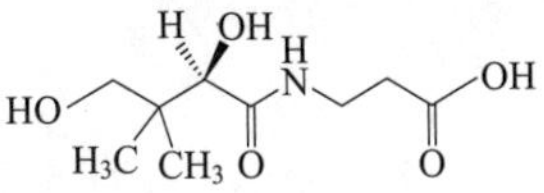

图 7-16　泛酸的化学结构

泛酸在 pH 为 5～7 的水溶液中最为稳定，在低水分活度的食品中，泛酸的稳定性也较好，但遇酸或碱则水解。

泛酸轻度缺乏可致疲乏、食欲差、消化不良、易感染等症状，重度缺乏则引起肌肉协调性差、肌肉痉挛、胃肠痉挛、脚部灼痛感等症状。

泛酸是食物中分布很广的一种维生素，富含泛酸的食物有肉、未精制的谷类制品、麦芽与麸子、动物肾脏与心脏、绿叶蔬菜、啤酒酵母、坚果类、鸡肉、未精制的糖蜜。表 7-14 为中国居民膳食泛酸的参考摄入量。

表 7-14　中国居民膳食泛酸的参考摄入量

年龄/岁	0～	0.5～	1～	4～	7～	11～	14～	18～	50～	65～	80～	孕妇(1周～12周)	孕妇(13周～27周)	孕妇(≥28周)	乳母
AI/(mg·d^{-1})	1.7	1.9	2.1	2.5	3.5	4.5	5.0	5.0	5.0	5.0	5.0	6.0	6.0	6.0	7.0

注：1. "—"表示未制定。

2. 有些维生素未制定 UL，主要原因是研究资料不充分，并不表示没有健康风险。

十、胆碱

胆碱（choline）也是 B 族维生素的一种，它是一种有机碱，为磷脂酰胆碱和神经鞘磷脂的组成成分，参与甲基供体的合成与代谢，是神经递质——乙酰胆碱的前体。胆碱缺乏可引起肝脏脂肪变性。胆碱过量可引起呕吐、流涎、出汗、鱼腥体臭及胃肠道不适等。

$$HOCH_2CH_2\overset{+}{N}(CH_3)_3OH^-$$
胆碱

胆碱具有控制胆固醇的积蓄和帮助传送刺激神经的信号等功能。胆碱摄入量不足时，可能引起肝硬化、肝脏脂肪的变性、动脉硬化。乳制品、鸡蛋、花生、肉类、鱼、鸡、豆和某些蔬菜中含有丰富的胆碱。表 7-15 是中国居民膳食胆碱的参考摄入量。

表 7-15　中国居民膳食胆碱的参考摄入量

年龄/岁		0～	0.5～	1～	4～	7～	11～	14～	18～	50～	65～	80～	孕妇(1周～12周)	孕妇(13周～27周)	孕妇(≥28周)	乳母
AI/(mg·d^{-1})	男	120	150	200	250	300	400	500	500	500	500					
	女	120	150	200	250	400	400	400	400	400	400	420	420	420	520

注：1. "—"表示未制定。

2. 有些维生素未制定 UL，主要原因是研究资料不充分，并不表示没有健康风险。

思　考　题

1. 维生素是如何分类的？
2. 简述维生素 A、B$_1$、C、D、E 的生理功能。
3. 人体最容易缺乏的维生素有哪几种？
4. 维生素在食品加工和储藏中损失的原因？

第八章

功能性油脂

功能性油脂是特指那些来源于人类膳食，为人体营养、健康所必需的油脂。这些功能性油脂对一些已发现的人体相应的缺乏症和内源性疾病，特别是高血压、心脏病、癌症、糖尿病等有积极的防治作用，这其中又以备受关注和广为研究的多不饱和脂肪酸、磷脂等成分为主。

第一节　多不饱和脂肪酸

一、多不饱和脂肪酸的结构与分类

多不饱和脂肪酸（polyunsaturated fatty acids，PUFA）是指含有两个或两个以上双键且碳链长为 18～22 个碳原子的直链脂肪酸，主要包括亚油酸（LA）、γ-亚麻酸（GLA）、花生四烯酸（AA）、二十碳五烯酸（EPA）、二十二碳六烯酸（DHA）等。其中，亚油酸及亚麻酸被公认为人体必需的脂肪酸（EA），在人体内可进一步衍化成具有不同功能作用的高度不饱和脂肪酸，如 AA、EPA、DHA 等。

脂肪酸种类繁多，专业术语较复杂，目前有三种命名体系并存，包括 IUPAC 标准命名法、速记命名或"omega"（ω）序列命名法及俗称。比如根据系统命名法，EPA 应为 5,8,11,14,17-二十碳全顺五烯酸；ω 序列命名法为 C_{20}：5ω-3（EPA），C 表示碳原子，20 表示碳数，5 表示双键数，ω-3 表示双键的位置。由于 ω 序列命名法及俗称相对简便而且目前在国内外专业文献中广泛使用，因此，本章将使用 ω 序列命名法及俗称进行介绍。

多不饱和脂肪酸因其结构特点及在人体内代谢的相互转化方式不同，主要可分成 ω-3 和 ω-6 两个系列。在多不饱和脂肪酸分子中，距羧基最远端的双键是在倒数第 3 个碳原子上的，称为ω-3或n-3多不饱和脂肪酸，而距羧基最远端的双键在第6个碳原子上的，则称为ω-6或n-6多不饱和脂肪酸。

ω-3和ω-6两个系列的主要种类及化学结构如下。

ω-3系列：十八碳三烯酸（俗称α-亚麻酸）（ALA）；二十碳五烯酸（EPA）；二十二碳六烯酸（DHA）。

ω-6系列：十八碳二烯酸（俗称亚油酸）（LA）；十八碳三烯酸（俗称γ-亚麻酸）（GLA）；二十碳四烯酸（俗称花生四烯酸）（AA）。

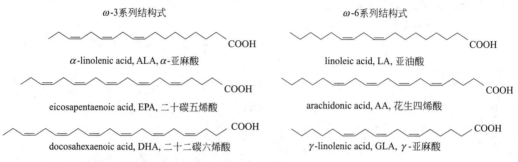

ω-3系列结构式

α-linolenic acid, ALA, α-亚麻酸

eicosapentaenoic acid, EPA, 二十碳五烯酸

docosahexaenoic acid, DHA, 二十二碳六烯酸

ω-6系列结构式

linoleic acid, LA, 亚油酸

arachidonic acid, AA, 花生四烯酸

γ-linolenic acid, GLA, γ-亚麻酸

二、多不饱和脂肪酸的理化性质及生理功能

多不饱和脂肪酸是一种含多功能团的化合物，烃链的双键上会发生加成、氧化、还原、异构化、成环、聚合等反应，所含羧基也具有羧酸的一些通性（兼具羧基、羟基的性质），故其化学性质十分复杂。引起营养、医学等科学界注意的膳食多不饱和脂肪酸发生的化学变化主要包括去饱和、碳链增长、酯化、氢化、氧化、聚合这些特定反应，它们与人类健康息息相关。

此外，多不饱和脂肪酸之所以受到广泛关注，不仅仅因为ω-6系列的亚油酸和ω-3系列的α-亚麻酸是人体不可缺少的必需脂肪酸，更重要的是因为由它们在体内代谢转化或从特定食物资源中摄入的几种多不饱和脂肪酸，在人体生理中起着极为重要的作用，与人体心血管疾病的控制（比如能够显著影响脂蛋白代谢，从而改变心血管系统疾病的危险性；影响动脉血栓形成和血小板功能；影响动脉粥样硬化细胞免疫应答及炎性反应）、免疫调节、细胞生长及抗癌作用等息息相关。这些多不饱和脂肪酸在人体内的转化关系如下所示。Δ表示碳原子在碳链上的位置是从距多不饱和脂肪酸的羧基端（—COOH）开始的位数。

ω-6多不饱和脂肪酸
亚油酸
$(C_{18}:2\omega-6)$
↓Δ6去饱和酶
γ-亚麻酸
$(C_{18}:3\omega-6)$
↓
二高-γ-亚麻酸
$(C_{20}:3\omega-6)$
↓Δ5去饱和酶
花生四烯酸
$(C_{20}:4\omega-6)$
↓
肾上腺酸
$(C_{22}:4\omega-6)$
↓Δ4去饱和酶
二十二碳五烯酸
$(C_{22}:5\omega-6)$

ω-3多不饱和脂肪酸
α-亚麻酸
$(C_{18}:3\omega-3)$
↓
十八碳四烯酸
$(C_{18}:4\omega-3)$
↓
二十碳四烯酸
$(C_{20}:4\omega-3)$
↓
二十碳五烯酸
$(C_{20}:5\omega-3)$
↓
二十二碳五烯酸
$(C_{22}:5\omega-3)$
↓
二十二碳六烯酸
$(C_{22}:6\omega-3)$

人体内 ω-6 和 ω-3 系列多不饱和脂肪酸根据需要各自进行相关代谢，但相互之间不发生转换，因此其在体内的作用不能相互替代。动物体内的 EPA 和 DHA 可由油酸、亚油酸或亚麻酸转化形成，但这一转化过程在人体内非常缓慢，而在一些海鱼和微生物中转化量较大。ω-3、ω-6 系列的短碳链脂肪酸都通过加长碳链和脱氢作用，生成同系列的更长、更不饱和的脂肪酸。亚油酸转化成 γ-亚麻酸需要 Δ6 去饱和酶，通常婴儿和老年人的 Δ6 去饱和酶的活力不足，对成年人来说，如果饮酒过度、胰岛素分泌不足、高胆固醇、高血脂等都会导致 Δ6 去饱和酶的活力不足，从而影响多不饱和脂肪酸的合成，因此必须从外源补充 ω-3、ω-6 多不饱和脂肪酸。

（一）多不饱和脂肪酸与心血管系统疾病

膳食中的脂类能够显著影响脂蛋白代谢，从而改变心血管系统疾病的危险性。多不饱和脂肪酸可降低 LDL-胆固醇，所有脂肪酸均可升高 HDL-胆固醇浓度，但随着脂肪酸不饱和度的增加，这种作用逐渐减弱。近几十年来，通过动物试验、组织细胞培养及人体临床试验研究多不饱和脂肪酸与心血管系统疾病之间的关系，得出如下结论。①膳食中多不饱和脂肪酸摄入量与心血管系统疾病发病率和死亡率成负相关。②在日常膳食中鱼类摄入量低的人群，增加鱼类摄入量或补充鱼油，并使其成为日常膳食的组成部分，对心血管系统疾病的防治可产生较明显的作用。但是对本来鱼类摄入量已经很高的人群再增加其摄入量，似乎不会有额外的效果。③鱼类食品和地中海式饮食对心血管系统的保护作用除了与多不饱和脂肪酸有关，还与他们所含有的其他有效成分有很大关联。

多不饱和脂肪酸对心血管系统疾病的防治作用主要通过以下几种途径实现。①抗血栓形成作用 鱼或鱼油中的 EPA 通过促进某些二十类烷酸（如 TXA3、PGl3）的合成，降低血小板的凝聚和血液黏稠度，抑制血小板源性生长因长（PDGF）的合成，降低其 mRNA 的表达水平。动物模型试验表明，鱼油可防止血小板沉着于血管壁，阻断因脂质浸润所引起的内皮细胞损伤和管壁增厚等动脉粥样硬化的病理进程。②调节血脂 EPA/DHA 可显著降低空腹和餐后血清中甘油三酯和胆固醇的水平，同时还可增加 HDL-2 水平。每日摄入 2g 鱼油可使普通人的极低密度脂蛋白（VLDL）降低 20%，使 Ⅵ 型和 Ⅴ 型高脂蛋白血症者的 VLDL 降低 50%，混合型高脂蛋白血症者的 VLDL 降低 40%。③抗心律失常和心室纤颤 研究表明，心律失常的病人每周食用 1 次以上的海鱼（相当于 EPA 和 DHA5.5g/月），经数月后，红细胞膜中 EPA 和 DHA 含量增加，原发性心搏暂停和心律失常发病率降低 70%。试验组中鱼的摄入量在 96g/周即有较显著的效果，增加多不饱和脂肪酸的摄入量，控制效果没有更好。

此外，多不饱和脂肪酸（不管是 ω-3 或 ω-6）还具有降血压的作用。Morris 等的研究认为多不饱和脂肪酸（主要为 EPA）可降低高血压患者的血压，并具有剂量依赖关系，但对健康志愿者几乎没有影响。目前仍不清楚其机制，据推测可能与其能够降低血管收缩素 TxA_2 的生成有关。通常认为，亚油酸和 ω-3 长链多不饱和脂肪酸能影响血压的原因在于这两种物质可改变细胞膜脂肪酸构成及膜流动性，进而影响离子通道活性和前列腺素（prostaglandin，PG）的合成。

（二）多不饱和脂肪酸与生长发育

关于 ω-6 和 ω-3 长链多不饱和脂肪酸如何影响特定组织生长的资料甚少。现有研究显示多不饱和脂肪酸对脑、视网膜和神经组织发育有影响。DHA 和花生四烯酸是脑和视网膜中两种主要的多不饱和脂肪酸。虽然对于成年人而言，缺乏多不饱和脂肪酸的病征极少见，但缺乏不饱和脂肪酸对于胎儿和婴幼儿的影响显著。

α-亚麻酸在体内代谢可以生成 DHA 和 EPA。在有关脑膜对 α-亚麻酸的最低需要量研究中，给鼠饲以 0～200mg α-亚麻酸/100g 饲料，DHA 的量呈线性增加，超量后则不再增加。尽管在狒狒的试验研究中发现，α-亚麻酸在体内转化成 DHA 的速度很低，但似乎足够维持其健康。对众多素食成年人观察，未出现 DHA 缺乏症状。研究者对一些素食母亲的孩子观察，也未发现有 DHA 缺乏症状。但一些动物试验表明，膳食中 α-亚麻酸，特别是在极度或长期缺乏情况下，会出现相应缺乏症状，如大鼠杆状细胞外段盘破坏、光激发盘散射减弱及光线诱导的光感受器细胞死亡，从而出现视觉循环缺陷与障碍。猴子出现大脑皮层中 DHA 骤降，饮水行为、重复动作和全身活动增加。

此外，花生四烯酸和 DHA 摄入不足可导致脑功能障碍。母亲（包括受孕前、怀孕期间和胎儿出生后）的膳食多不饱和脂肪酸的摄入及乳汁中的多不饱和脂肪酸组成不仅关系到孩子智力、视力等发育，而且也可能影响孩子在成年后对高血压、心脏病等疾病的易感性，这可以从一些研究结果中得到证明，比如食母乳的婴儿到 7～8 岁时智商要高于人工乳喂养长大的儿童，这一差异很可能由于人工乳中 DHA 相对不足。很少有定量证据表明花生四烯酸、DHA、EPA 在胎儿期间就能在体内由 α-亚麻酸、亚油酸开始合成，或者胎儿完全依靠胎盘合成和转化来获得这些长链多不饱和脂肪酸。而且已有研究者指出，早产儿不能将 α-亚麻酸充分转化为 DHA，这一研究结果可从早产儿在出生后第 36～51 周中红细胞脂质的组成数据得到支持。怀孕妇女血浆中的多不饱和脂肪酸浓度比非受孕、非哺乳状态的妇女低，表明了胎儿对这些多不饱和脂肪酸的较高需求。一项针对 30 对足月生产母亲和新生儿的血浆中多不饱和脂肪酸组成展开的研究发现，新生儿亚油酸和 α-亚麻酸的含量不到母亲的一半，而花生四烯酸和 DHA 的含量则分别是母亲的 2.2 倍和 1.5 倍，而且总的长链多不饱和脂肪酸的含量是母亲的近两倍。通过分析 DHA、EPA 对早产儿的视力影响可以发现，强化 0.1%DHA 和 0.03%EPA 的乳粉对早产儿的视力和识别能力有明显增加作用，但强化 0.1%DHA 和 0.15%EPA 的乳粉对早产儿的发育有抑制作用，前者的 DHA、EPA 来自金枪鱼和鲣鱼类，后者 DHA、EPA 来自沙丁鱼类。据此可断言，DHA、EPA 的来源不同和二者的比率不同，其生理功能有明显的差别。

（三）多不饱和脂肪酸的抗癌作用

大量实验表明 DHA 和 EPA 具有较好的抗癌作用。利用甲基亚硝酸胺化合物建立大鼠致癌模型，同时强制性地喂食自来水、亚油酸乙基脂、EPA 乙基脂和 DHA 乙基脂，26 周后进行大肠肿瘤的发生率的测定实验，发现亚油酸、EPA、DHA 均有不同的抗癌作用，喂养这三种物质的鼠的癌症发病率明显降低。而对于具有耐药性的胃癌、膀胱癌、前列腺癌、卵巢癌等肿瘤，治疗过程中在药物中添加 DHA，可以使肿瘤对药的抗性降低 3 倍以上，故 DHA 对于抗癌药物有增效作用，DHA 可能成为抗癌药物中的一种必要成分。此外，体外实验表明，DHA 和 EPA 对人肺黏液性表皮癌变有一定的抑制作用；口服 98% 的 DHA 乙基酸，能抑制皮下注射二甲肼鼠的大肠黏膜病变。鉴于 DHA 对多种癌变的抑制作用和对抗癌药品的增效作用，DHA 和 EPA 是一种颇具应用前景的抗癌物质或辅助抗癌物质。

目前对 EPA 和 DHA 的抗癌机理的阐述主要有四个方面。①ω-3 多不饱和脂肪酸干扰 ω-6 多不饱和脂肪酸的形成，并降低花生四烯酸的浓度，降低促进前列腺素 E_2（PGE_2）生成的白细胞介素的量，进而减少了对癌发生有促进作用的 PGE_2 的生成。②癌细胞的膜合成对胆固醇的需要量大，而 ω-3 多不饱和脂肪酸能降低胆固醇水平，从而能抑制癌细胞生长。③在免疫细胞中的 DHA 和 EPA 产生了更多的有益生理效应的物质，参与了细胞基因表达调控，提高了机体免疫能力，减少了肿瘤坏死因子的表达。④EPA 和 DHA 大大增加了细胞膜的流动性，有利于细胞代谢和修复，如已证明 EPA 可促进人外周血液单核细胞的增殖，阻止肿瘤细胞的异常增生，从而抑制肿瘤的转移。

（四）多不饱和脂肪酸的免疫调节作用

研究表明，花生四烯酸、EPA 和 DHA 等多不饱和脂肪酸能影响多种与炎症及免疫有关的细胞的功能。其中，ω-6 多不饱和脂肪酸在免疫同时具有抑制和刺激作用。亚油酸在体内能被代谢为花生四烯酸，可以进一步氧化为二十烷类如白三烯、血栓烷等，都是炎症的有效介质，对炎症及免疫调节有重要作用。

ω-3 多不饱和脂肪酸对免疫有总的抑制效果。富含 ω-3 多不饱和脂肪酸的饮食具有抗炎作用与免疫抑制作用，它可以抑制细胞介导的免疫反应。鱼油富含 ω-3 多不饱和脂肪酸，包括 EPA、DHA。近年来研究显示，鱼油有较强的免疫调节作用。其效果取决于剂量、时间、疾病类型。鱼油能降低对内毒素及细胞因子的反应，提高移植物存活率，并对一些细菌疾病、慢性炎症、自身免疫疾病有效。健康人补充鱼油能降低单核细胞和中性粒细胞的化学趋向性，降低细胞因子的分泌。临床研究报道，补充鱼油对类风湿性关节炎、感染性肠炎及一些哮喘病有好的作用。不同 ω-3 多不饱和脂肪酸发挥不同的免疫调节作用，其中，EPA 比 DHA 的作用更广泛、更强，低水平的 EPA 就足以影响免疫调节作用，而鱼油的免疫调节作用主要归因于 EPA。

ω-3 多不饱和脂肪酸与 ω-6 多不饱和脂肪酸共同作用比单独作用更重要。动物试验表明，进食 ω-6 多不饱和脂肪酸与 ω-3 多不饱和脂肪酸的比例在 5：1 时有正面效果。当 ω-6 多不饱和脂肪酸与 ω-3 多不饱和脂肪酸的比例降低时，能够使血浆胆固醇、三酰基甘油酯浓度下降，二者都能抑制细胞介导的自身免疫疾病，降低淋巴细胞增殖反应和 NK 细胞活性。但是，也有研究显示二者有截然相反的免疫调节作用，这些差异很可能来源于细胞类型的不同、使用的试验设计的不同或评价标准的不同。

多不饱和脂肪酸通过以下机制调节免疫系统功能。①通过免疫系统的细胞调节类二十烷酸的生成，尤其是减少促炎因子 PGE_2 和白三烯 B_4 的生成。②调节膜流动性。③调节细胞信号传导途径，尤其是与脂类介质、蛋白激酶 C 和 Ca^{2+} 动员有关的途径。④调节与细胞因子生成、过氧化体增殖、脂肪酸氧化和脂蛋白组装有关基因的表达。

（五）其他作用

由于多不饱和脂肪酸具有一定的抗氧化作用，因此膳食适当补充多不饱和脂肪酸还能防止皮肤老化，延缓衰老。也有研究表明，多不饱和脂肪酸能够预防阿尔兹海默病，同时，它对于预防和治疗糖尿病也有一定的效果。多不饱和脂肪酸还可以抵抗机体内过敏反应，对于促进毛发生长也有一定的作用。近年来，国内外针对多不饱和脂肪酸对于器官的保护作用研究发现，摄入多不饱和脂肪酸，对于保障胃肠、肝脏及肾功能、延缓疾病发生具有良好的效果。

三、多不饱和脂肪酸的来源

（一）多不饱和脂肪酸的动植物资源

1. 亚油酸

亚油酸作为最早被确认的必需脂肪酸和重要的多不饱和脂肪酸，在我们日常食用的绝大部分油脂中的含量超过 9%，而且亚油酸在主要食用植物油脂如大豆油、棉籽油、菜籽油、葵花籽油、花生油、米糠油、芝麻油等食用油脂中的含量都较高，见表 8-1。还有一些含亚油酸特别高的油脂资源，见表 8-2。

表 8-1　常见植物油中脂肪酸含量

食用油脂名称	饱和脂肪酸含量/%	不饱和脂肪酸含量/%			其他脂肪酸含量/%
		油酸($C_{18:1}$)	亚油酸($C_{18:2}$)	亚麻酸($C_{18:3}$)	
可可油	93	6	1		
椰子油	92	0	6	2	
橄榄油	10	83	7		
菜籽油	13	20	16	9	42
花生油	19	41	38	0.4	1
茶油	10	79	10	1	1
葵花籽油	14	19	63	5	
豆油	16	22	52	7	3
棉籽油	24	25	44	0.4	3
大麻油	15	39	45	0.5	1
芝麻油	15	38	46	0.3	1

表 8-2　几种高亚油酸油脂资源

油脂	亚油酸含量/%	油脂	亚油酸含量/%
红花籽油	56~81	五味子籽油	75.2
葵花籽油	51.5~73.5	青蒿籽油	84.5
沙蒿籽油	68.5	哈密瓜籽油	65.3~76.8
水冬瓜油	66~80	番茄籽油	62
烟草籽油	75	苍耳籽油	65.3~76.8
核桃仁油	57~76	酸枣仁油	50.2

2. α-亚麻酸

α-亚麻酸在大豆油、菜籽油、葵花籽油中都有一定的含量,相对于亚油酸而言,α-亚麻酸的资源和日常可获得性要差很多,但在一些藻类与微生物中存在较多的 α-亚麻酸资源。α-亚麻酸含量较高的一些植物油脂资源可见表 8-3。

表 8-3　高 α-亚麻酸含量的植物油脂资源

油脂资源	α-亚麻酸含量/%	油脂资源	α-亚麻酸含量/%
苏子油	44~70	亚麻荠油	33~37.5
罗勒籽油	44~65	大麻油	15~30
拉曼油	66	紫花苜蓿油	84.5
亚麻仁油	40~61	葫芦巴籽油	14~22
甜紫花南芥油	46	芥子油	6~18
乌桕油	41~54	胡桃油	10.7~16.2

3. γ-亚麻酸

含量较高的 γ-亚麻酸资源在自然界和人类食物中不太常见,而且因其含量低,如燕麦和大麦中的脂质含有 0.25%~1.0% 的 γ-亚麻酸,乳脂中含有 0.1%~0.35% 的 γ-亚麻酸,很难成为有经济价值的可利用资源。现已发现一些植物的油籽中含有较为丰富的 γ-亚麻酸,见表 8-4。

表 8-4　几种富含 γ-亚麻酸的植物油脂资源

资源油脂	种子含油率/%	γ-亚麻酸含量/%
月见草油	15～30	7～15
玻璃苣油	30	19～25
黑加仑油	13～30	15～20
黑穗醋栗油	30	17

4. DHA 和 EPA

陆地植物油中几乎不含 EPA 与 DHA，在一般陆地动物油中也测不出。但高等动物的某些器官与组织如眼、脑、睾丸等中含有较多的 DHA。海藻类及海水鱼是 EPA 与 DHA 的重要来源，在海产鱼油中或多或少地含有 AA、EPA、DPA、DHA 四种脂肪酸，以 EPA 和 DHA 的含量较高。表 8-5 列出了中国几种水产原料动、植物油中的 EPA 和 DHA 的含量。

表 8-5　中国几种水产原料动、植物油中的 EPA 和 DHA 的含量

来源	EPA 的含量/%	DHA 的含量/%	来源	EPA 的含量/%	DHA 的含量/%
沙丁鱼	8.5	16.03	海条虾	11.8	15.6
鲐鱼	7.4	22.8	梭子蟹	15.6	12.2
马鲛	8.4	31.1	草鱼	2.1	10.4
带鱼	5.8	14.4	鲤鱼	1.8	4.7
海鳗	4.1	16.5	鲫鱼	3.9	7.1
鲨	5.1	22.5	鲫鱼卵	3.9	12.2
小黄鱼	5.3	16.3	褐指藻	14.8	2.2
白姑鱼	4.6	13.4	盐藻	—	4.2
银鱼	11.3	13.0	螺旋藻	32.8	5.4
鳙鱼	10.8	19.5	小球藻	35.2	8.7
鱿	11.7	33.7	角毛藻	6.4	0.5
乌贼	14.0	32.7	对虾（养殖）	14.6	11.2

（二）多不饱和脂肪酸的微生物资源

由于动物、植物资源的种种限制，人们逐渐将寻求多不饱和脂肪酸的目光转向微生物资源。而微生物本身具有低成本、培养迅速、生产周期短、可以规模化生产等优点，因而有着非常广阔的应用前景。多不饱和脂肪酸广泛存在于微藻类、细菌、真菌的细胞中，但不同种类及不同菌株中多不饱和脂肪酸的含量及组成各异。目前微藻类研究较多的是螺旋藻属（Spirulina Species）。其中，钝顶螺旋藻（Spirulina. platensis）和巨大螺旋藻（Spirulina. maxima）中的多不饱和脂肪酸含量最高，以 γ-亚麻酸最具特色，占脂肪酸的 20%～30%。另外，金藻纲、黄藻纲、硅藻纲、红藻纲、藻纲、绿藻纲、甲藻纲、绿枝藻纲和隐藻纲都含有丰富的 EPA。Flexibacter Species. 可以合成亚油酸、亚麻酸等。真菌所产生的多不饱和脂肪酸包括花生四烯酸、二高 γ-亚麻酸（DGLA）、GLA、ALA 等。我国上海工业微生物研究所从 1987 年起在国内率先进行发酵法生产 GLA 的研究。表 8-6 列出了一些富含 γ-亚麻酸的微生物资源。

表 8-6　富含 γ-亚麻酸的微生物资源

微生物	γ-亚麻酸的含量(占总脂肪酸)/%	微生物	γ-亚麻酸的含量(占总脂肪酸)/%
爪哇毛霉	15～18	雅致小克银汉霉	18
深黄被孢霉	3～11	枝霉	20
不明毛霉	11～14	拉草式毛霉	31
拉曼被毛霉	26		

四、多不饱和脂肪酸的分析

脂肪酸的分析方法首推气相色谱法。为提高分离有效性，分析前通常需要对样品进行衍生化处理，将其转变成甲酯。脂肪酸甲酯的制备所采用的甲基转移技术有多种，一般常在酸性催化剂（如 HCl、H_2SO_4、BF_3、BCl_3 等）存在的甲醇中进行酯化，且要保证甲酯化试剂绝对干燥。脂肪酸甲酯化后，通过气相色谱柱，利用火焰离子化检测器（FID）进行检测。天然存在的甘油三酯经过薄层色谱分离后，可以不经衍生化，根据其碳数或相对分子质量，通过 8～15m 长的装填甲基、二甲基或甲苯基硅酮树脂的毛细管柱进行分析。对于个体脂肪酸分子结构的确认还可以采用气相色谱-质谱联用仪进行测定。

其次，还可以采用银离子硅胶柱色谱、薄层色谱及高效液相色谱法分离分析脂肪酸，前者在很多场合还用于个体组分的进一步分析分离的前处理。使用高效液相色谱分析脂肪酸时，也需要提前进行衍生化处理以便分离或者扩大检测限。脂肪酸经 9-蒽基重氮甲烷（ADAM）衍生化处理后，在高效液相色谱装置中使用荧光检测器检测，ADAM 和羧基结合后增加了脂肪酸的疏水性，从而比未经衍生化的脂肪酸在反相柱上滞留时间更长，最终获得良好的分离效果。荧光检测器在脂肪酸的荧光衍生物的检测和定量上有特效，其中荧光光散射检测器（ELSD）和火焰离子化检测器在高效液相色谱法分析脂肪酸时具有较宽的检测范围，故常被作为通用检测器。高效液相色谱也可和质谱结合，用于脂肪酸的定量分离与鉴定。

近年来，随着脂肪酸研究的深入，新的分析方法不断应用到脂肪酸的研究中。其中，近红外光谱技术（NIRS）由于具有方便、快速、高效、准确、无污染、低成本、不破坏样品、不消耗化学试剂和一次可测定多种样品等特点，在脂肪酸分析中得到广泛应用。此外，配备了火焰离子化检测器或者是紫外检测器的毛细管超临界流体色谱（SFC）技术也开始发展起来，该技术通常用来分析脂肪酸、甘油三酯及其衍生物。超临界流体色谱能按双键数、特定双键与链长来分离甘油三酯及其脂肪酸。气相色谱、高效液相色谱的一些材料及方法如检测器、柱子、固定相等，也适合于超临界流体色谱。也有许多专业文献都提到磷脂酶、胰脂酶对甘油三酯的立体专一分析，如磷脂酶 A_2 用于定向水解 Sn-2 位脂肪酸，因此酶技术开始逐渐用于脂肪酸的分析。在进行这类分析之前，脂肪酸必须加以充分皂化。随后，在碳碳双键之间带有顺式亚甲基的多不饱和脂肪酸（如亚油酸、亚麻酸、花生四烯酸等）经脂肪氧合酶催化氧化后，根据产生的共轭二烯氢过氧化物的紫外吸收值来进行定量测定。近来，Wanasundera U. N. 和 Shahidi F. 使用胰脂酶分析程序测定海豹油和鱼油中的脂肪酸分布，效果良好。

五、多不饱和脂肪酸的保护与安全性

由于多不饱和脂肪酸具有活泼的性质，使其制品暴露在空气中很容易发生自动氧化变质，甚至产生有毒有害物质，导致其制品失去商业和营养价值。

尽管还没有专门提出 ω-3 多不饱和脂肪酸的安全性的问题，已有一些关于摄入大剂量 ω-3 多不饱和脂肪酸导致啮齿类动物肝功能变化的报道。此外，目前还没有人类摄入大剂量 ω-3 多不饱和脂肪酸引起副作用的报道。然而，由于富含 ω-3 多不饱和脂肪酸的 LDL 在体外对氧化作用的敏感性（一种指标）升高，有人建议增加抗氧化剂（如维生素 E）的摄入作为保护措施。

维生素 E、维生素 C 及卵磷脂都是常用的抗氧化剂或抗氧化助剂，同时又是良好的生理活性物质，与多不饱和脂肪酸具有协同功效。卵磷脂的乳化功能更是多不饱和脂肪酸制品中常用的。另外，像茶多酚、黄酮类化合物也是有效的抗氧化物质，同时具有一定的保健功能。

除使用抗氧化剂外，多不饱和脂肪酸如 EPA、DHA 等常被制成胶囊形式，进一步降低光线、氧气等的影响，防止多不饱和脂肪酸的快速氧化酸败，延长其货架期。胶囊壁材的选择有蛋白质（如酪蛋白酸钠、明胶等）、碳水化合物（糖、改性淀粉、环糊精等）等，与多不饱和脂肪酸混合成乳状液喷雾干燥，并造粒或经冷冻干燥，制成的胶囊在抗氧化剂的保护下，货架寿命大大延长。

中国营养学会推荐成年人摄入膳食脂肪以总能量供应的 $25\%\sim30\%$ 为宜，脂肪中各种脂肪酸的合理比例应为饱和脂肪酸：单不饱和脂肪酸：多不饱和脂肪酸等于或接近于 $1(\leqslant 1)$：1：1。

第二节　磷　脂

一、磷脂的定义及分类

生物体内除油脂外，还含有类似油脂的物质，在细胞的生命功能上起重要作用，这类物质统称为类脂。类脂中主要包括磷脂、糖脂、固醇和蜡。其中，磷脂为含磷的单脂衍生物，分为甘油醇磷脂及神经氨基醇磷脂两类，前者为甘油醇酯衍生物，后者为神经氨基醇酯的衍生物。

甘油醇磷脂是由甘油、脂肪酸、磷酸和其他基团（如胆碱、氨基乙醇、丝氨酸、脂性醛基、脂酰基或肌醇等的一种或两种）所组成，是磷脂酸的衍生物。甘油醇磷脂包括卵磷脂、脑磷脂（丝氨酸磷脂和氨基乙醇磷脂）、肌醇磷脂、缩醛磷脂和心肌磷脂。

神经氨基醇磷脂是神经氨基醇（简称神经醇）、脂酸、磷酸与氮碱组成的脂质。它同甘油醇磷脂的组分差异仅仅是醇，前者是甘油醇，而后者是神经醇，且脂酸与氨基相连。神经氨基醇磷脂也被称为非甘油醇磷脂。

二、磷脂的结构及理化性质

（一）甘油醇磷脂

甘油醇磷脂的基本结构如下。

3-磷脂酸[Ⅰ]　　　　甘油醇磷脂的通式[Ⅱ]

式中，R^1、R^2表示脂酰基的碳氢基，X表示氮碱基或其他化学基团，如肌醇。1、2、3表示甘油的碳位。

1. 卵磷脂（胆碱磷脂、磷脂酰胆碱）

卵磷脂分子含甘油、脂酸、磷酸、胆碱等基团。甘油三酯的脂酰基被磷酸胆碱基取代。自然界存在的卵磷脂为L-α-卵磷脂，其结构式如下。

结构式中R^1（或R^2）—CO—是脂酰基。卵磷脂有α-与β-型之分。α-型即磷酸胆碱连接在甘油基的第3碳位上，β-型则连接在第2碳位上。R_2—CO—基在甘油碳链左边则称为L-α-卵磷脂。其两性离解形式如下。

卵磷脂分子中的脂肪酸随不同磷脂而异。天然卵磷脂常常是含有不同脂肪酸的几种卵磷脂的混合物。在卵磷脂分子的脂肪酸中，常见的有软脂酸、硬脂酸、油酸、亚油酸、亚麻酸和花生四烯酸等。α位的脂肪酸（R_1CO—）通常是饱和脂肪酸，而β位的脂肪酸（R_2CO—）通常是不饱和脂肪酸。

纯净的卵磷脂为白色蜡状固体，在低温下可以结晶，易吸水变成黑色胶状物。不溶于丙酮，但溶于乙醚及乙醇，在水中成胶状液，经酸或碱水解可得脂肪酸、磷酸甘油和胆碱。磷酸甘油在体外很难水解，但在生物体内可经酶促水解生成磷酸和甘油。

由于磷脂酰胆碱有极性，易与水相吸，形成极性端，而脂肪酸碳氢链为疏水端，因此卵磷脂等其他几种磷脂是很好的天然乳化剂，在食品工业中具有重要作用。

2. 脑磷脂（氨基乙醇磷脂、丝氨酸磷脂）

脑磷脂是脑组织和神经组织中提取的磷脂，心、肝及其他组织中也含有脑磷脂，常与卵磷脂共同存在于组织中。脑磷脂至少有两种及以上，已知的有氨基乙醇磷脂和丝氨酸磷脂。

两种脑磷脂的结构与卵磷脂的结构相似，只是分别以氨基乙醇或丝氨酸代替胆碱的位置，以其羟基—OH与磷酸脱水结合。

$$HO—CH_2—CH_2—NH_2 \qquad\qquad HO—CH_2—CH(NH_2)—COOH$$

氨基乙醇　　　　　　　　　　　丝氨酸

脑磷脂的脂肪酸通常有四种，即软脂酸、硬脂酸、油酸及少量二十碳四烯酸。性质与卵磷脂相似，不溶于丙酮，也不溶于乙醇，溶于乙醚，因此可以与卵磷脂分开。

3. 肌醇磷脂（磷脂酰肌醇）

肌醇磷脂是一类由磷脂酸与肌醇结合的脂质，结构与卵磷脂、脑磷脂相似，是由肌醇代替胆碱位置构成。肌醇磷脂除下面的一磷酸肌醇磷脂外，还发现有二、三磷酸肌醇磷脂。

肌醇磷脂(一磷酸肌醇磷脂)　　　m-肌醇

肌醇磷脂存在于多种动植物组织中，心肌及肝脏含一磷酸肌醇磷脂，脑组织中含三磷酸肌醇磷脂较多。

4. 缩醛磷脂

这类磷脂的特点是经酸处理后产生一个长链脂性醛，它代替了典型的磷脂结构中的一个脂酰基，分子式如下。

氨乙醇缩醛磷脂

式中，R^1代表饱和碳氢链。2位上的脂肪酸大部分是不饱和脂肪酸。氨基乙醇缩醛磷脂是常见的一种。有的缩醛磷脂的脂性醛基在β位上，也有的不含氨基乙醇基而含胆碱基。

缩醛磷脂可水解，随水解程度的不同而产生不同的产物。它溶于热乙醇、KOH溶液，不溶于水，微溶于丙酮或石油醚。存在于脑组织及动脉血管中，有保护血管的作用。

5. 心肌磷脂

心肌磷脂是由两分子磷脂酸与一分子甘油结合而成的磷脂，故又称为二磷脂酰甘油或多甘油磷脂。其结构式如下。

磷脂酰基　　　甘油基　　　磷脂酰基
心肌磷脂(二磷脂酰甘油)

心肌磷脂大量存在于心肌中，也存在于许多动物组织中。研究表明，心肌磷脂可能有助于线粒体膜的结构和蛋白质与细胞色素 C 的连接，是脂质中唯一具有抗原性的物质。

（二）神经氨基醇磷脂

神经氨基醇磷脂是神经醇、脂酸、磷酸与胆碱组成的脂质。它同甘油醇磷脂的差异是醇，即一个是甘油醇，一个是神经醇，且脂肪酸是与氨基相连的。其结构通式如下。

神经醇磷脂通式

神经氨基醇磷脂的种类不如甘油醇磷脂那么多，除分布于细胞膜的神经鞘磷脂外，生物体中可能还存在其他神经醇磷脂。

神经醇磷脂是由神经醇、脂酸、磷酸及胆碱组成。在神经磷脂中发现过的脂肪酸有 C_{16} 酸、C_{18} 酸、C_{24} 酸及 C_{24} 烯酸，随不同神经磷脂而异。

神经磷脂为白色晶体，对光及空气都稳定，可经久不变，不溶于丙酮、乙醚，溶于热乙醇，在水中成乳状液，有两性电解性质。

表 8-7 介绍了卵磷脂、脑磷脂和神经磷脂的溶解度，它们的溶解度不同，在食品、医药等行业的分离、提取、纯化磷脂过程中具有重要作用。

表 8-7　各种磷脂的溶解度

磷脂	溶解度		
	乙醚	乙醇	丙酮
卵磷脂	溶	溶	不溶
脑磷脂	溶	不溶	不溶
神经磷脂	不溶	溶（在热乙醇中）	不溶

三、磷脂的生理功能

磷脂是构成人和许多动植物组织的重要成分，对维持生物膜的生理活性和机体的正常代谢起关键作用，具有调节血脂、预防和改善心血管疾病、促进神经传导、健脑益智、促进脂肪代谢、防止脂肪肝、使体内润滑的作用；还可以起到防止老化、美化肌肤的作用。近年来，随着生命科学研究的进一步发展，磷脂的功能作用得到进一步的阐明和利用。磷脂由于具有安全性、乳化性及生理活性等性质而在食品中得到广泛应用。磷脂主要应用于糖果与人造奶油生产、脂质体饮料配制、特殊脂质营养物质的制取。磷脂应用在婴儿食品方面，可以补充脑发育最旺盛时期的必需营养物质，对促进神经细胞生长有很好的作用。磷脂还可作为医药乳化剂，制备脂质体，用于保肝药物、健脑及健身药物，用于治疗动脉粥样硬化症、高血压病、高胆固醇血症、肝功能障碍、肥胖症等症状。在发达国家，卵磷脂已经成为很普及的营养食品。

磷脂的生理功能主要表现在以下几个方面。

1. 调整生物膜的形态和功能

磷脂在生物膜中以双分子层排列构成膜的基质。双分子层的每一个磷脂分子都可以自由横向移动，使双分子层具有流动性、柔韧性、高电阻性及对高极性分子的不通透性。生物膜是细胞表面的屏障，也是细胞内外环境进行物质交换的通道。许多酶系统与膜相合，在膜上发生一系列生物化学反应，膜的完整性受到破坏时将出现细胞功能上的紊乱。当生物膜受到自由基的攻击而损伤时，磷脂可重新修复被损伤的生物膜。

2. 促进神经传导，提高大脑活力

人脑约有200亿个神经细胞，各种神经细胞之间依靠乙酰胆碱来传递信息。乙酰胆碱是由胆碱和醋酸反应生成的。食物中的磷脂被机体消化吸收后释放出胆碱，随血液循环系统送至大脑，与醋酸结合生成乙酰胆碱。当大脑中乙酰胆碱含量增加时，大脑神经细胞之间的信息传递速度加快，记忆力功能得以增强，大脑的活力也明显提高。因此，磷脂和胆碱可促进大脑组织和神经系统的健康完善，提高记忆力，增强智力。

3. 促进脂肪代谢，防止脂肪肝

磷脂中的胆碱对脂肪有亲和力，可促进脂肪以磷脂形式由肝脏通过血液输送出去或改善脂肪酸本身在肝脏中的利用，并防止脂肪在肝脏里的异常积聚。如果没有胆碱，脂肪聚积在肝中，出现脂肪肝，阻碍肝功能的正常发挥，同时发生急性出血性肾炎，使整个机体处于病态。临床上有应用胆碱治疗肝硬化、肝炎和其他肝疾病的例子，效果良好。

4. 降低血清胆固醇、改善血液循环、预防心血管疾病

随着年龄的增大，胆固醇在血管内沉积引起动脉硬化，最终诱发心血管疾病的出现。磷脂（特别是卵磷脂）具有良好的乳化特性，能阻止胆固醇在血管内壁的沉积并清除部分沉积物，同时改善脂肪的吸收与利用，因此磷脂具有预防心血管疾病的作用。

因磷脂的乳化性，因而能降低血液黏度，促进血液循环，改善血液供氧循环，延长红细胞生存时间并增强造血功能。补充磷脂后，血色素含量增加，贫血症状有所减少。有人将磷脂应用于再生障碍性贫血的配合治疗，据报道效果不错。

磷脂还有其他一些功效，如作为胆碱供给源，可改善并提高神经机能；促进脂肪及脂溶性维生素的吸收；作为花生四烯酸供给源等。

四、磷脂的来源

磷脂存在于所有动、植物的细胞内。在植物中则主要分布于种子、坚果及谷类中，在人类和其他动物体内，磷脂主要存在于脑、肾及肝等器官内。其中主要加以利用的磷脂的来源为鸡蛋黄、大豆等。

蛋黄固形物中含脂肪约35%，其中磷脂质约37%，主要是磷脂酰胆碱（73%）与磷脂酰乙醇胺（15%），其他有少量的神经鞘磷脂（2.5%）、磷脂酰肌醇（0.6%）、溶血磷脂酰胆碱（5.8%）与溶血磷脂酰乙醇胺（2.1%）等。

大豆中含有0.3%～0.6%的磷脂。大豆磷脂是大豆油脂加工过程中的副产物，其组成见表8-8。

蛋黄磷脂中的卵磷脂含量较多，构成脂肪酸中的必需脂肪酸亚油酸（$C_{18:2}$）、亚麻酸（$C_{18:3}$）的含量较低；相对而言，大豆卵磷脂特征为卵磷脂含量较低，而必需脂肪酸含量较高（两者脂肪酸含量见表8-9）。含这类必需脂肪酸的磷脂质与其生理活性具有较大的关系，因此，长期以来大豆中磷脂一直作为医药品及功能性食品应用。

其他植物如玉米、棉籽、菜籽、花生、葵花籽中含有一定量的磷脂，近来也有不少的研究报道，只是由于含量相对较低，且在国外的油料加工中规模不及大豆，因此作为副产物利用生产的磷脂产品就比较少见。

表 8-8　大豆磷脂的组成

组成	含量范围/%		
	低	中	高
磷脂酰胆碱	12.0～21.0	29.0～39.0	41.0～46.0
磷脂酰乙醇胺	8.0～9.5	20.0～26.3	31.0～34.0
磷脂酰肌醇	1.7～7.0	13.0～17.5	19.0～21.0
磷脂酸	0.2～1.5	5.0～9.0	14.0
磷脂酰丝氨酸	0.2	5.9～6.3	—
溶血磷脂酰胆碱	1.5	8.5	—
溶血磷脂酰肌醇	0.4～1.8	—	—
溶血磷脂酰丝氨酸	1.0	—	—
溶血磷脂酸	1.0	—	—
植物糖脂	—	14.3～15.4	29.6

表 8-9　蛋黄与大豆磷脂中脂肪酸的组成

脂肪酸	大豆中含量/%	蛋黄中含量/%
软脂酸	15～18	27～29
硬脂酸	3～6	14～17
油酸	9～11	35～38
亚油酸	56～60	15～18
亚麻酸	6～9	0～1
花生四烯酸	0	3～5

五、磷脂的分析

　　如前所述，磷脂具有重要的结构和功能特性。对其进行高效分析，有助于深入理解特定的磷脂如何在正常生理或疾病状态发挥作用，更能为磷脂的生物学特性和营养特性的深入研究提供技术平台。

　　为了更好地对磷脂进行分析，应提前对样本中的磷脂成分进行提取分离。目前，提取磷脂的方法主要有液-液萃取法和固相萃取法。液-液萃取法得到的脂质，除磷脂外还混有中性酯和游离脂肪酸等，要获得纯的磷脂，还需对磷脂进行纯化，与其他脂质分离开来。相对于液-液萃取法，固相萃取法能特异性地萃取磷脂，且溶剂耗量小，无疑是磷脂富集的好方法，尤其适用于小样品量磷脂的提取。磷脂的分离方法主要有薄层色谱法、固相萃取法和高效液相色谱法。薄层色谱法是最早用于磷脂分析的方法，其具有操作简单、样品处理量大、对样品纯度要求低等优点，目前仍广泛应用于磷脂的分析。固相萃取法不仅能提取、富集磷脂，更能高通量分离各类磷脂分子。尽管薄层色谱法和固相萃取法具有操作简单、仪器设备便宜易得等优势，但这两种方法通常只能分离磷脂分子类别，而无法实现每类磷脂中分子种属的分离。而高效液相色谱法不仅能分离磷脂分子类别，还能实现每类磷脂中分子种属的分离。三种方法可谓各有利弊。

　　由于磷脂本身种类繁多，且不同生物来源中各磷脂分子的不饱和酰基链长短和不饱和度不同，理论上有超过 1000 种可鉴定的磷脂分子，因此定性和定量分析复杂混合物中的各类磷脂分子有一定技术难度。色谱技术凭借其高效、快速的优势已广泛应用于磷脂的分离和分析，但是这些方法通常耗时，且实验步骤繁杂，而质谱技术或色谱与质谱联用技术能克服这些问题。因此，质谱技术或色谱与质谱联用技术在磷脂分析中的应用日益广泛和深入。当前，软电离技术和质谱技术的发展为磷脂的高效剖析提供了强有力的技术支撑。最常用的两种磷脂鉴定方法是直接进样质谱法和高效液相-质谱法。

软电离技术如快原子轰击（fast atom bombardment，FAB）、基质辅助激光解吸电离（matrix-assisted laser desorptionionization，MALDI）和电喷雾电离（electro spray ioniza-tion，ESI）等的发展使得直接进样质谱技术得以实现。用FAB进行离子化时，样品需溶解在非挥发性液态基质中，由于基质的离子化的产生，使得其分析灵敏度受到限制，且其产生的碎片依旧较多。MALDI最大的优点为分析速度快，然而其在定量分析上仍存在局限性，且对于复杂样品需进行初步分离然后分析。相比于FAB和MALDI，ESI最大的优势在于其信噪比高，从而具有更高的灵敏度，因此ESI是目前分析磷脂最为常用的电离源。

此外，高效液相色谱与ESI-MS联用可实现特定磷脂分子种属的在线分析，且使用液相色谱分析磷脂得到信息的详细程度是仅用质谱无法达到的。对于复杂样品，基质干扰往往会影响测定结果，而通过高效液相色谱分离可降低基质干扰。此外，对不同磷脂种类中的分子种属进行鉴定时，应用正相色谱或亲水作用色谱先将磷脂按类分离，能避免不同磷脂种类间可能存在的质量数重叠干扰。

第三节　脂肪替代物及结构脂质

一、脂肪替代物及结构脂质的产生

脂肪作为食品中主要成分之一，在提供能量的同时，还能给予食品许多特性。在食品质感方面，能为饼干和休闲食品带来松脆性和柔软性，使焙烤食品变得更加松软；为沙司、佐料和冰淇淋提供奶油口感和润滑性；为肉类产品带来柔嫩的口感。脂肪也能防止食品的水分蒸发和延缓老化过程，帮助维持理想的产品质感，比如延长面包的保质期。除此之外，脂肪对食品风味也起着重要作用，携带及保留食品中的脂溶性香味成分有助于保存食品的风味。

然而，多项研究表明，高脂膳食与肥胖症、高血脂、脂肪肝、高血压、脑血栓等疾病及某些癌症（如乳腺癌、肠癌）发病率上升有着密切的关系。因此在很长时间里，对于膳食中脂肪作用的研究主要集中在过度膳食引起的危害方面。早在几十年前，人们已察觉到高脂膳食的潜在危机。当时，世界各地有超过20个国家和健康机构联合制定协议，要求降低人体的总脂肪和饱和脂肪摄入量，提倡低脂膳食，以降低癌症、冠状动脉疾病、中风、高血压、肥胖症和糖尿病等的患病率。经过多年的努力与推广，虽然这些建议为大多数国家所接受，但是，人们的脂肪摄入量仍未下降到理想的水平，其原因有两个方面：一方面人们很难改变其饮食习惯；另一方面则基于脂肪对食物的质感与味道的重要作用。

随着人们对油脂类营养性质的深入了解，人们开始意识到摄入特定的油脂具有积极的作用。因为这些油脂含有许多人体生长、发育、健康及疾病预防所必需的营养因子。近年通过某些方法改变脂肪特性，生产具有天然脂肪部分或全部性质，但在人体内消化、分解释放能量比一般油脂少，且还具有保健功能的物质成了油脂深加工领域研究的热点。脂肪替代物及结构脂质的开发，为油脂深加工领域带来了解决的办法。它们一方面能发挥脂肪的特性，另一方面又不会产生过多热量，使消费者能以较健康的方法继续维持其现有的膳食模式，深受食品界专业人士及消费者的欢迎，形成一个极具发展潜力的市场。

二、脂肪替代物的分类

目前而言，脂肪替代物尚未有明确完整的学术定义。原则上，凡能在食品的加工过程中部分或全部代替油脂的使用，而且不能或较少影响油脂对食品的特性，以降低人体摄入后代谢所产生的热量为目的的物质都可以称为脂肪替代物（fat substitutes）。

就市场上的产品而言，脂肪替代物的种类可分为两大类。一类是以油脂为基础成分进行改性所得到的类油脂产品或完全经过化学合成的酯类物质，可用来模拟油脂性能。类油脂产品的消化特性有两种：一是完全不能被人体消化吸收，直接排出体外，热量值几乎为零的脂肪替代物，即不吸收型类油脂；二是能部分或全部被人体消化吸收的，但热量值较低的脂肪替代物，即部分或全部吸收型类油脂。另一类是以碳水化合物或蛋白质为基础成分，原料经过物理方法处理，能以水状液体系的物理特性模拟出脂肪润滑细腻的口感特性，但是不能耐高温处理的模拟品，也有人称之为模拟脂肪。以碳水化合物为基础成分的脂肪替代物，可分为全消化、部分消化和不消化三种，但单位代谢热量都小于等量油脂的热量。

三、类油脂脂肪替代物

（一）类油脂脂肪替代物的开发

类油脂脂肪替代物开发的理论主要是基于以下几个方面进行。

① 采用链长较短的脂肪酸如癸酸、辛酸等，因其在进行氧化作用时会产生较少的乙酰辅酶A，从而释放较少的热量。

② 掺入较难被人体消化吸收的脂肪成分如硬脂酸盐（只有$27\%\sim35\%$的硬脂酸盐会被人体吸收），这些没有被吸收的脂肪成分，最终会被排出体外，大大降低人体的脂肪含量。

③ 使该产品不被脂肪酶所作用，例如将传统的甘油部分换成多元醇物质（如蔗糖），这种大分子聚酯的立体空间不适合脂肪酶的接近。将甘油三酯原来所含的脂肪酸换成其他合适的酸（如芥酸），这样生成的新化合物也会阻挠消化酶的作用，如引入α-分支的羧酸结构。用一种多元酸或乙醚键代替甘油醇的框架结构，这样生成的改性甘油酯也不是脂肪酶的合适底物。这些产物均具有类似于油脂的口感特性，但仅含有油脂的部分能量或完全没有能量。

成功开发优质脂肪替代物的关键在于消费者进食时不会察觉到其与全脂食品所提供的特性有所区别。不过，大多数的脂肪替代物只能提供脂肪所具有的一两种功能，因此在使用脂肪替代物时，一般都需要糅合多个品种，以达到全脂食品所发挥的效果。

由于脂肪是热交换介质，完善的脂肪替代物必须具有理想的热传递性能，以加速食品的煮熟过程，使食品具有独特的质感、色泽和风味。脂肪对食品的作用特性，会因食品种类的不同而有所不同，这就要求脂肪替代物必须具有多种不同的功能。目前，食品工业界已开发了一系列崭新的脂肪替代物，使低脂食品含有高脂成分所给予的口味和口感。

（二）典型的类油脂脂肪替代物

1. 不吸收型类油脂

不吸收型类油脂因不具油脂结构，不能在肠内水解或难以水解，故不会被人体所吸收而直接排出体外，其热量值为零。

几种典型的不吸收型类油脂包括：

Olestra是美国P&G公司以蔗糖聚酯（sucrose polyesters，SPE）为原料开发而成的一种类油脂脂肪替代物，对热具有良好的稳定性，与油脂呈相容性，可用于高温油炸、烹调。

由于 Olestra 用蔗糖代替甘油，6～8 个油脂酸分子把蔗糖分子包围在中间，所以在 Olestra 分子通过消化道的过程中，脂肪酶无法迅速地进入蔗糖环的中心分解酯键，致使 Olestra 难被消化分解和吸收，热量值为零。

DDM 是 Frito-Lay 公司开发的丙二酸与烷基丙二酸的高级醇酯化物，具有油脂特性，并耐高温、稳定性好。由于聚酯的大分子立体空间不适于油脂酶的接近，因而在人体内不能被肠道消化吸收，故热量值为零。

ARCO 化学公司和 CPC 国际公司联合开发的 EPG 是通过丙甲基化甘油与油脂酸酯化而成，其结构和物性与天然油脂极为相似，由于 EPG 能抗胰脂肪酶水解，不被人体吸收，不产生热量。

TATCA 是 CPC 国际公司的子公司 Best Foods 公司开发的丙三羧基酸油脂醇酯，其结构与油脂非常相似，因食后在肠内不被胰脂肪酶水解，体内不会产生热量。

PDMS 是二氧化硅直链状聚合物，硅烷醇基部分用甲基或部分苯基改性，使之具有油脂特性。因 PDMS 不能在体内消化吸收，故热量值为零。

2. 部分或全部吸收类油脂

（1）部分吸收类油脂　这类油脂由短链和长链油脂酸合成，其中短链油脂酸能在肠道中被水解吸收，而长链油脂酸则不能，故只能部分吸收，热量值较低。例如，美国 P&G 公司生产的 Caprenin 被 FDA 认可为 GRAS 食品。它主要由辛酸、癸酸和山萮酸酯化物组成。其中短链的辛酸、癸酸能在十二指肠水解、吸收，而残余长链的山萮酸酯化物和游离脂肪酸因熔点较高，不能被消化吸收而排出体外。Caprenin 的热量值约 5kcal/g，为普通油脂的一半左右。而由 Nabisco 公司推出的 Salatrim 是一类结构重建的甘油三酯的通称，具有与普通食用油脂相似的理化特性。当被食入人体后，短链脂肪酸经脂肪酶水解游离，从而被小肠吸收，成为人体所需能量。而长链脂肪酸不被吸收或吸收率低，随粪便排出体外。Salatrim 安全性高，热量值低，已被 FDA 认证为 GRAS 食品。

（2）全部吸收类油脂　这类油脂一般由短链或中链脂肪酸合成，能被人体消化吸收，但由于是在肝脏直接分解吸收，不会积蓄在人体内，故热量值较低。其中，MCT 是由 $C_3 \sim C_8$ 中碳链脂肪酸所构成甘油三酯，是唯一由饱和脂肪酸组成的并在室温下仍呈液态。MCT 在肠内水解被小肠吸收消化后，不会在小肠上皮细胞合成甘油三酯，而是通过门静脉进入肝脏被氧化产生热量，故较同量普通油脂更容易变为热量而不易积蓄在体内。经临床证明 MCT 无安全性问题，已被 FDA 认证为 GRAS 食品。

四、以蛋白质和碳水化合物为基础的脂肪替代物

（一）以蛋白质为基础的脂肪替代物

以蛋白质为基础的脂肪替代物的共同特征是微粒化，要形成稳定的大分子胶体分散体系，蛋白质颗粒的直径不得大于 $10\mu m$，这样的分散体系其口感特性类似于水包油乳化体系的特性，并且能够产生类似于油脂的奶油状及润滑细腻的口感特征。

蛋白质微粒来源为蛋清或奶蛋白，尤其是乳清浓缩蛋白。微粒蛋白是将蛋白颗粒制成显微大小的粒子，粒子间可能互相卷曲或分散，给人更为明显的油脂感。

蛋白质具有疏水性和亲水性，必须经过变性后，才能进行微粒化。通常蛋白质经过湿热处理后，再微粒化，产生大量均匀的小颗粒来模拟油脂的口感和质地。这类脂肪替代物的缺点是会掩盖食品的某些风味，不宜用于深度油炸食品。

几种典型的以蛋白质为基础的脂肪替代物：

Nutra-Sweet 公司推出的 Simplesse 是经过 FDA 认证的，由蛋清、奶蛋白微粒化而成。蛋白质受热凝聚成凝胶状，再通过微粒化处理后，蛋白质凝块被加工成小于舌部敏感范围的细小球形颗粒，这些粒子是 $0.1 \sim 2\mu m$ 的球形粒子。当它们在被食用时，就可呈现出类似油脂般的丰满感和乳脂感，可作为蛋白质类脂肪替代物，其能量值为 $1.3kcal/g$。可应用于酸奶、酸冰淇淋、乳酪调味料和冰冻甜食中。

LITA 是美国 Opta 公司研制的脂肪替代物，其原料来源于从玉米中分离出的高疏水性蛋白质（玉米醇蛋白），这些玉米醇蛋白经微粒化加工处理得到蛋白质微结晶，把蛋白质微结晶分散于水中，经凝胶化后制成的脂肪替代物具有油脂特性。

（二）以碳水化合物为基础的脂肪替代物

1. 微晶纤维

纤维素颗粒本身呈纤维状，纤维长度越长口感越粗糙，与油脂特性相差越远。当纤维变短趋向球形，口感特性向油脂靠近。微粒化的微晶纤维素分散于水中，因强吸水而形成微结晶网络，从而形成球珠状胶体溶液，一定量的这种溶液可以替代水包油溶液，产生类似油脂的流变特性和口感。改变微晶纤维素的粒度或用量，可得到不同品种和用途的脂肪替代物。

2. 淀粉微粒

研究表明，淀粉颗粒小于 $3\mu m$ 时就具有与油脂一样的口感，天然淀粉中一些品种如芋头淀粉、荞麦淀粉颗粒很小，经过适当处理后就可以用作脂肪替代物，但这些淀粉资源有限，生产成本高。一般的淀粉颗粒较大，根据外国专利报道，将淀粉改性（如酸解、交联等）来提高产品的抗热性和稳定性，再进行微粒化处理来替代油脂，淀粉微粒直径一般为 $0.1 \sim 4\mu m$。

Pszczola 等将玉米淀粉经酸、微粒化处理后得到一种白色粉末，用这种粉末调成 $20\% \sim 25\%$ 的浆，在 $37.3 \sim 51.7℃$、$5.52MPa$ 下均质，得到一种具有类似油脂的口感和质构的柔滑稀奶油状物质。Stellar 是一种经酸变性再微粒化成直径为 $3 \sim 5\mu m$ 的、与油脂粒子大小相似的球形粒子的玉米淀粉，可替代冰淇淋、奶酪、焙烤食品中的部分油脂，在质构、口感、稳定性及外观等方面与高油脂的食品相同。

（三）改性淀粉与亲水胶体脂肪替代物

淀粉等多糖经酸解、酶解、糊精化等化学方法处理后，在水中形成的亲水胶体具有一定的润滑性、持水性和油脂样口感，从而使模拟的油脂具有较好的口感。

Grain Processing 公司研制的 Maltrin MO 40 就是玉米淀粉经水解、喷雾干燥、微粒化而制得的一种白色喷雾干燥粉末，在热水中能完全溶解，冷却后形成热不可逆胶体。它可用于人造黄油、色拉调料、冻冷糕点等食品中，作为低油脂食品中的部分脂肪替代物。

Paselli SA-2 是一种由 Avebe America 公司将马铃薯淀粉糊精化而制得的脂肪替代物。在冷水中膨胀形成类似于油脂结构的耐热性弱胶体，口腔内会呈现一种油脂状性质，可替代 50% 以上的油脂。

刺槐豆胶、瓜尔胶、黄原胶、果胶、卡拉胶、海藻酸钠及明胶等亲水胶体在食品工业中也是常用的脂肪替代物。

用萃取工艺从菊苣根中提取的菊粉，由于不能被人体消化吸收，是一种可溶性膳食纤维，不但能减少热量的吸收，也能帮助消化，此外，菊粉也可作为脂肪替代物。目前，不少欧洲国家已允许菊粉在食品中作为脂肪替代物使用。

五、结构脂质简述

（一）结构脂质的定义

结构脂质（structured lipids，SLs），又称改性脂肪或重构脂质，是指根据脂质在体内消化和代谢过程所设计的一种特殊的脂肪，通过改变天然油脂中脂肪酸的组成和各种脂肪酸在甘油三酯中的位置，并将具有特殊营养或生理功能的脂肪酸结合到特定位置，以最大限度发挥各种脂肪酸的物理和功能性质。广义上讲，结构脂质是指所有经过重组的天然油脂，包括脂肪酸在甘油三酯中位置的改变和天然油脂中脂肪酸组成的变化。简单地讲，结构脂质就是天然油脂的改性产品，但它仍具有天然油脂的风味和物理性能。

结构脂质具有天然油脂的物理性能，并对人体具有特殊的生理功能和营养价值而越来越受到人们的关注。结构脂质主要是指将中链甘油三酯（medium chain triacylglycerol，MCT）或短链甘油三酯中的一种或两者均有，与长链脂肪酸（long chain triacylglycerol，LCT）一起与甘油结合所形成的新型脂质。但结构脂质不同于 LCT 与 MCT 的简单混合物，其是将各种脂肪酸平衡组合达到提供理想、方便合理的营养脂质目的，可将用于治疗特殊疾病或具有特殊生理功能的脂肪酸结合到甘油三酯的合适位置。结构脂质与 MCT 和 LCT 的物理混合物相比，毒性较小，且引起酸液过多症的可能性更小。

（二）结构脂质的功能及应用

开发结构脂质的目的是优化脂肪底物混合物，结构脂质的脂肪酸组成、脂肪酸种类及其在甘油碳骨架上的位置与起始原料都不同，组成和结构上的变化使得结构脂质在物理性质、化学性质和生理作用上有显著变化。作为食品或食品的组成部分，其不仅能改善产品的性质，还具有营养保健作用；作为疗效食品，它具有潜在的预防、治疗特定疾病的作用。

① 结构脂质更易消化吸收。在体内消化过程中，从结构脂质释放出来的中或短链脂肪酸（C_{12} 以下）可迅速代谢，而长链脂肪酸则直接以单酰甘油酯的形式被吸收。因此，可充分利用 Sn-2 位（亚油酸选择性分布在 Sn-2 位）的酰基甘油酯来改善长链必需脂肪酸（如 EPA、DHA）的吸收。结构脂质可被舌、胃和胰脂肪酶迅速水解成短链脂肪酸或 MCFA 和 Sn-2 位的单酰甘油酯，然后被黏膜细胞迅速吸收。

② 结构脂质能增强免疫功能、改善氨平衡和降低血脂。对于胰脏功能不全的病人，结构脂质可作为营养物以提供长链脂肪酸和中链脂肪酸所具有的最合乎需求的特性。囊肿性纤维化患者在食用含长链脂肪酸和中链脂肪酸结构脂质后，可观察到亚油酸吸收得到明显增强。

③ 由短链脂肪酸（$C_2 \sim C_4$）和长链脂肪酸（$C_{16} \sim C_{22}$）组成，且短链脂肪酸分布在 1,3 位的结构脂质具有低热量性，可以为特定的人群提供选择性的营养素。由 Nabisco 食品公司生产的 Salatrim 就是在美国市场上深受广大消费者青睐的低热量结构脂质，它是由三乙酸甘油酯、三丙酸甘油酯、三丁酸甘油酯与高含量硬脂酸氢化植物油经化学催化酯交换反应制得的，在人体内所产生的能量仅为 5kcal/g，而天然油脂的热量为 9kcal/g。由 $C_2 \sim C_6$ 短链脂肪酸组成的结构脂质还具有降低胆固醇的功效。短链脂肪酸易挥发、分子量小、水中溶解度高、脂肪酸链短，在胃中吸收速度比中链脂肪酸快。人们常把短链脂肪酸作为小肠黏膜细胞的能源。Hiroshi. Harr 等的研究表明，短链脂肪酸降血脂的机制是通过刺激胆酸分泌来反馈抑制小肠和肝中的胆固醇合成。

④ 由特殊脂肪酸组成的结构脂质具有抗癌性。Ling 等对患有恶性肿瘤的小鼠喂食由鱼

油与中链脂肪酸制得的结构脂质，结果证明该结构脂质能明显抑制肿瘤生长，很好地维持小鼠体重和氮平衡。这可能是因为中链脂肪酸是非致癌脂肪酸，可以降低癌症发生的概率；且鱼油中的多不饱和脂肪酸因其在结构上更利于吸收，在体内抑制了花生四烯酸对抗体和淋巴免疫功能的影响，从而抑制了肿瘤生长。

此外，结构脂质的优良性能促使其研究工作的迅速发展，现在国外已经有不少商业化的结构脂质产品。例如，在欧、美和日本等发达国家，结构脂质已经工业化生产并进入市场。中国在这一领域的研究尚处于起步阶段，在其制备、安全性及应用方面仍存在不足，有待进一步改进。

思 考 题

1. 简述多不饱和脂肪酸的生理功能。
2. 举例说明多不饱和脂肪酸的种类。
3. 简述磷脂的生理功能。
4. 列举脂肪替代物并简要介绍其在食品中的应用。

第二篇
功能性食品的开发

第九章

改善生长发育的功能性食品

主要内容

1. 儿童生长发育对营养物质的要求。
2. 儿童生长发育过程中出现问题呈现新的特点。
3. 常见的营养缺乏病。
4. 膳食结构不合理引发的问题。
5. 婴儿营养。
6. 幼儿营养。
7. 学龄前儿童营养。
8. 学龄儿童营养。
9. 青少年营养。
10. 具有改善生长发育的物质。

第一节 概 述

体力与智力的高低是制约一个人成功与否的关键因素，一个民族的整体体力与智力水平是影响该民族兴亡盛衰的核心因素。现代社会物质文明的高度发达，为儿童的健康成长创造了很多有利条件，但同时也导致儿童出现营养失衡现象。据统计，在中国儿童中，患单纯性肥胖的约占 10%，如不及时采取有效的对策，城市的肥胖儿童不久即可达到儿童总数的30%左右，而在农村及边远地区，儿童营养不足、营养素缺乏的现象依然十分严重。这不仅影响儿童的身心健康，有的甚至造成无法挽回的后果。因此，研究开发能促进儿童生长发育、提高智力的儿童功能性食品，具有重大的经济效益和现实意义。

一、儿童生长发育对营养物质的要求

表 9-1 给出了中国营养学会 2000 年 4 月修订的有关婴幼儿及儿童期各种营养素的推荐摄入量（RNIs）。

1. 能量

人和其他动物一样，每天都要从食物中摄取一定的能量以供生长、代谢、维持体温及从事各种体力、脑力活动。碳水化合物、脂肪、蛋白质是三大产能营养素。婴幼儿、儿童、青少年生长发育所需的能量主要用于形成新的组织及新组织的新陈代谢，特别是脑组织的发育

表 9-1 婴幼儿及儿童期各种营养素的推荐摄入量（RNIs）

年龄/岁	能量①				蛋白质		矿物元素量					维生素量						
	RNI/MJ		RNI/kcal		RNI/g		AI			RNI		RE		RNI				AI
	男M	女F	男M	女F	男M	女F	钙/mg	铁/mg	锌/mg	碘/μg	硒/μg	A/μg	D/μg	B_1/mg	B_2/mg	C/mg	烟酸/mg	E/mg α-TE
0~	0.40MJ/kg		95kcal/kg②(AI)		1.5~3g/(kg·d)		300	0.3	1.5	50	15(AI)		10	0.2(AI)	0.4(AI)	40	2(AI)	3
0.5~							400	10	8.0	50	20(AI)	400(AI)	10	0.3(AI)	0.5(AI)	50	3(AI)	3
1~	4.60	4.40	1100	1050	35	35	600	12	9.0	50	20	400(AI)	10	0.6	0.6	60	6	4
2~	5.02	4.81	1200	1150	40	40												
3~	5.64	5.43	1350	1300	45	45												
4~	6.06	5.83	1450	1400	50	50	800	12	12.0	90	25	500	10	0.7	0.7	70	7	5
5~	6.70	6.27	1600	1500	55	55												
6~	7.10	6.67	1700	1600	55	55												
7~	7.53	7.10	1800	1700	60	60	800	12	13.5	90	35	600	10	0.9	1.0	80	9	7
8~	7.94	7.53	1900	1800	65	65												
9~	8.36	7.94	2000	1900	65	65												
10~	8.80	8.36	2100	2000	70	65												
11~	10.04	9.20	2400	2200	75	75	1000	16/18③	18/15③	120	45	700	5	1.2	1.2	90	12	10

① 各年龄组的能量的 RNI 和 EAR 相同。
② 非母乳喂养应增加 20%。
③ 男/女。
注：表中空白之处表示未制定该参考值。

与完善。能量供给不足不仅会影响到儿童器官的发育，而且还会影响其他营养素效能的发挥，从而影响儿童正常的生长发育。

2. 蛋白质

蛋白质是人体组织和器官的重要组成部分，参与机体的一切代谢活动。具有构成和修补人体组织、调节体液、维持酸碱平衡、合成生理活性物质、增强免疫力、提供能量等生理作用。儿童正处于生长发育的关键时期，摄入充足的蛋白质对保障儿童的健康成长具有至关重要的作用。如果蛋白质的供给不足或蛋白质中必需氨基酸的含量较低，则会出现儿童生长缓慢、发育不良、肌肉萎缩、免疫力下降等症状。

3. 矿物元素

（1）钙　钙是构成骨骼和牙齿的主要成分，并对骨骼和牙齿起支持和保护作用。儿童期是骨骼和牙齿生长发育的关键时期，对钙的需求量大，同时对钙的吸收率也比较大，可达到40%左右。食物中的钙源以奶及奶制品最好，不但含量丰富而且吸收率高。此外，水产品、豆制品和许多蔬菜中的钙含量也很丰富，但谷类及畜肉中含钙量相对较低。

（2）铁　铁主要以血红蛋白、肌红蛋白的组成成分参与氧气和二氧化碳的运输，同时又是细胞色素系统和过氧化氢酶系统的组成成分，在呼吸和生物氧化过程中起重要作用。儿童生长发育旺盛，对铁的需求量较成人高，4～7岁儿童铁的需求量为12mg。

（3）锌　锌存在于体内的一切组织和器官中，肝、肾、胰、脑等组织中锌的含量较高。锌是体内许多酶的组成成分和激活剂。锌对机体的生长发育、组织再生、促进食欲、促进维生素A的正常代谢、性器官和性机能的正常发育有重要作用。锌不同程度地存在于各种动植物食品中，一般情况下能满足人体对锌的基本需求，但在身体迅速成长的时期，由于膳食结构的不合理，也容易造成锌的缺乏，出现生长停滞、性特征发育推迟、味觉减退和食欲不振等症状。

（4）碘　碘是甲状腺素的成分，具有促进和调节代谢及生长发育的作用。碘供应不足会造成机体代谢率下降，会影响生长发育并易患缺碘性甲状腺肿大。

（5）硒　硒存在于机体的多种功能蛋白、酶、肌肉细胞中。硒的主要生理功能是通过谷胱甘肽过氧化物酶发挥抗氧化的作用，防止氢过氧化物在细胞内堆积，保护细胞膜，能有效提高机体的免疫水平。

此外，维生素等对人的生长发育也具有重要作用。

二、中国儿童存在的膳食营养问题

中国在儿童的膳食营养问题上，既存在营养不良，又存在营养过剩的倾向，而且相当普遍和严重，这主要是受经济条件和饮食观念的影响。现代社会经济快速发展，为儿童的健康成长创造了非常有利的条件，但同时也给儿童的生长发育带来了以前没有的新问题。儿童在生长发育过程中，需要充足和比例平衡的蛋白质、脂肪和糖类，还需供给多种维生素、矿物质、纤维素等。一个看起来似乎健康的儿童，并不一定真正健康。不少肥胖婴儿、儿童有明显营养不良倾向，比如患有缺铁性贫血、缺钙性骨发育异常、某种维生素缺乏等症状，这需要引起全社会的广泛关注。

1. 新的特点

进入新世纪以后，社会和经济的发展，儿童生长发育过程中出现的问题呈现新的特点。

（1）儿科的疾病谱明显改变　随着时代的进步，儿科的疾病谱不断变化，这一变化是全球性的，且呈现渐变的特点。总体上来说，20世纪初，急性感染性疾病、烈性传染病和严重营养不良是儿童死亡的主要原因，到 20 世纪末，由于儿童保健事业的进步，这些疾病均已经大大减少，而先天性畸形、意外损伤和中毒、恶性肿瘤、遗传代谢性疾病和环境因素所致的疾病显得相对突出，逐步成为儿童死亡的主要原因。

（2）感染性疾病出现新的特征　感染性疾病的发病概率降低，但是一些已经得到控制的传染病（如结核病）的发病率在全球范围内有所回升，而艾滋病等新的传染病正以很快的速度在全球范围内广泛传播。

（3）生存问题将不成为主要的问题　随着社会的不断进步，儿童的生存问题将不成为主要的问题，而儿童的发展将是关注的焦点，社会和家长对儿童健康有了新的要求，不但要求儿童有健全的体魄，也要求有良好的心理素质、学习能力和社会适应能力。这要求我们更加重视儿童精神卫生和心理问题。

（4）向营养失衡转变　儿童营养问题从以前的单纯性的营养不良转变为营养的失衡，具体表现为由于营养过剩和生活方式改变等而致的肥胖；由于微量营养素缺乏或搭配不当所致的各种营养紊乱。

（5）不同地区儿童的健康水平表现不平衡　和西方国家相比，中国由于地区间经济发展的不平衡，儿童健康水平也表现出相当的不平衡。北京、上海地区的 5 岁以下儿童的死亡率、婴儿死亡率、早产儿发生率等及儿童健康的总体水平已经与发达国家相近，而在一些欠发达地区，儿童健康水平较低。

2. 常见的营养缺乏病

（1）佝偻病　佝偻病是婴幼儿常见的一种营养缺乏病，以 3～18 个月的婴幼儿最常见，主要是维生素 D 的缺乏及钙、磷代谢紊乱造成的。维生素 D 主要与钙、磷的代谢有关，它影响这些矿物质的吸收及它们在骨组织内的沉淀。缺乏维生素 D 时，人体钙的吸收率降低，骨骼不能正常钙化，血清无机磷酸盐浓度下降，从而造成钙、磷代谢的紊乱，引起骨骼变软和弯曲变形。佝偻病的发病程度北方较南方严重，可能与婴幼儿日照不足有关。

（2）缺铁性贫血　缺铁性贫血是由于体内储铁不足和食物缺铁造成的一种营养性贫血，是一种世界性的营养缺乏症。中国居民缺铁性贫血的发病率也相当高，多发生于 6 个月至 2 岁婴幼儿。

发病原因：

①先天性因素。母亲在妊娠期营养不良或早产，从而造成婴儿体内铁的储备不足。②膳食因素。婴儿膳食中铁元素缺乏，不能满足生长发育。

（3）锌缺乏症　锌是人体中重要的微量元素，人的整个生命过程都离不开锌。锌缺乏症是婴幼儿常见病。母乳不足、未能按时增加辅食、锌吸收率低、偏食均可造成锌缺乏症。

（4）蛋白质-能量营养不良　蛋白质-能量营养不良是目前发展中国家较严重的营养问题，主要见于 5 岁以下儿童。近年来严重的水肿型蛋白质-能量营养不良在中国已很少见，但蛋白质轻度缺乏在一些地区仍然存在。发病原因主要是饮食中长期缺乏热能和蛋白质。

3. 膳食结构不合理引发的问题

现代社会为我们提供了充足的营养素，但这并不意味着儿童就会健康的成长，必须根据不同生长发育阶段特点和营养需求状况，科学合理搭配食用这些营养素，才能保证我们拥有健康的体魄。目前由于膳食结构不合理而引起的疾病主要有以下几种。

（1）肥胖症　最近十多年来，我国少年儿童中的体重超重或肥胖症数量惊人地增加，这是十分令人忧虑的问题。肥胖会对健康造成多种危险，它会增加青少年高脂血症的发病率，并使动脉粥样硬化提早发生。据美国50多年追踪随访研究，发现在那些青春期超重的人群中，死于心脏病或中风者明显增多，而这些病的死亡率与成年期体重有关。另外，青春期超重人群中关节炎（特别是膝关节）、糖尿病和骨折等的发病率也比一般人高。WHO在1997年宣布，肥胖已成为全球性的流行病。少年儿童肥胖的情况更是非常普遍。脂肪和糖摄取量的增加，运动量的减少等不良的饮食习惯和生活方式是造成儿童肥胖症的主要原因。

（2）厌食　厌食是一种由多种病因引起的多种病理生理异常的症候群。如消化系统疾病或全身性疾病导致厌食。但发现较多的为生理性的，即功能性厌食。从营养学的角度讲，厌食多是体内缺锌所致。不良的饮食结构和习惯是厌食的主要原因，其次是挑食、不吃蔬菜、饭前喜吃糖果等零食及吃饭不定时等。有的家长过分溺爱孩子，对小儿采取勉强和强迫进食，反而会引起儿童的神经性厌食。

厌食症发病并无季节性，以1～7岁儿童较常见，会影响生长发育和骨骼的生长，易导致营养不良、贫血等不良后果。作为家长应重视孩子的厌食，找出病因并及时纠正。帮助孩子养成良好的饮食习惯。一般情况下可采用以下一些措施。

① 饮食要定时定量。以良好的进食环境与食品本身的色、香、味激发小儿的兴趣与食欲，并注意饮食多样化，忌零食。

② 不要给孩子吃不宜消化的、油腻的食物。凉热、软硬度要适中。

③ 对于孩子特别爱吃的食物不要一次性给出吃够，应少量多餐。

④ 进食时要让孩子精力集中，不要边吃边玩，要营造一种轻松愉悦的环境。

⑤ 多吃含锌食物。锌在动物性食品如瘦肉、蛋、鱼及干果中都有。缺锌还会延缓孩子的生长发育，家长应给孩子多吃点含锌丰富的食品。

（3）偏食　出生不久的婴儿是不存在偏食问题的，这主要是婴儿的味觉尚未发育健全，只要能咽下去，他们是不会排斥的。但到3岁以后，儿童的味觉开始完善，孩子对自己感觉有异味的食物会有抵触情绪，因此易形成偏食的习惯。

偏食不是没有食欲，不是病态，也不是体内缺乏什么微量元素，而是一种习惯。这是一种不良的习惯，食物太单一化，不能保证各种营养素的需要，对孩子的生长发育不利。

所以当孩子出现偏食时，应采取正确的方法进行引导纠正，而不能对孩子采取生硬态度，这样往往会使孩子产生逆反心理，加重偏食。

（4）咀嚼功能不全　现代儿童的牙齿正受到不规则膳食生活的威胁。除龋齿外，牙齿排列不齐的儿童也在增多，其原因在于现代儿童食品过于柔软化，造成大量儿童缺乏咀嚼能力。以前儿童食品一般比较坚硬，食物中的纤维成分较多。调查表明，目前许多国家儿童所喜爱的食品中，绝大部分不利于健全咀嚼功能，这不能不令人担忧。

为了使儿童能够具有健全的咀嚼能力，必须不断地训练有关的肌肉组织，因此必须注意儿童食品的物理特性。相应增加食物硬度，让其多咀嚼，有利于牙齿、颌骨的正常发育，专家认为，健全的咀嚼能力是预防错牙和畸形牙最自然的方法之一。

少年儿童营养不良将给社会、经济发展带来巨大影响和损失。据统计，中国每年因少年儿童发育迟缓导致的经济损失已达80亿元；因缺碘造成的成年后智力损伤，使中国每年损失至少296亿元。营养健康对于培养21世纪的建设人才具有重要作用，也是中国在实现全面建成小康社会、迈向富裕过程中面临的一个重要课题。

三、婴儿营养

1. 婴儿生长发育特点

婴儿是指从出生到满一周岁前。婴儿期是人类生命从母体内生活到母体外生活的过渡期，也是从完全依赖母乳的营养到依赖母乳以外食物的过渡时期。婴儿期是人类生命生长发育的第一高峰期，12月龄时婴儿体重将增至出生时的3倍，身长将增至出生时的1.5倍。婴儿期的前6个月，脑细胞的数量将持续增加，至6月龄时脑重增加至出生时的2倍（600~700g），后6个月脑部的发育以细胞体积增大及树突增多和延长为主，神经髓鞘形成并进一步发育。至1岁时，脑重达900~1000g，接近成人脑重的2/3，同时婴儿的视觉、听觉、味觉等感觉器官开始发育。虽然婴儿的肠胃功能已开始发育，但仍然不完善，这时期应主要以母乳喂养为主。

2. 婴儿的营养需求特点

婴儿期是人类生长发育的第一时期，也是最重要的一个时期。此阶段婴儿生长发育快，对能量和营养的需求也相应提高。婴儿期营养主要是供给婴儿修补旧组织，形成新组织，产生能量和维持生理活动所需要的合理膳食。但此时婴儿的各种生理机能还没有发育完全，消化功能较差，婴儿的膳食又不同于成人，有一定特殊要求。

（1）能量　婴儿所需的能量主要包括五个方面：基础代谢所需的能量、成长所需的能量、活动所需的能量、排泄物的能量消耗和食物的特殊动力需要。0~6个月的婴儿每日能量的适宜摄入量为0.4MJ/kg（体重），非母乳喂养应增加20%。

婴儿总能量在较长时间内摄入不足，会导致婴儿生长发育迟缓、体重不足，并出现营养不良的症状。婴儿总能量摄入过多，体重增加过快的话，则易导致肥胖症。

（2）蛋白质　生长旺盛的婴儿除正常的修补身体外，还要构成新的组织和细胞，因此所需的蛋白质要比成人多。1岁以内婴儿每日蛋白质的推荐摄入量为1.5~3g/kg（体重），且蛋白质的生物价不可太低，至少要求在70%~85%以上。婴儿的肾脏及消化器官未发育完全，过多的蛋白质摄入会加重肾脏负担，同时还会抑制机体对铁的吸收。

（3）碳水化合物　碳水化合物为婴儿提供的能量一般应占总能量的50%左右。1岁以内的婴儿每日所需碳水化合物的量为12g/kg，摄入不足会造成血糖降低，体内蛋白质消耗增加；摄入过多，碳水化合物会在肠内发酵生成大量的低级脂肪酸，会刺激肠蠕动引起腹泻，同时会使婴儿从小养成嗜甜食的不良习惯。

（4）脂肪　婴儿每日需4~6g/kg的脂肪，脂肪提供的能量占婴儿总能量的45%（0~6个月）和30%~40%（7~12个月）。脂肪除供给婴儿必需脂肪酸外还促进脂溶性维生素的吸收。

（5）矿物质　人体所需的矿物质中对婴儿特别重要的有钙、磷、铁、碘和锌。

① 钙。婴儿期的骨骼发育所需钙量为145mg/d，再加上尿、皮肤等的损耗，6个月以前婴儿钙的适宜摄入量为400mg/d，7~12个月的为600mg/d。

② 磷。膳食中钙磷的比例最好为1.5:1，比例不合适会降低钙的吸收率，同时会加重肾脏负担。美国规定6个月以下的婴儿每日磷的摄取量为240mg，6个月以上为360mg。

③ 铁。铁对婴儿的发育极为重要，铁在母乳中的含量不高但吸收率很高，可达75%，但仍不能满足婴儿的生理需要，必须动用婴儿体内的铁储备。这些铁的储备来自胎儿期，一般可维持至出生后的3~4个月。所以早产儿或非母乳喂养的婴儿应注意补铁。新生儿铁的适宜摄入量0.3mg/d，半岁为10mg/d。

④ 锌。初乳中锌的含量很高，可达 20mg/L，而成熟乳中只有 1～5mg/L。0～6 个月婴儿的适宜摄入量为 1.5mg/d，7～12 个月婴儿的摄入量为 8mg/d。

（6）维生素　婴儿缺乏任何一种维生素都会影响其正常的生长发育，在膳食中应特别注意维生素 A、维生素 D、维生素 B_1、维生素 B_2、烟酸和维生素 C 的供给。维生素 A 的推荐摄入量为 400μg/d，维生素 D 为 10μg/d，维生素 B_1 为 0.3mg/d，维生素 B_2 为 0.5mg/d，维生素 C 为 40mg/d。

（7）水　水是人体正常生长发育过程中不可缺少的物质，水是营养物质输送和代谢物质排出的载体。年龄越小需水量越大，进食量大、摄入蛋白质和无机盐多者需水量多。婴儿每日需水约 150mL/kg(体重)。

3. 婴儿的营养膳食

（1）婴儿的母乳喂养　对人类而言，母乳是世界上唯一的营养最全面的食物，是婴儿的最佳食品。表 9-2 列出了不同时期母乳的营养成分，一般把母乳分为 4 期。婴儿出生后 1～5d 的乳为初乳，淡黄色有黏性。初乳中蛋白质含量较多，免疫球蛋白含量比成熟乳多很多，这对新生儿抵抗感染是十分重要的。初乳中维生素 A 的水平较高，铁、铜、锌含量很高。产后 6～10d 的乳为过渡期的乳。10d 以后为成熟乳，成熟乳中的脂肪含量较高，蛋白质含量较低。初乳中的蛋白质含量较高而脂肪含量较低，过渡乳介于两者之间。9 个月以后的为晚期乳，除乳糖外，其他各种营养素均有所下降，分泌量也减少，不再适合婴儿生长需要。因此要增加婴儿辅助食品的种类和数量。

表 9-2　不同时期母乳的营养成分对比

营养素（按每 100mL 计）	初乳(1～5d)	过渡乳(6～10d)	成熟乳(11d～9 个月)
能量/kJ	243.2	256.4	243.0
脂肪/g	2.9	3.6	4.2
乳糖/g	5.3	6.6	7.4
蛋白质/g	2.7	1.6	1.2
酪蛋白/g	—	0.8	0.3
钙/mg	31.0	34.0	34.0
磷/mg	14.0	17.0	16.0
铁/mg	0.09	0.14	0.15
维生素 A/μg	90	85	83
维生素 E/mg	1.28	1.32	0.56
维生素 C/mg	4.4	5.4	4.3
叶酸/μg	0.05	0.12	0.18
烟酸/μg	0.075	0.175	0.172
核黄素/mg	0.029	0.033	0.042
硫胺素/mg	0.015	0.016	0.016

母乳喂养具有以下优点。

① 母乳营养齐全。母乳对于婴儿来说是完全食品，能提供婴儿最初几个月所需的全部营养素，且适合于婴儿的消化能力。用母乳喂养的婴儿一般很少发生营养性疾病，同时能使婴儿获得合适数量的营养。

② 母乳具有抗感染的能力。母乳中含有丰富的抗感染因子，可增加母乳喂养婴儿的抗感染能力。出生婴儿免疫系统处于生长发育阶段，免疫功能不完善，而且婴儿血中免疫分子

水平较低，因此婴儿期易患消化道和呼吸道感染。母乳尤其是初乳中含多种免疫物质，可以保护并健全消化道黏膜，诱导双歧杆菌的生长，破坏有害菌，保护婴儿消化道及呼吸道，抵抗细菌及病毒的侵袭，从而增加婴儿对疾病的抵抗能力。

③ 母乳喂养有利于母子双方的心理健康。哺乳是一个有益于母子双方身心健康的活动，哺乳过程有一种潜在的母子心灵的沟通。母亲的心跳是胎儿期就熟悉的声音和震动，哺乳过程中母子心跳的共鸣，使婴儿获得最大的安全感。此外，哺乳期间频繁的语言交流也可促进婴儿智能的发育。

（2）辅食的添加　婴儿辅助食品又称断乳食品，主要是用于在充足母乳条件下的正常补充。在母乳喂养 4～6 个月到 1 岁断乳期间，是一个长达 6～8 个月的断奶过渡期，此期应在坚持母乳喂养的条件下，有步骤地补充婴儿所接受的辅助食品，以满足其发育的需要，顺利进入幼儿阶段。联合国粮食及农业组织和世界卫生组织提出，断奶食品主要以谷类为基础，强化蛋白质包括奶蛋白和大豆蛋白，其比例不应低于 15%。

辅食的添加必须要考虑到婴儿的生长发育特点，如消化能力、咀嚼能力及良好膳食习惯形成的引导。如 6 个月后婴儿开始长乳牙，这时就应该适时的添加一些半固体、固体食物给予婴儿咀嚼的机会，有利于其咀嚼能力的发展与完善。表 9-3 列出了部分辅食及其食用顺序。

表 9-3　部分辅食及其食用顺序

月龄	辅食名称
2～4 周	人工喂养婴儿食用稀释的菜汁、果汁及糖麸水
1 个月	菜汁、果汁、糖麸水、鱼肝油
2 个月	人工喂养婴儿开始添加鸡蛋黄
3～4 个月	米面糊、鸡蛋黄、豆乳
5～6 个月	烂米粥、软煮面、果泥、鱼泥、菜泥、植物油
7～9 个月	粥、面包、馒头、水果碎块、鱼末、豆腐、肉泥、肉末、肝泥、软饭、面条、鱼松、鱼片、碎肉

补充断奶过渡食物，应该由少量开始到适量，还应由一种到多种试用，密切注意婴儿食用后的反应，并注意食物与食具的清洁卫生。在通常的情况下，婴儿有可能对一些食物产生过敏反应或不耐受反应，例如皮疹、腹泻等。因此每开始供给孩子一种食物，都应从很少量开始，观察 3d 以上，然后才增加份量或试用另一种食物。辅助食物往往从谷类，尤以大米、面粉的糊或汤开始，以后逐步添加菜泥、果泥、奶及奶制品、蛋黄、肝末及极碎的肉泥等。

四、幼儿营养

1. 幼儿生长发育及营养需求特点

从一周岁到满三周岁之前为幼儿期。此期幼儿的生长发育虽不及婴儿期迅猛，但与成人相比也非常旺盛。如体重每年增加 2kg，身高第二年增加 11～13cm，第三年增加 8～9cm。一岁以上的幼儿无论热能还是蛋白质的需要量都相当于其母亲的一半，而矿物质和维生素的需要量常多于成人的一半。幼儿牙齿少，咀嚼能力差，肠胃道蠕动及调节能力、各种消化酶的分泌和活性也远不如成人。

2. 幼儿膳食

幼儿膳食是从婴儿时期的以乳类为主过渡到以谷类为主，奶、蛋、鱼、禽、肉、蔬菜和水果为辅的混合膳食，其烹调方法与成人不一样，必须与幼儿的消化代谢能力相适应。

（1）以谷类为主的平衡膳食　幼儿每日膳食需包括 100～250g 谷类，至少 350mL 牛奶，

50g 鸡蛋，75～125g 鱼（禽或瘦肉），15～50g 豆制品，75～200g 蔬菜。需强调的是奶或奶制品仍是不可缺少的食物。

（2）合理烹调　幼儿主食以软饭、麦糊、面条、馒头、面包、饺子等交替食用。蔬菜应切碎煮烂，瘦肉应制成肉糜或肉末，容易为幼儿咀嚼、吞咽和消化。硬果及种子类食物，如花生、黄豆等应磨碎制成泥糊状，以免呛入气管。幼儿食物烹调应采用清蒸、焖煮的方式。

（3）膳食安排　幼儿身体发育迅速，需要吸取许多营养物质，但是他们的胃肠还不够成熟，消化力也不强，例如胃的容量约有 250mL，牙齿也正在长，咀嚼能力有限，故应增加餐次，每日 4～5 餐，除三顿主餐外，上午 10 时和下午 4 时各加一餐点心。幼儿每周膳食中至少安排一次动物肝脏、动物血及海产品，以补充视黄醇、铁、锌和碘。吃饭时应培养孩子集中精神进食，暂停其他活动。

五、学龄前儿童营养

1. 学龄前儿童生长发育及营养需求特点

3～6 岁的学龄前儿童体格发育较 3 岁以前相对缓慢，但仍属于快速增长阶段。此时期儿童身高增长约 21cm，体重增长约 5.5kg，神经细胞的分化已基本完成，但脑细胞体积的增大及神经纤维的髓鞘化仍继续进行。该年龄段的儿童活泼好动，能量消耗大。他们对能量和营养素的需要量按每千克体重计大于成人。每日能量摄入 5.6～7.1MJ，蛋白质摄入 45～55g，钙 800mg，铁 10mg，其他营养素的推荐摄入量参照表 9-1。

2. 学龄前儿童存在的主要问题

① 还没有形成良好的饮食习惯。此时期的儿童进餐时注意力分散，进餐时间长，并由此引起食物摄入不足而导致营养缺乏。

② 此时期儿童蛋白质、能量的摄入不再是突出问题，而缺铁性贫血、维生素 A 缺乏、锌缺乏却是不容忽视的营养问题。由于经济的快速发展，儿童的蛋白质、热能的不良发生率已逐渐下降，但微量元素如铁、锌及维生素的缺乏，尤其是因食用精制食品、西式快餐及儿童不良饮食习惯等导致微量元素缺乏的现象越来越突出。广州市的一项调查发现，约 47% 的儿童血清视黄醇水平低于正常值下限（30μg/100mL），尿负荷试验结果表明，约 1/4 的儿童缺乏 B 族维生素，20% 的儿童血红蛋白低于 120g/L（血）。表明目前此阶段的儿童微量营养素的问题值得关注。

3. 学龄前儿童的膳食

鉴于学龄前儿童对营养的需要，建议每日供给 200～300mL 牛奶，一个鸡蛋，100g 鱼（禽或瘦肉）及适量的豆制品，150g 蔬菜和适量的水果，谷类已取代乳类成为主食，每日约需 150～200g。烹调上软饭逐渐变成普通米饭、面条及糕点。建议每周进食一次富含铁的猪肝或猪血，每周进食一次富含碘和锌的海产品。在较贫困的农村要充分利用大豆资源来解决儿童的蛋白质营养问题，每日至少供给 25～50g 的大豆制品。同时要培养儿童良好的饮食习惯。

六、学龄儿童营养

1. 学龄儿童生长发育及营养需求特点

7～12 岁的学龄儿童，生长发育相对缓慢和稳定。身高平均每年增长 5cm，体重平均每年增长 2～3kg，抵抗疾病的能力增强。除生殖系统外的其他器官系统，包括脑的形态发育已逐渐接近成人水平。

2. 学龄儿童的营养问题

学龄儿童的主要时间是在学校中度过的，有很多因素会影响儿童的发育。其中有些营养问题与学龄前儿童类似，如农村儿童的蛋白质供给不足、质量差；缺铁性贫血、维生素 A 缺乏、锌缺乏发病率仍然较高；城市儿童中尽管蛋白质、热能营养不良发生率已逐渐下降，但矿物质中钙、铁、锌及维生素 A、B 的缺乏也是不可忽视的营养问题。此外，由于家长对小学生早餐营养不够重视，使小学生 11 点前后能量不够而导致学习行为的改变，如注意力不集中，数学运算、逻辑推理及运动耐力的能力下降。此外，由于城市儿童看电视时间过长，体育运动减少，加上饮食的不平衡而导致超重和肥胖的发生率上升。

3. 学龄儿童的膳食

中国营养学会建议，全日总能量摄入量分配为早餐占 30%，午餐占 40%，晚餐占 30%。早餐在营养选择上除应提供足量的谷类食品以保证能量摄入外，还要提供蛋白质含量高的食品，如乳类、肉类、豆类、蛋类等。早餐食品既要有主食，又要有副食；既要有固体食品，又要有液体食品。午餐是一日三餐的主餐，午餐的食物量要大，应吃谷类 150～250g，肉、蛋、豆制品等蛋白质含量高的食品 50～100g，各种蔬菜 200～250g，各种营养素的摄入量占全日摄入量的 50% 以上。晚餐食物量要根据活动量和上床时间的迟早而定。一般来说学生在晚上的活动量不大，能量消耗少，进食量也应适当减少。

七、青少年营养

1. 青少年生长发育特点

青少年期包括青春发育期及少年期，年龄跨度通常为女性从 11～12 岁至 17～18 岁，男性从 13～14 岁至 18～20 岁，相当于初中和高中学龄期。此时期人的生长发育加快，仅次于婴儿期。人的身高约有 1/5 是青春期增加的，体重平均增加 20～30kg。此外，生殖系统迅速发育，第二性征逐渐明显。青少年在此期还承担着繁重的学习任务。因此充足的营养是此时期体格及性征迅速发育、增强体质、获得知识的物质基础。

2. 青少年营养需求特点

(1) 能量　青少年对能量的需求与生长发育速度及活动量成正比。一般来说，青春期的能量供给要超过从事体力劳动的成人。

(2) 蛋白质　蛋白质是身体各个组织的基本组成物质，青春期是生长发育的旺盛时期，因此必须摄入足够的蛋白质以满足迅速生长发育的需要。10 岁以上的男性青少年推荐蛋白质摄入量为 70～85g/d，女性为 65～80g/d，而且必须尽可能地选择优质的蛋白质摄入，以保证必需氨基酸的供给量。

(3) 碳水化合物　足够的碳水化合物供应可以减少蛋白质的消耗，以使蛋白质更好地发挥建造和修补身体组织的功能，每天应保证 300～450g 的糖类摄取。

(4) 矿物质　为满足骨骼迅速生长发育的需要，青春期钙的适宜摄入量为 1000mg/d；青春期女性因月经每个月有固定的血液流失，因此铁的供给量应高于男性。中国营养学会的推荐摄入量为女性 18～25mg/d，男性 16～20mg/d。锌的摄入量为 15～19mg/d，碘的摄入量为 120～150mg/d。

(5) 维生素　维生素在维持机体代谢方面有不可替代的作用。为配合青春期较高的热量需求，B 族维生素的供应量应适当增加；维生素 C 的需要量也需要增加，推荐的摄入量为 90～100mg/d。

3. 青少年的膳食

(1) 多吃谷类，供给充足的能量　谷类是青少年的主食，宜选用加工较为粗糙、保留大部分 B 族维生素或强化 B 族维生素的谷类，推荐摄入量为 400～500mg/d。

（2）保证鱼、肉、蛋、奶、豆类和蔬菜的摄入　鱼、肉、蛋、奶、豆类是膳食中蛋白质的主要来源。鱼、肉、蛋、豆类的摄入量为 $200\sim250g/d$，奶不低于 $300mL/d$。蔬菜每日的摄入量为 500g 左右。

（3）课间加餐食品　青少年正处于生长发育的重要阶段，活动量大且学习任务繁重，对膳食热量和各种营养素需要量大，在早餐营养又得不到保证的情况下，采取课间加餐制尤为重要。课间加餐食品的要求如下。

① 提供含量高、质优的蛋白质，并含钙、铁、维生素 A、核黄素等微量元素的食品。

② 提供的食物要适量，营养要均衡。

③ 食品必须符合卫生要求。

第二节　具有改善生长发育功能的物质

一、牛初乳

牛初乳是指母牛产犊后 7d 内所分泌的乳汁。牛初乳所含物质丰富、全面、合理，含有多量各种生长因子，富含免疫球蛋白。

1. 性状

色泽黄而浓稠，可混有血丝，有特殊乳腥味和苦味，热稳定性差。

2. 生理功能

促进生长发育。牛初乳中含有大量的各种生长因子，避免了侏儒症、骨生长异常、细胞分裂及增生异常等。此外，牛初乳可增强免疫功能等。

3. 制法

收集母牛产犊 7d 内的牛初乳，迅速冷却到 $7℃$ 以下后放在储奶桶中，经冷藏专用车运到加工车间，检验合格后进行瞬间灭菌，经冷冻干燥而成。或瞬间灭菌后浓缩、喷雾干燥而成。

二、肌醇

1. 性状

白色精细晶体或结晶性粉末。无臭，有甜味。熔点 $224\sim227℃$。在空气中稳定，对热、强酸和碱稳定。其水溶液对石蕊呈中性，无旋光性。1g 肌醇可溶于 61mL 水，难溶于乙醇，不溶于乙醚及氯仿。

2. 生理功能

促进生长发育。肌醇是人、动物和微生物生长所必需的物质，能促进细胞生长，尤其为肝脏和骨髓细胞的生长所必需。人对肌醇的需要量为 $1\sim2g/d$。

此外，肌醇还具有调节血脂、减肥、保护肝脏的作用。

3. 制法

① 由玉米浸泡液的浓缩液经沉淀得粗植酸盐，再水解而得；或用离子交换净化法提纯而得，得率约 9%。

② 由植酸钙镁水解后经石灰乳中和而得。

③ 由糖甜菜的糖液或糖蜜经分离精制而得。

4. 安全性

$LD_{50}>11g/kg$（大鼠，经口）。

三、藻蓝蛋白

藻蓝蛋白为一种藻类。

1. 性状

蓝色颗粒或粉末，属蛋白质结合色素，因此具有与蛋白质相同的性质，等电点为 3.4。溶于水，不溶于醇和油脂。对热、光、酸不稳定。在弱酸性和中性（pH 4.5～8）下稳定，酸性时（pH 4.2）发生沉淀，强碱可至脱色。

2. 生理功能

藻类蛋白是一种氨基酸配比较好的蛋白质，有促进生长发育，延缓衰老等作用。能抑制肝脏肿瘤细胞，提高淋巴细胞活性，促进免疫系统以抵抗各种疾病。

3. 制法

用蓝藻类螺旋属的宽胞节旋藻孢子在 pH 8.5～11 下，以碳酸盐或二氧化碳为碳源的培养基中，在 30～35℃下通气培养得到藻体，经干燥后，用水抽提其中的色素和可溶性蛋白质，抽提液经真空浓缩、喷雾干燥而成。

4. 安全性

① LD_{50} > 30g/kg（大鼠，经口）。

② 90d 喂养试验，对动物生长、肝功能、肾功能均无影响，组织病理结构无异常。

四、富锌食品

锌是促进人体生长发育的重要物质之一，对儿童的生长发育非常重要。富锌食品主要有肉类、蛋类、牡蛎、肝脏、蟹、花生、核桃、杏仁、土豆等。

思 考 题

1. 儿童生长发育对营养物质有哪些要求？
2. 儿童生长发育过程中出现的问题有哪些新的特点？
3. 常见的营养缺乏病是什么？
4. 膳食结构不合理引发哪些问题？
5. 具有改善生长发育的物质有哪些？

第十章

减肥功能性食品

主要内容

1. 肥胖症的测定方法。
2. 肥胖症的类型、病因及危害。
3. 具有减肥功能的物质。

第一节　概　述

近年来，肥胖症的发病率明显增加，尤其在一些经济发达国家，肥胖者剧增。即使在发展中国家，随着饮食条件的逐渐改善，肥胖患者也在不断增多。据报道，美国妇女肥胖者已达40%。由于肥胖症能引起代谢和内分泌紊乱，并常伴有糖尿病、动脉粥样硬化、高血脂、高血压等疾患，因而肥胖症已成为当今一个较为普遍的社会医学问题。迄今为止，较为常见的预防和治疗肥胖症的方法有药物疗法、饮食疗法、运动疗法和行为疗法四种。具有减肥功能的药物主要为食欲抑制剂，加速代谢的激素及某些药物，影响消化吸收的药物等。食欲抑制剂大多是通过儿茶酚胺和5-羟色胺递质的作用降低食欲，从而使体重下降，这类药物主要有苯丙胺及其衍生物氟苯丙胺等。加速代谢的激素及药物主要通过增加生热使代谢率上升，从而达到减肥目的，它们主要有甲状腺激素、生长激素等。影响消化吸收的药物主要是通过延长胃的排空时间，增加饱腹感，减少能量与营养物的吸收，从而使体重下降，这些药物包括食用纤维、蔗糖聚酯等。虽然这些药物都具有减肥作用，但大多有一定的副作用，而且药物治疗的同时，一般还需配合低热量饮食以增加减肥效果。事实上，不仅是药物疗法，即使是运动疗法和行为疗法也需结合低热量食品，可见，饮食疗法是最根本、最安全的减肥方法。因此，筛选具有减肥作用的纯天然的食品即成为减肥研究过程中的一个重要课题。

一、肥胖症的定义

肥胖症是指机体由于生理生化机能的改变而引起体内脂肪沉积量过多，造成体重增加，导致机体发生一系列病理生理变化的病症。一般在成年女性，若身体中脂肪组织超过30%即定为肥胖，在成年男性，则脂肪组织超过20%~25%为肥胖。女性定得比男性高的原因是，一般正常女性脂肪组织比正常男性为高。

二、肥胖的测定方法

测定身体内的脂肪含量有一系列的方法，这些方法都是非损伤性的，例如用水下称重法测定身体密度，用重水稀释法来测定身体内的总水分。这些方法比较复杂，测定也比较麻烦，需要昂贵的仪器。

1. 皮褶厚度

最通常使用的方法是用皮下脂肪测定器测定皮褶厚度，然后用公式计算身体的脂肪含量。具体方法是将前臂弯至上腹部，在上臂背侧自肩部骨隆起部位肩峰至臂肘部鹰嘴突部位的中点用笔划一记号，再使前臂下垂，上臂松弛，用拇指与前指在中点上面 1cm 处，抓起两层皮肤与脂肪，然后用皮下脂肪测定器在中点处测定三头肌皮褶厚度，也就是皮下脂肪。测定器夹住后 3s 读数，共测定 3 次，取其平均值，误差在 0.5mm 以内。三头肌皮褶厚度，我国男性为 8.7mm 左右，女性为 14.6mm 左右。测定后，再用转换系数换算成体脂含量。

2. 体重

体重测定是反映疾病严重程度的一个重要指标。它能评价人体的营养情况，尤其是反映热量的摄取与消耗是否平衡，以及脂肪在体内的增加或减少的一个重要指标。如果一个人的体重在短期内丢失 10%，那就要检查这人是否有什么潜在的疾病如肿瘤。体重丢失 10% 以上，健康人的正常体力活动将受到影响。如果短期内体重丢失 30%，甚至可以导致死亡。但在一般情况下，体重丢失意味着消耗的热量高于摄取的热量，而体重增加意味着摄取的热量超过了消耗的热量。在一般人看来超重与肥胖是同义词，但对体力劳动者与运动员来说，超重并不是肥胖，它是由于肌肉非常发达所致。

（1）标准体重　即在一定身高范围内体重是标准的，超过这一体重称为肥胖，低于这一体重称为消瘦或营养不良，将这一体重称为标准体重。美国大都会人寿保险公司在 1912 年制定出在一定身高条件下死亡率最低的体重，称理想体重即标准体重，以后不断改进。根据该公司规定，中老年人参加人寿保险时，若他们的体重在理想体重范围内，所付保险金要低，在理想体重范围外，保险金要高得多。以后世界卫生组织根据此表，再根据发展中国家的具体情况，制定了普通身材，不穿鞋身高的裸体男女标准体重表。在我国也发表了男子与女子正常体重表。

（2）标准体重的计算公式　如果用各种标准体重表查标准体重，一方面一般人不容易获得上述资料，另一方面查阅比较麻烦，因此，国内外还发表了一些标准体重的计算公式。

最常用的有如下两种。

① 布洛卡（Broca）公式。身高在 165cm 以下，标准体重(kg)＝身高(cm)－100；身高在 165cm 以上，标准体重 (kg)＝身高(cm)－110。

② 体质指数。目前，用于测定标准体重最普遍与最重要的方法是测定体质指数（body mass index，简称 BMI）。BMI 的计算公式是：

$$身体质量指数（BMI）＝体重(kg)/身高(m)^2$$

例如：一名成年男子，体重 70kg，身高 1.65cm，则其 BMI 为 $70 \div 2.7225 = 25.7$。

因为在正常情况下，在不同身高时，其瘦组织与脂肪组织的比例是一样的，因此 BMI 也应相似。只有在肥胖者中，体重与身高的比例才不一致。这一 BMI 方法是根据人寿保险公司的统计与欧美长期流行病学的研究总结出来的。目前世界卫生组织也将这一方法用于发展中国家。在发达国家的 BMI 的正常范围为 20～25，平均为 22，并认为稍微超重者比瘦小者寿命长。因而许多营养学家提出理想的 BMI 范围为 24～26。在发展中国家 BMI 的正常值为 18.5～20，它是一个建议值。因此，世界卫生组织提出全世界范围的 BMI 范围数值应为 20～22。

如果将 BMI 分为正常值、一级危险值、二级危险值和三级危险值。那么正常值的范围应为 $18.5\sim25$，$17.5\sim18.5$ 和 $25\sim30$ 为一级危险值，$16\sim17.5$ 和 $30\sim40$ 为二级危险值，16 以下与 40 以上为三级危险值。达到三级危险值，患高血压、冠心病、糖尿病与肝胆疾病的概率就很高。因此千万不要认为只有肥胖容易发生这些疾病，有时瘦弱也是发生这些疾病的原因之一。

三、肥胖的类型

一般来说，肥胖症可分为单纯性肥胖和继发性肥胖两种。单纯性肥胖是指体内热量的摄入大于消耗，致使脂肪在体内过多积聚，体重超常的病症。这类病人无明显的内分泌紊乱现象，也无代谢性疾病。而继发性肥胖是由于内分泌或代谢性疾病所引起的，也称非单纯性肥胖，它约占肥胖症的 95% 以上。

此外，还有人将肥胖分为腹部肥胖与臀部肥胖。腹部肥胖俗称将军肚，我们称之为苹果型；臀部肥胖，我们称之为梨型。前者多发生于男性，后者多发生于女性。根据最近的研究认为，腹部肥胖者要比臀部肥胖者更容易发生冠心病、中风与糖尿病。所以，在肥胖者中间腰围与臀围的比例非常重要。一般认为，腰围的尺寸必须小于臀围的 15%，否则是一危险信号。

四、肥胖症的病因

肥胖症的发生受多种因素的影响，主要因素有：饮食、遗传、工作、运动、精神以及其他疾病等。

1. 能量摄入过多，能量消耗减少

正常情况下，人体能量的摄入与消耗保持着相对的平衡，人体的体重也保持相对稳定。一旦平衡遭到破坏，摄入的能量多于消耗的能量，则多余的能量在体内以脂肪的形式储存起来，日积月累，最终发生肥胖，即单纯性肥胖。对于正常人，可通过非颤抖性生热作用散发掉多余的能量，保持体重的稳定性。但肥胖者的食物生热作用的能力明显减弱，这可能与其体内棕色脂肪的量不足或棕色脂肪功能障碍有关。因为棕色脂肪细胞的线粒体能氧化局部储存的脂肪，产生热量。当然，并非所有的肥胖者都有这种代谢障碍，大部分患者因摄食过多、活动量较少而造成肥胖。

2. 遗传因素

肥胖症有一定的遗传倾向，往往父母肥胖，子女也容易发生肥胖。据调查，肥胖者的家族中有肥胖病史者占 34%，父母都肥胖者，其子女 70% 肥胖，父母一方肥胖者，其子女 40% 肥胖，父母体格正常或体瘦者，其子女肥胖仅占 10%。有人还观察过多对同卵孪生儿及异卵孪生儿，发现虽然每对孪生儿从小就生活在不同的环境中，但体重相差大于 5.4kg 者，在异卵孪生儿中占 51.5%，而在同卵孪生儿中仅占 2%，这表明肥胖症的发生有着明显的遗传因素。尽管一些资料已经显示了肥胖的遗传性，但仍有些学者认为，家族肥胖的原因并非单一的遗传因素所致，而与其饮食结构有关。

3. 精神因素

当精神过度紧张时，食欲受抑制；当迷走神经兴奋而胰岛素分泌增多时，食欲常亢进。实验证明，下丘脑可以调节食欲中枢，它们在肥胖发生中起重要作用。

五、肥胖的危害

肥胖是脂肪肝、高蛋白血症、动脉硬化、高血压、冠心病、脑血管病的基础。肥胖者比正常者冠心病的发病率高 $2\sim5$ 倍，高血压的发病率高 $3\sim6$ 倍，糖尿病的发病率高 $6\sim9$ 倍，脑血管病的发病率高2～3倍。肥胖使躯体各脏器处于超负荷状态，可导致肺功能障碍（脂肪堆积、膈肌抬高、肺活量减小）；骨关节病变（压力过重引起腰腿病）；还可以引起代谢异常，出现痛风、胆结石、胰脏疾病及性功能减退等。肥胖者死亡率也较高，而且寿命较短。肥胖还易发生骨质增生、骨质疏松、内分泌紊乱、月经失调和不孕等，严重时会出现呼吸困难。

1. 心血管疾病

肥胖者的脂肪代谢特点主要表现为血浆游离脂肪酸、总胆固醇、甘油三酯和低密度脂蛋白含量增多，高密度脂蛋白含量降低。大量的脂肪组织沉积于人体的脏器、血管等部位，影响心脑血管、肝胆消化系统和呼吸系统等的功能活动，进而引发高血脂、高血压、动脉粥样硬化、心肌梗死等疾病。随着肥胖程度的加重，体循环和肺循环的血流量增加，心肌需氧量也增加，心肌负荷大幅度增加，导致心力衰竭。

2. 糖尿病

据流行病学统计表明，肥胖者患糖尿病的概率要比正常人高3倍以上，这与其胰岛素分泌异常有关。胰岛素是由胰岛B细胞分泌的，对血糖水平有重要的调节作用。胰岛素分泌增多，脂肪合成加强，导致肥胖，而肥胖又会加重胰岛B细胞的负担，久而久之，致使胰岛功能障碍，胰岛素分泌相对不足，使得血糖水平异常升高而形成糖尿病。

3. 肿瘤

肥胖者体内的微量元素，如血清铁、锌的水平都较正常人低，而这些微量元素又与免疫活性物质有着密切的关系，因此，肥胖者的免疫功能下降，肿瘤发病率上升。有人曾对中度肥胖者进行调查分析，结果男性患癌症的概率比正常人高33%，主要为结肠癌、直肠癌和前列腺癌。女性患癌症的概率比正常人高55%，主要为子宫癌、卵巢癌、宫颈癌、乳腺癌等。女性乳腺癌与子宫癌的发生均与肥胖而导致的体内雌激素水平异常升高密切相关。如果膳食合理、营养恰当而能保持较标准的体重时，动物的癌症发病率降低。可见，肥胖确能增大患癌的危险性。

4. 脂肪肝

肥胖症患者由于脂代谢异常活跃，导致体内产生大量的游离脂肪酸，进入肝脏后，即可合成脂肪，造成脂肪肝，出现肝功能异常。

六、减肥功能性食品配制原则

预防和治疗肥胖症的方法有药物疗法、运动疗法和饮食疗法等。药物疗法大多通过生热，使代谢率上升从而达到减肥效果。但是这些药物大多具有比较大的副作用，一般人不宜长期服用，而最基本的减肥方法是通过运动和改善饮食。

减肥食品的配制原则如下。

（1）限制总热量　根据肥胖的程度分轻（超过标准体重10%～20%）、中（超过标准体重20%～30%）、重（超过标准体重30%以上）3种类型，分别作不同的热量限制。若以正常生理需要热量每日为10080kJ为例，轻型肥胖者热量限制到80%（8064kJ），中型60%（6048kJ），重型40%～60%（4032～6048kJ）。重型者限制热量过多，容易感到疲劳、乏力、精神不振等，应根据情况决定。

（2）限制脂肪　肥胖者皮下脂肪过多，易引起脂肪肝、肝硬化、高脂血症、冠心病等，因此每日脂肪摄入量应控制在30～50g，应以植物油为主，严格限制动物油。

（3）限制碳水化合物　碳水化合物在体内可转化为脂肪，所以要限制碳水化合物的摄入量，尤其是少用或忌用含单糖、双糖较多的食物。一般认为，碳水化合物所供给热量为总热能的 45%～60%，主食每日控制在 150～250g。但是碳水化合物有将脂肪氧化为二氧化碳和水的作用，如果摄入量过低，脂肪氧化不彻底而生成酮体，不利于健康，所以碳水化合物进量减少要适度。

（4）供给优质的蛋白质　蛋白质具有特殊动力作用，其需要量应略高于正常人，因此肥胖症患者每日蛋白质需要量 80～100g。应选择生理价值高的食物，如牛奶、鸡蛋、鱼、鸡、瘦牛肉等。

（5）供给丰富多样的无机盐、维生素　无机盐和维生素供给应丰富多样，满足身体的生理需要，必要时，补充维生素和钙剂，以防缺乏。食盐具有亲水性，可增加水分在体内的储留，不利于肥胖症的控制，每日食盐量以 3～6g 为宜。

（6）供给充足的膳食纤维　膳食纤维可延缓胃排空时间，增加饱腹感，从而减少食物和热量摄入量，有利于减轻体重和控制肥胖，并能促进肠道蠕动，防止便秘。谷物中麦麸、米糠含膳食纤维较丰富，螺旋藻、食用菌中也很丰富。

（7）限制含嘌呤的食物　嘌呤能增进食欲，加重肝、肾、心的中间代谢负担，膳食中应加以限制。动物内脏、豆类、鸡汤、肉汤等高嘌呤食物应该避免。

七、减肥食品的研制和注意事项

减肥功能食品研制应从以下 3 个方面进行。

（1）以调理饮食为主，开发减肥专用食品　根据减肥食品低热量、低脂肪、高蛋白质、高膳食纤维的要求，利用燕麦、荞麦、大豆、乳清、麦胚粉、魔芋、山药、甘薯、螺旋藻等具有减肥作用的原料生产肥胖患者的日常饮食，通过饮食达到减肥效果。燕麦具有可溶性膳食纤维，魔芋含有葡甘聚糖，大豆含有优质蛋白质、大豆皂苷和低聚糖、麦胚粉含有膳食纤维和丰富的维生素 E，可满足肥胖者的营养需求和减肥。而甘薯、山药等含有丰富的黏液蛋白，可减少皮下脂肪的积累。螺旋藻在德国作为减肥食品广为普及，可添加到减肥食品中。在这类食品中，可补充木糖醇或低聚糖等，强化减肥效果。目前市面上有些食品，如康美神维乐粉、雅莱减肥饼干等都属于这一类。

（2）用药食两用中草药开发减肥食品　食品和药食两用植物中可作为减肥食品的原料有很多，这些药食两用品有的具有清热利湿作用，如茶、苦丁茶、荷叶等；有的可以降低血脂；有的具有补充营养、促进脂肪分解等作用。从现代营养角度看，这些原料含有丰富的膳食纤维、黏液蛋白、植物多糖、黄酮类、皂苷类以及苦味素等，对人体代谢具有调节功能，能抑制糖类、脂肪的吸收，加速脂肪的代谢，达到减肥效果。

这些原料一般经过加工，提高功效成分的含量或提取其中主要成分，然后制成胶囊或口服液，每天定时食用。这种减肥食品与第一类食品配合应用，效果会更好一些。目前市面上这类减肥食品不少，基本上都是选用上述原料配制的，这是我国特有的食品，应进一步加大开发力度。

（3）开发含有特殊功效成分的减肥食品　随着科学的发展，逐渐发现一些对肥胖症有明显效果的化学物质，其中有的可用于功能性食品中。

减肥食品不得加入药物。不少药物具有明显减肥效果，在中医减肥验方中，一般都含有中药。作为减肥食品，不能够生搬中药处方，因为许多中药都有毒副作用，对人体造成不利影响，应该尽量选用食品和药食两用原料，去除不准使用于食品的原料，重新组方。

一些西药，如芬氟拉明类，对减肥有效果，但对人体有明显副作用。我国食品卫生部门曾发现有 4 种减肥食品中含有芬氟拉明、去烷基芬氟拉明等，并进行了严肃查处。另外，二乙胺苯酮、氯苯咪吲哚、三碘甲状腺原氨酸、苯乙双胍等减肥药都不得用于减肥食品。

第二节　具有减肥功能的物质

一、脂肪代谢调节肽

由乳、鱼肉、大豆、明胶等蛋白质混合物酶解而得，肽长 3～8 个氨基酸碱基，主要由"缬-缬-酪-脯""缬-酪-脯""缬-酪-亮"等氨基酸组成。

1. 性状

多为粉状，易溶于水（10% 以上），水溶液可作加热、灭菌处理（121℃，30min）而性能不变。吸湿性高。

2. 生理功能

调节血清三甘油酯作用。经多种动物试验及人体试验，当有脂肪同时进食时，有抑制血清三甘油酯上升的作用。

（1）抑制脂肪的吸收　当同时食用油脂时，可抑制脂肪的吸收和血清三甘油酯上升。其作用机理与阻碍体内脂肪分解酶的作用有关，因此对其他营养成分和脂溶性维生素的吸收没有影响。

（2）阻碍脂质合成　当同时摄入高糖食物后，由于脂肪合成受阻，抑制了脂肪组织和体重的增加。

（3）促进脂肪代谢　当与高脂肪食物同时摄入时，能抑制血液、脂肪组织和肝组织中脂肪含量的增加，同时也抑制了体重的增加，有效防止了肥胖。

3. 制法

用蛋白分解酶加水分解各种食用蛋白（乳蛋白、鱼肉蛋白、卵蛋白、大豆蛋白、明胶等），分解物经灭酶、灭菌、过滤后精制而成。

二、魔芋精粉和葡甘露聚糖

1. 主要成分

葡甘露聚糖主要由甘露糖和葡萄糖以 β-1,4 键结合［相应的摩尔比为(1.6∶1)～(4∶1)］的高分子量非离子型多糖类线型结构。每 50 个单糖链上，有一个以 β-1,4 键结合的支链结构，沿葡甘露聚糖主链上平均每隔 9～19 个糖单位有一个糖基上 CH_2OH 乙酰化，它有助于葡甘露聚糖的溶解度。平均相对分子质量 20 万～200 万。魔芋精粉的酶解精制品称葡甘露聚糖。

2. 性状

葡甘露聚糖为白色或奶油至淡棕黄色粉末。可分散于 pH 值为 4.0～7.0 的热水或冷水中并形成高黏度溶液。加热和机械搅拌可提高溶解度。如在溶液中加中等量的碱，可形成即使强烈加热也不熔融的热稳定凝胶。其基本无臭、无味。其水溶液有很强的拖尾（拉丝）现象，稠度很高。对纤维物质有一定分解能力。溶于水，不溶于乙醇和油脂。有很强的亲水性，可吸收本身重量数十倍的水分，经膨润后的溶液有很高的黏度。

3. 生理功能

葡甘露聚糖主要具有减肥作用。

魔芋精粉能明显降低体重、脂肪细胞大小。有学者用魔芋精粉饲养大鼠试验（每组 9 只），按体重小剂量组为 1.9mg/g，大剂量组为 19mg/g，同时给予高脂肪、高营养饲料，共饲养 45d 后，进行比较。与对照相比，大、小剂量组的体重均明显降低，但大、小剂量组之间差异不大。在高倍显微镜下，每个视野中所见脂肪细胞数明显多于对照组，而细胞体积则明显小于对照组，这说明魔芋精粉能使脂肪细胞中的脂肪含量减少，使细胞挤在一起，因此，同样视野中的细胞数得以增多。这说明魔芋精粉能减少脂肪堆积的作用，但达到一定量后，加大剂量的效果不大。

据报道，通过对糖尿病患者进行试验，一组共 43 人，每天给予葡甘露聚糖 3.9g，另一组每天给予 7.8g，试验 8 周后观察他们的肥胖程度与体重变化之间的关系。结果表明，肥胖程度与体重减少之间有直接的相关性，肥胖程度越高，食用葡甘露聚糖后的体重减少越多。体重减少是由于摄入葡甘露聚糖后脂肪的吸收受到抑制。

4. 制法

由 Amorphophallus 属各种植物的块根干燥后经去皮、切片、烘干、粉碎、过筛所得细粉，称"魔芋粉"，得率约 60%~80%，颗粒直径 0.15mm 左右，由于颗粒表面覆盖有非葡甘露聚糖，影响吸水性，凝胶能力低。因此，可用乙醇、石油醚等进行物理改性，以提高水溶性、溶解黏度、溶解速度等性能。

将魔芋切片、粉碎后浸于乙醇中，在 60℃下减压干燥，用石油醚脱脂，加氢氧化钠液溶解后过滤，滤液用盐酸中和后再加醋酸铅提取，取滤液，通入硫化氢以除去铅离子，加乙醇沉淀，离心分离后用丙酮干燥，此为粗品，再用氢氧化钠溶解，过滤，用盐酸中和后浓缩，用乙醇沉淀，离心后再用丙酮干燥而得精品，称"魔芋精粉"。

以魔芋精粉为原料，用碱性甘露聚糖酶酶解转化后，用超滤膜分离，精制，可得甘露低聚糖，转化率达 70%以上。

5. 安全性

① 对大、小鼠口授 2.8g/kg，无死亡例，解剖未见异常。

② 亚急性毒性试验及大鼠妊娠、产子试验，均未见异常（占饲料量 2.5%）。

③ 有报告提到有腹部涨满及鼓肠感。

三、乌龙茶提取物

1. 主要成分

乌龙茶提取物的功效成分，主要为各种茶黄素、儿茶素以及它们的各种衍生物。此外，还含有氨基酸、维生素 C、维生素 E、茶皂素、黄酮、黄酮醇等许多复杂物质。

2. 性状

乌龙茶提取物为淡褐色至深褐色粉末，有特别香味和涩味。易溶于水和含水乙醇，不溶于氯仿和石油醚，pH 4.6~7.0。也有用糊精稀释成 50%的成品。

以抑制形成不溶性龋齿菌斑的葡聚糖转苷基酶的活性为标准，乌龙茶提取物的耐热性、pH 值稳定性和对光的稳定性均良好。pH 2.5~8、100℃加热 1h，该酶活性保持 100%；在 pH 2.5~8、37℃保存 1 个月，该酶活性保持 100%；在 pH 2.5~8、1200lx（勒克司）照射 1 个月，该酶活性保持不变。

3. 生理功能

具有减肥作用。乌龙茶中可水解单宁类在儿茶酚氧化酶催化下形成邻醌类发酵聚合物和缩聚物，对甘油三酯和胆固醇有一定结合能力，结合后随粪便排出，而当肠内甘油三酯不足时，就会动用体内脂肪和血脂经一系列变化而与之结合，从而达到减脂的目的。

4. 制法

由茶树的叶子经半发酵法制成乌龙茶叶，用室温至热的水、酸性水溶液、乙醇水溶液、乙醇、甲醇水溶液、甲醇、丙酮、乙酸乙酯或甘油水溶液等提取后脱溶浓缩、冷冻干燥而得。

5. 安全性

① $LD_{50} > 5230mg/kg$（大鼠，口授），安全性高。

② Ames 试验、小鼠睾丸染色体、畸变试验和骨髓微核试验等，均为阴性。

四、L-肉碱

肉碱有 L 型、D 型和 DL 型，只有 L-肉碱才具有生理价值。D-肉碱和 DL-肉碱完全无活性，且能抑制 L-肉碱的利用，1993 年美国 FDA 禁用。由于 L-肉碱具有多种营养和生理功能，已被视为人体的必需营养素。人体正常所需的 L-肉碱，通过膳食（肉类和乳品中较多）摄入，部分由人体的肝脏和肾脏以赖氨酸和蛋氨酸为原料，在维生素 C、尼克酸、维生素 B_6 和铁等的配合协助下自身合成（内源性 L-肉碱），但当有特定要求时，就不足以满足所需。

1. 性状

L-肉碱为白色晶体或透明细粉，略带有特殊腥味。易溶于水（250g/100mL）、乙醇和碱，几乎不溶于丙酮和乙酸盐。熔点 210～212℃（分解），有很强吸湿性。作为商品有盐酸盐、酒石酸盐和柠檬酸镁盐等。天然品存在于肉类、肝脏、人乳。正常成人体内约有 L-肉碱 20g，主要存在于骨骼肌、肝脏和心肌等。蔬菜、水果几乎不含肉碱，因此，素食者更应该补充。

2. 生理功能

具有减肥作用。为动物体内有关能量代谢的重要物质，在细胞线粒体内使脂肪进行氧化并转变为能量，减少体内中的脂肪积累，并使之转变成能量。

3. 制法

可由酵母、曲霉、青霉等微生物的发酵培养液分离提取而得，含量为 $0.3～0.4mg/g$ 干菌体。也可由反式巴豆甜菜碱经酶法水解而得，或由 γ-丁基甜菜碱经酶法羟化而得。

4. 安全性

① ADI 为 20mg/kg。

② LD_{50} 为 2272～2444mg/kg（兔，经口）。

五、荞麦

荞麦中蛋白质的生物效价比大米、小麦要高；脂肪含量 2%～3%，以油酸和亚油酸居多；各种维生素和微量元素也比较丰富；它还含有较多的芦丁、黄酮类物质，具有维持毛细血管弹性，降低毛细血管的渗透功能。常食荞麦面条、高饼等面食有明显降脂、降糖、减肥之功效。

六、红薯

其蛋白质、脂肪、碳水化合物的含量低于谷类，但其营养成分含量适当，营养价值优于谷类，它含有丰富的胡萝卜素和 B 族维生素以及维生素 C。红薯中含有大量的黏液蛋白质，具有防止动脉粥样硬化、降低血压、减肥、抗衰老作用。红薯中还含有丰富的胶原维生素，有阻碍体内剩余的碳水化合物转变为脂肪的特殊作用。这种胶原膳食纤维素在肠道中不被吸收，吸水后使大便软化，便于排泄，预防肠癌。胶原纤维与胆汁结合后，能降低血清胆固醇，逐步促进体内脂肪的消除。

七、膳食纤维

膳食纤维可以吸附肠道中脂肪，从而减少脂肪被人体吸收，可溶性膳食纤维能通过减缓餐后血糖水平减少脂肪的合成。

思 考 题

1. 何为肥胖症？
2. 肥胖的测定方法有哪些？
3. 肥胖症的类型有哪些？
4. 肥胖症的病因是什么？
5. 肥胖症的危害是什么？
6. 具有减肥功能的物质有哪些？

第十一章

缓解体力疲劳的功能性食品

主要内容

1. 疲劳的概念及症状。
2. 疲劳的最主要生理本质。
3. 具有缓解体力疲劳功能的物质。

第一节　概　述

一、疲劳的概念

无论是从事以肌肉活动为主的体力活动，还是以精神和思维活动为主的脑力活动，经过一定的时间和达到一定的程度都会出现活动能力的下降，表现为疲倦或肌肉酸痛或全身无力，这种现象就称为疲劳。疲劳的本质是一种生理性的改变，所以经过适当的休息便可以恢复或减轻。

疲劳根据其发生的方式可分急性疲劳和慢性疲劳。急性疲劳主要是频繁而强烈的肌肉活动所引起的，而慢性疲劳主要是长时间反复的活动所引起的。当疲劳到了第二天仍未能充分恢复而蓄积时，称为蓄积疲劳。

就连续的脑力活动和体力活动而言，疲劳又有仅限于中枢神经的精神疲劳和体力活动引起的身体疲劳之分。身体的疲劳又可分为全身疲劳和局部疲劳。局部疲劳按脏器可分为肌肉疲劳、心脏疲劳、肺疲劳和感觉疲劳等。精神疲劳的延续也在一定程度上伴随身体疲劳出现。

二、疲劳的症状

疲劳的症状可分一般症状和局部症状。当进行全身性剧烈肌肉运动时，除肌肉的疲劳以外，也出现呼吸肌的疲劳，心率增加，自觉心悸和呼吸困难。由于各种活动均是在中枢神经控制下进行的，因此，当工作能力因疲劳而降低时，中枢神经活动就要加强活动而补偿，逐渐又陷入中枢神经系统的疲劳。但自觉的疲劳是易受心理因素影响的，自觉疲劳增强时可出现头痛、眩晕、恶心、口渴、乏力等感觉。

疲劳可使工作效率降低，对所有事物的反应均迟钝，学习的效率也下降。疲劳出现后若得不到及时休息，时间长了就会产生过劳进而导致健康受损。除使身体某一部分器官和系统过度紧张引起各种不同类型的病损外，也会出现循环、呼吸、消化等功能的减退。疲劳的影响还表现在对新陈代谢的影响，肌肉活动时肌细胞外液的 K、P 增加，体内电解质的分布情况发生改变。尿中由黏蛋白组成的胶体物排渣增加，尿中还原性物质和蛋白质的排泄也增加。

三、疲劳的生理本质

疲劳的最主要生理本质是由于肌肉活动而对能量代谢功能的影响。肌肉富含蛋白质，但是肌肉收缩的能源却不是由蛋白质分解而来的。

肌肉收缩时最先发生的反应是 ATP（三磷酸腺苷）的分解，这时释放出含有高能的磷酸键。一般认为这是肌肉收缩的直接能源。由于肌球蛋白和肌动蛋白的反应（结合、解离），横纹肌每活动一次，需分解一个分子的 ATP。ATP 分解为 ADP（二磷酸腺苷），而 ADP 得到磷酸肌酸（CP，或称磷肌酸）分解所生成的磷酸，又立即转变为 ATP。

肌肉收缩的直接能源是 ATP。而供应此 ATP 并维持 ATP 含量的首先是磷酸肌酸。第二是不断地消耗氧、生成二氧化碳，不产生乳酸而进入三羧酸循环的营养素（糖原、脂肪酸等）的氧化过程。第三则是生成乳酸的糖酵解过程。进行中等程度以下的肌肉运动时，磷酸肌酸的重新合成仅靠氧化过程就可以维持，所以不产生乳酸。这种情况下消耗的能量可以根据氧耗量来计算。

疲劳时由于能量消耗的增加，必然使机体的需氧量增加，在运动或劳动的过程中需氧量是否能得到满足，取决于呼吸器官及循环系统的功能状态，为了提供大量的氧，输送营养物质，排出代谢产物和散发运动过程中产生的多余热量，心血管系统和呼吸系统的活动必须加强，此时心率加快。氧消耗量由安静状态下的 3～5L 增加到 15～25L。血压升高，特别是收缩压升高更为明显。呼吸次数由每分钟 14～18 次增加至 30～40 次，甚至 60 次。不但呼吸次数增加，肺通气量也发生很大变化，可由安静时的每分钟 6～8L 增至 40～120L。

总之，疲劳时的生理生化本质是多方面的，如体内疲劳物质的蓄积，包括乳酸、丙酮酸、肝糖原、氮的代谢产物等；体液平衡的失调，包括渗透压、pH 值、氧化还原物质间的平衡等。

第二节　具有缓解体力疲劳功能的物质

一、人参

人参分亚洲种和西洋种两类，前者统称人参，后者称西洋参。亚洲种原产中国东北部，朝鲜、韩国和日本也有栽培。西洋参主产于北美的东部。

1. 主要成分

人参主要含 18 种（共 40 余种）人参皂苷：Ro、Rb_1、Rb_2、Rb_3、Rc、Rd、Re、Rf_1、Rf_2、Rg_1、Rg_2 等。其中含量高的有 Rb_1、Rb_2、Rc、Re 和 Rg_1。此外，人参还含人参多糖（7%～9%）、低聚肽类以及氨基酸、无机盐、维生素及精油等。

2. 生理功能

① 对中枢神经有一定兴奋作用和抗疲劳作用（尤其是其中的人参皂苷 Rg_1）。

② 对机体功能和代谢具有双向调节作用。向有利于机体功能恢复和加强的方面进行，即主要是改善内部（衰老等）和外部（应激、外界药物刺激等）因素引起的机体功能低下，而对于机体影响很小。如人参对于不正常血糖水平具有调节作用，而对正常血糖无明显影响。

③ 预防和治疗机体功能低下，尤其适用于各器官功能趋于全面衰退的中老年人。

④ 增强健康、强壮和补益的功能。能增强免疫系统，促进生长发育，增强动物对外部或内部因素引起功能低下的抵抗力和适应性，即抗应激作用。

人参对提高免疫作用的功能主要有以下几个方面。

① 提高巨噬细胞的吞噬功能。

② 促进机体特异抗体的形成。

③ 提高 T 淋巴细胞、B 淋巴细胞的分裂。

④ 显著增强 TIL 细胞的体外杀伤活性。

⑤ 刺激白细胞介素-2 的分泌。

⑥ 增强天然杀伤细胞 NKC 的活性。

⑦ 提高环磷酸腺苷的水平。

3. 限量

一般每天不超过 3g（宜 1～2g）。过多食用可导致胸闷、头胀、血压升高等不适反应。

二、西洋参

西洋参俗称"芦头"，与人参同属人参属。原产北美，1784 年开始进入中国。1975 年在中国北方大面积试种，获得成功，现已发展到 17 个省，年产干品约 120t。

1. 主要成分

西洋参主要成分为 17 种人参皂苷类，其中人参二醇单体皂苷（Rb_1，$C_{54}H_{92}O_2$）和人参皂苷 Rg_1 的含量高于亚洲人参，但不含人参皂苷 Rf 和 Rg_2。另含有人参酸、齐敦果酸、多种无机盐（锌、硒、锰、钼、锶、铜、铁、钾、镁等）、氨基酸和维生素（维生素 B_1、维生素 B_2、维生素 C）。

2. 生理功能

西洋参具有抗疲劳的生理功能。对中老年人脏器功能衰弱、免疫功能低下、适应环境耐力减退有一定保障作用。可增强机体对各种有害刺激的特异防御能力。

三、二十八醇

1. 性状

二十八醇为白色无味、无臭结晶。对热稳定，熔点 83.2～83.4℃。属高碳链饱和脂肪醇，溶于丙酮，不溶于水和乙醇。

2. 生理功能

① 增强耐久力、精力和体力。　　　⑥ 提高包括心肌在内的肌肉功能。

② 提高反应灵敏度，缩短反应时间。　⑦ 降低收缩期血压。

③ 提高肌肉耐力。　　　　　　　　　⑧ 提高基础代谢率。

④ 增加登高动力。　　　　　　　　　⑨ 刺激性激素。

⑤ 提高能量代谢率，降低肌肉痉挛。　⑩ 促进脂肪代谢。

3. 制法

二十八醇存在于小麦胚芽、米糠、甘蔗、苹果、葡萄等果皮中，主要以脂肪酸酯的形式存在，但在甘蔗中，却存在较多游离态的二十八醇。由上述原料经溶剂萃取法、蒸馏法、超临界萃取法等可制得。

4. 用途

供制造健康食品之用，在日本用于糖果、运动员饮料等，但因不溶于水，故用于食品时，应有良好的乳化作用。

5. 安全性

① LD$_{50}$＞18g/kg（小鼠，经口）。

② 小鼠精子畸变试验、骨髓微核试验、Ames 试验，均为阴性。

四、牛磺酸

1. 性状

牛磺酸又称 2-氨基乙磺酸，白色结晶或结晶性粉末。与乌贼、章鱼、贝类等风味物质的关系密切，能改善水产加工品等的风味。无臭，味微酸，水溶液 pH 值 4.1～5.6。熔点大于 300℃，因此在通常烹饪等加工中很稳定。经 100℃加热 88h，或经紫外灯照射 7h，pH 3.7 和 10 时回流 3h 均不降解；在饮料、奶粉中 120d 常规储藏无变化。易溶于水（12℃，15.5%），不溶于乙醇、乙醚、丙酮。对酸、碱、热均稳定。属非必需氨基酸，但与对体内半胱氨酸的合成有关，并能促进胆汁分泌和吸收。有利于婴幼儿大脑发育、神经传导、视觉机能的完善、对钙的吸收及脂类物质的消化吸收。母乳中含 3.3～6.2mg/100mL，牛乳仅含 0.7mg/100mL，非母乳喂养者食物中应予补充。在自然界中广泛存在于各种鱼类、贝类及哺乳动物的肌肉及内脏中。尤其在动物的胆液、肝脏及乌贼（0.35%）、章鱼（0.52%）、珠母贝（0.8%）、黑鲍（0.95%）、花蛤（0.66%）、扇贝（0.78%）等软体动物的肌肉萃取液中为多。

2. 生理功能

① 对用脑过度、运动及工作过劳者能消除疲劳。

② 维持人体大脑正常的生理功能，促进婴幼儿大脑的发育。由于婴幼儿体内牛磺酸生物合成速度很低，必须从外界摄入牛磺酸，如果摄入量不足，则会影响脑及脑神经的正常发育，进而将影响婴幼儿的智力发育。

③ 维持正常的视机能。

④ 抗氧化，延缓衰老作用。

⑤ 促进人体对脂类物质的消化吸收，并参与胆汁酸盐代谢。

⑥ 提高免疫能力。能改善 T 细胞和淋巴细胞增殖等作用。

⑦ 其他。牛磺酸参与内分泌活动，对心血管系统有一系列独特的作用。牛磺酸能加强左心室功能，增强心肌收缩力，抗心律失常，防止充血性心力衰竭和降低血压。另据报道，牛磺酸还能预防脂肪及肝内胆汁郁滞；扩张胆管，促进胆汁分泌；能够中和细胞毒素，降低次级酸的毒性，保护肝细胞膜。因此，其具有良好的利胆、保肝和解毒作用；能够促进急性肝炎恢复正常；对四氯化碳中毒有保护作用，并抑制由此所引起的血清谷丙转氨酶的升高。此外，牛磺酸还可作为渗透压调节剂，参与胰岛素的分泌，降低血糖，扩张毛细血管，可治疗间歇性跛行，还能促进阿司匹林等药物在消化道的吸收。另有不少关于辅助抑制肿瘤的报道。

3. 制法

（1）天然品　将牛的胆汁水解，或将乌贼和章鱼等鱼贝类和哺乳动物的肉或内脏用水提取后，再浓缩精制而成。也可用水产加工中的废弃物（内脏、血和肉，与新鲜度无关）用热水萃取后经脱色、脱臭、去脂、精制后再经阳离子交换树脂分离，所得洗提液中的萃出物可达 66%～67%，再经酒精处理后结晶而得。

（2）合成品

① 二溴乙烷或二氯乙烷与亚硫酸钠反应后再与氨作用而成。

② 2-氨基乙醇与硫酸酯化后（或溴化后）加亚硫酸钠还原而成。

4. 安全性

曾用饲料量 5% 的牛磺酸进行大剂量动物饲养试验，无任何副作用。

五、鱼鳔胶

鱼鳔胶为鱼鳔的干制品。按制法不同，凡割开后干燥者称"片胶"，不割者称"筒胶"，由小的鱼鳔并压而成者称"长胶"。质量以片胶最好，呈椭圆形，淡黄色，半透明，有光泽。

1. 主要成分

鱼鳔胶主要成分为胶原蛋白、黏多糖等。

2. 生理功能

① 抗疲劳。能增强肌肉组织的韧性和弹力，增强体力，消除疲劳。

② 加强脑、神经和内分泌功能，防止智力减退、神经传导滞缓、反应迟钝。

③ 有养血、补肾、固精作用。可促进生长发育和乳汁分泌作用。与枸杞、五味子等合用，可缓解遗精、腰酸、耳鸣、头晕、眼花等肾虚症状。

3. 制法

以黄唇鱼、大黄鱼、鳗鱼等的鱼鳔为原料，经割开、清洗、铺平、干燥而成。也可在 7% 左右的明矾水中浸渍 20～30min，以促使其迅速脱水，然后晾干而成。

六、葛根

葛根是一种豆科葛属的药食两用植物（长约 60cm，直径 45cm）的块茎，主要分野葛和粉葛。野葛除西藏、青海、新疆外，各省均有生产；粉葛主要产于广西、广东，以栽培食用为主。

1. 主要成分

主要成分为葛根总黄酮（1.77%～12%，平均含 7.64%），包括各种异黄酮和异黄酮苷，另有葛香豆雌粉主要成分，葛苷Ⅰ、葛苷Ⅱ、葛苷Ⅲ，葛根苷，葛根皂苷，三萜类化合物，生物碱等。有较多淀粉（生葛约含 27%）。葛根素及其衍生物是葛根特有的生理活性物质，易溶于水。

2. 生理功能

① 抗疲劳作用和改善心脑血管的血流量。能使冠状动脉和脑血管扩张，增加血流量，降低血管阻力和心肌对氧的消耗，增加血液对氧的供给，抑制因氧的不足所导致的心肌产生乳酸的过程，从而达到抗疲劳作用。

② 改善血管微循环障碍。

③ 降低血压。

④ 抑制心律不齐。

⑤ 对高血糖有抑制作用，可减少血清胆固醇含量。

3. 安全性

① 葛根黄酮的 $LD_{50} > 1.6～2.1g/kg$（静脉注射，小鼠）。葛根素的 $LD_{50} > 1g/kg$（静脉注射，小鼠）。

② 大鼠每天经口 50～100g，无不良影响。

七、乌骨鸡

乌骨鸡含有多种营养成分，它的血清总蛋白及丙种球蛋白均高于普通肉鸡，乌骨鸡全粉水解后含有 18 种氨基酸，包括人体所必需的 8 种氨基酸，其中有 10 种氨基酸比普通肉鸡的含量高，乌骨鸡中还含有维生素 B_1、维生素 B_2、维生素 B_6、维生素 B_{12}、维生素 C、维生素 E 和烟酸等多种维生素。而且维生素 E、胡萝卜素、维生素 C 的含量也均高于普通肉鸡，它还含有钙、磷、铁、钠、氯、钾、镁、锌等。试验表明，乌骨鸡能增加体力，提高抗疲劳能力。

八、鹿茸

其水浸出物中含有大量胶质，灰质中含有钙、磷、铁、镁等。鹿茸精能提高机体的工作能力，降低肌肉的疲劳。

九、大枣

含有多种氨基酸、生物碱、丰富的维生素 C 及钙、磷、铁、钾等多种微量元素。

此外，缓解体力疲劳的物质还包括红花、山药、肉桂、红景天、枸杞子、丁香、何首乌、砂仁、熟地黄等。

思 考 题

1. 疲劳的概念是什么？
2. 疲劳的症状有哪些？
3. 疲劳的最主要生理本质是什么？
4. 具有缓解体力疲劳功能的物质有哪些？

第十二章

辅助降血压的功能性食品

主要内容

1. 影响高血压的发病因素。
2. 高血压的发病特点。
3. 高血压的危害。
4. 高血压的预防。
5. 具有辅助降血压功能的物质。

第一节 概 述

高血压是指收缩压或舒张压升高的一组临床症候群。正常成年人的收缩压为 12.0～18.7kPa（90～140mmHg），舒张压为 6.7～12.0kPa（50.4～90.2mmHg）。WHO 规定凡成年人收缩压达 21.3kPa（157mmHg）或舒张压达 12.7kPa（95.5mmHg）以上的即可确诊为高血压。作为现代文明病之一的高血压是目前最常见的心血管疾病，对人类健康具有极大的危害性。高血压存在着"三高"和"三低"的发病特点。"三高"是指发病率高、致残率高、死亡率高。发病率高，据 WHO 估测，全世界有 7 亿人患有高血压，中国的高血压患病人数已达 1.3 亿。据国外统计，高血压患者如得不到及时的治疗，50％死于冠心病，33％死于脑中风，10％～15％死于肾功能衰竭。"三低"是指知晓率低、服药率低、控制率低。知晓率低，通常被人们称之为无预兆的疾病，只有大约 35％的患者知道自己患有高血压；服药率低，主要是人们对高血压的危害未引起高度的重视，感觉不舒服就吃药，症状消失就停药，从而贻误终身；控制率低，调查显示，城市中仅有 4.1％、农村仅有 1.2％的高血压患者得到有效的控制。

一、高血压的发病机理

人的心脏就像一台泵，不停地将血液输入到动脉血管系统，血液在血管内流动时对血管壁产生的压力就称为血压，血压有动脉血压和静脉血压之分，人们经常说的是指动脉血压。高血压是指动脉血压高于正常值。

高血压分为原发性高血压和继发性高血压两种。继发性高血压是由于某些疾病引起的，如肾脏病、内分泌功能障碍、肾动脉狭窄、颅脑疾病等。继发性高血压通常仅占高血压患者的 10％左右，一般消除引起高血压的病因，高血压的症状即可消失。原发性高血压又称初发性或自发性高血压，发病原因尚未完全明确。这种类型的高血压患者占总数的 90% 左右，可能是遗传、性别、年龄、肥胖和环境等因素综合造成的。目前认为以下因素在高血压的发病机制中具有重要的作用。

1. 遗传因素

原发性高血压病是一种多基因的遗传疾病，其基因的表达很大程度上受环境的影响，其基因表达的调控机制有待进一步的研究。高血压有明显的家族遗传倾向。

2. 心排血量的改变

动脉血压水平主要依靠心排血量和外周血管阻力的调节，凡是能直接或间接导致心排血量增加和外周血管阻力增高的因素均可引起血压升高，反之，可使血压降低。此外，主动脉顺应性、血容量的改变等对血压也有调节作用。

3. 肾脏功能

肾脏是调节水、电解质、血容量和排泄体内代谢物质的主要器官，肾功能异常会导致水钠潴留和血容量增高，从而引起高血压。此外，肾脏还能分泌加压和降压的物质，因此肾脏在维持血压平衡方面具有重要的作用。

4. 细胞膜离子转运异常

通过对细胞膜两侧的钠离子和钾离子的浓度梯度的研究，发现原发性高血压患者存在着内向的钠、钾协同运转功能低下和钠泵受抑制，使细胞内的钠离子增加，后者不仅促进动脉管壁对血中某些收缩血管物质的敏感性增加，同时增加血管平滑肌细胞膜对钙离子的通透性，使血管中的钙离子增多，加强了血管平滑肌兴奋-收缩偶联，使血管收缩和（或）痉挛，导致外周血管的阻力增加和血压升高。

5. 血管张力增高、管壁增厚

目前认为，循环的自身调节失衡，导致小动脉和小静脉张力增高，是高血压发生的重要原因。高血压患者总外周血管阻力增高不仅与血管张力有关，还与其物质基础与血管组织结构改变密切相关，主要表现为血管壁增厚。管壁中层平滑肌细胞肥大、增生和阻力血管变得稀疏和减少。

6. 交感神经活性增加

交感神经主要分布于心血管系统，交感神经兴奋性增高释放的儿茶酚胺主要作用于心脏，可导致心率加快，心肌收缩力加强和心排血量的增加。作为交感神经的主要递质之一的去甲肾上腺素具有强烈收缩血管和升压作用，表明交感神经功能紊乱在高血压的发病机制中具有一定的作用。目前认为交感神经的活性增加主要参与原发性高血压早期的始动机制，而对高血压状态的长期维持作用不大。

7. 肾素-血管紧张素-醛固酮系统

本系统由一系列激素及相应酶组成，它在调节水、电解质平衡、血容量、血管张力、血压方面具有重要的作用。正常情况下，肾素、血管紧张素、醛固酮三者处于动态平衡中，相互反馈和抑制，当血管紧张素增多时可引起肾血管的收缩，增加近端肾小管中钠离子的重吸收，从而抑制肾素分泌。肾素可抑制醛固酮的分泌，而醛固酮过多反过来又会使肾素活性降低。在病理情况下，肾素-血管紧张素-醛固酮系统调节失衡可成为高血压发病的重要原因。

二、高血压的发病特点

1. 易发人群

（1）精神紧张的人　精神长期处于紧张状态是当今青年人患高血压的主要原因。精神长期高度紧张，易造成大脑皮层功能失调，影响交感神经和肾上腺素，促使心脏收缩加速，血输出量增多，导致血压升高。

（2）食盐多的肥胖者　肥胖和高盐摄入的人群易患高血压已得到国际社会的广泛认可。因此肥胖者应合理安排饮食，少食盐，控制体重。

（3）有吸烟嗜酒等不良习惯的人　虽然没有直接的证据证明吸烟嗜酒会导致高血压的发生，但对高血压患者的调查中发现有吸烟嗜酒等不良习惯的人占有相当大的比例。所以已有高血压倾向的人必须戒烟戒酒。

（4）糖尿病人。

2. 现代高血压的发病趋势

在大多数人的意识中，高血压是一种成人病，但近年来青少年高血压发病率却逐年增高，成为一个不容忽视的社会问题。造成青少年发病趋势增高的原因有以下几方面。

（1）遗传因素　研究表明只要祖父、祖母一代有高血压、冠心病、脑中风病史，该儿童的血压就会偏高，其中以脑中风影响最强。而父母一代又强于祖父母一代，一般家族史阳性儿童高血压患病率是阴性组的 3 倍左右。

（2）肥胖和超重　这是环境中最重要和最具决定性的因素，不同种族、年龄、性别均是如此。肥胖不仅使血压升高，而且还会使动脉粥样硬化提前发生，还会造成高血脂、糖尿病、脂肪肝。肥胖本身可使高血压的患病率提高 2～3 倍，但如与家族史阳性同时存在，则患病率不是简单相加而是相乘的关系。

（3）不良的膳食习惯　凡饮食习惯偏咸，偏高脂肪，低钙、钾、镁、纤维素者，血压都高，因此合理的膳食对青少年预防高血压具有重要的作用。

（4）吸烟等不良习惯　吸烟与高血压的发生关系虽然不是非常明确，但是吸烟者的总血清胆固醇及低密度脂蛋白升高，高密度脂蛋白降低，血小板的黏附性增高，聚集性增强，凝血时间缩短，血浆中纤维蛋白原浓度升高，这些都可促进动脉粥样硬化。而且吸烟可引起青年冠心病、早发肺癌已成定论。

三、高血压的危害

高血压是当今最大的流行病，是心脑血管疾病的罪魁祸首，具有发病率高、控制率低的特点。高血压的真正危害性在于对心、脑、肾的损害，造成这些重要脏器的严重病变。

1. 脑中风

脑中风是高血压最常见的一种并发症。中风最为严重的就是脑出血，而高血压是引起脑出血的最主要原因，人们称之为高血压性脑出血。高血压会使血管的张力增高，也就是将血管"绷紧"，时间长了，血管壁的弹力纤维就会断裂，引起血管壁的损伤。同时血液中的脂溶性物质就会渗透到血管壁的内膜中，这些都会使脑动脉失去弹性，造成脑动脉硬化。而脑动脉外膜和中层本身就比其他部位的动脉外膜和中层要薄。在脑动脉发生病变的基础上，当病人的血压突然升高，就会存在脑出血的可能。如果病人的血压突然降低，则会发生脑血栓。

2. 冠心病

冠心病是冠状动脉粥样硬化性心脏病的简称，是指冠状动脉粥样硬化导致心肌缺血、缺氧而引起的心脏病。血压升高是冠心病发病的独立危险因素。研究表明，$60\%\sim70\%$ 的冠状动脉粥样硬化病人有高血压，高血压患者的患病率较血压正常者高四倍。

3. 肾脏的损害

高血压危害最严重的部位是肾血管，会导致肾血管变窄或破裂，最终引起肾功能的衰竭。

4. 高血压性心脏病

高血压性心脏病是高血压长期得不到控制的一个必然结果，高血压会使心脏泵血的负担加重，心脏变大，泵的效率降低，出现心律失常、心力衰竭从而危及生命。

四、预防及辅助治疗高血压的膳食营养素

高血压是一种常见多发病，它的发生与发展受多种因素如遗传、种族、性别、饮食、环境等因素的影响。流行病学与临床营养学研究发现，饮食结构对高血压的发生与发展有重要关系。因此，研究不同营养素与高血压的关系，对预防高血压的发生及高血压的辅助治疗具有非常重大的意义。

1. 钠盐与高血压

（1）钠的生理作用与高血压的关系　关于钠与高血压的关系，现在已经十分明确。大量研究表明，钠摄入量过多是造成高血压的主要原因。钠的过量摄入，导致体内水钠潴留，而钠主要存在于细胞外，会使细胞外的渗透压增高，水分向外移动，细胞外液包括血液总量增多。血容量的增多会造成心输血量增大，血压增高。钠的摄入量与高血压、脑中风的发生率呈正相关。此外过量的钠会使血小板功能亢进，产生凝聚现象，进而出现血栓堵塞血管。

（2）高钠对健康的危害　虽然单纯的高血压引起的死亡率并不高，但高血压后期总是演变成中风进而导致死亡。食盐与胃癌的发病率也有密切的关系。大量的食盐摄入会对胃黏膜产生严重的腐蚀。膳食中食盐摄入量很高的人，很容易发生萎缩性胃炎，而萎缩性胃炎是胃癌的前期病变，食盐的摄入量与胃癌死亡率呈正相关。

降低食盐的摄取量不仅能预防高血压，减少因高血压所致中风的死亡率，还能降低钠盐所致的萎缩性胃炎及胃癌的死亡率。但又不能因为高钠的危害而限制必要的钠的供给，因为低钠同样会给身体造成损害。钠的缺乏在早期的症状不明显，当人体失去的钠达到 $0.75\sim1.2g/kg$（体重）时，可出现恶心、呕吐、视力模糊、心率加快、脉搏微弱、血压下降、肌肉痉挛、疼痛反应消失，进而淡漠、木僵、昏迷、休克、急性肾功能衰竭而死亡。

2. 钾、钙、镁与高血压

（1）钾与高血压　钾浓度稍高会使血管紧张素的受体减少，使血管不易收缩，从而使血压降低。同时，钾与钠有密切的关系。尽管钠的摄入量是决定血压的最重要因素，但膳食中的钠、钾比例变化在一定情况下也可影响血压。在限制钠盐的时候，如果发生血中钾浓度过低，要及时补充钾盐。限制钠盐补充钾盐比单独限制钠盐降低血压的效果要好，很多低钠盐中含有钾盐的成分。

（2）钙与高血压　钙是最为人熟知的一种能帮助促进牙齿和骨骼健壮的矿物质。现代医学发现钙水平的高低与高血压有一定的关系，临床治疗发现原发性高血压并伴有骨质疏松患者，在服用钙剂和维生素 D 后，血压稳定。不少人服用钙剂而减少了降压药的剂量，早期轻度高血压患者甚至可以停用降压药。

钙有广泛的生理功能，从流行病学和某些试验研究发现高血压可由缺钙引起。但是，钙究竟是升压还是降压因子仍有争论。

（3）镁与高血压　镁具有调节血压的作用，对中国不同居住区的饮水进行镁含量的测定发现，水中镁的含量与高血压、动脉粥样硬化性心脏病呈负相关。有报道称，加镁能降压，而缺镁时降压药的效果降低。脑血管对低镁的痉挛反应最敏感，中风可能与血清、脑、脑脊液低镁有关。镁保证钾进入细胞内并阻止钙、钠的进入。由此可见，钠、钾、钙和镁对心血管系统的作用是相互联系的。

3. 蛋白质、脂肪、维生素、膳食纤维与高血压

（1）蛋白质与高血压　适量摄入蛋白质。以往强调低蛋白饮食，但目前认为，除患有慢性肾功能不全者外，一般不必严格限制蛋白质的摄入量。高血压病人每日蛋白质摄入的量为1g/kg（体重）为宜，例如60kg体重的人，每日应摄入60g蛋白质。其中植物蛋白应占50％，最好用大豆蛋白，大豆蛋白虽无降压作用，但能防止脑中风的发生，可能与大豆蛋白中氨基酸的组成有关。每周还应吃2～3次鱼类蛋白质，可改善血管弹性和通透性，增加尿、钠排出，从而降低血压。此外，平时还应该常食用含酪氨酸丰富的物质，如脱脂奶、酸牛奶、奶豆腐、海鱼等。

（2）脂肪与高血压　膳食中脂肪，特别是动物性高饱和脂肪摄入过多，会导致机体能量过剩，使身体发胖、血脂增高、血液的黏滞系数增大、外周血管的阻力增大，从而造成血压的升高。不饱和脂肪酸能使胆固醇氧化，从而降低血浆胆固醇，还可延长血小板的凝聚，抑制血栓形成，预防中风。动物试验表明高血压患者血清亚油酸水平，在进食植物性食品多的人群中明显高于进食大量动物性食品的人群，说明动物性食品的升压机制可能与亚油酸相对缺乏有关。

（3）维生素与高血压　维生素C可以改善血管的弹性，抵抗外周阻力，有一定的降压作用，并可延缓因高血压造成的血管硬化的发生，预防血管破裂出血的发生。维生素E的抗氧化作用可以稳定细胞膜的结构，抑制血小板的聚集，有利于预防高血压的并发症——动脉粥样硬化的发生。B族维生素对于改善脂质代谢、保护血管结构和功能有益。

（4）膳食纤维与高血压　膳食纤维是来自植物的一类复杂化合物，具有多种生理功能，其中主要是影响胆固醇的代谢，因为肠内的膳食纤维可以抑制胆固醇的吸收。研究发现，血清胆固醇每下降1％，可使心血管疾病发生的危险率减少2％。动物试验表明，谷物的秸秆（如麦秆）能降低家兔的动脉粥样硬化，果胶能防止鸡的动脉粥样硬化。而动脉粥样硬化程度与冠心病密切相关。

此外，一些微量元素与血压的高低也有着密切的联系。某些酶的组成和神经传递过程都离不开微量元素的参与，对血压的调节也不例外。例如，硒能降低血压；镉能使血压升高，增加主动脉壁的脂质沉淀；铜缺乏可引起血管内壁的损伤，造成血中总胆固醇的升高。

五、良好生活习惯对高血压的预防作用

（1）戒烟，适量饮酒　研究表明，吸烟者的血清胆固醇及低密度脂蛋白升高，高密度脂蛋白降低，血小板的黏附性增高，聚集性增强，凝血时间缩短，这些都可促进动脉粥样硬化的发生。烟碱可兴奋交感神经等，使之释放儿茶酚胺，使心血管的功能和代谢发生变化，表现为吸烟后血浆中的肾上腺素等明显升高、周围血管及冠状动脉痉挛、血压升高、心率加快。因此，戒烟是预防高血压的必要措施。

尽管有研究表明少量饮酒会减少冠心病的发病危险，但是饮酒却与血压水平及高血压的

患病率呈直线关系。因此提倡高血压患者应戒酒，正常人群也应限量饮酒，避免长期过量饮酒。

（2）多参加体育运动　适当的体育运动可放松精神，减轻大脑的紧张，调节情绪，可使钾从肌细胞中释放出来。散步可使血浆中的钾浓度上升至 0.3～0.4mmol/L，中等运动导致钾浓度上升至 0.7～1.2mmol/L，极度运动导致钾浓度上升至 2.0mmol/L。运动使局部钾的浓度升高，其特殊的生理意义在于，它有扩张血管、增加血流、提供能量的作用。同时，运动可降低血小板聚集和血黏度，控制体重，降低血脂，预防动脉粥样硬化，稳定血压，降低血糖。要依据个人情况决定运动方式和运动量，以达到无病防病，有病延缓恶化，延长寿命，提高生活质量的作用。项目可选择爬楼梯、步行、慢跑、原地跑、骑自行车、太极拳、跳舞等。达到稍出汗、呼吸次数增多、脉搏次数小于 110 次/min 为宜。若出现运动后疲劳不易恢复、呼吸困难、步态不稳，为运动过量，应减少运动量。运动后切忌热水浴，应休息 15min 后再行温水浴，运动衣着要合适、保暖。感冒、发热时应暂停锻炼，避免竞争性运动。

（3）避免过度紧张，保持心情舒畅　当今社会，竞争日趋激烈，这使得人们生活在高度紧张的环境下。焦虑或精神紧张是人类共有的情绪反应，无论男女老幼，面对困难、压力或不明朗的情况时，都可能觉得焦虑、紧张或不安，这是正常的，也是有益的，因为这种反应可以提高警觉性、危机感，从而能更快速、更有效地应付挑战。但紧张过度或者长时间的紧张、焦虑，易造成大脑皮层功能失调，影响交感神经和肾上腺素，促使心脏收缩加速，导致血压升高。所以，我们必须时刻保持平衡的心态，给人以健康的形象，同时也有益身心健康。

第二节　具有辅助降血压功能的物质

高血压作为一种治愈率较低、致残率较高的常见多发病，给人们的生活、工作带来了一定的紧张感与恐惧感。但是，如果保持良好的饮食与生活习惯，高血压病还是可以预防的。

降血压功能性食品功效成分主要有黄酮（芦丁等），皂苷，降血压肽，不饱和脂肪酸，多糖，低聚糖类，维生素和钾、镁、硒等微量元素。

一、大豆低聚肽

1. 主要成分
主要由 2～10 个氨基酸组成的短链多肽和少量游离氨基酸组成。

2. 性状
白色至微黄色粉末，无豆腥味，无蛋白变性，遇酸不沉淀，遇热不凝固，易溶于水。

3. 生理功能
降低血压。抑制血管紧张素转换酶（ACE）的活性，可防止血管末梢收缩，从而达到降低血压的作用。

4. 制法
由大豆粕或大豆分离蛋白经蛋白酶酶解后，经膜分离以除去大分子肽和未水解的蛋白质后精制干燥而成。一般收率为 30%（大豆粕）～40%（大豆分离蛋白）。

二、杜仲叶提取物

1. 主要成分

主要成分为丁香树脂双苷和杜仲酸苷等。

2. 生理功能

降低血压。

3. 制法

采摘杜仲的叶子，于100℃热水中加热10min，取出，经干燥备用。或直接切碎后用含水乙醇提取，提取液经过滤、真空浓缩、冷冻干燥至含水量10%~15%。

4. 安全性

$LD_{50} > 5.64g/kg$（大鼠，经口）。

三、芸香苷提取物

1. 主要成分

主要成分为一种配糖体。糖苷配基为栎精，糖为鼠李糖和葡萄糖。

2. 性状

黄色小针状晶体或淡黄至黄绿色结晶性粉末，有特殊香气。遇光颜色转深，有苦味。熔点177~178℃。易溶于热乙醇和热丙二醇，微溶于乙醇，难溶于水，可溶于碱性水溶液。

3. 生理功能

有辅助降低血压作用。

4. 制法

可由各种原料用水或热乙醇浸提而得浸提物，浓缩后用溶剂将其他可溶性不纯物除去，再经乙醇、乙醚、热甲醇和热水多次结晶和活性炭精制而得高纯度物。

5. 安全性

$LD_{50} > 0.95g/kg$（小鼠，经口）。

四、茶氨酸

1. 理化性质及生物学功能

茶氨酸（L-theanine）是茶叶中特有的游离氨基酸，又称L-茶氨酸，化学名为谷氨酸-γ-乙基酰胺，占茶叶中游离氨基酸总量的50%以上，茶氨酸占干茶质量的0.6%~2%。味甜，茶氨酸在化学结构上与脑内活性物质如谷酰胺、谷氨酸相似，是茶叶中生津润甜的主要成分。茶氨酸含量因茶的品种、部位而变化。茶氨酸含量为新茶的0.6%~2%，其含量随发酵过程减少。

茶氨酸是1950年日本学者酒户弥二郎首次从绿茶中分离并命名的。它属酰胺类化合物，化学命名为N-乙基-L-谷氨酰胺，分子式为$C_7H_{14}N_2O_3$，CAS编号为3081-61-6。自然存在的茶氨酸均为L型，纯品为白色针状结晶，熔点为217~218℃（分解），易溶于水，水解度呈微酸性，有焦糖香及类似味精的鲜爽味，是茶叶鲜爽味的主要成分。茶氨酸的水溶液呈酸性，茶叶中泡出率约80%，在茶饮料中经121℃、5min或90℃、10min杀菌后保存一年，其含量也稳定。

不同的茶叶中茶氨酸含量不等，在中国六大主要茶类中以白茶含量最高，为3007.9mg/100g，其次绿茶为1944.7mg/100g，黄茶为1730.1mg/100g，红茶为1461.6mg/100g，青茶为627.4mg/100g，黑茶（普洱）仅为71.1mg/100g。茶氨酸有保护大脑及松弛神经功能，降血压功能，抗疲劳，改善睡眠和辅助抑制肿瘤作用。

一般认为人体血压的调节是受中枢和末梢神经递质——儿茶酚胺（catecholamine）及5-羟色胺分泌量的影响。研究证明茶氨酸能有效降低大鼠自发性高血压。茶氨酸的降压效果可能是来自对脑内中枢神经递质——5-羟色胺分泌量的调节作用。

2. 安全性

$LD_{50} > 5g/kg$（大鼠、经口）。

思 考 题

1. 什么是高血压？
2. 影响高血压的发病因素是什么？
3. 高血压的发病特点如何？
4. 高血压有什么危害？
5. 如何预防高血压？
6. 具有辅助降血压功能的物质有哪些？

第十三章

辅助降血脂的功能性食品

主要内容

1. 高脂血症的基本概念。
2. 高血脂对人体的危害。
3. 引起高血脂的因素。
4. 具有辅助降血脂功能的物质。

第一节 概 述

一、脂类分类与高脂血症的定义

1. 血浆中的脂类和脂蛋白

血浆中的脂类主要分为 5 种，甘油三酯、磷脂、胆固醇酯（cholesterol ester）、胆固醇及游离脂肪酸（free fatty acid）。除游离脂肪酸是直接与血浆白蛋白结合运输外，其余的脂类均与载脂蛋白结合，形成水溶性的脂蛋白转运。由于各种脂蛋白中所含的蛋白质和脂类的组成和比例不同，所以它们的密度、颗粒大小、表面电荷、电泳表现及其免疫特性均不同。脂蛋白的分离和测定常用蛋白电泳法和密度离心法，前者可将脂蛋白分为 α-脂蛋白、前 β-脂蛋白、β-脂蛋白和乳糜微粒（CM）；后者可将脂蛋白分为乳糜微粒、极低密度脂蛋白（VLDL）、低密度脂蛋白（LDL）和高密度脂蛋白（HDL）。

脂蛋白的外层由亲水的载脂蛋白、磷脂和少量的胆固醇构成，脂蛋白核心由甘油三酯和胆固醇酯或胆固醇构成。甘油三酯是构成乳糜微粒和极低密度脂蛋白的核心，胆固醇酯是构成低密度脂蛋白和高密度脂蛋白的核心。

2. 高脂血症和高脂蛋白血症

高脂血症（hyperlipidemia）是一种人体内脂质代谢紊乱，血浆或血清中总胆固醇（total cholesterol，TC）、甘油三酯（triglyceride，TG）和低密度脂蛋白胆固醇（low-density lipoprotein cholesterol，LDL-C）过高，高密度脂蛋白胆固醇（high-density lipoprotein cholesterol，HDL-C）偏低，一个或多个脂质水平异常的病症。血脂高于正常的上限称为高脂血症。血浆中的脂类几乎都是与蛋白质结合运输的，即脂蛋白被看成脂类在血液中运输的基本单位。因而高脂血症或高脂蛋白血症均能反映脂代谢紊乱的状况。WHO 建议将高脂蛋白血症分为六型，其脂蛋白和血脂变化见表13-1。在中国的各型高脂蛋白血症中以Ⅱ型和Ⅳ型发病率为高。

表 13-1 各种高脂蛋白血症血脂变化比较

分型	脂蛋白变化	血脂变化
Ⅰ（高乳糜微粒血症）	CM↑	TG↑,Chol 正常或稍↑
Ⅱa（高 β-脂蛋白血症）	LDL↑	Chol↑,TG 正常
Ⅱb（高前 β-脂蛋白血症）	LDL↑,VLDL↑	Chol↑,TG↑
Ⅲ（阔 β-带型）	VLDL↑	Chol↑,TG↑
Ⅳ（高前 β-脂蛋白血症）	VLDL↑↑	TG↑↑,Chol 正常或偏高
Ⅴ（高乳糜微粒和前 β-脂蛋白血症）	VLDL↑,CM↑	TG↑↑,Chol 正常或稍↑

注：TG 为甘油三酯；Chol 为胆固醇；↑表示升高；↑↑表示增高明显。

虽然动脉粥样硬化的病因尚不完全清楚，但高脂血症或高脂蛋白血症与动脉粥样硬化发生密切相关。高胆固醇或高密度脂蛋白血症是动脉粥样硬化的主要危险因素，而低密度脂蛋白也被认为是动脉粥样硬化的危险因素。20 世纪 80 年代以来大量的研究认为，氧化型低密度脂蛋白也是动脉粥样硬化的独立危险因素。

高甘油三酯是否为动脉粥样硬化的独立危险因素已经争论了很多年，目前大多数的研究认为甘油三酯是动脉粥样硬化的独立危险因素。

二、高血脂的危害

1. 高血脂对人群的危害

高脂血症属体内血脂代谢异常所致。因血脂过高诱发的动脉粥样硬化、冠心病、心肌梗死和脑血栓等心脑血管疾病已严重威胁人类健康。近年来，随着人们生活习惯和饮食习惯的改变，高脂血症发病率有明显增高趋势。而高脂血症也是动脉粥样硬化发生的重要危险因素之一，它可以引起严重的心血管和脑血管疾病，如高血压、冠心病、脑血管病等。此外，癌症、糖尿病等并发症也相继产生。

大量流行病学调查证明，血浆低密度脂蛋白（LDL）、极低密度脂蛋白（VLDL）水平的持续升高和高密度脂蛋白（HDL）水平的降低与动脉粥样硬化的发病率呈正相关。有研究表明：在血清总胆固醇<3.90mmol/L 的人群中未发现动脉粥样硬化性疾病。联合计划研究组（pooling project research group）对 8000 多名男性白人的研究表明：血清总胆固醇≥6.96mmol/L 的男性白人冠心病（CHD）的危险性是血清总胆固醇≤5.67mmol/L 的 2 倍。Framingham 的研究表明：血清总胆固醇≥8.06mmol/L 者发生冠心病的危险性比血清总胆固醇<4.9mmol/L 者增加几倍（表 13-2）。脂质研究所冠心病Ⅰ级预防实验（LRC-CPPT）的结果表明：血浆总胆固醇在 6.50～7.80mmol/L 的患者，总胆固醇每下降 1％，冠心病的危险性就减少 2％，高密度脂蛋白胆固醇（HDL-C）每升高 0.03mmol/L，冠心病死亡率或心肌梗死的危险性就减少近 5.5％。多因素干预试验（MRFIT）对 356222 名年龄在 35～57 岁男性随访 6 年的结果显示：血浆胆固醇浓度与冠心病死亡率及其危险程度呈正的曲线关系。如胆固醇水平为 5.20mmol/L，冠心病发病的相对危险度为 1.0，胆固醇水平在 3.90mmol/L 时的相对危险度约为 0.7，胆固醇水平在 6.50mmol/L 时则冠心病发病的相对危险度加倍，胆固醇水平在 7.80mmol/L 时冠心病发病的相对危险度则再加倍。血浆胆固醇水平与冠心病死亡率之间的曲线关系是因为病人动脉粥样硬化的严重

度虽然随着血浆胆固醇水平的升高呈线性加重，但冠心病发病的相对危险性需要到达一定的临界水平时才明显增加。

表 13-2　45～54 岁冠心病发病率与血清总胆固醇的关系

血清总胆固醇 /(mmol·L⁻¹)	CHD 发病率/(10000·年⁻¹)	
	男	女
≤4.91	56.8	17.6
4.94～5.3	64.8	19.1
5.33～5.69	73.4	20.8
5.72～6.08	84.2	22.6
6.11～6.47	95.9	24.5
6.50～6.86	109.3	26.6
6.89～7.25	124.4	28.9
7.28～7.64	141.6	31.4
7.67～8.03	161.1	34.1
≥8.06	183.2	37.0

高脂血症从发病原因上分为原发性高脂血症和继发性高脂血症两种。由于基因缺陷，受体、酶和载脂蛋白表达异常从而导致原发性高脂血症。继发性高脂血症多由糖尿病、高血压及肥胖等代谢性紊乱疾病引起，与年龄、性别、饮食结构有关。饮食结构的变化使得高脂血症发病率逐年上升。因此，积极预防高脂血症，降低心脑血管疾病发病率，越来越受到人们的重视。

长期控制血胆固醇在合适的水平，可预防动脉粥样硬化，降低血胆固醇可以减少动脉粥样斑块。高甘油三酯是动脉粥样硬化的危险因素，人们正在加深对它的认识。在整个血脂代谢中，富含甘油三酯的脂蛋白参与动脉粥样硬化的形成。

近年研究发现低密度脂蛋白被动脉壁细胞氧化修饰后具有一系列促进动脉粥样斑块形成的作用。氧化性低密度脂蛋白（oxidized low density lipoprotein, ox-LDL）是低密度脂蛋白的氧化产物，能够从多个途径导致并促进动脉粥样硬化的发生和发展，有强单核细胞趋化作用，使其聚集在一定部位，进入皮下。ox-LDL 对内皮细胞有细胞毒性作用，引起内皮细胞损伤；ox-LDL 抑制内皮细胞对血管平滑肌张力的调节；ox-LDL 刺激血管壁细胞表达血小板源性生长因子、白细胞介素-1 等，这些细胞因子促进平滑肌细胞（vascular smooth muscle cells, VSMC）增生并迁移至内皮下；ox-LDL 不能被正常低密度脂蛋白受体识别，能被巨噬细胞的清道夫受体识别而快速摄取。

最新的研究还发现，动脉粥样硬化损伤的各个时期都存在细胞凋亡，动脉粥样硬化斑块中凋亡的细胞主要是平滑肌细胞和巨噬细胞。平滑肌细胞的变化是动脉粥样硬化最重要的病理特征，它的增殖或凋亡都会对动脉粥样硬化的发展和转归有着重要的影响。Abello 等发现细胞凋亡的发生与氧自由基有关，氧化型低密度脂蛋白作为脂质氧自由基的携带者可以诱导细胞凋亡。

2. 高血脂对机体的影响

长期高脂血症（高胆固醇、高甘油三酯、高低密度脂蛋白胆固醇）是动脉粥样硬化的基础，脂质过多沉积在血管壁并由此形成血栓，导致血管狭窄、闭塞。而血栓表面的栓子也会脱落而阻塞远端动脉，栓子来源于心脏的称心源性脑栓塞。因此，高脂血症是缺血性中风的主要原因。此外，高血脂也可加重高血压，在高血压动脉硬化的基础上，血管壁变薄而容易破裂。为此，高脂血症也是出血性中风的危险因素。

动脉粥样硬化（Atherosclerosis，AS）是一种炎症性、多阶段的退行性复合性病变，会导致受损的动脉管壁增厚变硬、失去弹性、管腔缩小。由于动脉内膜聚集的脂质斑块外观呈黄色粥样，故称为动脉粥样硬化。

三、引起高血脂的因素

体内脂质代谢平衡的紊乱是引发高脂血症的主要原因。而体内血脂的调控主要为脂质代谢平衡的调控，包括胆固醇代谢平衡、甘油三酯代谢平衡和脂肪酸代谢平衡的调控。

人体胆固醇的来源主要是从食物中获取和体内合成。体内胆固醇的平衡主要受小肠吸收，内源性合成和在肝脏的转化、排泄的调控。通过对与脂肪消化吸收有关的酶活性的调节来抑制脂肪在体内的积累，达到降低血脂的目的。

在调节脂质代谢平衡方面，饮食成分在调节脂蛋白代谢方面起着重要的作用。而从调节机制的不同辅助降血脂的功能性食品可以分为三个方面，包括降低胆固醇、降低甘油三酯及抗氧化作用食品。

降低胆固醇作用的食品包括：①通过阻断体内胆固醇生物合成途径来辅助降血脂作用，例如，红曲类、植物甾醇类、水溶性膳食纤维、大蒜提取物、阿魏酸、生育三烯酚类等。②抑制酰基辅酶 A 胆固醇酰基转移酶（ACAT）途径来辅助降血脂作用，此抑制途径可以减少食物中胆固醇及随胆汁排泄的胆固醇在小肠的吸收，从而降低肝脏中胆固醇酯的生成及极低密度脂蛋白的分泌。山楂果实提取物能够抑制肠内 ACAT 活性，间接抑制胆固醇吸收。③抑制胆汁酸和胆固醇吸收途径来辅助降血脂作用。膳食中的某些纤维及多糖类可以结合胆固醇，在肠道中形成凝胶，从而减少胆固醇微粒形成。膳食中含有的木质素也会和胆汁酸结合，减少胆汁乳化作用，干扰肠道中脂质吸收，减缓其被吸收形成的乳糜微粒的作用，从而减少进入体内的脂质，降低体内胆固醇进而达到降血脂的作用。例如，香菇多糖、茶多糖、枸杞多糖、灵芝多糖等都具有显著的降血脂功效。含有植物甾醇的食物也能够通过抑制胆固醇形成胆盐微胶粒，与胆固醇竞争肠道吸收；还可以通过影响 ATP 结合转运蛋白活性，促进向体外排泄进而发挥降血脂功效。食物中含有多酚类物质如葡萄、绿茶、芦丁、槲皮素等能够降低血清中总胆固醇含量，增加胆固醇的排泄。蛋白和多肽类如大豆蛋白肽具有降血脂功效，但目前的机制还不清楚。脂肪酸类如亚油酸和 γ-亚麻酸可以与胆固醇结合成酯，然后降解为胆酸排出体外。④增加低密度脂蛋白受体活性。如儿茶素、表没食子儿茶素没食子酸酯、葡萄籽多酚、银杏黄酮、山楂黄酮、番茄红素、姜黄素、小檗碱、多廿醇也具有调控低密度脂蛋白受体的活性，从而具有辅助降血脂功能。⑤抑制胆固醇酯转移酶（CETP）活性。CETP 具有在脂蛋白之间转运中性脂肪的作用，因此可以使胆固醇酯从高密度脂蛋白向极低密度脂蛋白和低密度脂蛋白的净迁移。例如，大蒜中含硫化合物及从天然产物中分离一些 CETP 抑制剂、胆固醇衍生物、脂肪酸类、海洋产物及细菌真菌的发酵产物等均具有良好的降血脂效果。

四、营养防治原则

在平衡膳食的基础上控制总能量和总脂肪，限制膳食饱和脂肪酸和胆固醇，保证充足的膳食纤维和多种维生素，补充适量的矿物质和抗氧化营养素。

1. 控制总能量摄入，保持理想体重

能量摄入过多是肥胖的重要原因，而肥胖又是高血脂的重要危险因素，应该控制总能量的摄入，并适当增加运动，保持理想体重。

2. 限制脂肪和胆固醇摄入

限制饱和脂肪酸和胆固醇摄入，膳食中脂肪摄入量以占总热能 20％～25％ 为宜。饱和脂肪酸摄入量应少于总热能的 10％，适当增加单不饱和脂肪酸和多不饱和脂肪酸的摄入量。鱼类主要含 n-3 系列的多不饱和脂肪酸，对心血管有保护作用，可适当多吃。少吃含胆固醇高的食物，如猪脑和动物内脏等。胆固醇摄入量＜300mg/d。高胆固醇血症患者应进一步降低饱和脂肪酸的摄入量，并使其低于总热能的 7％，胆固醇摄入量＜200mg/d。

3. 提高植物性蛋白的摄入，少吃甜食

蛋白质摄入量应占总能量的 15％，植物蛋白中的大豆有很好的降低血脂的作用，所以应提高大豆及大豆制品的摄入。碳水化合物摄入量应占总能量的 60％左右，要限制单糖和双糖的摄入，少吃甜食和含糖饮料。

4. 保证充足的膳食纤维摄入

膳食纤维能明显降低血胆固醇，应多摄入含膳食纤维高的食物，如燕麦、玉米、蔬菜等。

5. 供给充足的维生素和矿物质

维生素 E 和很多水溶性维生素及微量元素具有改善心血管功能的作用，特别是维生素 E 和维生素 C 具有抗氧化作用，应多食用新鲜蔬菜和水果。

6. 适当多吃保护性食品

植物化学物质具有促进心血管健康的作用，鼓励多吃富含植物化学物的植物性食品，如洋葱、香菇等。

第二节 具有辅助降血脂功能的物质

一、小麦胚芽油

1. 主要成分

基本组成：棕榈酸 11％～19％、硬脂酸 1％～6％、油酸 8％～30％、亚油酸 44％～65％、亚麻酸 4％～10％、天然维生素 E 2500mg/kg、磷脂 0.8％～2.0％。

2. 生理功能

小麦胚芽油富含天然维生素 E，包括 α-、β-、γ-、δ-生育酚和 α-、β-、γ-、δ-生育三烯酚，均属 D 构型。天然维生素 E 无论在生理活性上还是在安全性上，均优于合成维生素 E（合成的只有 DL-α-生育酚一种），7mg 小麦胚芽油的维生素 E 其效用相当于合成维生素 E 200mg。故天然维生素 E 在美、日等国的售价约高出合成维生素 E 30％～40％，并将合成维生素 E 主要用于动物饲料。

天然维生素 E 主要功能有降低胆固醇、调节血脂、预防心脑血管疾病等。在体内担负氧的补给和输送，防止体内不饱和脂肪酸的氧化，控制对身体有害过氧化脂质的产生；有助于血液循环及各类器官的运动。另具有抗衰老、健身、美容、防治不孕、预防消化道溃疡、预防便秘等作用。

二、米糠油

1. 主要成分

米糠油中脂肪酸组成：14:0，0.6%；16:0，21.5%；18:0，2.9%；18:1，38.4%；18:2，34.4%；18:3，2.2%。另含磷脂、糖脂、植物甾醇、谷维素、天然维生素 E（91～100mg/100g）等。

2. 生理功能

米糠油富含不饱和脂肪酸、天然维生素 E 和谷维素，因此具有相应的生理功能，如降低血清胆固醇、预防动脉粥样硬化、预防冠心病。曾试验 100～200 人，每人食用米糠油 60g/d，一周后血清胆固醇下降 18%，为所有油脂中下降最多的；食用由 70% 米糠油加 30% 红花油组成的混合油，一周后血清胆固醇下降达 26%。

三、紫苏油

1. 主要成分

紫苏油为淡黄色油液，略有青菜味。碘值 175～194。含 α-亚麻酸 51%～63%，属 n-3 系列，在自然界中主要存在于鱼油（动物界）和紫苏油、白苏油（植物界）中。另含天然维生素 E 50～60mg/100g。

2. 生理功能

① 调节血脂，能显著降低较高的血清甘油三酯，通过抑制肝内 HMC-CoA 还原酶的活性而抑制内源性胆固醇的合成，以降低胆固醇，并能增高有效的高密度脂蛋白的含量。

② 抑制血小板聚集和血清素的游离，从而抑制血栓疾病（心肌梗死和脑血管栓塞）的发生。

③ 与其他植物油相比，可降低临界值血压（约10%），从而预防出血性脑中风（可使雄性脑中风的动物寿命延长 17%，雌性 15%）。

④ 由于降低了高血压的危害，对非病理模型普通大鼠的寿命比对照组可高出 12%。

四、沙棘（籽）油

1. 主要成分

沙棘（籽）油包含亚油酸、γ-亚麻酸等多不饱和脂肪酸，维生素 E，植物甾醇，磷脂，黄酮等。基本组成：棕榈酸 10.1%，硬脂酸 1.7%，油酸 21.1%，亚油酸 40.3%，γ-亚麻酸 25.8%。

沙棘种子含油 5%～9%，其中不饱和脂肪酸约占 90%。

2. 生理功能

① 调节血脂功能。能明显降低外源性高脂大鼠血清总胆固醇，4 周后下降 68.63%，并使血清组氨酸脱羧酶（HDC）和肝脏脂质有所提高。

② 调节免疫功能。能显著提高小鼠巨噬细胞的吞噬百分率和吞噬指数，增强巨噬细胞溶酶体酸性磷酸酶非特异性酯酶活性，有增强巨噬细胞功能的作用。

五、葡萄籽油

1. 主要成分

葡萄籽油含棕榈酸 6.8%，花生酸 0.77%，油酸 15%，亚油酸 76%，总不饱和脂肪酸约 92%，另含维生素 E 360mg/kg，β-胡萝卜素 42.55mg/kg。在巴西可作为甜杏仁油的代替品，是很好的食用油。

2. 生理功能

葡萄籽油预防肝脂和心脂沉积，抑制主动脉粥样斑块的形成，清除沉积的血清胆固醇，降低低密度脂蛋白胆固醇。同时提高高密度脂蛋白胆固醇。葡萄籽油还可防治冠心病，延长凝血时间，减少血液还原黏度和血小板聚集率，防止血栓形成，扩张血管，促进人体前列腺素的合成。另有营养脑细胞、调节植物神经等作用。

六、深海鱼油

1. 主要成分

深海鱼油指常年栖息于100m以下海域中的一些深海大型鱼类（如鲑鱼、三文鱼），也包括一些海兽（如海豹、海狗）等的油脂，其中主要的功能成分为EPA和DHA等多不饱和脂肪酸。

2. 生理功能

① 调节血脂。其中DHA等多烯脂肪酸与血液中胆固醇结合后，将高比例的胆固醇带走，以降低血清胆固醇。抑制血小板聚集，防止血栓形成，还可预防心血管疾病及中风。

② 提高免疫调节能力。

七、玉米（胚芽）油

1. 主要成分

玉米（胚芽）油主要由各种脂肪酸酯所组成。含不饱和脂肪酸约86%，亚油酸38%～65%，亚麻酸1.2%～1.5%，油酸25%～30%，不含胆固醇，富含维生素E（脱臭后约含0.08%）。

2. 生理功能

① 调节血脂。所含大量的不饱和脂肪酸可促进粪便中类固醇和胆酸的排泄，从而阻止体内胆固醇的合成和吸收，以避免因胆固醇沉积于动脉内壁而导致动脉粥样硬化。曾以玉米（胚芽）油60g/d饲实验动物，一周后血清胆固醇下降16%，而食用大豆油、芝麻油者仅下降1%，食用猪油者上升18%。

② 因富含维生素E，玉米（胚芽）油可抑制由体内多余自由基所引起的脂质过氧化作用，从而达到软化血管的作用。另对人体细胞分裂、延缓衰老有一定作用。

八、燕麦麦麸和燕麦-β-葡聚糖

1. 主要成分

燕麦（avena sativa）麦麸中含有一种β-(1-4)-和部分（约1/3）β-(1-3)-糖苷键连接的（含量约5%～10%）β-葡聚糖，是燕麦麦麸中特有的水溶性膳食纤维，有明显降低血清胆固醇的作用。该β-葡聚糖是燕麦胚乳细胞壁的重要成分之一，是一种长链非淀粉的黏性多糖。

2. 生理功能

① 美国加利福尼亚大学药学院于1988年3月报道，每天饲燕麦麸34g给实验动物共72d，1个月后，血清胆固醇平均下降5.3%。

② 1988年美国西北大学药学部公共卫生学L. VanHorn等，对208名30～65岁的高血脂患者每天给以34～40g燕麦麸粉12周，胆固醇含量平均下降9.3%（低脂肪饮食者下降6.3%）。

③ 有人用含燕麦麦麸20%或燕麦纤维5%的饲料饲养高脂血症大鼠，发现两者均可显著下降血中劣质血脂（总胆固醇、甘油三酯、低密度脂蛋白胆固醇）及过氧化脂质水平，可

提高优质血脂（高密度脂蛋白胆固醇）水平，降脂的功能因子为燕麦纤维、亚油酸及皂苷等。

九、大豆蛋白

1. 主要成分

大豆蛋白 90% 以上为大豆球蛋白，其中主要为 11S 球蛋白（相对分子质量约 35 万）和 7S 球蛋白（相对分子质量约 17 万）。

由于大豆蛋白中同时存在有大豆异黄酮，如蛋白质纯度很高的大豆分离蛋白，每 40g 约含大豆异黄酮 76mg。

2. 生理功能

大豆蛋白能调节血脂，降低胆固醇和甘油三酯。大豆蛋白能与肠内胆固醇类相结合，从而妨碍固醇类的再吸收，并促进肠内胆固醇排出体外。已知大豆蛋白与胆固醇之间有如下关系。

① 对胆固醇含量正常的人，大豆没有促进胆固醇下降的作用（一定量的胆固醇是人体维持生命的必要物质）。

② 对胆固醇含量偏高的人，有降低部分胆固醇的作用。

③ 对胆固醇含量正常的人，如食用含胆固醇量高的蛋、肉、乳类等食品过多时，大豆蛋白有抑制胆固醇含量上升的作用。

④ 可降低总胆固醇中有害胆固醇中低密度脂蛋白和极低密度脂蛋白胆固醇，但不能降低有益胆固醇高密度脂蛋白胆固醇。经研究，食用大豆蛋白后，血清中胆固醇浓度降低 9.3%，低密度脂蛋白胆固醇降低 12.9%，血清中甘油三酯浓度降低 10.5%，而血清中高密度脂蛋白胆固醇浓度增加了 2.4%。由于胆固醇浓度每降低 1%，患心脏病的危险性就降低 2%～3%。因此可以认为，食用大豆蛋白可使患心血管疾病的危险性降低 18%～28%。

此外，大豆蛋白对胆固醇的降低作用与胆固醇的初始浓度高度相关。食用大豆蛋白后，对于胆固醇浓度正常的人，低密度脂蛋白胆固醇只降低 7.7%，而对血清胆固醇浓度严重超标的人，低密度脂蛋白胆固醇降低了 24%。正常人食用大豆蛋白不会有任何顾虑，而胆固醇浓度越高，大豆蛋白的降低效果越显著。并且只要每天食用大豆蛋白 25g 左右，就足以达到降低胆固醇的作用。

十、银杏叶提取物

1. 主要成分

银杏叶提取物主要成分为银杏黄酮类、银杏（苦）内酯、白果内酯及另含有害物质的银杏酸。

2. 生理功能

① 降血脂。通过软化血管、消除血液中的脂肪，降低血清胆固醇。

② 改善血液循环。能增加脑血流及改善微循环，这主要由于它所含的银杏内酯具有抗血小板激活因子 PAF 的作用，能降低血液黏稠度和红细胞聚集，改善血液的流变性。

③ 消除自由基保护神经细胞。有消除羟自由基、超氧阴离子和一氧化氮，抑制脂质过氧化的作用，其作用比维生素 E 更持久。

3. 食品安全学评价

① $LD_{50} > 5g/kg$（小鼠，经口）。

② 家兔与荷兰猪按 200mg/kg 腹腔及静脉注射进行亚急性毒性试验，对成长、组织及血液学检查，均无异常。

③ 少数人有恶心、腹胀、口渴、头晕、皮肤过敏等反应，但对血象、肝功能、肾功能均无影响。

十一、山楂

1. 主要成分

山楂的主要成分为山楂黄酮类，包括金丝桃苷（hyperoside）、槲皮素（quereitin）、牡荆素（vitexin）、芦丁、表儿茶素等；另有绿原酸、熊果酸（ursolic acid）等。

2. 生理功能

① 调节血脂作用。能显著降低血清总胆固醇（$P < 0.001$），增加胆固醇的排泄。山楂核醇提取物可降低总胆固醇 33.7%～62.8%，低密度和极低密度脂蛋白胆固醇 34.4%～65.6%，减少胆固醇在动脉壁上的沉积。

② 调节血压作用。山楂的乙醇提取液有较持久的降压作用。

③ 免疫调节作用。能明显提高家兔血清溶菌酶的含量及血凝抗体滴度，提高 E-玫瑰花环形成率（$P < 0.01$）、提高 T 淋巴细胞转化率。

3. 食品安全学评价

槲皮素的食品毒理学数据如下。

① 人低剂量静脉注射没有显著毒性。

② $LD_{50} > 160mg/kg$（小鼠，经口），$LD_{50} > 100mg/kg$（皮下注射）。低剂量槲皮素对大鼠无毒性。

③ 没有致畸作用；对沙门菌优质突变活性。

十二、绞股蓝皂苷

1. 主要成分

属绞股蓝总皂苷的共约有 80 余种，其中有一部分分别为人参皂苷 Rb_1、Rb_3、Rd，人参二醇，2α-羟基人参二醇，2α-19-二羟基-12-脱氧人参二醇等。

2. 生理功能

① 调节血脂作用。用 3.6%绞股蓝水提取液对 42 名高血脂者试食 1 个月，血清胆固醇和甘油三酯明显降低，而高密度脂蛋白胆固醇有所提高。

曾用高脂饲料诱发大鼠患高脂血症，用绞股蓝总皂苷 100mg/(kg·d) 混入饲料中饲养 7 周后，血中总胆固醇平均由 159mg/dL 降至 107.9mg/dL，甘油三酯由 234.4mg/dL 降至 153.6mg/dL，差别有显著性（$P < 0.05$）；另一组用 500mg/(kg·d) 饲养 7 周，血脂水平全部恢复至正常水平。

② 免疫调节作用。增加幼鼠脾和肾上腺质量，提高腹腔巨噬细胞的吞噬能力，对环磷酰胺所致的粒细胞减少有升高作用。能使肺泡巨噬细胞的体积明显增大，吞噬消化能力显著加强。用以喂养 90d 的大鼠，其 T 淋巴细胞数显著增加。皮下注射可提高细胞白细胞介素-2（IL-2）的产生。

对体液免疫功能方面，用 300mg/kg 的量给小鼠灌胃，能显著提高其血清免疫球蛋白 IgG 和 IgM 的含量。100～200μg/mL 能促进 NK 细胞活性，用 400mg/kg 的量灌胃，可明显抑制 NK 细胞活性。

3. 食品安全学评价

① $LD_{50} > 4.5g/kg$（小鼠，灌胃）或 $LD_{50} > 1.85g/kg$（大鼠，腹腔注射）。

② 以 $8g/(kg \cdot d)$ 对大鼠连续喂食 30d，一般情况下体重增长，进食量、血、尿常规及病理组织学检查，均未见异常。$4g/(kg \cdot d)$ 对大鼠连续喂食 90 天，同样无异常。

③ Ames 试验、畸变试验、致突变试验，均阴性。

思 考 题

1. 什么是高脂血症？
2. 脂类主要有哪几种？
3. 高血脂对人体有哪些危害？
4. 引起高血脂的因素有哪些？
5. 具有辅助降血脂功能的物质有哪些？

第十四章

改善营养性贫血的功能性食品

主要内容

1. 贫血分类和原因。
2. 贫血患者机体各系统的临床症状。
3. 具有改善营养性贫血的物质。

第一节 概　述

　　贫血是指全身循环血液中红细胞的总容量、血红蛋白和红细胞压缩容积减少至同地区、同年龄、同性别的标准值以下而导致的一种症状。而营养性贫血是指由于某些营养素摄入不足而引起的贫血，它包括缺乏造血物质铁引起的小细胞低色素性贫血和缺乏维生素 B_{12} 或叶酸引起的大细胞正色素性贫血。缺铁性贫血是营养性贫血最常见的一种。非营养性贫血则包括：骨髓干细胞生成障碍；由于白血病细胞、癌细胞等转移至骨髓而使骨髓造血空间缩小；由于消化性溃疡、消化道出血、痔、子宫肌瘤及出血素质引起的急性或慢性贫血；寄生虫病、药物及自身免疫性溶血等引起的贫血等。

　　贫血不是一种独立的疾病，而是一种多发的、常见的病理现象。血液中的红细胞和血红蛋白的生成需要营养素作为原料。WHO确定的贫血标准为血红蛋白量成年男性低于 $12g/L$，成年女性低于 $11g/L$，孕妇低于 $10g/L$，7 岁以下儿童低于 $11g/L$。贫血早期和常见的表现有疲倦、乏力、头昏、耳鸣、记忆力减退、注意力不集中等，而皮肤苍白、面色无华是贫血最常见的客观体征。但凭皮肤颜色判断贫血常有误差，一般以口唇黏膜及指甲颜色来判断较为可靠。贫血病人常伴有心悸、心率加快、活动后气促、食欲不振、恶心、腹胀等症状，严重者可发生踝部浮肿、低热、蛋白尿、闭经和性欲减退等。据WHO调查，全世界约有 20 亿贫血患者。贫血对人体健康危害很大，而对生长发育较快的胎儿、婴幼儿和少年儿童危害更大。患贫血后，婴幼儿会出现食欲减退、烦躁、爱哭闹、体重不增、发育延迟、智商下降等现象，学龄儿童则会出现注意力不集中、记忆力下降、学习能力下降等现象。

一、贫血的分类及原因

1. 贫血的分类

（1）根据红细胞的形态特点分类

① 大细胞性贫血，如巨幼红细胞性贫血。

② 正常细胞性贫血，如再生障碍性贫血、溶血性贫血。

③ 小细胞低色素性贫血，如缺铁性贫血、地中海贫血。

④ 单纯小细胞性贫血，如慢性感染性贫血。

（2）根据贫血的病因和发病机制分类

① 红细胞生成减少。红细胞生成障碍的再生障碍性贫血；慢性肾病所致的肾性贫血；造血物质缺乏导致的贫血，如缺铁引起的缺铁性贫血，维生素 B_{12}、叶酸缺乏引起的巨幼红细胞性贫血。

② 红细胞破坏过多。由于红细胞破坏过多，致使红细胞寿命缩短引起的贫血，称为溶血性贫血。常见的有地中海性贫血、自身免疫性溶血性贫血。

③ 出血。出血导致血液的直接损失，进而导致贫血。如溃疡或肿瘤引起的消化道出血等。

2. 贫血发生的原因

目前临床上比较多见的贫血有缺铁性贫血、巨幼红细胞性贫血、再生障碍性贫血、溶血性贫血。

（1）缺铁性贫血 缺铁性贫血是由于体内储铁不足和食物缺铁，影响血红蛋白合成的一种小细胞低色素性贫血。缺铁性贫血的发生率甚高。WHO 调查显示全世界有 10％～30％ 的人群有不同程度的缺铁。男性发生率约 10％，女性大于 20％。亚洲发生率高于欧洲。缺铁性贫血在婴儿、幼儿、青春期女青年、孕妇及乳母中发生率较高。婴幼儿尤其是非母乳喂养者，由于牛乳中铁的含量低，导致铁的摄入不足；生长发育期儿童代谢旺盛，对铁的需要量增加；妇女月经出血过多，易造成铁的丢失；孕妇和乳母摄入的铁不但要满足机体代谢的需要，还要满足胎儿及婴儿生长发育的需求，这些都极有可能造成缺铁性贫血的发生。归纳起来，造成缺铁的原因有铁的摄入不足、铁的丢失过多、铁的需要量增多、铁的吸收障碍、铁的利用率不高。

（2）巨幼红细胞性贫血 巨幼红细胞性贫血是由于体内维生素 B_{12} 和叶酸缺乏引起的大细胞性贫血。这种贫血的特点是红细胞核发育不良，成为特殊的巨幼红细胞。本病多见于 20～40 岁孕妇和婴儿，临床主要表现为贫血及消化道功能紊乱。引起维生素 B_{12} 和叶酸缺乏的原因是有铁的摄入不足和需要量增加；吸收不足；长期服用影响叶酸吸收与利用的药物；肠道细菌和寄生虫夺取维生素 B_{12}。

（3）再生障碍性贫血 再生障碍性贫血是由于生物、化学、物理等因素引起的造血组织功能减退、免疫介导异常、骨髓造血功能衰竭的症状。其临床表现为进行性贫血、出血、感染等症状。根据其临床发病的情况、病情、病程、严重程度、血常规等分为急性再生障碍性贫血和慢性再生障碍性贫血两种。急性再生障碍性贫血多见于儿童，起病急，有明确的诱因。起病时贫血不明显，但随着病程的延长出现进行性贫血。起病原因多为感染、发热，表现为口腔血泡、齿龈出血、眼底出血等，约半数患者可出现颅内出血，愈后不佳。慢性再生障碍性贫血成人发生率较高，起病缓慢，多以贫血发病，贫血呈慢性过程。合并感染者较少，以皮肤出血点多见，愈后较好。本病的发生通常与以下因素有关：骨髓基质或微环境缺陷、免疫机能受到抑制、生长因子缺乏、骨髓造血干细胞缺陷或异常等。

（4）溶血性贫血 溶血性贫血是指红细胞寿命缩短、破坏加速、骨髓造血功能代偿增生不足以补偿细胞的损耗引起的贫血。血循环中正常细胞的寿命约 120d，衰老的红细胞被不断地破坏与清除，新生的红细胞不断由骨髓生成与释放，维持动态平衡。溶血性贫血时，红细胞的生存空间有不同程度的缩短，最短的只有几天。当各种原因引起的红细胞寿命缩短、破坏过多、溶血增多时，如果原来的骨髓造血功能正常，骨髓的代偿性造血功能可比平时增加 6～8 倍，可以不出现贫血，这种情况叫"代偿性溶血病"。如果代偿性造血功能速度比不上溶血的速度，则会出现贫血的症状。溶血性贫血分为先天性（遗传性）和后天获得性两大类。临床上多按发病机制分为红细胞内部异常所致的溶血性贫血（如遗传性红细胞膜结构和功能异常、遗传性红细胞内酶缺乏等）和红细胞外部异常所致的溶血性贫血（如大面积烧伤、中毒、感染等）。

二、贫血患者机体各系统的临床症状

1. 血管系统的表现

体力活动后感到心悸、气促，是贫血患者在血管系统中最常见的症状。贫血严重或有心力衰竭时，即使在休息时也会出现心悸、气促。有冠状动脉病变的病人可出现心绞痛。有些病人平时无心绞痛，但由于贫血而加重心肌的缺血程度，则可发生心绞痛。体检时，在心底或心尖区常可听到柔和的收缩中期杂音。慢性贫血患者心脏常常扩大。贫血纠正后，杂音和心脏扩大均可消失。贫血较严重时可出现"高输出状态"。"高输出状态"的临床特点是颈静脉扩张，压力增高。心肌代偿功能不足时，可出现充血性心力衰竭。常见的心电图改变有 S-T 段降低，T 波变平或倒置，QRS 波大多正常。当贫血得到纠正时，上述心电图改变可恢复正常。

2. 神经系统的表现

贫血严重时，神经系统症状也多见，尤其是老年患者。常见的症状有头晕、头痛、耳鸣、眼花、眼前出现黑点或"冒金星"、精神不振、倦怠嗜睡、注意力不易集中、反应迟钝、手脚发麻、发冷或有针刺感等。贫血严重者可发生昏厥。贫血如急剧发生，患者常烦躁不安。

3. 消化系统的表现

食欲不振是最常见症状之一。也可出现腹胀、恶心、便秘。有时可有舌痛、舌苔光滑。贫血严重者，肝脏可有轻度肿大，发生心力衰竭时尤其明显，并常有压痛。

4. 泌尿生殖系统的表现

严重贫血患者尿中可出现少量蛋白，尿浓缩功能轻度降低，但除了本来就有肾脏疾病外，一般不会引起血液尿素氮增高。发生急性血管内大量溶血时，尿色可呈红茶或酱油样颜色（血红蛋白尿），如果同时有循环衰竭，可发生少尿、无尿和急性肾功能衰竭。此外，贫血还会造成性欲改变及女性月经失调。

三、饮食与贫血

在物质极大丰富的今天，为什么还存在这样严重的营养问题呢？专家认为，这主要是由于我国膳食是以植物性膳食为主，人体铁摄入量 85％ 以上来自植物性食品，而植物性食品中的铁在人体的实际吸收率很低，通常低于 5％。同时植物性食品中还有铁吸收的抑制因子，如植酸、多酚等物质，可以强烈抑制铁的生物吸收和利用，这可能是我国贫血高发的主要原因。另外，我国居民营养知识的贫乏，不能正确选择富铁和促进铁吸收利用的食物，也是导致铁营养缺乏的重要原因。

1. 牛奶引起的婴幼儿贫血

以牛奶喂养的婴幼儿如果忽视添加辅食，常会引起缺铁性贫血和巨幼红细胞性贫血，即"牛奶性贫血"。其原因是牛奶中铁含量距婴儿每天需要量相差甚大。同时，牛奶中铁的吸收率只有 10％，因为铁的吸收和利用有赖于维生素 C 的参与，而牛奶中维生素 C 的含量却极少。因此，在由于母乳缺乏需要牛奶喂养时，要及时添加辅食，多吃五谷杂粮、新鲜蔬菜、肉、蛋等副食品。

2. 饮茶引起的贫血

科学研究证明，茶中含有大量的鞣酸，鞣酸在胃内与未消化的食物蛋白质结合形成鞣酸盐，进入小肠被消化后，鞣酸又被释放出来与铁形成不易被吸收的鞣酸铁盐，妨碍了铁在肠道内的吸收，形成缺铁性贫血。因此，嗜茶成瘾的人应适当减少饮茶量，防止发生缺铁性贫血。

3. 食黄豆过多引起的贫血

食黄豆及其制品过多会引起缺铁性贫血，这是因为黄豆的蛋白质能抑制人体对铁元素的吸收。有关研究结果表明，过量的黄豆蛋白可使正常铁吸收量的90%被抑制。所以，专家们指出，摄食黄豆及其制品应适量，不宜过多。

除饮食外，运动也极易造成贫血。这主要见于长期从事体育运动的人，其原因一是由于剧烈运动使体内代谢产物——乳酸大量生成，引起 pH 下降，从而加速了红细胞的破坏和血红蛋白的分解；二是运动中大量出汗，使造血原料铁的成分大量丢失；三是运动的机械作用，使机体某些部分受到压迫，产生血尿。如发生了运动性贫血，要及时减少运动量或暂停运动，并给予铁剂治疗。

四、膳食营养素

1. 铁与营养性贫血

铁是研究最多和了解最深的人体必需微量元素之一，但同时铁缺乏又是全球特别是发展中国家最主要的营养问题之一。体内铁分为功能性铁和储存性铁两种，大多数功能性铁以血红素蛋白质的形式存在，即带有铁卟啉辅基的蛋白质。血红素最基本结构是中间带有一个铁原子的原卟啉，最重要的是血红蛋白。储存性铁有铁蛋白和血铁黄素。

（1）铁的转运机制　血红蛋白分解的铁或由肠吸收的铁转运到组织都依靠血浆的运输蛋白质——运铁蛋白来完成。当体内红细胞死亡后，被体内网状内皮系统中的吞噬细胞吞噬，然后将铁转移给血浆中的运铁蛋白，运铁蛋白将其转运到骨髓用于新的红细胞生成或其他组织。因此，红细胞中血红蛋白中铁可反复用于新的红细胞生成或其他组织。运铁蛋白受体对运铁蛋白的亲和力在不同组织中似乎是恒定的。但不同组织细胞表面的受体数目是不同的，有的组织如红细胞系统的前体、胎盘和肝脏含大量运铁蛋白的受体，其摄取铁的能力较高。体内各种细胞通过调节其表面的运铁蛋白受体的数目来满足自身铁的需要。这个系统调节着体内铁的吸收与排泄，这也意味着当体内处于缺铁性贫血的代谢时，将牺牲相对不重要的组织以保证更重要组织铁的需要。

（2）铁的吸收及影响因素　按吸收的机制，一般把膳食中的铁分为两类：血红素铁和非血红素铁。铁的吸收主要是在小肠，而在肠黏膜上吸收血红素铁和非血红素铁的受体是两种不同的受体。

① 血红素铁的吸收。血红素铁经特异受体进入小肠黏膜细胞后，卟啉环被血红素加氧酶破坏，铁被释放出来，此后与吸收的非血红素铁成为同一形式的铁，共用黏膜浆膜侧同一转运系统离开黏膜细胞进入血浆。血红素铁主要来自肉、禽和鱼的血红蛋白和肌红蛋白。在发达国家每日膳食中肉及肉制品中血红素铁1～2mg，占总膳食铁的10%～15%。在发展中国家膳食中血红素铁很少。与非血红素铁相比，血红素铁受膳食因素的影响较小。当铁缺乏时血红素铁吸收率可达40%，不缺乏时为10%，当有肉存在时为25%。钙是膳食中可降低血红素铁吸收的因素。

② 非血红素铁的吸收. 非血红素铁基本上由铁盐组成，主要存在于植物和乳制品，占膳食铁的绝大部分，特别是发展中国家膳食中非血红素铁占膳食总铁的 90% 以上。并且，只有二价铁才能通过黏膜细胞被吸收。

非血红素铁受膳食影响极大。用放射性 ^{55}Fe 或 ^{59}Fe 示踪技术及稳定性同位素 ^{58}Fe 或 ^{57}Fe 示踪技术研究都发现，无机盐形成的铁可以很快进入非血红素铁池内。可用此技术研究膳食影响非血红素铁吸收的因素。膳食中抑制非血红素铁吸收的物质有植酸、多酚、钙等。

a. 植酸。植酸是谷物、种子、坚果、蔬菜、水果中以磷酸盐和矿物质储存形式的六磷酸盐。在发酵和消化过程中降解为肌醇三磷酸盐。肌醇三磷酸盐的抑制作用与肌醇结合的磷酸盐基团总数有关，其他磷酸盐对非铁血红素铁无抑制作用。抗坏血酸可部分拮抗这种作用。

b. 膳食纤维。实际上膳食纤维几乎不影响铁的吸收。但富含膳食纤维的食物往往植酸含量很高，影响的主要作用还是植酸。

c. 酚类化合物。所有植物中都含有酚类化合物，已知就有近千种，实际上只有很少一部分对血红素的吸收有抑制作用。茶、咖啡、可可及菠菜等此酚类化合物含量较高，可明显抑制非血红素铁的吸收。

d. 钙。钙盐或乳制品中的钙可明显影响铁的吸收，对血红素铁和非血红素铁的抑制作用强度无差别。一杯奶（165mg Ca）可使铁吸收降低 50%，机制尚不清楚。实验表明，作用点在黏膜细胞内血红素铁和非血红素铁共同的转运过程。最近剂量反应关系分析表明，一餐中先摄入的 40mg Ca 对铁吸收无影响。摄入 300~600mg Ca 时，其抑制作用可高达 60%。同时，铁和钙存在竞争性结合。

e. 大豆蛋白。膳食中加入大豆蛋白可降低铁的吸收，机制尚不清楚，这种抑制作用不能用植酸解释。考虑到大豆蛋白中铁含量较高，总的作用可能还是正向的。

（3）铁缺乏　铁缺乏或铁耗竭是一个从轻到重的渐进过程，一般可分为三个阶段。第一阶段仅有铁储存减少，表现为血清铁蛋白测定结果降低。此阶段还不会引起有害的生理学后果。第二阶段的特征是因缺乏足够的铁而影响血红蛋白和其他必需铁化合物生成的生化改变，但还无贫血发生，此阶段以运铁蛋白饱和度下降或红细胞原卟啉、血清运铁蛋白受体或血细胞分布宽度增加为特征，因血红蛋白浓度还没有降低到贫血以下，所以常称此为无贫血的血缺乏期。第三阶段是明显的缺铁性贫血期，其严重性取决于血红蛋白水平的下降程度。

（4）铁缺乏造成贫血的原因　众所周知，血液之所以是红色的，是因为血液中的红细胞含有血红蛋白的缘故。血红蛋白中含有铁，铁对于血红蛋白与氧的结合起着重要的作用。当铁缺乏时，机体不能正常制造血红蛋白，红细胞也会变小，血液的携氧能力降低，人就会感到疲乏，出现头晕目眩、心跳加快、结膜苍白，甚至昏厥、休克等严重后果。

（5）各类人群的适宜摄入量　各类人群铁的适宜摄入量建议值见表 14-1。

（6）铁的主要食物来源　丰富来源：动物血、肝脏、大豆、黑木耳。良好来源：瘦肉、红糖、蛋黄、猪肾、羊肾、干果。一般来源：鱼、谷物、菠菜、扁豆、豌豆。微量来源：奶制品、蔬菜、水果。

2. 维生素 B_{12} 与贫血

（1）维生素 B_{12} 的生理作用及其与贫血的关系　维生素 B_{12} 参与细胞的核酸代谢，为造血过程所必需。当缺乏维生素 B_{12} 时，含维生素 B_{12} 的酶使 5-甲基四氢叶酸脱甲基转变成四氢叶酸的反应不能进行，进而引起合成胸腺嘧啶所需的 5,10-亚甲基四氢叶酸形成不足，以致红细胞中 DNA 合成障碍，诱发巨幼红细胞性贫血。

表 14-1　中国居民膳食铁参考摄入量

年龄/岁	AI/(mg·d^{-1})	UL/(mg·d^{-1})	铁需要量/(mg·d^{-1})
0～	0.3	10	—
0.5～	10	30	0.8
1～	12	30	1.0
4～	12	30	1.0
7～	12	30	1.0
11～			
男	16	50	1.1～1.3
女	18	50	1.4～1.5
14～			
男	20	50	1.6
女	25	50	2.0
18～			
男	15	50	1.21
女	20	50	1.69
50～	15	50	1.21
孕妇(中期)	25	60	4
孕妇(后期)	35	60	7
乳母	25	50	2.0

注：AI 为适宜摄入量；UL 为可耐受最高摄入量。

（2）维生素 B_{12} 缺乏的主要原因　单纯的饮食一般不会造成维生素 B_{12} 的缺乏，主要是各种因素造成的维生素 B_{12} 吸收障碍。

① 缺乏内因子。机体中存在内因子的抗体有两种，阻断抗体和结合抗体。前者阻止维生素 B_{12} 与内因子结合，后者能和内因子-维生素 B_{12} 的复合体或单独与内因子结合，以阻止维生素 B_{12} 的吸收。

② 小肠疾病。小肠吸收不良、口炎性腹泻等会引起叶酸和铁的吸收减少。

③ 药物。某些药物如新霉素、苯妥英钠等会影响小肠内维生素 B_{12} 的吸收。

④ 胃泌素瘤和慢性胰腺炎可引起维生素 B_{12} 的吸收障碍。

（3）确定维生素 B_{12} 缺乏的检测方法

① 血清维生素 B_{12} 缺乏的测定。常用微生物法及放射免疫法，后者的敏感度和特异度均高于前者，且测定方便。正常值为 $200\sim900pg/mL$，低于 $100pg/mL$ 诊断为维生素 B_{12} 缺乏。

② 尿甲基丙二酸测定。维生素 B_{12} 缺乏使甲基丙二酰 CoA 转变为琥珀酰 CoA 受阻，使体内甲基丙二酸量增多并从尿中排出。正常人尿中仅排出微量维生素 B_{12} 约 $0\sim3.5mg/24h$。

③ 维生素 B_{12} 吸收试验。空腹口服 ^{57}Co 标记的维生素 B_{12} 0.5μg，2h 后肌肉注射未标记的维生素 B_{12} 1mg，收集 24h 尿测定排出的放射性。正常人应超过 7%，低于此数值则说明维生素 B_{12} 吸收不良，恶性贫血常在 4% 以下。如吸收不良，间隔 5d 重复上述试验，且同时口服 60mg 内因子，如排泄转为正常，则证实为内因子缺乏，否则为肠道吸收不良。如病人服用抗生素后维生素 B_{12} 吸收有改善，为肠菌过度繁殖与宿主竞争维生素 B_{12} 所致。

3. 叶酸与贫血

（1）叶酸的生理作用及其与贫血的关系　叶酸缺乏时首先影响细胞增殖速度较快的组

织。红细胞为体内更新速度较快的细胞，平均寿命为 120d。叶酸缺乏经历 4 个阶段：第一阶段为早期负平衡，表现为血清叶酸低于 3ng/mL，但体内红细胞叶酸储存量仍大于 200ng/mL；第二阶段，红细胞叶酸低于 160ng/mL；第三阶段，DNA 合成缺陷，体外脱氧尿嘧啶抑制试验阳性，粒细胞过多分裂；第四阶段，临床叶酸缺乏。骨髓中幼红细胞分裂增殖速度减慢，停留在巨幼红细胞阶段而成熟受阻，细胞体积增大，不成熟的红细胞增多，同时引起血红蛋白合成的减少，表现为巨幼红细胞性贫血。

由于叶酸与核酸的合成有关，当叶酸缺乏时，DNA 合成受到抑制，骨髓巨红细胞中 DNA 合成减少，细胞分裂速度降低，细胞体积较大，细胞核内染色质疏松，称为巨红细胞。这种细胞大部分在骨髓内成熟前就被破坏，造成贫血，称为巨红细胞性贫血。

（2）叶酸缺乏的原因

① 叶酸摄入不足，需要量增加。多发生于婴儿、儿童、妇女妊娠期。营养不良主要由于新鲜蔬菜及动物蛋白质摄入不足所致。需要量增加多见于慢性溶血、骨髓增殖症、恶性肿瘤等。酗酒会使叶酸摄入减少。

② 肠道吸收不良。如小肠吸收不良综合征、热带口炎性腹泻、短肠综合征等造成的叶酸吸收减少。

③ 利用障碍。叶酸对抗物如乙胺嘧啶、甲氧苄氨嘧啶等是二氢叶酸还原酶的抑制剂，易导致叶酸的利用障碍。

（3）确定叶酸缺乏的检测方法

① 血清及红细胞叶酸的测定。可用微生物法和放射免疫法测定。正常血清叶酸浓度为 6～20ng/mL，叶酸缺乏者低于 4ng/mL；正常红细胞叶酸浓度为 150～600ng/mL，低于 100ng/mL 表示缺乏。红细胞叶酸可反映体内储存情况，血清叶酸易受叶酸摄入量的影响，因此前者的诊断价值更大。

② 尿亚胺甲酰谷氨酸的测定。排泄试验给患者口服组氨酸 15～20g，收集 24h 尿测定排出量。正常成人尿亚胺甲酰谷氨酸排泄量为 9mg/24h。叶酸缺乏时，组氨酸的中间代谢产物尿亚胺甲酰谷氨酸转变为谷氨酸发生障碍。

4. 铜与贫血

铜是人体必需的微量元素，1878 年 Fredrig 从血鱼的蛋白质中分离出铜，并将这种含铜蛋白质称为铜蓝蛋白。1900 年发现在喂全奶饲料的动物中出现贫血而不能用补充铁的方法来预防。1928 年 Hart 报告了大鼠贫血只有在补铁同时补充铜才能得到纠正，故认为铜是哺乳动物的必需元素。18 世纪，铜已被证明为血液的正常成分。

铜参与铁的代谢和红细胞的生成。亚铁氧化酶Ⅰ（铜蓝蛋白）和亚铁氧化酶Ⅱ可氧化铁离子，对生成运铁蛋白起主要作用，并可将铁从小肠腔和储存点运送到红细胞的生成点，促进血红蛋白的形成。故缺铜时可产生寿命短的异常红细胞。

5. 钴与贫血

体内钴主要通过形成维生素 B_{12} 发挥生物学作用及生理功能，无机钴也有直接生化刺激作用。钴主要储存在肝肾内，可刺激造血功能。促进胃肠道内铁的吸收，并加速储存铁的利用，使之较易被骨髓所用。维生素 B_{12} 参加 RNA 与造血有关物质的代谢，缺乏后可引起巨幼红细胞性贫血。钴对各种类型的贫血都有一定的治疗作用，如肿瘤引起的贫血、婴儿和儿童一般性贫血、地中海贫血和镰刀状红细胞性贫血等。

6. 维生素 A 与贫血

流行病的调查资料显示维生素 A 缺乏与缺铁性贫血往往同时存在，并有报道，血清维生素 A 水平与营养状况的生化指标有密切的关系。维生素 A 缺乏的人群补充维生素 A，即使在铁的摄入量不变的情况下，铁的营养状况也有所改善。

洪赤波等用 ^{59}Fe 进行的动物试验结果显示，维生素 A 可能有改善铁吸收，促进储存铁的运转，增强造血功能的作用。维生素 A 缺乏时，由于转铁蛋白的合成减少，肝、脾储存铁的运转受阻，所以机体的造血功能降低。

1998 年 Garcia-Casal 等研究维生素 A 和胡萝卜素对谷类食物铁在人体吸收的影响，104名成年男女食用含有不同水平维生素 A（或胡萝卜素）的谷类食物，结果表明维生素 A 或胡萝卜素都有提高铁吸收的作用。根据体外试验的结果，他们认为维生素 A 和胡萝卜素可能在肠道内与铁络合，保持高的溶解度，防止植酸及多酚类物质对铁吸收的不利作用。

7. 维生素 C 与贫血

维生素 C 在细胞内被作为铁与铁蛋白相互作用的一种电子供体。维生素 C 保持二价铁状态而增加铁的吸收。维生素 C 促进非色素铁的吸收，曾为外源性标记的研究结果反复确认。铁缺乏个体摄入维生素 C 可加强同一餐中非色素铁的吸收。植酸和铁结合的酚类化合物是影响膳食铁吸收的两个强抑制因素，其抑制铁吸收的作用可为维生素 C 所抗衡，不影响色素铁的吸收。为使非色素铁的吸收增加，需要在一餐食物中增加约 50mg 维生素 C，如增加维生素 C 50～100mg，非色素铁的吸收可增加 2～3 倍。有些研究表明维生素 C 对铁吸收具有明显的对数剂量关系，无论是天然或合成的维生素 C 同样有效，而且不会因为长期大量摄入维生素 C 使铁的吸收减少。但另有人对长期使用维生素 C 促进铁吸收的有效性提出质疑，例如由于月经失血过多所致的缺铁性贫血，在补充大量维生素 C 后未显效，可能仅靠维生素 C 增加铁的吸收量不足以达到治疗效果。研究者提出维生素 C 对铁吸收的决定性作用，不亚于其对于抗坏血病的重要意义。

另外，膳食中存在胱氨酸、赖氨酸、葡萄糖及柠檬酸等有机酸能与铁螯合成可溶性络合物，对植物性来源的铁的吸收有利。

五、营养性贫血的饮食治疗

饮食治疗的目的是通过调整膳食中蛋白质、铁、维生素 C、叶酸、维生素 B_{12} 等与造血有关的营养素的供给量，用于辅助药物治疗，防止贫血复发。

1. 缺铁性贫血的饮食治疗

缺铁性贫血是贫血中常见的类型，血液中血红蛋白和红细胞减少，常称之为小细胞低色素性贫血。各年龄组均可发生，尤其多见于婴幼儿、青春发育期少女和孕妇。

饮食治疗原则与要求是在平衡膳食中增加铁、蛋白质和维生素 C 的摄入量。

（1）增加铁的供给量　主要是存在于动物性食物中的血红素铁，如畜、禽、水产类的肌肉、内脏中所含的铁。

（2）增加蛋白质的供给量　蛋白质是合成血红蛋白的原料，而且氨基酸和多肽可与非血红素铁结合，形成可溶性、易吸收的络合物，促进非血红素铁的吸收。

（3）增加维生素 C 的供给量　维生素 C 可将三价铁还原为二价铁，促进非血红素铁的吸收。新鲜水果和蔬菜是维生素 C 的良好来源。

（4）减少抑制铁吸收的因素　鞣酸、草酸、植酸、磷酸等均有抑制非血红素铁吸收的作用。浓茶中含有鞣酸，菠菜、茭白中草酸较多。

（5）合理安排饮食内容和餐次　每餐荤素搭配，使含血红素铁的食物和非血红素铁的食物同时食用。而且，在餐后食用富含维生素 C 的食物。

2. 巨幼红细胞性贫血的饮食治疗

巨幼红细胞性贫血又称营养性大细胞性贫血，常见于幼儿期，也见于妊娠期和哺乳期妇女。主要是因为缺乏维生素 B_{12} 和叶酸。注射维生素 B_{12} 和口服叶酸是治疗巨幼红细胞性贫血的主要措施，饮食治疗仅为辅助手段。肝、肾、肉、豆类发酵制品是维生素 B_{12} 的主要食物来源，肝、肾、绿色蔬菜是叶酸的主要来源。

第二节　具有改善营养性贫血的物质

一、乳酸亚铁

1. 性状

绿白色结晶性粉末或结晶，稍有异臭，略有甜的金属味。乳酸亚铁受潮或其水溶液氧化后变为含正铁盐的黄褐色。光照可促进乳酸亚铁氧化。铁离子反应后易着色。溶于水，形成绿色的透明液体，呈酸性，几乎不溶于乙醇。铁含量以 19.39% 计。

2. 生理功能

改善缺铁性贫血。

3. 制法

① 由乳酸钙或乳酸钠溶液与硫酸亚铁或氯化亚铁反应而得。

② 乳酸溶液中添加蔗糖及精制铁粉，直接反应后结晶而得。

为防止氧化，反应后应浓缩、结晶、干燥、密闭保存。

4. 安全性

① $LD_{50} > 4.875g/kg$（小鼠，经口）；$LD_{50} > 3.73g/kg$（大鼠，经口）。

② ADI 0.8mg/kg。

二、血红素铁（卟啉铁）

血液经分离除去血清，得血红蛋白，再经蛋白酶酶解以除去血球蛋白后所得含卟啉铁的铁蛋白。血红蛋白是一种分子量约 65000 的含铁蛋白，每一分子铁蛋白结合 4 个分子的血红素，含铁量约 0.25%，经酶解并除去血球蛋白后的血红素铁，含铁量可达 $1.0\% \sim 2.5\%$，血红素铁是由卟啉环中的铁经组氨酸连接后与其他蛋白质分子相连，故血红素铁仍含有 $80\% \sim 90\%$ 的蛋白质，等电点为 $4.6 \sim 6.5$，含血红素 $9.0\% \sim 27.0\%$，分子式 $C_{34}H_{30}FeN_4O_4$，相对分子质量为 614.48。

1. 性状

暗紫色有光泽的细微针状结晶或黑褐色颗粒、粉末，略有特殊气味，极不稳定，易氧化。不溶于水。用作铁强化剂，其吸收率比一般铁剂高 3 倍。

2. 生理功能

对缺铁性患者有良好的补充、吸收作用，其优点主要如下。

① 血红素铁不会受草酸、植酸、单宁酸、碳酸、磷酸等影响，而其他铁都受到吸收的阻碍。

② 非血红素铁只有与肠黏膜细胞结合后才能被吸收，其吸收率一般为 $5\% \sim 8\%$。而血红素铁则可直接被肠黏膜细胞所吸收，吸收率高，一般为 $15\% \sim 25\%$。

③ 非血红素铁有恶心、胸闷、腹泻等副作用，而血红素铁无此现象。

④ 毒性低。

3. 安全性

$LD_{50} > 20g/kg$(小鼠，经口)。

三、硫酸亚铁

1. 性状

灰白色至米色粉末，有涩味，较难氧化，比结晶硫酸亚铁容易保存。水溶液浑浊呈酸性，逐渐生成黄褐色沉淀，缓慢溶于冷水，加热则迅速溶解，不溶于乙醇。含铁量按20%计。

2. 生理功能

改善营养性贫血，作为铁源供给。在各种含铁的营养增补剂中，一般均以硫酸亚铁作为生物利用率的标准，即以硫酸亚铁的相对生物效价为100，作为各种铁盐的比较标准。

3. 制法

将稀硫酸加入铁屑中，结晶时水溶液温度 $>64.4℃$ 时，所得为一水盐。或将结晶硫酸铁于40℃下干燥成粉末而得。加热至45～50℃时溶于结晶水而液化，边搅拌边缓慢蒸发结晶水。干燥失重的限度为35%～36%，生成小粒状态细粉，制成粉末。

4. 安全性

$LD_{50} > 279～558mg/kg$（大鼠，经口，以铁计）；$LD_{50} > 1180～1520mg/kg$（小鼠，经口）。

四、葡萄糖亚铁

1. 性状

黄灰色或浅绿黄色细粉或颗粒，稍有焦糖似气味。水溶液加葡萄糖可使其稳定，易溶于水，几乎不溶于乙醇。铁含量以12.0%计。

2. 生理功能

改善缺铁性贫血。

3. 制法

① 由还原铁中和葡萄糖而成。

② 由葡萄糖酸钡或钙的热溶液与硫酸亚铁反应而得。

③ 由刚制备的碳酸亚铁与葡萄糖酸在水溶液中加热而得。

4. 安全性

① $LD_{50} > 2237mg/kg$（小鼠，经口）；$LD_{50} > 3700～6900mg/kg$（大鼠，经口）。

② ADI 0～0.8mg/kg。

思 考 题

1. 简述贫血分类和原因。

2. 简述贫血患者机体各系统的临床症状。

3. 具有改善营养性贫血的物质有哪些？

第十五章

增强免疫力的功能性食品

主要内容

1. 免疫的基本概念。
2. 具有增强免疫力功能的物质。

第一节 概 述

在生物进化过程中，免疫系统出现于脊椎动物身上并趋于完善。免疫是指机体接触"抗原性异物"或"异己成分"的一种特异性生理反应，它是机体在进化过程中获得的"识别自身、排斥异己"的一种重要生理功能。免疫系统能够保持体内外平衡，是人体健康成长和进行生命活动最基本的条件。免疫系统对维持机体正常生理功能具有重要意义。与免疫有关的功能性食品是指具有增强机体对疾病的抵抗力、抗感染、抗肿瘤功能及维持自身生理平衡的食品。

一、免疫的基本概念

1. 免疫系统

机体具有识别自我与非我的作用，通过免疫应答反应来排斥非我的异物，以维护自身稳定性的生物学功能即为免疫。机体的免疫系统就是通过这种对自我和非我物质的识别和应答，承担着三方面的基本功能。

（1）免疫防护功能 指正常机体通过免疫应答反应来防御及消除病原体的侵害，以维护机体健康和功能。在异常情况下，若免疫应答反应过高或过低，则可分别出现过敏反应和免疫缺陷症。

（2）免疫自稳功能 指正常机体免疫系统内部的自控机制，以维持免疫功能在生理范围内的相对稳定性，如通过免疫应答反应清除体内不断衰老、颓废或毁损的细胞和其他成分，通过免疫网络调节免疫应答的平衡。若这种功能失调，免疫系统对自身组织成分产生免疫应答，可引起自身免疫性疾病。

（3）免疫监视功能 指免疫系统监视和识别体内出现的突变细胞并通过免疫应答反应消除这些细胞，以防止肿瘤的发生或持久的病毒感染。在年老、长期使用免疫抑制剂或其他原因造成免疫功能丧失时，机体不能及时清除突变的细胞，则易发生肿瘤。

2. 天然免疫与获得性免疫

机体的免疫功能包括天然免疫（非特异性免疫）和获得性免疫（特异性免疫）两部分。

天然免疫是机体在长期进化过程中逐步形成的防御功能，如正常组织（皮肤、黏膜等）的屏障作用、正常体液的杀菌作用、单核巨噬细胞和粒细胞的吞噬作用、自然杀伤细胞的杀伤作用等天然免疫功能。这种功能作用广泛且与生俱来，又称为非特异性免疫。获得性免疫是指机体在个体发育过程中，与抗原异物接触后产生的防御功能。免疫细胞（主要是淋巴细胞）初次接触抗原异物时并不立即发生免疫效应，而是在高度分辨自我和非我的信号过程中被致敏，启动免疫应答，经抗原刺激后被刺激的免疫细胞分化生殖，逐渐发展为具有高度特异性功能的细胞和产生免疫效应的分子，随后再遇到同样的抗原异物时才发挥免疫防御功能。这类免疫应答具有以下特点。

① 特异性，该功能具有高度选择性，只针对引起免疫应答的同一抗原起作用，故又称特异性免疫；

② 异质性，不像非特异性免疫是由一种细胞对各种抗原异物皆可引起相同的应答，特异性免疫是由不同类型的免疫细胞对相应的抗原异物分别产生应答；

③ 记忆性，免疫细胞被特异致敏原保存记忆的信息，再遇到同样的抗原异物时，能增强或加速发挥其免疫力；

④ 可转移性，特异性免疫可通过将免疫活细胞和抗体转移给正常个体，使受体对原始抗原异物发生特异反应。

特异性免疫与非特异性免疫有着密切的关系。前者是建立在后者的基础上，而又大大增强后者对特异性病原体或抗原性物质的清除能力，显著提高机体防御功能。免疫功能是机体逐步完善和进化的结果，其中非特异性免疫是生物赖以生存的基础。

3. 体液免疫和细胞免疫

特异性免疫包括体液免疫和细胞免疫两类。这两类特异性免疫功能相互协同、相互配合，在机体免疫功能中发挥着重要作用。特异性体液免疫是由 B 淋巴细胞对抗原异物刺激的应答，转变为浆细胞产生出特异性抗体，分布于体液中。特异性抗体可与相对应的抗原异物特异结合，发挥中和解毒、凝集沉淀、使靶细胞裂解及调理吞噬等作用。特异性细胞免疫是由 T 淋巴细胞对抗原异物的应答，发展成为特异致敏的淋巴细胞并合成免疫效应因子，分布于全身各组织中，当该致敏的淋巴细胞再遇到同样的抗原异物时，该细胞与之高度选择性结合释放出各种免疫效应因子，毁损带抗原的细胞及抗原异物，达到防护的目的。

二、免疫器官系统的组成

免疫系统是由免疫器官、免疫细胞和免疫分子组成。

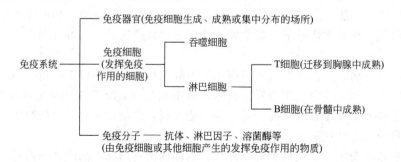

1. 免疫器官

免疫器官根据它们的作用，可分为中枢免疫器官和周围免疫器官。哺乳动物和人的骨髓与胸腺和禽类的腔上囊（法氏囊）属于中枢免疫器官。骨髓是干细胞和 B 细胞发育分化的场所，腔上囊是禽类 B 细胞发育分化的器官。胸腺是 T 细胞发育分化的器官，全身淋巴结和脾是外周免疫器官，它们是成熟 T 细胞和 B 细胞定居的部位，也是免疫应答发生的场所。此外，黏膜免疫系统和皮肤免疫系统是重要的局部免疫组织。

2. 免疫细胞

免疫细胞泛指所有参与免疫应答或与免疫应答有关的细胞及其前身，包括造血干细胞、淋巴细胞、单核-巨噬细胞、其他抗原细胞、粒细胞、红细胞、肥大细胞等。在免疫细胞中，执行固有免疫功能的细胞有吞噬细胞、NK 细胞（自然杀伤细胞）等；执行适应性免疫功能的是 T 淋巴细胞及 B 淋巴细胞，各种免疫细胞均源于多能造血干细胞（HSC）。

（1）吞噬细胞　具有吞噬功能的细胞称吞噬细胞，包括单核-巨噬细胞及嗜中性粒细胞。

（2）淋巴细胞　淋巴细胞分为 B 细胞及 T 细胞，成熟 B 细胞来源于骨髓，成熟 T 细胞来源于胸腺。

（3）自然杀伤细胞　形似大淋巴细胞，经细胞表面的受体，识别病毒感染细胞表面表达的相应配体，这种分子表达于多种病毒感染细胞表面。NK 细胞一经识别病毒感染细胞后，即对之施加杀伤作用，因而属于固有免疫。

3. 免疫分子

免疫分子又称为细胞因子，是在免疫应答中，淋巴细胞接受抗原刺激后增殖分化的触发物或第一信号，其在分化过程中发挥第二信号的介导作用。免疫分子是由淋巴细胞、巨噬细胞等分泌的具有免疫介导作用的可溶性活性因子。

三、免疫应答

1. 免疫应答的概念与过程

（1）免疫应答的概念　抗原性物质进入机体后激发免疫细胞活化、分化和免疫效应的过程称为免疫应答。现代免疫学已证明在高等动物和人体内存在结构复杂的免疫系统，是由免疫器官、免疫细胞和免疫分子组成的。同时也证明了免疫应答是由多细胞系完成的，它们之间存在相互协同和相互制约的关系。在正常免疫生理条件下，它们处于动态平衡，以维持机体的免疫稳定状态。抗原的进入激发免疫系统打破了这种平衡，从而诱发免疫应答，建立新的平衡状态。

（2）免疫应答的过程　免疫应答效应的表现主要是通过 B 细胞介导的体液免疫和通过 T 细胞介导的细胞免疫。这两种免疫应答的产生都是由多细胞系完成的，即由单核吞噬细胞系、T 细胞和 B 细胞来完成的。免疫应答过程不是单一细胞系的行为，而是多细胞相互作用的复杂行为。这一过程包括：

① 免疫细胞对抗原分子的识别过程，即抗原分子与免疫细胞间的作用；

② 免疫细胞对抗原细胞的活化和分化过程，即免疫细胞间的相互作用；

③ 效应细胞和效应分子的排异作用。

2. B 细胞介导的体液免疫

B 细胞识别抗原而活化、增殖、分化为抗体形成细胞，通过其所分泌的特异性抗体而实现免疫效应的过程，称为特异性体液免疫应答。在此过程中，多数情况下还需有辅助性 T 细胞（TH）的参与作用。

3. T 细胞介导的细胞免疫

特异性细胞免疫是从 T 细胞识别特异性抗原开始，并在效应阶段由 T 细胞参与的免疫应答过程。

四、营养与免疫

随着各种学科间的相互渗透，免疫学发展到食品科学和营养学研究的许多领域。免疫反应的特异性与敏感性使它能够检测和定量地研究食品蛋白、有毒性的植物与动物成分、食品传播性细菌的毒素与病毒。另外，通过营养免疫的研究可以提供安全的食品原料和利用新的食物来源，尤其是蛋白质。有关食品变态反应、营养与免疫和疾病的内在联系、人类未来食物结构等方面的研究，将会与人类的生命过程息息相关。

均衡营养关系到人体免疫系统能否行使其正常功能。当人们营养不良时，首先胸腺会发生严重萎缩性病变，紧接着就是脾脏、肠系膜淋巴结、颈淋巴结。免疫系统的组织形态学变化的直接表现是胸腺和脾脏萎缩，肾上腺严重萎缩，肠壁变薄、绒毛倒伏，表现出免疫系统退化病变。免疫系统的异常会导致免疫应答的不健全。

1. 吞噬作用减弱

原因在于低营养状态时，参与吞噬作用的有关酶缺乏，因而吞噬功能丧失。吞噬细胞数量减少，吞噬细胞活性及杀菌活性降低。这些有助于说明缺乏蛋白质经常伴有高比例的感染。

2. 细胞免疫功能降低

营养不良患者淋巴细胞染色体异常增加，淋巴细胞活性降低。结核菌素反应减弱，淋巴细胞转化率明显降低，迟发型超敏反应丧失。

3. 体液免疫功能降低

营养不良的婴儿，血清中免疫球蛋白含量一般是显著的延迟达到正常值。同时，特异性抗体的合成减弱。

不仅蛋白质缺乏会引起免疫功能紊乱，其他营养素缺乏同样会导致免疫活性降低。如维生素、微量元素等缺乏会引起不同程度的免疫失调。

缺锌小鼠是研究营养与免疫相互关系的最全面的动物模型。早期及最近的许多研究证明，缺锌可损害人和动物的免疫防御能力，从而导致疾病。锌缺乏使幼鼠体重下降25%，胸腺重量减少50%，脾和周围淋巴细胞的绝对数减少近50%；缺锌影响小鼠骨髓淋巴细胞的生成，使早期的和未成熟的B细胞前体明显减少。由于能参加免疫应答的淋巴细胞总数减少，缺锌小鼠对外来攻击所产生的应答的总强度降低。因此，人们观察到动物或人在缺锌和许多其他营养不良时都伴随有胸腺萎缩，淋巴细胞减少，宿主防御能力下降等现象。

第二节　具有增强免疫力功能的物质

人体由于营养素摄入不足造成机体抵抗力下降，会对免疫机制产生不良影响。同时，现在还有不少功能性物质具有较强的免疫功能调节作用，增强人体对疾病的抵抗力。与人体免疫功能关系比较密切且具有明显增强作用的物质介绍如下。

一、营养强化剂

1. 蛋白质与免疫功能

营养素是机体进行新陈代谢的基础，对机体的生长发育有较大的影响。蛋白质和肽不仅是动物机体的营养物质，而且对动物机体的健康非常重要。蛋白质进入机体内是异己的大分子物质，不能够直接被机体吸收利用，而是经过机体内酶的酶解作用将蛋白质分解成小肽和氨基酸，从而被动物机体利用。"理想蛋白质"（肽营养）是氨基酸组成和比例恰当的小肽，这种小肽能够满足机体对各种氨基酸的需求，"理想蛋白质"的研发将为提高动物机体免疫力保驾护航。

蛋白质是机体免疫防御体系的"建筑原材料"，人体的各免疫器官及血清中参与体液免疫的抗体、补体等重要活性物质（即可以抵御外来微生物及其他有害物质入侵的免疫分子）都主要由蛋白质参与构成。蛋白质能促进淋巴细胞的增殖、分化和迟发过敏反应。此外，蛋白质能抑制肿瘤生长和脾的增大。当人体出现蛋白质营养不良时，免疫器官（如胸腺、肝脏、脾脏、黏膜、白细胞等）的组织结构和功能均会受到不同程度的影响，特别是免疫器官和细胞免疫受损会更严重一些。可导致抗体-抗原结合反应能力和补体浓度下降，免疫器官（如胸腺）萎缩，T淋巴细胞尤其是辅助性淋巴细胞数量减少，吞噬细胞发生机能障碍，自然杀伤细胞对靶细胞的杀伤力下降。蛋白质合成与分解的双向代谢机制对机体的整体代谢过程的调控比单向更具灵敏性和灵活性，是生命活动的缓冲作用和环境适应的结果。免疫系统能够识别微生物、毒素等机体神经系统无法识别的信号，并通过分泌抗体或免疫活性物质激活免疫细胞清除病原。抗体及免疫活性物质的合成都与蛋白质代谢相关。蛋白质的周转代谢对去除体内异常蛋白、维持细胞酶活性及内环境的相对稳定性具有重要作用。

对于细胞来讲，蛋白质是不可缺少的物质，机体的细胞通过信号传递而识别，起识别作用的糖蛋白位于细胞膜表面，且横穿在细胞膜表面的载体属于蛋白质。当机体受到外来抗原刺激时，机体将信号传到相应的免疫器官，使得与免疫有关的细胞增殖、分化，产生大量的免疫细胞参与机体的免疫反应，免疫细胞增殖的过程则需要大量蛋白质的供给。蛋白质粉能够显著提高小鼠的细胞免疫功能、体液免疫功能和细胞活性。

2. 维生素与免疫功能

（1）维生素A 一些研究结果表明，维生素A从多方面影响机体免疫系统的功能，包括增强皮肤和黏膜局部免疫力，提高机体细胞免疫的反应性及促进机体对细菌、病毒、寄生虫等病原微生物产生特异性的抗体。维生素在机体免疫中扮演很重要的角色，其缺乏时可导致广泛的免疫改变。在非特异性免疫反应过程中发现维生素A及相关产物对组织屏障（特别是皮肤黏膜屏障）、固有免疫细胞及固有免疫分子（比如干扰素、细胞因子）等均有影响。可以参与酶类调节，维持上皮细胞的完整性，影响SIgA产生，可增强巨噬细胞、中性粒细胞的吞噬能力。机体缺乏维生素A时，机体抵抗病原体第一道防线功能受损，所以不可避免地增加感染性疾病发生率。维生素A及其氧化代谢产物RA对于机体免疫系统有不可缺少的作用，特别是对T细胞亚群的分化起很重要的调控作用。

（2）维生素C 维生素C是人体免疫系统所必需的维生素，它可以提高具有吞噬功能的白细胞的活性；还参与机体免疫活性物质（即抗体）的合成过程；还可以促进机体内产生干扰素（一种能够干扰病毒复制的活性物质），因而维生素C有抗病毒的作用。

（3）维生素D 维生素D通过自分泌或旁分泌与维生素D受体结合，通过激活和调节多种细胞通路来调节其生物学效应，在许多疾病如内分泌疾病、慢性疾病和癌症进展中具有重要意义。维生素D能够增加巨噬细胞吞噬能力和趋化能力，增强单核-巨噬细胞对肿瘤细胞的趋向性和细胞毒性作用，抑制单核细胞的黏附活性。维生素D还可促进巨噬细胞内活性氧和自由基的释放，破坏病毒蛋白质和细菌膜结构，从而抑制和杀伤多种病原体。因自由基和活性氧增强肝脏热休克蛋白（HSP）的表达，所以维生素D间接促进热应激反应HSP的表达，在热应激反应时保护正常组织细胞。

（4）维生素E 众所周知，维生素E是一种重要的抗氧化剂，但它同时也是有效的免疫调节剂，能够促进机体免疫器官的发育和免疫细胞的分化，提高机体细胞免疫和体液免疫的功能。

3. 微量元素与免疫功能

（1）铁　铁作为人体必需的微量元素对机体免疫器官的发育、免疫细胞的形成及细胞免疫中免疫细胞的杀伤力均有影响。铁是较易缺乏的营养素，儿童、孕妇和乳母等人群易于缺乏，尤其是婴幼儿与儿童的免疫系统发育还不完善，很易感染疾病，预防铁缺乏对这一人群有着十分重要的意义。

（2）锌　锌是在免疫功能方面被关注和研究得最多的元素，它的缺乏对免疫系统的影响十分迅速和明显，且涉及的范围比较广泛（包括免疫器官的功能、细胞免疫、体液免疫等多方面），所以应该注重对锌的摄取，维持机体免疫系统的正常发育和功能。

二、免疫球蛋白

免疫球蛋白（Ig）是一类具有抗体活性或化学结构与抗体相似的球蛋白，是由肽组成的。肽能够促进免疫细胞增殖及分化，有助于提高机体的免疫力。免疫球蛋白普遍存在于哺乳动物的血液、组织液、淋巴液及外分泌液中。免疫球蛋白在动物体内具有重要的免疫和生理调节作用，是动物体内免疫系统最为关键的组成物质之一。有的免疫球蛋白存在于呼吸道、消化道和生殖道黏膜表面，能够防止发生局部感染；有的免疫球蛋白能够中和毒素和病毒；有的免疫球蛋白能够抵抗寄生虫感染。免疫球蛋白在19世纪末被首次发现后，它在医学实践中曾发挥了巨大作用。近年来，中国加大了对免疫球蛋白作为功能性食品添加剂的研究与开发力度。

三、免疫活性肽

人乳或牛乳中的酪蛋白含有刺激免疫的生物活性肽，大豆蛋白和大米蛋白通过酶促反应，可产生具有免疫活性的肽。免疫活性肽能够增强机体免疫力，刺激机体淋巴细胞的增殖，增强巨噬细胞的吞噬功能，提高机体抵御外界病原体感染的能力，降低机体发病率，并具有抗肿瘤功能。短肽型肠内营养制剂对胰腺炎患儿的营养状况及机体免疫功能的恢复具有重要的作用，大豆肽可调节机体的特异性免疫和非特异性免疫。此外，抗菌肽、乳转铁蛋白Z、抗血栓转换酶抑制剂等生物活性肽也具有较强的免疫活性。随着研究的进一步深入，相信会有更多种类的免疫活性肽被人们发现并开发应用。由于免疫活性肽是短肽，稳定性强，所以它不仅可以制成针剂，作为治疗免疫能力低下的药物，还可以作为有效成分添加到奶粉、饮料中，增强人体的免疫能力。

四、活性多糖

具有促进机体健康，控制细胞分化，调节细胞生长衰老，参与细胞识别、细胞代谢、胚胎发育、病毒感染、免疫应答等多项生命活动的一类多糖称为生物活性多糖（bioactive polysaccharides）或生物应答效应物（biological response modifier，BRM）。活性多糖来源广泛，主要有真菌多糖、海洋生物多糖和植物多糖等。许多活性多糖具有免疫调节作用，且其调节作用是多环节多方位的，不仅能够促进免疫器官指数的增长，激活巨噬细胞、T淋巴细胞、B淋巴细胞、NK细胞等免疫细胞，而且能促进细胞因子、抗体的产生，激活补体系统，从而提高机体免疫力。

（1）香菇多糖　香菇多糖是T细胞特异性免疫调节剂，从活性T细胞开始，通过T辅助细胞再作用于B细胞。香菇多糖还能间接激活巨噬细胞，并可增强NK细胞活性，对实体瘤有抑制作用。

（2）猴菇菌多糖　猴菇菌多糖为猴头菌子实体中提取的多聚糖。猴菇菌多糖可明显提高小鼠胸腺巨噬细胞的吞噬功能，提高NK细胞活性。

（3）灵芝多糖　灵芝多糖是从多孔菌科灵芝子实体中分离的水溶性多糖。灵芝多糖可使 T 淋巴细胞增多，加强网状内皮系统功能。对于免疫机能低下的老年小鼠，灵芝多糖对抗体形成细胞的产生也有促进作用。

（4）猪苓多糖　它是从猪苓中得到的葡聚糖。猪苓多糖可增强单核-巨噬细胞系统的吞噬功能，增加 B 淋巴细胞对抗原刺激的反应，使抗体形成细胞数增加。

（5）茯苓多糖（PPS）　它是从多孔菌种茯苓中提取的多聚糖，腹腔注射茯苓多糖、羟乙基茯苓多糖、羧甲基茯苓多糖等可明显增强小鼠腹腔巨噬细胞吞噬率和吞噬指数。体内外试验证明，上述多糖可不同程度地增强 T 细胞毒性，增强动物细胞免疫反应，促进小鼠脾脏 NK 细胞活性。

（6）云芝多糖（PSK）　云芝多糖是从多孔菌种云芝中提取的多聚糖，云芝多糖是近年来引人注目的肿瘤免疫药物。国产胞内多糖可明显增强小白鼠对金黄色葡萄球菌、大肠埃希菌、绿脓杆菌、宋内痢疾杆菌感染的非特异性抵抗力。

（7）黑木耳多糖（AA）　黑木耳多糖是从黑木耳子实体中提取的多聚糖，黑木耳多糖有明显促进机体免疫功能的作用，促进巨噬细胞吞噬和淋巴细胞转化等，对组织细胞有保护作用（如抗放射、抗炎症等）。

（8）银耳多糖（TF）　它是从银耳子实体中得到的多聚糖。银耳多糖有明显的增强免疫功能，且影响血清蛋白和淋巴细胞核酸的生物合成，可显著增加小鼠腹腔巨噬细胞的吞噬功能。

（9）人参多糖　人参多糖可刺激小鼠巨噬细胞的吞噬及促进补体和抗体的生成。人参多糖对特异性免疫与非特异性免疫、细胞免疫与体液免疫都有影响。口服人参多糖可使羊红细胞、免疫小鼠的 B 细胞增加，血清中特异性抗体及 IgG 显著增加。

（10）刺五加多糖　由刺五加根中分离得到 7 种多糖，对体外淋巴细胞转化有促进作用，还能促进干扰素的生成。

（11）黄芪多糖　黄芪多糖是由黄芪根中分离出一种多糖组分，为葡萄糖与阿拉伯糖的多聚糖。黄芪多糖是增强吞噬细胞吞噬功能的有效成分。

五、超氧化物歧化酶

超氧化物歧化酶（SOD）是一种广泛存在于动物、植物、微生物中的金属酶，能清除人体内过多的氧自由基，因而它能防御氧毒性，增强机体抗辐射损伤能力，防衰老，在一些肿瘤、炎症、自身免疫疾病等治疗中有良好疗效。

六、双歧杆菌和乳酸菌

双歧杆菌具有增强免疫系统活性，激活巨噬细胞使其分泌多种重要的细胞毒性效应分子的作用。双歧杆菌能增强机体的非特异性和特异性免疫反应，提高 NK 细胞和巨噬细胞活性，提高局部或全身的抗感染和防御功能。

乳酸菌在肠道内可产生一种四聚酸，可杀死大批有害的、具有抗药性的细菌。乳酸菌菌体抗原及代谢物还通过刺激肠黏膜淋巴结，激发免疫活性细胞，产生特异性抗体和致敏淋巴细胞，调节机体的免疫应答，防止病原菌侵入和繁殖。还可以激活巨噬细胞，加强和促进吞噬作用。

七、大蒜素

大蒜具有抗肿瘤作用，其抗肿瘤作用具有多种多样的机制，但大蒜素能显著提高机体的细胞免疫功能，与其抗肿瘤作用有密切关系。

八、茶多酚、皂苷

茶多酚、皂苷均具有较强的调节机体免疫功能的作用。在功能性食品生产时，它们可作为调节机体免疫功能的原料。除上述有效成分外，花粉、甲鱼、红枣、人参、绞股蓝、大豆蛋白、大枣、沙棘、枸杞、魔芋、银杏叶、莲子、黑芝麻、甘草、各种食用菌、蜂王浆、螺旋藻和阿胶等许多食品都可选择。

九、生物制剂

具有免疫调节作用的生物活性物质，也称为生物反应调节剂。包括各种细胞因子、胸腺肽、转移因子、单克隆抗体及其交联物等。

1. 各种细胞因子

细胞因子具有广泛的生物学作用，能参与体内许多生理和病理过程的发生与发展。利用基因工程技术，目前已经有几十种细胞因子的基因被克隆并获得有生物学活性的表达。细胞因子作为一类重要和有效的生物反应调节剂，对于免疫缺陷、自身免疫、病毒性感染、肿瘤等疾病的治疗有效。

2. 胸腺肽

胸腺肽来源于小牛、猪或羊的胸腺组织，是一种可溶性多肽。它可增强 T 细胞免疫功能，用于治疗先天性或获得性 T 细胞免疫缺陷病、自身免疫性疾病和肿瘤。

思 考 题

1. 叙述免疫应答、体液免疫、细胞免疫的概念。
2. 具有增强免疫力功能的物质有哪些？
3. 如何设计增强机体免疫的功能性食品？

第十六章

调节肠道菌群的功能性食品

主要内容

1. 肠道主要有益菌及其作用。
2. 具有调节肠道菌群功能的物质。

第一节 概 述

人体和动植物体一样，按生态学（ecology）规律在一定的生态环境（ecological environment）中生活，机体与机体外环境生态间或与机体内定居的微生物群之间的关系，分别属于外生物态学［也称为宏观生态学（macroecology）］和内生态学［也称为微观生态学（microecology）］。本章只讨论微观生态学的一些方面。

一、肠道微生态

1. 肠道微生态简介

在长期的进化过程中，宿主与其体内寄生的微生物之间形成了相互依存、相互制约的最佳生理状态，双方保持着物质、能量和信息的流转，因而机体携带的微生物与其自身的生理、营养、消化、吸收、免疫及生物拮抗等有密切关系。

有学者曾提出，一个健康人全身寄生的微生物（主要是细菌）有1271g之多，其中眼有1g、鼻有1g、口腔有20g、肺有20g、阴道有20g、皮肤有200g，当然最多的还是肠道，达1000g，总数为100万亿（10^{14}）个，相当于人体细胞数（10^{13}）的10倍。在人体微生态系统中，肠道微生态是主要的、最活跃的，一般情况下也是对人体健康有更加显著影响的。

2. 人体肠道菌群及其构成

正常健康人的胃肠道内会寄居着大量不同种类的微生物，这些微生物称为肠道菌群。肠道菌群在胃肠道内按一定的比例组合，不同菌属或菌种之间相互制约、相互依存，在质和量上形成一种复杂而动态平衡的微生态区系。人类肠道菌群约有100余种菌属，400余种菌种，菌数约为$10^{12}\sim10^{13}$个/g粪便，占干粪便重的1/3以上，其中以厌氧和兼性厌氧菌为主，需氧菌比较少。形态上有拟杆菌、球菌、拟球菌和梭菌。这些细菌产生各种酶，起着对人体有益、无关和有害的作用，有的是肠道定植菌，有的只是一时的过路菌。肠道是一个细菌的寄宿地或者说是一个发酵车间。人体功能在饮食或药物影响下产生的肠道环境条件的改变，使肠道菌群的构成与数量也随之而变化。肠道菌群是一个复杂的生态系统，在人体内发挥着重要的作用，包括调节能量摄入、吸收与储存，产生重要代谢产物，滋润肠上皮细胞，参与炎症反应和调节免疫功能等。人体肠道菌群与糖尿病和肥胖等多种代谢性疾病的发生、发展存在紧密的相关性。因而人们要研究并力求保持对人体健康最佳的肠道菌群构成，这便是本节及有关章节所阐述的主要问题。

婴儿在出生之前的肠道是无菌的。在出生同时，各种菌开始在婴儿的肠道内繁殖。最初是大肠埃希菌、肠球菌和梭菌占主体，出生后 5d 左右，双歧杆菌开始占优势。在婴儿期双歧杆菌保持着绝对优势，母乳喂养的婴儿之所以抗病力强，其理由之一即为肠道内双歧杆菌占绝对优势而起到防御感染的作用。

在婴幼儿期占绝对优势的双歧杆菌从断奶开始直到成年期渐渐显示出减少的趋势，类杆菌、真细菌等成年人型菌逐渐占有优势。到了中老年以后，双歧杆菌进一步减少，韦永球菌等有害菌进一步增加。因此，对于中老年人来说，增加肠道内双歧杆菌和乳杆菌，对保持人体健康将十分有利。

二、肠道主要有益菌及其作用

表 16-1 中列出了肠道菌群中主要细菌的作用，其中双歧杆菌与乳杆菌是人肠道中有益菌的代表，其之所以有益，主要是因为其能降低肠道 pH，抑制韦永球菌、梭菌等腐败菌的增殖，减少腐败物质产生，同时也因 pH 下降而对病原菌的生存与增殖很不利。下面仅对乳杆菌与双歧杆菌对人体的有益作用略加介绍。

表 16-1　肠道菌群中主要细菌的作用

有益作用	肠道菌	有害作用	肠道菌
免疫调节	大肠埃希菌 乳杆菌 真杆菌 双歧杆菌 拟杆菌	腹泻与便秘,致病性感染,肝、脑损害与致肿瘤	绿脓假单胞菌 变形杆菌 葡萄球菌 梭杆菌 肠球菌 大肠埃希菌 链球菌 真杆菌 拟杆菌
助消化、促吸收与延缓衰老	乳杆菌 双歧杆菌 拟杆菌		
抑制外来菌与病原菌的生长	肠球菌 乳杆菌 链球菌 真杆菌 双歧杆菌	产生腐败产物	拟杆菌
		产生致癌物	大肠埃希菌 链球菌 拟杆菌
合成维生素与分解腐败产物	双歧杆菌		

1. 乳杆菌（lactotacillus）

乳杆菌是人们认识最早、研究较多的肠道有益菌。最常见的应用实例是从 20 世纪 20 年代就开始生产饮用的用人工培养的嗜酸乳杆菌及其接种培养的发酵乳和酸乳，用以纠正便秘及其他肠道疾病。现在已知的乳杆菌对人体健康的有益作用主要有以下 4 点。

（1）抑制病原菌和调整正常肠道菌群　嗜酸乳杆菌对肠道某些致病菌具有明显的抑制作用，如大肠埃希菌中的产毒菌种、克雷伯菌、沙门菌、志贺菌、金黄色葡萄球菌及其他一些腐败菌。这种机制既归因于代谢产物中的短链脂肪酸（SCFA）的作用，也有抗菌样物质的作用。在使用大剂量抗生素治疗时和治疗后，肠道正常菌群被大量杀灭，难辨芽孢梭菌过度增殖可引起假膜性小肠结肠炎，而嗜酸乳杆菌既能控制该菌过度增殖，同时又能抑制其产生毒素，从而起到保护肠道菌群的作用。此外，嗜酸乳杆菌还能与外籍菌（也称过路菌）或致病菌竞争性地占据肠上皮细胞受体而达到抗菌作用。

（2）抗癌与提高免疫能力　迄今已有的研究和报告，可将其这种作用归纳为如下几点：①激活胃肠免疫系统，提高 NK 细胞活性；②同化食物与内源性肠道菌群所产生的致癌物；③减少 β-葡萄糖苷酶、β-葡萄糖醛酸酶、硝基还原酶、偶氮基还原酶的活性，这些被认为与致癌有关；④分解胆汁酸。

（3）调节血脂　该菌能减低高脂人群的血清胆固醇水平，而对正常人群则无降脂作用。其机制为对内源性代谢的调节与利用和使短链脂肪酸加速代谢。

（4）乳杆菌促进乳糖代谢　乳杆菌可分解乳糖，加速其代谢。因而对不习惯食用鲜奶与奶粉的人，可以饮用乳杆菌发酵的酸奶，这对我国克服膳食结构中缺奶（相当多的人是由于对奶不适应）有主要应用价值。当然对为数不多的乳糖不耐症的人也是有益的。

2. 双歧杆菌（bifidobacterium）

双歧杆菌对人体健康的有益作用十分明显，成为近年来功能性食品开发的一个热点。

（1）抑制肠道致病菌　1994 年 G. R. Gibson 曾以双歧杆菌属 5 种菌种对 8 种病原菌作平板扩散法抗菌敏感性试验（平行 3 次），结果所有双歧杆菌菌种均显示出较显著的抑菌作用。

（2）抗腹泻与防便秘　双歧杆菌的重要生理作用之一是通过阻止外袭菌或病原菌的定植以维持良好的肠道菌群状态，从而呈现出既纠正腹泻又防止便秘的双向调节功能。Hotta 等证明，双歧杆菌制剂对儿童菌群失调性腹泻具有显著的疗效，国内外许多功能性食品的开发应用都显示它对肠道功能的双向调节作用。便秘是中老年人群的一大顽症，大量的文献报道，无论是口服活菌制剂，还是服用双歧杆菌，都能降低肠道 pH，改善肠道菌群构成，而迅速地解除便秘。

（3）免疫调节与抗肿瘤　双歧杆菌的免疫调节主要表现为增加肠道 IgA 的水平。此外，双歧杆菌的全细胞或细胞壁成分能作为免疫调节剂，强化或促进对恶性肿瘤细胞的免疫性攻击作用。双歧杆菌还有对轮状病毒的拮抗性，与其他肠道菌的协同性屏障作用及对单核-吞噬细胞系统的激活作用。

（4）调节血脂　已有不少文献报通过双歧杆菌的调节血脂作用。雄性 Wistar 大鼠饲以 $10\% \sim 15\%$ 双歧杆菌因子（低聚糖）、历时 $3 \sim 4$ 个月的试验表明，在不改变体重的前提下，呈现出显著地降血脂作用。

（5）合成维生素和分解腐败物　除青春双歧杆菌外，其他各种杆菌均能合成大部分 B 族维生素，其中长双歧杆菌合成维生素 B_2 和维生素 B_6 的作用尤为显著。双歧杆菌分泌的许多生理性酶是分解腐败产物和致癌物的基础，如酪蛋白磷酸酶、溶菌酶、乳酸脱氢酶、果糖-6-磷酸酮酶、半乳糖苷酶、β-葡萄糖苷酶、结合胆汁酸水解酶等。

三、肠道菌群失调

如前所述，肠道菌群栖息在人体肠道的共同环境中，保持一种微观生态平衡。如果由于机体内外各种原因，破坏这种平衡，而使某种或某些菌种过多或过少、外来的致病菌或过路菌的定植或增殖、某些肠道菌向肠道外其他部位转移，即称为肠道菌群失调（enteric dysbacteriosis）。婴幼儿喂养不当、营养不良、中老年年老体弱、肠道与其他系统急慢性疾病、长期使用抗生素、激素、抗肿瘤药、放疗或化疗等均可引起肠道菌群失调。许多研究表明肠道细菌与慢性肾脏疾病 CKD 及其相关并发症有着不可分割的关系。肠道菌群的失调会导致难辨梭状芽孢杆菌大量繁殖，诱发假膜性小肠结肠炎；还会导致细菌代谢的改变，间接增加直肠癌的发病率；也会导致慢性肠炎发病。

肠道菌群失调可有如下表现：一是腐败菌显著增多，双歧杆菌与乳杆菌减少，常见于中老年人，大多数情况下无临床症状，甚至可以认为不是异常现象，但可能有消化吸收功能与食欲不佳、腹胀、产气、便秘等一般不适反应，这是改善肠道菌群功能性食品最为适用的人群，往往收效明显。二是肠道菌群的比例失调。

四、肠道微生态的调整

近年来，人们不论是在理论上还是在应用上都十分重视肠道微生态，并力求使其向有益于人体健康的方向调整。调整的措施可归纳为以下两方面。

1. 一般性调整措施

（1）强调婴儿的母乳喂养　大量研究已经证明，母乳喂养婴儿的肠道中的双歧杆菌占肠道菌群的比例远远高于人工喂养婴儿。

（2）膳食结构合理化　尤其是保持乳品在膳食结构上的适宜比例，由于乳品能提供乳糖、降低肠道 pH 及其他作用，而有利于乳杆菌、双歧杆菌等有益菌的增殖并有效地抑制腐败菌与致病菌。

（3）适当控制抗生素类药物的应用　长期应用抗生素药物是造成肠道菌群失调的重要原因之一。

2. 利用有益活菌制剂及其增殖促进因子利用有益的活菌制剂及其增殖促进因子，保证或调整有益的肠道菌群构成，是当前国内外保健食品开发有效的、重要的领域。

第二节　具有调节肠道菌群功能的物质

近年来在研究过程中发现的对人肠道菌群有益的功能性成分主要有有益活菌制剂、有益菌增殖促进剂、有益菌及其增殖因子的综合制剂。

一、有益活菌制剂

现在人们调节肠道微生态的主要方式是服用微生态制剂和食用添加益生菌的功能性食品。有益活菌制剂通称 probiotics，主要是以双歧杆菌和各种乳杆菌为主，也有其他细菌。这是利用正常微生物和促进微生物生长的物质制成的活微生物制剂，为了改善口感、增加营养、提高活菌的活性，还在益生菌里添加食品添加剂、营养强化剂、果蔬、谷物等制成功能性食品，如益生菌发酵乳、益生菌饮料等。有益活菌制剂的商品名称很多，如以双歧杆菌为有效菌的贝菲得、回春生、双歧王、金双歧、丽株肠乐；以乳杆菌或乳杆菌与双歧杆菌为有效菌的昂立 1 号、三株、裴菲康等；也有以需氧菌为主的活菌制剂，利用其耗氧特点，在肠道内形成厌氧环境，从而有利于占肠道菌群绝大部分的厌氧菌与兼性厌氧菌的生长，而保持肠道菌群的正常构成。这一类制剂有以蜡样芽孢杆菌、地衣芽孢杆菌等为活性菌的促菌生、整肠生等制剂。对这类活菌制剂主要要求是安全、有效及保持一定的生菌存活率。这类制剂用于功能性食品时应该符合的条件是有效菌的存活率高（例如活菌达 $10^6 \sim 10^8$ 个/mL 或个/g）；制剂在商品流转与货架保存中活菌含量稳定性好；动物或人体实验证明，有效菌能在肠道定植和增殖；无病原性及有害产物；对人体（宿主）肠道菌群调整作用明显，增加肠道有益菌比例，减少、至少不增加有害菌及不利菌的比例。国外这类活菌制剂的开发，主要也是用双歧杆菌、乳杆菌，也有用肠球菌的。除保健用品外，美国还将其作为生物治疗剂（biotherapeutic agents），用以治疗腹泻，预防和治疗由应用抗生素引起的伴联性腹泻与肠道菌群失调。

益生菌发酵乳产品中富含乳杆菌、嗜热链球菌和双歧杆菌，其中的干酪乳杆菌 ATCC 393 能够在胃肠道的转运中存活并调节肠道菌群。因此，摄入发酵乳或含菊粉的发酵乳能够增加粪便中双歧杆菌的数量，抑制大肠埃希菌和产气荚膜梭状芽孢杆菌，有益于改善肠道功能。在各种益生菌发酵乳中，富含双歧杆菌的发酵乳对肠道健康的作用是很突出的，双歧杆菌 BB12 发酵乳可大大增加双歧杆菌和乳杆菌的数量，让肠球菌和肠杆菌的数量有效降低，同时不影响产气荚膜梭状芽孢杆菌；传统发酵乳 Viili 比单菌发酵乳能更全面地改善肠道菌群，维持肠道健康。多种益生菌共同发酵的发酵乳具有更好的肠道保健功能。

二、有益菌增殖促进剂

这类物质称为 prebiotics，有人译为有益菌促生物，针对双歧杆菌的促生物有人称为双歧因子（bifidus foctor）等，在汉语中尚无公认的统一名称。这一类物质是近年来国际学术界和产业界研究与开发的热点，即通过这类物质使机体自身的生理性固有的菌增殖，形成以有益菌占优势的肠道生态环境。这种物质的研究起源于 Gyorgy 发现母乳中含有双歧杆菌增殖因子，后来又观察到母乳喂养婴儿与非母乳喂养婴儿肠内双歧杆菌的数量有明显差异，且后者的抵抗力不如前者。

近年来，日本、欧、美各国对促进有益菌增殖物质的研究与开发集中于一些低聚糖类。低聚糖（又称寡糖）是指不能被消化道和病原菌利用，仅能被益生菌利用，从而可使肠道益生菌大量繁殖，作为益生菌的增殖因子，增强益生菌竞争优势的食物成分，其进入结肠后可有选择地刺激结肠中的一种或少数几种有益细菌的生长，从而对宿主产生有益的作用；这种功能的低聚糖能被双歧杆菌、乳杆菌等有益菌选择性利用，但在人消化道内因没有此类糖的水解酶故不能消化吸收，因而又称之为"不能利用的碳水化合物"（unavailable saccharides）或"双歧杆菌增殖因子"。低聚糖是指 2～10 个单糖以糖苷键连接起来的糖类总称。传统的蔗糖、饴糖、乳糖均属于低聚糖，但它们没有这种功能。这同时证明了人乳酪蛋白对双歧杆菌、乳杆菌的促进增殖作用归因于低聚糖组分，且低聚糖能产生对人乳酪蛋白的 β-消除反应。

功能性低聚糖经肠道有益菌发酵，产生短链脂肪酸和乳酸。短链脂肪酸的产生可降低肠内 pH，抑制肠道有害菌和致病菌的生长繁殖，调节机体水电解质平衡，抑制肠上皮细胞的增殖、分化、转移及合成和甲基化水平，起到抗肿瘤的作用。

目前，已知的功能性低聚糖有多种，但已成功开发的仅有十余种。此外，还有其他类的低聚糖，如属于微藻类的螺旋藻、节旋藻等；包括蔬菜、中草药、野生植物等在内的一些天然植物等。功能性低聚糖在自然界中广泛存在，与人类食物相关的主要有香蕉、洋葱、大麦、洋姜等。这些食物中所含有的低聚糖种类也不同，如洋姜中含有低聚果糖；酸奶中含有低聚半乳糖；竹笋中含有低聚木糖；大豆中含有水苏糖和棉籽糖；淀粉糖化液中含有低聚异麦芽糖等。日本有研究发现人乳中也含有低聚半乳糖。

此外，近年的研究发现茶多酚对于肠道菌群也十分有益，可促进双歧杆菌增殖。绿茶多酚有利于特定肠道菌群的稳定性，它可能具有益生元活性，有利于预防肥胖。多不饱和脂肪酸不仅可以预防肥胖，在肠道菌群的调节上也有着重要作用。一些由细菌代谢产生的多不饱和脂肪酸与粪便中的益生菌呈正相关，与血清胆固醇呈负相关。多不饱和脂肪酸对健康有益，例如食用含 ω-3 多不饱和脂肪酸食品可改变肠道菌群和抑制肥胖，调节其肠道菌群，降低肠道通透性及内毒素，增加黏膜厚度和保护肠黏膜屏障功能，使肠道黏膜功能更完整。

三、有益菌及其增殖因子的综合制剂

此类制剂国外称为 synbiotics，汉语暂无统一公认的名称。鉴于双歧杆菌与乳杆菌在制剂形式、保存与人服用后均有许多不稳定因素，所以人们主张将这类有益菌与增殖促进剂并用。这方面虽然还有一些问题有待研究，但我们对其中一些产品的应用检测证明，它在改善肠道菌群构成，降低肠道 pH 与缓解便秘上的功效却是明显的、可靠的。尽管其中有益的菌不多，甚至极少，但仍然在改善这类肠道功能上效果卓著。所以当前在这类功能性食品的开发上，这种有益菌及其增殖因子并用的产品是值得推广的。

思 考 题

1. 简述肠道主要有益菌及其作用。
2. 具有调节肠道菌群功能的物质有哪些？
3. 如何设计改善肠道菌群功能的功能性食品？

第十七章

辅助降血糖的功能性食品

主要内容

1. 糖尿病的分类及起因。
2. 糖尿病的发病机理。
3. 糖尿病患者的症状。
4. 具有调节血糖功能的物质。

第一节 概 述

糖尿病是由于体内胰岛素不足而引起的以糖、脂肪、蛋白质代谢紊乱为特征的常见慢性病。它严重危害人类的健康，据统计，世界上糖尿病的发病率为 $3\% \sim 5\%$，50 岁以下的人均发病率为 10%。在美国，每年死于糖尿病并发症的人数超过 16 万。我国随着经济的发展和人们饮食结构的改变以及人口老龄化，糖尿病患者迅速增加。

糖尿病会引起并发症。研究表明，患糖尿病 20 年以上的病人中有 95% 出现视网膜病变，糖尿病患心脏病的可能性较正常人高 $2 \sim 4$ 倍，患中风的危险性高 5 倍，一半以上的老年糖尿病患者死于心血管疾病。除此之外，糖尿病患者还可能患肾病、神经病变、消化道疾病等。由于糖尿病并发症可以累及各个系统，因此给糖尿病患者精神和肉体上都带来很大的痛苦，而避免和控制糖尿病并发症的最好办法就是控制血糖水平。目前临床上常用的口服降糖药都有副作用，均可引起消化系统的不良反应，有些还引起麻疹、贫血、白细胞和血小板减少症等。因此寻找开发具有降糖作用的功能性食品，以配合药物治疗，在有效控制血糖和糖尿病并发症的同时降低药物副作用已引起人们的关注。

一、糖尿病的分类

一般来说，糖尿病分为Ⅰ型、Ⅱ型、其他特异型和妊娠糖尿病四种，常见的有Ⅰ型和Ⅱ型糖尿病。

1. Ⅰ型糖尿病

这种糖尿病又称胰岛素依赖型糖尿病（IDDM），多发生于青少年。临床症状为起病急、多尿、多饮、多食、体重减轻等，有发生酮症酸中毒的倾向，必须依赖胰岛素维持生命。

2. Ⅱ型糖尿病

这种糖尿病又称非胰岛素依赖型糖尿病（NIDDM），可发生在任何年龄，但多见于中老年。一般来说，这种类型起病慢，临床症状相对较轻，但在一定诱因下也可发生酮症酸中毒或非酮症高渗性糖尿病昏迷。通常不依赖胰岛素，但在特殊情况下有时也需要用胰岛素控制高血糖。

二、糖尿病的起因

目前，关于糖尿病的起因尚未完全弄清，通常认为遗传因素、环境因素及两者之间复杂的相互作用是最主要的原因。

1. 遗传因素

国外研究表明，患者有糖尿病家族史者占25%～50%，尤其是Ⅱ型糖尿病患者。

2. 自身免疫因素

糖尿病人及其亲属伴有自身免疫性疾病，如恶性贫血、甲状腺功能亢进症、桥本甲状腺炎等。自身免疫性肾上腺炎在糖尿病人中约占14%，比一般人群的患病率高6倍。Ⅰ型糖尿病患者常有多发性自身免疫性疾病，如同时或先后发生肾上腺炎、桥本甲状腺炎，这三种症状并存称为Schmidts综合征。

糖尿病中细胞免疫的直接证据是具有淋巴细胞浸润的胰小岛炎，这种病理多见于发病后6个月内死亡的Ⅰ型糖尿病患者，但在发病后1年以上死亡的病例胰岛中无此发现。故胰小岛炎可能属短暂性，发病后不久便消失。将牛羊类同种胰岛素注入动物引起自身免疫性胰小岛炎，将同种内分泌胰组织混悬液注入啮齿类动物引起抗胰组织过敏性反应及胰小岛炎，并伴有糖耐量降低症状。人类流行病学调查表明，这种胰小岛炎可能是由于病毒感染后引起的免疫反应。因此，可以说病毒感染因素与自身免疫因素两者相辅相成。

在Ⅰ型糖尿病的发病机理中，自身免疫反应包括细胞免疫与体液免疫已有较明确的证据，但引起免疫反应的原因目前还不明确，它与遗传因素的关系也有待于进一步研究。

3. 病毒感染因素

人们已发现几种病毒，例如柯萨奇B_4病毒、腮腺炎病毒和脑心肌炎病毒等，可以使动物出现病毒感染，大面积破坏β-细胞，造成糖尿病。经病毒感染过的动物，可出现几种不同的结果。例如用脑心肌炎病毒感染小鼠后，有的出现高血糖，有的仅在给予葡萄糖负荷后出现高血糖，有的不出现糖尿病。因此，显然存在对病毒感染"易感性"或"抵抗性"方面的差异。这种差异可能与胰岛素β-细胞膜上的病毒受体数目有关，也可能与免疫反应有关，即病毒感染激发自身免疫反应，从而导致胰岛素被破坏。

在Ⅰ型糖尿病人中，胰岛素细胞抗体阳性与胰岛炎病变支持了自体免疫反应在发病机理上的重要作用。然而，病毒易感性和自体免疫都为遗传因素所决定。病毒感染导致人类糖尿病的证据还不够充分，仅是有些报道认为糖尿病人群中某些病毒抗体阳性率高于正常对照，在病毒感染后糖尿病的患病率增高等。

4. β-细胞功能与胰岛素释放异常

在Ⅰ型糖尿病中，胰岛炎会使β-细胞功能遭受破坏，胰岛素基值很低甚至测不出，被糖刺激后β-细胞也不能正常分泌释放或分泌不足。在Ⅱ型糖尿病中上述变化虽不明显，但β-细胞功能障碍不论表现为胰岛素分泌延迟或增多，胰岛素分泌的第一时相（快速分泌）均降低或缺乏，而且与血糖浓度相比，胰岛素分泌仍低于正常，这是出现饭后高血糖的主要原因。

5. 胰岛素受体异常、受体抗体与胰岛素相抵抗

胰岛素受体有高度特异性，仅能与胰岛素或含有胰岛素分子的胰岛素原结合，结合程度取决于受体数、亲和力以及血浆胰岛素浓度。当胰岛素浓度增高时，胰岛素受体数往往会下降，呈胰岛素的不敏感性，称胰岛素抵抗性。上述情况常见于肥胖者或肥胖的非依赖患者，当他们通过减肥减轻体重时，脂肪细胞膜上胰岛素受体数增多，与胰岛素结合力加强而使血浆胰岛素浓度下降，需要量减少，肥胖与糖尿病均减轻，且对胰岛素的抵抗性降低而敏感性增高。此种胰岛素不敏感性可能由于受体本身缺陷，也可能由于发生受体抗体或与胰岛素受体结合，使胰岛素效应降低导致胰岛素抵抗性糖尿病。此种受体缺陷与受体后缺陷若同时存在，会使抵抗性更为明显。

6. 神经因素

近年来研究发现，刺激下丘脑外侧核（LHA）可兴奋迷走神经，使胰岛素分泌增多，刺激下丘脑腹内侧核（VMH），则兴奋交感神经，使胰岛素分泌减少，这说明下丘脑中存在胰岛素生成调节中枢及胰岛素剥夺中枢。刺激 LHA 可使血糖下降增加进食量，刺激 VMH 可使血糖上升，减少进食量，这说明下丘脑对胰岛素分泌有调节作用。脑啡肽存在于脑、交感神经、肾上腺髓质和肠壁中，作为一种神经递质，当对脑啡肽的敏感性增高时会出现高血糖，这是Ⅱ型糖尿病的一种病因。

7. 胰岛素拮抗激素的存在

在正常生理条件下，血糖浓度的波动范围较小，这是由于在神经支配下存在两组具有拮抗作用的激素调节糖代谢过程，维持血糖处于动态平衡状态。惟一可使血糖下降的是胰岛素，而使血糖升高的激素包括胰升糖素、生长激素、促肾上腺皮质激素、糖肾上腺皮质激素、泌乳素、甲状腺激素、胰多肽等。这类拮抗激素所致的糖尿病，大都属继发性糖尿病或糖耐量异常。

三、糖尿病的发病机理

不论Ⅰ型还是Ⅱ型糖尿病，均有遗传因素存在。但遗传仅涉及糖尿病的易感性而非致病本身。除遗传因素外，必须有环境因素相互作用才会发病。

Ⅰ型糖尿病的发病机理大致是病毒感染等因素扰乱了体内抗原，使患者体内的 T、B 淋巴细胞致敏。由于机体自身免疫调控失常，导致了淋巴细胞亚群失衡，B 淋巴细胞产生自身抗体，K 细胞活性增强，胰岛 β-细胞受抑制或被破坏，导致胰岛素分泌减少，从而产生疾病。

Ⅱ型糖尿病的发病机理包括以下三个方面。

① 胰岛素受体或受体后缺陷，尤其是肌肉与脂肪组织内受体必须有足够的胰岛素存在，才能让葡萄糖进入细胞内。当受体及受体后缺陷产生胰岛素抵抗性时，就会减少糖摄取利用而导致血糖过高。这时，即使胰岛素血浓度不低甚至增高，但由于降糖失效，导致血糖升高。

② 在胰岛素相对不足与拮抗激素增多条件下，肝糖原沉积减少，分解与糖异生作用增多，肝糖输出量增多。

③ 由于胰岛 β-细胞缺陷、胰岛素分泌迟钝、第一高峰消失或胰岛素分泌异常等原因，导致胰岛素分泌不足引起高血糖。

持续或长期的高血糖，会刺激 β-细胞分泌增多，但由于受体或受体后异常而呈胰岛素抵抗性，最终会使 β-细胞功能衰竭。

四、糖尿病与高脂血症的关系

糖尿病患者发生以动脉粥样硬化疾病为特征的大血管病变的危险是非糖尿病人群的3～4

倍，而且病变发生早、进展快，是糖尿病患者死亡的最主要原因。这种大血管病变导致的死亡，与糖尿病人的血脂代谢异常密切相关。

糖尿病患者血脂异常的特点如下。

① 甘油三酯升高（有 30％～40％的病人甘油三酯水平＞2.25mmol/L）。

② 餐后血脂水平高于普通人群。

③ 高密度脂蛋白-胆固醇下降，可防止血管硬化。

④ 致病性很强的低密度脂蛋白（LDL）由于糖化和氧化，消除减慢，因此其对糖尿病大血管病变的危害性最大。

在Ⅱ型糖尿病的危险因素中，第一位是低密度脂蛋白胆固醇的升高。Ⅱ型糖尿病患者低密度脂蛋白-胆固醇降低 1mmol/L，可以使冠心病的危险减少 57％，高密度脂蛋白-胆固醇升高 0.1mmol/L，使冠心病的危险显著减少。把具有高胆固醇血症，或高低密度脂蛋白血症的糖尿病患者胆固醇或低密度脂蛋白-胆固醇水平控制在正常的范围内 5～7 年，可使糖尿病患者的心肌梗死、脑中风的发生率比未控制胆固醇和低密度脂蛋白-胆固醇水平的糖尿病患者低 30％～40％。

美国有人提出，诱发糖尿病进一步恶化的最危险因素不是糖而是脂肪。若患者能接受低脂饮食，如将摄入脂肪所供的热量从 40％减至 10％，糖尿病就会得到很好的控制。因此，糖尿病患者血清胆固醇水平应控制在 5.3mmol/L 以下，低密度脂蛋白-胆固醇水平应控制在 2.6mmol/L 以下，甘油三酯水平应控制在 1.7mmol/L 以下，高密度脂蛋白-胆固醇应控制在 1.4mmol/L 以下，这样就可以在一定程度上减轻或延缓糖尿病患者的动脉粥样硬化的发生和发展，对糖尿病的慢性血管病变，特别是大血管病变起到一定的防治作用。

五、糖尿病的表现

体现在以下 4 个方面。

1. 多食

由于葡萄糖的大量丢失、能量来源减少，患者必须多食补充能量来源。不少人空腹时出现低血糖症状，饥饿感明显，心慌、手抖和多汗。如并发植物神经病变或消化道微血管病变时，可出现腹胀、腹泻与便秘交替出现的现象。

2. 多尿

由于血糖超过了肾糖阈值而出现尿糖，尿糖使尿渗透压升高，导致肾小管吸收水分减少，尿量增多。

3. 多饮

糖尿病人由于多尿、脱水及高血糖导致患者血浆渗透压增高，引起患者多饮，严重者出现糖尿病高渗性昏迷。

4. 体重减少

Ⅱ型糖尿病早期可致肥胖，但随时间的推移将出现乏力、软弱、体重明显下降等现象，最终消瘦。Ⅰ型糖尿病患者消瘦明显。晚期糖尿病患者面色萎黄、毛皮稀疏无光泽。

六、患者专用功能性食品的开发原理

糖尿病患者体内碳水化合物、脂肪和蛋白质均出现不同程度的紊乱，并由此引起一系列并发症。开发功能性食品的目的在于保护胰岛功能，改善血糖、尿糖和血脂值，使之达到或接近正常值，同时控制糖尿病的病情，延缓和防止并发症的发生与发展。

糖尿病患者的营养结构特点如下。

① 总能量控制在仅能维持标准的体重水平。

② 有一定数量的优质蛋白质与碳水化合物。

③ 低脂肪。

④ 高纤维。

⑤ 杜绝能引起血糖波动的低分子糖类（包括蔗糖与葡萄糖等）。

⑥ 足够的维生素、微量元素与活性物质。

可依据这些基本原则，设计糖尿病人专用的功能性食品。在开发糖尿病专用功能性食品时，有关能量、碳水化合物、蛋白质、脂肪等营养素的搭配原则如下。

① 能量以维持正常体重为宜。

② 碳水化合物占总能量的 55%～60%。

③ 蛋白质与正常人一样按 0.8g/kg 体重供给，老年人适当增加。减少蛋白质摄入量，可能会延缓糖尿病、肾病的发生与发展。

④ 脂肪占总能量的 30% 或低于 30%。减少饱和脂肪酸，增加不饱和脂肪酸，以减少心血管并发症的发生。

⑤ 胆固醇控制在 300mg/d 以内，以减少心血管病并发症的发生。

⑥ 钠不超过 3g/d，以防止高血压。

第二节　具有调节血糖功能的物质

一、糖醇类

糖醇类是糖类的醛基或酮基被还原后的物质。一般是由相应的糖经镍催化氢化而成的一种特殊甜味剂。重要的有木糖醇、山梨糖醇、甘露糖醇、麦芽糖醇、乳糖醇、异麦芽糖醇等。

1. 性状

① 有一定甜度，但都低于蔗糖的甜度，因此可适当用于无蔗糖食品中低甜度食品的生产。它们的相对甜度（以蔗糖为 1.0）和热值见表 17-1。

表 17-1　糖醇的相对甜度和热值

糖醇名称	相对甜度	热值/(kJ·g^{-1})	糖醇名称	相对甜度	热值/(kJ·g^{-1})
蔗糖	1.0	16.7	乳糖醇	0.35	8.4
木糖醇	0.9	16.7	异麦芽糖醇	0.3～0.4	8.4
山梨糖醇	0.6	16.7	氢化淀粉水解物	0.45～0.6	16.7
甘露糖醇	0.5	8.4	赤藓糖醇	0.7～0.8	1.7
麦芽糖醇	0.8～0.9	8.4			

② 热值大多低于或等于蔗糖。糖醇不能完全被小肠吸收，其中有一部分在大肠内由细菌发酵，代谢成短链脂肪酸，因此热值较低。适用于低热量食品的生产，或作为高热量甜味剂的代替品。

2. 生理功能

① 在人体的代谢过程中与胰岛素无关，不会引起血糖值和血中胰岛素水平的波动，可用作糖尿病和肥胖患者的特定食品。

② 无龋齿性，可抑制引起龋齿的突变链球菌的生长繁殖，从而预防龋齿。并可阻止新

龋齿的形成及原有龋齿的继续发展。

③ 有类似于膳食纤维的功能，可预防便秘、改善肠道菌群、预防结肠癌等。

糖醇类在大剂量服用时，一般都有缓泻作用（赤藓糖醇除外），因此美国等国家规定当每天超过一定食用量时（视糖种类而异），应在所加食品的标签上要标明"过量可致缓泻"字样，如甘露糖醇为20g，山梨糖醇为50g。

二、麦芽糖醇

麦芽糖醇（氢化麦芽糖醇）分子式为$C_{12}H_{24}O_{11}$，相对分子质量为344.31。

1. 性状

麦芽糖醇是由一分子葡萄糖和一分子山梨糖醇结合而成的二糖醇。纯品为白色结晶性粉末，熔点为146.5～147℃。因吸湿性很强，故一般商品为含有70%麦芽糖醇的水溶液。水溶液为无色透明的中性黏稠液体，甜度约为蔗糖的85%～95%，甜感近似蔗糖。难以发酵，有保香、保湿作用。在pH 3～9时耐热，基本上不发生美拉德反应。在人体内不能被消化吸收，除肠内细菌可利用一部分外，其余无法消化而排出体外。易溶于水和醋酸。低热，发热量为1.67kJ/g（0.4kcal/g），相当于蔗糖的1/10。

2. 生理功能

（1）调节血糖　进食后不升高血糖，不刺激胰岛素分泌，因此对糖尿病患者不会引起副作用，也不被胰液分解。

（2）减脂作用　与脂肪同食时，可抑制人体脂肪的过度贮存。当有胰岛素存在时，脂蛋白脂肪酶活度相应提高，而刺激胰岛素的分泌，这是造成动物体内脂肪过度积聚的主要因素。

（3）防龋齿作用　经体外培养，麦芽糖醇不能被龋齿的变异链球菌所利用，故不会产酸。

3. 制法

由淀粉原料（包括碎米）经磨浆后用α-淀粉酶保温约24h，至DE值（葡萄糖当量值）不变后再升温、灭酶活，得到以麦芽糖为主（含少量葡萄糖、麦芽三糖和麦芽四糖）的水解物，经脱色、过滤、精制后，在镍催化下，经7.0～8.5MPa、130～150℃下进行氢化，然后脱色、浓缩、中和至pH 5.5～6.0而成麦芽糖醇糖浆，固形物为75%～80%。再经干燥则得到固形物为88.5%～95%的固形物麦芽糖醇，如糖浆经过结晶，则可得到固形物为98%以上的结晶纯品。

4. 用途

作为低热量的糖类甜味剂，适用于糖尿病、心血管病、动脉硬化、高血压和肥胖症患者。因属非发酵性糖，可作为防龋齿甜味剂。也可作为蜜饯等的保香剂、黏稠剂、保湿剂等。

5. 安全性

ADI不作特殊规定。

三、木糖醇

木糖醇分子式为$C_5H_{12}O_5$，相对分子质量为152.15。

1. 性状

白色结晶或结晶性粉末，几乎无臭。具有清凉甜味，甜度为0.65～1.00（视浓度而异，蔗糖为1.00）。热量为17kJ/g（4.06cal/g），熔点为92～96℃，沸点为216℃。与金属离子有螯合作用，可作为抗氧化剂的增效剂，有助于维生素和色素的稳定。极易溶于水，微溶于乙醇和甲醇，热稳定性好。10％水溶液的 pH 为 5.0～7.0（在 pH 3～8 时稳定）。天然品存在于香蕉、胡萝卜、杨梅、洋葱、莴苣、花椰菜、桦树的叶和浆果及蘑菇等中。

2. 生理功能

（1）调节血糖　对 34～63 岁有糖尿病史的全休与半休病人，给予 50～70g/d 木糖醇，经 3～12 个月，均能恢复正常工作，精力很好，72％的病人血糖值下降，低于单纯服用降糖药者。口渴和饥饿感基本消失，尿量减少，有的达到正常，体重有不同程度的增加。由于糖尿病人对饮食（尤其是含淀粉和糖类的食品）需进行控制，因此能量供应常感不足，引起体质虚弱，易引起各种并发症。食用木糖醇能克服这些缺点。木糖醇有蔗糖一样的热值和甜度，但在人体内的代谢途径不同于一般糖类，不需要胰岛素的促进，而能透过细胞膜，成为组织的营养成分，并能使肝脏中的糖原增加。因此，对糖尿病人来说，食用木糖醇不会增加血糖值，并能消除饥饿感、恢复能量和增强体力。

（2）防龋齿作用　木糖醇本身不能被可致龋齿的变形菌所利用，也不能被酵母、唾液所利用，使口腔保持中性，防止牙齿被酸所蛀蚀。有试验表明，52 人用木糖醇完全代替饮食中的食糖，经两年后，木糖醇组的龋齿发生率比普通食用食糖者少 90％，新发生龋齿人数平均为 0.72/50。另有试验结果表明，每天用 4～5 块木糖醇口香糖代替一般的食糖口香糖，一年后，木糖醇组无新的龋齿发生，而对照组有 2.9/50 发生。而且改用木糖醇口香糖后，有些原有的龋齿也有所减轻。因此，木糖醇能防止龋齿的发生。

（3）调节肠胃功能　经北京联合大学保健食品检测中心的动物试验表明，木糖醇具有与低聚糖类似的改善小鼠胃肠功能的效果。木糖醇在动物肠道内滞留时具有缓慢吸收作用，可促进肠道内有益菌的增殖，每天食用 15g 左右，可达到调节肠胃功能和促进双歧杆菌增殖的作用。

3. 制法

① 由玉米芯或甘蔗渣经水解、净化、加氢精制而成。据报道，由甘蔗渣经酶法水解制备，生产成本可降低 80％。

② 以玉米芯、甘蔗渣、秸秆等为原料，采用纤维分解酶等酶技术和生物技术生产木糖醇，可解决化学生产法所存在的设备和操作费用高、产品纯化困难等问题。所需设备为普通常温常压化工设备和通用发酵设备。

4. 安全性

① 可安全用于食品。

② ADI 不作特殊规定。

③ $LD_{50} > 2.0g/kg$。

四、山梨糖醇

山梨糖醇分子式为 $C_6H_{14}O_6$，相对分子质量为 182.17。

1. 性状

白色针状结晶或结晶性粉末，也可为片状或颗粒状，无臭。有清凉爽口甜味，甜度约为蔗糖的 60％，在人体内可产生的热量为 16.7kJ/g。极易溶于水，溶解度为 2.22g/mL，微溶于乙醇、甲醇和醋酸。低于 60％时易生霉。有吸湿性，吸湿能力小于甘油。水溶液的 pH 为 6～7。渗透压为蔗糖的 1.88 倍。天然品存在于植物界，尤其在海藻（红藻含 13.6％）、苹果、梨、葡萄等水果中，也存在于哺乳动物的神经、眼的水晶体等中。

2. 生理功能

（1）调节血糖　经试验，在早餐中加入山梨糖醇 35g，餐后血糖值正常人为 9.3mg/dL，

Ⅱ型糖尿病人为 32.2mg/dL。而食用蔗糖的血糖对照值正常人为 44.0mg/dL，Ⅱ型糖尿病人为 78.0mg/dL。可见山梨糖醇缓和了餐后血糖值的波动。

（2）防龋齿　食用山梨糖醇后，既不会导致龋齿变形菌的增殖，也不会降低口腔 pH（pH 低于 5.5 时可形成牙菌斑）。

3. 制法

由葡萄糖在镍催化下经高温高压氢化后，由离子交换树脂精制浓缩、结晶分离而成。或由浓缩液经喷雾干燥而成粉末结晶。

4. 限量

① FAO/WHO：葡萄干，5g/kg；食用冰和加冰饮料，50g/kg。

② FDA：硬糖 99％；胶姆糖 75％；软糖 98％；果糖、果冻 30％；冷冻乳品甜食 17％；焙烤制品 30％；其他食品 2％。

5. 安全性

① ADI 不作特殊规定。

② $LD_{50} > 23.3g/kg$（小鼠，经口）；$LD_{50} > 15.9g/kg$（大鼠，经口）。

③ 人长期食用 50g/d 无异常。超过 50g/d 时因在肠内滞留时间过长而导致腹泻。

五、蜂胶

蜂胶是蜜蜂从植物叶芽、树皮内采集所得的树胶混入工蜂分泌物和蜂蜡而成的混合物。具有广谱抑菌、抗病毒作用。我国每年饲养蜂群约 700 万群，年产蜂蜡粗品约 300t。一个 5 万～6 万只蜜蜂的蜂群一年约能生产蜂胶 100～500g。由于原胶（即从蜂箱中直接取出的蜂胶）中含有杂质而且重金属含量较高，不能直接食用，必须经过提纯、去杂、去除重金属（如铅等）之后才可用于加工生产各种蜂胶制品。此外，蜂胶的来源和加工方法对于蜂胶的质量影响很大。

1. 主要成分

树脂 50％～55％，蜂蜡 30％～40％，花粉 5％～10％。主要功效成分有黄酮类化合物，包括白杨黄素、山奈黄素、高良姜精等。

2. 性状

红褐至绿褐色粉末，或褐色树脂状固体，有香味。加热时有蜡质析出。可分散于水中，但难溶于水，溶于乙醇。

3. 生理功能

具有调节血糖的功能。能显著降低血糖，减少胰岛素的用量，能较快使血糖恢复正常值。消除口渴、饥饿等症状。并能防治由糖尿病所引起的并发症。据测试，总有效率约 40％。蜂胶本身是一种广谱抗生素，具有杀菌消炎的功效。糖尿病患者血糖含量高，免疫力低下，容易并发炎症，蜂胶可有效控制感染，使患者病情逐步得到改善。蜂胶降血糖、防治并发症的机理可能有以下几点。

① 蜂胶中的黄酮类、萜烯类物质有促进肝糖原的作用，从而降低血糖。而且这种调节是双向的，不会降低正常人的血糖含量。

② 蜂胶不仅可以抗菌消炎，还能活化细胞，促进组织再生。因此可以使发生病变、丧失分泌功能的胰岛素细胞恢复功能，从而降低血糖含量。

③ 黄酮类化合物可以降低血脂，改善血液循环，因而可防治血管并发症。

④ 蜂胶中黄酮类、苷类能增强三磷酸腺苷（ATP）酶。ATP 是机体能量的源泉，能使

酶活性增加，ATP 含量增加，促进体力恢复。

⑤ 所含钙、镁、钾、磷、锌、铬等元素，对激活胰岛素、改善糖耐量，调节胰腺细胞功能等都有一定意义。

4. 安全性

① 蜂胶本身无毒，但在蜂胶原料的制备过程中，容易被污染。重金属含量较高，铅含量可达 200～400mg/kg，而规定铅含量不得超过 1mg/kg，因此粗蜂胶不能食用，而需精制后方能是食用。

② 婴儿及孕妇不宜。

六、南瓜

品种较多，瓜型不一，有长圆、扁圆、圆形和瓢形等，表面光滑或有突起和纵沟，呈赤褐或赭色。肉厚，黄白色。20 世纪 70 年代日本即用南瓜粉治疗糖尿病，但至今对南瓜降糖的作用机理并不明确，有的认为主要是南瓜戊糖；有的认为主要是果胶和铬，因为果胶可延缓肠道对糖和脂类的吸收，缺铬则使糖耐量因子无法合成而导致血糖难以控制。

七、铬

铬是葡萄糖耐量因子的组成部分，缺乏后可导致葡萄糖耐量降低。所谓"葡萄糖耐量"是指摄入葡萄糖（或能分解成葡萄糖的物质）使血糖上升，经血带走后使血糖迅速恢复正常。其主要作用是协助胰岛素发挥作用。缺乏后可使葡萄糖不能充分利用，从而导致血糖升高，有可能导致 II 型糖尿病的发生。

八、三氯化铬

三氯化铬为紫色单斜结晶，相对密度为 2.878，熔点为 820℃，沸点为 1300℃，易溶于水。能与烟酸化合成烟酸铬，而具有与葡萄糖耐量因子相似的作用，从而起到提高胰岛素的敏感性，改善葡萄糖耐量的作用。

九、番石榴叶提取物

在日本和东南亚亚热带地区，民间将番石榴的叶子用作糖尿病和腹泻药已有很长时间。番石榴叶提取物的主要成分是多酚类物质，其中以窄单宁、异单宁和柄单宁为主要有效成分。还含有皂苷、黄酮类化合物、植物甾醇和若干精油成分。将番石榴叶的 50% 乙醇提取物按 200mg/kg 的量经口给予患有 II 型糖尿病的大鼠，血糖值有类似于给予胰岛素后的下降，显示具有类似胰岛素的作用。

十、苦瓜

苦瓜有较强降糖作用，其降血糖活性物质包括一种生物碱和一种类似胰岛素样化合物。

━━━━━━ 思 考 题 ━━━━━━

1. 糖尿病的分类有哪些？
2. 糖尿病的起因有哪些？
3. 试述糖尿病的发病机理。
4. 通常糖尿病患者的症状是什么？
5. 具有调节血糖功能的物质有哪些？
6. 如何设计调节血糖的功能性食品？

第十八章

辅助改善记忆的功能性食品

主要内容

1. 学习和记忆的基本概念及类型。
2. 具有辅助改善记忆功能的物质。

第一节 概 述

学习和记忆是脑的高级机能之一。从生物学的角度看，没有一种动物是不能接受教训而改变其行为的。在物种之间，学习能力的差别只是在学习的速度、范围、性质和实现学习的生物学基础方面。动物能够改变行为以适应环境的变化，因为没有一种动物生存的环境是绝对不变的。没有学习、记忆和回忆，既不能有目的地重复过去的成就，也不能有针对性地避免失败。如果这样的话，动物个体和种族的生存就成为不可能。近年来，学习记忆被人们看成衰老研究的一项重要指标，也有学者利用衰老引起的学习记忆变化来研究学习记忆的机理等。

一、学习的定义及类型

学习是指人或动物通过神经系统接受外界环境信息而影响自身行为的过程。学习的类型可分为以下几种。

1. 惯化（habituation）

2. 联合学习（associative learning）

① 经典性条件反射。

② 操作性条件反射。

3. 潜伏学习（latent learning）

4. 顿悟学习（insight learning）

① 期待。

② 完性知觉。

③ 学习系列。

5. 语言学习或第二信号系统的学习

6. 模仿（imitation）

7. 玩耍（play）

8. 铭记（imprinting）

在上述学习类型中，"惯化"是普遍存在于动物和人类的一种学习现象。惯化指的是当一个特定刺激单纯地反复呈现时，机体对这个刺激的反应逐渐减弱乃至消失。这对适应环境、保护机体有重要意义。联合学习中的经典性条件反射，也就是巴甫洛夫创立的条件反射，指的是一个中性刺激与非条件刺激在时间上接近，随着反复结合，使有机体对中性刺激逐渐产生与非条件反射所引起的相似的应答性反应。操作性条件反射是在巴甫洛夫条件反射的基础上发展起来的，它指的是通过有机体自身的某个特定的操作动作而获取食物或回避有害刺激的反射活动。有学者认为，"尝试错误"是动物或人学习的一种基本规律，即人学习某一新鲜事情，总要通过若干次错误或失败，才能最终掌握这一事件。可是，也有人用试验证明，动物不总是靠着盲目地尝试错误解决问题，有时它可以突然抓到问题的关键，因而把这种学习叫做"顿悟"。言语、文学和符号是人类所特有和最重要的学习方式。言语能促使人们使用概念进行思维，而不用具体的东西进行思维，这就大大简化和促进了认识过程。人类的语言也有助于建立新的暂时联系，即使没有物质的刺激，人们也能概述第一信号系统形成许多暂时的联系。文字进一步促进了解的过程，使面对面的接触变得并非是不可少的，使人类把长时期积累的知识和精神财富贮存起来，从一个人传给另一个人，从这一代传给下一代。虽然人类的学习是以语言和文字的学习为主，但儿童和幼年动物的"玩耍"以及动物和人的"模仿"等也是不可忽视的学习方式。

二、记忆的定义及类型

记忆是指获得的信息或经验在脑内贮存和提取（再现）的神经活动过程。学习与记忆密切相关，若不通过学习，就谈不上获得信息和再现，也就不存在记忆；若没有记忆，则获得的信息就会随时丢失，也就失去了学习的意义。因此，学习与记忆是既有区别又不可分割的神经生理过程，是人和动物适应环境的重要方式。记忆通常分为感觉性记忆、短时性记忆和长时性记忆。

外界通过感觉器官进入大脑的信息大约只有 1% 能被长期贮存记忆，而大部分被遗忘。能被长期贮存的信息都是对个体具有重要意义的，而且是反复运用的信息。因此，在信息贮存过程中必然包含着对信息的选择和遗忘两个因素。信息的贮存记忆要经过多个步骤，但简略地可把记忆划分为两种，即短时性记忆和长时性记忆。在短时性记忆中，信息的贮存是不牢固的。例如，你要拨一个不曾用过的电话号码，你在电话本上查到这个号码后，这时如果没有其他的事情扰乱你，你看了号码后立即能在电话上拨出这几个数字，这说明你用了短时记忆。但是，如果对方占线，你等几分钟再拨时，就要再看一次号码，因为刚才的记忆保留的时间很短。但如果通过长时间的反复运用，则所形成的痕迹将随着每一次的使用而加强，最后可形成一种非常牢固的记忆，这种记忆不易受干扰而发生障碍。

人类的记忆过程可以细分为 4 个连续的阶段，即感觉性记忆、第一级记忆、第二级记忆和第三级记忆。前两个阶段相当于短时性记忆。感觉性记忆也称瞬时记忆或掠影式记忆。它是指感觉系统获得信息后，首先在脑的感觉区内贮存的阶段，这一阶段贮存的时间很短，一般为几百毫秒，如果没有经过注意和处理就会很快地消失。例如，片刻即逝的景物印象或某种已逝的声音在耳中的余响，这种记忆常被认为是一种感觉的后放。如果信息在这一阶段经过加工处理，把那些不连续的、先后进来的信息整合成新的连续的印象，就可以从短暂的感觉性记忆转入第一级记忆。信息在第一级记忆中最稳定时被复习（运用），使得从第一级转入第二级记忆更为容易。记忆在第一级中停留的时间仍然很短暂，平均约几秒钟。通过反复运用学习，信息便在第一级记忆中循环，从而延长了信息在第一级记忆中停留的时间，这样就使信息容易转入第二级记忆之中。第二级记忆是一个大而持久的贮存系统，发生在第二级记忆内的遗忘，似乎是由于先前的或后来的信息的干扰所造成的。有些记忆，如自己的名字和每天都在进行的手工操作等，通过长年累月的运用，是不大会被遗忘的。这一类记忆是贮存在第三级记忆中的，第三级记忆一般能被保持数周、数月、数年，有的可以终生不忘。

人类大脑可贮存的信息量巨大，有人推算认为，人脑一生中可以贮存约五亿册书的知识量。信息在流通中要经过筛选和大量丢失。也就是说，外界通过感觉系统输入的信息很多，而到达长时性记忆的信息量很少。此外，人类有语言文字，更增加了进入人脑内的信息的多样性和加工处理的复杂性。

三、学习记忆的结构基础

目前，测定学习与记忆的关系的大多数试验通常采取切除或损伤脑区来进行。脑内某个部位的破坏、切除，并不能认为未损伤部位在正常情况下与学习无关。当中枢神经系统某部位损伤后神经功能仍存在，也不能认为是未受损部位功能正常的标志。一是因为某些类型记忆与多个脑区有关，二是学习的神经通路可能有多余性。好在采取不同方法（包括切除脑的某个部位）的动物试验和临床研究所获得的结果，也可对学习记忆的有关结构作出推论。

大脑皮层含有 100 亿个神经元，皮层与皮层下、脑干、丘脑之间有直接传入和传出联系。如果皮层大面积（50%）以上受损无疑会造成遗忘症，如果损伤面积仅 10% 以下，则记忆几乎不受影响。在大脑皮层中，前额皮层占据了大脑皮层面积的 1/4，它也是大脑半球形成过程中最晚出现的部分。人类额叶损伤或病变可导致一系列高级心理智能障碍。颞叶皮层位于外侧沟之下，顶枕沟之前，局部颞叶损毁明显地影响到短时间记忆。

海马是边缘系统中最显著、最易确定的一个结构，海马可以分为四大区：CA_1、CA_2、CA_3、CA_4 区。临床资料表明，人脑边缘系统的主要结构——海马、乳头体受到损伤，可导致一种极为明显的记忆障碍——近期记忆丧失或叫瞬时性遗忘。从动物试验得到的资料，有人认为海马具有辨别空间信息的功能，还有人认为海马具有抑制性调节功能。还有实验结果说明，损毁双侧海马对学习记忆的影响依赖于记忆巩固水平，并认为海马在记忆形成的早期阶段更为重要。

四、辅助改善记忆的影响因素

1. 提供能迅速转化成葡萄糖的热能。
2. 向大脑提供氨基酸结构比例平衡的优质蛋白质。
3. 补充各种多不饱和脂肪酸。
4. 保证摄取充足的维生素和无机盐。

第二节　具有辅助改善记忆功能的物质

一、芹菜甲素

从芹菜籽提取的芹菜甲素有改善脑缺血、脑功能和能量代谢等多方面的作用。

脑血流的正常供应对维持脑的功能至关重要。脑重占人体重的 5%，而脑血流占全身血流量的 1/5，脑耗氧量占全身的 1/4，人到老年，脑血流减少 20% 以上，首先受影响的是脑的功能，智力受到影响，出现学习、记忆障碍。现有治疗阿尔兹海默病或改善智力的药物，多为脑血液循环改善剂，足以证明脑血流的增加对恢复记忆功能多么重要。脑血液循环改善剂种类繁多，作用机制各异。芹菜甲素有其独特的作用机制，而且副作用少。

1. 抗脑血作用

采用大鼠，电灼大脑中动脉，造成永久性闭塞，使局部脑缺血，芹菜甲素于大脑中动脉阻断前给药，可缩小脑梗死面积，改善神经功能缺失症状和减轻脑水肿，有效剂量为 20～40mg/kg。

2. 改善血流量

通过测定正常大鼠大脑一侧纹状体的血流量发现，芹菜甲素能在不影响动物平均动脉压的情况下增加纹状体的血流量。

3. 对血小板聚集功能的影响

芹菜甲素对花生四烯酸诱导的血小板聚集有非常明显的抑制作用。

4. 对钙通道和细胞内钙含量的影响

血管平滑肌细胞内钙升高，引起血管收缩，血流量减少。反之，平滑肌细胞内钙减少，则血管舒张，血流量增加，钙内流的增加或减少主要决定于钙通道的开放或关闭。现已证明，芹菜甲素为 L 型钙通道阻滞剂，它对神经细胞内钙升高具有抑制作用。

5. 改善能量代谢和对线粒体损伤具有保护作用

在脑缺血、缺氧情况下，芹菜甲素能增加 ATP 和磷酸肌酸含量并减少乳酸的堆积。

6. 对脑外伤和脑缺血所致记忆障碍具有改善作用

可阻断钙内流，减少胞内钙水平，显著增加脑缺血区的血液供应，改善脑缺血时的能量代谢。

二、辣椒素

辣椒素是从红辣椒内提出的一种化合物。它有多种功能，其中之一是振奋情绪、延长寿命、减少忧郁，因而可改善老年人的生活质量。

三、石松

1986 年中国科学院上海药物研究所和军事医学科学院同时从石松分离出的石杉碱甲和石杉碱乙对记忆恢复和改善都有效。因为石杉碱甲、乙被证明是胆碱酯酶抑制剂，它可抑制乙酰胆碱的分解，从而起到改善记忆功能的作用，其副作用不明显。

四、银杏

银杏远在冰河时期就已存在，至今有些银杏树已存在 4000 多年。20 世纪 70 年代欧洲的研究人员从银杏叶中提取出有效成分——黄酮苷，其主要成分是山茶酚和槲皮素，葡萄糖鼠李糖苷和特有的萜烯，银杏内酯和白果内酯。黄酮为自由基清除剂，萜烯特别是银杏内酯 β 是血小板活化因子的强抑制剂，这些有效成分还能刺激儿茶酚胺的释放，增加葡萄糖的利用，增加 M-胆碱受体数量和去甲上腺素的更新以及增强胆碱系统功能等，故有广泛的药理作用，如改善脑循环、抗血栓、清除自由基和改善学习、记忆等。动物试验证明，银杏提取物可改善记忆障碍。

五、人参

在抗衰老物质中，使用范围最广的可能是人参。现在，人参被公认为有确切的增进人体身心健康的作用。研究表明，人参对记忆各个阶段记忆再现障碍有显著的改善作用。进一步研究证明，人参皂苷 Rg_1 和 Rh_1 是人参促智作用的主要成分。已初步阐明人参的促智机制主要为以下 3 点。

① 加强胆碱系统功能，如促进乙酰胆碱的合成与释放，提高 M-胆碱受体数量。

② 同位素标记试验证明其能增加脑内新蛋白质的合成。

③ 提高神经可塑性。

六、胆碱

胆碱是体内合成乙酰胆碱的前体，蛋黄里含有一种称为磷脂酰胆碱的化合物，是体内胆碱的主要来源。黄豆、包心菜、花生和花椰菜也是摄取胆碱的良好来源。研究表明，乙酰胆碱与记忆保持密切相关，胆碱营养补品可以延缓记忆的丧失。

七、钴胺素

钴胺素（维生素 B_{12}）是神经系统正常运作的必需物质。荷兰有学者研究表明，血液里维生素 B_{12} 含量偏低，而身体其他各方面的健康状态都颇佳的人，其脑力测验方面的表现无法与血液里维生素 B_{12} 含量较高的人相媲美，无论年龄大小，结果都一样。

八、褪黑激素

褪黑激素是大脑的松果体在睡眠时分泌的一种激素，对维持正常的生理节奏是非常重要的物质，尤其对睡眠周期的维持更为重要。1987 年意大利的科学家研究表明，夜间在老鼠饮用的水中加入褪黑激素能延长老鼠的寿命，摘除松果体会导致衰老加速。

九、脱氧核糖核酸和核糖核酸

脱氧核糖核酸（DNA）和核糖核酸（RNA）存在于体内每个细胞的细胞核里，是制造新细胞、细胞修复和细胞新陈代谢时不可缺少的物质。有些研究者认为，衰老是因为这些重要的核酸减少或功能降低而引起的。根据这一理论，如果重新补充身体内已损耗的核酸，那么能让衰老停止或扭转衰老现象。美国有一项研究报告指出，让 5 只老鼠每周接受 DNA 及 RNA 注射，而另 5 只老鼠则未注射，结果表明未注射的老鼠在 900 天之内全部死亡，但那些被注射 DNA 和 RNA 的老鼠却活了 1600～2250 天。

十、单不饱和脂肪酸

摄食单不饱和脂肪酸有助于寿命的延长。脂肪酸有三种：饱和脂肪酸、多不饱和脂肪酸和单不饱和脂肪酸，其饱和程度根据氧分子数量而定。氧分子数越多，则脂肪酸越呈饱和状态。一般认为，饱和脂肪酸会促进血凝块形成，从而导致动脉粥样硬化。橄榄油和鳄梨油都是单不饱和脂肪酸的最佳食物来源，杏仁、花生和胡椒等坚果类也都富含单不饱和脂肪酸。研究者对 26000 人所进行的一项大型研究证实，如果每周至少食用杏仁、花生 6 次，其平均寿命比一般人员增加 7 年。

十一、叶酸

1962 年 Herbert 首先报道叶酸缺乏引起精神功能改变。随后，Serachan 和 Hendarson 于 1967 年报告两例进行性痴呆症患者血清中叶酸浓度过低，肌内注射或口服叶酸，病情可得到缓解。在许多药物引起的痴呆症，如酒精性痴呆症中，叶酸缺乏是重要的影响因素。癫痫病人使用苯巴比妥的时间越长，病人的智力损伤也越严重，而痴呆的严重程度又与血清叶酸水平呈正相关。

深绿色叶菜中都含有叶酸，干豆类、冷冻的橘子汁、酵母、肝脏、向日葵籽、小麦芽和添加了营养品（维生素、矿物质等）的早餐麦片粥里也含有叶酸。

十二、硼

微量硼在协助预防骨质疏松症上起重要作用。关于对脑功能的影响方面，美国农业局对

45 岁的男女进行了一项有关硼效用的研究，结果发现当饮食中硼含量最低的人被要求做些简单的事如数数等，竟表现出智力功能削弱。脑电图显示，硼含量低的饮食会压抑心智的应变能力。

十三、其他物质

老年智力减退和机体衰老与机体过氧化、自由基过多有关。葱、蒜及其他许多蔬菜水果、肉碱等均有抗氧化、消除自由基功能。

思 考 题

1. 简述学习的定义及类型。
2. 简述记忆的定义及类型。
3. 具有辅助改善记忆功能的物质有哪些？

第十九章

缓解视疲劳的功能性食品

主要内容

1. 眼的解剖学结构。
2. 造成视力减退的原因。
3. 选择眼镜应遵循的原则。
4. 具有缓解视疲劳的物质。

第一节 概　述

眼睛是人体掌管视觉的感受器官，它的构造复杂，功能敏锐，是人体中最重要的器官之一。人们常把眼睛的作用和功能与照相机相比，从一般的光学原理上讲，它们的确有相似之处，但是它们也确有本质上的区别。就视网膜与感光胶片比较就有很大的区别，它不但可以接受目标在它上面的投射影像，而且把这个影像变成神经兴奋传递至大脑，并形成视觉，使我们能够感受到这美丽的世界。随着社会的进步以及经济的发展，我们的生活也变得更加绚丽多彩，对眼睛的应用也就更为频繁，这也无疑增加了眼睛的负荷，因此开发改善视力的功能性食品更为重要。

一、眼的解剖学结构

眼由眼球和它的附属器官构成。眼球位于眼眶的前中部，处于筋膜组成的空腔内，四周被脂肪和结缔组织所包围，只有眼球的前面是暴露的，其前极位于角膜的中央，而后极则通过眼球后部的中心点。处于两极之间的环形区代表眼球的赤道部。

1. 眼的附属器官

包括眼眶、眼外肌、眼睑、结膜和泪器。

2. 眼球的构造

眼球可分球壁与内容两部分。

眼球球壁包括以下几个部分。

① 最外层的纤维膜，由透明的角膜与不透明的巩膜所组成，角膜是光线可以通过的透明组织，巩膜具有保护作用。

② 最内层为视网膜和色素上皮，前者主要由接受光刺激的视细胞和传递光冲动的神经组织所组成。

③ 居于两层之间的为葡萄膜，从前到后依次为虹膜、睫状体及脉络膜三个部分，此层富于血管，主要功能是供给内部组织营养。

眼球内容包括三个部分。

① 最前面的有前房、后房。位于角膜与虹膜和晶状体之间的空间是前房，位于虹膜之后晶状体周围的是后房。前房和后房充满清亮的液体房水。房水由睫状体产生，从后房经过瞳孔流入前房，再流出眼球进入静脉。房水的主要功能是营养眼球和维持眼压。

② 晶状体。它是一个双凸面的透明体，在虹膜的后面，直径为 $9 \sim 10 \text{mm}$，由许多悬韧带挂在睫状体上。晶状体悬韧带是一种弹性组织，随着睫状体肌肉的收缩或放松，它可以使晶状体变凸或变平，就像照相机上的镜头一样可以调节焦点，使远近的物体都能看清楚。

③ 玻璃体。它是像玻璃一样透明的组织，比鸡蛋还黏稠些，充满在晶状体后面眼球腔内。它除能透过光线外，主要起支撑眼球的作用。

二、造成视力减退的原因

造成视力减退的原因多种多样，主要有以下几种。

① 各种类型的屈光不正，包括远视、近视、散光。

② 晶状体混浊，即白内障。

③ 角膜混浊。

④ 玻璃体混浊及出血。

⑤ 视神经疾患，如视神经萎缩、视神经炎、球后神经炎、慢性青光眼及中毒性弱视。

⑥ 眼球内出血。

⑦ 脉络或视网膜内长肿瘤及视网膜脱离。

⑧ 急性青光眼。

⑨ 急性虹膜炎等。

三、选择眼镜应遵循的原则

眼镜在保护视力和矫正视力方面发挥着巨大的作用，它是一种光学器械，在眼的屈光系统中起着重要的作用。因此，如果带着的眼镜不合适，不但起不到保护视力的作用，反而会给眼的屈光系统带来进一步的损害。眼镜的目的是矫正眼的屈光系统，使视觉更好地发挥作用。矫正眼镜的选择应遵循以下几条原则。

1. 近视眼的眼镜选择原则

首先，应确定其是真性近视还是假性近视。因为假性近视通过适当的休息、合理的治疗，可以恢复正常。一般情况下，当裸眼视力在 0.8 以上时，不宜配戴眼镜。当裸眼视力影响学习或工作时，应到医院进行仔细检查，如果通过适当的治疗未恢复正常的视力时，应配戴相应的矫正眼镜，在排除远视的条件下，再用凹透镜矫正，在获得正常满意的矫正视力的镜片中，取其中度数最弱的作为近视眼镜的处方度数。

2. 远视眼的眼镜选择原则

轻度远视不需配戴眼镜，如果眼睛疲劳或有视力障碍时，则应配戴眼镜。对远视眼进行矫正时，在获得最好矫正视力的凸透镜中，应选取度数最强的作为远视眼镜的处方度数。

3. 散光眼的眼镜选择原则

不管属于哪种屈光不正的散光部分，都应采取低矫正，而不宜过矫正。重要的是使散光的轴向和度数都得到正确的处理。一般来说，虽有轻度散光，但它不影响视力又无眼睛疲劳时，则不必进行矫正。

四、视力保护

对中老年而言，视力下降的原因主要是由于各屈光单位的老化。从某种意义来讲，对于这一部分人群，主要是从延缓衰老方面做相应的工作，以保护视力。而青少年视力下降的原因则主要是基于近视（幼儿和小学一、二年级远视和弱视也是主要原因），而近视的原因又是多方面的，所以保护视力也必须从多方面着手。

1. 加强体育锻炼、注意适当的营养

① 增加户外运动，多接触大自然，常晒日光、呼吸新鲜空气。

② 精神要愉快。

③ 生活要有规律，早睡早起，保持充分的睡眠。

④ 避免偏食或暴饮暴食。

2. 防止用眼过度

长时间工作、学习时，中间应适当休息。

3. 照明良好，读书写字姿势要正确

① 不要在弱光或强光下读书写字。

② 一般来说，光线要来自左上方，决不可来自前方或右方，因为这样的光线不仅刺眼，而且因右手产生的阴影妨碍阅读和书写。适当调整光源的位置及其高低，以产生最佳的照明效果。

4. 适当选择富含维生素 A 的食物

从营养角度来看，鱼肝油具有保护视力的功效，鱼肝油的主要成分是维生素 A 和维生素 D，其中具有保护视力作用的成分是维生素 A，但如果过量服用鱼肝油，可引起维生素 A 中毒症状。维生素 A 的最好来源是各种动物的肝脏、鱼卵、全奶、奶油和禽蛋等。胡萝卜素在体内可变成维生素 A，它在菠菜、豌豆、胡萝卜、辣椒、杏和柿子等食物中含量较为丰富，因此多吃这些蔬菜和水果对视力具有保护作用。

五、改善视力功能性食品的评价标准

1. 试验项目

人体试食试验：屈光度、视力、眼部自觉症状等。

2. 试验原则

排除感染、眼外伤、器质性病变以及其他非功能性食品所能纠正的眼疾患人群。

3. 结果判定

若裸眼视力提高两行以上，屈光度降低 0.5 以上，则可判定受试物具有改善视力的作用。

第二节　具有缓解视疲劳功能的物质

一、花色苷

花色苷是广泛存在于水果、蔬菜中的一种天然色素，其中对保护视力功能最好的欧洲越橘（whortleberry）和越橘（cowberry）浆果中的花色苷类，已知有 15 种。

1. 性状

一般为红色至深红色膏状或粉末，有特殊香味。溶于水和酸性乙醇，不溶于无水乙醇、氯仿和丙酮。水溶液透明无沉淀。溶液色泽随 pH 的变化而变化。在酸性条件下呈红色，在

碱性条件下呈橙黄色至紫青色。易与铜、铁等离子结合而变色，遇蛋白质也会变色。对光敏感，耐热性较好。

2. 生理功能

保护毛细血管，促进视红细胞再生，增强对黑暗的适应能力。据法国空军临床试验，能改善夜间视觉，减轻视觉疲劳，提高低亮度的适应能力。欧洲自 1965 年起即将其用作眼睛保健用品。给兔子静脉注射后，在黑暗下适应的初期可促进视紫质的再合成，在适应末期视网膜中视紫质含量也比对照者高很多。给眼睛疲劳患者每天经口摄入 250mg，能明显改善眼睛疲劳。

3. 制法

用杜鹃花科植物欧洲越橘（*V. myrtillus*）或普通越橘（*V. vitisidaes*）的成熟浆果为原料，也可用榨汁后的果渣为原料，用 3％稀盐酸液水溶液，以 20％（质量浓度）比例在 50℃下浸提 15min，如此浸提 3 次，可得 96％色素；如同样用 1％的盐酸乙醇溶液，条件相同，则提取 2 次即可；也有用 0℃以下乙醇提取的。

提取液用离子交换树脂吸附以除去杂质（水洗），然后用乙醇-盐酸两步洗脱后可回收 85％以上色素，纯化后的色素在 40℃、0.097MPa 下浓缩得膏状物，再混入乳糖标准化后干燥而得。

吸附柱的准备方法为取一定量离子交换树脂，加入蒸馏水中，搅拌，再清洗一次，放置 24h，与水一起装柱。分别用稀 NaOH 溶液、蒸馏水、稀 HCl 溶液、蒸馏水进行清洗，至洗出液 pH 4～5。加入色素提取液，至大部分树脂变为红色为止，加蒸馏水清洗杂质，至流出液呈透明，然后用洗脱液洗脱，收集流出液。

4. 安全性

① $LD_{50} > 25g/kg$（小鼠，经口）。

② 慢性毒性试验（大鼠 26 周）、变异原性试验，均呈阴性。

二、叶黄素

1. 主要成分

以叶黄素为主的各种类胡萝卜素，如新黄质（meoxanthin）、紫黄质（violaxanthin）。可含有被萃取植物中原来含有的油脂和蜡及萃取后为标准化而加入的食用植物油。

2. 性状

橙黄色粉末、浆状或深黄棕色液体，有弱的似干草气味。不溶于水，溶于乙醇、丙酮、油脂、已烷等。试样的氯仿液在 445nm 处有最大吸收峰。耐热性好，耐光性差，150℃以上时不稳定。

3. 生理功能——保护眼睛视力

① 叶黄素是眼睛中黄斑的主要成分，故可预防视网膜黄斑的老化，对视网膜黄复病（AMD，一种老年性角膜混浊）有预防作用，以缓解老年性视力衰退等。

② 预防肌肉退化症（ARMD）所导致的盲眼病。由于衰老而发生的肌肉退化症可使 65 岁以上的老年人引发不能恢复的盲眼病。据美国眼健康保护组织估计，在美国大约有 1300 万人存在肌肉退化症状，有 120 万人因此导致视觉损伤。预计到 2050 年，美国 65 岁以上的人数将达到现今的两倍。因此，这将成为重要的公共卫生问题。叶黄素在预防肌肉退化症方面效果良好，由于叶黄素在人体内不能产生，因此必须从食物中摄取或额外补充，尤其是老年人必须经常选用含叶黄素丰富的食物。为此美国于 1996 年建议 60～65 岁的人每天需补充

叶黄素 6mg。

③ 眼睛中的叶黄素对紫外线有过滤作用，可防止由日光、电脑等所发射的紫外线对眼睛和视力的伤害。

4. 制法

叶黄素广泛存在于自然界的蔬菜（如甘蓝等）和水果（如桃子、芒果、木瓜等）中。叶黄素有 8 种异构体，难以人工合成，所以至今只有从植物中提取。一般由牧草、苜蓿或睡莲科植物莲的叶子经皂化除去叶绿素后，再用溶剂萃取而得。所用溶剂按 FAO/WHO（1997）规定限用甲醇、乙醇、异丙醇、己烷、丙酮、甲乙酮和二氯甲烷。

德国 Nutraceuticals 公司从金盏花（亦称万寿菊，*Tagetes erecta*）花瓣（比菠菜中含量高 20 倍）中用己烷提取而得，其主要成分为叶黄素酯，能在人体内被代谢生成叶黄素。美国 Kemin 公司除从金盏花中提取外，还用猕猴桃为原料提取，并制成"超视力饮料"。也可以从微藻中提取而得。

5. 安全性

ADI 尚未规定（FAO/WHO，1994）。

三、富含维生素 A 的食物

维生素 A 与正常视觉有密切关系。如果维生素 A 不足，则视紫红质的再生变慢而不完全，暗适应时间延长，严重时造成夜盲症。如果膳食中维生素 A 继续缺乏或不足将会出现干眼病，此病进一步发展则可导致角膜软化及角膜溃疡，还可出现角膜皱褶等。维生素 A 最好的食物来源是各种动物肝脏、鱼肝油、鱼卵、禽蛋等；胡萝卜、菠菜、苋菜、苜蓿、红心甜薯、南瓜、青辣椒等蔬菜中所含的维生素 A 原也能在体内转化为维生素 A。

四、富含维生素 C 的食品

维生素 C 可减弱光线与氧气对眼睛晶状体的损害，从而延缓白内障的发生。富含维生素 C 的食物有柿子椒、西红柿、柠檬、猕猴桃、山楂等新鲜蔬菜和水果。

五、钙

钙与眼睛构成有关，缺钙会导致近视眼。青少年正处在生长高峰期，体内钙的需要量相对增加，若不注意钙的补充，不仅会影响骨骼发育，而且会使正在发育的眼球壁——巩膜的弹性降低，晶状体内压上升，致使眼球的前后径拉长而导致近视。

我国成人钙的供给量为 800mg/d，青少年的供给量应为 1000～1500mg/d。含钙多的食物主要有奶类、贝壳类（虾）、骨粉、豆及豆制品、蛋黄、深绿色蔬菜等。

六、铬

缺铬易发生近视，铬能激活胰岛素，使胰岛发挥最大生物效应，如人体铬含量不足，就会使胰岛素功能发生障碍，血浆渗透压增高，致使眼球晶状体、房水的渗透压和屈光度增大，从而诱发近视。人体每日对铬的生理需求量为 0.05～0.2mg。铬多存在于糙米、麦麸之中，动物的肝脏、葡萄汁、果仁中含量也较为丰富。

七、锌

锌缺乏可导致视力障碍，锌在体内主要分布在骨骼和血液中。眼角膜表皮、虹膜、视网膜及晶状体内也含有锌，锌在眼内参与维生素 A 的代谢与运输，维持视网膜色素上皮的正常组织状态，维持正常视力功能。含锌较多的食物有牡蛎、肉类、肝、蛋类、花生、小麦、豆类、杂粮等。

八、珍珠

珍珠含 95％以上的碳酸钙及少量氧化镁、氧化铝等无机盐，并含有多种氨基酸，如亮氨酸、蛋氨酸、丙氨酸、甘氨酸、谷氨酸和天冬氨酸等。珍珠粉与龙脑、琥珀等配成的"珍珠散"点入眼睛可抑制白内障的形成。

九、海带

海带除含有碘外还含有 1/3 的甘露醇。晾干的海带表面有一层厚厚的"白霜"，它就是甘露醇，甘露醇有利尿作用，可减轻眼内压力，对急性青光眼有良好的功效。其他海藻类如裙带菜也含有甘露醇，也可用来作为治疗急性青光眼的辅助食品。

━━━━━━━━ **思 考 题** ━━━━━━━━

1. 简述眼的解剖学结构。
2. 造成视力减退的原因有哪些？
3. 选择眼镜应遵循哪些原则？
4. 具有缓解视疲劳的物质有哪些？

第二十章

改善睡眠的功能性食品

主要内容

1. 睡眠的功能。
2. 具有改善睡眠的物质。

第一节　概　述

睡眠对人体健康非常重要，一个人一生中大约有 1/3 的时间是在睡眠中度过。通过睡眠，可以消除疲劳，恢复精神与体力，提高工作与学习效率。

1906 年巴黎大学的 R. Legendre 和 H. Pieron 发表了睡眠过程中分解毒素的论述。1970 年瑞士的 M. Monnier 发现睡眠的诱发物质，一种由脑组织分泌的激素。1984 年美国哈佛大学的 J. R. Pappenheimer 在人尿中发现睡眠诱导物质胞壁质肽，这种物质由哺乳动物的脑部产生，它一方面有发热性，同时具有增强免疫能力的作用，因而提出睡眠是一种免疫过程的学说。随着人们生活节奏的加快，生存压力的加大和竞争的日益激烈，人类的睡眠正受到严重的威胁。据统计，约有 2/3 的美国成人（约 5000 万人）有睡眠障碍。而我国也拥有为数众多的睡眠障碍者，轻者夜间几度觉醒，严重者彻夜未眠。目前，消除睡眠障碍最常用的方法是服用安眠药（如苯二氮类睡眠镇静药），它们具有较好的催眠效果，在临床上发挥了巨大的作用，但这些药物生物半衰期长，其药物浓度易残留到第二天，影响第二天的精力。长期服用这些药物会产生耐药性和成瘾性，且有一定的副作用。因此，开发安全有效的改善睡眠的功能性食品具有重要意义。

一、睡眠的功能

① 睡眠可以让人体获得充分休息，恢复体力和精力，使睡眠后保持良好的觉醒状态。与觉醒对比，人体睡眠时许多生理功能发生了变化。一般表现为以下几个方面：嗅、视、听、触等感觉功能减退；骨骼肌反射运动和肌肉紧张减弱；伴有一系列植物性功能的变化，例如心脏跳动减缓、血压降低、瞳孔缩小、发汗功能增强、肌肉处于完全放松状态、基础代谢率下降 10%～20%。

② 睡眠具有产生新细胞，保持能量，修复自身的作用。睡眠不足将导致抵抗力下降。

二、睡眠的节律

生物的节律是普遍存在的。当波动的周期接近地球自转的周期时，称为昼夜节律。这一节律通常是自我维持和不被衰减的，是生物体固有的和内在的本质，我们可以形象地称之为"生物钟"。当生物钟自由进行时，昼夜节律是相当准确的，在很大范围内，昼夜节律几乎不受温度影响，对化学物质也不敏感，但它们对光却很敏感。对人体而言，维持睡眠、觉醒周期的正常是非常重要的。一旦这种周期遭到破坏，就造成严重的睡眠障碍。对于睡眠期延迟症候群的睡眠障碍者，其昼夜性节律较迟缓，患者无法在正常的时间入睡。另一种睡眠障碍就是睡眠期提前症候群，患者在晚上8点就开始有睡意，却在凌晨一、二点觉醒过来，很多老年人都有这种困扰。还有一种称为非24h睡眠、觉醒周期的睡眠障碍，患者最明显的症状便是清醒及睡眠的时间过长，他们的循环周期甚至可达50h。利用时间疗法即用光线来改善昼夜性节律，可帮助上述患者恢复正常的睡眠模式。

三、睡眠的产生

一般认为睡眠是中枢神经系统内产生的一种主动过程，与中枢神经系统内某些特定结构有关，也与某些递质的作用有关。中枢递质的研究表明，调节睡眠与觉醒的神经结构活动，都是与中枢递质的动态变化密切相关的。其中5-羟色胺与诱导并维持睡眠有关，而去甲肾上腺素则与觉醒的维持有关。睡眠使身体得到休息，在睡眠时，机体基本上阻断了与周围环境的联系，身体许多系统的活动在睡眠时都会慢慢下降，但此时机体内清除受损细胞、制造新细胞、修复自身的活动并不减弱。研究发现，睡眠时，人体血液中免疫细胞显著增加，尤其是淋巴细胞。失眠是最常见、最普通的一种睡眠紊乱。失眠者要么入睡困难、易醒或早醒，要么睡眠质量低下，睡眠时间明显减少，或几项兼而有之。短期失眠可使人显得憔悴，经常失眠使人加快衰老，严重的失眠常伴有精神低落、感情脆弱、性格孤僻等一系列病态反应。天长日久，会使大脑兴奋与抑制的正常节律被打乱，出现神经系统的功能疾病——神经衰弱，直接影响失眠者的身心健康。

睡眠十分重要，但也不是睡眠时间越长越好。睡眠过多，可使身体活动减少，未被利用的多余脂肪积存在体内，因而诱发动脉硬化等危险病症。

四、改善睡眠功能性食品的评价标准

1. 试验项目

① 体重。

② 巴比妥钠睡眠潜伏期试验。

③ 延长戊巴比妥钠睡眠时间试验。

④ 戊巴比妥钠（或巴比妥钠）阈下剂量催眠试验。

2. 试验原则

需观察受试样品对动物睡眠的直接作用。

3. 结果判定

如果以上②～④三项试验中任两项结果为阳性，且无明显直接睡眠作用，可以判定该受试样品具有改善睡眠功能的作用。

第二节　具有改善睡眠功能的物质

有关改善睡眠的物质的研究可追溯到很久以前。1906年巴黎大学的 R. Legendre 和 H. Pieron 发表睡眠过程中分解毒素的论述，1930年左右发现神经末梢激素，因而推断有诱

发睡眠的激素存在。1977 年瑞士的 M. Monnier 发现睡眠的诱发物质，一种由脑组织分泌的激素。在随后的 10 年间，发现了 δ-睡眠诱导肽（delta-sleep inducing peptid，DSIP）。1984 年美国哈佛大学的 J. R. Pappenheimer 在人尿中发现睡眠诱导物质胞壁质肽，这种物质由哺乳动物的脑部产生，它一方面有发热性，同时具有增强免疫能力的作用，因而提出睡眠是一种免疫过程的学说，即随着免疫能力的增加，身体发热并开始深眠，白细胞壁则分解出胞壁质肽以供利用。1983 年从夜间睡眠的老鼠脑干提取物中发现尿嘧啶苷（uridine）及其他 4 种有效成分。自 1980 年起先后提出的与睡眠有关的物质有前列腺 D_2、与发热-免疫有关的干扰素；促肾上腺皮质激素（ACTH）、胰岛素、精氨酸血管扩张素、催乳激素（prolactin）、生长激素抑制素（somato-statin）、α-MSH（黑素细胞激素）等肽类激素；腺苷（adenosine）、胸腺核苷（thymidine）等核苷酸类；以及最近提出的存在于脑松果体中的褪黑激素。

一、褪黑激素

褪黑激素化学名为 N-乙酰基-5-甲氧基色胺，又称松果体素、褪黑素、褪黑色素。

褪黑激素主要是哺乳动物（包括人）脑部松果体所产生的一种激素，故又称松果体素。松果体附着于第三脑室后壁，大小似黄豆，其中褪黑激素的含量极微，仅为 1×10^{-12} g 水平。1960 年首次分离得到，作为商品，也称作"脑白金"，但并非像其广告所称是人或人脑的"天目""主宰""总司令"等。据复旦大学附属华山医院神经外科称，曾有过患松果体癌的病人，将松果体切除后对生活并没有妨碍。

褪黑激素在体内的生物合成受光周期的制约，在体内的含量呈昼夜性节律改变，夜间的分泌量比白天多 5～10 倍。初生婴儿极微，至三月龄时开始增多，3～5 岁时夜间分泌量最高，青春期略有下降，之后随年龄增长而逐渐下降，至老年时随昼夜节律渐趋平缓而继续减少甚至消失。

褪黑激素可因光线刺激而分泌减少。夜间过度的长时间照明，会使褪黑激素的分泌减少，对女性来说，可致女性激素分泌紊乱，月经初潮提前，绝经期推迟，由于血液中雌激素水平升高，日久可诱发女性乳腺癌、子宫颈癌、子宫内膜癌以及卵巢癌。

1. 性状

黄白色结晶，熔点 116～118℃，紫外吸收峰位于 278nm。

2. 生理功能

改善睡眠（用量 0.1～0.3mg），能缩短睡前觉醒时间和入睡时间，改善睡眠质量，睡眠中觉醒次数明显减少，浅睡阶段短，深睡阶段延长，次日早晨唤醒阈值下降。有较强的调整时差功能。

3. 制法

可有多种化学合成法。如在吡啶中，用乙酸酐在室温下处理 5-甲氧基色胺，获得 N,N-双酰化衍生物，然后在碱液中转化而成，产率可达 80%。

4. 安全性

① $LD_{50} > 10$g/kg（大、小鼠，经口）。

② Ames 试验、小鼠微核试验、小鼠精子畸变试验，均为阴性。

③ 属内源性物质，故对机体并非异物，在体内有其自身的代谢途径，不会造成体内蓄积。生物半衰期短，口服 7～8h 后即降至正常人的生理水平。经 3000 多人口服试验（数克，

即正常剂量的数千倍，历时 1 个月）未见异常。

④ 不宜人群及注意事项：青少年、孕妇及哺乳期妇女、自身免疫性疾病患者及抑郁型精神病患者不宜服用。对驾车、机械作业前或作业时以及从事危险作业者不能服用。

二、酸枣仁

由鼠李科乔木酸枣（*Ziziphus jujuba* var. Spinosa）成熟果实去果肉、核壳，收集种子，晒干而成。主要产于河北、山东一带。

1. 主要成分

酸枣仁皂苷（jujuboside），白桦脂酸，桦木素等，含油脂约 32%。

2. 性状

扁椭圆形，长 5～7mm，宽 5～7mm，厚 2～3mm，红棕至紫褐色。种皮脆硬，可有裂纹，气微，味淡。

3. 生理功能

改善睡眠。对小鼠、豚鼠、猫、兔、犬均有镇静催眠作用。对大鼠作脑电测试，灌胃后睡眠时间（TS）和深睡阶段（SWS_2）持续时间分别增加 51min（26.0%）和 41.4min（116.3%），差异非常显著（$P<0.001$）。6h 内 TS 发作频率平均减少 22.7 次（-36.3%），每次发作持续时间增加 3.5min（$+95.6\%$）；6h 内 SWS_2 发作频率平均增加 28.3 次（$+89.0\%$），差异均非常显著（$P<0.001$）。

4. 安全性

① $LD_{50}>(14.3\pm2.0)$g/kg（小鼠腹腔注射酸枣仁煎剂）。

② 小鼠 150g/kg 经口未出现毒性。

③ 小鼠煎剂经口 20g/kg，历时 30d，给药后出现安静现象，平均体重增长比对照组快，食欲无明显差别。

三、面包、馒头

进食适量的面包或馒头后，人体内就会分泌胰岛素，用来消化面包中的营养成分。在氨基酸的代谢中，色氨酸被保留下来，色氨酸是 5-羟色胺的前体，而 5-羟色胺有催眠作用，因此如果失眠，吃一点面包，能促进睡眠。但如果白天总想睡觉，可吃一点动物蛋白质，因为动物蛋白质中含有酪氨酸，它有抗 5-羟色胺的作用，可使人兴奋。

四、酸奶加香蕉

在一部分失眠或醒后难以再度入睡的人中，其失眠原因是血糖水平降低。钙元素对人体有镇静、安眠作用。酸奶中含有糖分及丰富的钙元素。香蕉使人体血糖水平升高，用一杯酸奶加一个香蕉，给失眠患者口服后，可使其血糖升高，使失眠患者再度入睡。

五、葡萄与葡萄酒

葡萄中含有葡萄糖、果糖及多种人体所必需的氨基酸，还含有维生素 B_1、B_2、B_6、C、P、PP 和胡萝卜素。常吃葡萄对神经衰弱和过度疲劳者有益。

葡萄酒中所含的营养成分与葡萄相似，对过度疲劳引起的失眠有镇静和安眠作用。

六、富含锌、铜的食物

锌、铜都是人体必需的微量元素，在体内都主要是以酶的形式发挥其生理作用，都与神经系统关系密切，有研究发现，神经衰弱者血清中的锌、铜两种微量元素量明显低于正常人。缺锌会影响脑细胞的能量代谢及氧化还原过程，缺铜会使神经系统的内抑过程失调，使内分泌系统处于兴奋状态，而导致失眠，久而久之可导致神经衰弱。由此可见，失眠患者除了经常锻炼身体之外，在饮食上有意识地多吃一些富含锌和铜的食物对改善睡眠有良好的效果。含锌丰富的食物有牡蛎、鱼类、瘦肉、动物肝肾、奶及奶制品。含铜量较高的食物有乌贼、鱿鱼、虾、蟹、黄鳝、羊肉、蘑菇以及豌豆、蚕豆、玉米等。

其他如桂圆肉、莲子、远志、柏子仁、猪心、黄花菜等，都有一定的镇静催眠作用，常用来治疗失眠症。

================ **思 考 题** ================

1. 简述睡眠的功能。
2. 具有改善睡眠的物质有哪些？

第二十一章

清咽的功能性食品

主要内容

1. 咽炎的类型、病因及危害。
2. 如何治疗咽炎。
3. 能够预防咽炎的食品有哪些。

第一节 概　述

近年来，由于空气质量的下降，辛辣食品及烟酒食品的刺激，咽喉疾病的发病率显著增加，成为危害人体健康的一大因素。尤其对于经常在高温粉尘、过多有害气体环境下工作的工人和用嗓子较多的教师、售货员、演员及营养不良、患有身体疾病导致机体抵抗力下降的人们，会经常出现咽喉问题。咽喉疾病发病时影响人们的语言交流和睡眠，尤其对从事教学及声乐艺术者直接影响工作的顺利进行。此外，咽喉的急慢性炎症导致的病理改变不仅造成咽喉局部的机能障碍，也可能诱发邻近器官的病变。

咽部上连鼻腔，下连食管，是呼吸与消化的交叉通道。喉部上通咽腔，下连气管，是呼吸的通道和发音器官。作为人体的瓶颈，咽喉部的特殊结构和频繁工作使其容易受细菌感染而发炎，常因感冒、劳累和上呼吸道感染而引发病变。另外，吸烟、饮酒及长期暴露在不卫生的空气环境中也易患咽喉疾病。常见的咽喉疾病有急、慢性咽炎，急、慢性喉炎，急、慢性扁桃体炎，咽异感症，咽角化症，声带麻痹等。咽喉部发病时不仅严重影响人们正常的呼吸、吞咽和交谈，还易使病毒细菌侵入肺部引发气管炎和肺炎，使淋巴组织受损导致免疫力下降，进而引发其他身体疾病，如可以引发慢性气管及支气管炎、肾炎、心脏病、食管炎、胃炎、肠炎等，严重损害人体健康。

一、中医学对咽炎的阐述

《素问·刺法论》中云："正气存内，邪不可干"。《素问·评热病论》中云："邪之所凑，其气必虚"。咽部功能异常的影响因素较复杂，不尽皆虚，不尽皆火，有虚实寒热之分，五脏之别。按照中医病因病机，咽炎可辨证地分为以下几种类型。

① 阴虚火炎型；　　　　　　　　　⑤ 气滞郁结型；

② 脾胃虚弱型；　　　　　　　　　⑥ 痰热互结型；

③ 痰凝血瘀型；　　　　　　　　　⑦ 脾肾阳虚型。

④ 风邪伤津型；

二、中医学对慢性咽炎的治疗

中医注重辨证施治，既要看到虚火阴伤的一面，又要注意气虚、气滞、血瘀的兼夹。依不同的证型选方用药，故有"同病异治"这一中医独特治疗原则。主要采取的治疗方法有分型论治、针灸治疗和小针刀疗法等。

三、现代医学对慢性咽炎分类

1. 慢性单纯性咽炎

慢性单纯性咽炎病变主要在黏膜层，表现为咽部黏膜慢性充血，分泌功能亢进，黏液分泌增多。

2. 慢性肥厚性咽炎

慢性肥厚性咽炎又称慢性颗粒性咽炎及咽侧炎。黏膜充血增厚，黏膜及黏膜下有较广泛的结缔组织，在咽后壁上表现为多数颗粒状隆起，慢性充血，有时甚至融合成一片，病变累及咽侧索淋巴组织，使其增生肥厚呈条索状。

3. 萎缩性及干燥性咽炎

萎缩性及干燥性咽炎常因萎缩性鼻炎蔓延而来，初为黏液腺分泌减少，分泌物稠厚而干燥，继而黏膜下层炎症，逐渐发生机化与收缩，压迫腺体与血管，使腺体分泌减少和营养障碍，致使黏膜下层炎症，逐渐萎缩变薄，咽后壁上可有干痂皮附着或臭味。

四、现代医学对慢性咽炎的治疗

1. 慢性单纯性咽炎

保持口腔、口咽清洁，用生理盐水、复方硼砂溶液、呋喃西林溶液、2％硼酸液等含漱；含服华素片等；用复方碘甘油、2％硼酸甘油、5％硝酸银溶液涂于咽后壁或服用一些抗生素类药物，有收敛及消炎作用。

2. 慢性肥厚性咽炎

除上述治疗慢性单纯性咽炎的方法外，还可用电凝固法、液氮冷冻、激光、微波、硝酸银烧灼等方法处理淋巴滤泡。

3. 萎缩性及干燥性咽炎

通过药物疗法提高咽黏膜分泌功能，改善干咳或不适感。一般治疗可参考慢性单纯性咽炎，对咽部清洗以使药液达到咽腔并消除咽部痂皮；用糜蛋白酶喷雾剂等可改善症状，减轻咽部干燥；口服小剂量碘化钾也可减轻咽部干燥。

对慢性咽炎的病因病机及治法的中医学及现代医学分析，可知现代医学对本病的治疗，以改善疾病局部症状为主，多采取对症治疗的方法，因慢性咽炎病程迁延漫长，往往疗效欠佳。中医学通过辨证施治，采取相应的施治原则，形成"同病异治"，不仅能改善局部症状以治标，还注重整体调节以治本。此外，日常生活习惯亦很重要，平时应避辛辣、戒烟酒、慎起居、适寒温，以减少刺激，进而有利于咽喉的健康。

第二节　具有清咽功能的物质

一、绿茶

绿茶（green tea），是中国的主要茶类之一，是指采取茶树的新叶或芽，未经发酵，经杀青、整形、烘干等工艺而制作的饮品。其制成品的色泽和冲泡后的茶汤较多的保存了鲜茶叶的绿色格调和鲜叶的天然物质。由于其特性决定了它较多保留了鲜叶内的天然物质，其中茶多酚、咖啡碱保留了鲜叶的85％以上，叶绿素保留50％左右，维生素损失也较少，从而形成了绿茶"清汤绿叶，滋味收敛性强"的特点。绿茶对防衰老、防癌、抗癌、杀菌、消炎等均有特殊效果，为发酵类茶等所不及。

1. 成分分析

目前研究表明，绿茶中含有多种人体所必需的化学成分，具有多种生理功能，可以起到预防疾病和营养保健的作用，如茶多酚、儿茶素、叶绿素、咖啡碱、氨基酸、维生素等。其中茶多酚是最主要的功效成分，具有抗癌、清除自由基、抗炎、抑制细菌等作用。对于绿茶的清咽利喉作用，主要是指茶多酚预防和治疗口腔咽喉炎症的抗炎作用，对口腔咽喉致病菌的抑菌和抗病毒作用。

2. 生理功能

（1）抗炎和杀菌作用　在咽喉疾病方面，绿茶可以防治口腔类炎症问题。在很早以前我国就有用茶叶来防治口腔类炎症的方剂，如关于防治口腔溃疡、口疮、口腔发炎、牙周炎及牙龈出血等茶疗单方。随着近年来的研究发展，绿茶也被应用于治疗放射性口腔炎、预防和治疗龋齿及牙龈炎症等。如此显著的疗效，主要归功于绿茶中所含的茶多酚成分。绿茶还具有抑制食物致病菌及口腔类致病菌的作用，有利于口腔保健和防止咽喉感染，以此达到清咽利喉的效果。

（2）抗病毒作用　绿茶中的茶多酚不仅抑制多种病毒，并对病毒的侵染、增殖等都有抑制作用。绿茶可以直接抑制流感病毒活性并抑制病毒感染及其繁殖。作为一种良好的病毒流感抑制剂，绿茶也在其他国家中被广泛关注。日本在流感流行期就提倡早晨起床后使用浓茶水漱口，不仅可以使口齿有清新感，还可有效抑制口腔中的流感病毒。除流感病毒外，绿茶对其他病毒也有一定的抑制作用，如单纯性疱疹病毒、肠病毒、类菌原体等。

（3）其他作用　绿茶作为我国的"国饮"，不仅具有抗炎、杀菌和抗病毒作用，还具有降火明目、抗氧化、利尿解乏、缓解疲劳、护齿明目、抑制心血管疾病及促进人体脂肪代谢的作用。

二、胖大海

胖大海又名莫大、澎大海、安南子、大海子、大洞果、胡大海、胡大发。胖大海是梧桐科植物胖大海的干燥成熟种子，呈纺锤形或椭圆形，长2～3cm，直径1～1.5cm，先端钝圆，基部略尖而歪，具浅色的圆形种脐，表面棕色或暗棕色，微有光泽，具不规则的干缩皱纹，因其泡在水中会膨胀，所以得名为胖大海。胖大海作为传统的清咽利喉的药食两用药材，入药史载于《本草拾遗》，被称为"安南子"。中医学认为，胖大海味甘，性凉，入肺、大肠经，具有清热、润肺、利咽、解毒的功能，主治干咳无痰、喉痛、音哑、目赤、牙痛、痔疮瘘管等。经现代药理研究证明，胖大海有抗病毒、镇痛、抑菌、抗炎作用，这些药理作用为其治疗咽喉疾病的药理学奠定了基础。

1. 成分分析

现代研究表明，胖大海中主要含有的化学成分为粗蛋白，占12.36％；粗脂肪，占5.89％；碳水化合物，占53.23％；还原糖，占29.45％。其中胖大海富含水溶性多糖，种皮含戊聚糖及黏液质。黏液质属果胶酸类，主要由半乳糖醛酸、阿拉伯糖、鼠李糖、半乳糖乙酸、Ca、Mg和活性成分胖大海素组成。

2. 生理功能

（1）利咽清肺的作用　胖大海味甘性寒，作用于肺经，善于清咽利喉，并能清泻肺热，故十分适用于治疗咽喉肿痛。胖大海不但能清咽利喉，而且善于利咽开音，配伍其他药物还可用于治疗声音嘶哑，甚至失音，无论是急性还是慢性，服用胖大海都有良好的效果。同时胖大海还可用于治疗肺热或肺燥咳嗽，但这一作用并不显著，需配伍其他药物，如治疗肺热咳嗽，需配伍清肺止咳药黄芩、鱼腥草等；治疗肺燥咳嗽，需配伍天花粉、天麦冬、枇杷叶等。

（2）清肠通便的作用　胖大海为寒凉之品，又归于大肠经，故可用于大肠热积引起的便秘、排便不畅。其机理为胖大海内服后增加肠内容物可产生机械性刺激，引起反射性肠蠕动增加而引起泻下的发生。但胖大海的通便之力不强，只有缓和的泻下作用，适用于轻症，且需配伍其他泻下药同用。

（3）毒副作用　胖大海药性寒凉，多用会损伤机体，尤其是引起脾、胃功能损伤而出现腹痛、腹泻、饮食缩小、胸闷、身体消瘦等副作用。因此，不可把胖大海当作保健饮料或茶水长期饮用。针对脾胃虚寒的人群和处于经期的女性，当慎用胖大海。而且胖大海含有半乳糖、半乳糖乙酸等，糖尿病患者也应谨防过多摄入而引起血糖升高。

（4）其他作用　胖大海除具有以上作用外，还具有一定的降压、利尿和镇痛作用。

三、金银花

金银花又名忍冬、鸳鸯藤、二花等。金银花具有适应性强，耐涝、耐旱、耐寒，不择土壤，根系发达，覆盖面积大，易繁殖，管理简便等特点，其中药用金银花为忍冬科忍冬属植物忍冬及同属植物干燥花蕾或带初开的花。金银花在我国多个省市均有分布，主要分为忍冬、红腺忍冬和山银花三大品系。"金银花"一名最早出自《本草纲目》，由于忍冬花初开为白色，后转为黄色，因此得名金银花。并且书中还记载了，金银花能治"一切湿气、诸肿毒、痈疽疥癣、散热解毒"，有"久服轻身，延年益寿"之功效。

1. 成分分析

现代研究表明，金银花的主要功能成分为有机酸、黄酮类化合物、三萜类、挥发油等，其中有机酸中的绿原酸含量最多，是金银花的主要药用成分，对很多致病菌和霉菌有抑制作用，具有显著的清热解毒和抗菌消炎作用；其水解产物——咖啡酸亦有利胆、升高白细胞的作用；它对各种急性细菌感染疾病及由疗效所致的白细胞减少症有显著疗效。金银花中的黄酮类化合物是一种天然的抗氧化剂，具有清除人体中超氧离子自由基、抗衰老和增加机体免疫力的作用。

2. 生理功能

（1）抗菌和抗病毒作用　近代药理研究显示，金银花是一种作用很强的广谱抗菌中药。对金黄色葡萄球菌、大肠埃希菌、痢疾杆菌、肺炎球菌、绿脓杆菌、脑膜炎双球菌、结核杆菌、绿脓杆菌内毒素、柯萨奇病毒及埃柯病毒等均有较强的抑制作用。此外，金银花还可以抑制口腔病原性微生物。金银花抑菌的有效成分主要是绿原酸和异绿原酸，而且金银花内富含的木犀草黄素、肌醇、皂贰、靼酸等含有大量还原基团，所以金银花对多种致病菌具有抑制作用。

（2）抗炎解热作用　金银花抗炎作用明显，清热解毒作用也颇佳，且有轻宣疏散之效，适用于外感风热、温热病及疮、痈肿等热毒症。金银花提取液能显著促进白细胞的吞噬功能，使受损淋巴细胞低下的接受抗原信息功能提高到正常水平，并使其母细胞化反应恢复正常并增强抗体产生的能力。当其与其他药物联合应用时效果更佳，如治外感风热或温热病初期，发热而微恶风寒者，常将金银花与荆芥穗、连翘等配伍，以增强其疏散清热之力。

四、薄荷

薄荷为唇形科植物，味辛，性凉，具有疏风、散热、疏肝、辟秽、解毒的功效。可以治疗外感风热、头痛目赤、咽喉肿痛、食滞气胀、口疮、牙痛、疥疮等。同时，薄荷也是中药复方中银翘散的组成药物中的一种。薄荷作为一种传统的辛凉解表药，可在全国的大部分地区种植，以江苏等地为主。

1. 主要成分

薄荷的主要成分包括挥发油、黄酮类成分、萜类成分和有机酸成分四种，其中人们研究最为深入的是薄荷植物中的挥发油这一类成分。研究表明，薄荷中挥发油的主要化学成分有醇、酮、酯、萜烯、萜烷类化合物，而且这些成分的种类和含量会随薄荷品种、产地、采集时间的不同而发生变化。例如，在新鲜薄荷叶中挥发油为 0.3%～1%，而干茎叶中含 1.3%～2%。

2. 生理功能

（1）对中枢神经系统的作用　薄荷有兴奋中枢神经系统的作用，主要是通过末梢神经使皮肤中的毛细血管扩张，促进汗腺的分泌，从而增加散热，因此具有发汗解热作用。内服少量的薄荷油也具有相同的功效。

（2）对病原微生物的作用　体外实验表明薄荷煎剂具有抗菌作用，例如金黄色葡萄球菌、白色葡萄球菌、甲型链球菌、乙型链球菌、卡他球菌、肠炎球菌、福氏痢疾杆菌、炭疽杆菌、白喉杆菌、伤寒杆菌、绿脓杆菌、大肠埃希菌、变形杆菌等。薄荷水煎剂也有较强抗菌作用，例如表皮葡萄球菌、支气管包特菌、黄细球菌、藤黄八叠球菌、枯草杆菌、肺炎链球菌、人型结核杆菌等。薄荷不仅对多种细菌有较强抗菌作用，还对真菌有较强抑制作用，如白色念珠菌、青霉素菌、曲霉素、小孢子菌属等。

（3）对呼吸系统的作用　研究表明，麻醉兔吸入 81mg/kg 薄荷醇蒸气可以促进呼吸道分泌，降低分泌物密度；当吸入量增加到 243mg/kg 时，则可以降低黏液排出量。机制为薄荷醇可以减少呼吸道的泡沫痰，增加有效通气腔道，同时薄荷醇的抗刺激作用可以促使气管进行新的分泌，使稠厚的黏液易于排出，故有祛痰作用；曾经有报道称薄荷醇对豚鼠及人均有良好的止咳作用。

（4）抗炎作用　试验表明 250mg/kg 的薄荷提取物进行腹腔注射，对炎症抑制率达到 60%～100%，其中最有效的成分为薄荷醇。

五、罗汉果

罗汉果是双子叶植物纲葫芦科罗汉果属植物的成熟果实，植物学名为"光果木鳖"，别名拉江果、假苦瓜，是一种经济、药用植物，属于我国名贵特产之一，也是我国传统出口商品之一。罗汉果的生产地主要分布在我国的广东、广西、云南、湖南、江西等热带、亚热带山区，不仅产量大，资源丰富，而且至今已有 200 多年的栽培历史。罗汉果具有祛痰、止咳、润肺的功效，又因为甜味和无毒这两大特点，人们将其作为药食两用的材料。

1. 主要成分

罗汉果中的成分主要有苷类、三萜类、多糖类、蛋白类和黄酮类。罗汉果甜苷，在其中发挥甜味作用的物质为苷类物质，且其含量较高，水溶性好，目前已有纯度 98%以上的成品用作食品添加剂。

2. 生理功能

（1）罗汉果甜苷的祛痰、镇咳、平喘活性　甜苷作为罗汉果中的一种有效成分，它安全无毒，不升高血糖，止咳祛痰。主要是通过增加小鼠气管酚红的分泌量，延长小鼠咳嗽潜伏期，减少咳嗽次数，促进食道黏液移动，达到祛痰作用。研究结果表明罗汉果甜苷不像蔗糖那样可以升高血糖，不会使糖尿病病人的病情恶化，因此可以作为甜味剂，给正常人和限糖人服用。但它并不能降低链脲佐菌素诱导的糖尿病的高血糖。

（2）罗汉果提取物的抗炎、镇痛、抑菌作用　罗汉果提取物制成的咽喉片对小鼠棉球肉芽肿的形成、二甲苯致小鼠耳壳水肿具有明显的抑制作用；醋酸扭体法实验则表明其具有明显的镇痛作用；体外实验表明其具有明显的抑菌作用。

（3）罗汉果提取物对免疫系统的影响　试验表明罗汉果提取物均能较显著地提高外周血酸性 α-醋酸萘酯酶阳性淋巴细胞的百分数，增强机体的细胞免疫功能；除此之外，大剂量的罗汉果提取物则能提高脾特异性玫瑰花环形成细胞的比例，小剂量则无此作用。

（4）其他　罗汉果皂苷提取物具有清除羟基自由基和超氧阴离子自由基的作用，其中属罗汉果甜苷作用最强，实验表明罗汉果甜苷作为罗汉果中的主要皂苷成分，是主要的抗氧化活性成分。罗汉果提取物对小鼠、家兔、狗的离体肠管活动都有双向调节作用：（0.1～100mg/mL）罗汉果水提取物可以增强家兔和狗的离体肠管自发活动，主要表现为小鼠、家兔、狗离体的肠管收缩（拮抗氯化钡或乙酰胆碱引起的）和肠管松弛（抗肾上腺素引起的）。

六、菊花

野菊花为菊科植物野菊的头状花序，以鞠华之名始载于《神农本草经》，列为上品。其性凉、味苦、辛，归肝、心经。野菊花作为多年生草本，分布在我国大部分地区。

1. 化学成分

菊花中的化学成分主要为挥发性成分（单萜和倍半萜及其含氧衍生物、芳香类和烷烃类化合物）、黄酮类成分、三萜类、甾醇类、酚酸类、氨基酸和多糖类。

2. 生理功能

（1）抗炎作用　菊花挥发油对 2,4-二硝基苯酚致热大鼠的体温有明显降低作用。而鲜白菊花可以增强毛细血管的抵抗力，抑制毛细血管通透性，故而有抗炎作用。研究表明从菊花中分离出的 27 种三萜类化合物都具有抗炎作用，它们对丝氨酸蛋白酶、胰蛋白酶或糜蛋白酶均有潜在的抑制作用，其中 7 种对胰蛋白酶和糜蛋白酶具有交叉作用。

（2）杀虫抑菌活性　万寿菊花中含有青霉素类的抗生素。相关报道指出，万寿菊花粗提取物对小菜蛾幼虫和成虫均具有生物活性；不同产地的菊花（杭菊、怀菊、滁菊、济菊）的挥发油对多种菌具有抑制作用，包括金黄色葡萄球菌、白色葡萄球菌、肺炎双球菌、变形杆菌、乙型溶血性链球菌，其中对金黄色葡萄球菌的抑制作用效果最为明显；济菊鲜花挥发油对白色葡萄球菌、肺炎双球菌、乙型溶血性链球菌、变形杆菌的抑制作用均较强，而杭菊、怀菊、滁菊挥发油则作用较弱。菊花水煎剂（1∶4）对堇色毛癣菌、同心性毛癣菌、许兰黄癣菌、红色表皮癣菌等皮肤真菌具有不同程度的抑制作用。

（3）抗病原微生物作用　当野菊花乙醇提取物浓度达到为 8mg/mL 时，其对 19 种病原真菌均有不同程度的抑制作用，其中对 13 种病原真菌的抑制率均在 50％以上，其中对苹果腐烂病菌、瓜果腐霉病菌、葡萄白腐病菌的抑制效果较好；毫菊乙醇提取物及氯仿分离物对红内期疟原虫的生长发育具有明显抑制作用，毫菊乙酸乙酯提取物可以抑制恶性疟原虫的生长。

综上，具有清咽利喉作用的功能性食品见表 21-1。

表 21-1　具有清咽利喉作用的功能性食品

名称	主要成分	适宜人群
金嗓灵润喉茶	绿茶、胖大海、薄荷、菊花等	声哑、咽干者
乐芝牌胖大海梨膏糖	胖大海、金银花、梨汁、薄荷、罗汉果、杏仁、百合、陈皮等	咽喉干燥不适者、咽炎患者
蛇胆清润茶	蛇胆汁、罗汉果、菊花、薄荷等	咽喉干燥不适者、咽炎患者
中国东凌神奇茶	冬凌草、甘草、薄荷、菊花、栀子等	嗓音工作者及咽喉类患者
草珊瑚润喉糖	草珊瑚提取物	咽干、咽炎者
草珊瑚保健茶	草珊瑚、绿茶、金银花、菊花等	咽喉不适者
西园喉宝片	薄荷、青果、川贝母、冰片、白芍等	声哑、咽干者
西瓜霜喉口宝含片	西瓜霜、西青果、南沙参、乌梅等	咽喉干燥、充血、肿胀、喉痒等
国方牌珍珠含片	珍珠、陈皮、菊花、桔梗、甘草、胖大海、薄荷油等	咽喉红肿、咽痛、咽喉有异味感及烟酒过多者
万芝林牌快含妥含片	夏枯草、野菊花、金银花等	咽喉不适者
王老吉凉茶	岗梅根、金樱根、金沙藤、五指柑等	四时感冒、发热喉痛、湿热积滞者
加多宝凉茶	金银花、仙草、蛋花、菊花等	咽部不适者

思 考 题

1. 咽炎的类型有哪些？
2. 咽炎的病因是什么？
3. 咽炎的危害是什么？
4. 如何治疗咽炎？
5. 能够预防咽炎的物质有哪些？

第二十二章

促进泌乳的功能性食品

主要内容

1. 泌乳的定义。
2. 乳汁的营养成分。
3. 影响泌乳的主要因素。
4. 具有促进泌乳功能的物质。

第一节 概 述

母乳是婴儿最佳的食品和饮料，含有 300 余种免疫物质（如分泌性免疫球蛋白 A、促生长因子、肠道激素、活性酶、大吞噬细胞及免疫球蛋白 M、G、D 等），能增强婴儿的免疫力。母乳营养丰富，适合婴儿的消化吸收，最有利于婴儿的生长发育。母乳喂养能增进母子间情感的交流，促进婴儿的智力发育，还有利于母亲健康。通过婴儿吸吮乳汁可刺激母亲子宫收缩，减少产后出血，抑制排卵，推迟月经复潮，减少乳腺癌和卵巢癌的发病。WHO 建议纯母乳喂养直到 6 个月，可继续母乳喂养至 2 岁或更长时间。哺乳期间合理科学地补充促进泌乳的功能性食品，对提倡母乳喂养及妇女哺乳期保健具有积极的社会意义。

一、泌乳的定义与机理

乳腺组织的分泌细胞以血液中各种营养物质为原料，在细胞中生成乳汁后，分泌到腺泡腔中的过程，叫做乳汁的分泌。腺泡腔中的乳汁通过乳腺组织的管道系统逐级汇集起来，最后经乳腺导管和乳头管流向体外，这一过程叫做排乳。乳汁的分泌和排乳这两个性质不同而又相互联系的过程合称泌乳。

二、泌乳的机理

乳汁的合成和分泌是一个复杂的生理过程，与多种激素密切相关，如雌激素、孕激素、催产素和泌乳素等，其中高浓度的泌乳素可发动和维持泌乳。除营养条件外乳腺的发育还需要雌性激素（动情素和孕激素）的作用，青春期以后由于这些激素分泌增多，所以可加速乳腺发育。妊娠时，血中雌激素浓度增高，加上脑垂体激素的协同作用，乳腺的发育更加显著。分娩后，脑垂体前叶分泌的生乳素、促肾上腺皮质素、生长素等作用于已发育的乳腺，从而引起乳汁分泌。乳汁的持续分泌主要依赖于哺乳时婴儿的吸吮刺激，当婴儿吸吮乳头时，由乳头传来的刺激信号通过脊髓-下丘脑-垂体轴合成和释放泌乳素和催产素，促进乳汁持续分泌。同时，婴儿的吸吮动作使乳腺管内压力下降，在泌乳素、催产素及射乳激素的协同作用下，乳腺小叶的肌上皮细胞产生有节律地收缩运动而引起射乳，并将生成的乳汁排入乳腺管。因此，婴儿的吸吮刺激是促进泌乳素分泌以维持产妇持续泌乳的重要条件。此外，乳汁的分泌还与产妇的身心状况有关，疼痛、情绪、营养、睡眠、产后恢复程度和乳腺发育等情况也会影响产妇泌乳。

三、乳汁的营养成分

乳汁是乳腺生理活动的产物，含有初生幼仔生长发育所必需的营养物质，是哺育初生后代的理想食物。动物出生后一定时间内，消化功能较弱，不能消化成年动物的食物，母乳最适合幼仔消化的要求。因此，哺乳期是哺乳动物生长发育必须经过的重要阶段。

哺乳动物的乳汁成分很复杂。各种哺乳动物的乳汁都含水、蛋白质、脂肪、糖、无机盐和维生素等。乳汁中的蛋白质主要为酪蛋白，其次是乳清蛋白和乳球蛋白。后两者与血液中的血清蛋白和球蛋白近似或相同。乳汁中的脂类主要是甘油三酯，唯一的糖类是乳糖。无机盐有钠、钾、钙、镁的氯化物，磷酸盐和铁等。乳汁的生成是在乳腺腺泡和细小乳导管的分泌上皮细胞内进行的。乳汁的生成过程包括新物质的合成和由血液中吸收两个过程。乳腺可从血液中吸收球蛋白、激素、维生素和无机盐等，直接转为乳汁成分。由乳腺新合成的物质有蛋白质、乳糖和乳脂。

1. 蛋白质

乳腺利用血液中的游离氨基酸合成酪蛋白、β-乳球蛋白和 α-乳清蛋白。有少量蛋白质如免疫球蛋白等，也可以直接从血液中吸收。人乳和牛乳中乳白蛋白与酪蛋白的比率不同。人乳中乳白蛋白占总蛋白的 70% 以上，与酪蛋白的比例为 2:1，牛乳中的比例为 1:4.5。乳白蛋白可促进糖的合成，在胃中遇酸后形成的凝块小，利于消化。而牛奶中大部分是酪蛋白，在婴儿胃中容易结成硬块，不易消化，且可使大便干燥。

2. 乳糖

哺乳动物利用血液中的葡萄糖在乳腺内先合成半乳糖，然后再与葡萄糖结合成乳糖。母乳中所含乳糖比牛、羊奶含量高，对婴儿脑发育有促进作用。母乳中所含的乙型乳糖有间接抑制大肠埃希菌生长的作用。而牛乳中的乳糖是甲型乳糖，能间接促进大肠埃希菌的生长。另外，乙型乳糖还有助于钙的吸收。

3. 乳脂

乳脂中大部分是甘油三酯，它的原料或前体物是血液中呈乳糜粒状态的甘油三酯和脂蛋白。反刍动物前胃内微生物发酵作用的产物（如乙酸和丁酸）可以被乳腺合成为 4~16 个碳链的脂肪酸。但是反刍动物的乳腺细胞不能利用葡萄糖合成脂肪酸。母乳中脂肪球少，且含多种消化酶，加上小儿吸吮乳汁时舌咽分泌的舌脂酶有助于脂肪的消化，故对缺乏胰脂酶的新生儿和早产儿更为有利。此外，母乳中的不饱和脂肪酸对婴儿脑和神经的发育有益。

4. 氨基酸

人乳中牛磺酸的含量比牛乳中的多。牛磺酸与胆汁酸结合，在消化过程中起重要作用，它可维持细胞的稳定性。

5. 矿物质

人乳矿物质含量约为牛乳的 1/3。人乳钙、磷含量（33:15）比牛乳（125:99）低，但钙、磷比例适宜（人乳约为 2:1，牛乳约为 1.2:1），钙的吸收良好，故人乳喂养儿较少发生低钙血症。铁在人乳和牛乳中含量均低，但人乳中铁的吸收率明显高于牛乳，人乳中铁的吸收率为 45%～75%，而牛乳中铁的吸收率为 13%。但如不及时添加辅食和补充含铁食品，仍易出现缺铁性贫血。人乳中锌含量比牛乳低（人乳 0.17～3.02mg/L，牛乳 1.7～6.6mg/L），但其生物利用率高，人乳中锌的吸收率可达 59.2%，而牛乳仅为 42%，这是因为人乳中存在一种小分子量的配体与锌结合，可促使锌的吸收，而牛乳中的锌与大分子量的蛋白质相结合，吸收困难。此外，人乳中还有丰富的铜，这对保护婴儿娇嫩的心血管有很大作用。

四、影响泌乳的主要因素

母乳是婴儿最好的食品，但目前乳汁分泌不足的现象十分常见。物种、食物、季节、年龄、胎次、泌乳期及个体特性等都能影响乳汁的成分。母乳的分泌受到几大因素的影响，包括生理因素和心理因素，如激素、哺乳的刺激作用、精神和情绪状况及产妇的身体条件和营养状况等。

产后随着胎盘剥离排出，机体呈低雌激素、高催乳激素水平，乳汁开始分泌。尽管垂体催乳激素是泌乳的基础，但产后乳汁分泌很大程度依赖哺乳时的吸吮刺激。吸吮动作能反射性地引起神经垂体释放缩宫素。缩宫素使乳腺腺泡周围的肌上皮细胞收缩喷出乳汁，表明吸吮喷乳是保持乳腺不断泌乳的关键，不断排空乳房，也是维持乳汁分泌的一个重要条件。此外，乳汁分泌还与产妇营养、睡眠、情绪和健康状况密切相关。

1. 生理因素

（1）婴儿吸吮　婴儿有力吸吮乳头产生的刺激，无论对乳汁的分泌或排空均十分重要。分娩后，婴儿反复吸吮乳头，按需哺乳，可促进催乳素的分泌。吸吮刺激不仅可使乳腺分泌乳汁，也可引起射乳。婴儿吸吮，吸尽乳汁，是促进母乳分泌最好的方法，故按需喂养即当婴儿在饥饿时哺喂吸吮方才有利。要做到按需喂养，必需母子同室才有可能，否则在婴儿饥饿时喂以糖水或牛奶，会干扰婴儿，使其不再吸吮母乳，导致乳汁分泌下降。

（2）哺乳期母亲的状况　哺乳期母亲的充足的休息、补充丰富的营养、舒畅的心情也是促使乳汁分泌的重要因素。对母乳喂养信心足、决心大的妇女，在其分娩后往往乳汁比较多，而把哺乳当负担，生怕影响自己体态健美的妇女则乳汁分泌少。另外，产妇分娩时失血过多、剖宫产、会阴部感染、产后子宫出血、淋沥不断，对乳汁分泌和母乳喂养不利。

（3）饮食　母乳来源的物质基础是足够的营养素。哺乳期母亲的蛋白质摄入量需在每天摄入量的基础上额外增加 20g。母亲食欲强，饮汤多，营养丰富，都可促进泌乳。产后尽早喝糖水，平时多喝牛奶、豆浆和产乳的菜汤（如鸡汤、鲫鱼汤、猪蹄汤等），可以促进泌乳。

（4）生活习惯　足够的睡眠可促进乳汁分泌，相反，过度劳累及熬夜则会抑制泌乳，母亲疼痛可抑制乳汁分泌。

2. 心理因素

心理因素可直接兴奋或抑制大脑皮质来刺激或抑制催乳素及缩宫素的释放，也可通过神经内分泌来调控乳汁的分泌，因此，哺乳期产妇的心理状态直接影响到乳汁的产生和排出。

（1）哺乳早期及产褥期的心理问题

① 缺乏自信心。认为自己乳房小、乳头平、凹陷或不能有足够的乳汁；认为经过妊娠分娩体力消耗，再不能负担起母乳喂养的重任；孩子体重较重，认为自己无能力满足孩子的需求；总担心孩子吃不饱，常常要求添加代乳品。

② 焦虑、担忧。多见于新生儿有病或因难产而母婴分室的母亲，担忧孩子会有危险，吃不好，睡不香，乳房又缺乏孩子吸吮的刺激，使乳汁分泌反射不能建立，造成以后母乳喂

养的困难。

③ 抑郁、情绪低落。因产后内分泌的剧烈变化，容易产生抑郁情绪，如果亲人或医务人员没有给予亲切的关怀，常使这种症状加重，特别是产程艰难，常使母亲对孩子产生厌恶情绪，甚至怪罪无辜的孩子。这类母亲缺乏责任感及亲切感，无热情进行母乳喂养。产妇躯体疾病如疼痛、产后出血、感染等常可加重抑郁症状。

产妇以上情绪对乳汁分泌产生负面作用，影响乳汁分泌，从而又影响了新生儿健康，加重母亲的心理障碍而成为恶性循环。

（2）哺乳后期的心理问题

① 担心乳汁不足。从产院回到家，突然失去了医护人员的指导与帮助，失去了母乳喂养伙伴的相互咨询与交流，母亲会感到孤立无助，担心乳汁分泌不足，孩子吃不饱。因为母乳喂养不像奶瓶喂养能精确看到孩子吃进了多少奶，所以母亲担心孩子没吃饱，就会加代乳品，反过来又影响了乳汁分泌。据产后调查，添加代乳品最多的是产后14d左右。

② 担心乳汁营养不足。孩子到2～3个月以后，许多母亲会担心孩子一天天长大，乳汁供不上营养，孩子会瘦，会营养不良，而急于添加辅食，常使孩子消化不良，腹泻，而疾病又加重了母亲的担忧。

（3）孩子生病　母亲焦虑担忧新生儿或婴儿疾病，加上孩子住院就医使母婴分离，常是中止母乳喂养改人工喂养的原因。

（4）上班后精神紧张，体力疲劳，使母亲失去继续母乳喂养的信心　很多母亲认为产后4～6个月，孩子添加了辅食就可以不喂母乳了。上班后母亲没有得到继续维持乳汁分泌的知识指导，从而就在上班前断奶，而停止了母乳喂养。

3. 社会及环境因素

母亲受教育程度高，其婴儿母乳喂养率也高，社会经济地位也会对母亲有明显影响。妇产科医务人员对母亲进行喂养的宣教指导能显著提高母乳喂养率。

五、促进泌乳的方法

1. 补充营养

为了防止孕妇产后少乳的发生，从妊娠期就要开始注意营养。有些孕妇害怕胎儿长得太大，在分娩时增加痛苦，所以在妊娠期限制饮食，这样会造成营养不良，影响乳腺发育，进而导致产后少乳。因为哺乳期母亲身体内的营养储备和膳食质量直接关系到乳汁的质和量，所以必须注意妊娠期和哺乳期的营养。在孕前营养状况不佳而妊娠期和哺乳期又摄入营养素不足的情况下，泌乳量就会下降。在泌乳量下降不明显之前，如果产妇各种营养素摄入量不足，体内分解代谢就会加大，最易观察到的是体重减轻甚至出现营养缺乏症状。因此，补充营养是促进泌乳的功能性食品的功能之一。

2. 催乳

无乳、乳少，产妇在哺乳期或哺乳开始即乳汁全无；或乳汁分催稀少，乳房不胀；或开始哺乳正常，因发热或情志所伤，乳汁骤减，不够或不能喂养婴儿，这些均称为"产后缺乳"。中医认为素体气血虚弱，产时失血耗气或脾胃虚弱，生化无源，而致气血亏虚，不能化血生乳，极少先天畸形，治疗以活血散瘀、疏肝理气、调经滋肾为主。因此，功能性食品可运用中药催乳原理为哺乳期妇女促进泌乳。

3. 植物雌激素类调节泌乳作用

植物雌激素存在于自然界植物中，是一种杂环多酚类化合物，结构与雌激素相似，具有雌激素的生理、生化作用，尤其是调节泌乳作用。至今人们已经发现了 400 多种植物雌激素，目前关于植物雌激素的分类方法很多，按照化学结构可以将它们分为十大类别：①异黄酮类；②香豆素类；③木脂素类；④黄酮类；⑤二苯乙烯类；⑥三萜类；⑦甾醇类；⑧环肽类；⑨查耳酮类；⑩黄烷酮类。

植物雌激素能够促进乳腺发育，提高血中催乳素水平，增加乳腺组织雌激素受体水平，其作用于乳腺组织后，能够增加乳腺组织血流量，刺激乳腺上皮细胞分化形成分泌细胞，从而促进乳汁分泌。

第二节　具有促进泌乳功能的物质

中国自古就有促进泌乳的良方，据研究表明，王不留行、党参、益母草、通草、猪蹄、赤豆等对促进泌乳很有效。而市售的功能性食品多以历代良方为蓝本，又经过了人体试食的严格检验，对人体无副作用，也可以考虑食用。

一、玉米须

1. 主要成分

从玉米须中分离及鉴定的化合物主要有黄酮及其苷类、甾醇、生物碱、糖类、有机酸、挥发油、微量元素及多种维生素等。玉米须中，黄酮类物质的含量多达 2.1106%，还含有钾（K）、钠（Na）、钙（Ca）、铁（Fe）、铜（Cu）、钴（Co）、镍（Ni）、锌（Zn）、锰（Mn）、镁（Mg）、铬（Cr）等 11 种微量元素。研究发现，玉米须含有 16 种氨基酸，总氨基酸含量达 13.3%，其中人体必需氨基酸有 7 种，含量占总氨基酸含量的 1/3。

2. 性状

玉米须味甘、淡，性平。呈卵球形的结核状，有核心或中空，但完整者少见；通常壳层与核心分离，壳层碎成不规则方块状或扁块状，大小厚薄不等；表面多凹凸不平；内表面粗糙，附有土黄色细粉；体重质坚，但可砸碎，断面层状，色泽不一。

3. 生理功能

玉米须具有利尿消肿，平肝利胆的功效。主治水肿、黄疸、胆囊炎、胆结石、高血压病、糖尿病、乳汁不通。玉米须煎剂有轻度利尿作用，其水浸液、乙醇-水浸液、乙醇浸液和煎剂对麻醉犬和家兔有降压作用。玉米须还能显著增加胆汁分泌和促进胆汁排泄，此外，玉米须的发酵制剂可明显降低家兔的血糖，对维生素 K 缺乏性凝血功能障碍有治疗作用。

4. 安全性

玉米须各种制剂无毒，利用玉米须水煎剂灌胃，小鼠最大耐受量＞171g/kg。用水提取甲醇不溶部分（利尿成分），兔静注的致死量为 250mg/kg，而其最适利尿剂量静注为 1.5mg/kg，口服为 6mg/kg，上述利尿剂量对心脏、呼吸无影响。

二、木瓜

1. 主要成分

木瓜营养丰富，含有木瓜碱、蛋白酶、多糖、维生素 A、维生素 B、维生素 C、17 种以上的氨基酸、钙、磷、铁、黄酮类、香豆素类、萜类、有机酸以及齐墩果酸、熊果酸等多种营养与功效成分。

2. 性状

木瓜学名为贴梗海棠，是中国的珍稀药食两用植物资源，主要有皱皮木瓜和光皮木瓜两大类，前者为木瓜的主流品种。皱皮木瓜在性状上一般多呈对半纵剖的卵圆形或长圆形，表面呈灰棕色或紫褐色，有不规则的深皱褶和细皱纹，剖面边缘向内卷曲，两端微翘或平直，中央有凹陷的子房室及其隔壁，呈红棕色，残存少许或无种子，种子呈红褐色和扁长三角形，果肉红棕色，质坚硬，气微清香，味酸微涩。

3. 生理功能

木瓜性能、味酸，入肝、脾经，有利于辅助治疗乳汁不通、消化不良、肺热干咳、湿疹、寄生虫病、手脚痉挛疼痛等病症。木瓜富含多种营养成分，还具有降血脂、保护肝脏、增强人体免疫力、抗氧化等生理功效。相关研究表明，木瓜中的凝乳酶有通乳作用，木瓜与猪蹄、木通等食物药材协同作用可以促进乳汁分泌增多。

4. 促进泌乳机制

木瓜促进泌乳的机制可能主要有两方面：一方面，木瓜营养丰富，食用后可调节营养摄入量趋于增加并具备更好的营养均衡性；另一方面，木瓜中的微量物质如蛋白酶、有机酸等，提高了食物消化吸收性能及产妇的健康状况，从而促进产妇泌乳量提高。

5. 安全性

木瓜食用量一次宜 6～9g。木瓜中的番木瓜碱有小毒，不宜多食，过敏体质者应慎食；孕妇不宜吃木瓜，以防引起宫缩腹痛，导致流产；内有郁热、小便短赤者，精血虚、真阴不足之腰膝无力者，脾胃有积滞者，胃酸过多者不宜服用；木瓜不宜与虾、韭菜、南瓜、胡萝卜等同服。

三、党参

1. 主要成分

党参含皂苷、微量生物碱、蔗糖、葡萄糖、菊糖、淀粉、黏液及树脂等。

2. 性状

党参呈椭圆形或类圆形的厚片，便面黄棕色或灰黄色，切面黄白色或黄棕色，中央有淡黄色圆心，周边淡黄白色至黄棕色，有纵皱纹。有特殊香气，味微甜。生党参片益气生津，常用于气津两伤或气血两亏。性平，味甘、微酸。归脾、肺经。

3. 生理功能

党参味甘，性平。归脾、肺经。质润气和，具有健脾补肺、益气、养血生津、下乳之效。主治脾胃虚弱，乳汁不通。党参还有增强身体抵抗力、降低血压、养血、补中益气、治疗胃溃疡、治疗糖尿病的功效。

4. 安全性

内服，煎汤，6～15g；或熬膏、入丸、散。生津、养血宜生用；补脾、益肺宜炙用；气滞、怒火盛者禁用。

四、益母草

1. 主要成分

益母草全草含益母草碱、水苏碱、细叶益素养草萜、异细叶益母草萜及细叶益母草萜内酯。

2. 性状

鲜益母草幼苗期无茎，基生叶呈圆心形，表面青绿色；质鲜嫩，断面中部有髓；气微，味微苦。干益母草茎表面为灰绿色或黄绿色；体轻，质韧，断面中部有髓。叶片灰绿色，多皱缩、破碎、易脱落；味辛，苦。

3. 生理功能

益母草具有活血、调经、消水的功效。可以治疗月经不调、产后血晕、瘀血腹痛、乳汁不通、痈肿疮疡。

4. 安全性

用量为 10~30g，煎服；鲜品 12~40g。或熬膏、入丸剂、外用适量捣敷或煎汤外敷。孕妇禁用。

五、猪蹄

1. 主要成分

现代营养学研究表明，每 100g 猪蹄中含蛋白质 22g，脂肪 20g，碳水化合物 1.7g，并含有钙、磷、镁、铁及维生素 A、D、E、K 等有益成分。猪蹄中的脂肪含量也比肥肉低，并且不含胆固醇。猪蹄中的蛋白质经水解后所产生的天冬氨酸、胱氨酸、精氨酸等 11 种氨基酸的含量及营养价值丰富。

2. 性状

猪蹄富含胶原蛋白，是美容养颜佳品。猪蹄分前后两种，前蹄肉多骨少，呈直形；后蹄肉少骨稍多，呈弯形。常见的烹饪方法有酱、卤、烧、烤、炖等。中医认为猪蹄性平，味甘咸，是一种类似熊掌的美味菜肴及治病良药。

3. 生理功能

猪蹄和猪皮中含有大量的胶原蛋白，它在烹调过程中可转化成明胶。明胶具有网状空间结构，它能结合许多水，增强细胞生理代谢，有效改善机体生理功能和皮肤组织细胞的储水功能，使细胞得到滋润，保持湿润状态，防止皮肤过早褶皱，延缓皮肤的衰老过程。猪蹄对于经常性的四肢疲乏、腿部抽筋、麻木、消化道出血、失血性休克、缺血性脑患者有一定辅助疗效；也适用于大手术后及重病恢复期间的老人食用；有助于青少年生长发育和减缓中老年妇女骨质疏松的速度。传统医学认为，猪蹄有壮腰补膝和通乳之功，可用于肾虚所致的腰膝酸软和产妇产后缺少乳汁之症。而且多吃猪蹄对于女性具有丰胸作用。胶原蛋白所水解出来的多种氨基酸及游离出来的多种微量元素，可以对女性的身体进行有效协调。缺乳汁的产妇，倘若在猪蹄汤中加上通草等催乳中药，催乳的效果是非常显著的。

4. 安全性

一般人群均可食用，适宜血虚者、年老体弱者、产后缺奶者、腰脚软弱无力者、痈疽疮毒久溃不敛者食用。

六、赤豆

1. 主要成分

赤豆每 100g 含蛋白质 20.2g，脂肪 0.6g，碳水化合物 63.4g，膳食纤维 7.7g，维生素 A 13mg，胡萝卜素 80mg，硫胺素 0.16mg，核黄素 0.11mg，尼克酸 2mg，维生素 E 14.36mg，钙 74mg，磷 305mg，钾 860mg，钠 2.2mg，镁 138mg，铁 7.4mg，锌 2.2mg，硒 3.8mg，铜 0.64mg，锰 1.33mg，碘 7.8mg。赤豆还富含淀粉，因此是人们生活中不可缺少的高营养、多功能的杂粮。

2. 性状

赤豆种子呈圆柱形而略扁，两端稍平截或圆钝，长 5~7mm，直径 3~5mm，表面呈紫红色或暗红棕色。平滑，稍具光泽或无光泽；一侧有线形突起的种脊，偏向一端，白色，约为种子长度的 2/3，中央凹陷成纵沟；另侧有一条不明显的种脊。质坚硬，不易破碎；剖开后种皮薄而脆，子叶 2 枚，乳白色，肥厚，胚根细长，弯向一端。气微，味微甘，嚼之有豆腥气。

3. 生理功能

赤豆有除热毒、散恶血、通乳、消胀满、利小便的功效。赤豆的作用是治小便不利、水肿脚气、乳汁不通等，赤豆煮汁食之通利力强，消肿通乳作用甚效，但久食赤豆则令人黑瘦结燥。红色赤豆入药治水肿脚气、泻痢、痈肿也是缓和的清热解毒药及利尿药；赤豆浸水后捣烂外敷，可治各种肿毒。

4. 安全性

用量为 9～30g。外用适量，研磨调敷。阴虚而无湿热者及小便清长者忌食赤豆。

—————— 思 考 题 ——————

1. 简述影响泌乳的主要因素。
2. 营养功能性食品促进泌乳的基本原理有哪些？
3. 简述植物雌激素的主要类别。
4. 具有促进泌乳功能的物质有哪些？

第二十三章

对辐射危害有辅助保护的功能性食品

主要内容

1. 辐射的来源、损伤及生物效应。
2. 对辐射危害有辅助保护的物质。

第一节　概　述

人类处于一个充满辐射的环境中，辐射主要来源有宇宙、空气、地表、水等的天然辐射。在 20 世纪因为原子能这一重大的发现，人们对辐射的应用更为广泛，如医学造影、放射治疗，这样又不可避免产生了新的辐射来源，这类辐射称为人工辐射。辐射会对人体有一定潜在的、慢性的副作用或急性伤害。既然我们离不开辐射，就要防患于未然，抗辐射功能性食品的研制就显得尤为重要。抗辐射功能性食品就是通过药食同源的原理，利用其中天然活性成分尽可能减少辐射给我们带来的损伤。

一、辐射

辐射就是一种以波动或高速粒子形式传播的能量，根据能量大小分为电离辐射和非电离辐射。

能量低于 10keV 的辐射被称为非电离辐射，例如紫外线、手机、电脑等设备产生的辐射，被其穿过不会使物质发生电离作用。

能量高于 10keV 的辐射被称为电离辐射，即高能辐射，例如 α 射线、β 射线等。导致机体损伤的主要是电离辐射，当然非电离辐射给我们带来的损伤也不可小觑。

二、电离辐射损伤

电离辐射损伤是指生物组织被电离辐射穿透后，辐射的能量转移到组织并与组织发生相互作用，使组织结构发生改变，进而影响生物活性。这种相互作用分为三个水平，即物理效应、物理化学和化学效应、生物效应。前几种效应用时极短，物理效应仅仅用时 10^{-16} s，物理化学和化学效应用时为 10^{-13} s 和 10^{-10} s，而生物效应要相对长些，可能是几秒甚至是几年。

1. 电离辐射造成损伤的机理

造成损伤的机理可大致分为两类。一类是直接作用，是指辐射直接作用于生物靶分子。在细胞中与细胞的正常生理功能直接相关的特殊区域称为靶。当靶被击中时，就会导致细胞的生理功能紊乱甚至死亡。

　　另一类是间接作用，这种理论认为电离辐射损伤是电离辐射产生的自由基所导致的。水是生物体组成必不可少的要素之一，生物体内 $70\%\sim80\%$ 为水。当水受到辐射作用时，会发生电离，继而产生自由基。自由基含有未成对的电子，化学性质极其活泼，它会趋向于从外界夺得电子使自身稳定，因此它易与其他物质发生作用，并产生新的自由基，导致一系列的辐射损伤。此外，在氧气存在下，新产生的自由基可以与氧生成氧化物自由基，继而加重辐射损伤。

　　这个过程表示如下。

（1）$H_2O \xrightarrow{\text{电离辐射}} H\cdot + OH\cdot + e^- + H_3O^+ + H_2 + H_2O_2 + O_2$

（2）$RH + OH\cdot \longrightarrow R\cdot + H_2O$

　　　$RH + H\cdot \longrightarrow R\cdot + H_2$

（3）$R\cdot + O_2 \longrightarrow RO_2\cdot$

RH 为生物分子，R 为生物分子自由基。

2. 电离辐射对细胞的损伤

　　电离辐射对细胞的损伤主要是通过改变生物大分子活性及其代谢途径，严重可导致细胞死亡和突变。因为失去增殖功能而导致的细胞死亡称为"增殖死亡"。相对应的就是"非增殖性死亡"，是指细胞受到大剂量辐射（几十戈瑞）后立即停止代谢活动，结构发生崩溃溶解。这是因为大剂量辐射可使细胞膜结构发生崩溃溶解。细胞突变就是指细胞的活性发生改变，如细胞不发生凋亡而无限增殖，这就是癌变。细胞突变还包括基因突变和畸变。不同的细胞对电离辐射的敏感性也不同，处于分裂期的细胞更易受到电离辐射的损伤，据实验发现，细胞的敏感性与增殖能力成正比。

　　DNA 是遗传的基本单位，它携带重要的遗传信息。DNA 通过复制把遗传信息传递给下一代。它就像细胞的工程蓝图，对指导细胞的增殖、分化和维持正常生理功能有重要意义。电离辐射对 DNA 损伤尤为严重，辐射会分解 DNA 的碱基，使 DNA 链发生断裂，形成 DNA 分子间的交联，改变 DNA 的氢键。

　　除了对结构的影响外，电离辐射还会改变细胞周期，影响 DNA 的代谢。辐射会抑制 DNA 的合成代谢，促进 DNA 的分解代谢。细胞周期是指细胞从一次分裂完成开始到下一次分裂结束所经历的全过程，分为分裂间期与分裂期两个阶段。DNA 的合成处于分裂间期，分裂间期又分为三期，即 DNA 合成前期（G_1 期）、DNA 合成期（S 期）与 DNA 合成后期（G_2 期）。G_1 期主要是为合成 DNA 做准备，合成 DNA 复制过程中所需要的酶，如 DNA 合成酶、DNA 聚合酶。DNA 是由四种三磷酸脱氧核苷合成的，其中的三种是由相应的三磷酸核苷脱氧再经磷酸化形成的，而这一过程需要相应酶的催化。而辐射会抑制这些酶的活性，因此 DNA 的合成受阻。DNA 的合成主要是在 S 期，这一时期的细胞对辐射极为敏感，会导致 S 期延长，出现大量的 S 期细胞堆积，就不能及时进行下一次的有丝分裂。辐射可提高脱氧核苷酸酶的活性，加快 DNA 的分解。DNA 分子结构和代谢紊乱都将导致细胞不能增殖及死亡。

　　染色体受到辐射后也会发生断裂，可分为完全断裂和部分断裂。前者若断裂距离小于 $0.1\mu m$，则 99% 的染色体可以自我修复，未修复的染色体会随机拼接到其他染色体上形成畸形染色体，这就是染色体畸变。辐射还会改变细胞通透性，通透性受阻则细胞废物无法正常排泄出去，毒素积累造成细胞死亡；通透性增大，会造成酶脱离正常位置，释放到细胞膜外，无法起到正常功能。

三、辐射的生物效应

辐射对人体的损伤又称为辐射对人体的生物效应，影响生物效应的性质有多种因素。按效应出现的个体，生物效应可分为躯体效应与遗传效应。按辐射的剂量与效应的关系，生物效应分为必然性效应与随机性效应。以效应出现的时间先后，生物效应又可分为近期效应与远期效应。

1. 躯体效应与遗传效应

躯体效应是指包括影响个体本身的一切类型的损伤，而遗传效应是指出现在受照者后代身上的效应。在躯体效应中，辐射会使机体白细胞数目减少，造成人体免疫力降低；辐射会损伤消化道，使机体出现恶心、呕吐的症状；轻度辐射后皮肤会出现红斑，若皮肤长期处于辐射之下而又不加以保护则可能引起皮肤癌；辐射还会使毛发暂时性脱落，造成白内障，加速衰老过程等。辐射会对神经系统、淋巴系统、循环系统、肝、肾、肺、脾、甲状腺及骨骼等造成损伤，辐射损伤的程度主要受辐射的强度、时间的长短、离辐射源的距离等因素影响。

2. 必然性效应与随机性效应

根据生物效应的发生与剂量大小依赖关系的不同，可以将辐射生物效应分为必然性效应和随机性效应。必然性效应有剂量阈值，达到或超过某一剂量数值才会发生，在剂量阈值之下不会发生，并且严重程度与辐射剂量大小有关。电离辐射引起白内障属于必然性效应。随机性效应是指辐射生物效应的发生没有剂量阈值，只要受到照射就有发生的可能。

3. 近期效应与远期效应

机体在受到辐射照射后 60d 以内出现变化叫做近期效应；远期效应是指机体在受到辐射照射后几个月、几年甚至更长时间内出现变化。长时间受小剂量辐射照射的慢性损伤人员与急性损伤但已恢复的人员可能产生远期效应，远期效应不仅可以在本人身上体现，也可以在他们的后代身上体现。

四、辐射生物效应的影响因素

辐射生物效应的影响因素主要分为两方面，一是与辐射有关的因素，二是与机体有关的因素。与辐射有关的因素主要包括射线的种类、照射的方式、照射的剂量和剂量率（单位时间的照射量）、照射部位与面积、分次照射和间隔时间等。当辐射的各种物理因素相同时，由于个体与不同组织和器官对辐射敏感性的差异，对机体造成的损伤程度不同。

五、天然产物抗辐射评价的方法

在当代社会，随着家用电器尤其是手机的普及及放射疗法在肿瘤治疗中的广泛应用等，放射性污染程度在不断扩大，给生物界带来了潜在的、慢性的副作用或急性伤害。一些具有抗辐射功能的功能性食品如茶多酚、番茄红素等其显著的生理活性早已在国际社会上得到认可。根据药食同源的原则，原料来自无毒副作用的食物或天然产物，进而受到消费者的欢迎。因此，如何经济、准确、快速评价无毒副作用的食物或天然产物的抗辐射功能，具有重要的意义。

目前，辐射防护功能的检验评价分为体内实验模型（又称整体实验动物模型）和体外实验模型，二者互相补充，互相验证。其中对天然产物抗辐射功能的动物体内实验研究主要通过生存实验、体重、造血系统指标、遗传物质指标、氧化应激水平指标、免疫系统指标等各个方面的指标来进行评价。而体外实验研究则主要通过辐射敏感细胞增殖活性、凋亡率及遗传物质损伤等几方面进行评价。

第二节 对辐射危害有辅助保护功能的物质

一、多糖类

多糖是由 10 个以上单糖分子以糖苷键结合而成的高分子聚合物。由相同单糖分子组成的多糖称为同多糖，由不同单糖分子组成的多糖称为杂多糖。多糖在自然界中存在极其广泛，具有能量储存、结构支持等多方面的生理功能，同时还参与多种重要的生命活动。

1. 性状

多糖不具有甜味，无还原性，无变旋性，但有旋光性。其在水中不能形成真溶液，只能形成胶体。多糖可以水解，其完全水解的最终产物为单糖，水解过程中会产生一系列的中间产物。

2. 生理功能

多糖作为一大类天然产物，具有免疫调节、抗肿瘤、抗病毒、抗菌消炎、降血糖、降血脂等多种生物学活性。研究表明多糖还具有明显的辐射防护作用，其防护作用目前主要认为有以下几个方面。

（1）多糖具有抗氧化作用　电离辐射会激发体内产生氧化活性较强的自由基，引起脂质过氧化，对机体造成一系列的损伤。研究表明，一些多糖具有抗氧化和清除体内的自由基的作用，可有效地抵抗辐射对机体产生伤害。

（2）多糖对造血系统具有保护作用　造血组织骨髓的损伤会导致造血功能的衰竭，是辐射致死的主要原因之一。而多糖可改善造血微环境，能降低骨髓细胞对辐射的敏感性，促进造血细胞的增殖与分化等。

（3）多糖能提高机体免疫功能　胸腺、脾脏等免疫组织对辐射比较敏感，电离辐射会使机体免疫功能下降，抑制特异性和非特异性免疫功能。这也是辐射损伤后引起机体感染和致死的重要原因之一。多糖能促进辐射损伤后机体免疫功能的恢复，提高机体的免疫力，还可调节多种细胞因子的分泌，激活 T 淋巴细胞、B 淋巴细胞、巨噬细胞和 NC 细胞，激活网状内皮系统和补体系统，促进抗体的产生等。

（4）多糖的其他作用　多糖可促进细胞因子的分泌，诱导和提高多种细胞因子的表达，还能够调节淋巴细胞内 cAMP、cGMP 的含量和相对比值，激活细胞膜的钙通道。

3. 提取与分离

多糖在提取之前需要进行清洗、粉碎等预处理，预处理过程中，根据需要有时需对原料进行脱色、脱脂处理。目前，大多采用酶法、超声波或微波等方法破碎细胞。采用活性炭吸附法、氧化脱色法或离子交换法等进行脱色。脱脂主要是通过加入乙醇等有机溶剂来除去材料中的脂类物质。预处理后再进行多糖的提取，一般采用热水、酸、碱、乙醇等作为溶剂浸提多糖。

二、多酚

多酚类化合物是指分子结构中有若干个酚性羟基的植物成分的总称，包括酚酸和类黄酮两大类，按其来源不同又可分为茶多酚、苹果多酚、葡萄多酚等，种类繁多，且绝大多数为水溶性物质。它们广泛存在于多种植物性食物中，天然存在的多酚类化合物大多是以与糖结合的糖苷形式存在，具有多种生理功能活性，特别是很强的抗氧化作用。

1. 性状

多酚类化合物是一类植物次级代谢产物，几乎存在于所有的植物中。它广泛存在于植物的皮、根、叶、果中，含量可达 20％。

2. 生理活性

电离辐射会造成细胞和动物的一系列损伤，如 DNA 损伤、细胞膜脂质过氧化等，甚至导致细胞或动物死亡。大量研究发现多酚类化合物具有电离辐射防护能力，其防护机理主要在于以下几个方面。

（1）抗氧化能力　多酚类化合物具有很强的抗氧化能力，能够有效清除电离辐射产生的超氧阴离子自由基和羟基自由基，降低辐射后细胞内的活性氧水平。

（2）改善免疫损伤　电离辐射能造成脾脏和胸腺组织的损伤及免疫细胞的凋亡，导致动物免疫损伤，外周血白细胞水平降低。多酚类化合物可减缓脾组织和免疫器官胸腺的损伤，促进免疫器官的恢复，有效改善电离辐射后动物的免疫损伤。

（3）降低炎症反应　一些多酚类化合物具有较强的消炎效应，能降低促炎性细胞因子与趋化因子的表达，降低炎症反应。

（4）保护 DNA　多酚类化合物能降低电离辐射对机体造成的损伤，如 DNA 断裂、染色体交联、碱基脱落和碱基氧化等。

（5）激活抗凋亡通路　电离辐射会降低机体的线粒体膜电势，增加通透性，启动线粒体凋亡途径。研究表明某些多酚类化合物可降低辐射诱导的细胞凋亡，调节抗凋亡蛋白与促凋亡蛋白的表达。

3. 提取与分离

多酚类化合物含有酚羟基，有些还含有羧基，属极性有机物。常用甲醇、乙醇、乙酸乙酯、丙酮、水及这些溶剂组成的复合溶剂来提取多酚类化合物。柱色谱法也是分离多酚类化合物最常用的方法。

三、生物碱

生物碱是一类含氮的碱性有机化合物，大多具有显著的生物活性，是许多药用植物与中草药中重要的有效成分之一。生物碱的种类较多，在植物中分布较广，其中双子叶植物中含生物碱较多。大多生物碱具有复杂的环状结构，按化学结构主要分为以下几类：吡咯烷类、吡啶类、喹啉类、吲哚类、咪唑类、喹唑酮类、嘌呤类、甾体类生物碱等。目前研究发现有 12000 余种生物碱，其中 80 多种已应用于医药领域。

1. 性状

生物碱具有复杂的化学结构，大多呈无色结晶状，少数为非晶型粉末，个别为液体，有明显的熔点与旋光性，其生理活性与旋光性密切相关，一般左旋体具有生理活性，而右旋体不具有或具有极弱的活性；味苦，难溶于水，易溶于有机溶剂；具有挥发性，少数有升华性，与酸可以形成盐；生物碱种类众多，对生物体有毒性或强烈的生理作用。

2. 生理活性

研究发现，多数生物碱不仅具有抗菌消炎、抗肿瘤、降压、镇痛等显著的生理活性，同时对辐射具有一定的防护能力，可有效地改善辐射所引起的免疫损伤，降低体内脂质过氧化程度，促进造血功能的重建。

3. 提取与分离

生物碱的提取方法较多，其在植物体内常与有机酸结合成盐，个别由于碱性较弱而以游离态形式存在。故提取生物碱时，可根据生物碱在植物体内的存在状态和性质，选用不同的溶剂来进行提取，主要分为水蒸气蒸馏提取法、酸性水溶液提取法、碱性水溶液提取法和有机溶剂提取法。如提取麻黄碱等具有挥发性的生物碱时，常用水蒸气蒸馏提取法；提取生物碱盐时，常采用酸性水溶液提取法或酸性乙醇提取法；提取亲脂性游离生物碱类时，则常采用有机溶剂（如苯、三氯甲烷、乙醚等）提取法。除此之外，生物碱也可通过超声法、离子交换树脂法、微波萃取法及超临界萃取法提取。

四、皂苷

皂苷是指由皂苷元和糖组成的一类糖苷，广泛存在于人类的食物（如大豆、燕麦）和中草药（如人参、甘草）中。皂苷按皂苷元的结构主要分为甾体皂苷和三萜皂苷两大类。皂苷主要存在于陆地高等植物中，其中甾体皂苷主要存在于薯蓣科、玄参科和百合科等；三萜皂苷主要存在于豆科、五加科及葫芦科等。此外有少量皂苷存在于海参等海洋生物中。皂苷类化合物不仅具有表面活性、溶血等特性外，还具有降血脂、抗氧化、抗肿瘤、抗病毒、免疫调节等多种生理活性功能。

1. 性状

皂苷是一类极性大、热不稳定、难挥发的天然产物。皂苷大多为白色或乳白色无定形粉末，因极性较大而富有吸湿性，其游离皂苷元多具有较好的结晶形状。皂苷具有旋光性，且多为左旋。它能溶于水，且易溶于热水、乙醇、热甲醇（乙醇），难溶于丙酮，几乎不溶于乙醚、苯等极性小的有机溶剂。由于组成皂苷的皂苷元具有不同程度的亲脂性，糖链具有较强的亲水性，使皂苷具有表面活性，用力振荡其水溶液可产生持久性的泡沫。

2. 生理活性

皂苷类化合物具有抗氧化、抗病毒、抗炎、抑制肿瘤生长、免疫调节、增强心血管活性等多种生理功能。研究发现刺五加皂苷、人参三醇组皂苷、黄芩苷等可减轻免疫功能的损伤、刺激造血系统功能、提高淋巴细胞转化率、清除自由基，对一定剂量的电离辐射具有防护作用。

3. 提取与分离

皂苷类化合物属于水溶性化合物，结构复杂。因其极性较大，目前最为常用的提取方法是醇类溶剂提取法，醇类溶剂多为甲醇或工业乙醇。对含有羧基的皂苷，可用碱溶酸析法提取。提取皂苷元，常用酸水解有机溶剂提取法，即将试样用酸性溶液加热水解、过滤、药渣水洗、干燥后用有机溶剂提取皂苷元。分离皂苷通常采用分段沉淀法、胆甾醇沉淀法或色谱分离法。

五、黄酮类

黄酮类化合物又称黄碱素或黄酮体，广泛存在于植物中，是一类天然有机化合物，其在植物的生长发育、开花结果及抵御异物的侵入方面都有一定作用，属于植物次级代谢产物。在植物的叶子和果实中少部分以游离形式存在，大部分以与糖结合成苷的形式存在于植物活的组织中。许多研究已表明黄酮类化合物具有显著的生理、药理活性，除具有抗菌、消炎、抗突变、降压、清热解毒、镇静、利尿等作用外，其在抗氧化、抗癌、防癌、抑制脂肪酶等方面也有显著效果。

1. 性状

黄酮类化合物是其母核为2-苯基色原酮的一类化合物，多为黄色结晶性固体，其游离状态的黄酮类化合物较其苷类更容易形成结晶。黄酮类化合物结构是一个多共轭体系，特别是 A 环、B 环和 4-位羰基构成的交叉共轭，形成不同黄酮，不同黄酮所表现出的物理性质和化学性质也不相同。

2. 生理功能

（1）大豆异黄酮　大豆异黄酮可以加速小白鼠外周血红细胞、白细胞及血小板数量的恢复，此结果说明大豆异黄酮具有很明显的抗辐射作用，其作用机理为抗氧化作用，可抑制膜的脂质过氧化和细胞凋亡的发生。使用剂量上要适当，浓度过高可能产生毒性作用。

（2）银杏叶黄酮　低剂量银杏叶黄酮便有较强的抗辐射作用，能显著提高辐射下小鼠的存活率和平均存活时间。银杏叶黄酮的抗辐射作用可能从以下三个方面发挥作用：抗氧化作用、抗自由基作用、抗辐射损伤作用。

（3）毛地黄黄酮　毛地黄黄酮可以抑制 γ 射线辐照后的脂肪氧化，降低 γ 射线辐照后的老鼠骨髓内源抗坏血酸的含量。作用机理可能是通过清除自由基而达到抗辐射、抗氧化作用。

（4）黄芪总黄酮　黄芪总黄酮可防止术中放疗所致的组织细胞损伤，减轻肺组织充血、实变、胸膜粘连和食道黏膜糜烂等反应。此结果均证明黄芪总黄酮有抗辐射损伤的作用。

3. 提取与分离

游离的黄酮类化合物可用极性较小的溶剂（如乙醚、三氯甲烷、乙酸乙酯及苯）进行提取。黄酮苷及极性较大的游离黄酮类化合物可用乙酸乙酯、丙酮、乙醇、甲醇及水进行提取。由于黄酮类成分大多具有酚羟基，还可以用碱水（如碳酸钠、氢氧化钠、氢氧化钙水溶液）或碱性稀醇提取，提取液酸化使黄酮类化合物游离，再采用有机溶剂萃取。此外还可以采用铅盐沉淀法、聚酰胺柱色谱法、超声法、微波萃取法及大孔树脂法等进行提取与分离。

六、香豆素类

香豆素最早是从豆科植物香豆中提取，具芳香气味而得名香豆素。广泛分布于植物中的各个部位，特别在被子植物（如伞形科、芸香科、豆科、菊科、茄科、瑞香科、木犀科等科）中较多见，在某些真菌中也发现有香豆素类成分存在。香豆素经常与桂皮酸、黄酮类、木脂素等伴生。在植物中，它往往以游离状态或与糖结合成苷的形式存在，且大多数存在于植物的花、叶、茎、果中，幼嫩的叶芽中含量相对较高。

1. 性状

天然游离的香豆素多有完好的结晶，大多具有香味，小分子的香豆素有挥发性，能随水汽蒸出，并能升华；而苷则多数无香味，无挥发性，且不能升华。游离香豆素一般不溶或难溶于冷水，可溶于沸水，易溶于苯、乙醚、氯仿和乙醇。香豆素苷能溶于水、甲醇、乙醇，难溶于乙醚、苯等极性小的有机溶剂。

2. 生理功能

（1）茵陈素　茵陈素（6,7-二甲基香豆素）对受照射小鼠、大鼠均有一定的辐射防护作用，对造血器官和造血功能也有良好的保护作用，可以提高受照射鼠的脾重、白细胞变化指数等。

（2）呋喃香豆素及其 4,5'-二甲基取代物　呋喃香豆素仅有低的辐射防护作用，且有效剂量出现很高的毒副作用，当呋喃香豆素分子中增加两个甲基成 4,5'-二甲基呋喃香豆素时，毒性大大降低，且抗辐射活性有所提高。

3. 提取与分离

一般利用香豆素的溶解性、挥发性及具有内酯结构的性质进行提取、分离。游离香豆素大多极性较低、亲脂性强，其苷的极性较高，因此系统溶剂法是较适用的方法。但需注意，香豆素类成分并不都很稳定，酸、碱、热、色谱分离时的吸附剂，甚至重结晶的溶剂都有致次生物质产生的可能。常用的提取、分离方法有系统溶剂法、水蒸气蒸馏法、碱溶酸沉法、色谱分离法等。

七、多肽与蛋白质

多肽与蛋白质是生物体内广泛存在的重要生化物质，具有多种生理、生化功能，也是一类非常重要的药物。多肽和蛋白质类药物包括激素（如垂体激素、促性腺激素、胰岛素等）和蛋白类酶（如蛋白酶、淀粉酶、天冬酰胺酶等），此外还有黏蛋白、胶原蛋白、活性多肽等。现已知生物体内含有和分泌很多种激素、活性多肽，仅脑中就存在近40种。而人们还在不断地发现、分离、纯化新的活性多肽物质。

1. 性状

在组成和构造上，多肽和蛋白质无区别，由15～50个氨基酸形成的肽称为多肽。常把由50个以上氨基酸形成的肽称为蛋白质。

蛋白质是一类大分子的胶体物质，多数溶于水，不溶于有机溶剂。但当蛋白质被加热或与酸、碱等作用时，则变性失活。蛋白质同氨基酸一样，分子中既有羧基又有氨基，也具有两性和等电点。

2. 生理功能

（1）油菜花粉酶解肽（crude peptide rape pollen，CPRP）　油菜花粉提取物CPRP具有良好的抗辐射效果，可促进辐射小鼠白细胞的恢复，保护造血组织，还可以拮抗辐射所致的超氧化物歧化酶（SOD）活力下降，提高骨髓中DNA含量；此外，CPRP对辐射小鼠的胸腺、脾脏也具有较好的保护作用。

（2）羊胎盘肽（sheep placenta peptide，SPP）　SPP可显著地提高机体的特异性和非特异性免疫能力，有一定的抗辐射功能，且其与灵芝多糖复合时，抗辐射效果更好，还能激活处于抑制状态的巨噬细胞，提高已处于活化状态的巨噬细胞的功能。

（3）海洋蛋白肽（marine protein peptide，MPP）　海洋生物资源极为丰富，是新型生物活性肽类物质的重要来源。研究发现深海鱼肉酶解肽具有增强小鼠免疫功能的作用，能通过免疫调节、刺激骨髓造血机能、提高氧化酶活力和抑制自由基产生来提高机体抗辐射损伤的能力。

（4）大豆蛋白　大豆蛋白为富含谷氨酰胺的优质蛋白，可以提高肠屏障功能，减少菌群移位，抑制大鼠小肠通透性升高，抵抗辐射对肠屏障的损伤。由于大豆蛋白具有较好的抗辐射性、导湿性、吸湿性，众多学者还利用不同方法以大豆蛋白为原料制备具有良好防紫外性能和隔热效果的复合织物。

（5）超氧化物歧化酶（SOD）　SOD是一种广泛存在于动植物和微生物中，具有抗氧化、抗衰老和抗辐射等功效，在生命体的自我保护系统中起着重要的作用的酶。研究磷脂化SOD功能时发现，磷脂化SOD能清除紫外线辐射引起的超氧阴离子，预防辐射引起的唾液腺功能障碍。融合型SOD能通过保护细胞膜和细胞DNA，调节细胞内抗氧化酶的活力来保护细胞免受紫外损失。

3. 提取与分离

多肽与蛋白质结构和功能研究的前提就是要获取相当纯度的蛋白质样品。一个好的蛋白质分离纯化方案就是在实验过程中尽可能避免或是减少蛋白质的变性和降解，同时尽可能获取较多量的、高纯度的某种蛋白质。整个蛋白质提取、分离和纯化过程中都要以此为目标和要求。例如蛋白质提取、分离和纯化的整个过程中都要注意在低温下操作，避免与强酸、强碱及重金属离子作用，避免剧烈搅拌，添加相应的蛋白酶抑制剂。

蛋白质的提取一般采用水或5%～10%的氯化钠水溶液为溶剂。为避免样品中可能存在的酸或碱的影响，在提取时采用pH缓冲液（或加入适量的碳酸镁），使提取液保持近中性，提取液加氯化钠或硫酸铵至饱和，析出总蛋白质。

八、其他

1. 氨基硫醇类化合物

该类化合物是研究历史较长且效果较好的一类辐射防护剂。在该类化合物的抗辐射作用的研究中，重点是以半胱胺的母核进行结构改造，探索构效关系，寻找效价高、毒副作用低的化合物，如半胱氨酸、半胱胺（即2-巯基乙胺）、胱胺等。

2. 雌激素及其衍生物

雌激素及其衍生物从结构上可分为雌二醇衍生物、雌三醇衍生物和非甾体雌激素三类。我国对激素类抗辐射药物的研究较多，且研究比较深入，发现了很多抗辐射药物并应用于临床（如尼尔雌醇、雌三醇）。天然甾体激素或人工合成的非甾体激素在动物实验中都显示有一定程度的抗辐射作用，而且受辐照前后给药都有效果。

3. 细胞因子类

改善和促进受照机体造血功能的恢复是治疗急性放射病的一项根本性措施。照射后造血抑制性物质增多、造血细胞对细胞因子的反应性减弱，常量的细胞因子难以使造血细胞增殖到应有水平，维持造血细胞的持续增殖需要更多的细胞因子。细胞因子具有毒性小、效价高的优点，可通过基因工程方法大量获得。

4. 乳酸、醋酸

研究发现，酸奶中的大量乳酸、醋酸等有机酸可减轻辐射损伤，抑制辐射后，淋巴细胞数目下降。经动物实验证明，摄入酸奶后的小鼠对辐射耐受力增强，并减轻辐射对免疫系统的损伤。

思 考 题

1. 什么是辐射？
2. 辐射的来源有哪些？
3. 辐射的危害有哪些？
4. 辐射的生物效应有哪些？
5. 对辐射危害有辅助保护的物质有哪些？

第二十四章

对化学性肝损伤有辅助保护作用的功能性食品

主要内容

1. 肝脏与肝功能的概念。
2. 肝损伤的种类。
3. 肝损伤的检测指标。
4. 保护化学性肝损伤的功能评价。
5. 缓解肝损伤的功能性食品开发原则。
6. 对化学肝损伤有辅助保护作用的功能性食品。

第一节 概 述

一、肝脏与肝功能

肝脏是人体最大的实质性消化器官，其质量为1200～1500g，相当于成人体重的1/50，是维持人体生命活动必不可少的重要器官。

作为人体新陈代谢的最活跃器官之一，肝脏的特殊构造为发挥包括解毒、凝血、免疫、胆汁代谢、产生热量、调节人体水盐平衡等在内的重要生理功能提供了保障。

肝脏表面是一层致密的结缔组织组成的被膜。被膜深入肝内形成庞大的网状支架，从而将肝分隔成一个个肝小叶。肝小叶呈1mm×2mm大小的多边棱柱体状，它们形态相似、功能相同，是肝脏的基本组织单元。肝脏中存在一条中央静脉将单行排列的肝细胞（即肝板）以中心对称的方式分开，从而形成了肝细胞索。多个彼此邻近的肝细胞索又相互契合形成网状结构，其中便是结构微细的窦状隙和血窦，它们与肝动脉和门静脉构成的双重肝内血液供应系统一起为肝细胞在与身体其他各个部分进行物质交换提供了极大的便利。此外，在肝脏物质代谢中心占重要地位的肝细胞中有丰富的线粒体结构，它为保证以肝细胞为最小能量代谢单位的活跃肝代谢提供了动力工厂。同时，肝细胞中丰富的内质网、核蛋白体、溶酶体、过氧化氢酶体等细胞亚结构为肝脏的物质代谢功能、解毒功能、胆汁生成及排泄功能、免疫功能、调节能量及电解质平衡功能奠定了基本物质基础。

二、肝损伤的种类

肝损伤是有害因子造成的肝细胞炎症、纤维化、坏死等病理变化的总称。根据有害因子的来源种类，可将肝损伤分为病理性肝损伤和化学性肝损伤两大类。

化学性肝损伤通常是由乙醇、药物、环境毒物等化学物质造成的。这类物质通过胃肠道门静脉或体循环系统进入到肝脏中，由肝脏中丰富的代谢酶系完成生物转化。然而，这一正常的代谢解毒功能却使得肝脏成为化学毒物的"众矢之的"。

1. 酒精性肝损伤

酒精性肝损伤是由长期大量饮酒而导致的中毒性肝脏组织病理性变化，根据病情，酒精性肝损伤又可分为三个阶段：酒精性脂肪肝、酒精性肝炎和酒精性肝硬化。然而，不管如何划分，酒精性肝损伤来自肝脏中代谢酶系对酒精的氧化代谢。根据乙醇的代谢研究显示，在人饮酒后，90%以上的乙醇要进入肝脏中完成代谢。在肝脏代谢单元——肝细胞中肝微粒体酶系将乙醇氧化为乙醛的过程中，未完成转化的乙醇和转化中间产物乙醛对肝细胞直接造成细胞损伤，从而使肝细胞发生变性或坏死。当酒精摄入量较小时，乙醇及其氧化产物乙醛可通过肝细胞内的Ⅱ相代谢解毒酶代谢为无毒物质，一般不会引起肝损伤。但是，当人体一次性摄入大量酒精或者长期饮酒时，乙醇和乙醛不能被代谢，从而导致肝细胞受损，影响肝脏对碳水化合物、蛋白质、脂肪等的正常代谢解毒功能，造成整个机体能量及物质代谢系统的紊乱。

2. 药物性肝损伤

药物性肝损伤是由药物及其代谢产物引起的肝脏损伤，简称药肝。易引起肝损伤的常见药物包括抗生素类、解热镇痛药物、中枢神经系统用药、抗癌药物等。另外，降血糖、降血脂、抗结核、抗甲状腺类药物及许多被认为对人体有益的中草药也会不同程度地造成肝损伤。

肝脏是大多数药物的代谢中心。口服药物在经过肠上皮细胞膜后被人体Ⅲ相代谢转运体转运至肝脏中。肝脏中丰富的Ⅰ相和Ⅱ相代谢酶将其转变为高极性、水溶性化合物，以助其通过尿液或胆汁排出体外。在此药物代谢过程中，肝损伤的发生通常经过以下两个机制。

① 药物及其代谢物直接对肝细胞造成损伤。此类药物造成的肝损伤称为预测性肝损伤。因此类药物造成的肝毒性具有剂量-效应关系，在给药后，肝脏的损伤病变在短期内可见，并且当再次施用同一肝损伤药物时显示出相似的临床表现。

② 药物或其中间产物引起机体的异常免疫反应所致肝损伤。这类肝损伤称为非预测性肝损伤，典型药物代表有异烟肼、红霉素等。这类药物造成的肝损伤临床表现与服药期有数天到数周的潜伏期，且药物的剂量-效应关系不明确，再次给药时常发生肝损伤病变之外的其他组织的病理反应。

3. 环境化学毒物性肝损伤

环境化学毒物性肝损伤是指存在于环境中的除药物以外的化学品引起的各种急性、慢性肝损伤。由于环境化学毒物的种类繁多、人体暴露模式多样、毒物肝损伤作用机制复杂等，这类化学品引起的肝损伤常常具有普遍易感、潜伏期短、病变程度差异明显、危险毒物源难以识别等特点，对人体健康造成的现行及潜在影响更大。目前研究显示，环境化学毒物可通过呼吸道、消化道、皮肤黏膜等多种途径诱发肝损伤，其作用机制也呈现多样复杂性，主要有以下几种。

（1）脂质过氧化反应　这是中毒性肝损伤的特殊表现形式，典型药物代表为四氯化碳。它在进入人体内后经细胞色素 P450 作用产生三氯甲烷自由基，从而对肝细胞进行直接攻击。此外，四氯化碳产生的中间自由基产物还可使线粒体膜和细胞膜的结构发生变化，导致其功能紊乱。过量的自由基还能造成脂质过氧化，影响肝脏的正常代谢和能量转化，最终造成肝细胞膜受损、肝微粒体内酶外泄、肝组织病变。作为致肝中毒的代表性环境化学毒物，四氯化碳经常作为肝损伤研究动物造模的模式型药物，造模动物细胞在显微镜下呈现明显的脂肪变性、胞浆凝聚、肝细胞水样化与气球样变等。在肝中毒临床表现中，四氯化碳致肝损伤病人可表现出乏力、呕吐、黄疸、肝脏出血等典型肝中毒性状。

（2）脂肪变性　环境化学毒物可以以不同的机制干扰脂蛋白的合成及转运，促进肝组织中脂肪的积累，最终导致脂肪肝的形成。

（3）胆汁淤积反应　有些化合物可以影响胆汁的排泄，从而导致肝细胞膜和微绒毛受损。

目前，根据毒性的强弱，可将环境化学毒物分为以下三类。

① 低毒类，包括二硝基酚、乙醛、金属铅、丙烯腈、有机磷等；

② 高毒类，如砷、汞、苯胺、氯仿、砷化氢、二甲基甲酰胺等；

③ 剧毒类，如磷、三硝基甲苯、四氯化碳、丙烯醛等。

同时，一些具有肝毒性的化合物还能通过与其他非肝毒性物质结合的方式增大其毒性作用，如卤代烃类（如四氯化碳、氯仿等）可同脂肪醇类（如甲醇、乙醇、异丙醇等）协同作用，显示出更加剧烈的肝毒性作用。

三、肝损伤的检测指标

1. 肝组织中丙二醛（MDA）含量

MDA 是自由基攻击胞内生物膜并导致其发生脂质过氧化的标志性终端产物之一。由于环境化学毒物经常通过产生自由基、诱发细胞氧化应激等机制引起肝细胞脂质过氧化，而自由基又具有存在时间短、化学稳定性低、检测难度大等特点，所以 MDA 作为脂质过氧化过程的终端标志物而广泛用于评价肝组织脂质过氧化损伤的程度。

2. 肝组织中还原性谷胱甘肽（GSH）

肝组织中还原性谷胱甘肽作为一种强氧化剂，其含量高低往往可以间接地反映机体对各种化学毒物的抗氧化防御能力的强弱。在细胞内，还原性谷胱甘肽可通过自身氧化反应清除自由基，降低细胞内的氧化应激程度，维持胞内氧化还原内稳态。在多种毒物引起的肝损伤中，毒物引起的胞内氧化应激常常造成肝组织内还原性谷胱甘肽的耗竭，因此，肝组织中 GSH 的含量可作为毒物引起的肝损伤的灵敏指标。

3. 肝组织中甘油三酯（TG）

在各种毒物侵入肝脏时，肝组织中氧化性辅酶Ⅰ被大量消耗，还原性辅酶Ⅰ迅速增加，这使得脂肪酸的正常氧化分解反应被抑制，从而导致甘油三酯的合成量增加，检测肝组织内甘油三酯能较为准确地反映肝损伤的程度。

4. 血清谷丙转氨酶（ALT）和谷草转氨酶（AST）

谷丙转氨酶和谷草转氨酶是肝细胞中存在的两种具有转氨作用的重要酶类。在肝组织未受损的情况下，肝细胞膜完整无损，ALT 和 AST 极少量地释放入血液循环系统中。而当肝损伤发生时，毒物的侵害使得肝细胞膜的通透性改变，ALT 和 AST 被大量释放进入血清中。因此，ALT 和 AST 是临床医学中两种最常规的肝功能指标。

5. 肝组织病理性检查

肝组织受损后将呈现出肝细胞坏死、气球样变、脂肪变性、胞浆凝聚、水样变性等标志性损伤状况。将受损机体的肝组织制成生物切片，经染色后在显微镜下进行观察是鉴定肝损伤最为直接的方法。

四、保护化学性肝损伤的功能评价

肝损伤普遍易发性使得对于肝损伤机制和保肝护肝功能性食品的研究成为热点。然而，由于病毒性、酒精性肝损伤的动物模型不易建立，而化学性肝损伤建模相对较易且更具有临床指导和应用意义。目前国内外研究领域普遍采用化学药品进行肝损伤造模，对肝损伤保护物进行功能性评价。其中，最常用到的造模剂为四氯化碳。

试验检测指标常常选择谷丙转氨酶、谷草转氨酶、肝组织病理学检验。

结果评定指标通常是肝组织病理学结果呈阳性，两个转氨酶中任何一项呈阳性，即可判断受试物对化学性肝损伤具有保护功能。

五、缓解肝损伤的功能性食品开发原则

功能性食品是以调节机体功能、提高机体防御能力、预防疾病和促进机体向健康态转变的食品，它不以治疗疾病为目的。因此，相应地，缓解肝损伤的功能性食品的开发以减轻毒害因素对肝脏造成的负担，促进肝组织和肝细胞向无病变正常态转变，修复受损肝组织中细胞器，调节肝组织中物质代谢及能量代谢稳态为原则。

1. 保持充足的能量摄入

从肝损伤治愈过程中最基本的需求出发，肝损伤病人需保持充足的能量摄入以维持机体的正常代谢。这要求针对肝损伤病人的护肝功能性食品中要含有一定量优质蛋白质和脂肪。

2. 利用磷脂酰胆碱护肝

有研究显示，磷脂酰胆碱能有效抑制脂肪肝的形成，抑制肝细胞的凋亡，促进肝组织中纤维化细胞的沉积，改善和提高肝功能。目前，对于磷脂酰胆碱护肝机理的研究揭示了其对肝细胞的保护作用主要机制为减少自由基的生成，促进自由基的泯灭，从而缓解细胞的氧化应激状态，降低脂质过氧化程度；促进肝细胞再生功能；维持肝细胞膜的稳定性，抑制炎性细胞浸润和纤维组织增生；改善血液流通，促进肝组织的脂质代谢；缓解肝细胞脂肪变性。

3. 提供优质的碳水化合物

碳水化合物经消化吸收后可转变成糖原。而丰富的肝糖原被证明能促进肝细胞的修复和再生，并增强机体的抗感染和抗毒素能力。因此，好的护肝功能性食品应提供优质的碳水化合物。

植物多糖是植物细胞次级代谢产生的、聚合度超过 10 的聚糖。近年来，关于植物多糖的研究在国际科学界尤其是营养学、药学、食品科学界十分活跃。关于活性多糖护肝效应及其机理的研究屡屡被报道。通过化学性动物造模，研究者们证明了多种植物多糖的保肝护肝活性。如黄静等利用四氯化碳致急性肝损伤的小鼠模型，证明了霍山石斛多糖能减轻肝损伤小鼠血清中谷丙转氨酶和谷草转氨酶的释放，提高肝匀浆中抗氧化酶系 SOD 水平，明显改善四氯化碳造成的肝组织损伤，保护肝小叶的结构完整，维持肝细胞整齐排列，缓和肝细胞肿胀坏死，从而表现出良好的护肝效应；随后，王晓玉通过急性酒精性肝损伤造模，基于蛋白质组学和代谢组学，从分子层面研究了霍山石斛多糖保护酒精性肝损伤的作用机制，为基于霍山石斛多糖而开发针对酒精性肝损伤的保肝类功能性食品提供了理论基础。与此类似，通过四氯化碳或酒精致急性肝损伤造模，多位学者先后证明了乌龙茶、花生、大枣、牡蛎、甘薯、香菇、枸杞等多种食源性多糖的保肝活性。

4. 补充蛋白质

合成和分泌血浆蛋白是肝脏的主要功能之一。然而，当发生肝损伤时，肝细胞合成和分泌蛋白质异常，从而成为导致血浆蛋白水平降低的主要诱因，严重影响到机体其他器官的正

常运作。因此，为了预防和治疗肝损伤疾病，人体需要摄入优质的、易于消化吸收的动物蛋白，并适量佐以植物蛋白。此外，摄入一定量的高低 F 值聚肽、S-腺苷甲硫氨酸、半胱氨酸等小单元蛋白质类活性成分也会促进肝损伤的修复。F 值为在氨基酸混合物中，支链氨基酸与芳香族氨基酸的摩尔浓度之比。

5. 适当摄入维生素

维生素作为人体正常生命活动的必需微量元素，适量摄入也会起到缓解肝损伤、保护肝脏的功效。经研究证明，维生素 B 能够防止肝组织脂肪变性；维生素 C 和维生素 E 能够促进受损肝细胞的修复，促进肝细胞新生，调节肝组织的氧化还原紊乱，提高肝组织的抗氧化防御机能，提高肝脏解毒功能，对脂肪肝和肝硬化等恶性肝损伤疾病起到预防和保护作用。此外，维生素与其他护肝药物可协同作用，更有效地防止或减轻化学性肝损伤。如牛磺酸联合维生素 E 可显著降低酒精性肝损伤小鼠血清中的甘油三酯、丙二醛含量，增强肝匀浆中 SOD、GSH-Px 抗氧化酶的活力，改善酒精造成的肝组织病变；维生素 C 和山药多糖协同作用能够显著缓解镉致肝损伤小鼠的肝体指数下降、降低肝组织丙二醛和 NO 含量，协同拮抗镉摄入所导致的细胞毒性和氧化应激。另外，维生素与其他微量元素协同护肝的良好效果也有报道，如吴卉等和李峰等分别证实了维生素 E 和镁离子、硒元素联合作用能更有效地缓解四氯化碳引起的肝损伤。

6. 补充矿物质

多种微量元素具有保护肝脏的功效。其中，硒元素甚至有"抗肝坏死保护因子"的美称。在正常人体肝脏中，硒含量十分丰富；而当肝脏出现损伤或者病变时，常常伴随着元素硒的缺乏，并且病情越严重，血硒水平越低。因此，通过膳食补充富硒食品或者摄入含硒的营养强化剂可有效改善机体抗氧化功能，防止肝病进一步恶化。研究表明，给四氯化碳诱导的急性肝纤维化大鼠施用硒可以有效减轻肝组织的纤维化状态；在高脂饲料诱发脂肪肝的实验大鼠饲料中加入硒元素可显著缓解脂肪肝症状；给酒精肝损伤造模的大鼠补充硒元素能明显降低酒精引起的脂质过氧化物含量，提高肝组织抗氧化酶系活力，促进肝损伤的修复。

锌元素是人体必需的微量元素之一，在人体新陈代谢、生长发育、调节机体免疫和内分泌等过程中均扮演重要角色。对于化学性尤其是酒精所致的肝损伤，锌也具有保护作用。张铁军等通过酒精急性肝损伤造模证明，补充不同剂量的锌可以提高急性酒精肝损伤小鼠的体内抗氧化能力，从而起到护肝作用；在慢性酒精中毒引起的肝损伤中，补充适量的锌元素可以增加增殖细胞核抗原阳性细胞的数目，促进肝中毒小鼠肝组织再生；梁帅峰关于富锌牡蛎粉保护酒精性肝损伤的研究显示，用富锌牡蛎粉灌胃的实验组小鼠在后续的大剂量酒精灌胃后表现出血清 AST，ALT 和 GGT 活性的降低，该组小鼠肝组织匀浆中 GSH-Px，SOD 和 CAT 的活性明显高于酒精肝损伤造模组，而脂质过氧化产物丙二醛的水平显著低于酒精肝损伤造模组小鼠；通过肝脏组织病理性观察也得到一致的结果，富锌牡蛎粉对酒精性肝损伤有一定的保护作用，其作用机制可能与富锌牡蛎粉增强了机体抗氧化防御能力、抑制了酒精造成的肝组织脂质过氧化有关。

铜作为人体血蓝蛋白的组成元素，通过与其他相关蛋白交联作用，铜在人体血液、中枢神经、免疫系统中具有重要的分子生物功能，是维持人体健康的必需元素。在正常人体中，肝脏负责维持机体铜含量稳态；但当肝损伤发生时，铜含量稳态被打乱。因此，外加补充适量铜有助于肝损伤的修复。研究已证实，铜元素可以与维生素 E 协同保护四氯化碳引起的大鼠肝功能损伤；在铜和维生素 E 联合作用的大鼠中，肝细胞乳酸脱氢酶活力提高，脂质过氧化产物生成量降低，肝纤维化现象得以明显改善。

目前，中国护肝性功能性食品的市场预期良好，但缺乏全国性的领导品牌。随着多种药食两用的植物化学物护肝、保肝生物活性功能的不断发掘，将多种有效活性成分协调组合，为开发护肝功能性食品提供了广阔的前景。

研究者们正朝着不同保肝活性成分复方组合而创造新型高效保肝产品的方向努力。如中国人民解放军空军军医大学的研究者以人参、灵芝、绞股蓝、红景天、五味子等提取物为原料进行复方组合并对其进行制剂工艺优化，制成了名为护肝胶囊的功能性食品；通过毒理学实验和致突变实验，该产品无明显毒性作用；通过保肝功能学实验，研究者证明了该护肝胶囊可辅助保护小鼠酒精性肝损伤。黑龙江八一农垦大学的研究者在以北五味子为原料的基础上，开发出来了适口、有效的复方五味子保肝功能性饮料。

第二节 对化学性肝损伤有辅助保护作用的功能性食品

一、蓝莓提取物

蓝莓是越橘属植物，其果皮中丰富的花色苷使其具有抗氧化、抗肿瘤、保护心脑血管等功效。中国学者对蓝莓的研究起始于 20 世纪 80 年代，以吉林农业大学小浆果课题组率先进入蓝莓研究领域。随后，多位学者对蓝莓中的活性物质进行了提取和功能性评价。宋德群采用酸性乙醇对蓝莓中花色苷进行提取，并将提取物用于环磷酰胺致肺损伤的研究当中，结果显示，花色苷组大鼠的肝组织病理学变化和血清酶学指标明显改善，这证明了蓝莓花色苷具有保肝功效。

二、沙棘提取物

沙棘广泛种植于中国西北部，其根、茎、叶、花、果提取物中的生物活性成分均具有护肝作用。徐美虹等研究了沙棘籽油对四氯化碳致肝损伤大鼠的保护作用，结果显示当施用 0.5g/kg 的沙棘籽油时，可以有效改变肝细胞的水样变性，降低肝细胞坏死程度；张颖等用沙棘醇提取物和水提取物给四氯化碳致肝损伤小鼠灌胃，结果证明这两种沙棘提取物均可保护四氯化碳引起的急性肝损伤，并且醇提取物的保肝效果更好；另外，多位学者的研究显示，沙棘多糖对于不同化学性肝损伤也均有保护作用。

三、银杏叶提取物

先前研究证明，银杏叶提取物具有良好的抗氧化和抗脂质过氧化活性。在不同化学刺激引起的急性肝损伤中，银杏叶提取物也表现出对肝脏的保护作用。在四氯化碳致肝损伤的研究中，银杏叶提取物显著提高了大鼠肝中 SOD 和 GSH-Px 抗氧化酶的活性，降低了脂质过氧化终端产物丙二醛的含量。在 D-氨基半乳糖引起的小鼠肝损害模型中，银杏叶提取物具有明显的保肝作用。此外，对于酒精性肝损伤，银杏叶提取物也具有一定的改善作用，并且，学者猜测黄酮和内酯可能是银杏叶提取物中护肝的活性成分。

四、水飞蓟提取物

水飞蓟属于菊科草本植物，其果实和种子中提取出来的水飞蓟素在应对四氯化碳、半乳糖胺、醇类和其他肝毒素造成的肝损伤中均表现出高保肝活性，因此已被作为一种商品化的保肝药用保健成分用于肝疾病的保护和治疗。水飞蓟素是一种二氢黄酮醇和苯丙素衍生物缩合而成的黄酮木脂素类化合物，于 1968 年被 Wagner 等从水飞蓟中提取得到。大量实验证明，水飞蓟素对化学性肝损伤如酒精性肝损伤、四氯化碳所致肝损伤、环磷酰胺所致肝损伤均有良好的保护作用，此外，其在急性和慢性肝炎、肝硬化中也具有一定疗效。目前，关于水飞蓟素护肝机制的研究显示，水飞蓟素主要通过以下一种或多种机制发挥护肝作用。①调节机体免疫力。②维持肝细胞膜的稳定性，防止细胞膜在肝损伤中破损。③抑制肝细胞内NO的产生，并有效阻断NO诱导的细胞氧化损伤。④泯灭化学毒物在肝内代谢过程中生成的活性氧自由基和过氧自由基等有害中间产物，防止脂质过氧化的形成。⑤抑制5'-脂氧合酶的生成，从而阻断花生四烯酸代谢过程中过氧化产物的生成。⑥促进肝细胞的新生和受损肝细胞的修复。⑦抑制肝细胞纤维化。

五、灵芝提取物

灵芝又称为林中灵、琼珍，是多孔菌类真菌灵芝的子实体。在中国，灵芝的药用历史已有2000多年，被历代药学家视为滋补珍品。据悉，灵芝中分离出来的活性成分包括三萜类、香豆素、甘露醇、海藻糖、麦角甾醇等。其中，灵芝三萜类化合物对多种肝损伤均有保护作用。在对α-鹅膏毒肽所致肝中毒的研究中，用灵芝三萜类提取物灌胃的小鼠肝细胞中超微结构接近于正常对照组，肝细胞再生现象明显，肝组织表现出损伤组似的空泡化样；灵芝三萜酸在四氯化碳和酒精所致的小鼠急性肝损伤中也起到了保肝效果。

除了三萜类化合物外，灵芝中多肽和多糖也均有保肝活性。研究显示，灵芝肽可有效减轻酒精及D-半乳糖胺所致的小鼠化学性肝损伤。灵芝多糖对α-鹅膏毒肽引起的中毒性肝损伤也有一定疗效，并且灵芝多糖的抗氧化特性是其对肝损伤保护作用的重要机制之一。

六、草苁蓉提取物

草苁蓉是寄生于赤杨属植物根上的高等植物，主要集中分布于中国大兴安岭北部山区。受其寄生特性的限制，草苁蓉的天然分布量很少，因此被《中国珍稀濒危保护植物名录》列为国家二级保护植物。近年来，关于草苁蓉中活性成分提取和功能评价的研究不断活跃起来。

在保护化学性肝损伤方面，草苁蓉的护肝活性已在多位学者基于不同化学毒物所致肝损伤模型的研究中得以证实。在乙酰氨基酚、D-氨基半乳糖、内毒素所致肺损伤中，草苁蓉的正丁醇提取物、水提取物、乙醇提取物分别表现出不同程度的护肝效果，显著缓解了以上毒物所致的小鼠肝组织病变，缓和了各个肝功能指标的恶化。关于草苁蓉护肝机制的研究显示，草苁蓉中活性成分可通过以下机制起到护肝作用。①抑制肝星状细胞增殖并诱导其凋亡，从而防止肝组织纤维化。②调节肝脏中与凋亡有关基因的比值，促进肝组织修复再生。③增强肝脏抗氧化酶防御体系活性，抑制脂质过氧化造成肝组织受损。④抑制化学毒物引起的炎症因子释放，缓解肝组织局部炎症反应。

目前，在草苁蓉中提取出来的功能活性成分包括草苁蓉酮、草苁蓉碱、草苁蓉酸、对香豆酸、对香豆酸甲酯、β-谷甾醇、胡萝卜苷、类叶升麻苷、红景天苷、咖啡酸、肉桂酸等。随着提取工艺的不断优化和新提取技术、工具的应用，草苁蓉中更多的活性物质将被发掘，草苁蓉的护肝活性成分将会被进一步鉴明，护肝作用机制也将被进一步揭开。

七、其他

大豆异黄酮和大豆皂苷是大豆中的主要生理活性成分。有研究证明，这两种功能成分同样具有保护肝损伤的作用。有学者在关于大豆活性成分干预酒精性肝损伤的研究中发现：大豆异黄酮和大豆皂苷有效减轻了酒精所致的肝组织谷胱甘肽消耗、脂肪蓄积、肝细胞脂肪变性和细胞膜受损。口服薯蓣皂苷的小鼠在四氯化碳诱导肝损伤造模中表现出良好的护肝效果。生姜提取物中的姜黄素作为一种天然黄酮类抗氧化物，能拮抗重金属铅引起的肝中毒，降低铅负荷，抑制炎症通路的激活，提高抗氧化酶活性，减轻炎症反应。白花蛇舌草能显著抑制四氯化碳引起的 ALT 升高，加快受损肝细胞的修复，同时增加肝脏中胆汁流量，缓解肝内胆汁蓄积。红茶、葛花、葛根异黄酮和大豆磷脂对酒精性肝损伤保护功效的比较研究显示，红茶和葛花的护肝效果更好，其能明显减轻模型组肝组织细胞肿胀、排列紊乱、细胞质疏松和肝细胞内脂质颗粒累积。北五味子总三萜和木脂素可以使酒精引起的血清生化指标异常得以明显恢复，防止肝组织脂肪变性和肝细胞形态改变，上调抗氧化酶系，对大剂量酒精摄入引起的急性肝损伤具有明显的干预作用。苹果多酚可改善肝细胞线粒体膜电位，一定程度上抑制肝细胞线粒体肿胀，抑制肝组织 GSH 和 SOD 耗竭，提高肝再生和修复能力。此外，薏苡仁、葛根、茯苓等的提取物也具有保肝解毒作用。

综上，具有保肝活性的功能性食品众多，但其特定的保肝活性物质及其作用机制有待进一步鉴定和阐明；保肝性功能性食品的开发潜力巨大，对多种保肝活性成分进行复配组合并优化生产研发工艺已成为保肝产品开发的趋势之一。未来，结合基础营养学、生理学、植物学、遗传学、食品工程学的开发路线将成为保肝功能性食品的发展动向，为人类健康提供保障。

思 考 题

1. 简述肝损伤的种类。
2. 谈谈缓解肝损伤的功能性食品开发原则。
3. 对化学肝损伤有辅助保护作用的功能性食品有哪些？

第二十五章

促进消化的功能性食品

主要内容

1. 人体消化器官。
2. 胃肠道功能。
3. 具有促进消化的功能性食品。

第一节　概　述

一、人体消化器官

1. 胃

胃作为食物消化的主要器官，承担着食物的储运和加工。由于胃能够收纳食物，形成食糜并排送食糜，期间能分泌大量强酸性的胃液，胃器官具备了运动功能和分泌功能。强酸性的胃液 pH 为 0.9～1.5，包含的主要成分是能分解蛋白质的胃蛋白酶、促进蛋白质消化的盐酸和具有保护胃黏膜不被自身消化的黏液。食物经口腔咀嚼粗加工后，通过吞咽将食物粗颗粒物进入胃，经过胃的混合和蠕动搅拌，在胃消化酶的作用下，食物形成粥状混合物，从而有利于肠道的消化和吸收。因此，胃是食物进入肠道吸收的前站，是完成食物粗细加工的工厂。

2. 肠道

肠道主要分为小肠和大肠。其中，小肠是消化和吸收的主要场所。小肠能够分泌小肠液即胰液和胆汁，起到化学性消化的作用。食物经过小肠后，消化过程基本完成，剩余难以消化的食物残渣会从小肠进入大肠。食物在全长 5～7m 的小肠中经过小肠液的化学消化及小肠蠕动的物理消化，使食物中的营养成分能够便于吸收。

二、胃肠道功能

正常的胃肠道功能是维持人体健康和生命活力的根本保证。人们吃的难以溶解、分子结构复杂的大块食物如肉类、豆制品、谷物、谷果蔬菜等，通过食道进入消化器官后，首先在胃的作用下经过机械式的粉碎及胃液的分解作用，再经肠道消化酶的化学消化，将其分解为可溶的、简单的化学物质如脂肪酸、甘油、氨基酸和葡萄糖等，再经肠道黏膜吸收进入人体血液和淋巴液，从而增加人体所需的营养物质，提高人体活力和应对外界有害物质的抵抗力。

唾液、胃液、胰液、胆汁、小肠液中含有各种消化酶，能够消化大分子物质如糖类、蛋白质和脂质类营养素，并将这些营养素逐级分解成葡萄糖、氨基酸、甘油和脂肪酸等小分子物质，从而便于机体的吸收。所以，凡是具有改善肠道功能包括促进消化液分泌和促进肠道蠕动的物质也就具有改善食物消化的功能。一些具有刺激性的药物和烟酒等，由于可能损害消化道的功能而不利于食物的消化吸收。

第二节　具有促进消化的功能性食品

一、膳食纤维

膳食纤维包含可食用的植物组成成分，是糖的类似物，在人体小肠内不被消化和吸收，在大肠内可部分或全部发酵。多糖、木质素和相关植物组分构成了膳食纤维，其具有排便顺畅、减少血液胆固醇和调节血糖的作用。不同来源的膳食纤维其组分相对含量差异较大，但是基本组成单位基本相似。每个膳食纤维分子都由几千个单糖单元以线性排列构成。膳食纤维化学结构中含有大量的活性基团如羟基、羧基和氨基等，这些活性基团可吸附、螯合或溶解胆汁酸、胆固醇及肠道内的有毒物质，抑制人体对这些物质的吸收，并促进排出体外，改善人体消化、吸收功能。除此之外，活性基团中的氢键可结合大量水，起到弱酸性阳离子交换树脂的作用和溶解亲水性物质的作用，从而对消化道的渗透压、氧化还原电位和 pH 产生影响，并形成有利于消化、吸收的缓冲环境。膳食纤维具有黏滞性，并能改善肠道系统中微生物的菌落组成。水溶性膳食纤维能够被分解而成为菌体的养分，并使粪便保持一定水分和体积。膳食纤维还具有吸水膨胀性和不消化性，食入后易产生饱腹感并且影响其他营养素的吸收，使人不易产生饥饿感。

按照水溶性进行划分，膳食纤维可分为可溶性膳食纤维和不溶性膳食纤维。树胶、果胶、黏质物和一些半纤维素等可溶于水的物质是可溶性膳食纤维，这些纤维存在于豌豆和菜豆中，如小扁豆、花豆、黑豆、鹰嘴豆、燕麦、大麦和水果蔬菜如橘子、胡萝卜和苹果等。在胃肠道中，可溶性膳食纤维通过结合胆汁来降低血液中的胆固醇水平。纤维素、木质素和部分半纤维素是不溶性膳食纤维，来源于整粒小麦、玉米、麦麸、谷物纤维，还有许多蔬菜，如马铃薯、青豆等。不溶性膳食纤维就是大众所熟知的粗粮，可在结肠中捕获水分从而促进消化。不溶性膳食纤维能够降低食物在结肠中的滞留时间，促进肠道产生机械蠕动，增加粪便的体积和含水量，从而防止便秘的发生。可溶性膳食纤维可增加食物在肠道内的滞留时间，使胃的排空延缓，因此在生理代谢上能发挥更大的作用。因此增加可溶性膳食纤维的含量有利于提高膳食纤维的功能特性。

目前，研究范围较广泛的膳食纤维资源主要集中在大豆、甜菜、小麦麸皮、菊粉、玉米麸皮和魔芋纤维等品种中。膳食纤维不是单一实体而是复杂有机物的混合物，所以各个不同品种的膳食纤维发挥的生理功能也是不同的。

二、益生菌

益生菌是指食物中含有足够活的、确定微生物数量的制剂或产品，能够通过宿主某一部分的培植或移植改变菌群平衡，并起到有利于宿主健康的作用。肠内菌群至少包含 500 种与寄主共生的细菌，而这种共生关系对寄主和细菌都有利。有动物实验研究表明：肠内菌群对免疫系统和肠道功能均有影响，肠内菌群不仅能够提高人们消化食品的能力，尤其对碳水化合物消化不良的人起到非常重要的作用，也能提高对致肠病微生物如沙门菌类的抵抗力。益生菌通常具备的特点有来源于人类；加工过程中不易受到破坏；自然条件非致病；能够抵制胃酸和胆汁的破坏；能附着在肠上皮组织上；能在胃肠道移植；能产生抗菌物质；能调节免疫功能，影响人体代谢活动等。目前，益生菌主要包括嗜酸乳杆菌、罗伊乳杆菌、双歧杆菌等。一些含有益生菌的功能性食品能够改善胃肠道功能，在改善胃肠道环境、促进上皮细胞增殖、保持菌群平衡和控制营养物质的利用方面具有很好的作用。益生菌来源于发酵酪乳、酸乳制品、开菲尔乳、发酵饮料、发酵植物产品、乳清发酵饮品、共生饮料及豆类产品发酵饮料等。现在乳制品市场中，越来越多的乳制品中加入了益生菌，例如添加了益生菌的酸奶、牛乳饮料、酸奶饮料和干酪等。

1. 乳酸菌

乳酸菌是一类可发酵利用碳水化合物而产生大量乳酸的微生物的统称。比较典型的和应用较为广泛的乳酸菌有双歧杆菌、乳酸杆菌、乳酸链球菌和明串珠菌等。

乳酸菌能够增强营养，促进消化吸收，起到整肠作用。乳酸菌对乳的发酵实际上是将乳糖转变为乳酸、蛋白质水解等过程，同时还增加了可溶性钙、磷及多种维生素包括维生素B_1、维生素B_2、维生素B_6、维生素B_{12}、烟酸、泛酸和叶酸等的数量，是对乳营养成分的预消化。代谢产生的乳酸能减轻胃酸的分泌并抑制肠内的腐败作用，乙醇和CO_2对肠壁神经有良好的刺激作用。乳酸菌对于体内缺乏乳糖酶的人有非常重要的意义，乳酸菌能够分泌乳糖酶，并且发酵乳中的部分乳糖已被代谢生成乳酸，所以患有乳糖不耐症的人完全可以食用发酵乳制品，不会出现饮用普通乳所出现的肠内胀气、腹泻和呕吐等现象。与普通乳相比，发酵乳制品的消化、吸收性能及营养价值也大为提高。乳酸菌能够调节胃肠道菌群的平衡、纠正肠道功能紊乱。

乳酸菌可通过自身代谢与其他菌群之间的相互作用，保证和维持肠道菌群最佳优势组合及稳定性。肠内菌群平衡是微生态系统相对稳定的前提条件，其中，宿主和肠内菌群的拮抗起到了主要作用。乳酸菌在人体内发酵糖类产生大量醋酸和乳酸，降低了肠道pH，从而起到抗病原菌的作用，抑制志贺菌、沙门菌、金黄色葡萄球菌、致病性大肠埃希菌和铜绿假单胞菌等的生长繁殖，促进肠蠕动，阻止病原菌的定殖，定殖起着占位、营养和拮抗的作用。益生菌可在肠道内定殖形成优势菌群，竞争性排斥病原菌，抑制病原微生物黏附在肠黏膜上皮细胞上，在表面形成一道生物学屏障，从而阻止病原微生物的入侵，保护机体不被病原菌侵入。对胃肠道疾病如胀气、腹泻、结肠炎、慢性胃炎、胃炎和胃酸降低等都有很好地预防和治疗效果。

乳酸菌具有调节人体免疫功能，提高人体抵抗力，防止有害物质的入侵，延缓人体衰老的作用。乳酸杆菌、双歧杆菌等乳酸菌及其代谢产物，能诱导机体产生干扰素和促进细胞分裂素，活化NK细胞和巨噬细胞，促进免疫球蛋白的产生，提高机体免疫力，增强对肿瘤的抵抗能力。动物实验表明，在肠道菌群中加入嗜酸乳杆菌能够有效降低肝癌的发病率。乳酸菌可通过抑制毒胺、吲哚、硫化氢、靛基质等致癌物的产生和促癌作用起到抗肿瘤和抑癌的作用。

乳酸菌能降低血清胆固醇，预防由冠状动脉硬化引起的心脏病。长期饮用发酵酸奶的人群一般能保持较低的血清胆固醇水平，这与乳酸菌代谢物乳酸和3-羟基-3-甲基戊二酸可降低胆固醇含量有关。肠道内的双歧杆菌活菌数量会随着年龄的增加而逐渐减少，进而会引起衰老、成人病和机体的免疫力下降。乳酸菌产生的乳酸能抑制肠腐败菌的生长，并减少这些细菌及毒素对机体的损伤，延缓机体衰老的进程。经乳酸菌发酵的乳能明显提高蛋白质、钙、镁、铁和维生素的吸收和利用率，有美容、健发、排毒、固齿、明目等功能。

乳酸菌具有保护肝脏，解毒排毒的功能。腐生菌可产生许多代谢产物如吲哚、甲酚、胺等，需要在肝脏中经酸解毒，以葡糖醛酸盐等形式经尿液排出体外。如果这些物质在肝脏中不能及时解毒，会引发肝功能障碍。乳酸菌一方面能够抑制腐生菌的生长，从而抑制了这些物质的产生；另一方面又能够产生有机酸将有毒的氨气或胺变成铵离子，降低血中胺的水平，对预防和治疗肝病具有重要的意义。

2. 酪酸菌

酪酸菌也称丁酸菌，是肠道内正常的菌群之一，不会被胃酸、肠液和胆汁灭活，具有抑制多种致病菌生长和繁殖，促进结肠上皮细胞增殖，修复损伤的上皮细胞和调整正常肠道菌群平衡的功能。酪酸菌已被广泛应用于亚洲国家和地区，在治疗急慢性腹泻、肠应激综合征、抗生素的相关性肠炎、便秘或腹泻便秘交替症等疾病上有很好的疗效。

酪酸菌不受人体内消化酶、胆汁、胃液的影响，能阻止肠道内有害菌群的入侵和定殖，并促进有益菌群的增殖发育和抑制有害菌群和腐败菌群的生长繁殖，维持肠道内菌群的平衡。酪酸菌在肠道内可以合成淀粉酶、维生素 K 和维生素 B 族，对儿童有良好的保健作用。酪酸菌对多种抗菌药具有耐受性，对多种药物不敏感，如卡那霉素、链霉素、庆大霉素、青霉素、丁胺卡那和复方新诺明等，而只对几种抗生素敏感，如新生霉素、四环素、先锋霉素 V 等。因此，酪酸菌能和多种抗生素并用，降低伪膜性肠炎的发病率。

酪酸菌在自然界中存在于奶酪、天然酸奶、人与动物粪便、土壤中。酪酸菌是工业中生产丁酸的主要菌种，并经常用于酿酒业中。

三、功能性低聚糖

功能性低聚糖因为不能被人体消化利用，所以其所提供的能量值很低或者不能提供能量。功能性低聚糖具有甜度，可以添加到食品中满足喜爱甜食并且担心发胖的人群；也可在糖尿病患者、肥胖病人和低血糖病人的低能量食品中发挥作用。功能性低聚糖的摄入有利于肠道内双歧杆菌等有益菌的增殖，特别是当治疗各种疾病需要使用大量广谱和强力的抗生素时，人体内的肠道菌群会受到不同程度的损害，功能性低聚糖可有效减缓损伤的发生。功能性低聚糖属于可溶性膳食纤维，具有膳食纤维的部分生理功能，但与一般的膳食纤维相比，它又具有甜味、圆润柔和、较好的组织口感和结构特性；易溶于水、使用方便，且不影响食品原有的性质；在推荐范围内使用不会引起腹泻，其整肠作用显著。

四、溶菌酶

溶菌酶是一种碱性球蛋白，具有抗病毒、杀菌作用；进入消化道中能保持其活性状态，使婴儿中的大肠埃希菌数量减少，双歧杆菌增加；促进婴幼儿消化吸收，预防体重减轻；溶菌酶广泛存在于鸟类和家禽的蛋清及哺乳动物的乳汁、肠道、肝脏、肾脏等中，卷心菜、萝卜、木瓜、大麦、无花果中也含有溶菌酶。

1. 乳品

溶菌酶应用于乳品中，不仅能杀灭肠道中腐败微生物，而且能直接或间接促进双歧杆菌的增殖。可将溶菌酶加入到婴幼儿配方奶粉中。有研究表明鸡蛋清溶菌酶对婴幼儿配方奶粉具有很好的抑菌效果。

2. 低度酒类和饮料

日本目前已经成功地使用鸡蛋清溶菌酶代替水杨酸作为防腐剂用于清酒的防腐。葡萄酒生产的前期会发生乳酸菌将苹果酸转变为乳酸这一过程，影响葡萄酒的感官特性，为了控制这一反应的发生并且避免使用对人体具有毒性的 SO_2，可使用溶菌酶来抑制苹果酸向乳酸的转变。

3. 水产品

用溶菌酶处理鱼虾、海胆、蛤蜊等新鲜的水产品，能延长保质期。

=== 思 考 题 ===

1. 简述人体消化器官。
2. 简述具有促进消化功能的物质。

第二十六章
通便的功能性食品

主要内容

1. 润肠通便功能性食品的评价标准。
2. 具有通便作用的功能性食品。

第一节 概 述

便秘是一种临床常见病，通常是指大肠传导功能失常而导致的病症。便秘的具体表现有大便秘结、排便周期延长；或排便周期虽不长，但粪质干结，排便艰涩；或粪质不硬，虽有便意但便出不畅。

便秘曾是老年人和体弱者的专属疾病，但如今随着生活节奏的加快，人们的生活规律和饮食结构的不合理，便秘已经成为一种困扰广大人群的慢性疾病。便秘不仅在患者排便时给其带来极大痛苦，而且会引发一系列的并发症，如头晕、食欲不振、腹胀、腹痛、口苦和肛门排气多，严重时会导致身体中毒、脸色暗黄、色斑严重和早衰等。短期便秘一般对人体健康的影响不大，但如果不注意饮食习惯可能会长期便秘，导致直肠内的有害物质不能及时排出，从而引发肥胖、肠癌及某些精神障碍性疾病。现代医学研究表明，便秘还会间接加重痔疮、肠梗阻、高血压、冠心病和哮喘等。

便秘可以分为器质性便秘和功能性便秘。器质性便秘是指由于脏器的器质性病变而导致的便秘。这类便秘主要包括直肠和肛门病变，如痔疮肛裂和肛周脓肿；结肠病变，如肿瘤和结肠炎；肌力减退，如肠壁平滑肌、肛提肌、膈肌或腹壁肌无力；服用药物，如次碳酸铋和氢氧化铝等具有收敛性的药物。功能性便秘（又称习惯性便秘或单纯性便秘）是指非全身疾病或肠道疾病所引起的原发性、持续性便秘。功能性便秘主要由肠功能紊乱引起，包括进食量过少或食物过于精细以致缺乏食物残渣，对结肠的刺激减少；排便习惯受过分激动的干扰或长途旅行未能及时排便；不良的生活习惯，如久卧不起或久坐不动；不良的排便习惯，如忽视便意、抑制排便，依赖药物和灌肠等，导致直肠敏感性降低。

美国国家儿童医院（Nationwide Children's Hospital）小儿胃肠科 Suzanne M. Mugie 的研究小组通过美国联机医学文献分析和检索系统（medline database）对 1966—2010 年间便秘流行病学相关文献进行统计分析，发现便秘在全球不同地区普通人群中的发病率为 $0.7\% \sim 79\%$（中值为 16%），在儿童中发病率为 $0.7\% \sim 29.6\%$（中值为 12%）。便秘在女性和老年人群体中的发病率较高，并且发病率与社会地位、受教育程度均有一定关系。

便秘与生活习惯、饮食结构密切相关，因此防治便秘时应注意在日常生活中建立良好的习惯和合理的饮食，主要有以下几个方面需要特别注意。

（1）饮食均衡　养成良好的饮食习惯，每天按时进餐，特别是早餐，避免空腹。饮食均衡不偏食，多吃含纤维较多的食物，如糙米、麦芽、全麦面包及新鲜蔬菜水果，进而增加肠内容物，刺激肠胃蠕动，促进排便。尽量少吃刺激辛辣食品，少喝碳酸饮料。对于一些因牙齿不好，影响进食蔬菜、水果的老人，每天可在主食中添加燕麦粥、玉米面、红薯、土豆等。

（2）定时排便　最好在晨起或早餐后。一般认为晨起时排便符合人体生理习惯，此时经过一昼夜的消化吸收，肠内容物残渣到达了乙状结肠和直肠，来自肠道的刺激会促使大脑发出排便信号。如果多次忽略了这一信号，不按时排便，信号便会自动取消。当有便意就要去排便，如果粪便在体内积存久了，不但造成排便困难，也会影响食欲。

（3）饮水充足　体内水分不足，粪便就无法形成，而粪便太少，就无法刺激直肠产生收缩，也就没有便意产生。成年人每天需要 3500mL 的饮水量，每日三餐可以提供水1500mL，还需要饮水 2000mL。

（4）加强运动　做弯腰提肛运动，增强排便。加强运动，锻炼膈肌、腹肌，刺激肠道蠕动。多活动可增强肠胃蠕动，增强消化功能。

（5）睡眠充足　睡眠充足、心情愉快、精神压力得到缓解等都对减轻便秘有一定辅助作用。

（6）配合治疗　如果采用了以上方法仍达不到理想的效果时，应及时到正规医院治疗，不能盲目使用泻药，以免耽误病情。

第二节　具有通便作用的功能性食品

一、水

1. 水的生理功效

水是生命的源泉，人体中水的含量约占 65%。毫无疑问，水是人体组成中比例最大的成分。水在人体及生命活动中，以结合水和自由水两种形态存在。前者与蛋白质等生命物质结合，成为细胞结构组成成分之一，后者不仅是细胞生活的液体环境，细胞内良好溶剂，支持细胞内各种化学反应，更直接参与营养物质和代谢废物的运输。

虽然人对水的需求量受年龄、环境温度、身体活动等多种因素影响，但是每日通过排尿、粪便、呼吸和皮肤等途径消耗的水分约 2500mL，因此，健康成年人每天需水量约为2500mL，这其中，饮水约占 50%，食物中含的水约为 40%，体内代谢产生的水占 10%。因此，饮水对保持人体健康和正常生命活动至关重要。短时间饮水量不足时，除感到口渴外，还会出现皮肤干燥、唇裂、无力、尿少、头晕、头痛等现象；长期饮水不足会导致肠胃消化障碍、血液输送营养不畅、体液浓度调节功能失常等症状，便秘是其中最常见的症状。

在现有的关于不同饮食习惯对老年人便秘的影响调查报道中，晨起后饮用温开水1000mL 以上的老年人的便秘发生率显著低于没有饮用温开水习惯及日饮水量低于 500mL的老人。这是因为老年人消化系统衰退、咀嚼能力下降、饮食精细、食物中纤维素含量不足及饮水不足使机体处于脱水状态等，易导致便秘。因此，有关中老年人合理的饮食建议和干预措施中，均包括增加粗粮、蔬菜、水果等纤维素丰富的食物，并鼓励中老年人多饮水，每日饮水量不应少于 2000mL，以此增加肠道内容物体积，刺激肠胃蠕动，缩短食物通过肠道的时间，使粪便易于排出。

2. 饮水的方式和种类

通过增加饮水预防便秘的关键在于饮水的时间和方式。

清晨起床后及时饮水有利于预防便秘。夜间肠胃都处于休息状态，大肠蠕动变慢，肠道内容物残渣的水分不断被吸收，易诱发便秘。因此，清晨起床后迅速空腹补充水分，能够发挥促进血液循环、冲刷肠胃、消除便秘的效果。同时，早上未进食前的肠胃蠕动会比其他时间快速，在此时饮水，更可让水分立即输送到大肠，增加粪便的含水量，软化粪便使其更易排出。正常情况下，大口喝水，吞咽动作快一些，更有利于饮用的水尽快到达肠道，刺激肠胃蠕动，促进排便。

常见的饮用水主要包括三类，即符合生活饮用水的标准自来水、纯净水和矿泉水。自来水必须煮沸后饮用，纯净水和矿泉水可以直接饮用。就营养学而言，煮沸后的自来水和矿泉水还可以提供人体必需的多种微量元素，这些微量元素虽然也可以从其他蔬菜、水果等饮食中大量摄取，但伴随饮水更容易吸收。纯净水由于去除了水中的所有杂质，因而具有口感纯净、无害卫生等优点。虽然存在营养学质疑，认为长期饮用纯净水可能引起婴幼儿营养素缺乏，但是资料显示，美国为居民供应经过了处理的纯净水的历史已经超过 20 年，至今未见调查显示纯净水对人体造成了危害。

二、维生素

维生素是食品中的微量成分，是人和动物为了维持正常的生理功能必需的营养物质，维生素缺乏时可形成维生素缺乏症。补充维生素不仅可以直接治疗维生素缺乏症，还可以通过调节人体生理活动，预防、消除多种不良症状。营养学发现，适当补充维生素对促进肠道蠕动、消除便秘具有一定的促进作用，常用的有 B 族维生素和维生素 C。

1. B 族维生素的通便功能

B 族维生素在人体内通过构成辅酶而发挥对物质和能量代谢的影响，它的需要量与机体热能总摄入量成正比。一般认为，维生素 B_1 和泛酸对食品的消化吸收与排泄发挥着重要的促进作用。

如果体内维生素 B_1 与泛酸不足，会影响神经传导，减缓肠胃蠕动，不利于食物的消化吸收和排泄，粪便特别粗大，造成痉挛性便秘。

肠道运动是由自主神经调节的，如果发生神经兴奋不足或神经传递物质减少，就会引起肠道蠕动弛缓，从而导致便秘。B 族维生素对便秘的预防作用，恰恰是增加了神经传递物质，提高了神经兴奋。维生素 B_1 不仅参与体内糖代谢，提供肠道运动的能量，更重要的是，维生素 B_1 还促进了胆碱乙酰化酶的形成，增加了神经传递物质——乙酰胆碱的合成和释放，延长乙酰胆碱对肠道平滑肌 M-胆碱受体的兴奋，从而加强肠胃蠕动。如缺乏维生素 B_1 时，乙酰胆碱的水解加速，神经传导受到影响，造成肠胃蠕动弛缓，消化液分泌减少等消化功能障碍，影响排便，导致便秘。所以，对缺乏维生素 B_1 的患者及时补充维生素 B_1，并进食富含维生素的食品，能预防便秘发生。

2. 维生素 C 的通便功能

维生素 C 又称 L-抗坏血酸，是一种水溶性维生素，具有酸性，能够治疗坏血病。维生素 C 由于具有较强的抗氧化功能，因此常作为营养补充剂应用于诸多保健中，如抗衰老、抗癌、抗过敏、抗感冒、防治缺铁性贫血等。当大剂量口服维生素 C 时，常见的副作用是轻微腹泻。虽然口服大剂量维生素 C 引起的轻微腹泻作用机理至今尚不清楚，但因为肾脏能够把多余的维生素 C 排泄掉，所以维生素 C 具有极大的安全性，因此也有建议口服大剂量维生素 C 辅助治疗便秘的应用。

中国营养师学会建议的膳食参考摄入量中，成年人每日维生素 C 的摄入量为 100mg，每日最多摄入量为 1000mg，即每日最多可耐受最高摄入量（UL）为 1000mg。在中国营养学会 2000 年膳食营养素参考摄入量的建议中，每日维生素 C 可耐受的最高摄入量（UL）为 1000mg，相同的指标，美国的建议是 2000mg。所以每天 1000~2000mg 的维生素 C 基本是安全的，除轻微腹泻外，不会有其他明显的不良反应，可以作为缓解便秘的辅助措施。但临床不建议连续、长时间服用如此大剂量的维生素 C。

三、植物多酚

植物多酚是典型的植物次生代谢产物，其分子结构表现为多元酚结构，即分子结构中具有携带一个或多个羟基的芳香环。植物多酚家族庞大、范围非常广泛，目前已知的天然酚类化合物多达 8000 多种，其中类黄酮化合物约占一半。类黄酮化合物具有相似的 C6-C3-C6 型分子结构，以茶叶中富含的儿茶素最为常见（分子结构见图 26-1）。

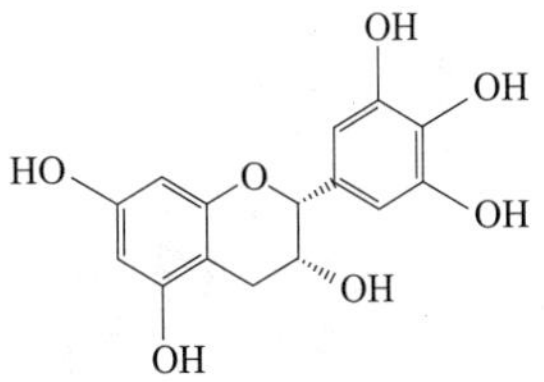

图 26-1　儿茶素分子结构

在传统中医药中，具有润肠通便的功能性食材、药材中普遍存在植物多酚成分，这其中最常见的是茶叶。茶叶中最重要的功能性成分是以儿茶素为主要成分的茶多酚。已经有大量的临床实验证明，茶多酚具有防治心血管疾病、预防癌症、抗病毒、杀真菌、抑制血管紧张素转化酶 ACE（辅助降血压）及减肥等多种作用，饮用绿茶可降低心血管疾病和癌症风险，其功能性来源于丰富的类黄酮物质，尤以儿茶素贡献最大。临床试验证明，茶多酚对便秘同样具有显著的治疗效果（表 26-1），在一项针对孕妇产后便秘治疗的临床研究中发现，通过每日给予三次茶多酚，连续治疗七天后，便秘得到有效缓解。

表 26-1　茶多酚治疗产后便秘临床效果情况

组别	例数	治愈数	好转数	无效数	有效率/%
对照组	52	0	4	48	7.69
试验组	52	14	29	9	82.69

四、生物碱

生物碱（alkaloid）为一类含氮的有机化合物，具有类似碱的性质。生物碱是天然有机化学中最大的一类化合物，其种类很多，约在 2000 种以上。生物碱多存在于植物中，目前已知含有生物碱的植物有 100 多个科。生物碱是诸多药用植物的有效成分，目前用于临床的生物碱药品已达百余种，如黄连中的小檗碱（黄连素）、麻黄中的麻黄碱、长春花中的长春新碱等。生物碱具有多种功能活性，如抗肿瘤活性、神经活性（镇静、止痛、增强记忆力等）、抗衰老活性、心血管系统活性（抗心肌缺血、抗高血压、降血压等）、抗菌活性等。在一项传统中药制剂对便秘治疗的试验中，研究人员分析了白屈菜、芦荟叶、车前草合成制剂所产生的药理性致泻和食物纤维通便的双重作用，最终认为制剂中的生物碱成分起主要的轻泻作用。

大黄附子汤是中医传统代表方剂，临床上常用于治疗阳虚便秘，有研究证明，该药对治疗大鼠阳虚便秘的有效性来源于附子总生物碱。

五、蒽醌化合物

蒽醌化合物是一种醌类化合物，天然存在，也可人工合成。蒽醌化合物包括了其不同还原程度的产物和二聚物，如蒽酚、氧化蒽酚、蒽酮等，另外还有这些化合物的苷类。在自然界中，蒽醌常存在于高等植物的蓼科、豆科、茜草科、低等植物地衣类及菌类的代谢产物中。蒽醌化合物普遍具有止血、抗菌、利尿和泻下的功效。山扁豆属（番泻叶及其果实）、鼠李属（鼠李树皮）、大黄属（大黄根）和芦荟属等植物提取物中的蒽醌化合物均有这方面的功效，其中在临床及通便食品中使用最普遍的是番泻叶。中医认为，番泻叶性味甘、苦、寒，具有泻热行滞、通便、利水功能，是一种常用的泻下药。临床上用番泻叶泡水饮服，服后在 2～3h 即开始泻下。

番泻叶中含有大量的蒽醌类成分，包括番泻苷 A、B、C（sernoside A、B、C）、芦荟大黄素-8-葡萄糖苷（aloemodin-8-monoglucoside）、大黄酸-1-葡萄糖苷（rhein-1-monoglucoside）、大黄酸-8-葡萄糖苷（rhein-1-8-monoglucoside）、芦荟大黄素（aloeemodin）、大黄酸（rhein）。这些蒽醌化合物在其他一些具有泻下的中草药材中也常常被发现，是具有通便功能性食品的关键成分。

六、功能性低聚糖

由于功能性低聚糖导致双歧杆菌的数量增加，从而相应增加了醋酸、乳酸的分泌量，因而刺激了肠的蠕动，并且通过渗透压增加粪便水分，故有防止便秘的作用。日服功能性低聚糖 3.0～10.0g，一周内就有明显的抗便秘效果，但对严重便秘者，功能性低聚糖的治疗效果不明显。

七、肠道益生菌及其代谢产物

肠道益生菌是一类定殖于人体肠道内，能够改善宿主微生态平衡、发挥有益作用、产生确切的健康功效的活性有益微生物的总称。一般认为肠道益生菌主要包括乳杆菌、双歧杆菌及革兰阳性球菌。已有研究表明，益生菌具有帮助消化吸收、合成营养物质（维生素、短链脂肪酸等）、抵抗细菌病毒感染、预防和治疗疾病（肠道综合征等）的功效。其中通过合成短链脂肪酸，产生有益代谢产物，从而刺激肠道蠕动，是其发挥润肠通便功能的非常重要的方式。因此通过摄食含有乳酸菌（尤其是嗜酸乳杆菌和双歧杆菌）的发酵乳，促使肠道蠕动，对于治疗便秘具有良好的效果。

八、膳食纤维

膳食纤维所具有的促进排便、防治便秘的功效是其营养学方面最大的生理作用之一。膳食纤维的化学结构中含有亲水性基团，因此具有很强的持水性，膳食纤维进入大肠内，吸水充分润胀、软化、增大粪便体积，压迫肠壁产生有效蠕动和排便反射，使粪便迅速通过肠道排出体外，缩短粪便的停留时间，增加粪便量及排便次数。膳食纤维被肠道微生物发酵生成短链脂肪酸（如丁酸），有效地降低肠道的 pH，刺激肠道蠕动，加快粪便的排出。

九、具有通便功能性的药食同源类食品

中国中医学自古就有"药食同源"理论，认为许多食物既是食物也是药物，食物和药物一样能够预防甚至治疗某些疾病。"药食同源"是中国劳动人民在漫长的历史中总结出来的智慧结晶，体现了某些食物在基本营养和风味属性之上所具有的疾病防治方面的功能性。在

传统"药食同源"的食材中，不乏具有润肠通便的功能性食品，至今为广大人民群众在日常生活中所推崇。

1. 蜂蜜

蜂蜜的主要成分是糖类，含量达到75%以上，且以葡萄糖和果糖这两种单糖为主（占总糖的97%以上）。除糖类成分外，蜂蜜还含有矿物质、维生素、有机酸、蛋白质等营养物质及酚酸、黄酮等功能活性成分。

蜂蜜口服或外用均有润肠通便功效，在婴幼儿和老年便秘的治疗中，外用蜂蜜效果优于临床使用的外用药物开塞露，且无任何副作用，据分析这可能与果糖不被完全吸收有关。

2. 红薯

红薯含有淀粉、膳食纤维、蛋白质、胡萝卜素、维生素A、维生素C、钾、铁、铜、硒、钙等10余种微量元素，营养价值很高，被营养学家们称为营养最均衡的天然保健食品。

红薯含有大量不易被肠胃消化吸收的膳食纤维，其含量高于米面等主粮的10倍，而且红薯质地细腻，不伤肠胃。因此，红薯不仅吸收一部分葡萄糖而降低血糖，有助于预防糖尿病，还可以包裹其他有害代谢产物，清理消化道，更能够刺激消化道蠕动，加快排便。因此，红薯是一种理想的润肠通便和减肥食品。

3. 香蕉

香蕉是一种常见的水果，含有丰富的矿质营养元素如钾、钙、锌和铁、维生素A、维生素C、维生素B$_6$等。香蕉具有润肠通便的功效，主要得益于其含有大量的膳食纤维。据分析，香蕉中含有丰富的膳食纤维，每100g果实中含有56g以上膳食纤维，包括抗性淀粉、果聚糖和其他膳食纤维等。这些膳食纤维吸水膨胀，既可以产生饱腹感，减少进食量，又可以增加肠道蠕动，有效缓解、治疗老年性便秘。

未成熟的香蕉外皮呈青绿色，果肉含有大量的鞣酸，因而具有生涩感。鞣酸具有非常强的收敛作用，使粪便结硬，造成便秘。因此，只有食用完全成熟的香蕉才具有润肠通便的功效。

4. 黑芝麻

黑芝麻又名黑脂麻、胡麻，是胡麻科脂麻属植物脂麻的干燥成熟种子。黑芝麻含油43.4%～51.1%，其脂肪酸多由油酸、亚油酸等不饱和脂肪酸构成。黑芝麻不仅含有大量蛋白质、卵磷脂、维生素E等营养成分，还含有芝麻素、芝麻林素、芝麻酚、植物甾醇等多种功能性成分，因而其在历史上备受中医推崇，一直被认为其具有补肝肾、润五脏、益气力、长肌肉、填脑髓的功效。黑芝麻也具有润肠通便的作用，《本草汇言》上说，黑芝麻"多服令人肠滑，缘体质多油故也"。由此可知，黑芝麻中较高的油脂含量是其发挥润肠通便功效的关键成分。

5. 核桃仁

核桃又称胡桃，为胡桃科植物。核桃仁是其可食用部分，含有丰富的营养素。核桃仁的主要营养成分有脂肪油类、蛋白质和氨基酸、苷类、挥发油、甾体等。核桃中的磷脂对脑神经有良好的保健作用。核桃仁含45%的脂肪油，核桃油含有大量不饱和脂肪酸，有软化血管、预防心血管疾病的功效。核桃仁中还含有丰富的锌、锰、铬等人体不可缺少的微量元素。因此，经常食用核桃仁既能健身体，又能抗衰老。

因含有大量的油脂和挥发油，故而核桃仁有破血行淤、滑肠通便的功效，其润肠通便功效机理与黑芝麻相似，是通过油脂提高肠道内容物的润滑性，缩短肠道内停留时间，防治便秘。

6. 决明子

决明子是豆科植物决明或小决明的干燥成熟种子，临床应用有生品和炒制品。决明子主含蒽醌（橙黄决明素和大黄素）、吡酮、脂肪酸、多糖等多种化学成分，具有降压、降血脂、保肝、抑菌、润肠通便等多种药理作用。

决明子虽然在中医学"以其有明目之功而名之"，但是除降脂明目外，利水通便，有缓泻作用也是其一大功效。决明子的润肠通便主要是由其含有的蒽醌类成分及多糖成分引发的。有研究证明，决明子中含有的主要成分为蒽醌类化合物，易受道地来源、生长环境等因素的影响。而在另外一项针对决明子多糖含量的研究中发现，大决明与小决明、生品与炒制品之间的多糖含量差异不大，均达到8%以上。因此作为可溶性膳食纤维的多糖有可能是决明子润肠通便的功效成分之一。

7. 火麻仁

火麻仁别名大麻仁、麻仁，为桑科植物大麻的干燥成熟种子。去壳火麻仁含蛋白质34.6%，脂肪46.5%，碳水化合物11.6%（其中膳食纤维达6%以上）。火麻仁油中含有超过89%的不饱和脂肪酸，α-亚麻酸含量达到17.2g/100g，同时火麻油中还含有400mg/100g以上的植物甾醇及维生素E等脂溶性功能成分。

功能性油脂及膳食纤维，使火麻仁具有润燥、滑肠、通淋、活血的功效。润肠通便常用中药"麻仁润肠丸"，即由质润多脂的火麻仁为主药，辅以杏仁降气润肠，大黄泻热通便，蜂蜜润燥滑肠，诸药合用为丸，共具润肠、通便、泻下的功效。作为主药，配方中火麻仁在肠中遇碱性肠液后产生脂肪酸，刺激肠壁，使蠕动增强，减少大肠吸收水分，发挥泻下作用。

十、传统中医对便秘的诊治及相应饮食建议

虽然上述几种及其他多种多样"药食同源"的食材均具有润肠通便的功效，但是由于引起便秘的原因很多，所以并不是食用其中任意一种就能有良好的通便效果。

根据《中华人民共和国中医药行业标准·中医病证诊断疗效标准》，便秘的症候分类有肠道实热、肠道气滞、脾虚气弱、脾肾阳虚和阴虚肠燥等几大类。张仲景曾依据便秘的不同诱因，创立了苦寒泻下的大承气汤、温中泻下的大黄附子汤、滋阴润下的麻子仁丸及行气通下的厚朴三物汤。发生便秘时，要根据不同的病症及具体的诱因，采取不同的调理对策，表26-2即针对不同类型便秘的主要症状及相应的饮食建议。

表 26-2　不同类型便秘的主要症状及相应的饮食建议

便秘类型	主要症状	饮食建议
肠道实热	大便干结,腹部胀满,按之作痛,口干或口臭。舌苔黄燥,脉滑实	可选用清热润肠的蔬菜和水果。如绿豆汤、青菜汤、甘蔗汁、梨汁等降火、生津的食品,多喝水。 通便后,可进流食、软流食,软食中应含膳食纤维多的蔬菜,如韭菜、芹菜等
肠道气滞	大便不畅,欲解不得,甚则少腹作胀,嗳气频作。苔白,脉细弦	不可过食苹果、香蕉、梨之类;可食牛奶、豆浆、鸡蛋汤、蘑菇汤、红枣稀粥、花生、芝麻等
脾虚气弱	大便干结如栗,临厕无力努挣,挣则汗出气短,面色㿠白,神疲气怯。苔薄,舌淡白,脉弱	加强营养,多食营养丰富、易消化的食品,如芝麻、核桃、蜂蜜、糯米加红枣稀粥、花生等

便秘类型	主要症状	饮食建议
脾肾阳虚	大便秘结,面色萎黄无华,时作眩晕,心悸,甚则少腹冷痛,小便清长,畏寒肢冷。舌质淡,苔白润,脉沉迟	以温补为宜,禁忌寒凉之食。多食些补益、含油脂丰富的食物,如羊肉汤、排骨黑木耳汤、鸡汤、猪肉、鱼。老年人还要多食一些海带、紫菜等海生植物食品,同时可防止动脉硬化
阴虚肠燥	大便干结,状如羊屎,口干少津,神疲纳呆。舌红,苔少,脉细小数	宜选用滋补肾气的食物,如山药粥、栗子烧鸡等,另外,枸杞、芝麻、桑葚、芡实、胡桃、海参、鸽肉、松子、韭菜等,可常适量选用

十一、润肠通便功能性食品的评价标准

1. 试验项目

(1) 动物试验　包括体重,小肠运动试验,排便时间,粪便质量,粪便粒数,粪便水分、性状。

(2) 人体试食试验　包括临床症状体征,粪便性状,排便次数,排便状况。

2. 试验原则

(1) 动物试验和人体试食试验所列指标均为必做项目。

(2) 除对便秘模型动物各项必测指标进行观察外,还应对正常动物进行观察,不得引起动物明显腹泻。

(3) 排便次数的观察时间在试验前后应保持一致。

(4) 在进行人体试食试验时,应对食用受试样品的食用安全性做进一步观察。

3. 试验内容

(1) 动物试验

① 小肠运动实验。经口灌胃给予造模药物复方地芬诺酯,建立小鼠小肠蠕动抑制率,计算一定时间内小肠的墨汁推进率来判断小鼠肠胃蠕动功能。

② 排便时间、粪便粒数和粪便质量的测定。经口灌胃给予造模药物复方地芬诺酯,建立小鼠便秘模型,测定小鼠的首粒黑便时间、6h排便粒数和排便质量来反映小鼠的排便情况。

(2) 人体试食试验

① 安全指标

a. 一般状况,包括精神、睡眠、饮食、大小便、血压等。

b. 血、尿、便、常规检查。

c. 肝、肾功能检查。

d. 胸透、腹部B超(在试验开始前检查一次)。

② 功效性指标

a. 每日排便次数:记录受试者试食前后排便次数的变化,以实际排便次数为参数进行统计。

b. 排便状况:根据排便困难程度(腹痛或肛门灼烧感、下坠感、不适感、有无便频但排便量少等症状)分为Ⅰ~Ⅳ级,统计积分值。

c. 粪便性状:根据布里斯托(Bristol)粪便改善分类法,将粪便性状分为Ⅰ~Ⅲ级进行记录。

d. 日常饮食状况：膳食纤维类食物的比例。

e. 记录不良反应：不良反应包括恶心、胀气、腹泻、腹痛及粪便异常等。

4. 结果判定

① 若动物实验排便质量和粪便粒数一项结果明显改善，同时小肠运动试验和排便时间一项结果明显改善，则可以判定该受试样品具有通便功能。

② 若人体试食试验排便次数明显增加，同时粪便性状和排便状况一项结果明显改善，则可判定该受试样品具有通便功能。

■ 思 考 题 ■

1. 为防治便秘，在日常生活中的注意事项有哪些？

2. 简述润肠通便功能性食品的评价标准。

3. 具有通便作用的功能性食品有哪些？

第三篇
功能性食品的评价、管理、
配方、加工及检测技术

第二十七章
功能性食品的评价

主要内容

1. 功能性食品毒理学评价的基本内容。
2. 功能学评价。

功能性食品的评价包括毒理学评价、功能学评价和卫生学评价。卫生学评价报告同普通食品的相同，因此，对功能性食品的毒理学评价和功能学评价则成为对功能性食品评价的关键内容。

第一节　毒理学评价

功能性食品的食用人群往往是弱势群体甚至是病人，因此功能性食品应该经过严格的食品安全性评价。在现有的科学水平下，使用最先进的方法，证明其在推荐的食用量下，消费者不能察知任何已知危害后，方可上市流通。功能性食品的安全性评价，首先应考察产品的所有原料是否符合国家规定，有没有国家规定中禁止用于功能性食品的成分，其次考察生产过程的安全控制是否符合 GMP 的要求，然后运用毒理学动物试验方法，并结合人群流行病学调查资料，证明其在推荐的食用量下安全可靠。

在没有人群流行病学资料或人群流行病学资料不足时，可采用实验动物、体外组织、细胞实验进行功能性食品的毒理学安全性评价。功能性食品的安全性评价是报批功能性食品的法定文件，因此其安全性评价应按照 GB 15193.1—2014《食品安全国家标准　食品安全性毒理学评价程序》进行。

一、食品安全性毒理学评价试验的内容和原则

（一）试验内容

1. 急性毒性试验。

2. 遗传毒性试验。

（1）遗传毒性试验内容　细菌回复突变试验、哺乳动物红细胞微核试验、哺乳动物骨髓细胞染色体畸变试验、小鼠精原细胞或精母细胞染色体畸变试验、体外哺乳类细胞 HGPRT 基因突变试验、体外哺乳类细胞 TK 基因突变试验、体外哺乳类细胞染色体畸变试验、啮齿类动物显性致死试验、体外哺乳类细胞 DNA 损伤修复（非程序性 DNA 合成）试验、果蝇伴性隐性致死试验。

（2）遗传毒性试验组合　进行遗传毒性试验，一般应遵循原核细胞与真核细胞、体内试验与体外试验相结合的原则，国家标准推荐的组合有两种。

组合一：哺乳动物红细胞微核试验或哺乳动物骨髓细胞染色体畸变试验；小鼠精原细胞或精母细胞染色体畸变试验或啮齿类动物显性致死试验。

组合二：细菌回复突变试验；哺乳动物红细胞微核试验或哺乳动物骨髓细胞染色体畸变试验；体外哺乳类细胞染色体畸变试验或体外哺乳类细胞 TK 基因突变试验。

其他试验内容为备选试验，在实验室条件不能满足组合试验内容或组合试验结果出现一项阳性时，可选择备选试验。

3. 28d 经口毒性试验。

4. 90d 经口毒性试验。

5. 致畸试验。

6. 生殖毒性试验和生殖发育毒性试验。

7. 毒物动力学试验。

8. 慢性毒性试验。

9. 致癌试验。

10. 慢性毒性和致癌合并试验。

（二）选择毒性试验的原则

① 凡属我国首创的物质，特别是化学结构提示有潜在慢性毒性、遗传毒性或致癌性，或该受试物产量大、使用范围广、人体摄入量大，应进行系统的毒性试验，包括急性毒性试验、遗传毒性试验、90d 经口毒性试验、致畸试验、生殖毒性试验和生殖发育毒性试验、毒物动力学试验、慢性毒性试验和致癌试验（或慢性毒性和致癌合并试验）。

② 凡属与已知物质（指经过安全性评价并允许使用者）的化学结构基本相同的衍生物或类似物，或在部分国家或地区有安全食用历史的物质，则可以先进行急性毒性试验、遗传毒性试验、90d 经口毒性试验和致畸试验，再根据试验结果判定是否需要进行毒物动力学试验、生殖毒性试验、慢性毒性试验和致癌试验等。

③ 凡属已知的或在多个国家有食用历史的物质，同时申请单位又有资料证明申报受试物的质量规格与国外产品一致，则可先进行急性毒性试验、遗传毒性试验、28d 经口毒性试验，再根据试验结果判断是否需要进一步的毒性试验。

④ 食品添加剂、新食品原料、食品相关产品、农药残留和兽药残留的食品安全性毒理学评价试验的选择依据该类物质的规定进行。

⑤ 功能性食品使用的原材料如果属于国家允许使用的食品成分、中药材，一般只进行急性毒性试验、遗传毒性试验、28d 经口毒性试验，而若功能性食品的原料选自普通食品原料或已批准的药食两用原料，则不再进行毒理学试验。

（三）对受试物的要求

① 应提供受试物的名称、批号、含量、保存条件、原料来源、生产工艺、质量规格标准、性状、人体推荐（可能）摄入量等有关资料。

② 对于单一成分的物质，应提供受试物（必要时包括其杂质）的物理、化学性质（包括化学结构、纯度、稳定性等）。对于混合物（包括配方产品），应提供受试物的组成成分，必要时应提供受试物各组成成分的物理、化学性质（包括化学名称、化学结构、纯度、稳定性、溶解度等）有关资料。

③ 若受试物是配方产品，应是规格化产品，其组成成分、比例及纯度应与实际应用的

相同。若受试物是酶制剂，应该以加入其他复配成分以前的产品作为受试物。

二、食品安全性评价的毒理学试验方法

(一) 急性毒性试验

急性毒性试验是经口一次性给予或24h内多次给予受试物后，动物在短时间内所产生的毒性反应，包括致死的和非致死的指标参数，致死剂量通常用半致死剂量LD_{50}来表示，其单位是每千克体重所摄入受试物的质量，常以mg/kg体重表示。

1. 急性毒性试验的目的

了解受试物的毒性强度、性质和可能的靶器官，测定LD_{50}（半致死剂量），为进一步进行毒性试验的剂量和毒性观察指标的选择提供依据，并根据LD_{50}进行急性毒性分级。

LD_{50}是一个用统计学方法表示的，能预期引起一群机体中50％机体死亡所需要的剂量。在死亡指标中，LD_{50}是最灵敏的指标，常用于描述化学物质的毒性大小。WHO和世界各国都使用LD_{50}进行毒性分级。中国也使用LD_{50}进行毒性分级，化合物经口急性毒性分级标准见表27-1。

表 27-1　化合物经口急性毒性分级标准

急性毒性分级	大鼠经口 $LD_{50}/(mg/kg)$	大约相当于70kg人的致死剂量
6级,极毒	<1	稍尝,<7滴
5级,剧毒	1～50	7滴～1茶匙
4级,中等毒	51～500	1茶匙～35g
3级,低毒	501～5000	35～350g
2级,实际无毒	5001～15000	360～1050g
1级,无毒	>15000	>1050g

2. 试验方法简介

急性毒性试验一般采用的对象为大鼠、小鼠，雌雄各半。根据受试物毒性，可以选择霍恩氏法、限定日剂量法、上-下法、寇氏法等进行。

功能性食品一般毒性极小，即使给予较大量的受试物，也不会出现动物死亡，因此适合采用限定日剂量法进行急性毒性试验。选择20只实验动物，不进行动物分组，灌胃10g/kg体重的受试物，剂量不足10g/kg体重时，选择推荐摄入量。

3. 结果评价

给予受试物后，观察期内无动物死亡，则认为受试物对某种动物的急性毒性耐受剂量大于某一数值，其LD_{50}大于该数值。

如果动物出现死亡应选择其他方法，并计算LD_{50}。

(二) 遗传毒性试验

1. 遗传毒性试验的试验目的

了解受试物的遗传毒性，筛查受试物的潜在致癌作用和细胞致突变性。

2. 遗传毒性试验的试验内容

(1) 细菌回复突变试验　细菌回复突变试验利用鼠伤寒沙门菌和大肠埃希菌来检测点突变，鼠伤寒沙门菌和大肠埃希菌的试验菌株分别为组氨酸缺陷突变型和色氨酸缺陷突变型，在无组氨酸或色氨酸的培养基上不能生长。致突变物存在时可以回复突变为原养型，在无组

氨酸或色氨酸的培养基上也可以生长。

① 试验目的

检测受试物对微生物（细菌）的基因突变作用，预测其遗传毒性和潜在的致癌作用。

② 试验方法简介

细菌回复突变试验可以采用掺入法和点试法，某些致突变物需要代谢活化后才能使上述细菌产生回复突变，受试物要同时在有和没有代谢活化系统的条件下进行试验。实验应设置阴性对照组和阳性对照组。

功能性食品有的含有组氨酸或色氨酸，需要经过吸附柱处理去除组氨酸或色氨酸后进行实验。

③ 结果判定标准

a. 掺入法结果评价：在背景生长良好的条件下，测试菌株的回复突变菌落数等于或大于未处理对照组的 2 倍，并具有剂量-反应关系或某一测试点有可重复的阳性结果，可以判定为阳性。

b. 点试法结果评价：如在受试物点样纸片周围长出较多密集的回复突变菌落，与未处理对照组相比有明显区别者，可初步判定该受试物诱变试验阳性，但应该用掺入法试验来验证。

（2）哺乳动物红细胞微核试验　哺乳动物红细胞微核试验是通过分析动物骨髓和（或）外周血红细胞，用于检测受试物引起的成熟红细胞染色体损伤或有丝分裂装置损伤，导致形成含有迟滞的染色体断片或整条染色体的微核。

① 试验目的

评价受试物是否引起哺乳动物红细胞染色体损伤，或是否干扰有丝分裂。

② 试验方法简介

经口灌胃，受试物设三个剂量组，最高剂量组原则上为动物出现严重中毒表现和（或）个别动物出现死亡的剂量，一般可取 $1/2$ LD_{50}，低剂量组应不表现出毒性，分别取 $1/4$ LD_{50} 和 $1/8$ LD_{50} 作为中、低剂量。

实验周期为 30h，即两次给受试物的间隔为 21h，第二次给受试物后 6h 采集骨髓样品。若选用外周血正染红细胞的含微核细胞率作为试验观察终点，动物给予受试物的时间应达 1 周以上。

③ 结果判定标准

试验组与对照组相比，试验结果含微核细胞率有明显的剂量-反应关系并有统计学意义时，即可确认为有阳性结果。若统计学上差异有显著性，但无剂量-反应关系时，则应进行重复试验，结果能重复可确定为阳性。

（3）哺乳动物骨髓细胞染色体畸变试验

① 试验目的

检测受试物能否引起整体动物骨髓细胞染色体畸变，评价受试物致突变的可能性。

② 试验方法简介

经口灌胃，染毒剂量同哺乳动物红细胞微核试验，一次染毒应分两次采集标本，即每组动物分两个亚组，亚组 1 于染毒后 12～18h 处死动物并采集第一次标本，亚组 2 于亚组 1 动物处死后 21h 采集第二次标本。

③ 结果判定标准

剂量组染色体畸变率与阴性对照组相比，具有统计学意义，并呈剂量-反应关系，或一个剂量组出现染色体畸变细胞数明显增高并具有统计学意义，并经重复试验证实，即可确认为阳性结果。若有统计学意义，但无剂量-反应关系时，则应进行重复试验，结果能重复者可确定为阳性。

（4）小鼠精原细胞或精母细胞染色体畸变试验

① 试验目的

评价受试物对雄性生殖细胞的致突变性。

② 试验方法简介

经口灌胃，染毒剂量同哺乳动物红细胞微核试验，同时设阴性对照组和阳性对照组。一般为一次给予受试物。功能性食品往往给予的剂量较大，在1d内分两次给予受试物，其间隔时间最好为4～6h，高剂量组应于末次给予受试物后的第24h和第48h处死动物采样，中、低剂量组的动物均在末次给予受试物后24h处死动物采样。

③ 结果判定标准

剂量组染色体畸变率或畸变细胞率与阴性对照组相比，差别有统计学意义，并有明显的剂量-反应关系，结果可定为阳性。在一个受试剂量组中出现染色体畸变率或畸变细胞率差异有统计学意义但无剂量-反应关系，则需进行重复试验，结果可重复者定为阳性。

（5）体外哺乳类细胞HGPRT基因突变试验　细胞在正常培养条件下，能够产生HGPRT，在含有6-硫代鸟嘌呤（6-TG）的选择性培养液中，HGPRT催化产生核苷-5′-单磷酸（NMP），NMP掺入DNA中可致细胞死亡。在致癌和（或）致突变物作用下，某些细胞的X染色体上控制HGPRT的结构基因发生突变，不能再产生HGPRT，从而使突变细胞对6-TG具有抗性作用，能够在含有6-TG的选择性培养液中存活生长。

① 试验目的

评价受试物是否导致体细胞突变。

② 试验方法简介

在加入和不加入代谢活化系统的条件下，使细胞暴露于受试物中一定时间，然后将细胞再传代培养，在含有6-TG的选择性培养液中，突变细胞可以继续分裂并形成集落。基于突变集落数，计算突变频率以评价受试物的致突变性。

③ 结果判定标准

a. 受试物组在任何一个剂量条件下的突变频率为阴性对照组的3倍或3倍以上，可判定为阳性。

b. 受试物组的突变频率增加，与阴性对照组比较具有统计学意义，并有剂量-反应关系，则可判定为阳性。

c. 受试物组在任何一个剂量条件下引起具有统计学意义的增加，并有可重复性，则可判定为阳性。

（6）体外哺乳类细胞TK基因突变试验

① 试验目的

评价受试物是否引起哺乳动物体细胞常染色体的基因突变。

② 试验方法简介

在细胞培养物中加入胸苷类似物（如三氟胸苷，TFT），则TFT在胸苷激酶的催化下可生成三氟胸苷酸，进而掺入DNA，造成致死性突变，故细胞不能存活。若TK基因发生突变，导致胸苷激酶缺陷，则 TFT 不能磷酸化，亦不能掺入 DNA，故突变细胞在含有 TFT 的培养基中能够生长，即表现出对 TFT 的抗性。根据突变集落形成数，可计算突变频率，从而推断受试物的致突变性。

③ 结果判定标准

受试物一个以上剂量（浓度）组的 T-MF（总突变频率）显著高于阴性对照组，或是阴性对照组的 3 倍以上，并有剂量-反应趋势，则可判定为阳性。

（7）体外哺乳类细胞染色体畸变试验

① 试验目的

通过检测受试物是否诱发哺乳类细胞染色体畸变，评价受试物致突变的可能性。

② 试验方法简介

在加入或不加入代谢活化系统的条件下，使培养的哺乳类细胞暴露于受试物中。用中期分裂相阻断剂（如秋水仙素或秋水仙胺）处理，使细胞停止在中期分裂相，随后收获细胞、制片、染色、分析染色体畸变。

③ 结果判定标准

受试物引起染色体结构畸变数的增加具有统计学意义，并与剂量相关。受试物在任何一个剂量条件下，引起的染色体结构畸变数增加具有统计学意义，并有可重复性，均可判定为阳性结果。

（8）啮齿类动物显性致死试验

致突变物可引起哺乳动物生殖细胞染色体畸变，以致其不能与异性生殖细胞结合或导致受精卵在着床前死亡，或导致胚胎早期死亡。

① 试验目的

检测受试物诱发哺乳动物生殖细胞的遗传毒性，评价受试物是否为哺乳动物生殖细胞的致突变物。

② 试验方法简介

用受试物处理雄性啮齿类动物，然后与雌性动物交配，按照顺次的周期对不同发育阶段的生殖细胞进行检测，经过适当时间后，处死雌性动物检查子宫内容物，确定着床数、活胚胎数和死亡胚胎数。

③ 结果判定标准

试验组与对照组相比较，胚胎死亡率（%）和（或）平均死亡胚胎数明显高于对照组，有统计学意义并有剂量-反应关系时，即可确认为阳性结果。若统计学上差异有显著性，但无剂量-反应关系时，则应进行重复试验，结果能重复者可确定为阳性。

（9）体外哺乳类细胞 DNA 损伤修复（非程序性 DNA 合成）试验　在正常情况下，DNA 合成仅在细胞有丝分裂周期的 S 期进行。

① 试验目的

评价受试物是否能够引起 DNA 损伤修复的增加，预测受试物是否具有致突变性。

② 试验方法简介

采用化学或物理因素诱发 DNA 损伤原代培养细胞（如大鼠肝细胞）或人类细胞如成纤维细胞、外周血淋巴细胞、单核细胞和 Hela 细胞等细胞系。在非 S 期分离培养的细胞，加入 ^{3}H-胸腺嘧啶核苷（^{3}H-TDR），通过 DNA 放射自显影技术或液体闪烁计数（LSC）法检测染毒细胞中 ^{3}H-TDR 掺入 DNA 的量，可说明受损 DNA 的修复程度。

③ 结果判定标准

受试物组的细胞^{3}H-TDR掺入数随剂量增加而增加，且与阴性对照组相比有统计学意义，或者至少在一个测试点得到可重复并有统计学意义的掺入量增加，均可判定该试验为阳性。

（10）果蝇伴性隐性致死试验

① 试验目的

评价受试物是否为生殖细胞的致突变物。

② 试验方法简介

将雄蝇在接触受试物后与处女蝇交配，再以所产F_1代按雌雄比（1∶1或1∶2）进行F_1-F_2交配，12～14d后观察F_2代。根据受试染色体数与致死阳性管数求出致死率。

③ 结果判定标准

受试物诱发的致死率明显增加，与阴性对照组相比有统计学意义，并且有剂量-反应关系时判为阳性。如无剂量-反应关系时，应至少有一时间点的阳性致死率可重复并有统计学意义上的增加，也可判为阳性。

（三）28d经口毒性试验

1. 试验目的

确定在28d内经口连续接触受试物后引起的毒性效应，了解受试物的剂量-反应关系和毒作用靶器官，确定28d经口最小观察到有害作用剂量（LOAEL）和未观察到有害作用剂量（NOAEL），初步评价受试物经口的安全性，并为下一步较长期毒性和慢性毒性试验剂量、观察指标、毒性终点的选择提供依据。

2. 试验方法简介

试验至少设3个受试物剂量组，1个阴性对照组，必要时增设未处理对照组。高剂量组应使部分动物出现比较明显的毒性效应，但不引起死亡；低剂量组不宜出现任何观察到毒性效应（相当于NOAEL），且高于人的实际接触水平；中剂量组介于两者之间，可出现轻度的毒性效应，以得出LOAEL。一般递减剂量的组间距以2～4倍为宜，如受试物剂量总跨度过大，可加设剂量组。

剂量的设计参考急性毒性LD_{50}，以LD_{50}的10％～25％作为28d经口毒性试验的最高剂量组，然后在此剂量下设几个剂量组，最低剂量组至少是人体预期摄入量的3倍。

功能性食品毒性低，剂量设置可以依照人体实际摄入量进行，试验剂量应尽可能涵盖人体预期摄入量100倍的剂量，在不影响动物摄食及营养平衡前提下应尽量提高高剂量组的剂量。对于人体拟摄入量较大的受试物，高剂量组亦可以按最大给予量设计。

试验期间，进行临床观察、生长发育情况、血液学检查、尿液检查、血生化检查、心电图、大体解剖、脏器质量、脏/体比值、脏/脑比值、病理组织学检查等。

3. 结果评价

在综合分析的基础得出28d经口毒性的LOAEL和（或）NOAEL，初步评价受试物经口的安全性，并为进一步的毒性试验提供依据。

（四）90d经口毒性试验

90d经口毒性试验，也称为亚慢性毒性试验，实验动物在不超过其寿命期限10％的时间内（大鼠寿命为2.5年，寿命期限的10％通常为90d），重复经口接触受试物后引起的健康损害效应。

1. 试验目的

确定在90d内经口重复接触受试物引起的毒性效应，了解受试物剂量-反应关系、毒作用靶器官和可逆性，得出 90d 经口毒性的 LOAEL 和 NOAEL，初步确定受试物的经口安全性，并为慢性毒性试验剂量、观察指标、毒性终点的选择及获得"暂定的人体健康指导值"提供依据。

2. 试验方法简介

采用不超过 6 周龄、体重 50～100g 的大鼠，试验至少设 3 个受试物剂量组，1 个阴性对照组，每组大鼠 20 只，若采用犬，每组不低于 8 只。高剂量组应使部分动物出现比较明显的毒性效应，但不引起死亡；低剂量组不宜出现任何观察到的毒性效应（相当于 NOAEL），且高于人的实际接触水平；中剂量组介于两者之间，可出现轻度的毒性效应，以得出 NOAEL 或 LOAEL。采用掺入饲料、饮水或灌胃等方式给予受试物。

试验期间，进行临床观察、生长发育情况、血液学检查、尿液检查、血生化检查、心电图、大体解剖、脏器质量、脏/体比值、脏/脑比值、病理组织学检查等。

3. 结果评价

在综合分析的基础上得出 90d 经口毒性的 NOAEL 或 LOAEL，为慢性毒性试验的剂量、观察指标的选择提供依据。

（五）致畸试验

1. 试验目的

检测妊娠动物接触受试物后引起的致畸可能性，预测其对人体可能的致畸性。

2. 试验方法简介

试验至少设 3 个剂量组，同时设阴性对照组，必要时设阳性对照组。高剂量组原则上应使部分动物出现某些发育毒性和（或）母体毒性，如体重轻度减轻等，但不致引起死亡或严重疾病，如果母体动物有死亡发生，应不超过母体动物数量的 10%。低剂量组不应出现任何观察到的母体毒性或发育毒性作用。

动物妊娠期间给予受试物，于分娩前 1d（一般大鼠为孕第 20d、家兔为孕第 28d）处死母体，剖腹检查亲代受孕情况和胎体发育。迅速取出子宫，称子宫连胎重，以得出妊娠动物的净增重。记录黄体数、早死胎数、晚死胎数、活胎数及着床数。

3. 结果评价

用合理的统计方法对下述指标进行统计分析：母体体重、体重增重、子宫连胎重、体重净增重、着床数、黄体数、吸收胎数、活胎数、死胎数及百分数、胎仔的体重及体长、有畸形的胎仔数、有畸形胎仔的窝数及百分数，计算动物总畸胎率和某单项畸胎率。

（六）生殖毒性试验和生殖发育毒性试验

1. 试验目的

评价受试物对雌性和雄性动物生殖发育功能的影响，包括性腺功能、交配行为、受孕、分娩、哺乳、断乳、子代的生长发育和神经行为情况等。

2. 试验方法简介

本试验包括三代（F_0、F_1 和 F_2 代）。F_0 和 F_1 代给予受试物，观察生殖毒性，F_2 代观察功能发育毒性。①观察记录受试物毒性作用对实验动物所产生的体征、相关的行为改变、分娩困难或延迟的迹象等所有的毒性指征及死亡率。②交配期间应检查雌鼠（F_0 和 F_1 代）的阴道和子宫颈，判断雌鼠的发情周期有无异常。③交配前和交配期，每周记录一次试验动物摄食量，而妊娠期间应逐日记录。④F_0 和 F_1 代参与生殖的动物应在给予受试物的第 1d 进行称重，以后每周称量一次体重，逐只记录。⑤试验结束时，选取 F_0 和 F_1 代雄鼠的附睾，进行精子形态、数量及活动能力的观察和评价。⑥检查并记录每窝仔鼠数量、性别、死胎数、活胎数和是否有外观畸形。⑦存活的仔鼠在出生后的当天上午、第 4d、第 7d、第 14d 和第 21d 分别进行计数和体重称量，并观察和记录母鼠及子代生理和活动是否存在异常。⑧以窝为单位，检查并记录全部 F₁ 代仔鼠生理发育指标，包括断乳前耳廓分离、睁眼、张耳、出毛、门齿萌出时间、断乳后雌性阴道张开和雄性睾丸下降的时间等。⑨各试验剂量组随机选取一定数目、标记明确的 F₂ 代仔鼠，分别进行相关生理发育和神经行为指标的测定。

3. 结果评价

逐一比较受试物组动物与对照组动物观察指标和病理学检查结果是否有显著性差异，以评定受试物有无生殖发育毒性，并确定其生殖发育毒性的 LOAEL 和 NOAEL。同时还可根据出现统计学意义的指标（如体重、生理指标、大体解剖和病理组织学检查结果等），进一步估计生殖发育毒性的作用特点。

（七）毒物动力学试验

1. 试验目的

对一组或几组试验动物分别通过适当的途径一次或在规定的时间内多次给予受试物，然后测定体液、脏器、组织、排泄物中受试物和（或）其代谢产物的量或浓度的经时变化。进而求出有关的毒物动力学参数，预测受试物及其代谢产物在体内蓄积的可能性。

2. 试验方法简介

动物给予受试物后选择 9～11 个不同的时间点采血，每个时间点的动物数不应少于 5 只。测定各受试动物的血中受试物浓度-时间数据，求得受试物的主要毒物动力学参数。静脉注射给予受试物，应提供消除半衰期、表观分布容积、曲线下面积、机体总清除率等参数值；血管外给予受试物，除提供上述参数外，尚应提供峰浓度和峰时间等参数，以反映受试物吸收的规律。

3. 结果评价

根据试验结果，对受试物进入机体的途径、吸收速率和程度，受试物及其代谢产物在脏器、组织和体液中的分布特征，生物转化的速率和程度，主要代谢产物的生物转化通路，排泄的途径、速率和能力，受试物及其代谢产物在体内蓄积的可能性、程度和持续时间做出评价。

（八）慢性毒性试验

1. 试验目的

确定试验动物长期经口重复给予受试物引起的慢性毒性效应，了解受试物剂量-反应关系和毒性作用靶器官，确定 NOAEL 和 LOAEL，为预测人群接触该受试物的慢性毒性作用及确定健康指导值提供依据。

2. 试验方法简介

试验至少设 3 个受试物组，1 个阴性对照组，阴性对照组除不给予受试物外，其余处理均同受试物组。必要时增设未处理对照组。

高剂量组应根据 90d 经口毒性试验确定毒物剂量，原则上应使动物出现比较明显的毒性效应，但不引起过高死亡率；低剂量组不引起任何毒性效应；中剂量组应介于高剂量与低剂量之间，可引起轻度的毒性效应，以得出剂量-反应关系、NOAEL 和（或）LOAEL。

啮齿类动物首选大鼠，每组 40 只，雌雄各半，掺入饲料法或掺入饮水法给予受试物。试验周期不低于 12 个月，试验期间至少每天观察 1 次动物的一般临床表现，并记录动物出现中毒的体征、程度、持续时间、死亡情况、动物体重变化情况、血液、尿液生化检验、动物尸检等。

3. 结果评价

对动物体重、摄食量、饮水量（受试物经饮水给予）、食物利用率、血液学指标、血生化指标、尿液检查指标、脏器质量、脏/体比值和（或）脏/脑比值、大体和组织病理学检查等结果进行统计学分析。结果评价应包括受试物慢性毒性的表现、剂量-反应关系、靶器官、可逆性，得出慢性毒性相应的 NOAEL 和（或）LOAEL。

（九）致癌试验

1. 试验目的

确定在试验动物的大部分生命期间，经口重复给予受试物引起的致癌效应，了解肿瘤发生率、靶器官、肿瘤性质、肿瘤发生时间和每只动物肿瘤发生数，为预测人群接触该受试物是否致癌及最终评定该受试物能否应用于食品提供依据。

2. 试验方法简介

试验至少设 3 个受试物组，1 个阴性对照组，阴性对照组除不给予受试物外，其余处理均同受试物组。必要时增设未处理对照组。

高剂量组应选择最大耐受剂量，原则上应使动物出现比较明显的毒性效应，但不引起过高死亡率；低剂量组不引起任何毒性效应；中剂量组应介于高剂量与低剂量之间，可引起轻度的毒性效应。

啮齿类动物首选大鼠，每组 40 只，雌雄各半，掺入饲料法或掺入饮水法给予受试物。实验周期小鼠为 18 个月，大鼠为 24 个月，试验期间至少每天观察 1 次动物的一般临床表现，并记录动物出现中毒的体征、程度、持续时间及死亡情况。应特别注意肿瘤的发生，记录肿瘤发生时间、发生部位、大小、形状和发展等情况。对濒死和死亡动物应及时解剖并尽量准确记录死亡时间。同时测定并记录动物体重变化情况，血液、尿液生化检验结果，动物尸检（大体解剖和组织病理）等。

3. 结果评价

符合以下任何一条，可判定受试物为大鼠的致癌物。

（1）肿瘤只发生在试验组动物，阴性对照组中无肿瘤发生；

（2）试验组与阴性对照组动物均发生肿瘤，但试验组发生率高；

（3）试验组与阴性对照组动物的肿瘤发生率虽无明显差异，但试验组中发生时间较早；

（4）试验组动物中多发性肿瘤明显，阴性对照组中无多发性肿瘤，或只是少数动物有多发性肿瘤。

三、食品安全性评价时需要考虑的因素

（一）试验指标的统计学意义、生物学意义和毒理学意义

对试验中某些指标的异常改变，应根据试验组与对照组指标是否有统计学意义、其有无剂量-反应关系、同类指标横向比较、两种性别的一致性及与本实验室的历史性对照值范围等确定，综合考虑指标差异有无生物学意义，并进一步判断是否具毒理学意义。此外，受试物组发现某种在阴性对照组没有发现的肿瘤，即使与对照组比较无统计学意义，仍要给予关注。

（二）人的推荐（可能）摄入量较大的受试物

应考虑给予受试物量过大时，可能影响营养素摄入量及其生物利用率，从而导致某些毒理学表现而非受试物的毒性效应。

（三）时间-毒性效应关系

对由受试物引起试验动物的毒性效应进行分析评价时，要考虑在同一剂量水平下毒性效应随时间的变化情况。

(四) 特殊人群和易感人群

对孕妇、乳母或儿童食用的食品，应特别注意其胚胎毒性或生殖发育毒性、神经毒性和免疫毒性等。

(五) 人群资料

由于动物与人之间存在的物种差异，在评价食品的安全性时，应尽可能收集人群接触受试物后的反应资料，如职业性接触和意外事故接触等。在确保安全的条件下，可以考虑遵照有关规定进行人体试食试验，志愿受试者的毒物动力学或代谢资料对于将动物试验结果推论到人具有很重要的意义。

(六) 动物毒性试验和体外试验资料

本书所列的各项动物毒性试验和体外试验系统是目前管理（法规）毒理学评价水平下所得到的最重要的资料，也是进行安全性评价的主要依据，在试验得到阳性结果，而且结果的判定涉及受试物能否应用于食品时，需要考虑结果的重复性和剂量-反应关系。

(七) 不确定系数

不确定系数又称安全系数。将动物毒性试验结果外推到人时，鉴于动物与人的物种和个体之间的生物学差异，不确定系数通常为100，但可根据受试物的原料来源、理化性质、毒性大小、代谢特点、蓄积性、接触的人群范围、食品中的使用量、人的可能摄入量、使用范围及功能等因素来综合考虑其安全系数的大小。

(八) 毒物动力学试验的资料

毒物动力学试验是对化学物质进行毒理学评价的一个重要方面，因为不同化学物质、剂量大小在毒物动力学或代谢方面的差别往往对毒性效应影响很大。在毒性试验中，原则上应尽量使用与人具有相同毒物动力学或代谢模式的动物种系来进行试验。研究受试物在试验动物和人体内吸收、分布、排泄和生物转化方面的差别，对于将动物试验结果外推到人和降低不确定性具有重要意义。

(九) 综合评价

在进行综合评价时，应全面考虑受试物的理化性质、结构、毒性大小、代谢特点、蓄积性、接触的人群范围、食品中的使用量与使用范围、人的推荐（可能）摄入量等因素，对于已在食品中应用了相当长时间的物质，对接触人群进行流行病学调查具有重大意义，但往往难以获得剂量-反应关系方面的可靠资料。对于新的受试物，则只能依靠动物试验和其他试验研究资料。然而，即使有了完整和详尽的动物试验资料和一部分人类接触的流行病学研究资料，由于人类的种族和个体差异，也很难做出能保证每个人都安全的评价。所谓绝对的食品安全实际上是不存在的。在受试物可能对人体健康造成的危害及其可能的有益作用之间进行权衡，以食用安全为前提，安全性评价的依据不仅是安全性毒理学试验的结果，而且与当时的科学水平、技术条件、社会经济、文化因素有关。因此，随着时间的推移，社会经济的发展、科学技术的进步，有必要对已通过评价的受试物进行重新评价。

第二节　功能学评价

功能性食品的功能必须经过功能学评价，证明产品具有所宣称的功效，方可进行。功能学评价的方法包括体外试验、动物体内试验和人体试食试验。

一、功能学评价的方法

（一）体外试验

体外试验是指在体外使用微生物、细胞、组织等生物体组分进行试验，采用对受试物或者活性代谢产物敏感的细胞或敏感细胞内某一分子靶部位，观察其接触一定时间受试物后的生物学效应。

体外试验的优点是快速经济，试验需要的受试物较少，也可以减少实验动物的使用量；同时可排除相互作用的系统如免疫系统、神经内分泌系统对结果的影响；而且有的试验可以利用人体细胞进行，减少动物试验外推到人的不确定性。

体外试验包括细胞培养、组织培养、脏器灌流、酶实验等，在功能性食品评价中，细胞培养和酶实验是常用的体外培养方法。

采用体外试验进行功能学评价时，应考虑受试物在体内代谢后，其功能是否会发生变化，因此，应采用S9对受试物进行处理。S9也称代谢活化系统，是肝脏微粒体酶的混合物，多用大鼠肝脏制备，为增加肝脏微粒体酶的活性，可以用药物如巴比妥类进行刺激，持续刺激5～7d后，取肝脏制备肝匀浆，离心得上清液即为S9。受试物与S9共孵育一段时间，可获得受试物的代谢物，灭酶后可进行体外试验。

1. 细胞培养

细胞培养是最常用的体外功能试验方法，一般采用哺乳动物细胞，根据细胞的代数可分为原代细胞培养和传代细胞培养。

（1）原代细胞培养　原代细胞培养是指由体内取出组织或细胞进行的首次培养，也叫初代培养。原代细胞培养离体时间短，遗传性状和体内细胞相似，适于做细胞形态、功能和分化等研究。原代细胞的获得方法是将动物机体的各种组织从机体中取出，经蛋白酶（常用胰蛋白酶）消化细胞间的结合物，同时使用螯合剂如EDTA除去细胞互相黏着所依赖的Ca^{2+}，再经机械轻度振荡，分散成单细胞，置于合适的培养基中培养，使细胞得以生存、生长和繁殖。

原代细胞培养常用的细胞包括肝细胞、淋巴细胞、神经细胞、心肌细胞、血管内皮细胞等，根据所评价的功能选择适宜的细胞，制备成分散细胞后，可以与受试物及受试物的代谢物共培养，以观察接触受试物后的生物学效应。

（2）传代细胞培养　传代细胞是在原代细胞基础上通过胰蛋白酶等物质消化后继续用于细胞培养的细胞，目前多使用商业化的细胞系进行。人肝癌细胞是最常用的传代细胞系，可以用于糖、脂代谢、酒精及其他毒物代谢功能研究，以HepG2细胞最为常用，该系细胞株还有HuH-7、HLE、SK-HEP-1等细胞，其他用于功能性食品研究的传代细胞系有Caco-2（人结直肠腺癌细胞）、Hc845（人结直肠腺癌细胞）、SH-SY5Y（人神经母细胞瘤细胞）、Capan-2（人胰腺癌细胞）、HeLa（人子宫颈癌细胞）等。

2. 酶实验

酶是由细胞产生的、对其底物具有高度特异性和高度催化效能的蛋白质或RNA，在生物体内，酶发挥着非常广泛的生理功能。功能性食品可以通过抑制或促进酶活性，发挥调节与控制人体生理作用的功能。因此测定功能性食品或功能性成分对酶活性的影响，可以从侧面反映功能性食品的功能。

目前，有许多生物酶可以用于功能性食品的研究和评价，如血管紧张素转换酶可用于降压成分和功能性食品的评价，α-淀粉酶和糖苷酶可用于降血糖研究，还原酶可用于抗氧化的研究和评价。

体外试验研究简单、经济，还可以用于作用机制的探索，但从体外试验的结果外推到完整生物体的生物学具有很大的不确定性，进行体外试验必须避免对其结果的过度解释。

（二）动物试验

通过经口给予功能性食品或功能成分，根据对动物生理现象、血清生化、组织解剖和病理变化等方面的影响，评价功能性食品的功效，动物试验是目前应用最广泛的功能性评价方法。

采用动物试验进行功能性评价，应尽量采用敏感动物，如猪、兔、鸡、鸽对高胆固醇、高脂饲料敏感，容易形成动脉粥样硬化斑块，大鼠、小鼠、犬不易形成动脉粥样硬化斑块。未知敏感动物时可选择大鼠或小鼠，为减少试验误差，可选择遗传一致性好的近交系。

各种动物试验至少应设 3 个剂量组，另设阴性对照组，必要时可设阳性对照组。对需要构建模型动物的试验，还应设置模型空白对照组。剂量选择应合理，尽可能找出最低有效剂量。在 3 个剂量组中，其中一个剂量应相当于人体推荐摄入量（折算为每千克体重的剂量）的 5 倍（大鼠）或 10 倍（小鼠），且最高剂量不得超过人体推荐摄入量的 30 倍（特殊情况除外），受试物的功能实验剂量必须在毒理学评价确定的安全剂量范围之内。

为保证数据的代表性，试验动物的数量要求为小鼠每组 10～15 只（单一性别），大鼠每组 8～12 只（单一性别）。同时动物分组应遵循随机的原则，测定指标可选择为随机依据如血糖、血脂，也可以选择体重作为随机依据，每组试验动物的体重或测定指标间的标准差不超过 10%。

试验动物的年龄、性别根据评价项目，尽量选择敏感期的动物。为减少外推到人的不确定性，应选择 SPF 级试验动物，饲养环境也符合 SPF 的规定。

功能性评价实验的受试物接触途径为经口给予，首选灌胃。如无法灌胃则加入饮水或掺入饲料中，计算受试物的给予量。

（三）人群试食试验

由于动物与人之间存在种属差异，在将动物试验结果外推到人时，应尽可能收集人群服用受试物的效应资料，若体外或体内动物试验未观察到或不易观察到食品的保健效应或观察到不同效应，而有关资料提示对人有保健作用时，在保证安全的前提下，应进行必要的人体试食试验。

进行人体试食试验，应首先进行毒理学安全性评价，在证明安全的基础上，经伦理委员会批准后方可进行。

进行人体试食试验时，除考虑一般人群的摄入量外，还应考虑特殊的和敏感的人群（如儿童、孕妇及高摄入量人群）的摄入量。

（四）文献评价

对所评价的功能性食品，缺乏直接的研究文献，但功能性食品的许多配料或植物化学物质，往往有大量文献，这些文献可以作为功能评价的佐证。功能试验的文献包括动物试验、体外试验和人群流行病学等方面。从证据的等级而言，人群流行病学证据为最有力的证据，其次为动物试验证据，最后是体外研究证据。

人群流行病学证据应选择时间纵向的分析或实验流行病学证据，随机对照实验、大样本队列研究和 meta 分析是最有力的证据。

二、对受试物的要求

(一) 受试物的证明文件

① 应提供受试物的原料组成或尽可能提供受试物的物理、化学性质（包括化学结构、纯度、稳定性等）有关资料。

② 受试物必须是规格化的定型产品，即符合既定的配方、生产工艺及质量标准。

③ 提供受试物的安全性毒理学评价的资料及卫生学检验报告，受试物必须是已经过食品安全性毒理学评价确认为安全的食品。功能学评价的样品与安全性毒理学评价、卫生学检验的样品必须为同一批次（安全性毒理学评价和功能学评价实验周期超过受试物保质期的除外）。

④ 应提供功效成分或特征成分、营养成分的名称及含量。

⑤ 如需提供受试物违禁药物检测报告时，应提交与功能学评价同一批次样品的违禁药物检测报告。

(二) 对受试物处理的要求

① 原则上受试物提供量应按照最大剂量计算，动物体重按照实验结束时的体重计算灌胃量。对价格昂贵的受试物可以按照实际需要量的120%送样。

② 受试物推荐量较大，超过实验动物的灌胃量、掺入饲料的承受量等情况时，可适当减少受试物的非功效成分的含量。

③ 对于含乙醇的受试物，原则上应使用其定型的产品进行功能实验，其三个剂量组的乙醇含量与定型产品相同。如受试物的推荐量较大，超过动物最大灌胃量时，允许将其进行浓缩，但最终的浓缩液体应恢复原乙醇含量，如乙醇含量超过15%，允许将其含量降至15%。调整受试物的乙醇含量应使用原产品的酒基。

④ 液体受试物需要浓缩时，应尽可能选择不破坏其功效成分的方法。一般可选择60～70℃减压浓缩。浓缩的倍数依具体实验要求而定。

⑤ 对于以冲泡形式饮用的受试物（如袋泡剂），可使用该受试物的水提取物进行功能实验，提取的方式应与产品推荐饮用的方式相同。如产品无特殊推荐饮用方式，则采用下述提取的条件：常压，温度80～90℃，时间30～60min，水量为受试样品体积的10倍以上，提取2次，将其合并浓缩至所需浓度。

三、试验项目、试验原则及结果判定

功能性评价报告可用于保健食品评审，因此应采用法定检验规程和方法进行。但是目前我国2003年制订的《保健食品检验与评价技术规范》（2003年版）已于2018年7月6日宣布废止，新标准尚未出台，因此本书仍按《保健食品检验与评价技术规范》（2003年版）介绍检验规程和方法。

(一) 免疫调节作用

1. 试验项目

（1）动物试验

① 脏器/体重比值

a. 胸腺/体重比值。

b. 脾脏/体重比值。

② 细胞免疫功能测定

a. 小鼠脾淋巴细胞转化实验。

b. 迟发型变态反应。

③ 体液免疫功能测定

a. 抗体生成细胞检测。

b. 血清溶血素测定。

④ 单核-巨噬细胞功能测定

a. 小鼠碳廓清试验。

b. 小鼠腹腔巨噬细胞吞噬鸡红细胞试验。

⑤ NK 细胞活性测定

（2）人体试食试验

① 细胞免疫功能测定。外周血淋巴细胞转化试验。

② 体液免疫功能试验。单向免疫扩散法测定 IgG、IgA、IgM。

③ 非特异性免疫功能测定。吞噬与杀菌试验。

④ NK 细胞活性测定。

2. 试验原则

要求选择一组能够全面反映免疫系统各方面功能的试验，其中细胞免疫、体液免疫和单核-巨噬细胞功能 3 个方面至少各选择 1 种试验，在确保安全的前提下尽可能进行人体试食试验。

3. 结果判定

在一组试验中，受试物对免疫系统某方面的试验具有增强作用，而对其他试验无抑制作用，可以判定该受试物具有该方面的免疫调节效应；对任何一项免疫试验具有抑制作用，可判定该受试物具有免疫抑制效应。

在细胞免疫功能、体液免疫功能、单核-巨噬细胞功能及 NK 细胞功能检测中，如有两个以上（含两个）功能检测结果为阳性，即可判定该受试物具有免疫调节作用。

（二）延缓衰老作用

1. 试验项目

（1）动物试验

① 生存试验

a. 小鼠生存试验。

b. 大鼠生存试验。

c. 果蝇生存试验。

② 过氧化脂质含量测定

a. 血或组织中过氧化脂质降解产物丙二醛（MDA）含量测定。

b. 组织中脂褐质含量测定。

③ 抗氧化活力测定

a. 血或组织中超氧化物歧化酶（SOD）活力测定。

b. 血或组织中谷胱甘肽过氧化物酶（GSH-PX）活力测定。

（2）人体试食试验

① 血中过氧化脂质降解产物丙二醛（MDA）含量测定。

② 血中超氧化物歧化酶（SOD）活力测定。

③ 血中谷胱甘肽过氧化物酶（GSH-PX）活力测定。

2. 试验原则

衰老机制比较复杂，迄今尚无一种公认的衰老机制学说，因而无单一、简便、实用的衰老指标可供应用，应采用尽可能多的试验方法，以保证试验结果的可信度。动物试验，除上述生存试验、过氧化脂质含量测定、抗氧化酶活力测定3个方面各选一项必做外，可能时应多选择一些指标〔如脑、肝组织中单胺氧化酶（MAO-B）活力测定等〕加以辅助。生存试验是最直观、最可靠的试验方法，果蝇具有繁殖快、饲养简便等优点，通常多选果蝇作生存试验，但果蝇种系分类地位与人较远，故必须辅助过氧化脂质含量测定及抗氧化活力测定才能判断是否具有延缓衰老作用。生化指标测定应选用老龄鼠，除设老龄对照外，最好同时增设少龄对照，以比较受试物抗氧化的程度，必要时可将动物试验与人体试食试验相结合进行综合评价。

3. 结果判定

若大鼠或小鼠生存试验为阳性，即可判定该受试物具有延缓衰老的作用。

若果蝇生存试验、过氧化脂质和抗氧化酶三项指标均为阳性，即可判定该受试物具有延缓衰老的作用。

若过氧化脂质和抗氧化酶两项为阳性，可判定该受试物具有抗氧化作用，并提示可能具有延缓衰老作用。

（三）改善记忆作用

1. 试验项目

（1）动物试验

① 跳台试验。

② 避暗试验。

③ 穿梭箱试验。

④ 水迷宫试验。

（2）人体试食试验

① 韦氏记忆量表。

② 临床记忆量表。

2. 试验原则

① 试验应通过训练前、训练后及重测验前3种不同的给予受试物方法观察其对记忆全过程的影响。

② 应采用一组（2个以上）行为学试验方法，以保证试验结果的可靠性。

③ 人体试食试验为必做项目，并应在动物试验有效的前提下进行。

④ 除上述试验项目外，还可以选用嗅觉厌恶试验、味觉厌恶试验、操作式条件反射试验、连续强化程序试验、比率程序试验、间隔程序试验。

3. 结果判定

动物试验2项或2项以上的指标为阳性，且2次或2次以上的重复测试结果一致，可以认为该受试物具有改善该类动物记忆作用。人体试食试验结果为阳性，则可认为该受试物具有改善人体记忆的作用。

（四）促进生长发育作用

1. 试验项目

本功能试验研究是以动物学试验为研究基础

（1）胎仔情况　包括活胎数、雌雄比例、死胎数、分娩胎仔总数。

（2）体重及食物利用率　记录出生时及出生后 4d、7d、14d、21d、30d、60d 幼鼠的体重，计算断乳后幼鼠的食物利用率。

（3）生理发育指标　记录耳廓分离、门齿萌出、开眼、长毛时间、阴道开放、睾丸下降时间。

（4）神经反射指标　平面翻正、前肢抓力、悬崖回避、嗅觉定位、听觉警戒、负趋地性、回旋运动、视觉发育、空中翻正、游泳发育。

2. 试验原则

① 给受试物的时间可根据具体情况选择在母鼠孕期或哺乳期至成年期。

② 在神经反射指标中应选择一组（5 个以上）的行为学试验方法，以保证结果的可靠性。

3. 结果判定

在胎仔情况、体重及食物利用率、生理发育、神经反射 4 类指标中有 3 类以上（含 3 类）指标为阳性，可认为受试物有促进生长发育的作用。

（五）抗疲劳作用

本功能试验研究是以动物学试验为研究基础。

1. 试验项目

（1）运动试验

① 负重游泳试验。

② 爬杆试验。

（2）生物化学指标测定

① 血乳酸含量。

② 血清尿素氮含量。

③ 肝/肌糖原比值测定。

2. 试验原则

运动试验与生化指标检测相结合。在进行游泳或爬杆试验前，动物应进行初筛。除以上生化指标外，还可检测血糖、乳酸脱氢酶、血红蛋白及磷酸肌酸等指标。

3. 结果判定

若 1 项以上（含 1 项）运动试验和 2 项以上（含 2 项）生化指标为阳性，即可以判断该受试物具有抗疲劳作用。

（六）减肥作用

1. 减肥原则

① 减除体现人多余的脂肪，不单纯以减轻体重为标准。

② 每日营养素的摄入量应保证机体正常生命活动的要求。

③ 对机体健康无明显损害。

2. 试验项目

（1）动物试验（首先建立动物肥胖模型）

① 体重测定。

② 体内脂肪重量测定。

（2）人体试食试验　主要测定指标为体重、体重指数、腰围、腹围、臀围、体内脂肪含量。

3. 试验原则

在进行减肥试验时，除上述指标必测外，还应进行机体营养状况检测、运动耐力测试及与健康有关的其他指标的观察。该功能的人体试食试验为必做项目，动物试验与人体试食试验相结合，综合进行评价。

4. 结果判定

在动物试验中，体重及体内脂肪质量2个指标均为阳性，并且对机体健康无明显损害，即可初步判定该受试物具有减肥作用。

在人体试食试验中，体内脂肪量显著减少，且对机体健康无明显损害，可判定该受试物具有减肥作用。

（七）耐缺氧作用

本功能试验研究是以动物学试验为研究基础。

1. 试验项目

小鼠常压耐缺氧实验

2. 结果判定

耐缺氧试验阳性，说明该受试物具有耐缺氧作用。

（八）抗辐射作用

本功能试验研究是以动物学试验为研究基础。

1. 试验项目

（1）亚急性试验

① 30d 存活率或平均存活时间。

② 白细胞总数。

（2）亚慢性或慢性试验

① 小鼠睾丸染色体畸变试验。

② 小鼠骨髓细胞微核试验。

2. 试验原则

较高剂量一次辐射，选择亚急性试验；小剂量多次辐射，选择亚慢性或慢性试验。

3. 结果判定

亚急性试验项目中2项结果为阳性，则可判定该受试物对较高剂量一次辐射有拮抗作用。

亚慢性或慢性试验中2项结果为阳性，则可判定该受试物对小剂量多次辐射有拮抗作用。

（九）抗突变作用

1. 试验项目

（1）Ames 试验或 V_{79} 细胞基因突变试验

（2）小鼠骨髓细胞微核试验

（3）小鼠睾丸染色体畸变试验

2. 试验原则

Ames 试验与 V_{79} 细胞基因突变试验任选一项，采用体内与体外试验相结合的原则。

3. 结果判定

抗突变三项试验中有2项为阳性时，则可判定该受试物具有抗突变作用。

（十）抑制肿瘤作用

1. 试验项目

（1）动物诱发性肿瘤试验

（2）动物移植性肿瘤试验

（3）免疫功能试验

① NK 细胞活性测定。

② 单核-巨噬细胞功能测定。

2. 试验原则

动物诱发性肿瘤试验及动物移植性肿瘤试验 2 项中任选一项，同时必做 2 项免疫功能试验。

3. 结果判定

动物诱发性肿瘤试验及动物移植性肿瘤试验 2 项试验中有一项为阳性，并且对免疫功能无抑制作用，则可判定该受试物具有抑制肿瘤的作用。

（十一）辅助降血脂

1. 试验项目

（1）动物实验

① 体重。

② 血清总胆固醇。

③ 甘油三酯。

④ 高密度脂蛋白胆固醇。

（2）人体试食试验

① 血清总胆固醇。

② 甘油三酯。

③ 高密度脂蛋白胆固醇。

2. 试验原则

① 动物试验和人体试食试验所列指标均为必测项目。

② 动物试验选用脂代谢紊乱模型法，预防性或治疗性任选一种。用高胆固醇和脂类饲料喂养动物可形成脂代谢紊乱动物模型，再给予动物受试物或同时给予受试物，可检测受试物对高脂血症的影响，并可判定受试物对脂质的吸收、脂蛋白的形成、脂质的降解或排泄产生的影响。

③ 在进行人体试食试验时，应对受试物的食用安全性作进一步观察后进行。选择单纯血脂异常的人群，保持平常饮食，半年内采血 2 次，如两次血清总胆固醇（TC）均为 5.2～6.24mmol/L 或血清甘油三酯（TG）均为 1.65～2.2mmol/L，均可作为备选对象，受试者最好为非住院的高脂血症患者，自愿参加试验。受试期间保持平日的生活和饮食习惯，空腹取血测定各项指标。但年龄在 18 岁以下或 65 岁以上者，妊娠或哺乳期妇女，对功能性食品过敏者，合并有心、肝、肾和造血系统等严重疾病，精神病患者，短期内服用与受试功能有关的物品会影响到对结果的判断者，未按规定食用受试物而无法判定功效或资料不全影响功效和安全性判断者不可作为人体试食试验对象。

3. 结果判定

（1）动物实验

① 辅助降血脂结果判定。在血清总胆固醇、甘油三酯、高密度脂蛋白胆固醇 3 项指标

检测中，血清总胆固醇和甘油三酯 2 项指标为阳性，可判定该受试物具有辅助降血脂作用。

② 辅助降低甘油三酯结果判定。甘油三酯 2 个剂量组结果为阳性；甘油三酯一个剂量组结果为阳性，同时高密度脂蛋白胆固醇结果为阳性，可判定该受试物具有辅助降低甘油三酯作用。

③ 辅助降低血清总胆固醇结果判定。血清总胆固醇 2 个剂量组结果为阳性；血清总胆固醇一个剂量组结果为阳性，同时高密度脂蛋白胆固醇结果为阳性，可判定该受试物具有辅助降低血清总胆固醇作用。

（2）人体试食试验　血清总胆固醇、甘油三酯、高密度脂蛋白胆固醇 3 项指标检测中，血清总胆固醇和甘油三酯 2 项指标为阳性，可判定该受试物具有辅助降血脂作用；血清总胆固醇、甘油三酯 2 项指标中任一项指标为阳性，同时高密度脂蛋白胆固醇结果为阳性，可判定该受试样品具有辅助降低血清总胆固醇或辅助降低甘油三酯作用。

（十二）清咽功能

1. 试验项目

（1）动物试验

① 大鼠棉球植入试验。

② 大鼠足趾肿胀试验。

（2）人体试食试验　咽部症状、体征

2. 试验原则

① 动物试验和人体试食试验为必做项目。

② 大鼠棉球植入试验和大鼠足趾肿胀试验任选其一。

③ 在进行人体试食试验时，应对受试物的食用安全性作进一步观察后进行。选择慢性咽炎人群，主观症状有咽痛、咽痒、咽干、干咳、异物感、多言加重等。

3. 结果判定

（1）动物试验　大鼠棉球植入试验或大鼠足趾肿胀试验结果为阳性，可判定受试物具有清咽作用。

（2）人体试食试验　咽部症状、体征明显改善，症状、体征的改善率明显增加，可判定受试物具有清咽的作用。

（十三）调节血糖

1. 试验项目

（1）动物实验

① 高血糖模型动物的空腹血糖值、糖耐量试验。

② 正常动物的降糖试验。

（2）人体试食试验　空腹血糖值、糖耐量试验、胰岛素测定、尿糖测定。

2. 试验原则

① 建立高血糖动物模型，常用四氧嘧啶作为建模药物。

② 人体试食试验是必做项目，在动物学试验有效基础上并对受试物的食用安全性作进一步观察后进行。试验人群为 Ⅱ 型糖尿病患者，除测定规定的指标外，应加测一般健康指标。

3. 结果判定

（1）动物试验　动物学试验有一项指标为阳性，则可判定受试物具有调节血糖作用。

（2）人体试食试验　空腹血糖值、糖耐量试验两项指标中有一项阳性，胰岛素又未升高，可判定受试物有降血糖作用。

（十四）改善胃肠道功能

改善胃肠功能表现在多方面：促进消化吸收功能、改善胃肠道菌群功能、润肠通便、保护胃黏膜功能。

1. 促进消化吸收功能

（1）试验项目

① 动物试验。体重、食物利用率、胃肠运动试验、消化酶活性、小肠吸收试验。

② 人体试食试验。食欲、食量、胃胀腹感、大便性状与次数、体征症状、体重、血红蛋白、胃肠运动试验、小肠吸收试验。

（2）试验原则

① 动物试验与人体试食试验中的所列项目均为必做项目，人体试食试验还应增加一般健康指标。

② 针对纠正儿童食欲不良或成人消化不良者可从所列项目中选择重点项目。

（3）结果判定

① 动物试验中胃肠运动试验、消化酶活性、小肠吸收实验 3 项中一项为阳性，检测结果判定为阳性。

② 针对纠正儿童食欲不振时，重点观察人体试验中食欲、食量明显增加，体重、血红蛋白项中有一项为阳性，检测结果判定为有促进消化吸收功能。

③ 针对成人消化不良时，项目中体征症状、胃肠运动试验、小肠吸收实验项中一项为阳性，检测结果判定为有促进消化吸收功能。

2. 改善胃肠道菌群功能

（1）试验项目（肠道菌群以 cfu/g 粪便计）

① 动物试验。检测双歧杆菌、乳杆菌、肠球菌、肠杆菌、产气荚膜梭菌。

② 人体试食实验。检测双歧杆菌、乳杆菌、肠杆菌、产气荚膜梭菌。

（2）试验原则

① 动物与人体所列检验项目均为必测项目。

② 人体试食试验为必做项目，还可以加测一般健康指标。

③ 动物可用正常动物或肠道菌群紊乱动物模型。

（3）结果判定

① 动物试验

a. 双歧杆菌、乳杆菌明显增加，肠球菌、肠杆菌增加但幅度小于双歧杆菌、乳杆菌的增幅，产气荚膜梭菌减少或无变化；

b. 双歧杆菌、乳杆菌明显增加而产气荚膜梭菌减少或无变化，肠球菌、肠杆菌无变化。上两项中一项符合可判定有改善胃肠道菌群功能。

② 人体试食试验

a. 双歧杆菌、乳杆菌明显增加，肠球菌、肠杆菌增加但幅度小于双歧杆菌、乳杆菌的增幅，产气荚膜梭菌减少或无变化；

b. 双歧杆菌、乳杆菌明显增加而产气荚膜梭菌减少或无变化，肠球菌、肠杆菌无变化。上两项中一项符合可判定有改善胃肠道菌群功能。

3. 润肠通便功能

（1）试验项目　动物试验：体重、小肠吸收实验（小肠推进速度）、排便时间、粪便质

（重）量或粒数、粪便性状。

（2）试验原则

① 制造便秘动物模型，与正常对照动物一起实验。

② 不得引起动物腹泻。

（3）结果判定　动物实验中粪便重量或粒数明显增加，小肠吸收实验、排便时间一项为阳性，检测结果判定为有润肠通便功能。

4. 保护胃黏膜功能

（1）试验项目

① 动物试验。胃黏膜损伤情况（损伤面积、溃疡情况）。

② 人体试食试验。胃部症状、体征、X射线钡餐或胃镜检查胃黏膜情况。

（2）试验原则

① 人体试食试验为必测项目。

② 人体试食试验还可加测一般健康状况指标。

（3）结果判定

① 动物试验。胃黏膜损伤情况有明显改善，判定为阳性。

② 人体试食试验。胃部症状和体征明显改善，胃黏膜损伤症状好转，可判定为有保护胃黏膜功能。

（十五）改善睡眠

1. 试验项目（动物试验）

① 体重。

② 睡眠时间。

③ 睡眠发生率。

④ 睡眠潜伏期。

⑤ 观察指标。给被检样品在阈上剂量有催眠作用下是否延长睡眠时间；在阈下剂量作用下是否缩短入睡时间。

2. 试验原则

① 体重及另三项为必测项目。

② 观测被检样品对催眠剂（巴比妥或戊巴比妥）在阈上或阈下剂量时的催眠作用。

3. 结果判定

体重以外三项检测项目中两项为阳性，检测结果判定为有改善睡眠功能。

（十六）改善营养性贫血

1. 试验项目

（1）动物试验（所列项目均为必测项目）

① 体重。

② 血红蛋白。

③ 红细胞压积。

④ 血清铁蛋白。

⑤ 红细胞游离原卟啉。

⑥ 组织细胞铁。

（2）人体试验

① 体重。

② 血红蛋白。

③ 红细胞压积。

④ 血清铁蛋白。

⑤ 红细胞游离原卟啉。

2. 试验原则

① 所列项目均为必测项目。

② 人体可加测一般健康指标。

③ 贫血按现行临床标准诊断。

3. 结果判定

（1）动物实验　②项阳性，③、④、⑤、⑥四项中任一项为阳性，检测结果判定为阳性。

（2）人体试食实验　②项阳性，①、③、④、⑤四项中任一项为阳性，结果判定为有改善营养性贫血功能。

（十七）对化学性肝损伤有保护作用

1. 试验项目（动物试验）

① 体重。

② 谷丙转氨酶（ALT）。

③ 谷草转氨酶（AST）。

④ 肝组织病理。

2. 试验原则

① 所列项目均为必测项目。

② 还可加测肝中丙二醛、谷胱甘肽、甘油三酯。

3. 结果判定

肝组织病理为阳性，②、③项中任一项为阳性，检测结果判定为具有对化学性肝损伤的保护作用。

（十八）促进泌乳

1. 试验项目

（1）动物实验（以下所列项目均为必测项目）

① 泌乳量。

② 仔鼠的发育状况（如体重与身长）。

（2）人体试食试验

① 泌乳量。

② 母乳质量（乳汁蛋白质含量、脂肪含量）。

③ 婴儿生长发育状况。

2. 试验原则

① 所列项目均为必测项目。

② 人体试食试验还可选用母体乳房感觉、乳儿其他发育指标、乳汁质量指标。

3. 结果判定

（1）动物试验　泌乳量增加，与对照组相比，仔鼠体重、身长增加明显，结果判定为阳性。

（2）人体试食试验　泌乳量增加，婴儿身高、体重增加，乳汁质量改善或不低于对照组，试验结果判定为具有促进泌乳功能。

(十九) 美容

美容表现在多方面，具体功能应予明确。

1. 祛痤疮功能

(1) 试验项目　人体试食试验：痤疮数量、皮肤损害情况、皮脂分泌状况。

(2) 结果判定

① 人体试食试验所列三项指标中两项为阳性，且不产生新痤疮，检测结果判定为有祛痤疮功能。

② 皮脂分泌减少，不产生新痤疮，其他两项指标虽无明显改善，可认为受试物有减少皮腺分泌作用。

2. 祛黄褐斑功能

(1) 试验项目　人体试食试验：黄褐斑面积、黄褐斑颜色。

(2) 结果判定　黄褐斑面积与颜色有改善，且不产生新黄褐斑，检测结果判定为有祛黄褐斑功能。

3. 祛老年斑功能

(1) 试验项目

① 动物试验。测定过氧化脂质（如脂褐质）含量、抗氧化酶（SOD、GSH-PX）活性、皮肤羟脯氨酸含量。

② 人体试食试验。测定老年斑面积或数量、老年斑颜色、过氧化脂质含量、抗氧化酶（SOD、GSH-PX）活性。

(2) 试验原则

① 所列动物及人体试验项目均为必测项目。

② 人体试验还应加测一般健康指标。

(3) 结果判定

① 动物试验　三项中有两项为阳性，检测结果判定为阳性。

② 人体试食试验　老年斑面积或数量、老年斑颜色明显改善；过氧化脂质含量、抗氧化酶（SOD、GSH-PX）活性有一项为阳性，可判定受试物有祛老年斑功能。

4. 保持皮肤水分、油脂和 pH

(1) 试验项目

人体试食试验：

① 皮肤水分。

② 皮肤油脂。

③ 皮肤 pH 测定。

(2) 试验原则　所列项目必测。

(3) 结果判定　皮肤水分及油脂保持、皮肤 pH 测定为阳性，检测结果判定受试物有保持皮肤水分、油脂和 pH 功能。对皮肤水分及油脂保持也可分别测定。

5. 丰乳功能

(1) 试验项目　人体试食试验：乳房体积、体重、体内脂肪含量、性激素的测定。

(2) 试验原则

① 用多种方法测乳房体积，保证结果准确。

② 除所列项目必测外，还应做乳腺钼靶 X 射线摄像及一般健康指标。

③ 检测受试物是否含性激素。

（3）结果判定　乳房体积增加，体重与体内脂肪含量无明显变化，性激素在正常水平，检测结果判定受试物有丰乳功能。

（二十）改善视力

1. 试验项目

人体试食试验：

① 一般健康状况临床检查。

② 眼部自觉症状。

③ 视力、屈光度、暗适应检测。

2. 试验原则

排除眼外伤、感染、器质性病变及其他非保健食品所能纠正的眼疾患人群。

3. 结果判定

① 试验组试验前后比较和试验后试验组与对照组比较。

② 眼部症状积分提高，裸眼视力提高，屈光度降低 0.5OD 以上，暗适应恢复或改善，一般健康状况无异常，检测结果判定受试物有改善视力功能。其中，裸眼视力提高两行以上为有效、三行以上为显效。

（二十一）促进排铅

1. 试验项目

（1）动物试验

① 以醋酸铅给实验组和对照组，或用醋酸铅制造的动物铅中毒模型。

② 检测指标包括体重、血铅、骨铅、肝铅、脑铅。

（2）人体试验　检测血铅、尿铅。

2. 试验原则

① 动物可加测其他组织铅含量及血液生化指标。

② 人体可观察症状及一般健康指标。

③ 人体血铅、尿铅可多次测定，以观察其动态变化。

3. 结果判定

① 动物骨、肝等组织中铅含量下降，检测结果判定为阳性。

② 人体尿铅排出量增加，检测结果判定受试物有促进排铅功能。

（二十二）调节血压

1. 试验项目

（1）动物实验　体重、血压。

（2）人体试食试验　血压、心率、症状与体征。

2. 试验原则

① 所列动物与人的项目必测。人体可加测一般健康指标。

② 动物试验可用高血压模型和正常动物。

③ 人体试食试验可在治疗基础上进行。

3. 结果判定

① 试验动物血压下降，对照动物血压无影响，检测结果判定为阳性。

② 人体血压下降，症状体征改善，检测结果判定受试物有调节血压功能。其中，舒张压下降 2.7kPa（19mmHg），收缩压下降 4kPa（30mmHg）以上为有效；舒张压恢复正常

或下降 2.8kPa（20mmHg）以上为显效。

（二十三）增加骨密度、改善骨质疏松

1. 试验项目

（1）动物试验

① 骨钙含量或骨密度。

② 钙的吸收率。

（2）人体试验

① 骨密度、症状体征。

② 相关功能（如肾功能）与生化指标（如血、尿、钙、磷、碱性磷酸酶等）。

2. 试验原则

① 含钙样品检测骨密度。

② 钙营养素或含钙食品，要测定骨密度及骨钙含量。

③ 其他的钙源样品及未批准钙源样品要测钙吸收率。

④ 动物试验除所列项目外，还可测骨质量、骨皮质厚、骨小梁、骨磷含量等。

⑤ 人体可加测一般健康指标。

3. 结果判定

① 试验动物骨钙含量及骨密度增加，钙吸收率不低于碳酸钙对照，检测结果判定为阳性。

② 人体骨密度增加，症状体征改善，结果可判定受试物有改善骨质疏松功能。

思 考 题

1. 功能性食品为什么要进行安全毒理学评价？

2. 毒理学安全性评价的原则是什么？

3. 功能学评价时应考虑哪些原则？

4. 进行动物学试验时对动物的选择要求？

5. 动物分组的原则和方法？

第二十八章

功能性食品的加工技术

第一节　膜分离技术

一、膜分离的基本概念

膜分离是一种使用半透膜的分离方法。用天然或人工合成的高分子薄膜，以外界能量或化学位差为推动力，对双组分或多组分的溶质和溶剂进行分离、分级、提纯和浓缩的方法，统称为膜分离法。

如果用膜把一个容器隔成两个部分，膜的一侧是水溶液，另一侧是纯水，或者膜的两侧是浓度不同的溶液，则通常把小分子溶质透过膜向纯水侧移动、水分透过膜向溶液侧或浓溶液侧移动的分离称为渗析或透析。如果仅溶液中的水分（溶剂）透过膜向纯水侧或浓溶液侧移动，溶质不透过膜移动，这种分离称为渗透。

在制膜工业生产上有各种各样的膜以满足各种不同分离对象和分离方法的要求。根据膜的材质，从相态上可分为固态膜和液态膜。从来源上可分为天然膜和合成膜，后者又可分为无机膜和有机膜。根据膜断面的物理形态，可将膜分为对称膜、不对称膜和复合膜。依照固体膜的外形，可分为平板膜、管状膜、卷状膜和中空纤维膜。按膜的功能，又可分为超滤膜、反渗透膜、渗析膜和离子交换膜。

膜性能对膜分离的应用和效果有较大影响。通常所称的膜性能是指膜的物化稳定性和膜分离透过性。膜的物化稳定性主要是指膜的耐压性、耐热性、适用的pH范围、化学惰性、机械强度。膜的物化稳定性主要取决于构成膜的高分子材料。由于膜的多孔结构和水溶胀性使膜的物化稳定性低于纯高分子材料的物化稳定性。膜的物化稳定性主要从膜的抗氧化性、抗水解性、耐热性和机械强度等方面来评价。而膜的分离透过特性主要从分离效率、渗透通量和通量衰减系数三个方面来评价。

对任何一种分离过程，总希望分离效率高，渗透通量大。实际上，通常分离效率高的膜，渗透通量小，而渗透通量大的膜，分离效率低。故在实际应用中需要在这两者之间寻求平衡。

二、常用的膜分离过程

1. 微滤

微孔过滤膜的孔径一般在 $0.02\sim10\mu m$。但是在滤谱上可以看到，在微孔过滤和超过滤之间有一段是重叠的，没有绝对的界限。

微孔过滤膜的孔径十分均匀，微孔过滤膜的空隙率一般可高达 80% 左右。因此，过滤通量大，过滤所需的时间短。大部分微孔过滤膜的厚度在 $150\mu m$ 左右，仅为深层过滤介质的 $1/10$，甚至更小。所以，过滤时液体被过滤膜吸附而造成的损失很小。

微孔过滤的截留主要依靠机械筛分作用，吸附截留是次要的。

由醋酸纤维素与硝酸纤维素等混合组成的膜是微孔过滤的标准常用滤膜。此外，已商品化的主要滤膜有再生纤维素膜、聚氯乙烯膜、聚酰胺膜、聚四氟乙烯膜、聚丙烯膜、陶瓷膜等。

在实际应用中，折叠型筒式装置和针头过滤器是微孔过滤的两种常用装置。

2. 电渗析

电渗析是以电位差为推动力，利用离子交换膜的选择透过性，从溶液中脱除或富集电解质。电渗析的选择性取决于所用的离子交换膜。离子交换膜以聚合物为基体，接上可电离的活性基团。阴离子交换膜简称阴膜，它的活性基团常用氨基。阳离子交换膜简称阳膜，它的活性基因通常是磺酸盐。离子交换膜的选择透过性是由于膜上的固定离子基团吸引膜外溶液中的异电荷离子，使它能在电位差或浓度差的推动下透过膜体，同时排斥同种电荷的离子，阻拦它进入膜内。因此，阳离子能通过阳膜，阴离子能通过阴膜。

根据膜中活性基团分布的均一程度，离子交换膜大体上可以分为异相膜、均相膜及半均相膜。聚乙烯、聚丙烯、聚氯乙烯等是离子交换膜最常用的膜材料。性能最好的是用全氟磺酸、全氟羧酸类型膜材料制备的离子交换膜。

电渗析用于水溶液中电解质的去除、电解质的浓缩、电解质与非电解质的分离和复分解反应等领域。

3. 反渗透

反渗透（又称高滤）是渗透的逆过程，即溶剂从浓溶液通过膜向稀溶液中流动。正常的渗透过程按照溶剂的浓度梯度，溶剂从稀溶液流向浓溶液。若在浓溶液侧加上压力，当膜两侧的压力差（ΔP）达到两溶液的渗透压差（$\Delta\pi$）时，溶剂的流动就停止，即达到渗透平衡。当压力增加到 $\Delta P > \Delta\pi$ 时，水就从浓溶液一侧流向稀的一侧，即为反渗透。

1960 年，具有极薄皮层的非对称醋酸纤维素膜问世，使反渗透技术迅速地从实验室走向工业应用。非对称分离膜的出现，也大大推动了其他膜过程的开发和工业应用。目前应用的反渗透膜可分为非对称膜和复合膜两大类。前者主要以醋酸纤维素和芳香聚酰胺为膜材料；后者支撑体都为聚砜多孔滤膜，超薄皮层的膜材料都为有机含氮芳香族聚合物。反渗透膜的膜材料必须是亲水性的。

20世纪90年代出现了纳滤膜分离过程。在前期的研究中，有人将其称为疏松的反渗透膜，后来由于这类膜的孔径是在纳米范围，所以称为纳滤膜及纳滤过程。在滤谱上它位于反渗透和超滤之间。纳滤特别适用于分离相对分子质量为几百的有机化合物。它的操作压力一般不到1MPa。

4. 超滤

超滤也是一个以压力差为推动力的膜分离过程，其操作压力在0.1～0.5MPa。一般认为超滤是一种筛孔分离过程。在静压差推动下，原料液中溶剂和小的溶质粒子从高压的料液侧透过膜到低压侧，所得的液体一般称为滤出液或透过液，而大粒子组分被膜拦住，使它在滤剩液中浓度增大。这种机理不考虑聚合物膜化学性质对膜分离特性的影响。因此，可以用细孔模型来表示超滤的传递过程。

超滤膜早期用的是醋酸纤维素膜材料，以后还用聚砜、聚丙烯腈、聚氯乙烯、聚偏氟乙烯、聚酰胺、聚乙烯醇等有机及无机膜材料。超滤膜多数为非对称膜，也有复合膜。超滤操作简单，能耗低。

5. 渗析

当把一张半透膜置于两种溶液之间时，会出现双方溶液中的大分子原地不动而小分子溶质（包括溶剂）透过膜而互相交换的现象，称为透析。

三、膜分离技术的应用

膜分离技术是一种在常温下无相变的高效、节能、无污染的分离、提纯、浓缩技术。这项技术的特性适合功能性食品的加工，在如下几个方面应用效果明显。

1. 在功能饮用水加工中的应用

饮料用水一般为软化无菌水，既可用电渗析、离子交换树脂软化、超滤除菌，也可用反渗透一次完成软化除菌。近几年国内已出现纳滤膜，纳滤膜对二价离子的脱除率可达98%左右，因此用纳滤膜来生产饮料用水更经济合理。

用超滤可脱除矿泉水中的铁、锰等高价金属离子胶体、有机物胶体和细菌，用超滤作为矿泉水的终端处理可防止矿泉水的混浊和沉淀，并能保证其卫生指标。

用高脱盐率（>95%）电渗析加超滤两步法或者用高脱盐率（>95%）的反渗透一步法都可达到饮用纯净水的标准。

饮用高氟地区的饮用水会引起人的骨质疏松等多种疾病，用反渗透法可脱除90%以上的氟，使之符合国家饮用水卫生标准。

2. 在发酵生产中的应用

用反渗透法可使普通啤酒中乙醇含量从3%降到0.1%。可用微滤去除酵母，保证生啤酒的感官指标和保质期。用反渗透法可将普通葡萄酒中乙醇含量降到1%～2%。可用超滤去除低度白酒中的棕榈酸酯等，解决因低温引起的混浊。超滤还可增加乙醇和水的缔合，使得口感柔和醇厚。用超滤去除上述酒中的果胶、蛋白质、多糖等大分子物质，解决由此产生的沉淀。用反渗透法可将赖氨酸、丝氨酸、丙氨酸、脯氨酸、苏氨酸等浓缩两倍。用超滤生产的白酱油，可减少高价金属离子的含量，除去细菌和杂质，提高酱油对热和氧的稳定性。用超滤加工的食醋，清亮透明、无菌、无沉淀，并能改善风味。

3. 在果汁和饮料生产中的应用

可用超滤对果汁进行除菌、澄清、脱果胶及回收果汁中的果胶、蛋白酶等，也可用反渗透对果汁进行浓缩，浓缩浓度可达20～25°Bx。可用反渗透把速溶咖啡的固形物含量从8%

浓缩至35%；速溶茶可浓缩至20%左右。用超滤脱除罗汉果浸提液中的多糖、蛋白质等，再用反渗透进行浓缩，其浓缩浓度为20～25°Bx。

4. 在色素生产中的应用

用超滤可脱除焦糖色素中的有害成分亚铵盐及不愉快的味道。用超滤可脱除天然食用色素水提取液中95%以上的果胶和多糖类物质，并可用反渗透法浓缩该浸提液至固含量为20%以上，色价保持率极高。

5. 在食用胶生产上的应用

用超滤可脱掉食用明胶中的色素及灰分，并把食用明胶的固含量浓缩至15%。用超滤可脱掉果胶中的糖、酸、色素，其脱除率大于98%，并可把果胶浓缩到固含量为3.5%以上。

6. 在蛋白质加工中的应用

用超滤法生产大豆分离蛋白，蛋白质截留率大于95%，蛋白质回收率大于93%，比传统的酸沉淀法收率提高10%。用反渗透浓缩蛋清，固含量可从12%浓缩到20%；用超滤浓缩全蛋，其固含量可从24%浓缩到42%。用超滤可从马铃薯淀粉加工废水、粉丝生产黄浆水、水产品加工废水、大豆分离蛋白加工废水及葡萄糖生产中回收蛋白。这样既充分利用了资源，又符合环保的要求。

7. 在乳制品加工中的应用

用反渗透法浓缩牛奶，用于生产奶粉和奶酪，牛奶的固含量可浓缩到25%。亚洲人普遍对乳糖过敏，用超滤法把牛奶中的乳糖脱除，并回收乳糖作工业原料。用超滤法可从干酪乳清中回收并浓缩蛋白。

第二节 微胶囊技术

一、微胶囊的基本概念

1. 微胶囊的定义

日常生活中人们对服用胶囊药物已经司空见惯，那是将药粉或药粒装填到可食性胶囊中，便于吞服并避免了药的苦味和不良气味，这种胶囊已有一百多年的历史了。如果将这种胶囊缩小到直径只有5～200μm，就是微胶囊。可以说，微胶囊就是指一种具有聚合物壁壳的微型容器或包装物。包在微胶囊内的物质称为芯材，而外面的"壳"称为壁材。它们必须是无毒无味及食品卫生法规所允许的材料，且在食品中的最终用量也应符合食品卫生法的要求。一般来说，油溶性芯材应采用水溶性壁材，而水溶性芯材必须采用油溶性壁材。当然这样小的胶囊不可能是装填的，于是人们发明了许多制造微胶囊的方法。微胶囊造粒技术有时也被称为包埋技术。

2. 微胶囊的构成

（1）芯材 在食品工业生产中，凡食品中的必要成分或需要添加的材料，如要改变性状并保持其特定性能，都可作为芯材，它是开发和应用微胶囊技术的目的物。

（2）壁材 就是构成微胶囊外壳的材料，也有的称为"包衣"。食品微胶囊的壁材首先应无毒，符合国家食品添加剂卫生标准。它必须性能稳定，不与芯材发生反应，具有一定强度、耐摩擦、挤压、耐热等性能。

最常用的壁材为植物胶、阿拉伯胶、海藻酸钠、卡拉胶、琼脂等。其次是淀粉及其衍生物，如各种类型的糊精、低聚糖。国外开发出许多淀粉衍生物具有很好的乳化性、成膜性、质密性，是很好的包埋香精的壁材。此外，明胶、酪蛋白、大豆蛋白、多种纤维素衍生物也都是很好的壁材。

3. 微胶囊的形态

微胶囊因制作方法的不同有球形、椭球形、柱形、无定形等形状，但最多的是球形。它们可以是单核的，也可以是多核的。微胶囊外壁可以是单层也可以是双层。对于挤压成型再粉碎的产品则是无定型的。喷雾干燥法制得的微胶囊为表面有陷凹的球形，内部为众多个不连续的球状芯。

4. 微胶囊芯材的释放

微胶囊芯材可在水中或其他溶剂中因壁材溶解而释放，这是最常见的释放方法，如喷雾干燥法制造的粉末香精、粉末油脂。也有因温度升高到壁材融化，外壳被破坏而释放的，如膨松剂中的酸性材料。也有因挤压摩擦破坏外壳而释放的，如口香糖中的甜味剂和香精。以上几种是瞬时释放，即一旦外壳破坏，芯材立即释放出来。还有因壁材吸水膨胀形成半透膜而使芯材逐渐渗透而缓慢释放的，这种释放直到内外渗透压平衡而停止。微胶囊的制造应根据其用途、释放方式、芯材性质而选择相应的制造方法。

5. 食品工业中常用的几种微胶囊化方法

微胶囊化方法大致可分为化学法、物理法和融合二者的物理化学法。具体方法可有二十余种，如喷雾干燥法、喷雾冻凝法、空气悬浮法（又称沸腾床法）、真空蒸发沉积法、多孔离心法、静电结合法、单凝聚法、复合凝聚法、油相分离法、挤压法、锐孔法、粉末床法、熔融分散法、复相乳液法、界面聚合法、原位聚合法、分子包埋法、辐射包埋法等。其中，有一部分还停留在发明专利上，没有形成规模工业生产；部分已应用于医药工业、化学工业上。真正可用于食品工业的微胶囊方法则需符合以下条件：能批量连续化生产，生产成本低；能被食品工业接受；有成套相应设备可引用，设备简单；生产中不产生大量污染物（如含化学物的废水）；壁材是可食用的，符合食品卫生法和食品添加剂标准；使用微胶囊技术后确实可简化生产工艺，提高食品质量。因此目前能在食品工业中应用的方法只有少数几种。主要有喷雾干燥法、喷雾冻凝法、空气悬浮法、分子包埋法、水相分离法、油相分离法、挤压法、锐孔法等 8 种方法，另外还有界面聚合法、原位聚合法、粉末床法。随着技术的改进和设备的开发，今后会有更多的造粒技术走向成熟，投入使用。

二、食品工业的微胶囊功能

在食品工业中应用最早、最广泛的微胶囊功能是物料形态的改变，即把液态原料固体化，变成微细的可流动性粉末。除便于使用、运输、保存外，还能简化食品生产工艺，促进开发出新型产品，如粉末香精就是固体饮料开发的前提，粉末油脂的出现促成了许多方便食品的开发，如咖啡伴侣、维生素强化奶粉等。

防止某些不稳定的食品原辅料挥发、氧化、变质。许多香精和香料精油的化学性质不稳定，易挥发或被氧化，如维生素 E、维生素 C、高度不饱和的油脂（如 DHA、EPA）等材料易氧化而失去功能，生产中又要求这些成分在食品中高度分散于易被氧化的环境中。微胶囊化就是解决这一矛盾的最好方法。

控制芯材释放速度是微胶囊技术应用最广泛的功能之一。食品中有效成分需要控制释放的例子很多。如在焙烤业中，某些膨松剂要求在面胚表面升温到某一程度，淀粉糊化和蛋白质变性已具备了保气功能后再产气，而生成的气体形成气泡不会溢散。酸碱式膨松剂中的一种酸性材料应先制成微胶囊，待达到所需温度后再释放气体。日本有微胶囊化乙醇保鲜剂，在密封包装中缓慢释放乙醇蒸气以防止霉菌。还可以利用医药中的肠溶微胶囊技术制造某些活菌制品，改善肠道消化状态。我国传统豆腐生产中使用石膏可生产出细嫩的南豆腐，就是利用了石膏的天然缓释 Ca^{2+} 的功能；$MgCl_2$ 没有缓释功能，但豆腐的风味更好，将 $MgCl_2$ 微胶囊化后，就可以结合两者优点。

功能性食品加工过程中可能产生不良气味，某些原料中也会含有难于去除的不良气味或去除工艺复杂，还会破坏应有香气，此时可用微胶囊化方法解决，通常用 β-环糊精为壁材的分子包埋法。

三、微胶囊技术的应用

微胶囊技术在食品工业中的应用范围越来越广，各种新的使用方法、新产品被不断开发出来。

以海藻酸钠、蔬菜、天然果汁为原料，微胶囊技术和饮料工艺相结合，制造微胶囊复合果蔬饮料，产品具有叶酸、蛋白质、维生素 C、钙等营养成分。理想的胶囊呈圆形且表面光滑，微胶囊成形时，氯化钙溶液的流速决定了胶囊的外观及口感。产品具有色泽明快、风味独特、营养丰富、稳定性极佳等特点。

以海藻提取物为主要原料，利用滴制设备滴入到另一种液体物料之中，发生化学变化，从而形成珍珠状球形胶囊颗粒。将之加入到饮料中制成海藻酸钠珍珠胶囊饮料，饮料的颜色与珍珠胶囊的颜色可相同也可不同，增加饮料的营养价值，改善饮料的外观和口感。对于阻碍人体对胆固醇的吸收，抑制有害金属离子在人体内积累具有特殊功效。

从果蔬中提取可利用的营养物质，并保持其颜色、防止其褐变褪色而将蔬菜汁制成彩色胶囊加入至饮料中，所得的产品色彩鲜艳、稳定性好、感官（品质高）性好。

在乳制品中添加的营养物质往往具有不愉快的气味，其性质不稳定易分解，影响产品质量。将这些添加物利用微胶囊技术包埋，可增强产品稳定性，使产品具有独特的风味，无异味、不结块，泡沫均匀细腻、冲调性好、保质期长。利用此法制成的产品有果味奶粉、姜汁奶粉、可乐奶粉、发泡奶粉、膨化乳制品、啤酒奶粉等。

微胶囊技术可应用于糖果的调色、调香、调味及糖果的营养强化和品质改善。糖果生产中的天然食用色素、香精、营养强化剂等物质易分解，将其微胶囊化可确保产品质量的稳定。用 β-环糊精包埋胡萝卜素、核黄素、叶绿素铜钠、甜红素等，经日光照射不褪色。生产芝麻酥心糖时直接在烘焙面粉中添加 $FeSO_4$，则产品易氧化酸败，但经包埋后再添加，可防止异味并能延长保质期。常用的壁材有水溶性食用胶、环糊精、纤维素衍生物、明胶、酪蛋白等物质，用此法生产的糖果颜色鲜亮持久，产品货架期长。

微胶囊技术还可应用于其他食品行业中。如食品添加剂中的某些甜味剂、酸味剂、防腐剂、香精、色素的性质不稳定，利用微胶囊包埋技术制备微胶囊化甜味剂、酸味剂、防腐剂等，既改变了物质的原有状态，又增强了食品添加剂的稳定性，减少了与其他物质产生不良反应的可能性。在酿酒工业中也逐步引入微胶囊化技术研制开发新产品，现已问世的产品有奶味啤酒、螺旋藻悬浮啤酒、粉末化酒等。酒的粉末化需选择一种适当的包囊材料将酒中的酒精和挥发性芳香物质包埋起来，利用喷雾干燥法制成固化微胶囊颗粒，从而改变传统酒类产品的固有形态。

第三节　超临界流体萃取技术

一、超临界流体的萃取原理和特性

超临界流体萃取技术是以超临界状态下的流体作为溶剂，利用该状态下流体所具有的高

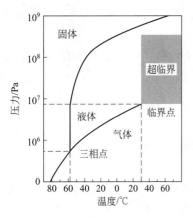

图 28-1 二氧化碳压力-温度图

渗透能力和高溶解能力萃取分离混合物的过程。

任何物质都具有气、液、固三态。随着压力、温度的变化、物质的存在状态也会相应发生改变，图 28-1 标出了二氧化碳各相存在的区域。在相图中，当气-液两相共存线自三相点延伸到气液临界点后，气相与液相混为一体，相间的界线消失，物质成为既非液体也非气体的单一相态，即超临界状态，此时物质不能再被液化。

严格地说，超临界流体是指那些高于又接近流体临界点，以单相形式而存在的流体。流体在临界点附近的物理化学性质与在非临界状态有很大不同，其密度、介电常数、扩散系数、黏度及溶解度都有显著变化。

人们利用超临界流体对混合物某些组分进行萃取，发现超临界流体具有良好的溶解性能，能够萃取一些重要的化合物。在适当条件下，难溶物质在超临界相中的溶解度比在非临界状态相中要大 10^4 倍。这是由于超临界相的密度增大了，导致溶剂的介电常数和极化度增加，从而增加了溶剂分子与被溶解分子的作用力。

由于在其他条件完全相同的情况下，流体的密度在相当程度上反映了它的溶解能力，而超临界流体的密度又与压力、温度有关。因此，在进行超临界萃取操作时，通过改变体系的温度和压力，从而改变流体密度，进而改变萃取物在流体中的溶解度，以达到萃取和分离的目的。

关于超临界流体萃取时分子间作用的特点，可以认为它更近似于液-液（固）萃取。蒸馏过程之所以能分离预定的组分，主要是靠组分间挥发度的差异。而液-液（固）萃取的分离原理则是依靠各组分的溶解度差异；物质的挥发度虽与物质间的相互作用有关，但主要取决于分子的热运动，而物质的溶解度则主要依赖于分子间的相互作用。当超临界流体的压力增加，流体密度增大，分子间距离减少，它们之间的相互作用也就加强。溶剂分子与溶质分子间的作用要么发生在气固界面或发生在液相界面上，要么发生在液相内部，使溶质分子克服原有分子的相互作用而进入超临界相内。因此，其分离作用原理与液-液萃取过程类似。

根据超临界流体萃取技术的原理，可将超临界流体萃取过程的基本特征归纳如下。

① 作为萃取溶剂的超临界流体同时兼有液体和气体的优点，它具有与液体相近的密度和介电常数，又具有与气体相近的黏度，扩散系数也远大于一般液体。高的密度和介电常数有利于溶剂和溶质分子之间的相互作用，提高溶剂效能；低的黏度和高的扩散系数有利于传质和溶质溶剂间的分离。这样，可在较短的时间内达到平衡，提高萃取效率，也无需进行溶剂蒸馏回收。所以超临界流体是萃取分离的理想溶剂。

② 利用超临界流体可在常温或不高的温度下溶解或选择性地提取、萃取出难挥发的物质，形成一个负载的超临界相，此方法特别适用于提取或精制热敏性和易氧化的物质。

③ 超临界流体的溶剂效能强烈依赖于流体密度、温度和压力，对于给定的物质，增加超临界流体相的密度，使溶剂的溶解能力增加，萃取分离更为有效；降低超临界流体的密度，使溶剂的溶解能力下降，有助于溶剂与溶质的回收。而超临界流体相的密度可由过程的温度和压力进行控制。常用的溶剂种类并不多，但它们的性质，特别是密度可以在较宽的范围内随压力和温度而发生变化。

二、超临界流体萃取剂的选择

用作超临界萃取剂的流体很多，这些流体有的价格昂贵、制取困难，有的对设备有腐蚀性和破坏性，有的气体有毒有害，不适于提取食品或医药中的有效成分。与其他气体比较，二氧化碳作为超临界溶剂具有较大的优越性。目前在食品、化妆品、医药、香料的领域中，常用二氧化碳作为超临界萃取剂。二氧化碳基本上能满足非极性提取剂的要求，且价廉易得，还不会引起被萃取物的污染，无毒无害，是食品工业领域超临界流体萃取中一种较理想和使用较普遍的溶剂。

二氧化碳作为超临界萃取溶剂有以下溶解特点。

① 对于相对分子质量大于 500 的物质具有一定的溶解度。

② 中、低相对分子质量的卤化物、醛、酮、酯、醇、醚易溶。

③ 低相对分子质量、非极性的脂族烃（C_{20} 以下）及小分子的芳烃化合物是可溶解的。

④ 相对分子质量很低的极性有机物（如羧酸）是可溶解的，对酰胺、脲、氨基甲酸乙酯、偶氮染料的溶解性较差。

⑤ 极性基团（如羟基、氮）的增加通常会降低有机物的溶解性。

⑥ 脂肪酸及甘油三酯具有较低的溶解性，单酯化作用可增加脂肪酸的溶解性。

⑦ 同系物中溶解度随相对分子质量的增加而降低。

⑧ 生物碱、类胡萝卜素、氨基酸、水果酸和大多数无机盐是不溶的。

三、超临界流体萃取技术在食品工业中的应用

超临界流体特别是超临界 CO_2 萃取技术以其提取率高、产品纯度好、过程能耗低、后处理简单、无毒、无三废、无易燃易爆危险等诸多传统分离技术不可比拟的优势，近年来得到了广泛的应用。在食品工业中的应用正在不断扩展，它既可从原料中提取和纯化少量有效成分，还可以去除一些影响食品风味和有碍人体健康的物质。

植物中的挥发性芳香成分由精油和某些特殊香味的成分构成。精油分离一般使用水汽蒸馏，精油和香味成分从植物组织中提取使用溶剂浸提法。但应用传统的提取方法，部分不稳定的香气成分受热变质，溶剂残留及低沸点头香成分的损失将影响产品的香气。因此，室温操作、无毒、无残留的超临界 CO_2 萃取就成了传统的提取方法的理想替代技术。在超临界条件下，精油和特殊的香味成分可同时被抽出，并且植物精油在超临界 CO_2 流体中溶解度很大，与液体 CO_2 几乎能完全互溶，因此精油可以完全从植物组织中被抽提出来，加之超临界流体对固体颗粒的渗透性很强，使萃取过程不但效率高，而且与传统工艺相比有较高的收率。超临界流体 CO_2 萃取技术生产天然辛香料的植物原料很多，如啤酒花、生姜、大蒜、洋葱、辣根、砂仁和八角茴香等。从墨红花、桂花等物质中用超临界 CO_2 提取的精油（或浸膏）香气与鲜花相近。

富含油脂的植物种子是食用油的主要原料，目前工业化分离多采用压榨法或溶剂萃取法。用压榨法，油脂得率低，约有 5% 以上的残油会留在油饼中；而用乙烷、石油醚等有机溶剂萃取时，油脂的收率大有提高，但存在溶剂回收和产品带有溶剂残留问题。而且两种方法不能有效地进行物质成分的选择性萃取。超临界 CO_2 萃取植物油脂的技术日趋成熟，用超临界 CO_2 萃取得到的油品，一般油收率高，杂质含量低，色泽浅，并且可省去减压蒸馏和脱臭等精制工序。与传统方法相比，萃取油脂后的残粕仍保留了原样，可方便地用于提取蛋白、掺入食品或用作饲料。磷脂普遍存在于动植物的细胞中，磷脂主要有卵黄磷脂和大豆磷脂。用超临界 CO_2 萃取技术分离、提纯可得到高纯度卵黄磷脂和

大豆磷脂。

生物体内的一些生理活性物质，对人的营养保健和对疾病的治疗效果已日显重要，但这些物质易受常规分离条件的影响而失去生理活性功效。超临界流体萃取由于分离条件十分温和，而在这个领域有十分广阔的前景。鱼油中含有大量的二十碳五烯酸（EPA）和二十二碳六烯酸（DHA）这类具有生理活性的不饱和脂肪酸。由于高度不饱和脂肪酸分子结构的特点，EPA 和 DHA 极易被氧化，易受光热破坏，传统的分离方法很难解决高浓度的 EPA、DHA 提取问题。超临界 CO_2 萃取可将 EPA 和 DHA 从鱼油中分离。月见草中的 γ-亚麻酸、紫苏籽中的 α-亚麻酸、荔枝种仁中的荔枝酸等生理活性物质均可用超临界 CO_2 萃取。

有害物质的分离和去除，如从茶叶中脱除咖啡因、使橙汁脱苦等。咖啡因富含于咖啡豆和茶叶中。许多人饮用咖啡或茶时，不喜欢咖啡因含量过高，而且从植物中脱除的咖啡因可作药用，因此从咖啡豆和茶叶中提取咖啡因是一举两得的事。用超临界 CO_2 萃取咖啡豆和茶叶，不仅得到了咖啡因，而且保留了咖啡和茶叶的原香、原味。用同一原理处理烟草，能获得低尼古丁含量却又保留原烟草香气的烟草叶。另外，用超临界 CO_2 萃取技术也可以脱除蛋黄等中的胆固醇，分离天然色素，如胡萝卜素、黄色素、叶绿素、辣椒红色素、番茄红素、可可色素等。

除此之外，超临界流体萃取还可从甘蔗渣滤饼中提取生理活性物质二十八烷醇，从磷虾壳中提取虾黄素，从沙棘中提取沙棘油，除去银杏叶中的银杏酚（致敏物质）等。

由于超临界萃取技术是应用高压加工的工艺，其投资成本较高。不过，因为它能提供高产率和质量令人满意的产品，所以逐渐为功能性食品加工企业采用。

第四节　生物技术

现代生物技术是以生命科学为基础，以基因工程为核心，包括细胞工程、酶工程和发酵工程等内容，利用生物体系和工程原理，对加工对象进行加工处理的一种综合技术。由于它是在分子生物学、生物化学、应用微生物学、化学工程、发酵工程和电子计算机的最新科学成就基础上形成的综合性学科，因此被列入当今世界七大高科技领域之一。

一、生物技术的研究内容

1. 基因工程

以分子遗传学为基础，以 DNA 重组技术为手段，实现动物、植物、微生物等物种之间的基因转移或 DNA 重组，达到食品原料或食品微生物的改良，或者在此基础上，采用 DNA 分子克隆对蛋白质分子进行定位突变，即所谓的蛋白质工程。这对提高食品营养价值及食品加工性能，具有重要的科学价值和应用前景。

2. 细胞工程

应用细胞生物学方法，按照人们预定的设计，有计划地改造遗传物质和细胞培养技术，包括细胞融合技术以及动物、植物大量控制性培养技术，以生产各种功能性食品的有效成分、新型食品和食品添加剂。

3. 酶工程

酶是活细胞产生的具有高度催化活性和高度专一性的生物催化剂。为了提高酶催化各种物质转化，以实现控制性工程的能力，酶工程的主要内容是把游离酶固定化，称为固定化酶；或者把经过培养发酵产生目的酶活力高峰时的整个微生物细胞再固定化，称为固定化细胞。这样，便可直接应用于食品生产过程中物质的转化。

4. 发酵工程

发酵工程是采用现代发酵设备，对经过优选的细胞或经现代技术改造的菌株进行放大培养和控制性发酵，获得工业化生产预定的食品或食品的功能成分。

二、生物技术在功能性食品开发中的应用

生物技术起源于传统的食品发酵，并首先在食品加工中得到广泛的应用。目前，甜味剂中木糖醇、甘露糖醇、阿拉伯糖醇、甜味多肽等都可用生物技术生产。

通过把风味前体转变为风味物质的酶基因的克隆，或通过微生物发酵产生风味物质都可使食品芳香风味得以增强。

目前，维生素中抗坏血酸（维生素 C）、核黄素（维生素 B_2）和钴胺素（维生素 B_{12}）已能用发酵技术制取，并且维生素 B_2 和维生素 C 已有商品化基因工程产品，另外用工程菌株生物合成生物素、肌醇和胡萝卜素也已开始研制。

国际上对食品添加剂的品质要求显示如下趋势：要求食品更具天然、新鲜；追求低脂肪、低胆固醇、低热量食品；增强食品储藏中品质的稳定性；不用或少用化学合成的添加剂。为此，用生物合成法代替化学法合成食品添加剂已是大势所趋。利用细胞杂交和细胞培养技术还可生产独特的食品香味和风味添加剂，如香草素、可可香素、菠萝风味剂及高级的天然色素，如咖喱黄、类胡萝卜素、紫色素、花色苷素、辣椒素、靛蓝等。并且通过杂种选育，培养的色素含量高、色调和稳定性好，如转基因的大肠埃希菌的玉米黄素最高产量可达 $289\mu g/g$。

近年来酶制剂工业取得飞速发展，利用生物技术开发出一些具特定功能的酶品种已成为关注的焦点。由于全球患高血压而死亡的人数比例逐年增加，从而促进了新型胆固醇氧化酶、胆固醇还原酶和胆固醇合成酶抑制剂的研究开发。

利用基因工程可使许多酶和蛋白质的基因得以克隆和表达，在这方面较为成功的是牛皱胃凝乳酶的克隆。除此以外，α-淀粉酶、乳糖酶、脂酶、β-葡聚糖酶及一些蛋白酶都得以克隆与表达，其中蛋白酶、葡糖淀粉酶、α-淀粉酶和葡糖异构酶已大量生产。丹麦公司用重组技术合成的单一成分酶——纤维素酶、木聚糖酶已经商品化。

为提高酶的产量和质量常采用特定位点诱发突变、原生质体融合和重组 DNA 技术。利用这些技术，使丙酮、丁醇发酵产率大为提高，日本则使 α-淀粉酶发酵产率提高近 200 倍，而且有极强的热稳定性。

生产酶的工程菌以大肠埃希菌、酵母菌和丝状真菌为主，还有芽孢菌和链霉菌等。固定酶技术和酶分子修饰技术仍在发展，同时固定化细胞技术不断完善。利用酶修饰食品中的蛋白组分和脂肪组分等，改变食品质构和营养的研究也不断深入。非水相酶促反应的应用在国内外则处于试验阶段。

今后功能性食品总的发展趋势是充分利用生物资源丰富和多样性的优势，将现代生物技术与食品制造技术相结合，在开发出新一代生物技术产品的同时也不放松对传统生产技术的改造。生物技术在改造传统食品生产工艺方面的应用主要体现为用微生物发酵代替化学合成。由于化学合成产率低、周期长，并且合成产品中往往含诱变剂，因此人们逐渐转向于用微生物合成各种食品添加剂和生物活性物质，这些物质往往具有化学合成不可比拟的优越性。如用黏红酵母 GLR 513 生产油脂，油脂含量高，不饱和脂肪酸含量也高；用微生物脂肪酸合成短链芳香脂不仅得到高质量天然产品，且条件温和、转化率高；用热带假丝酵母生

产木糖醇，产量高，且无乙酸盐及化学提取残留物；日本还开发研究了利用链球菌和乳酸菌生产 γ-氨酪酸。目前已出现品种繁多的低糖甜味剂、酸味剂、鲜味剂、维生素、活性多肽等现代发酵产品。

第五节　微粉碎和超微粉碎

根据被粉碎物料和成品粒度的大小，粉碎可分成粗粉碎、中粉碎、微粉碎和超微粉碎等4 种。粗粉碎的原料粒度为 40～1500mm，成品颗粒粒度为 5～50mm；中粉碎的原料粒度为10～100mm，成品颗粒粒度为 5～10mm；微粉碎的原料粒度为 5～10mm，成品颗粒粒度在100μm 以下；超微粉碎的原料粒度为 0.5～5mm，成品颗粒粒度在 10～25μm 以下。

在功能性食品生产上，某些微量活性物质（如硒）的添加量很小，如果颗粒稍大，就可能带来毒副作用。这就需要非常有效的超微粉碎手段将之粉碎至足够细小的粒度，加上有效的混合操作才能保证它在食品中的均匀分布，使功能活性成分更好地发挥作用。因此，超微粉碎技术已成为功能性食品加工的重要新技术之一。

一、干法超微粉碎和微粉碎

1. 气流式超微粉碎

气流式超微粉碎的基本原理是利用空气、蒸汽或其他气体通过一定压力的喷嘴喷射产生高度的湍流和能量转换流，物料颗粒在这种高能气流作用下悬浮输送着，相互之间发生剧烈的冲击、碰撞和摩擦作用，加上高速喷射气流对颗粒的剪切冲击作用，使得物料颗粒间得到充足的研磨而粉碎成超微粒子，同时进行均匀混合。由于欲粉碎的食品物料大多熔点较低或者不耐热，故通常使用空气。被压缩的空气在粉碎室中膨胀，产生的冷却效应与粉碎时产生的热效应相互抵消。

气流式超微粉碎概括起来有以下几方面特点：粉碎比大，粉碎颗粒成品的平均粒径在5μm 以下；粉碎设备结构紧凑、磨损小且维修容易，但动力消耗大；在粉碎过程中设置一定的分级作用，粗粒由于受到离心力作用不会混到细粒成品中，这保证了成品粒度的均匀一致；易实现多单元联合操作，在粉碎同时还能对两种配合比例相差很远的物料进行很好混合，此外在粉碎的同时可喷入所需的包囊溶液对粉碎颗粒进行包囊处理；易实现无菌操作，卫生条件好。

2. 高频振动式超微粉碎

高频振动式超微粉碎的原理是利用球形或棒形研磨介质作高频振动时产生的冲击、摩擦和剪切等作用力，来实现对物料颗粒的超微粉碎，并同时起到混合分散作用。振动磨是进行高频振动式超微粉碎的专门设备，它在干法或湿法状态下均可工作。

3. 旋转球（棒）磨式超微粉碎或微粉碎

旋转球（棒）磨式超微粉碎或微粉碎的原理是利用水平回转筒体中的球或棒状研磨介质，后者由于受到离心力的影响产生了冲击和摩擦等作用力，达到对物料颗粒粉碎的目的。它与高频振动式超微粉碎的相同之处都是利用研磨介质实现对物料的超微粉碎，但两者在引发研磨介质产生作用力方式上存在差异。

4. 转辊式微粉碎或超微粉碎

这种微粉碎或超微粉碎技术是利用转动的辊子在另一相对表面之间产生摩擦、挤压或剪切等作用力，达到粉碎物料的目的。根据相对表面形式的不同，专用设备有盘辊研磨机和辊磨机两种类型。

5. 锤击式微粉碎

锤击式微粉碎的原理是利用高速旋转锤头产生的强大冲击力及受锤头离心力作用冲向内壁产生的冲击、摩擦和剪切力，通过和颗粒间相互强烈地冲击、摩擦和剪切等作用力将物料粉碎成微细粒子。经锤击式粉碎的物料平均粒度可达 $40\mu m$ 以下，属于微粉碎范畴。

二、湿法超微粉碎

超微粉碎技术除了干法处理外，还有湿法处理。有些干法处理设备，也适合于用湿法处理。另外，湿法超微粉碎还有一些专用设备，如搅拌磨、胶体磨和均质机等。

1. 搅拌磨

搅拌磨的超微粉碎原理是在分散器高速旋转产生的离心力作用下，研磨介质和液体浆料颗粒冲向容器内壁，产生强烈的剪切、摩擦、冲击和挤压等作用力，使浆料颗粒得以粉碎。搅拌磨能满足成品粒子的超微化、均匀化要求，成品的平均粒度最小可达到数微米。

搅拌磨所用的研磨介质有玻璃珠、钢珠、氧化铝珠等，此外还常用天然砂子，故又称为砂磨。研磨成品粒径与研磨介质粒径成正比，研磨介质粒径愈小，研磨成品粒径愈细，产量愈低，研磨介质过小会影响研磨效率。

2. 行星磨和双锥磨

行星磨和双锥磨都是 20 世纪 80 年代问世的湿法高效超微粉碎设备，可将浆料中的固体颗粒粒度研磨至 $1\sim2\mu m$。

行星磨由 $2\sim4$ 个研磨罐组成，这些研磨罐除自转外还围绕主轴作公转，研磨罐设计成倾斜式，以使之在离心运动时同时出现摆动现象，在每次产生最大离心力的最外点旋转时，罐内研磨介质会上下翻动，把物料颗粒研磨成微细粒子。

行星磨研磨罐的研磨介质充填率为 30% 左右，它的粉碎效率比球磨机高。不但粒度可达 $1\mu m$ 以下，而且微粒大小均匀，同时具有结构简单、运转平稳、操作方便等优点。不仅常用在湿法处理上，也适用于干法处理。

双锥磨是一种新型高能量密度的超微粉碎设备，它利用两个锥型容器的间隙构成一个研磨区，内锥体为转子，外锥体为定子。在转子和定子之间的环隙用研磨介质填充，研磨介质为玻璃珠、陶瓷珠和钢珠等。研磨介质直径通常为 $0.5\sim3.0mm$，转子与定子的研磨间距（缝隙）为 $6\sim8mm$，与研磨介质直径相适应。介质直径大，则间距也大。

3. 胶体磨和均质机

胶体磨又称分散磨，工作构件由一个固定的磨体（定子）和一个高速旋转磨体（转子）组成，两磨体之间有一个可以调节的微小间隙。当物料通过这个间隙时，由于转子的高速旋转，使附着于转子面上的物料速度最大，而附着于定子面的物料速度为零；这样产生了急剧的速度梯度，从而使物料受到强烈的剪切、摩擦和湍动，产生了超微粉碎作用。

胶体磨的特点体现在：可在极短时间内实现对悬浮液中的固形物进行超微粉碎，同时兼有混合、搅拌、分散和乳化的作用，成品粒径可达 $1\mu m$；效率和产量高，大约比球磨机和辊磨机的效率高出两倍以上；可通过调节两磨体间隙达到控制成品粒径的目的；结构简单，操作方便，占地面积小。但是，由于定子和转子磨体间隙极微小，因此设备加工精度较高。

胶体磨的普通形式为卧式，其转子随水平轴旋转，定子与转子间的间隙通常为 $50\sim150\mu m$，依靠转动件的水平位移来调节。料液在旋转中心处进入，流过间隙后从四周卸出。

转子的转速为 3000~15000r/min。这种胶体磨适用于黏度相对较低的物料。

对于黏度相对较高的物料，可采用立式胶体磨，其转子的转速为 3000~10000r/min，这种胶体磨卸料和清洗都很方便。

均质机的工作部件是均质阀，工作原理是当高压物料在阀盘与阀座间流过时产生了急剧的速度梯度，速度在缝隙的中心处最大，而附于阀盘与阀座上的物料流速为零。由于急剧的速度梯度产生强烈的剪切力，使液滴或颗粒发生变形和破裂以达到微粒化的目的。

均质阀的形式很多，多由一锥形阀盘置于阀室内的阀座上构成。阀盘上有垂直的阀杆，阀杆上带有弹簧，可借调节手柄来调节其张力，以此改变均质压力。工作时由于物料的压力，阀盘被提起而离开阀座，其间形成极小间隙。当物料从环状间隙出来后立即与挡环相碰，起着进一步碎裂液滴的作用。

均质机与胶体磨相比较，前者适于处理黏度较低的制品（小于 0.2Pa·s），而后者适于处理黏度较高的制品（大于 1.0Pa·s）。对黏度介于上述范围之内的物料则两者均可使用，但均质机具有更细的乳化分散性。

4. 超声波乳化器

超声波是频率大于 16kHz 的声波。当它遇到障碍时，会对障碍物起着迅速交替的压缩和膨胀作用。在膨胀的半个周期内物料受到张力作用，物料中存在的任何气泡将膨胀；而在压缩的半个周期内，此气泡将被压缩。当压力的变化很大而气泡很小时，压缩的气泡就急速破裂，对周围产生巨大的复杂应力，这种现象称为空蚀作用，可释放出巨大的能量。空蚀作用也可能发生在没有气体存在的物料中，但物料中存在溶解氧或气泡可促进这种现象的发生。对于乳化液中悬浮的液滴，若空蚀作用发生在两相界面上，液滴便受到巨大应力而分散为更细的液滴，形成更为稳定的乳化系统，这就是超声波乳化的基本原理。

三、超微粉碎技术在功能性食品基料生产上的应用

功能性食品基料是生产功能性食品的关键。就目前而言，确认具有生理活性的基料包括膳食纤维、真菌多糖、功能性甜味剂、不饱和脂肪酸酯、复合脂质、油脂替代品、自由基清除剂、维生素、微量活性元素、活性肽、活性蛋白质和乳酸菌等十余种。超微粉碎技术在部分功能性食品基料的制备生产上有重要的作用。

人的口腔对一定大小和形状颗粒的感知程度有一阈值，小于这一阈值时颗粒状就不会被感觉出，并呈现奶油状、滑腻的口感特性。利用湿法超微粉碎技术将蛋白质颗粒的粒径降低至这一阈值，便可得到用来代替油脂的功能性食品基料。有一类以蛋白质微粒为基础成分的脂肪替代品就是利用超微粉碎技术将蛋白质颗粒粉碎至某一粒度。例如美国一公司推出的 Simplesse 产品，就是以牛乳和鸡蛋白为原料，先经过热处理使两种蛋白质发生一定程度的变性，之后通过很强烈的湿法超微粉碎使蛋白颗粒大小降至 0.1~2μm。这样的粒度人的嘴部不会感知到颗粒的存在，同时这样细小的球形蛋白微粒之间还易发生滚动作用，增强了类似脂肪滑腻柔和的口感特性。

膳食纤维是一种重要的功能性食品基料。自然界中富含纤维的原料很多，如小麦麸皮、燕麦皮、玉米皮、豆皮、米糠、甜菜渣和蔗渣等均可用来生产膳食纤维添加剂。以蔗渣为例，其生产工艺包括原料清理、粗粉碎、浸泡漂洗、异味脱除、二次漂洗、漂白脱色、脱水干燥、微粉碎、功能活化和超微粉碎等主要步骤，其中就使用了微粉碎和超微粉碎技术。

第六节　其他新技术

一、分子蒸馏技术

1. 分子蒸馏的概念

以加热的手段进行液体混合物的分离，其基本操作是蒸馏和精馏。蒸馏和精馏是以液体混合物中各组分的挥发性的差异作为分离依据的。简单的蒸馏一般只能实现液体混合物的粗分离，并且分离效率还远达不到理想的效果。因为在通常的蒸馏过程中，存在着两股分子流的流向：一是被蒸液体的汽化，由液相流向汽相的蒸气分子流；二是由蒸气回流至液相的分子流。一般来说，这两股分子流的量是不同的，前者大于后者。如果采取特别的措施，增大离开液相的分子流而减少返回液相的分子流，实现从液相到汽相的单一分子流的流向，这就是分子蒸馏。因为减少了蒸气回流到液相表面的分子流，因此能提高蒸馏的效率，同时，能够降低物料组分的热分解。

2. 分子蒸馏的特征

① 在中、高真空下操作。有人将操作压力小于0.013Pa的蒸馏过程称为分子蒸馏；把操作压力为0.013～1.33Pa的蒸馏过程称为准分子蒸馏。采用中、高真空操作，既保证了单向分子的流动，又保证了液体在较低的温度下高效率地蒸发。

② 在不产生气泡情况下产生相变，产品受热的时间短。中、高真空操作的分子蒸发有一个明显的特点，液体能够在不产生气泡的情况下实现相变，也就是说相变是发生在被蒸发的液体物料表面，使之就地蒸发。要实现这样的过程，必须尽可能地扩大蒸发表面和不断地更新蒸发表面，以提高传质速率。采用机械式刮板薄膜蒸发装置既可不断更新蒸发表面又能减少停留在蒸发表面的物料量，从而缩短了物料的受热时间，避免或减少了产品受热分解或聚合的可能性。

③ 分子蒸馏设备中，蒸发器的表面与冷凝器表面间的距离很短，为2～5cm，仅为不凝性气体平均自由路程的一半。这不仅满足了分子蒸馏的先决条件，并且有助于缩短物料汽化分子处于沸腾状态的时间，仅为数秒。

3. 分子蒸馏在食品分离中的应用

脂肪酸甘油单酯是食品工业中常用的乳化剂，它是由脂肪酸甘油三酯水解而成。水解产物由甘油单酯和甘油双酯组成，其中甘油单酯含量约为50％，其余为甘油双酯。甘油单酯对温度较为敏感，只能用分子蒸馏法分离。采用二级分子蒸馏流程，可得含量大于90％的甘油单酯产品，收率在80％以上。此外，链长不等的脂肪酸也可用此法进行分离。

采用带预脱器的二级分子蒸馏装置，可以从油中分离维生素A或维生素E，加热温度为200℃，操作压力为1×10^{-3}Pa，收率超过80％。

从乳脂中分离杀菌剂及香料的脱臭等都可以采用二级分子蒸馏装置进行。

分子蒸馏也可以用于热敏性物料的浓缩、提纯。例如用于处理蜜蜂、果汁和各糖液等。

二、超声波提取技术

超声波提取又称超声波萃取，是一种物理破碎过程。超声波的机械化学作用通过破坏细胞壁和加强细胞内的传质作用，提高了植物中有机化合物的提取速度。超声波在液体内传播时，液体介质不断受到压缩和拉伸，在拉力作用下，液体断裂形成暂时的近似真空的空洞，压缩时，这些空洞就会发生崩溃，出现局部高温及放电现象，产生空化作用。超声波空化可以从稳态空化转化成瞬态空化，空化泡瞬间长大破裂，吸收的能量在极短的时间和极小的空间内释放出来，形成高温高压的环境，同时伴随有一定强度的冲击波和微声流，从而破坏细胞壁结构，使其在瞬间破裂，释放细胞内的有效成分，大大提高了提取率。

超声波提取技术具有的优点有以下几方面。

① 提取时间短，效率高。超声波提取法的过程所需的总体时间短，目标成分的提取率高，有利于进一步的精制提纯。

② 节约试剂、步骤简单。超声波提取法无需其他试剂辅助提取，能够节约试剂，同时可以降低生产成本，提高经济效益。

③ 有效成分生物活性高。由于超声波提取无需加热，可以防止提取物在长时间、高温条件下，发生降解、褪色等变化，适合热敏物质的提取。

超声波提取技术具有的缺点是由于超声波提取技术是超声波的机械剪切作用，可致多糖分子结构改变。所以超声波提取技术中要注意控制超声波的功率和超声时间，以尽量减少对多糖分子结构的破坏。超声波可能会导致可溶性多糖发生降解，并溶解在乙醇溶液中。

三、微波提取技术

微波提取技术是利用一种波长极短、频率很高的辐射能处理原料，使组织分子在微波电磁场作用下产生瞬时极化，并以几亿次每秒的速度做极性变换运动。在此过程中，键的振动、断裂和粒子之间的相互摩擦、碰撞，导致维管束组织内部急剧升温，当内部压力超过细胞壁膨胀的能力时，细胞壁破裂，位于细胞内的物质从细胞中流出。

微波提取技术的优点如下所述。

① 升温快速均匀，萃取时间短。与传统的提取技术相比，选择性好，提取时间短，节省溶剂，有利于提取热不稳定的物质。温度升高快速且均匀，能够显著缩短萃取时间，较大程度地提高多糖的萃取效率。

② 适用于易凝聚、易焦化细粉物料。微波提取技术能够克服物料细粉易凝聚、易焦化的缺陷，对水溶性成分与极性大的成分，可使用含水溶剂进行提取。

微波提取技术的缺点有以下几方面。

① 多糖释放不完全。与传统提取方法相比，微波提取技术得到的多糖在单糖组成上有一定的差异性。微波提取的时间远短于传统提取，多糖组分释放不完全。

② 多糖降解。微波提取对多糖有一定的降解作用，多糖相对分子质量随微波提取时间的增加逐步降低。

③ 不宜过长的提取时间，过高的功率。微波提取技术的提取时间不宜过长，功率不宜过高，否则会导致水分蒸发过多，多糖溶出受阻，导致多糖得率下降。同时，该法也降低了某些反应的活化能，使多糖分子之间、多糖分子与其他分子之间形成新的作用力，增加分子之间的碰撞机会，阻止多糖分子的溶出。

四、高压脉冲电场技术

高压脉冲电场技术是一种新的食品加工技术，其作用机理有多种假说，如细胞膜穿孔效应、电磁机制模型、黏弹极性形成模型、电解产物效应、臭氧效应等。其中研究最多的是细胞膜穿孔效应。细胞膜电穿孔是指在电脉冲的作用下，在细胞膜脂双层上形成的瞬时微孔，从而细胞膜的通透性和膜电导瞬时增大，细胞壁和细胞膜发生可逆或不可逆的破坏，细胞组分流出。

高压脉冲电场技术是将液态的样品放置于容器中，使其充当电解质，电场中有两个与容器绝缘的电极，它们可产生高压电流，同时具有电脉冲作用，由此对食品进行非热加工。

高压脉冲电场技术处理样品过程中温度变化较小，并且不会污染环境，操作安全，节约时间，消耗能量少，主要应用于液体样品的低温杀菌、食品中的酶灭活、避免发生酶促反应，近几年也应用于快速高效提取生物活性物质，如多糖、蛋白质、多酚等。

五、超高压提取技术

超高压提取技术是基于超高压加工技术发展起来的一项新的常温提取技术，在常温或较低温度（通常低于60℃）的条件下，对原料与溶剂的混合液迅速施加 100～1000MPa 的流体静压力，保压一定时间，溶剂在超高压作用下迅速渗透到固体原料内部，有效成分溶解在溶剂中，并在短时间内达到溶解平衡，然后迅速卸压，在超高渗透压差下，活性成分迅速扩散到组织周围的提取溶剂中；同时在超高压作用下，细胞的细胞壁、细胞膜及细胞内液泡等结构发生变化，细胞内容物和提取溶剂充分接触，从而达到快速、高效提取的目的。

超高压提取技术具有如下 7 个特点：提取时间短；提取效率高；提取亚杂质含量低；能耗低；设备安全性高；应用范围广；绿色环保。

=== 思 考 题 ===

1. 常用的膜分离过程有哪几种？各有何特点？都在什么场合下应用？
2. 微胶囊芯材和壁材的功能是什么？
3. 如何实现功能性食品胶囊化？
4. 超临界流体萃取的原理和特点是什么？
5. 超临界流体萃取剂的选择依据是什么？
6. 超临界流体萃取技术是如何应用在功能性食品加工中的？
7. 生物技术的研究内容涵盖哪几个领域？
8. 生物技术在功能性食品的开发中主要应用在哪几个方面？
9. 何为微粉碎和超微粉碎？其方法有哪几种？各有何特点？
10. 何为分子蒸馏技术？
11. 超声波提取技术的优缺点是什么？
12. 微波提取技术的优缺点是什么？
13. 何为高压脉冲电场技术？
14. 何为超高压提取技术？

第二十九章

功能性食品的配方

主要内容

1. 功能性饮料的分类。
2. 功能性饮料的基本生产工艺。
3. 功能性食品配方设计的原则及注意事项。
4. 功能性食品的配方举例。

第一节　功能性饮料

一、功能性饮料简介

功能性饮料是功能性食品的一个分支。近年来，在人们日渐注重健康的潮流下，功能性饮料日益得到消费者的认同，为饮料工业开发新产品提供了新的发展方向，使饮料市场更趋于多元化。目前，功能性饮料已成为一种消费新趋向，市场潜力极大。

1. 根据原料分类

（1）利用传统食品加工的功能性饮料　即利用传统的动物性食品（如乌骨鸡、中华鳖、蛇等）、植物性食品（如无花果、南瓜、黑芝麻等）和微生物发酵食品（如酸奶、醋蛋等），通过先进的工艺和设备而制得的饮料。其营养丰富，许多含有人体必需的氨基酸、维生素、微量元素等，并具有不同的功能。

（2）添加中药提取物和营养强化剂的功能性饮料　将药食两用中草药借助现代的工艺方法提取，然后通过添加提取物和一些营养强化剂（如矿物质、维生素、氨基酸等），从而制成一类具有较好的防病与保健作用的功能性饮料。

（3）添加新资源食品的功能性饮料　人类在不断发现一些新资源食品，这类新资源食品在调节人体生理功能、防治某些疾病方面作用较强，如绞股蓝、珍珠、王浆、芦荟、银杏叶、杜仲、小球藻等。这些新资源促进了疗效型功能性饮料的发展。

（4）利用生物技术开发的功能性饮料　随着生物技术的发展，运用生物技术可生产出含有各种活性肽、免疫因子等的功能性饮料。

2. 根据作用分类

功能性饮料按其作用一般可分为兴奋性饮料、运动饮料、抗衰老饮料、增强免疫力饮料、减肥饮料、美容饮料等。

（1）兴奋性饮料　即含咖啡因、瓜拉拿藤、L-肉碱、牛磺酸等的饮料。

（2）运动饮料　即含维生素、纤维素、氨基酸、矿物质等多种抗疲劳因子的饮料。

（3）抗衰老饮料　主要指强化了自由基清除剂的一类饮料。

（4）增强免疫力饮料　即添加了虫草多糖、香菇多糖、氨基酸和多肽类的饮料。

3. 根据主要功能成分分类

功能性饮料按其主要功能成分一般可分为活性多糖饮料、功能油脂饮料、矿物元素饮料、保健茶饮料、强化维生素功能饮料、活性多肽饮料等。

（1）活性多糖饮料　该类饮料一般包括膳食纤维饮料和真菌多糖饮料。

（2）功能油脂饮料　指含有较多功能性不饱和脂肪酸的饮料。

（3）矿物元素饮料　主要指强化了硒、锗、铬等与人体健康密切相关的微量矿物元素的功能性饮料。

（4）保健茶饮料　茶叶有效成分中的茶多酚、脂多糖、氨基酸、微量元素及咖啡碱等对人体有特殊的保健作用。以茶为主的饮料将成为功能性饮料的重要部分。

（5）强化维生素功能饮料　指强化各种维生素的一类饮料。

二、功能性饮料的基本生产工艺

功能性饮料的基本生产工艺和同类型的一般饮料工艺过程大致相同，如功能性碳酸饮料的生产工艺也同样包括水处理、CO_2处理、调配和灌装四大系统，乳性功能性饮料的生产工艺基本等同于乳饮料的生产工艺。但由于功能性饮料的原料众多，特性各异，所以其提取、调制、后处理等工艺过程也就各不相同。

1. 功能性原料的提取

植物性原料中的功能性成分一般采用萃取法来提取。萃取法是将其有效成分先溶解于溶剂中，从而使其得到部分或完全分离的一种方法。

在采用萃取法时，溶剂的选择是成功的关键。功能性成分一般分为水溶性成分和脂溶性成分两类，在萃取水溶性成分时，常用水、酒精水溶液等作为溶剂；在萃取脂溶性成分时，常用乙烷、丙酮、食用油脂等有机溶剂。只有在确定有效成分的性质后，才能正确地选择溶剂。

对萃取溶剂的要求一般有以下几点。①有较高的选择性，既要能够尽可能多地分离出有效成分，又要能够排除有毒或有害成分；②有较好的化学稳定性，不与原料发生化学反应，对热、酸、碱稳定，抗氧化，腐蚀性小，安全无毒；③容易与有效成分分离；④安全，方便，价廉，来源广等。

在进行萃取操作时一般应注意以下几点。①首先要正确选择溶剂；②在用液体萃取液体时，两种液体的密度相差要大，以便于分离，同时进行搅拌，以增加液体之间的接触面积；③萃取固体原料时，可采用多次或连续长时间萃取；④为提高萃取速度，可采用适当粉碎、加速液体流动速度、搅拌、鼓入压缩空气等方法；⑤要选择合适的温度等。

萃取法不但能分离有效成分，还能排除某些有害成分。如生产大蒜SOD饮料时，用食用油脂进行萃取，则可使易产生强烈刺激臭的大蒜素溶解于油脂中，随着油脂的分离，便可达到脱臭的目的。

某些植物性原料常采用先发酵后萃取的方法，如花粉中有效成分的提取。可采用先用酵母进行发酵处理，破坏花粉外壁后，再用酒精进行萃取。

动物性原料中的功能性有效成分一般采用蒸煮并进一步酶解来获得。

2. 功能成分的强化

强化的目的就是使最终产品中能维持某些强化剂的有效浓度。要达到预期的效果就应当充分了解各种强化剂的不同性状、加入对象的特点及加入后可能发生的不利变化等。只有在充分权衡之后，才有可能得到一种较好的方法。

（1）强化方法　大多数饮料是一种液体食品，一般呈酸性（pH<7）。故强化剂应当能溶于水，利于均匀混合；还应当对酸较稳定，以免受到分解失效。常用的强化方法有以下几种。

① 在原料中添加。对于比较稳定的强化剂，如维生素 B_1、维生素 B_2 等，因一般饮料加工工艺对其破坏不大，故可以随同其他原料一起投料，通过各种加工工艺，使其完全混合在一起。此法操作较简单，混合最均匀。

② 在加工过程中添加。对于热敏性强化剂（如维生素 C、赖氨酸等），受热后极易分解、破坏，从而失去其价值，因而不宜在加热杀菌之前加入，应当避开这一工序，在加热之后的某工序添加，再混合均匀。各种强化剂都有一定的适用范围，可针对具体情况制定适宜的添加工序和时间。此法应用最普遍。

③ 在成品中添加。为了减少强化剂在加工过程中受到的破坏损失，可在成品的最后工序中混入。如液体饮料，可把强化剂制成溶液后在灌装前混入，并搅拌均匀；对于固体饮料，可把强化剂碾成粉末与之充分混合，或溶成溶液喷洒进去。此法可减少强化剂的损失，但很难混合均匀。

（2）保持强化效果的措施　在饮料进行强化后，怎样维持强化剂的有效性，使其充分发挥效用，这是强化饮料加工工艺的关键，可以采取以下措施。

① 改变强化剂的结构。在保持其有效成分的同时，选用新的结构形式。如维生素 A 的棕榈酸酯，比常用的维生素 A 的醋酸酯稳定性高，故多用前者取代后者；在改变强化剂的结构时，应当在保持相同生理功能的同时，提高其稳定性。

② 加入稳定剂。强化剂之所以受到破坏，其主要原因是氧的作用。稳定剂的作用就是控制其氧化过程，减缓其氧化反应速度，常用的稳定剂包括抗氧化剂和螯合剂。

③ 改进加工方法。提高强化剂稳定性的最佳方案是改变产品的加工方法。如赖氨酸、维生素 C 等遇热易破坏，可使其避免高温加工；金属离子能加速某些强化剂的氧化进程，可在原料处理中尽量排除等。

各种强化剂均有一定的加工特性，只有对其充分了解以后才能有针对性地采取措施，有效地保护强化剂，切不可一概而论。

3. 后处理

主要是指功能性成分强化后的处理过程，包括后杀菌、灌装、包装、储藏等。对于不同的产品，要求各不相同。

4. 几种常见功能性饮料的工艺流程简图

（1）灵芝饮料生产工艺流程

灵芝→烘干→粉碎→热水浸提→二次浸提→浸提液→澄清处理（澄清剂）→澄清液→调和（白糖等）→瞬间杀菌→热灌装→封口→杀菌→冷却→检验→成品

（2）强化橘汁饮料生产工艺流程

橘汁→澄清→调和（精滤糖浆、氨基酸、无机盐、维生素等）→均质→脱气→瞬时灭菌→无菌灌装→成品

（3）茶饮料生产工艺流程

红茶→粉碎→保温浸泡（纤维素酶、果胶酶）→煮沸→精密过滤→调和（白糖、茶、香精等）→加热→灌装→封口→杀菌→成品

（4）含动物营养成分的饮料生产工艺流程

乌骨鸡→蒸煮→去油→酶解（蛋白酶）→过滤→鸡汁→调和（糖、盐、中药汁）→过滤→灌装→封口→高温灭菌→冷却→产品

（5）三叶草饮料生产工艺流程

三叶草→粉碎→过筛→乙醇浸提2次→抽滤→合并滤液→浓缩→定量→再次过滤→三叶草浸提液＋配料→调配→灌装→封口→杀菌→冷却→成品

三、功能性饮料配方举例

功能性饮料的配方很多，下面通过举例加以简单介绍。

1. 添加营养强化剂的饮料配方

（1）强化维生素C的仿果汁饮料

蔗糖	69.01kg	柠檬酸	1.02kg
酒石酸	1.1kg	维生素C	0.68kg
柠檬酸钠	适量	磷酸三钙	适量
CMC-Na	0.34kg	苯甲酸钠	0.1kg
食用蓝色素	80g	食用红色素	40g
葡萄香精	0.42kg		

加水至1000L

（2）补锌饮料

葡萄糖酸锌	2kg	氨基酸	5kg
蜂蜜	100kg	白砂糖	50kg
柠檬酸	2kg	香精	适量

加水至1000L

（3）有机锗果汁乳酸饮料

豆奶（含大豆蛋白3.8%）			300kg
果汁乳发酵液（pH＝3.8）			150kg
白砂糖	120kg	稳定剂	5kg
柠檬酸钠	适量	有机锗	40g

用乳酸调至pH＝4.0

加水至1000L

（4）含多糖的健身饮料

橘肉	60kg	橘汁	500kg
淀粉凝胶	26.3kg	蔗糖	15.6kg
果胶	12.2kg	柠檬酸	1.5kg
橘子香精	1kg	山梨酸钾	0.2kg

加水至1000L

（5）低聚核苷酸营养饮料

蔗糖	50kg	果糖	70kg
葡萄糖	60kg	柠檬酸	5kg

谷氨酸	0.7kg	天冬氨酸	1kg
维生素 B_6	50g	维生素 C	200g
香料	1.5kg	维生素 B_1	60g

加水至 1000L

（6）含氨基酸和果汁的饮料

浓缩橘汁	15kg	柠檬酸	0.5kg
单糖（葡萄糖、果糖）	20kg	精氨酸	30g
L-赖氨酸	30g	亮氨酸	20g
组氨酸	30g	缬氨酸	20g
异亮氨酸	20g	维生素 E	70g
维生素 C	20g	橘子香精	0.25kg

加水至 1000L

（7）糖尿病人的热能饮料　将70g果糖、0.35g柠檬酸、15g酒石酸、0.1g碳酸氢钠、1g维生素C、适量天然色素和山梨酸溶于水中制成900mL混合液。将0.01g棕榈酸、适量维生素A和适量柠檬油浸泡于丙三醇中制成100mL溶液。再将两溶液混合并充入气体二氧化碳，装瓶制成饮料。

（8）儿童强化饮料

胡萝卜汁	100kg	苹果汁	50kg
砂糖	60kg	果葡糖浆	20kg
柠檬酸	0.5kg	碳酸甘油乙酸酯	0.5kg
维生素 C	0.138kg	柠檬酸钠	66g
乳酸钙	0.25kg	维生素 B_2	25g

加水至 1000L

（9）枸杞复合果汁

枸杞	20kg	浓缩苹果汁	40kg
白砂糖	90kg	柠檬酸	1.5kg
CMC-Na	1kg	黄原胶	0.5kg
藻酸丙二醇酯	1kg	山梨酸钾	0.2kg

加水至 1000L

（10）竹汁莲心饮料

嫩竹	40kg	莲心	20kg
菊花	20kg	白砂糖	64kg
柠檬酸	0.48kg	苹果酸	0.32kg
D-葡萄糖酸-δ 内酯	0.6kg	乙基麦芽酚	15g
蛋白糖	适量	菊花香精	适量

加水至 1000L

（11）猴头菇饮料

猴头菇发酵提取液	421kg	番茄汁	147kg
胡萝卜汁	47.4kg	白砂糖	105kg
琼脂	2kg	苯甲酸钠	0.6kg
柠檬酸	1kg		

加水至 1000L

（12）灵芝饮料

灵芝	3kg	桂皮	2kg
陈皮	2kg	紫苏	2kg
丁香	1.5kg	肉豆蔻	1.5kg
甘草	5kg	当归	5kg
川芎	5kg	地黄	5kg
何首乌	5kg	蜂蜜	30kg

加水至 1000L

（13）醒酒宝饮料

枳椇子	6kg	枳壳	4kg
葛花	3kg	白糖	58kg
砂仁	1.5kg	罗汉果	1.5kg
罗望子	1.5kg	甘草	2kg
柠檬酸	适量	橙汁香精	0.5kg
山梨酸钾	0.1kg		

加水至 1000L

（14）蒲公英饮料　蒲公英是一种分布十分广泛的野生植物，其叶可食部分为84%，主要营养成分含量均高于胡萝卜，还含有对人体健康十分有益的脂肪状物质、甾醇、胆碱等。除了有健胃、催乳、清热解毒、消肿散结作用外，还有利尿、利胆、强身健体、防癌作用。蒲公英饮料集天然、营养、保健于一体，是一种不可多得的理想饮品。

鲜蒲公英汁	68kg	蔗糖	128.4kg
柠檬酸	3.4kg	维生素 C	0.2kg
柠檬香精	适量	蜂蜜	适量

加水至 1000L

（15）螺旋藻饮料　螺旋藻含有丰富的蛋白质、多糖类物质、维生素、矿物质和人体必需氨基酸，在世界范围内被广泛培植并用作膳食补充剂，被称为人类理想的食物和药物资源。螺旋藻具有繁殖速度快、营养价值高的特点，并且螺旋藻可通过抗氧化、抗炎症作用机制降低炎症反应。

螺旋藻（干粉）	30kg	白砂糖	120kg
全脂淡奶粉	20kg	黄原胶	1.5kg

加水至 1000L

（16）高泡性香菇饮料

干香菇	3～4kg	甘草	10g
白砂糖	9.5kg	白芍	0.1kg
肉豆蔻	60g	肉桂	60g
桂皮	0.1kg	芫荽	50g
川芎	50g	生姜	1.5kg
精盐	0.2kg	糖精钠	0.1kg
苯甲酸钠	0.15kg	柠檬酸	0.5kg
85%磷酸	0.5kg	焦糖色	2～3kg

可乐香精	1kg	薄荷	50g

加水至 1000L

(17) 银杏饮料　银杏可药食兼用，食用则补心养气、益肾润肺、嫩肤抗皱、延年益寿等。

银杏粉	15kg	乳化稳定剂	0.35kg
全脂奶粉	3kg	柠檬酸	0.2kg
壳聚糖	2.5kg	蜂蜜	1.5kg
甘草甜素	0.1kg	香精	适量

加水至 100L

银杏树叶的有效成分主要是类黄酮和银杏内酯，此外，还有有机酸、烷基酚和烷基酚酸、氨基酸、单宁、甾体化合物及微量元素等。对动物的循环系统尤其是脑功能的改善具有良好作用。目前欧洲一些国家将银杏叶提取物广泛用于痴呆病和心脏、肝脏、肾脏等循环系统疾病的治疗。银杏叶饮料是一种很好的保健饮料。

银杏叶	4kg	蔗糖	80kg
苹果酸	0.8kg	保鲜剂	适量
乙基麦芽酚	1.5g		

加水至 1000L

(18) 虫草乌鸡汁饮料

乌鸡汁	100L	冬虫草提取液	3L
枸杞子提取液	25L	米酒	15L
生姜汁	3L	食盐	5kg
稳定剂	适量		

加水至 1000L

2. 茶饮料配方

(1) 红茶饮料

红茶	1.25kg	白砂糖	20kg
β-环糊精	0.25kg	红茶香精	适量

加水至 1000L

(2) 天然红茶饮料

红茶末抽提液（红茶末：水＝1：15）			100kg
白砂糖	30kg	甜蜜素	2.8kg
山梨酸钾	0.5kg	柠檬酸钠	1kg
三聚磷酸钾	0.2kg		

加水至 1000L

(3) 冰茶饮料

速溶茶	2kg	柠檬粉	1.8kg
无水柠檬酸	1.4kg	柠檬酸钠	0.7kg
氯化钠	0.7kg	阿斯巴甜	0.45kg
苯甲酸钠	0.24kg	食用色素	30g

加水至 1000L

(4) 乌龙茶饮料

乌龙茶	0.5kg	白砂糖	65kg
柠檬酸	0.15kg	维生素 C	0.1kg
柠檬酸钠	0.1kg	山梨酸钾	0.25kg

加水至 1000L

(5) 果蔬奶茶

蔬菜汁	350～400kg	茶汁	350～400kg
果汁	20～30kg	牛奶	20～30kg
砂糖	80～100kg	琼脂	10～20kg
乳化剂	2～2.5kg	酸味剂	适量
香精	适量		

加水至 1000L

(6) 纯麦奶茶

麦芽浸出物	350～400kg	茶叶	350～400kg
果汁	20～30kg	牛奶	20～30kg
砂糖	80～100kg	琼脂	10～20kg
乳化剂	2～2.5kg	酸味剂	适量
香精	适量		

加水至 1000L

(7) 金银花茶

金银花	4kg	龙井茶	1kg
蔗糖	70kg	维生素 C	50g
乙基麦芽酚	4kg	柠檬酸钠	0.5kg

加水至 1000L

(8) 冬瓜茶

冬瓜原汁	85kg	红茶末	0.8kg
柠檬酸	0.25kg	柠檬酸钠	60g
山梨酸钾	0.2kg	冬瓜茶香精	0.8kg

果葡糖浆（72°Bx，果糖 42%）80kg

加水至 1000L

3. 运动饮料的工艺配方

运动员在大运动量的训练和激烈的比赛中，由于热量消耗过多，而易引起低血糖现象，由于大量排汗而易使人体内水和电解质的平衡失调，进而导致运动能力下降、心律不齐及肌肉抽搐现象。运动饮料是一种在科学基础上，针对运动时的能量消耗、机体内环境改变和细胞功能降低而研制的，并能在运动前、中、后为人体迅速补充水分、电解质和能量，维持和促进体液平衡及快速恢复的饮品。许多运动营养保健饮料还可以增强和提高人体内分泌机能、提高免疫力、消除疲劳、增强体力、提高耐力等，如茶饮料中富含有茶多酚、咖啡碱、微量元素，对于兴奋人的中枢神经起到一定的作用，能够在一定程度上增强运动员的运动能力。随着全民健身运动的深入开展，面向大众的运动饮料将具有广阔的发展前景。源于运动饮料的抗疲劳饮料，为当今社会激烈竞争条件下的人们将会提供一个方便、快捷的消除疲劳方式。

(1) 用于旅游、运动的等渗饮料

葡萄糖	73.52kg	无水柠檬酸	3.2kg	氯化钠	1.6kg
维生素 C	0.48kg	磷酸二氢钾	0.48kg	磷酸二氢钠	0.56kg
三氯蔗糖	0.16kg	苯甲酸钠	80g	香精	0.16kg
食用色素	20g				

加水至 1000L

（2）电解质等渗饮料

葡萄糖	20.07kg	蔗糖	20.07kg	柠檬酸	9.73kg
磷酸二氢钾	3.6kg	三氯蔗糖	0.65kg	柠檬酸钠	2.36kg
香精	1.75kg	氯化钠	2.96kg	氯化钾	0.87kg
维生素 C	0.42kg	食用色素	40g		

加水至 1000L

（3）日本运动饮料（等渗饮料）

砂糖	38kg	柠檬酸	1.7kg	食盐	0.3kg
磷酸钾	0.25kg	维生素 B_2	1.2kg	CMC-Na	0.25kg
香精	1.5kg	葡萄糖	30kg	乳酸钙	0.5kg
柠檬酸钠	0.25kg	维生素 C	0.25kg	味精	20g
食用黄色素	0.1kg				

加水至 1000L

（4）低渗运动饮料

| 蔗糖 | 55kg | 多种低聚糖 | 20kg | 柠檬香精 | 1kg |
| 氯化钠 | 1kg | 柠檬酸 | 1.8kg | | |

加水至 1000L

（5）马拉松长跑饮科

| 葡萄糖 | 50～120kg | 氯化钠 | 2～4kg | 维生素 | 2～4kg |
| 氯化钾 | 1kg | 柠檬酸 | 1kg | | |

加水至 1000L

（6）美国 4 种运动饮料

① 配方一

| 蔗糖 | 55kg | 氯化钠 | 1.0kg | 柠檬香精 | 1kg |
| 柠檬酸 | 1.8kg | 低聚糖 | 20kg | | |

加水至 1000L

② 配方二

蔗糖	16kg	低聚糖	15kg	柠檬酸	1.8kg
柠檬香精	1kg	氯化钠	0.6kg	氯化钾	0.1kg
磷酸二氢钠	0.1kg	磷酸二氢钾	0.1kg	碳酸氢钠	0.1kg

加水至 1000L

③ 配方三（在 25℃以上运动用饮料）

蔗糖	30kg	低聚糖	10kg	柠檬酸	0.8kg
柠檬香精	1.0kg	氯化钠	0.6kg	氯化钾	0.1kg
磷酸二氢钠	0.1kg	磷酸二氢钾	0.1kg	碳酸氢钠	0.1kg

加水至 1000L

④ 配方四（在 0℃以下运动用饮料）

蔗糖	45kg	低聚糖	105kg	柠檬酸	1.8kg
柠檬香精	1.0kg	氯化钠	0.6kg	氯化钾	0.1kg
磷酸二氢钠	0.1kg	磷酸二氢钾	0.1kg	碳酸氢钠	0.1kg

加水至 1000L

（7）英国防脱水和抗疲劳饮料

氯化钠	185g	磷酸氢二钠	50g	磷酸二氢钾	15g
碳酸氢钠	15g	柠檬酸	25g	糖精钠	50g
葡萄糖	5kg	柠檬萃取液	240mL		

加水至 1000L

（8）高温操作人员饮用的草药饮料

这种饮料适用于因高温操作出汗而导致体液及生理活性物质损耗的人员饮用，稍具利尿和增进胆汁分泌功能，并有镇静作用。

蔗糖	48kg	柠檬酸	3kg	维生素 C	0.5kg
磷酸钠	0.2kg	柠檬酸钠	0.2kg	氯化钠	0.6kg
碳酸氢钠	1.9kg	甘油磷酸钠	0.6kg	鼠尾草抽提物	0.4kg
花秋草抽提物	44.1kg	食用色素	适量		

加水至 1000L

（9）高能饮料

果葡糖浆	80kg	甜菊苷	100kg	柠檬油	0.6kg
维生素 C	120g	钠盐	120g	磷酸盐	50g
钾盐	100g	铁盐	150g	柠檬酸	1kg
维生素 B_1、B_2	16g	人参花浓缩汁	适量		

加水至 1000L

（10）等渗运动饮料

蔗糖、葡萄糖	65kg	电解质	2.3kg	维生素 B_1	4g
维生素 C	200g				

加水至 1000L

第二节　其他功能性食品

一、功能性食品配方设计的原则

功能性食品配方设计的原则如下所述。

（1）安全性原则　功能性食品在配方设计时必须首先考虑安全，不能使用对人体构成安全危害的任何原料，产品必须按照国家标准《食品安全国家标准　食品安全性毒理学评价程序》（GB 15193.1—2014）进行严格的安全性评价，确保产品的安全性。

（2）功效性原则　对功能性食品的功效性必须进行客观评价，必须明确产品的主要功效，而不能含糊其词或过分夸大。在配方设计时首先应该围绕食品的功效进行考虑。

（3）对象性原则　功能性食品的配方应该有明确的对象性，针对明确的食用对象而设计。

根据食用对象的不同，功能性食品可分为日常功能性食品和特种功能性食品两类。如对于老年人日常功能性食品来讲，应符合足够的蛋白质、膳食纤维、维生素、矿物元素和低能量、低钠盐、低脂肪、低胆固醇的"四高四低"的要求。

（4）依据性原则　配方必须有明确的依据，包括政策、法规方面的依据和理论、技术方面的依据。

为确保功能性食品的健康发展，我国政府相继制定了一系列政策与法规。《中华人民共和国食品卫生法》和《保健食品管理办法》确立了功能性食品的法律地位，使其进入了规范管理并依法审批的轨道。国家技术监督局发布了《保健功能食品通用标准》；卫健委相继制定了《保健食品评审技术规程》《保健食品功能学评价程序和检验方法》《保健食品通用卫生要求》和《保健食品的标识规定》等技术文件。功能性食品的开发必须符合相关政策与法规的各项要求。因此，要从理论和技术方面对产品配方给予支持。

二、其他功能性食品配方举例

1. 功能性奶粉

（1）婴儿配方奶粉　在中国比较早投入市场的功能性特种营养食品是母乳化奶粉，后来改称婴儿配方奶粉。目前市场上的婴儿配方奶粉Ⅱ中每100g含有35单位免疫活性物质、2500mg亚油酸、30mg牛磺酸、42mg叶酸、500mg钙、各种维生素及矿物元素。这种奶粉现在不仅为婴儿食用，而且老年人、中年人也在食用，就是因为它方便、营养，易于被消费者接受。随着科学技术的发展，婴儿配方奶粉大致经历如下过程。

① 第一代婴儿配方奶粉阶段。简单向牛乳或炼乳中加水稀释，有利于消化；在牛乳中添加谷物、豆浆、蔗糖，以增加热量。

② 第二代婴儿配方奶粉阶段（现阶段）。牛乳中添加乳清粉、麦芽糖或淀粉糖，调节酪蛋白与乳清蛋白比例。牛乳中添加脱盐乳清粉、淀粉糖、维生素、矿物质、植物油，降低牛乳的矿物质，提高不饱和脂肪酸比例，强化缺乏的维生素、矿物质。牛乳中添加脱盐乳清粉、淀粉糖、维生素、矿物质、植物油、牛磺酸、低聚糖、DHA，提高肠道内双歧杆菌数量，促进喂养婴儿神经系统的发育。

③ 第三代婴儿配方奶粉阶段（完善阶段）以乳清蛋白（如β-乳球蛋白）水解物为基础，经抑菌处理后添加免疫活性物质，保证婴儿正常生长发育的营养需要，提高婴儿机体免疫力和抗感染力；蛋白质调整过或适度水解蛋白的配方奶粉，可以防止宝宝发生过敏；含有OPO结构脂的配方奶粉，OPO结构脂可以促进肠道益生菌的繁殖，促进钙吸收；特殊用途配方，适用于早产和乳糖不耐受的婴儿。

（2）中老年奶粉

① 基本组分。以鲜牛奶、脱脂奶粉和精炼植物油为主要原料。针对牛乳脂肪中所含的胆固醇较高，对中老年人健康不利，而且牛奶中的乳糖使中老年人易产生"乳糖不耐性"，不利于中老年人的消化吸收等方面的缺陷，产品配方中通过加入脱脂奶粉和低聚糖加以解决。在精炼植物油中，不饱和脂肪酸（如亚油酸和α-亚麻酸）含量相当高，它能防止中老年人血清中胆固醇的沉积，可减轻饱和脂肪酸所引起的冠心病、高血压、动脉粥样硬化等疾病的发生，另外精炼植物油含有较多的天然抗氧化剂，能延缓中老年人的衰老。

② 强化成分。包括双歧杆菌增殖因子、抑制有害菌因子、促进钙吸收因子和免疫活性物质。双歧杆菌是人体肠道内对机体有益的正常菌群，与人体健康密切相关，在人体内可以抑制肠道腐败菌群生长，促进益生菌增殖。但随着年龄的增长，到老年时期，肠内细菌总数

大大减少，尤其是双歧杆菌的减少更为明显，而代谢产生毒素的产气夹膜梭菌等大量增加，造成肠内产生大量的氨、硫化氢、胺类、吲哚等有害物质。这些有害物质不仅对肠道本身损害，被肠吸收后，还损害整个人体的机体组织细胞，致使机体免疫功能下降，增加了癌症、动脉粥样硬化、高血压、肝脏损害等疾病发生的可能性，使人体细胞长期慢性中毒，促进人体的衰老与疾病的产生。因此，在中老年奶粉中强化双歧杆菌增殖因子和抑制有害菌因子，可以起到改善肠道功能、防止便秘、腹泻、降低胆固醇、促进蛋白质的消化、合成维生素等作用，有利于中老年人健康长寿。

中老年人普遍缺钙，缺钙易引起骨质疏松、骨质增生及腰酸腿疼等症状。但是中老年人补钙并非一件容易的事情，补充进入人体的钙难以被吸收。针对这些情况，在确定中老年奶粉配方时采取如下措施。

a. 调整钙含量，使人体有足够的钙摄入量；

b. 调整 Ca/P 比例，使之更利于钙的吸收；

c. 补充维生素 D，促进 Ca 吸收；

d. 增加促进 Ca 吸收因子，形成促进钙吸收功能体系，使中老年人不仅能够获得充足的钙量，而且有充分的吸收能力，能维持正常的血钙水平，促进钙平衡，防止骨质疏松等病症的发生。

中老年人随着年龄的增加，机体逐渐衰老，免疫功能逐步下降。针对这种情况，对中老年人的免疫系统及食物中众多的生物活性物质进行分析研究，认为牛乳中免疫活性物质较适合于中老年人。因此通过特殊的工艺处理，较大限度地保留了鲜乳中的多种免疫活性物质（如免疫球蛋白、乳铁蛋白、溶菌酶等），以增强中老年人的免疫能力。

③ 中老年奶粉配方（每100g中的平均含量）

水分2.1g；蛋白质21g；脂肪17g；碳水化合物55g；矿物质4.9g；热量1910kJ；免疫活性物质60个单位；Ca 1100mg；P 650mg；维生素 A 1000IU；维生素 D 200IU；维生素 B_{12} 5μg；维生素 C 60mg；维生素 E 10mg；维生素 B_1 0.4mg；维生素 B_2 0.5mg；Fe^{2+} 8mg；Zn 6mg；亚油酸3000mg；异构化乳糖950mg；叶酸300μg；α-亚麻酸260mg；胆固醇≤17mg。

（3）其他功能性奶粉

① 复方SOD奶粉。将复方SOD添加入奶粉中，每100g奶粉中含有3000个活力单位的SOD，按正常人每日饮用400mL奶液，即相当于食用60g奶粉，可补充1800个活力单位的SOD。在含有较多的有机物质的奶粉中，对SOD活力的保持更为有利，在茶多酚、猴菇多糖及微量金属离子等的存在下，有利于其活性的保持和发挥。

配方成分：蛋白质22g；脂肪17g；碳水化合物55g；SOD 3000个活力单位；猴菇多糖5mg；茶多酚10mg；其他维生素及微量元素1.5g。

② 富硒香菇功能性奶粉。研制富硒香菇功能性奶粉的目的是向奶粉中添加富硒香菇菌丝体，强化有机硒和香菇多糖的含量，增强奶粉的保健功能。因此，在保证奶粉的外观、溶解性、口味能接受的情况下，应尽量增加富硒香菇菌丝体的用量。添加量为4%时，菇味过于显著，奶粉固有风味被部分掩盖，消费者在心理上不易接受；添加量为2%时，菇味适中，不掩盖奶粉固有的风味，是最佳添加量。

成年人每日硒摄入量应为100～400μg，可以防止许多肿瘤的发生。我国人均硒摄入量仅为26μg，因此，若每日饮用50～100g奶粉，可摄入200～400μg有机硒和60～138mg香菇多糖，可以增强机体免疫机能，预防多种疾病的发生。研究表明，只有长期硒摄入量超过

3000μg 才会引起硒中毒，所以在正常情况下（每日奶粉食用量小于500g），饮用富硒香菇功能性奶粉是安全的，不会引起硒中毒。

③ 强化乳酮糖奶粉。本乳粉主要供婴幼儿食用，该配方主要考虑婴儿的营养需要，适当地考虑幼儿的营养需要。配方设计的主要根据是牛奶、母乳的营养成分，1988年我国营养学会修订的膳食中营养素的供给量，食品营养强化剂使用卫生标准及中华人民共和国国家标准 GB 10765—2010《食品安全国家标准　婴儿配方食品》，并参考了联合国粮农组织和卫生组织制定的食品规范及国内外乳粉配方。

在不同奶粉的基础上强化乳酮糖等营养素，使每100g奶粉中含有乳酮糖 0.5～0.7g、铁 6～8mg、锌 3～6mg、维生素 A 1000～2000IU、维生素 D 200～400IU、维生素 C 35～50mg。

2. 功能性饼干、茶和糖果

(1) 富硒功能性饼干　通过添加硒麦芽粉来提供硒源，并以乳糖醇作主要的甜味剂，结合使用多功能纤维粉，由此制得的功能性饼干富含硒和膳食纤维。

配方实例：面粉 58%、富硒麦芽粉 1.4%、多功能纤维粉 8.5%、高果糖浆 5.7%、乳糖醇 14.5%、起酥油 8.6%、食盐 1.2%、大豆磷脂 1.2%、$NaHCO_3$ 0.6%、NH_4HCO_3 0.3% 和水适量。按饼干工艺生产即得成品。

(2) 茯苓保健奶茶　该产品除具有牛奶的营养价值外，还具有茯苓、蜂蜜、维生素 C 等的滋补作用。

配方实例：牛奶 0.5～0.6kg、茯苓多糖 20g、葡萄糖酸锌 0.5mg、乳酸亚铁 0.3mg、维生素 C 8000IU、蜂蜜 5g、维生素 A 5500IU、维生素 D 7500IU、壳聚糖 10g、增稠剂少许、甘草甜素 0.2mg、加水至 1kg。按奶粉制备工艺生产即得成品。

(3) 矿泉参茶　采用矿泉水辅以乌梅汁、人参皂苷及多种维生素配制而成的一种功能性饮料。

配方实例：乌梅汁 150L、人参皂苷 80g、维生素 A 8～10g、维生素 B 5～6g、维生素 D 7g、维生素 E 3～4g、甘草甜素 50g、壳聚糖 200g、银耳多糖 15g、加矿泉水至 1000L 即可。

(4) 抗衰老口香糖　抗衰老口香糖是一种新型功能性食品，其中壳聚糖能抑制链球菌的生长繁殖，防止龋齿，这是普通型口香糖不能达到的。添加真菌多糖、维生素 A、维生素 E、茶多酚等物质能起到延缓衰老、保护机体免受自由基的损害和美容的效果。

配方实例：胶基质 31g、甘草次酸 0.1g、壳聚糖 15.5g、人参多糖 2g、刺五加多糖 6g、灵芝多糖 6g、果糖 21.5g、金针菇多糖 8g、柠檬酸 2g、维生素 C 2.5g、硫酸钾 0.27g、柠檬酸钠 0.05g、甘油 3g、茶多酚 1g、维生素 A 0.5g、维生素 D 0.5g、食用香料适量。

(5) 新型除口臭、防龋齿糖果　在糖果中添加茶多酚、壳聚糖能有效地发挥其抗氧化和保鲜作用，并有消除口臭与预防龋齿的功能。

配方实例：蔗糖 80g、茶多酚 0.05g、柠檬酸 0.85g、柠檬酸钠 0.1g、壳聚糖 5g、维生素 C 0.8g、甘草酸 0.2g、人参多糖 2.9g、淀粉糖浆 10g、天然色素少量、水果香精适量。

(6) 其他　瑞士罗氏公司开发了一种由多种维生素和叶黄素配制的护眼口嚼片，其配料组成如下。维生素 A 400mg、β-胡萝卜素 4mg、维生素 E 36mg、维生素 C 100mg、叶黄素 4mg、维生素 B_1 1.4mg、维生素 B_2 4.8mg、维生素 B_6 2mg、维生素 B_{12} 0.005mg、烟酸 18mg、叶酸 0.4mg、锌 10mg、硒 0.025mg。

另一种由罗氏公司开发的护眼酒味胶糖的组成如下。明胶 80g、水 125g、糖 290g、葡萄糖浆 390g、50％柠檬酸液 20g、香精 0.9～1g、10％叶黄素溶液 7g。

以色列番茄红天然产品工业公司以番茄红素做配料开发的粉红色无糖嚼片的配料组成如下：异麦芽酯糖醇 94.79g、番茄红素 1g、硬酯酸镁 0.5g，柠檬酸 2g，黑加仑香精 1.5g，阿斯巴甜素 0.15g。

新型养颜果脯能使皮肤保持光滑、具有弹性，具体配方如下。蔗糖 38.5kg、芦荟粉 0.1kg、蜂蜜 0.5kg、壳聚糖 0.7kg、甘草甜素 0.1kg、樱桃 19kg、盐 0.06kg、柠檬酸 0.05kg、加水至 100kg。

3. 功能性胶囊和口服液

（1）微胶囊蜂王浆　蜂王浆微胶囊最先在日本出现，它是以冷冻干燥的蜂王浆粉与油脂一起混合，制成粒状芯材。然后在其表面再包上一层膜材，制成粒状蜂王浆。这种粒状蜂王浆可以长期保存，质量稳定，易于服用，携带方便。

配方实例：蜂王浆冻干粉 35g、葡乐安浸膏 11g、植物性硬化油 39g、甘草次酸 0.1g、维生素 E 0.7g、人参皂苷 0.2g、乳化剂 1g、茶多酚 1g、维生素 C 2g、刺五加多糖 4g、壳聚糖 6g。

（2）抗衰老胶丸　抗衰老胶丸主要由硒酵母、维生素 E、核黄素丁酸酯和 β-胡萝卜素等活性成分组成。配方实例：在 10kg 橄榄油中加入 2.5kg 维生素（α-生育酚）和 0.02kg β-胡萝卜素，在 50℃搅拌 1h 使之完全溶解，加入 2.5kg 硒酵母和 0.6kg 核黄素丁酸酯，搅拌 30min 使混合液呈稳定的悬浮态，最后经充填机填充到胶丸中，每个胶丸约含内容物 150mg，呈橙色颗粒状。

（3）灵芝营养口服液　灵芝是一种名贵的多孔菌科真菌，添加金针菇、香菇等真菌能显著降低机体乳酸脱氢酶的活性，可使肝糖原含量显著增加而提高机体的运动能力。

配方实例：灵芝抽提液 50g、蜂蜜 5g、茯苓粉 10g、维生素 E 0.5g、金针菇多糖 10g、茶多酚 1g、香菇多糖 10g、人参多糖 2g、纯水适量。

===== 思 考 题 =====

1. 功能性饮料按原料分为哪几类？按功能分为哪几类？
2. 功能性饮料和普通饮料在生产工艺上有哪几方面的差别？
3. 功能性食品配方设计应遵循的原则有哪些？配方设计中有何注意事项？

第三十章

功能性食品的管理

主要内容

1. 功能性食品的注册与备案。
2. 对工厂、从业人员及设备的要求。
3. 功能性食品的监控与品质管理。

第一节　功能性食品的注册与管理

一、保健（功能）食品的审批

1. 对保健（功能）食品的要求

按照《保健食品管理办法》（以下简称"办法"）规定，保健食品必须符合如下要求。

① 经必要的动物和/或人群功能试验，证明其具有明确、稳定的保健作用。

② 各种原料及其产品必须符合食品卫生要求，对人体不产生任何急性、亚急性或慢性危害。

③ 配方的组成及用量必须具有科学依据，具有明确的功效成分。

④ 如在现有技术条件下不能明确功效成分，应确定与保健功能有关的主要原料名称。

⑤ 标签、说明书及广告不得宣传疗效作用。

2. 审查

凡声称具有保健功能的食品必须经卫健委审查确认。研制者应向所在地的省级卫生行政部门提出申请。经初审同意后，报卫健委审批。卫健委对审查合格的保健食品发给《保健食品批准证书》，批准文号为"卫食健字（　　）第　　号"。获得《保健食品批准证书》的食品准许使用卫健委规定的保健食品标志。

3. 申请

申请《保健食品批准证书》时，必须提交下列资料。

① 保健食品申请表。

② 保健食品的配方、生产工艺及质量标准。

③ 毒理学安全性评价报告。

④ 保健功能评价报告。

⑤ 保健食品的功效成分名单以及功效成分的定性和/或定量检验方法、稳定性试验报

告。因在现有技术条件下，不能明确功效成分的，则须提交食品中与保健功能相关的主要原料名单。

⑥ 产品的样品及其卫生学检验报告。

⑦ 标签及说明书（送审样）。

⑧ 国内外有关资料。

⑨ 根据有关规定或产品特性应提交的其他材料。

卫健委和省级卫生行政部门应分别成立评审委员会承担技术评审工作，委员会应由食品卫生、营养、毒理、医学及其他相关专业的专家组成。卫健委评审委员会每年举行四次评审会，一般在每季度的最后一个月召开。经初审合格的全部材料必须在每季度第一个月底前寄到卫健委。卫健委根据评审意见，在评审后的 30 个工作日内，作出是否批准的决定。卫健委评审委员会对申报的保健食品认为有必要复验的，由卫健委指定的检验机构进行复验。复验费用由该保健食品申请者承担。已由国家有关部门批准生产经营的药品，不得申请《保健食品批准证书》。

二、保健（功能）食品的生产经营

1. 生产的审批与组织

在生产保健食品前，食品生产企业必须向所在地的省级卫生行政部门提出申请，经省级卫生行政部门审查同意并在申请者的卫生许可证上加注"××保健食品"的许可项目后方可进行生产。

未经卫健委审查批准的食品，不得以保健食品名义生产经营；未经省级卫生行政部门审查批准的企业，不得生产保健食品。

保健食品生产者必须按照批准的内容组织生产，不得改变产品的配方、生产工艺、企业产品质量标准以及产品名称、标签、说明书等。

保健食品的生产过程、生产条件必须符合相应的食品生产企业卫生规范或其他有关卫生要求。选用的工艺应能保持产品功效成分的稳定性。加工过程中功效成分不损失、不破坏、不转化和不产生有害的中间体。

应采用定型包装。直接与保健食品接触的包装材料或容器必须符合有关卫生标准或卫生要求。包装材料或容器及其包装方式应有利于保持保健食品功效成分的稳定。

保健食品经营者采购保健食品时，必须索取卫健委发放的《保健食品批准证书》复印件和产品检验合格证。

采购进口保健食品应索取《进口保健食品批准证书》复印件及口岸进口食品卫生监督检验机构的检验合格证。

2. 产品标签、说明书及广告宣传

保健食品标签和说明书必须符合国家有关标准和要求，并标明下列内容。

① 保健作用和适宜人群。

② 食用方法和适宜的食用量。

③ 储藏方法。

④ 功效成分的名称及含量。因在现有技术条件下，不能明确功效成分的，则须标明与保健功能有关的原料名称。

⑤ 保健食品批准文号。

⑥ 保健食品标志。

⑦ 有关标准或要求所规定的其他标签内容。

保健食品的名称应当准确、科学，不得使用人名、地名、代号及夸大或容易误解的名称，不得使用产品中非主要功效成分的名称。

保健食品的标签、说明书和广告内容必须真实，符合其产品质量要求。不得有暗示可使疾病痊愈的宣传。严禁利用封建迷信进行保健食品的宣传。

三、保健（功能）食品的监督管理

根据《食品安全法》以及卫健委有关规章和标准，各级卫生行政部门应加强对保健食品的监督、监测及管理。卫健委对已经批准生产的保健食品可以组织监督抽查，并向社会公布抽查结果。

卫健委可根据以下情况确定对已经批准的保健食品进行重新审查。

① 科学发展后，对原来审批的保健食品的功能有认识上的改变。

② 产品的配方、生产工艺以及保健功能受到可能有改变的质疑。

③ 保健食品监督、监测工作的需要。

保健食品生产经营者的一般卫生监督管理，按照《食品安全法》及有关规定执行。

第二节　对工厂、从业人员及设备的要求

一、工厂设计和基础设施

功能性食品厂的总体设计、厂房与设施的一般性设计、建筑和卫生设施应符合食品企业通用卫生规范的要求。

1. 工厂设计

凡新建、扩建、改建的工程项目的有关食品卫生部分均应按本规范和该类食品厂的卫生规范的有关规定，进行设计和施工。

（1）厂址选择　要选择地势干燥、交通方便、有充足水源的地区。厂区不应设于受污染河流的下游。厂区周围不得有粉尘、有害气体、放射性物质和其他扩散性污染源，不得有昆虫大量孳生的潜在场所，避免危及产品卫生。厂区要远离有害场所。生产区建筑物与外缘公路或道路应有防护地带，其距离可根据各类食品厂的特点由各类食品厂卫生规范另行规定。

（2）布局　要合理布局，划分生产区和生活区，生产区应在生活区的下风向。建筑物、设备布局与工艺流程三者衔接合理，建筑结构完善，并能满足生产工艺和质量卫生要求。原料与半成品和成品、生原料与熟食品均应杜绝交叉污染。

（3）给排水　给排水系统应能适应生产需要，设施应合理有效，经常保持畅通，防止鼠类、昆虫通过排水管道潜入车间，防止水源污染。生产用水必须符合国家标准。污水排放必须符合国家规定的标准，必要时应采取净化设施达标后才可排放。净化和排放设施不得位于生产车间主风向的上方。

2. 设备与设施

（1）设备要求　凡接触食品物料的设备、工具、管道，必须用无毒、无味、抗腐蚀、不吸水、不变形的材料制作。设备、工具、管道表面要清洁，边角圆滑，无死角，不易积垢，便于拆卸、清洗和消毒。设备设置应根据工艺要求，布局合理，上、下工序衔接要紧凑。

（2）设施要求　生产车间地面应使用不渗水、不吸水、无毒、防滑材料（如耐酸砖、水磨石、混凝土等）铺砌，应有适当坡度，在地面最低点设置地漏，以保证不积水。其他厂房

也要根据卫生要求进行设计。地面应平整、无裂隙、略高于道路路面，便于清扫和消毒。

屋顶或天花板应选用不吸水、表面光洁、耐腐蚀、耐温、浅色材料涂覆或装修，要有适当的坡度，在结构上减少凝结水滴落，防止虫害和霉菌孳生，以便洗刷、消毒。

生产车间墙壁要用浅色、不吸水、不渗水、无毒材料涂覆，并用白瓷砖或其他防腐蚀材料装修高度不低于 1.5m 的墙裙。

生产车间、仓库应有良好通风，采用自然通风时通风面积与地面积之比不应小于 1：16；采用机械通风时换气量不应小于每小时换气三次。

洗手设施应分别设置在车间进口处和车间内适当的地点。要配备冷热水混合器，其开关应采用非手动式，龙头设置以每班人数在 200 人以内者，按每 10 人 1 个，200 人以上者每增加 20 人增设 1 个。

必须按照生产工艺和卫生、质量要求划分洁净级别，原则上分为一般生产区和 D 级区。D 级洁净区，应安装具有过滤装置的相应的净化空调设施。净化级别必须满足生产功能性食品对空气净化的需要。生产片剂、胶囊、丸剂以及不能在最后容器中灭菌的口服液等产品，应当采用 D 级洁净厂房。

二、对从业人员的要求

1. 人员层次与结构

功能性食品生产企业，必须具有与所生产的功能性食品相适应的具有食品科学、预防医学、药学、生物学等相关专业知识的技术人员和具有生产及组织能力的管理人员。专职技术人员的比例应不低于职工总数的 5%。

主管技术的企业负责人必须具有大专以上或相应的学历，并具有功能性食品生产及质量、卫生管理的经验。

功能性食品生产和品质管理部门的负责人必须是专职人员。应具有与所从事专业相适应的大专以上或相应的学历，有能力对功能性食品生产和品质管理中出现的实际问题，做出正确的判断和处理。

功能性食品生产企业必须有专职的质检人员，质检人员必须具有中专以上学历。采购人员应掌握鉴别原料是否符合质量、卫生要求的知识和技能。

从业人员上岗前，必须经过卫生法规教育及相应技术培训，企业应建立培训及考核档案。企业负责人及生产、品质管理部门负责人还应接受省级以上卫生监督部门有关功能性食品的专业培训，并取得合格证书。

2. 个人卫生要求

从业人员（包括临时工）应接受健康检查，并取得体检合格证后方可参加功能性食品生产。从业人员上岗前要先经过卫生培训教育，方可上岗。上岗时，要做好个人卫生，防止污染食品。

第三节　监控与品质管理

一、生产过程的监控

1. 原料

功能性食品生产所需原料的购入、使用等应制定验收、贮存、使用、检验等制度，并由专人负责。原料必须符合食品卫生要求，原料的品种、来源、规格和质量应与批准的配方及产品企业标准相一致。采购原料必须按有关规定索取有效的检验报告单，属食品新资源的原料需索取卫健委批准证书。以菌类经人工发酵制得的菌丝体，或菌丝体与发酵产物的混合物为原料的产品，必须索取菌株鉴定报告、稳定性报告及菌株不含耐药因子的证明资料。以藻类、动物及动物组织器官等为原料的，必须索取品种鉴定报告。从动、植物中提取的单一有效物质或以生物、化学合成物为原料的，应索取该物质的理化性质及含量的检测报告。对于含有兴奋剂或激素的原料，应索取其含量检测报告。经放射性辐射的原料，应索取辐照剂量的有关资料。

原料的运输工具等应符合卫生要求。应根据原料特点，配备相应的保温、冷藏、保鲜、防雨防尘等设施，以保证质量和卫生需要。运输过程不得与有毒、有害物品同车或同一容器混装。

原料购进后对来源、规格、包装情况进行初步检查，按验收制度的规定填写入库账、卡，入库后应向质检部门申请取样检验。

各种原料应按待检、合格、不合格分类存放，并有明显标志。合格备用的原料还应按不同批次分开存放。不得将相互影响风味的原料贮存在同一库内。

对有温度、湿度及特殊要求的原料应按规定条件贮存，一般原料的贮存场所或仓库，地面应平整，便于通风换气，有防鼠、防虫设施。

应制定原料的贮存期，采用先进先出的原则。对不合格或过期原料应加注标志并及早处理。

以菌类经人工发酵制得的菌丝体或以微生态类为原料的产品，应严格控制菌株保存条件，菌种应定期筛选、纯化，必要时进行鉴定，防止杂菌污染、菌种退化和变异产毒。

2. 操作规程

工厂应结合自身产品的生产工艺特点，制定生产工艺规程及岗位操作规程。生产工艺规程需符合功能性食品加工过程中功效成分不损失、不破坏、不转化和不产生有害中间体的工艺要求，其内容应包括产品配方、各组分的制备、成品加工过程的主要技术条件及关键工序的质量和卫生监控点，如成品加工过程中的温度、压力、时间、pH、中间产品的质量指标等。岗位操作规程应对各生产主要工序规定具体操作要求，明确各车间、工序和个人的岗位职责。各生产车间的生产技术和管理人员应按照生产过程中各关键工序控制项目及检查要求，对每批次产品从原料配制、中间产品产量、产品质量和卫生指标等情况进行记录。

3. 原辅料的领取和投料

投产前的原料必须进行严格的检查，核对品名、规格、数量，对于霉变、生虫、混有异物、感官性状异常、不符合质量标准要求的原料不得投产使用。凡规定有贮存期限的原料，过期不得使用。液体的原辅料应过滤除去异物；固体原辅料需粉碎、过筛的应粉碎至规定细度。

车间工作人员按生产需要领取原辅料，根据配方正确计算、称量和投料，配方原料的计算、称量及投料须两人复核后记录备查。生产用水的水质必须符合生活饮用水卫生标准的规定，对于特殊规定的工艺用水应按工艺要求进一步纯化处理。

4. 配料和加工

产品配料前，需检查配料罐及容器管道是否清洗干净、是否符合工艺所要求的标准。利用发酵工艺生产用的发酵罐、容器及管道必须彻底清洁、消毒处理后，方能用于生产。每一班次都应做好器具清洁、消毒记录。

生产操作应衔接合理，传递快捷、方便，防止交叉污染。应将原料处理、中间产品加工、包装材料和容器的清洁、消毒、成品包装和检验等工序分开设置。同一车间不得同时生产不同的产品，不同工序的容器应有明显标记，不得混用。

生产操作人员应严格按照一般生产区与洁净区的不同要求，搞好个人卫生。生产人员因调换工作岗位有可能导致产品污染时，必须更换工作服、帽、鞋，重新进行消毒。用于洁净区的工作服、帽、鞋等必须严格清洗、消毒，每日更换，并且只允许在洁净区内穿用，不准带出区外。

原辅料进入生产区，必须经过物料通道进入。凡进入洁净厂房、车间的物料，必须除去外包装。若外包装脱不掉，则要擦洗干净或换成室内包装桶。

配制过程原辅料必须混合均匀，需要热熔化、热提取或蒸发浓缩的物料必须严格控制加热温度和时间。需要调整含量、pH等技术参数的中间产品，调整后须对含量、pH、相对密度、防腐剂等重新测定复核。

各项工艺操作，应在符合工艺要求的良好状态下进行。口服液、饮料等液体产品生产过程需要过滤的，应注意选用无纤维脱落且符合卫生要求的滤材，禁止使用石棉作滤材。胶囊、片剂、冲剂等固体产品，需要干燥的应严格控制烘房（箱）的温度与时间，防止颗粒熔融与变质；粉碎、压片、筛分或整粒设备，应选用符合卫生要求的材料制作，并定期清洗和维护，以避免铁锈及金属污染物的污染。

产品压片、分装胶囊和冲剂、液体产品的灌装等均应在洁净室内进行，应控制操作室的温度、湿度。手工分装胶囊应在具有相应洁净级别的有机玻璃罩内进行，操作台不得低于0.7m。

配制好的物料须放在清洁的密闭容器中，及时进入灌装、压片和分装胶囊等工序，需贮存的不得超过规定期限。

5. 包装容器的洗涤、灭菌和保洁

应使用符合卫生标准和卫生管理办法规定允许使用的食品容器、包装材料、洗涤剂、消毒剂。

使用的空胶囊、糖衣等原料必须符合卫生要求，禁止使用非食用色素。

产品包装用各种玻璃瓶（管）、塑料瓶（管）、瓶盖、瓶垫、瓶塞、铝塑包装材料等，凡是直接接触产品的内包装材料均应采取适当方法清洗、干燥和灭菌，灭菌后应置于洁净室内冷却备用。贮存时间超过规定期限的应重新洗涤、灭菌。

6. 产品杀菌

各类产品的杀菌应选用有效的杀菌或灭菌的设备和方法。对于需要灭菌又不能热压灭菌的产品，可根据不同工艺和食品卫生要求，使用精滤、微波、辐照等方法，以确保灭菌效果。采用辐照灭菌方法时，应严格按照辐照食品卫生管理办法的规定，严格控制辐照吸收剂量和时间。

应对杀菌或灭菌装置内温度的均一性、可重复性等定期做可靠性验证，对温度、压力等检测仪器定期校验。在杀菌或灭菌操作中，应准确记录温度、压力及时间等指标。

7. 产品灌装或装填

每批待灌装或装填产品，应检查其质量是否符合要求，计算产出率，并与实际产出率进行核对。若有明显差异，必须查明原因，在得出合理解释并确认无潜在质量事故后，经品质管理部门批准后方可按正常产品处理。

液体产品灌装，固体产品的造粒、压片及装填应根据相应要求在洁净区内进行。除胶囊外，产品的灌装、装填须使用自动机械装置，不得使用手工操作。

灌装前应检查灌装设备、针头、管道等，是否用新鲜蒸馏水冲洗干净、消毒或灭菌。操作人员必须经常检查灌装及封口后的半成品质量，随时调整灌装（封）机器，保证灌封质量。凡需要灭菌的产品，从灌封到灭菌的时间，应控制在工艺规程要求的时间限度内。

瓶装液体制剂灌封后应进行灯检。每批灯检结束后，必须做好清场工作，剔除品应标明品名、规格和批号，置于清洁容器中交专人负责处理。

8. 包装

功能性食品的包装材料和标签应由专人保管，每批产品标签凭指令发放、领用，销毁的包装材料应有记录。经灯检和检验合格的半成品，在印字或贴签过程中，应随时抽查印字或贴签质量。印字要清晰，贴签要贴正、贴牢。

成品包装内，不得夹放与食品无关的物品。产品外包装上，应标明最大承受压力（质量）。

9. 标识

产品标识必须符合功能性食品标识规定和食品标签通用标准的要求，产品说明书、标签的印制等应与卫健委批准的内容相一致。

10. 成品的贮存和运输

贮存与运输的一般性卫生要求应符合食品企业通用卫生规范的要求。成品贮存方式及环境应避光、防雨淋，温度、湿度应控制在适当范围，并避免撞击与振动。

含有生物活性物质的产品应采用相应的冷藏措施，并以冷链方式贮存和运输。非常温下保存的功能性食品，如某些微生态类功能性食品，应根据产品的不同特性，按照要求的温度进行贮运。

仓库应有收、发货检查制度。成品出厂应执行"先产先销"的原则，成品入库应有存量记录。成品出库应有出货记录，内容至少包括批号、出货时间、地点、对象、数量等，以便发现问题及时回收。

二、产品品质管理

工厂必须设置独立的与生产能力相适应的品质管理机构，直属工厂负责人领导。各车间设专职质检员，各班组设兼职质检员，形成一个完整而有效的品质监控体系，负责生产全过程的品质监督。

1. 品质管理制度的制定与执行

品质管理机构必须制定完善的管理制度，品质管理制度应包括以下内容。

① 原辅料、中间产品、成品以及不合格品的管理制度。

② 原料鉴别与质量检查、中间产品的检查、成品的检验技术规程，如质量规格、检验项目、检验标准、抽样和检验方法等的管理制度。

③ 留样观察制度和实验室管理制度。

④ 生产工艺操作核查制度。

⑤ 清场管理制度。

⑥ 各种原始记录和批生产记录管理制度。

⑦ 档案管理制度。

以上管理制度应切实可行、便于操作和检查。

必须设置与生产产品种类相适应的检验室和化验室，应具备对原料、半成品、成品进行检验所需的房间、仪器、设备和器材，并定期检查，使其经常处于良好状态。

2. 原料的品质管理

必须按照国家或有关部门规定设质检人员，逐批次对原料进行鉴别和质量检查，不合格者不得使用。要检查和管理原料的存放场所，存放条件不符合要求的原料不得使用。

3. 制造过程的品质管理

找出制造过程中的危害分析关键控制点，至少要监控下列环节，并做好记录。

① 投料的名称与质量或体积。

② 有效成分提取工艺中的温度、压力、时间、pH 等技术参数。

③ 中间产品及成品的产出率及质量规格。

④ 直接接触食品的内包装材料的卫生状况。

⑤ 成品灭菌方法的技术参数。

要对重要的生产设备和计量器具定期检修，用于灭菌设备的温度计、压力计至少半年检修一次，并做检修记录。

应具备对生产环境进行监测的能力，并定期对关键工艺环境的温度、湿度、空气净化度等指标进行监测。应具备监测生产用水的能力，并定期监测。对品质管理过程中发现的异常情况，应迅速查明原因做好记录，并加以纠正。

4. 成品的品质管理

必须逐批次对成品进行感官卫生及质量指标的检验，不合格者不得出厂。

应具备产品主要功效因子或功效成分的检测能力，并按每次投料所生产的产品的功效因子或主要功效成分进行检测，不合格者不得出厂。

每批产品均应有留样，留样应存放于专设的留样库（或区）内，按品种、批号分类存放，并有明显标志。应定期进行产品的稳定性实验。

必须对产品的包装材料、标志、说明书进行检查，不合格者不得使用。检查和管理成品库房存放条件，不得使用不符合存放条件的库房。

5. 品质管理的其他要求

应对用户提出的质量意见和使用中出现的不良反应详细记录，做好调查处理工作，并做记录备查。必须建立完整的质量管理档案，设有档案柜和档案管理人员，各种记录分类归档，保存 2~3 年备查。应定期对生产和质量进行全面检查，对生产和管理中的各项操作规程、岗位责任制进行验证。对检查或验证中发现的问题进行调整，定期向卫生行政部门汇报产品的生产质量情况。

6. 卫生管理

工厂应按照食品企业通用卫生规范的要求，做好除虫、有毒有害物处理、污水污物处理、副产品处理等的卫生管理工作。

思 考 题

1. 概要说明我国对功能性食品的注册与备案。

2. 根据本章阐述的功能性食品管理的各项规定，谈谈在开发和生产功能性食品时应注意的问题。

第三十一章

食品功效性成分的测定

第一节　低聚糖——低聚果糖和异麦芽低聚糖的测定方法（高效液相色谱法）

本方法适用功能性食品中低聚糖的检测。

一、方法提要

低聚糖各组分用高效液相色谱法分离并定量测定，以乙腈、水作流动相，在碳水化合物分析柱上糖的分离顺序是先单糖后双糖，先低聚后多聚，以示差折射检测器检测。

低聚糖的检测有外标法和内标法两种，但由于功能性食品一般只需报告低聚糖的总量，故可用厂家提供的基料作对照样，在相同的分离条件下以面积比值法求出样品中低聚糖含量。

二、仪器

①高效液相色谱仪：Waters HPLC，510 泵，410 示差折射检测器，数据处理装置。②超声波振荡器。③微孔过滤器：滤膜 $0.45\mu m$。

三、试剂

①乙腈：色谱纯。②水：三蒸水并经 Milli-Q 超纯处理。③低聚糖对照品：低聚糖难得

纯品，故可用厂家提供的基料为对照品。④低聚果糖（Fructooligosaccharide） 国产：一般含蔗果三糖（GF$_2$）、蔗果四糖（GF$_3$）、蔗果五糖（GF$_4$），液状基料含量＞35％，固状基料含量＞50％。进口：从蔗果三糖（GF$_2$）至蔗果七糖（GF$_6$），有液状、固状，30％～96％多种规格。⑤异麦芽低聚糖：有液状、固状，一般含量＞50％。⑥对照样品溶液。根据保健食品所强化的品种，准确称取低聚果糖或异麦芽低聚糖基料分别于100mL的容量瓶中，加水溶解并稀释至刻度，配成低聚果糖约5～10mg/mL或异麦芽低聚糖约5～10mg/mL的对照样品溶液。

四、测定步骤

1. 样品处理

（1）胶囊、片剂、颗粒、冲剂、粉剂（不含蛋白质）的样品 用精度为0.0001g的分析天平准确称取已均匀的样品（由于低聚糖原料含量不一，样品中的强化量也不同，所以样品的称量应控制在使低聚糖最终的进样浓度约5～10mg/mL为宜），于100mL容量瓶中，加水约80mL，于超声波振荡器中振荡提取30min，加水至刻度，摇匀，用0.45μm滤膜过滤后直接进样测定。

（2）奶制品（含蛋白质）的样品 准确吸取50mL于小烧杯中，加25mL无水乙醇，加热使蛋白质沉淀，过滤，滤液经浓缩后用水定容至25mL。

（3）饮料或口服液样品 准确吸取一定量的样品，加水稀释，定容至一定体积使低聚糖的最终进样浓度约为5～10mg/mL。

（4）果冻或布丁类样品 果冻类样品先均匀搅碎，称量，加适量水并加热至60℃左右助溶，并于超声波振荡器中振荡提取，然后用水稀释至一定体积。布丁类样品可按奶制品处理。

2. 色谱分离条件

色谱柱：Waters碳水化合物分析柱3.9mm×300mm；柱温：35℃；流动相：乙腈＋水（75∶25）；流速：1～2mL/min；检测器灵敏度：16X；进样量：10～25μL。

3. 样品测定

取样品处理液和对照品溶液各10～25μL，注入高效液相色谱仪进行分离。以对照品峰的保留时间定性，以其峰面积计算出样品液中被测物质的含量。

低聚糖的分离顺序如下。

低聚果糖：果糖＋葡萄糖＞蔗糖＞蔗果三糖（GF$_2$）＞……＞蔗果七糖（GF$_6$）。

异麦芽低聚糖：葡萄糖＞麦芽糖＞异麦芽糖＞潘糖（pentose）＞异麦芽三糖＞
　　　　　　　异麦芽四糖＞异麦芽四糖以上。

五、结果计算

1. 低聚糖占总糖的质量分数

因为各组分均为同系物，所以可用面积归一法计算低聚糖各组分总面积值及各组分占固形物（总糖）的质量分数。

$$低聚果糖占总糖的质量分数 = \frac{S_3+S_4+S_5+S_6+S_7}{S_1+S_2+S_3+S_4+S_5+S_6+S_7} \times 100\%$$

式中，S_1——果糖＋葡萄糖的峰面积；S_2——蔗糖的峰面积；$S_3 \cdots S_7$——蔗果三糖（GF$_2$）……蔗果七糖（GF$_6$）的峰面积。

$$异麦芽低聚糖占总糖的质量分数 = \frac{S_3+S_4+S_5+S_6+S_7}{S_1+S_2+S_3+S_4+S_5+S_6+S_7} \times 100\%$$

式中，S_1——葡萄糖的峰面积；S_2——麦芽糖的峰面积；$S_3 \cdots S_7$——异麦芽糖、潘糖、异麦芽三糖、异麦芽四糖、异麦芽四糖以上的峰面积。

注：以上数值均可在积分仪中直接读出。

2. 低聚糖在样品中的质量分数

$$低聚糖在样品中的质量分数 = \frac{S \times m_1 \times V \times c}{S_1 \times m \times V_1} \times 100\%$$

式中，S——样品中各低聚糖组分的峰面积总和；S_1——对照样品溶液中各低聚糖组分的峰面积总和；m_1——对照样品质量，g；m——样品质量，g，此项结果由五（1.）求出，如对照样品为液体基料时，还应乘以固形物的含量；V——样品定容体积，mL；V_1——对照样品定容体积，mL；c——对照样品中各低聚糖组分占固形物（总糖）实测的质量分数。

举例

① 称量 0.7760g 样品（约含低聚果糖 65%）溶于水中，并定容至 100mL。

② 对照样品为比利时进口低聚果糖 GF$_2$ 至 GF$_6$（企业标示量占总糖>92%），准确称取 0.5770g 溶于水中，并定容至 100mL。

③ 样品及对照样品进样量分别为 25μL。

④ 用 HPLC 面积归一法验证对照样品低聚糖各组分面积值总和为 418326，各组分占固形物（总糖）的质量分数为 93.99%。

⑤ 用 HPLC 面积归一法计算样品低聚糖各组分面积值总和为 417532。

⑥ 样品中低聚果糖的质量分数计算式如下。

$$低聚果糖在样品中的质量分数 = \frac{417532 \times 0.9399 \times 0.577 \times 100}{418326 \times 0.776 \times 100} \times 100\% = 69.75\%$$

六、注释

① 低聚糖（oligosaccharide）或称寡糖，是由 3～9 个单糖分子通过糖苷键连接形成直链或支链的低度聚合糖，现已广泛应用在饮料、奶类、果冻、谷类制品、婴幼儿食品等保健食品中。

② 低聚果糖或异麦芽低聚糖是由酶将蔗糖（或淀粉）水解为果糖与葡萄糖或麦芽糖与葡萄糖。以国产低聚果糖为例，其结构式为 G—F—F$_n$（$n=1$～3），G—F 为蔗糖（G 代表葡萄糖，F 代表果糖），GF$_2$ 称蔗果三糖（即一分子葡萄糖和两分子果糖），GF$_4$ 称蔗果五糖。

③ 低聚糖难得纯品，因酶反应产物中除各种蔗果糖外，还残留下不少葡萄糖、果糖和蔗糖（或麦芽糖）。低聚糖尚无准确的定量方法，其原因是低聚糖分离的响应因子依赖于分子内部链的长短，故准确定量较难。本方法是根据实践，以功能性食品中的基料作对照样，而建立的新方法。

④ 两种低聚糖（低聚果糖和异麦芽低聚糖）共存于同一食品中，低聚糖各组分用以上的分离条件难以分开，表现为许多组分重叠，干扰了正常定量。但将两组色谱图叠加进行比较，发现异麦芽三糖为一个独立峰，因而可以用其对异麦芽低聚糖进行定量分析。把两组对照样色谱图中低聚糖各组分的峰面积相加，得出总的峰面积，再求出其中低聚果糖所占的百分比，求出一个校正因子（注意一定要换算成相同的浓度单位）。从样品色谱图中把低聚糖各组分总的峰面积乘以其百分比就可求出低聚果糖的含量（注意样品中其他糖的干扰，如蔗糖）。

⑤ 食品的化学构成比较复杂，某些功能性食品在生产工艺过程中会带来杂质和赋形剂，其中一些组分（如淀粉、麦片、豆粉）发生变性而干扰测定，故在样品处理中应尽量去除。

⑥ 本法也适用于其他低聚糖的测定。

第二节　大豆异黄酮的测定方法

一、大豆总异黄酮的测定方法（紫外分光光度法）

本方法适用于大豆以及大豆制品中大豆总异黄酮的测定（所测样品需要进行预处理）。

1. 方法提要

将金雀异黄素（geninstein）标准品及含有大豆制品的样品溶液在分光光度计上测定200~400nm吸收情况，结果发现，标准品及样品的最大吸收峰都在259nm处，且最大吸收峰周围干扰较少。因此，选用金雀异黄素作为标准品，利用紫外分光光度法测定大豆总异黄酮的含量。

2. 仪器

紫外分光光度计。

3. 试剂

①金雀异黄素（$C_{15}H_{10}O_5$）：标准品，含量为99.999%。②95%乙醇（C_2H_6O）：分析纯。③双蒸馏水（H_2O）：自制。④石油醚（沸程为60~90℃）：分析纯。⑤环己烷（C_6H_{12}）：分析纯。⑥标准品溶液：准确称取金雀异黄素标准品5.2mg，置于50mL容量瓶中，以95%乙醇溶解，并定容至刻度，摇匀。

4. 测定步骤

（1）样品处理　准确称取大豆总异黄酮纯化物10.4mg，置于50mL容量瓶中，以95%乙醇溶解，并定容至刻度，摇匀。（样品为经大孔吸附树脂吸附纯化，并配合溶剂法提取制得的大豆总异黄酮提取纯化物，浅黄棕色粉末，味苦。）

（2）标准曲线的绘制　准确吸取0.05mL、0.1mL、0.15mL、0.2mL、0.3mL、0.4mL标准品溶液分别置于10mL容量瓶中，并各加入95%乙醇1.0mL，再加蒸馏水稀释至刻度，摇匀。以1mL 95%乙醇加水到10mL作空白对照。在259nm处测吸光度，以测得的吸光度与纯品量绘制标准曲线（见表31-1），并得出回归方程。

表31-1　标准曲线与回归方程

编号	1	2	3	4	5	6
$x/\mu g$	0.52	1.04	1.56	2.08	3.12	4.16
y	0.0432	0.1080	0.1763	0.2735	0.3654	0.5131

回归方程（相关系数 $r=0.9996$）

$$y=ax+b$$

式中，b——截距，0.2006；a——斜率，7.8118。

（3）样品测定　分别准确吸取样品液0.3mL于3只10mL容量瓶中，以下按标准曲线的操作步骤，在259nm处测定吸光度，计算平均值（见表31-2）。按标准曲线方程计算含量，并计算出样品中大豆总异黄酮的含量为8.0452μg/mL。

表 31-2　样品中大豆总异黄酮的吸光度

编号	1	2	3	平均值
吸光度（OD）	0.2837	0.2873	0.2795	0.2835

5. 精密度实验

准确吸取标准品溶液 0.2mL，分别置于 5 只 10mL 容量瓶中，按标准曲线的操作步骤测定吸光度，计算相对标准差（RSD）为 2.6%。

6. 加样回收率实验

准确吸取 0.1mL、0.2mL、0.2mL、0.2mL、0.1mL 标准品溶液于 5 只 10mL 容量瓶中，再分别准确加入样品液 0.3mL，按标准曲线的操作步骤，计算加样回收率，结果见表 31-3。

表 31-3　加样回收率实验结果

编号	1	2	3	4	5
标准品质量/μg	1.04	2.08	1.04	2.08	2.08
0.3mL 样品中金雀黄素的质量/μg	2.4149	2.4149	2.4149	2.4149	2.4149
OD 值	0.3665	0.4965	0.4932	0.4988	0.3625
测得金雀黄素的质量/μg	3.4679	4.4921	4.4663	4.5046	3.4489
回收率/%	101.25	99.87	98.63	100.47	99.08
平均回收率/%	99.86				
平均 RSD/%	1.06				

7. 结果计算

样品中大豆总异黄酮的质量分数（以金雀异黄素计算）按稀释度和金雀异黄素标准曲线的相应量计算。

8. 注释

若被测样品为大豆制品，如水豆腐、干豆腐、豆芽、豆豉等，可采用食品粉碎机破碎后冷冻干燥。分别取干重为 10g 的被测样品置于锥形瓶中，加入 50mL 石油醚，放置 24h，过滤，残渣用滤纸筒包好，置于水浴上的索氏提取器中，用甲醇提取 6h，注意温度低于 70℃。回收甲醇，残渣上大孔吸附树脂柱，用水洗脱除去糖类成分，再以 95% 的乙醇洗脱，将乙醇洗脱液浓缩，干燥，用 95% 乙醇定容至 25mL。豆浆、豆汁等液体大豆饮品可在 60℃ 水浴上蒸干，取 10g 干燥物与干燥后的大豆制品一样处理，得到不同的样品。

二、大豆异黄酮的测定方法（高效液相色谱法）

本方法适用于大豆制品中大豆异黄酮的测定。

本方法大豆异黄酮染料木素的最低检出限为 10ng，大豆苷元的最低检出限为 30ng。

1. 方法提要

大豆异黄酮（soybean isoflavones，ISO）是一类从大豆中分离提取的具有抗氧化、抗肿瘤、改善心血管功能的活性成分。目前发现的大豆异黄酮包括游离型苷元和结合型的糖苷两类共 12 种，染料木素（genistein，G）和大豆苷元（daidzeiu，D）是其中两种重要化合物。本法用 80% 乙醇作为溶剂，提取样品中的染料木素、大豆苷元，以反相高效液相色谱分离，在紫外检测器在 260nm 条件下检测其峰面积，以染料木素和大豆苷元两项含量之和计算大豆异黄酮含量。

2. 仪器

①LC 高效液相色谱仪，C-RIB 色谱处理机。②检测器：SPD-2AS 紫外检测器。③离心

机。④超声波振荡器。

3. 试剂

①甲醇：色谱纯。②乙醇：优级纯。③双重蒸馏水。④大豆异黄酮标准品：染料木素与大豆苷元标准品（美国 Sigma 公司产品），以染料木素和大豆苷元两项含量之和作为大豆异黄酮含量。⑤大豆异黄酮标准溶液：准确称取染料木素标准品 5.0mg，大豆苷元标准品 3.2mg，各自用流动相甲醇-水（60∶40）定容至 100mL，配制成 50μg/mL 的染料木素和 32μg/mL 的大豆苷元标准溶液。

4. 测定步骤

（1）样品处理

① 固体样品。准确称取一定量固体粉末样品于 100mL 容量瓶中，定量加入 80％乙醇，经超声振荡 5min，加水补足至刻度，待提取液略澄清后，离心分离（3000r/min、5min），取上清液经 0.45μm 滤膜过滤后待进样。

② 液体样品。准确吸取 2.0mL 液体样品，加入 80％乙醇摇匀并定容至 100mL，澄清后同上述步骤。

（2）色谱分离条件

色谱柱：Shim-Pack CLC-ODS，6mm×150mm，5μm；流动相：甲醇-水（60∶40），临用前用超声波除气；流速：0～5min 为 1.0mL/min；5～10min 为 1.6mL/min；柱温：40℃；检测波长：UV 260nm；灵敏度：0.016AUFS；进样量：10μL。

（3）样品测定 准确称取样品处理液和标准液各 10μL（或相同体积）注入高效液相色谱仪进行分离，以其标准溶液峰的保留时间进行定性，利用峰面积求出样品液中待测物质的含量。

5. 结果计算

$$X = \frac{S_1 \times c \times V}{S_2 \times m}$$

式中，X——样品中染料木素/大豆苷元的含量，$\mu g/g$；S_1——样品峰面积；c——标准溶液浓度，$\mu g/mL$；S_2——标准溶液峰面积；V——样品定容体积，mL；m——试样质量，g。

样品中大豆异黄酮含量 $X = X_g + X_d$，X_g、X_d 分别为样品中染料木素和大豆苷元的含量。

6. 注释

① 本法染料木素浓度在 0.01～0.1mg/mL 范围内呈直线关系，相关系数（r）为 0.9996；大豆苷元浓度在 0.003～0.03mg/mL 范围内呈直线关系，相关系数（r）为 0.9945。

② 同一样品依本法重复操作 6 次，染料木素和大豆苷元的相对标准差（RSD）分别为 3.1％和 1.2％。

③ 依本法各取试样 9 份，每 3 份为一组，分别加入不同量标准品进行试样处理，染料木素添加回收率为 95.0％～103.7％，大豆苷元添加回收率为 95.8％～105.5％。

第三节 总皂苷的测定方法（分光光度法）

本方法适用于功能性食品中总皂苷的测定。

本方法人参皂苷 Re 的最低检出量为 2μg/mL。

一、方法提要

样品中总皂苷经提取、PT-大孔吸附树脂柱预分离后，在酸性条件下，香草醛与人参皂苷生成有色化合物，以人参皂苷 Re 为对照品，于 560nm 处比色测定。

二、仪器

① 722 型分光光度计。

② PT-大孔吸附树脂柱：河北省津杨滤材厂。

③ 超声波振荡器。

三、试剂

①甲醇：分析纯。②乙醇：分析纯。③人参皂苷 Re 标准品：中国药品生物制品检定所。④5％香草醛溶液：称取 5g 香草醛，加冰乙酸溶解并定容至 100mL。⑤高氯酸：分析纯。⑥冰乙酸：分析纯。⑦人参皂苷 Re 标准溶液：准确称取人参皂苷 Re 标准品 20.0mg，用甲醇溶解并定容至 10mL。⑧重蒸水。

四、测定步骤

1. 样品处理

（1）固体样品　准确称取 1.0g 左右样品于 100mL 烧杯中，加入 20～40mL 85％乙醇，超声波振荡 30min，再定容至 50mL，摇匀，放置，吸取上清液 1.0mL 蒸干后，用水溶解残渣，进行柱分离。

（2）液体样品

① 含乙醇的酒类样品。准确吸取 1.0mL 样品放于蒸发皿中，蒸干，用水溶解残渣，用此液进行柱分离。

② 非乙醇类液体样品。准确吸取 1.0mL 样品（如浓度高或颜色深，需稀释一定体积后再取 1.0mL）直接进行柱分离。

2. 柱色谱

以 PT-大孔吸附树脂柱进行色谱分离，准确吸取上述已处理好的样品溶液 1.0mL 上柱，用 15mL 水洗脱，以洗去糖分等水溶性杂质，弃去洗脱液。再用 20mL 85％乙醇洗脱总皂苷，收集洗脱液于蒸发皿中，于水浴上蒸干，以此作显色用。

3. 显色

在上述已蒸干的蒸发皿中准确加入 0.2mL 5％香草醛冰乙酸溶液，转动蒸发皿，使残渣溶解。再加入 0.8mL 高氯酸，混匀后移入 10mL 比色管中，塞紧盖子于 60℃以下水浴加温 15min 取出，冷却后准确加入冰乙酸 5.0mL，摇匀后用 1.0cm 比色皿、于 560nm 处与人参皂苷 Re 标准管同时比色。

4. 标准曲线的绘制

吸取人参皂苷 Re 标准溶液（2.0mg/mL）0μL、20μL、40μL、60μL、80μL、100μL（相当于人参皂苷 Re 0μg、40μg、80μg、120μg、160μg、200μg），于 10mL 比色管中，用氮气吹干后同 3. 显色步骤测定吸光度，并绘制标准曲线。

人参总皂苷浓度在 20～200μg/mL 之间与吸光度呈线性关系，相关系数（r）为 0.999。

五、结果计算

$$X = \frac{m_1 \times V_1 \times 1000}{m \times V_2 \times 1000 \times 1000}$$

式中，X——样品中总皂苷的含量（以人参皂苷 Re 计），g/kg 或 g/L；m——试样质量或试液体积，g 或 mL；V_1——样品提取液总体积，mL；V_2——样品提取液测定用体积，mL；m_1——从标准曲线中查得待测液中人参皂苷 Re 的质量，μg。

六、注释

① 人参是五加科植物，含有多种人参皂苷（ginsenoside）。多数为达玛烷型皂苷，如人参皂苷 Ra$_1$、Ra$_2$、Rb$_1$、Rb$_2$、Rb$_3$、Re、Rd 等；少数为齐墩果酸型（C 型）皂苷，如人参皂苷 Re。由于苷元不同，达玛烷型皂苷又分为 20S-原人参二醇类皂苷（A 型）和 20S-原人参三醇类皂苷（B 型）。其中，A 型和 B 型皂苷酸水解后，分别得到人参二醇（panaxadial）和人参三醇（panaxatriol）。除人参外，五加科的西洋参、三七、刺人参、刺五加和葫芦科的绞股蓝中亦含有与人参皂苷类似的化合物。当功能性食品原料配方中含有上述多种原料时，即以本法"总皂苷（以人参皂苷 Re 计）"报告检测结果。

② 对于人参、西洋参、绞股蓝纯品或以其为主要原料加工的功能性食品，按《中华人民共和国药典》2015 年版，以薄层色谱法进行鉴定试验，将受试品色谱与对照药材色谱及对照品色谱进行比较确定其主要原料后，人参、西洋参制品仍以人参皂苷 Re 为对照品进行检测，而绞股蓝制品以绞股蓝总皂苷（中国药品生物制品检定所）为对照品进行检测，分别以"人参总皂苷""西洋参总皂苷""绞股蓝总皂苷"报告检测结果。

③ 回收率为 90%～105%。

第四节　褪黑素的测定方法（高效液相色谱法）

本方法适用于功能性食品中褪黑素片剂的测定，非添加褪黑素的天然食品可参照此法。本方法褪黑素的最低检出量为 25ng。

一、方法提要

样品中的褪黑素用甲醇提取后，经高效液相色谱分离，在紫外检测器上检测，检测波长为 260mm，用外标法定量，根据峰面积值计算样品中褪黑素的含量。

二、仪器

①高效液相色谱仪：Waters 2690 型，带 996 型紫外线检测器。②超声波振荡器。③离心机：5000r/min。④微孔过滤器：滤膜 0.5μm。

三、试剂

①甲醇：色谱纯，含量＞99.9%。②水：超纯水。③褪黑素标准品：纯度为 99.9% 以上。④褪黑素标准溶液：准确称取 10mg 褪黑素标准品于 10mL 容量瓶中，用甲醇定容。然后置于超声波振荡器中充分溶解，浓度为 1.000mg/mL。用移液管准确移取上述溶液 5mL 于 10mL 容量瓶内，配制成浓度为 0.500mg/mL 的标准液。采用相同步骤分别配制浓度为 0.250mg/mL、0.125mg/mL、0.063mg/mL 的标准液。

四、测定步骤

1. 样品处理

取一片样品（标示含 1mg 褪黑素），放入小乳钵中研磨成粉末状后倒入 5mL 离心管中，用甲醇冲洗乳钵 3 次，倒入离心管中，并定容至刻度。混匀后放入超声波振荡器中萃取 10min，然后离心 10min、5000r/min，把上清液移至 5mL 容量瓶中，用甲醇定容至刻度。混匀后经 0.5μm 微滤膜加压过滤，滤液待测。

2. 色谱分离条件

色谱柱：Nova-PakC$_{18}$柱 3.9mm×150mm；流动相：甲醇-水（1∶1）；波长：260nm；流速：1.0mL/min；进样量：10μL。

3. 标准曲线的绘制

将配制好的褪黑素标准液（0.063mg/mL、0.125mg/mL、0.250mg/mL、0.500mg/mL、1.000mg/mL）依次进样 10μL，测定各浓度相应的峰面积值，绘制标准曲线。

回归方程：$y=1.5351×10^{-6}x-2.7416×10^{-2}$，$r=0.9991$。

线性范围：0.063～1.000mg/mL。

4. 样品测定

取样品处理液 10μL 注入高效液相色谱仪分离测定，以标准品峰的保留时间定性，并根据样品组分的峰面积在标准曲线上查出相应组分的含量。

五、结果计算

$$X=\frac{m_1×V_1×100}{m×V_2×100}$$

式中，X——褪黑素的含量，mg/100g；m_1——从标准曲线上查得相应的褪黑素的质量，μg；V_1——样品定容总体积，μL；V_2——进样量，μL；m——样品质量，g。

第五节　肉碱的测定方法（高效液相色谱法）

本方法适用于添加左旋肉碱（L-carnitine）的功能性食品中肉碱的测定。

本方法肉碱最小检出量为 1.82μg。

一、方法提要

样品的水溶液用高效液相色谱法将左旋肉碱分离，经紫外检测器检测，测定出相应的峰面积，用外标法或内标法定量。

二、仪器

①Bio-Rad700 高效液相色谱仪，UV-1706 紫外检测器。②超声波振荡器。③微孔过滤器：滤膜 0.45μm。

三、试剂

①甲醇：色谱纯，浙江黄岩化工实验厂。②水：为三蒸水并经 Milli-Q 超纯处理。③离子对色谱试剂：IPR-B$_7$（庚烷磺酸钠 C$_7$H$_{15}$SO$_3$Na），天津市化学试剂二厂。④磷酸（H$_3$PO$_4$）：分析纯。⑤氢氧化钠（NaOH）：分析纯。⑥左旋肉碱标准品：L-4-氨基-羟基丁酸（C$_7$H$_{15}$NO$_3$），由瑞士龙沙公司提供。⑦对氨基苯甲酸：C$_7$H$_7$NO$_2$，分析纯，准确称取 100mg 对氨基苯甲酸，置于100mL 容量瓶中用水溶解，并定容，配成 1mg/mL 的内标溶液（样品用），此液用水稀释 10 倍为 0.1mg/mL（标准用）。⑧标准溶液：准确称取 25mg、50mg、75mg、100mg、125mg 的左旋肉碱标准品溶于流动相中，用流动相定容至 25mL，配成每 1mL 含 1.0mg、2.0mg、3.0mg、4.0mg、5.0mg 左旋肉碱。⑨对氨基苯甲酸

0.1mg/mL，5mL。

四、测定步骤

1. 样品处理

（1）外标法　准确称取含左旋肉碱 500mg 左右的样品于 50mL 容量瓶中，加水约 40mL，置超声振荡器中 20min 助溶，冷却，用水稀释至刻度，过滤，吸取 5mL 滤液于 25mL 容量瓶中，用流动相稀释至刻度，经 0.45μm 滤膜过滤，滤液备用。

（2）内标法　准确称取含左旋肉碱 500mg 左右的样品于 50mL 容量瓶中，加水约 40mL 及 5mL 1.0mg/mL 对氨基苯甲酸，置超声振荡器中同上处理。

2. 色谱分离条件

色谱柱：BIO-RAD　BIO-SIL　ODS，250mm×4mm；流动相：吸取 2.5mL 磷酸加入 到 475mL 水中，加入 25mL 1mol/L NaOH 摇匀，调整 pH 为 2.4，再加入 50mg 庚烷磺酸 钠（IPR-B$_7$），溶解后加入 260mL 甲醇；紫外检测器检测波长：210nm；流速：1mL/min； 灵敏度：0.001；进样量：20μL。

3. 标准曲线的绘制

分别准确吸取以上各种浓度的标准溶液和样品滤液 20μL 于 HPLC 中进行测定，记录各 组分峰面积，以左旋肉碱的浓度为横坐标，左旋肉碱的峰面积（或与内标峰的面积比值）为 纵坐标绘制标准曲线。

左旋肉碱浓度在 1.0～5.0mg/mL 之间，线性良好。

线性回归方程：$y=0.1061x-0.0086$，$r=0.9997$。

4. 样品测定

准确吸取样品滤液 20μL 于 HPLC 中，并根据样品组分的峰面积（或与内标峰的面积比 值）在标准曲线上查出相应的左旋肉碱的含量。

五、结果计算

$$X=\frac{m_1 \times n}{m \times 1000} \times 100$$

式中，X——左旋肉碱的质量分数，%；m_1——在标准曲线上查出相应的左旋肉碱质量， mg；n——样品的稀释倍数；m——样品质量，g；1000——将 mg 换算成 g。

六、注释

① 左旋肉碱（L-carnitine）极易吸水变潮，故称量时要注意标准品是否干燥，如潮解不 能烘干再用，亦可选用左旋肉碱酒石酸盐（L-carnitine tartrate）或消旋肉碱盐酸盐 （DL-carnitine hydrochloride）等作标准品，但要注意换算。如从左旋肉碱酒石酸盐 （L-carnitine tartrate）换算为左旋肉碱（L-carnitine）要乘系数 0.682，从左旋肉碱 （L-carnitine）换算为左旋肉碱酒石酸盐（L-carnitine tartrate）要乘系数 1.4655。用左旋肉 碱酒石酸盐作标准品时，色谱图中在前面多出一个酒石酸盐的色谱峰。

② 本法引自美国药典 U.S.P-NF 1995（Ⅰ），流动相只适用于含杂质较少的样品。如功 能性食品中配方复杂并添加了中草药、维生素及其他赋形剂等，可将流动相用水或 pH 2.4 的磷酸盐缓冲液稀释 3～4 倍，并适当添加离子对试剂的用量；如样品为口服液或饮料，流 动相中水相（pH 2.4 的磷酸盐缓冲液）与甲醇的比例可延至 98：2，庚烷磺酸钠可加 至 555mg。

③ 左旋肉碱才具有生理活性。本法最大的缺点是不能将右旋和消旋的肉碱区分开。

第六节 免疫球蛋白 IgG 的测定方法（单向免疫扩散法）

本方法适用于功能性食品中免疫球蛋白 IgG 的测定，其中 IgG 的最低检出限为 $20\mu g/mL$。

一、方法提要

在含有抗体的琼脂板的小孔中加入抗原溶液，经过扩散后，在小孔周围形成抗原体沉淀环，此沉淀环面积与小孔中的抗原量成正比。测定样品中 IgG 时，琼脂板中可加入适量的兔抗牛 IgG 抗血清，琼脂板各小孔中分别加入一系列的已知 IgG 含量的对照标准品及适量稀释的待测 IgG 乳粉样品，经过 24h 扩散后，测量各沉淀环直径。以 IgG 标准品系列浓度为横坐标，沉淀环直径的平方为纵坐标绘制标准曲线。根据待测 IgG 样品形成的沉淀环直径，在标准曲线上查到对应的 IgG 浓度即可计算其含量。

二、仪器

①琼脂模板。由两块 7.5cm×18cm 玻璃板中间隔放一块有机玻璃 U 形板（厚 0.22cm，各边宽 1cm，底边长 18cm，两边长 7.5cm）构成，用弹簧夹紧。②打孔器：ϕ2.5mm。③湿盒：有盖搪瓷盘，盘底铺垫纱布 3～4 层，用 0.5％苯酚溶液浸湿纱布。④微量进样器。⑤水浴锅。

三、试剂

①pH 6.8 磷酸盐缓冲液：称取分析纯的磷酸氢二钾 6.8g 和氢氧化钠 0.94g，加蒸馏水溶解并稀释至 1L，混匀。②优质琼脂。③兔抗牛 IgG 抗血清（生化试剂）：效价为 1∶32。④牛 IgG 对照标准品（生化试剂）：Sigma 公司提供。

四、测定步骤

1. 抗体琼脂板的制备

在 pH 6.8 磷酸盐缓冲液中加入 1.0％琼脂，加热溶化，冷却到 55℃，并在 55℃水浴中保温，然后加入兔抗牛 IgG 抗血清（效价为 1∶32，添加量为体积的 1/80），迅速混合后倒入琼脂模板内。待琼脂凝固后（需 10～15min），将上面的玻璃板小心移去，再取出 U 形板，用打孔器每隔 1.5cm 打一个孔，并取出孔内琼脂块。

2. 标准曲线绘制

取牛 IgG 对照标准品，以 pH 6.8 磷酸盐缓冲液溶解，分别稀释配成浓度为 0.05mg/mL、0.10mg/mL、0.20mg/mL、0.40mg/mL、0.80mg/mL、1.00mg/mL 的系列标准溶液。然后，将上述对照标准溶液分别加入抗体琼脂板的小孔中，每小孔 $5\mu L$（双样）。加样后将琼脂板放入湿盒中，在 37℃放置 24h，取出，准确测量沉淀环直径。以牛 IgG 浓度为横坐标，沉淀环直径平方为纵坐标绘制标准曲线。

3. 样品中 IgG 含量的测定

根据样品中 IgG 含量高低称取适量样品，用 pH 6.8 磷酸盐缓冲液溶解并适当稀释，然后按标准曲线操作步骤在抗体琼脂板小孔中加样，扩散，测量沉淀环直径，根据标准曲线查得样品中相应 IgG 浓度，并计算样品 IgG 含量。

五、注释

① 观察结果时，可于暗室内，以台灯斜照琼脂板，背后用黑纸作背景，琼脂板玻璃面

朝向观察者，将透明厘米尺紧贴玻璃板，测量沉淀环的直径。

② 免疫球蛋白（immunoglobulin，Ig）对增强机体的免疫抗病能力已早为人知。近年来，随着 IgG 应用于功能性食品的研究，发现 IgG 在调节动物体的生理功能，如改善胃肠道功能（调节肠道菌群）、促进生长发育等方面起重要作用。目前国内外测定 IgG 的方法有电泳法、免疫荧光技术、放射免疫法、高效液相色谱法等。本节介绍的单向免疫扩散法是一种经典方法，设备简单，方法易于推广。

③ 本方法在 IgG 浓度为 $0.05\sim1.0mg/mL$ 范围内呈线性关系，对于含有初乳素的奶粉、奶片、胶囊、羊胎素等均可测定。

第七节　EPA 和 DHA 的测定方法（气相色谱法）

本方法适用于以鱼油为主要成分的功能性食品中 EPA 和 DHA 的检测，其中 EPA 的最低检出量为 $20\mu g/mL$，DHA 的最低检出量为 $60\mu g/mL$。

一、方法提要

样品经三氟化硼甲醇甲酯化后，用正己烷提取，经 DEGS 气相色谱柱分离，并附氢火焰离子化检测器测定，用相对保留时间定性，与标准系列的峰高比较定量。

二、仪器

①气相色谱仪：附氢火焰离子化检测器。②超级恒温水浴：精度为 $\pm0.1℃$。③Eppendorf 管（EP 管）：$0.5\sim1.0mL$。

三、试剂

所用试剂除注明者外，均为分析纯，水为重蒸馏水。

①0.5mol/L 氢氧化钠甲醇溶液：称取 2.0g 氢氧化钠溶于少量无水甲醇中，并稀释定容至 100mL。②饱和氯化钠溶液：称取 72g 氯化钠溶解于 200mL 蒸馏水中。③三氯化硼甲醇溶液：量取浓度约为 47％三氯化硼乙醚溶液 30mL，加入到 75mL 无水甲醇中，混匀。④正己烷。⑤甲醇：优级纯。⑥EPA 和 DHA 的甲酯标准储备液：采用 Sigma 公司标准品（cis-5,8,11,14,17-Pentaenoic Acid Methyl Ester，Approx. 99％；cis-4,7,10,13,16,19-Docosahxaenoic Acid Methyl Ester，Approx. 98％），准确称取 0.050g EPA 和 0.100g DHA 用正己烷溶解，并定容至 10mL，此标准储备液 EPA 浓度为 5.0mg/mL，DHA 浓度为 10.0mg/mL。⑦EPA 和 DHA 的甲酯标准使用液：将标准储备液用正己烷稀释成 EPA 浓度为 1.00mg/mL、2.00mg/mL、3.00mg/mL、4.00mg/mL、5.00mg/mL，DHA 浓度为 2.00mg/mL、4.00mg/mL、6.00mg/mL、8.00mg/mL、10.00mg/mL。

四、测定步骤

1. 样品处理

准确吸取 $10\sim20\mu L$ 鱼油于 10mL 具塞比色管中，加入 0.5mol/L 氢氧化钠甲醇溶液 2mL，充氮气，加塞，于 60℃水浴中保温约 10min 至小油滴完全消失。加入三氯化硼甲醇溶液 2mL，混匀，于 60℃水浴中放置 30min，取出冷却至温，加入饱和氯化钠 2mL 和正己烷 0.5mL，充分振荡萃取，静置分层。取上层正己烷液于 EP 管中，加少量无水硫酸钠，充氮气，于 4℃冰箱中保存，备色谱分析。

2. 色谱参考条件

色谱柱：玻璃柱或不锈钢柱，内径 3mm，长 2m。内充填涂以 8％（质量分数）DEGS

和 1% （质量分数）H_3PO_4 固定液的 60～80 目 Chromosorb W. AW. DMCS。

气体流速：载气为 N_2，流速为 50mL/min（氮气、空气和氢气之比按各仪器型号不同选择最佳比例）。

温度：进样口 210℃，检测器 210℃，柱温 190℃。

进样量：1μL。

3. 标准曲线的绘制

用微量进样器准确量取 1μL 各浓度标准使用液，注入气相色谱仪，以测得的不同浓度的 EPA 和 DHA 的峰高为纵坐标，浓度为横坐标，绘制标准曲线。

4. 样品测定

准确吸取 1μL 样品溶液进样，测得的峰高与标准曲线比较定量。

五、结果计算

$$X = \frac{m_1 \times V_1 \times 100}{m \times V_2 \times 1000}$$

式中，X——样品中 EPA、DHA 的含量，mg/100g；m_1——测定用样品液中的质量，μg；m——样品的质量，g；V_1——加入正己烷的体积，μL；V_2——测定时进样的体积，μL。

EPA 和 DHA 的回收率分别为 $(96.2 \pm 3)\%$ 和 $(95.8 \pm 4)\%$，精密度相对标准差分别为 1.86% 和 2.11%。

六、注释

① 二十碳五烯酸和二十二碳六烯酸为超长链不饱和脂肪酸，具有预防血管疾病、降低血脂、抗癌、抗过敏等作用，因此鱼油制品被广泛应用于医药及功能性食品中。

② 鱼油制品用三氟化硼-甲醇溶液酯化，并采用充填 8%DEGS 和 1%H_3PO_4 固定液的色谱柱分离，克服了样品中其他物质的干扰，显示出良好的准确度和精密度。

③ 本法同时可以适用于测定油酸、亚油酸和亚麻酸。色谱条件为柱温 160℃，进样口及检测器温度为 190℃，其他条件（包括样品处理）与本法相同。

第八节　超氧化物歧化酶的测定方法

本方法适用于以各类鲜活的动植物组织器官及初加工品（如生鱼片、动物血等初加工肉制品）、乳制品、各类水果蔬菜、果汁等食品中超氧化物歧化酶活性的测定。

超氧化物歧化酶（superoxide dismutase，SOD）是催化以下反应的金属酶。

$$O_2^- + O_2^- + 2H^+ \longrightarrow H_2O_2 + O_2$$

测酶活方法很多，主要介绍氮蓝四唑法与连苯三酚自氧化法。

一、氮蓝四唑法

1. 方法提要

在电子供体如蛋氨酸存在下，核黄素受光激发，与电子供体反应被还原。在氧气中，还原的核黄素与氧反应产生 O_2^-，O_2^- 将无色（或微黄）的氮蓝四唑还原为蓝色，SOD 通过催化 O_2^- 歧化反应，生成 O_2 与 H_2O_2，从而抑制蓝色形成。按抑制蓝色物形成的 50% 为 1 个酶活单位。酶活力越高，抑制 50% 蓝色形成所需酶量越少。

2. 仪器

荧光灯管，离心机，分光光度计，pH 计。

3. 试剂

磷酸氢二钾（$K_2HPO_4 \cdot 3H_2O$），磷酸二氢钾（KH_2PO_4），蛋氨酸（Met），氮蓝四唑（NBT），核黄素，乙二胺四乙酸（EDTA），以上试剂均为分析纯级。所用水为去离子水或同等纯度蒸馏水。缓冲液（于冰箱中保存）为 pH 7.8，5.0×10^{-2} mol/L 的 K_2HPO_4-KH_2PO_4。

4. 测定步骤

（1）酶液的制备　称取 5～10g 样品，加预先在冰箱中放置的 K_2HPO_4-KH_2PO_4 缓冲液，缓冲液的用量为样品的 10 倍以上，在 4℃ 下或冰浴中研磨成匀浆，四层纱布过滤，滤液经 4000r/min 离心 20min，取上清液用于酶活测定。

（2）酶反应体系液的制备　取 K_2HPO_4-KH_2PO_4 缓冲液 30mL，依次溶入 Met、NBT、核黄素与 EDTA，使它们的浓度分别为 1.3×10^{-2} mol/L、6.3×10^{-5} mol/L、1.3×10^{-6} mol/L 与 1×10^{-4} mol/L，放冰箱中避光保存。

（3）测酶活　在暗光下，取上述酶反应液 3mL，移入试管中，试管放在反应小室中，反应小室壁上贴锡箔纸，将每个试管摆放在光照后所接受光强一致的位置。向每支试管中加入 25～30μL 酶液。在 25～30℃ 下用光照为 4000lx 的荧光灯管（可用功率为 15W 的荧光灯）进行照射，15～20min 后，颜色出现变化，停止光照。在 560nm 波长下比色测量透光度，用未加酶液的反应体系做对照。

5. 结果计算

$$样品酶活单位 = \frac{s-a}{(b-a)/2} \times n$$

式中，s——样品照光后的透光度；a——未加酶的反应液照光后的透光度；b——未加酶的反应液照光前的透光度；n——酶液稀释倍数。

样品酶活单位：U/g，U 为 SOD 酶活单位；g 为干重、鲜重或蛋白的质量。

6. 注释

① 进行光照操作时，应注意所用试管的直径与管壁厚度基本一致。

② 进行比色测定时，应用未加核黄素的酶反应体系液作空白。

二、连苯三酚自氧化法

1. 方法提要

连苯三酚在碱性条件下，能迅速自氧化，释放出 O_2^-，生成带色的中间产物。在自氧化过程的初始阶段，黄色中间产物的积累在滞后 30～45s 后就与时间成线性关系。中间产物在 420nm 处有显著的光吸收，在有 SOD 存在时，由于它能催化 O_2^- 生成 O_2 与 H_2O_2，从而阻止了中间物的积累，通过计算可以求出 SOD 的活力。

2. 仪器

紫外分光光度计，pH 计。

3. 试剂

①连苯三酚、$K_2HPO_4 \cdot 3H_2O$、KH_2PO_4、HCl 均为分析纯，所用水为去离子水或同等纯度蒸馏水。②连苯三酚液：用 1×10^{-2} mol/LHCl 将之配成浓度为 5×10^{-2} mol/L 的连苯三酚液。③缓冲液为 pH 8.3、5×10^{-2} mol/L K_2HPO_4-KH_2PO_4。

4. 测定步骤

① 酶液的制备，除使用以上 K_2HPO_4-KH_2PO_4 缓冲外，其他同氮蓝四唑法。

② 连苯三酚自氧化速率的测定：取 4.5mL pH 8.3、5×10^{-2} mol/L K_2HPO_4-KH_2PO_4 缓冲液，在 25℃水浴中保温 15min，加入 10μL 5×10^{-2} mol/L 连苯三酚液，迅速摇匀（空白以 K_2HPO_4-KH_2PO_4 缓冲液代替），倒入 1cm 的比色杯内，在 420nm 波长下于恒温池中每隔 30s 测一次 A 值。计算线性范围内每 1min A 的增值，此即为连苯三酚的自氧化速率，要求自氧化速率控制在 0.07OD/min 左右。

③ 酶活测定：测定方法与测连苯三酚自氧化速率相同，在加入连苯三酚之前，先加入待测 SOD 酶液，缓冲液减少相应体积。计算加酶后连苯三酚自氧化速率，按以下公式计算酶活。

5. 结果计算

样品酶活单位表示同氮蓝四唑法。

$$样品酶活单位 = \frac{\dfrac{0.070 - A_{420nm/min}}{0.070} \times 100\%}{50\%} \times V \times n$$

式中，$A_{420nm/min}$——酶样品在 420nm 处每分钟光密度变化值；V——反应液体积；n——酶液稀释倍数。

第九节　总谷胱甘肽（GSH）含量的测定方法（循环法）

一、方法提要

在还原性辅酶Ⅱ（NADPH）和谷胱甘肽还原酶（GR）维持谷胱甘肽总量不变的条件下，GSH 和 DTNB（2-nitrobenzoic acid）反应。在此反应中，NADPH 量逐渐减少，TNB（5-thio-2-nitrobenzoate）量逐步增加，TNB 在 412nm 处吸收增加的速率 $A_{412nm/min}$ 与样品中总谷胱甘肽量呈正比。由于采用了 γ-GT（γ-谷氨酸转肽酶）抑制剂（SBE 抗凝剂）和快速测定，克服了血浆中谷胱甘肽含量极低、离体后消退极快、不易准确测定的困难。本法灵敏度可达 0.1nmol/L 左右，收率为 93%～106%。由于 GSH 和 GSSG 循环交替，周而复始总量不变，故称此法为循环法（recirculating assay），是目前较灵敏的测定总 GSH（包括 GSH 和 GSSG）的方法。

二、仪器

①带动力学功能的分光光度计或普通分光光度计。②高速离心机。③常规的玻璃设备等。

三、试剂

①0.125mol/L Na_2HPO_4-NaH_2PO_4 缓冲液。②6.3mol/L EDTA 缓冲液，pH 7.5，0～4℃保存。③6.0mmol/L DTNB：23.8mg DTNB（FW 396.4）溶于 10mL 上述缓冲液中，0℃以下冰冻保存。④2.1mmol/L NADPH：17.5mg NADPH（FW 833.4）溶于 10mL 上述缓冲液中，使用当天配制。⑤50U/mL 谷胱甘肽还原酶（GR）。以上述缓冲液稀释商品 GR 至要求浓度，例如取 0.260mL GR（Sigma，500U/2.6mL），加上述缓冲液 0.74mL，使用当天配制。⑥SBE 抗凝剂（pH 7.4）：内含 0.8mol/L L-丝氨酸。⑦0.8mol/L H_3BO_3。⑧0.05mol/L EDTA，以浓 NaOH 调 pH 至 7.4，室温存放。⑨10%TCA（三氯醋酸），室温存放。⑩0.3mol/L Na_2HPO_4，室温存放。

四、测定步骤

1. GSH 标准系列

称取 15.3mg GSH，用双蒸馏水准确稀释至 100mL，得 0.5mmol/L GSH。取此液 0.08mL，加双蒸馏水 1.92mL，得 20nmol/L 标准液，取 0.2mL，配成 4nmol/L、2nmol/L、1nmol/L、0.5nmol/L、0.25nmol/L 标准系列溶液，制作标准曲线。

2. 样品液制备

（1）血浆　取 1.5mL 静脉全血迅速放入含 0.09mL SBE 的小离心管中混匀，即刻高速（约 10000r/min）离心 1.5min，取出上层血浆 0.6mL，移入含 0.24mL 6.0mmol/L DTNB 的小管中，混匀，迅速取出 0.35mL（内含 0.1mL DTNB 和 0.25mL 血浆）移入 1cm 比色杯中测总 GSH。从取血开始，测定应控制在 3min 之内，大鼠、猪血在 1.5h 内。

（2）全血　取 0.1mL SBE 抗凝全血，移入含 0.5mL 10% TCA 小离心管中，混匀，高速离心 2min，取上清液 0.1mL，加入 0.4mL 0.3mol/L Na_2HPO_4 和 0.5mL 上述缓冲液，混匀。取此全血制备液 0.1mL 移入比色杯中测总 GSH。速冻组织（心、肝、肾等）约 1g，加 5mL 10% TCA 匀浆，10000r/min 离心 5min，取上清液 0.1mL，加入 0.4mL 0.3mol/L Na_2HPO_4 和 0.5mL 上述缓冲液，混匀。取此组织制备液 0.1mL 移入比色杯中测总 GSH。

3. GSH 测定

若采用有动力学功能的分光光度计，则令条件为：波长 412nm，吸收范围 0～3.0，延后时间 20min，反应时间 2min。若为普通分光光度计，则人工定时读 $A_{412nm/min}$，计算出 $A_{412nm/min}$，总 GSH 测定步骤见表 31-4。

表 31-4　总 GSH 测定步骤

试剂或样品	GSH 标准管	样品管		
		血浆	全血	组织
2.1mmol/L NADPH/mL	0.10	0.10	0.10	0.10
6.0mmol/L DTNB/mL	0.10		0.10	0.10
GSH 标准系列/mL	0.20			
DTNB 血浆/mL		0.35		
全血制备液/mL			0.10	
组织制备液/mL				0.10
缓冲液(pH 7.5)/mL	0.60	0.55	0.70	0.70
直接加在 1cm 比色杯光径中				
50U/mL GR/mL	0.01	0.01	0.01	0.01
加在比色杯壁上，比色前混匀，即刻开始记录 $A_{412nm/min}$				

五、结果计算

制作 $A_{412nm/min}$-nmol GSH 标准曲线，从样品的 $A_{412nm/min}$ 计算出反应管中 GSH 的含量（G）。

血浆：G/0.25mL，nmol（GSH）/mL（血浆）。

红细胞：G×90/(0.1mL×血球容积比)，nmol(GSH)/mL（红细胞）。

组织：G×50/[0.1mL×匀浆组织块质量(g)]，nmol(GSH)/g（组织）。

第十节　大蒜辣素含量的测定方法（质量法）

一、方法提要

大蒜中蒜氨的亚砜基、大蒜辣素硫代亚砜基及其转化产物的硫醚基（—S—，

—S—S—，—S—S—S—等）被浓 HNO₃ 氧化成硫酸根离子，与氯化钡反应生成硫酸钡沉淀，用质量法测定，根据测得的硫酸钡质量换算成大蒜辣素含量。

二、仪器

①高温电炉（马弗炉）。②组织捣碎机等。

三、试剂

①浓硝酸。②1：1盐酸溶液。③5％氯化钡溶液。④0.1％甲基橙溶液。⑤2％硝酸银溶液，贮于棕色瓶内。⑥10％氢氧化钠溶液等，试剂均为 A.R.。

四、测定步骤

1. 样品液制备

取有代表性的新鲜蒜剥去皮，用组织捣碎机捣成糊状，准确称取 5g，加浓硝酸 2mL，用玻璃棒压磨至呈黄色，放置 5min，用蒸馏水移至 100mL 容量瓶内，定容混匀后过滤，弃去最初数毫升滤液，取滤液 80mL 放入烧杯中，加甲基橙指示剂 2 滴，滴加 10％氢氧化钠溶液至黄色，再滴加 1：1（体积比）盐酸至红色，并多加 1mL，在沙浴上浓缩至约 50mL。

2. 沉淀

将浓缩液放在电炉上加热至微沸，取下加入 10mL 5％氯化钡溶液，搅拌均匀，在 90℃水浴中保温 2h，用致密无灰滤纸过滤，以热蒸馏水洗至无氯离子（滤液加硝酸银溶液不混浊）。

3. 烘干及灰化

将沉淀连同滤纸放入已知质量的坩埚中，在低温电炉上烘干并使滤液炭化，再放入高温电炉中于 600℃下灼烧 30min 至灰分变白，取出冷却称量。

五、结果计算

根据硫酸钡质量按下式计算。

$$大蒜辣素含量（\%）=\frac{32.06 \times m_1 \times 162.264 \times V_0}{233.39 \times m_2 \times V \times 32.06 \times 2} \times 100$$

式中，32.06——硫的相对分子质量；233.39——硫酸钡的相对分子质量；162.264——大蒜辣素的相对分子质量；m_1——硫酸钡质量，g；m_2——样品质量，g；V_0——样品提取液总体积，mL；V——吸取提取液体积，mL。

第十一节　核苷酸含量的测定方法（高效液相色谱法）

一、方法提要

食品中核苷酸经冷的 $HClO_4$ 提取，HPLC 色谱阴离子柱分离，检测波长为 260nm，与标准峰面积比较，进行定量测定。

二、仪器

岛津 LC-4A 高效液相色谱仪，SPD-2AS 紫外-可见分光光度检测器。

三、试剂

标准品：5′-肌苷酸钠（5′-IMP）、5′-鸟苷酸钠（5′-GMP）、5′-尿苷酸钠（5′-UMP）、

5′-胞苷酸钠（5′-CMP）、5′-腺苷酸钠（5′-AMP）、次黄嘌呤均为日本生产。KH_2PO_4、$HClO_4$、KOH 均为分析纯。

四、测定步骤

1. 样品液制备

市售新鲜食品绞碎，混匀。称取适量放入 100mL 烧杯中，加入冷的 5% $HClO_4$ 溶液 30mL，混匀，4℃保温 1h。取出后，均质，将匀浆液移入 50mL 容量瓶中，用 5% $HClO_4$ 溶液定容至 50mL，通过滤纸过滤，取滤液 5.0mL，移入 10mL 量瓶中，用 3mol/L KOH 溶液调 pH 至中性，以蒸馏水稀释至 10mL，混匀。离心，上清液用 0.45μm 的水系滤膜过滤，滤液用高效液相色谱仪进行分析。

2. 标准曲线

5′-AMP、5′-GMP、5′-UMP、5′-IMP 均以 0.10μg、0.20μg、0.30μg、0.40μg、0.50μg 分别进样，计算峰面积和含量的回归方程。

3. 色谱条件

色谱柱：岛津 LC-4A 用 ISA-07/S2504 离子交换柱，4.0mm×25cm；柱温：60℃；流动相：0.2mol/L KH_2PO_4 溶液，pH 4.5；流速：1.5mL/min；检测波长：260nm。

五、结果计算

根据样品液峰面积，由回归方程计算出样液中各核苷酸含量，再换算成样品 5′-AMP 等核苷酸含量（mg/100g）。

第十二节　糖精含量的测定方法（比色法）

一、方法提要

糖精为白色结晶或粉末，无臭或微有酸性芳香，味极甜。糖精与硫代二苯胺和醋酸铜作用生成稳定的红色化合物，所呈现的色泽与糖精的含量成正比，可与标准比色进行定量。本法的特点是简便、快速、反应专一、颜色稳定。

二、仪器

①分光光度计。②分液漏斗，250mL。

三、试剂

①硫代二苯胺溶液：称取 1.0g 硫代二苯胺，加少量无水乙醇溶解后，移入 100mL 容量瓶中，加无水乙醇稀释至刻度，临用时配制（只能用一天）。②0.5% 醋酸溶液。③0.5% 醋酸铜溶液：称取醋酸铜 0.5g，加入 0.5% 醋酸溶液 100mL。④糖精钠标准储备液：称取糖精钠 100mg，加入 50% 乙醇溶解后，移入 100mL 容量瓶中，加入 50% 乙醇至刻度，摇匀。

四、测定步骤

1. 样品处理

（1）不含蛋白质、脂肪的液体样品　如果汁、果露、汽水、酸梅汤、麦精露、格瓦斯、各种可口可乐、矿泉水等。首先将样品倒入烧杯中，用玻璃棒不断地搅拌除去 CO_2，称取 25g（或 25mL）样品，置于 125mL 分液漏斗中，加入 5mL 10% H_2SO_4 摇匀，用乙醚（30mL、10mL、10mL）萃取三次，每次摇 3min，弃去水层，合并乙醚层。再用 1% 碳酸氢钠溶液萃取乙醚中的糖精，萃取两次，每次 25mL。弃去乙醚层，向水层加入 10mL 10％盐酸溶液酸化，然后用乙醚提取三次（30mL、10mL、10mL）。将乙醚提取液用 100mL 酸性水（pH 4～6）洗涤一次，弃去水层，将乙醚层移入 100mL 烧杯中，于 40℃左右水浴上蒸发至 1mL 以下，用 5mL 50％乙醇洗入 15mm×180mm 试管中，加入醋酸铜溶液和硫代二苯胺溶液各 1mL，再加乙醇 3mL，将试管置 65～70℃水浴中加热 50min，并不断地摇动。然后移入 50mL 分液漏斗中，用 2mL 无水乙醇洗涤试管后合并于分液漏斗中。加入 5mL 苯（或二甲苯），再加 15mL 水，振摇 5～10min，弃去水层，加 1g 无水硫酸钠脱水。以空白液为参比，用 1cm 比色杯，于 510nm 处测定消光值，从标准曲线上查出相应的浓度。

（2）含酒精的液体样品　准确吸取样品 10mL，加入 10mL 水，加 4％氢氧化钠使成碱性，于沸水浴上蒸去酒精，然后移入 125mL 分液漏斗中，以下按不含蛋白质、脂肪的液体样品步骤操作。

2. 标准曲线的绘制

准确吸取糖精钠标准储备液 1mL，置于 100mL 容量瓶中，加入 50％乙醇稀释至刻度，摇匀，1mL 溶液含 10μg 糖精钠。取上述溶液 0mL、0.5mL、1.0mL、2.0mL、3.0mL、4.0mL、5.0mL（相当于糖精钠 0μg、5μg、10μg、20μg、30μg、40μg、50μg），分别置于 15mm×180mm 试管中，加入醋酸铜溶液和硫代二苯胺液各 1mL，以下按不含蛋白质、脂肪的液体样品步骤操作。

五、结果计算

$$糖精钠含量 = \frac{V}{m}$$

式中，V——相当于糖精钠标准浓度，μg；m——样品质量，g。

六、注释

① 颜色反应达到最大强度时各试剂的用量为：硫代二苯胺 10mg，醋酸铜 5mg，0.5％醋酸 1mL。

② 当溶液为中性或碱性，以及醋酸铜过量时，将产生沉淀。

③ 反应时间（当 70℃时）以 45～50min 为宜。

④ 提取剂以二甲苯最好，氯仿最差。

⑤ 山梨酸、苯甲酸、对-羟基苯甲酸、脱氢醋酸等食品添加剂均无干扰。

第十三节　牛磺酸含量的测定方法（高效液相色谱法）

一、方法提要

牛磺酸普遍存在于动物体内，特别是海洋生物体内。据文献报道，牛磺酸以游离形式存在，不掺入蛋白质，并具有多种生理、药理作用。常用的含量测定方法有酸碱滴定法、荧光法、液体闪烁法、氨基酸自动分析仪法和薄层扫描法等。采用高效液相色谱测定海洋生物和有关制剂中牛磺酸的含量，该方法具有操作简便、快速、准确、重现性好等特点。

二、仪器

①高效液相色谱仪。②紫外分光光度检测器。③微处理机。

三、试剂

①牛磺酸：分析纯。②乙腈：分析纯。③碳酸氢钠：分析纯。④磷酸氢二钠：分析纯。

⑤磷酸二氢钠：分析纯。⑥2,4-二硝基氟苯：生化试剂，Merck公司。

四、测定步骤

1. 测试条件

色谱柱：4.6mm×250mm，Spherisord-C 18.5μg；

流动相：A 为 CH_3CN-H_2O（1∶1），B 为 pH 7 磷酸缓冲液，浓度为 A 的 30％；

检测波长：360nm；

流速：1mL/min；

纸速：0.5cm/min。

2. 标准曲线制作

① 精确称取牛磺酸对照品 10mg，置于 50mL 容量瓶中，加蒸馏水溶解并稀释至刻度，即得牛磺酸对照液。

② 精确吸取对照液 0.1mL、0.2mL、0.3mL、0.4mL、0.5mL，分别置于 10mL 容量瓶中，加蒸馏水使总体积均为 0.5mL，然后依次各加入 pH 9、0.5mol/L NaHCO₃ 溶液 1mL，1％ 2,4-二硝基氟苯乙腈溶液 1mL。摇匀，置于 60℃ 水浴中避光加热 60min 后取出，加 pH 7 磷酸盐缓冲液至刻度，摇匀，分别取 4μL 进样测定。以浓度为横坐标，峰面积为纵坐标，进行线性回归。

3. 样品测定

精确称取样品 2g，置于 25mL 容量瓶中，加蒸馏水稀释至刻度，精确吸取 0.5mL，按上述同样条件反应后取 4μL 进行测定。

五、结果计算

根据待测样液色谱峰面积，由标准回归方程式得到样液中牛磺酸的含量，再计算出样品中的含量（mg/100g）。

第十四节　甘草苷含量的测定方法（高效液相色谱法）

一、方法提要

甘草苷是天然甜味剂，是由甘草根中提取出来的。溶于水、乙醇，不溶于乙醚、氯仿。采用反相离子对分配型高效液相色谱法可同时测定食品中甘草苷和糖精钠甜味剂。样品溶液经预柱（Sep-Pak C-18）处理后，用高效液相色谱法测定，操作简易、迅速。酱油、豆酱中甘草苷和糖精钠的添加回收率分别为 99.5％ 和 97.8％，定量界限均为 0.005g/kg。

二、仪器

①高效液相色谱仪。②离心机等。

三、试剂

①离子对试剂：0.1mol/L 十六烷基三甲基铵氯化物（CTA）。②洗脱溶液：乙醇-0.05mol/L 磷酸二氢钠溶液（1∶1）用磷酸调 pH 为 3。③5％氨水。

四、测定步骤

1. 酱油

取试样 5g，加 0.1mol/L 十六烷基三甲基铵氯化物（CTA）溶液 5mL，加蒸馏水至 100mL。取此溶液 20mL，以 2mL/min 通过预柱（Sep-Pak C-18），用 10mL 蒸馏水洗涤，然后用 8mL 洗脱溶液洗脱，洗脱液中加 0.1mol/L CTA 溶液至 10mL，取其 50μL 进高效液相色谱仪。

2. 豆酱、腌鱼

取试样 5g，加 5％氨水 20mL，用组织捣碎机捣碎，加蒸馏水至 50mL。振摇，放置 1h，3000r/min 离心分离 10min，取上清液 25mL 于烧杯中，加入 0.1mol/L CTA 溶液 2.5mL，用 1mol/L 磷酸调 pH 至酸性（pH 3～6）。加蒸馏水至 50mL，离心分离，除去不溶物，取此溶液 20mL。和酱油同样用预柱处理，制成试验溶液后进高效液相色谱仪。

3. 高效液相色谱条件

柱：Li Chrosorb RP-18（5μm） 4mm×250mm；

保持柱：Li Chrosorb RP-18 4mm×4mm；

流动相：乙醇-0.05mol/L 磷酸二氢钠（2∶3）；溶液中含 0.02mol/L CTA，用磷酸调 pH 为 3.0；

流动相流量：1.0mL/min；

柱温：40℃；

测定波长：254nm；

样液注入量：50μL。

五、结果计算

根据待测样液色谱峰面积，由标准回归方程式得到样液中甘草苷的含量，再计算出样品中的含量（mg/100g）。

第十五节 膳食纤维含量的测定方法（DNF 法）

一、方法提要

样品在硫酸月桂酯钠存在下，细胞内容物被溶出，洗脱后测定其残渣，该法又叫中性洗涤剂纤维素法。此法测得值包括纤维素、半纤维素、木质素的总量。

二、仪器

高温炉等。

三、试剂

①中性洗涤剂溶液：称取 30g 硫酸月桂酯钠，18.61g EDTA（含 2 个结晶水），6.81g 硼酸钠（含 10 个结晶水），4.56g 磷酸氢二钠，10mL 甘油单醚，溶于水后，定容至 1L。用碳酸钠或盐酸调 pH 为 6.9～7.1。该液低温保存时析出结晶，可加热溶解后再用。②萘烷。③无水亚硫酸钠。④丙酮。

四、测定步骤

称量 0.5～1.0g 风干粉碎样品（一般 20～30 目为宜）置于广口三角烧瓶中，加入 100mL 中性洗涤剂溶液，10mL 萘烷，0.5g 亚硫酸钠，加热回流，使之在 5min 内沸腾，并维持微沸 60min。抽滤，开始时慢慢抽滤。用 90～95℃热蒸馏水充分洗涤残渣，再用丙酮洗两次，风干后，于 100～105℃下干燥至质量不再发生变化。然后放在 500℃高温炉中灰化 3h，求其质量，前后质量之差即为 DNF 量。

五、结果计算

$$DNF(\%) = \frac{DNF \ 质量}{样品质量}$$

六、注释

① 脂肪含量高的样品测定时产泡特别多，影响过滤，因此应先脱脂。

② 淀粉含量高的样品，煮沸后过滤困难，且淀粉中也包含 DNF，使测定值偏高。一般应先用胰酶处理：取 0.5g 样品置于广口瓶中，加蒸馏水煮沸 5min，冷却后加 pH 6.8 1/15mol/L 磷酸盐缓冲液 30mL，10g/L 胰酶溶液 20mL，加氯化钠使反应时浓度为 10mmol/L，再加 2～3 滴苯，40℃保温 24h，3000r/min 离心，弃去上清液，残渣移入锥形瓶中，按常规测定 DNF 值。

第十六节　枸杞子多糖含量的测定方法（分光光度法）

一、方法提要

先用 80％乙醇提取以除去单糖、低聚糖、苷类及生物碱等干扰成分，然后用蒸馏水提取其中所含的多糖类成分。多糖在硫酸作用下，水解成单糖，并迅速脱水生成糠醛衍生物，与苯酚缩合成有色化合物，用分光光度法测定其枸杞子多糖含量。本法简便、显色稳定、灵敏度高、重现性好。

二、仪器

721 型（或其他型）分光光度计。

三、试剂

①葡萄糖标准液：精确称取 105℃ 干燥恒重的标准葡萄糖 100mg，置于 100mL 容量瓶中，加蒸馏水溶解并稀释至刻度。②苯酚液：取苯酚 100g，加铝片 0.1g，碳酸氢钠 0.05g，蒸馏收集 182℃馏分，称取此馏分 10g，加蒸馏水 150g，置于棕色瓶中备用。

四、测定步骤

1. 枸杞多糖的提取与精制

称取剪碎的枸杞子 100g，60～90℃下经 500mL 石油醚回流脱脂两次，每次 2h，回收石油醚。再用 500mL 80％乙醚浸泡过夜，回流提取两次，每次 2h。将滤渣加入 3000mL 蒸馏水中，90℃提取 1h，滤液减压浓缩至 300mL，用氯仿多次萃取，以除去蛋白质。加 1％活性炭脱色，抽滤，滤液加入 95％乙醇，使含醇量达 80％，静置过夜。过滤，沉淀物用无水乙醇、丙醇、乙醚多次洗涤，真空干燥，即得枸杞多糖。

2. 标准曲线制作

吸取葡萄糖标准液 10μL、20μL、40μL、60μL、80μL、100μL，分别置于具塞试管中，各加蒸馏水使体积为 2.0mL，再加苯酚试液 1.0mL，摇匀，迅速滴加浓硫酸 5.0mL，摇匀后放置 5min，再置于沸水浴中加热 15min，取出后冷却至室温。另以蒸馏水 2mL，加苯酚和硫酸，同上操作做空白对照。于 490nm 处测吸光度，绘制标准曲线。

3. 换算因素的测定

精确称取枸杞多糖 20mg，置于 100mL 容量瓶中，加蒸馏水溶解并稀释至刻度（储备液）。吸取储备液 200mL，照标准曲线制作的方法测定吸光度，从标准曲线中求出供试液中葡萄糖的含量，按下式计算。

$$F=\frac{m}{\rho \times D}$$

式中，m——多糖质量，μg；ρ——多糖液中葡萄糖的浓度；D——多糖的稀释因素。

测得 $F=3.19$。

4. 样品溶液的制备

精确称取样品粉末 0.2g，置于圆底烧瓶中，加 100mL 80%乙醇，回流提取 1h，趁热过滤，残渣用 10mL 80%乙醇洗涤 3 次。残渣连同滤纸置于烧瓶中，加蒸馏水100mL，加热提取 1h，趁热过滤，残渣用 10mL 热水洗涤 3 次，洗液并入滤液，冷却后移入250mL量瓶中，稀释至刻度，备用。

5. 样品中多糖含量的测定

吸取适量样品液，加蒸馏水至 2mL，按标准曲线制作的方法测定吸光度。查标准曲线得样品液中葡萄糖含量（$\mu g/mL$）。

五、结果计算

按下式计算样品中多糖含量。

$$多糖含量(\%)=\frac{\rho\times D\times F}{m}\times 100$$

式中，ρ——样液葡萄糖浓度，$\mu g/mL$；D——样品液稀释因素；F——换算因素；m——样品质量，μg。

第十七节 香菇多糖的测定方法（高效液相色谱法）

一、方法提要

采用高效色谱法分析香菇多糖，选用 TSK SW 凝胶排斥色谱柱为分离柱，香菇样品经简单的预处理，在示差折光检测器中进行检测，以不同相对分子质量标准右旋糖酐作为标准，同时测定样品中多糖的相对分子质量分布情况及含量。该方法较其他多糖测定法具有快速、简便、准确等优点，是目前较为有效的测定方法。

二、仪器

①高效液相色谱仪：包括 126 双溶剂微流量泵，156 示差折光检测器，System Gold 控制及数据处理系统（带有相对分子质量计算辅助软件）。②分离柱：4000SW Spherogel TSK（i.d.13μm，7.5mm×300mm）。③带微孔过滤器（带 0.3μm 微孔滤膜）。④实验室常用玻璃器皿。

三、试剂

①右旋糖酐。②无水硫酸钠。③醋酸钠。④碳酸氢钠。⑤氯化钠。⑥双蒸馏水。

四、测定步骤

1. 相对分子质量标准曲线制作

精确称取不同相对分子质量的右旋糖酐标准品 0.100g，用流动相溶解并定容至10mL。分别进样 20μL，由分离得到各色谱峰的保留时间，将其数字输入相对分子质量软件中，经校准后建立相对分子质量对数值（$\lg M$）与保留时间（RT）的标准曲线。结果表明，相对分子质量在 $200\times 10^{6}\sim 3.9\times 10^{4}$ 范围内呈线性。

2. 色谱条件

流动相：0.2mol/L 硫酸钠溶液；

流速：0.8mL/min；

检测条件：示差折光检测器（以流动相作参比液，灵敏度 16AUFS）。

3. 标准工作曲线

精确称取相对分子质量 50000 的右旋糖酐 0.100g，定容至 5mL，再进一步稀释为 10mg/mL、5mg/mL、2mg/mL、1mg/mL 标准液。分别进样，根据浓度与峰面积关系绘制曲线。

4. 样品预处理和测定

称取一定量样品（多糖含量应大于 1mg），用流动相溶解并定容至 100mL，混匀后经 0.3μm 的微孔滤膜过滤后即可进样。若样液不易过滤，可将其移入离心管中，在 5000r/min 下离心 20min，吸取 5mL 上清液，再经 0.3μm 的抽孔滤膜过滤，收集少量滤液按色谱条件进样测定。

五、结果计算

1. 相对分子质量分布计算

待测样品经分离后得到不同相对分子质量峰的保留时间值，通过相对分子质量标准工作曲线即可计算出多糖相对分子质量分布。该计算程序由相对分子质量辅助软件自动进行。

2. 多糖含量计算

选择与待测样品多糖相对分子质量相近的标准右旋糖酐为基准物质，用峰面积外标法定量，计算公式如下。

$$含量(mg/100g 或 mg/mL) = \frac{\rho \times V}{m} \times 100$$

式中，ρ——进样液多糖浓度，mg/mL；m——样品质量（或体积），g（或 mL）；V——提取液的体积，mL。

第十八节　磷脂含量的测定方法（分光光度法）

一、方法提要

样品中磷脂，经消化后定量成磷，加钼酸铵反应生成钼蓝，其颜色深浅与磷含量（即磷脂含量）在一定范围内成正比，借此可定量磷脂。

二、仪器

①分光光度计。②消化装置等。

三、试剂

①72％高氯酸。②5％钼酸铵溶液。③1％ 2,4-二氯酚溶液：取 0.5g 2,4-二氯酚盐酸盐溶于 50mL 20％亚硫酸氢钠溶液中，过滤，滤液备用，临用现配。④磷酸盐标准溶液：取干燥的磷酸二氢钾溶于蒸馏水并稀释至 100mL，用水稀释 100 倍，配制成含磷 10μg/mL 的溶液。

四、测定步骤

1. 脂质的提取

将供检样品粉碎，脱脂，再上柱（将活化的硅胶与样品，按 8∶1 的比例，与正己烷混匀装柱），以苯-乙醚（9∶1）、乙醚各 300mL 依次洗脱，溶出中性物质。用 200mL 三氯甲烷、100mL 含 5％丙酮的三氯甲烷洗脱，溶出糖质。再用 100mL 含 10％甲醇的丙酮，400mL 甲醇洗脱，得磷脂，供分析用。

2. 消化

取含磷约 $0.5\sim10\mu g$ 的磷脂置于硬质玻璃消化管中，蒸发除去溶剂，加 $0.4mL$ 高氯酸加热至消化完全，若不够再补加 $0.4mL$ 高氯酸继续消化至完全。

3. 测定

向消化好试管中加入 $4.2mL$ 蒸馏水，$0.2mL$ 钼酸铵溶液，$0.2mL$ 二氯酚溶液。试管口上盖一小烧杯，放在沸水浴中加热 $7min$，冷却 $15min$ 后，移入 $1cm$ 比色杯中，于波长 $630nm$ 处测定吸光度。同时用磷酸盐标准溶液 $0\sim14\mu g$ 制作工作曲线，求磷含量。

五、结果计算

$$总磷含量(\%)=\frac{供试磷脂的总磷质量}{供试磷脂的质量}\times100$$

$$磷脂含量=总磷含量\times25\%$$

注：脂肪中磷脂占 24.6%，糖脂占 9.6%，中性物质占 65.8%。

第十九节　花生四烯酸含量的测定方法（气相色谱法）

一、方法提要

花生四烯酸（AA）为二十碳不饱和脂肪酸，在体内能可转化成一系列生物活性物质，具有重要的生理功能。AA 含量的测定可利用有机溶剂将组织中的花生四烯酸分离提取出来，经甲酯化，采用气相谱法测定。

二、仪器

HP5840A 型气相色谱仪条件。

分离柱：长 2m、内径 4mm 螺旋形玻璃管。

载体：Chromosorb W AW，DMCS，80~100 目。

固定液：10%DEGS（二乙二醇丁酸酯）。

柱温：190℃。

检测器：FID，温度 300℃，气化温度 280℃。

载气：高纯氮，流速 60mL/min。

燃气：高纯氢，30mL/min。

助燃气：压缩空气，250mL/min。

记录速度：5mm/min。

三、试剂

①花生四烯酸甲酯。②氯仿。③甲醇。④KOH：A.R.。⑤0.5mol/L KOH-甲醇溶液。

四、测定步骤

1. 样品 AA 提取及甲酯化

血中红细胞膜样品制备：以血离心除去血浆层得到红细胞，用等渗溶液洗三次，再用 10mmol/L Tris 缓冲液溶血，离心去血红蛋白。红细胞膜以相同的缓冲液洗三次，得到乳白色红细胞膜。取适量待测样品，放入到具塞玻璃试管中，加 $2.5mL$ 氯仿-甲醇混合液 [2∶1（体积分数）]，振摇 $1min$，$3500r/min$ 离心 $12min$。小心吸出全部液体，将其转移到另一支试管中，氮气吹干，再用 $1mL$ 磷脂溶液溶解。将溶解液转移至 $10mL$ 容量瓶中，加入 $1mL$ $0.5mol/L$ KOH-甲醇溶液，振荡 $1min$，室温放置 $15min$，加蒸馏水至刻度，摇匀，静置分层，取 $1\mu L$ 进行气相色谱分析。

2. 标准样品

标准花生四烯酸甲酯 1mg/mL，进样量为 1μL。

五、结果计算

将待测样品与标准样保留时间比较定性，采用外标定量。

第二十节　β-胡萝卜素含量的测定方法（高效液相色谱法）

一、方法提要

β-胡萝卜素为脂溶性维生素 A 的前体，存在于各种动植物体中，所以可直接用有机溶剂提取后进行检测，用反相色谱法分析。

二、仪器

①高效液相色谱仪。②紫外检测器。③记录仪或积分仪。④分析天平等。

三、试剂

①己烷。②甲醇。③无水硫酸钠。④乙酸乙酯。⑤BHT（叔丁基羟基甲苯）。⑥氮气。⑦氢氧化钾。⑧β-胡萝卜素标准液：准确称取标样 5.000mg，用乙酸乙酯溶解并定容至 50mL。冰箱中保存，进样前再稀释 50 倍。

四、测定步骤

1. 样品处理

取样品的可食部分洗净切碎，用组织捣碎机捣碎成浆状，称 5～10g 样品，放入研钵中，同时加少量甲醇、己烷研磨，然后倒入布氏漏斗抽滤，并不断用甲醇、己烷冲洗研钵及残渣，直至残渣为白色。将含有样品的溶液倒入事先装有 50mL 己烷的分液漏斗中，用蒸馏水冲洗抽滤瓶 2～3 次，洗液并入分液漏斗中，振摇分液漏斗后静止分层，将下层溶液放入装有 30mL 正己烷的另一分液漏斗中，向第一分液漏斗中加入 10mL 20％氢氧化钾的甲醇溶液，振摇后分层，上层为黄色溶液。将下层放入另一分液漏斗中，处理同上。合并两次正己烷提取液，用蒸馏水洗至中性，然后用无水硫酸钠脱水，提取液转移到 100mL 棕色容量瓶中，加 0.1g BHT，并用己烷冲洗分液漏斗数次，最后定容。进样前取 1～2mL 提取液于小试管中，氮气吹干，用 1.0mL 乙酸乙酯溶解后进样。

2. 色谱条件

色谱柱：μ-Bondapak C-18，300mm×3.9mm；

流动相：100％甲醇；

流速：1.2mL/min；

检测器：可见光 440nm；

衰减：0.08AT；

纸速：0.4cm/min；

柱温：室温；

进样量：20μL。

五、结果计算

根据标准样品的保留时间定性，标准样品的峰高或峰面积与样品峰的比较而定量。

六、注释

β-胡萝卜素遇光和氧都会迅速被破坏，所以样品应避光保存，所用标准 β-胡萝卜素必须临时配制。

第二十一节　维生素 E 和胡萝卜素含量的测定方法

一、方法提要

采用石油醚直接冷磨匀浆法提取，不需皂化等操作步骤，样品提取液通过氧化铝柱后，维生素 E、胡萝卜素被定量吸附，用乙酸乙酯-石油醚混合溶剂依次洗脱出维生素 E、胡萝卜素，提高了分离效果，可进行两种维生素含量测定。适合脂肪含量低的食品分析。

二、仪器

①岛津 RF-510 荧光分光光度计。②721 型分光光度计（或其他光电比色计）。

三、试剂

①乙酸乙酯。②石油醚（60～90℃）。③氧化铝。④无水硫酸钠。⑤石英砂。⑥标准品：DL-α 生育酚，以石油醚（60～90℃）稀释至 5μg/mL。⑦氧化铝色谱柱：使用前先做维生素 E、胡萝卜素吸附洗脱回收实验，必要时需活化处理。取 25～27cm 色谱柱（层析部分内径 0.8cm，长 9cm）在细颈端填塞脱脂棉，装入氧化铝 3～4g 至低于细颈上端 0.5cm 处，用手轻轻拍柱使氧化铝均匀，加 0.5g 无水硫酸钠，在色谱分离时先用部分石油醚过柱，再加样品液。

四、测定步骤

1. 样品液制备

称取 5～10g 植物样品（或其他食品），加一定量无水硫酸钠和石英砂，再加石油醚，在玻璃乳钵内磨匀成浆，静置，用玻璃吸管取上清液，移入 50mL 容量瓶中，提取 4～5 次至刻度。

2. 上柱

取 5mL 石油醚提取液加到氧化铝柱内，开启水泵让石油醚提取液过柱，弃去石油醚流出液。改用含 3% 乙酸乙酯的石油醚洗脱，弃去部分洗脱液（约 3mL），收集洗脱液至 15mL，即为样品胡萝卜素测定液。再用含 90% 乙酸乙酯的石油醚洗脱，弃去部分洗脱液（约 3mL），收集洗脱液至 15mL，即为样品维生素 E 测定液。取 2.5mL 5μg/mL 胡萝卜标准液和 2.5mL 5μg/mL 维生素 E 标准液混合液，按上述操作，收集即为标准测定液。另取 5mL 石油醚代替 5mL 标准混合液，同上处理，即为试剂空白液。

3. 测定

在岛津 RF-510 荧光分光光度计上，激发波长为 295nm，荧光波长为 325nm，狭缝为 10nm，灵敏度开关置于 50（狭缝和灵敏度开关根据需要调节），用 1cm 比色杯测定样品测定液和标准测定液荧光强度，测定维生素 E。在 721 型或其他分光光度计上，波长为 448nm，用 2cm 比色杯测定样品测定液和标准液光密度，测定胡萝卜素。

五、结果计算

$$样品维生素 E 含量(mg/100g) = \frac{5 \times A}{B} \times \frac{50 \times 100}{m \times 1000}$$

$$样品胡萝卜素含量(mg/100g) = \frac{5 \times C}{D} \times \frac{50 \times 100}{m \times 1000}$$

式中，A——样品液荧光强度；B——维生素 E 标准液荧光强度；C——样品液光密度值；D——胡萝卜素标准液光密度值；m——样品质量，g。

第二十二节　微量硒含量的测定方法（分光光度法）

一、方法提要

硼氢化钾在酸性溶液中（$1.5\sim4.0$mol/L 盐酸）使硒（Ⅳ）还原成 H_2Se 挥发分离出来，用邻菲罗啉铁（Ⅲ）溶液吸收。H_2Se 再还原邻菲罗啉铁生成橙红色邻菲罗啉亚铁，其颜色深度与硒的浓度在一定范围内符合比尔定律。用氢化物分离邻菲罗啉铁分光光度法测定微量硒含量的方法，操作较简便，干扰离子少，相对误差在 1% 以下，最低检出限为 0.2μg。

二、仪器

①分析天平：精度为 0.0001g。②721 型分光光度计（或其他分光光度计）。③氢化物发生及吸收装置。④凯氏消化瓶：50mL。⑤沙浴或控温电炉。

三、试剂

①硒标准溶液：将光谱纯硒溶于少量硝酸中，加水配成 1.00mg/mL 硒储备液，使用时用 0.05mol/L H_2SO_4 稀释成 1.00μg/mL 硒的标准液。②3% 硼氢化钾溶液：将硼氢化钾 3g 溶于 100mL 0.5% KOH 水溶液中，滤去不溶物，置于聚乙烯瓶中。③硒化氢吸收液：在 50mL 醋酸-醋酸钠缓冲液（pH 4）中，加入 75mL 0.2% 邻菲罗啉水溶液及 5mL 含 2mg/mL Fe^{3+} 的硫酸铵水溶液，加蒸馏水至 500mL。④pH 4 的醋酸-醋酸钠缓冲液：将 18mL 0.2mol/L NaAc 与 82mL 0.2mol/LHAc 混合即成。⑤200g/L 亚铁氰化钾溶液。⑥5mol/L HCl 溶液。

四、测定步骤

1. 标准曲线制备

取 $0\sim10\mu$g 硒（Ⅳ）标准液，依次加到氢化物发生及吸收装置的反应瓶中，均加15mL 5mol/L 盐酸，以蒸馏水定容至 30mL。在 U 形玻璃吸收管中装入 7.0mL 吸收液，在筒形加液漏斗中加入 KBH_4 溶液 20mL，盖好塞子，通氮气（或用给气球打气）加压。缓缓开启活塞，让 KBH_4 溶液在 $3.5\sim4$min 内全部加到反应瓶中，控制加入速度，以保持吸收液气泡升至吸收管半球部为宜。加完后，鼓气约 1min，有助于将可能残存的 H_2Se 从反应液中带出。吸收完后，于室温（25℃）下放置 15min，颜色可达稳定，在 508nm 下测定吸收液的光密度。以光密度为纵坐标，相应硒含量为横坐标制作工作曲线。

2. 样品液制备及硒的测定

称取 $1\sim2$g 粉碎样品，置于 50mL 凯氏消化瓶中，加硝酸-硫酸（2:1）10mL，在沙浴或电炉上消化至溶液呈亮绿色。冷却，转移到 50mL 容量瓶中，加蒸馏水至刻度，混匀。取样品液 $5\sim10$mL（依硒含量而异）置于反应瓶中，加 1mL 200g/L 亚铁氰化钾溶液及 15mL 5mol/L 盐酸，加蒸馏水至 30mL。接好发生装置，通气 $3\sim4$min 后，再接上吸收管，从筒形加液漏斗中加入 KBH_4 溶解 20mL，按制作标准曲线操作，盖上塞子，通氮气（或用给气球打气）加压。缓缓开启活塞，把 KBH_4 溶液加入反应瓶中，加完后，鼓气约 1min，15min 后在 508nm 下测定，以试剂空白作参比测定样品液光密度。查标准曲线即可计算出样品中的硒含量。

五、结果计算

$$Y = \frac{A \times 50}{V \times m} \times 100$$

式中，Y——样品中硒含量，$\mu g/100g$；A——查标准曲线得样品测定液中硒含量，μg；V——用于测定的样品液体积，mL；m——样品质量，g。

六、注释

① 精细地消化样品是准确测定微量硒的关键所在，若消化不到终点则结果偏高，加热时间过长或温度太高又会造成硒的逸失，一般以溶液呈现亮绿色为宜。

② 大部分离子不干扰硒的测定，Cu^{2+} 和大于 $1000\mu g$ Fe^{3+} 的干扰可直接在反应瓶中加入 $K_4Fe(CN)_6$ 溶液，使它们生成沉淀而掩蔽；Ag^+ 可以在处理样品时加入 $NaCl$ 溶液使之沉淀，过滤除去；I^-、S^{2-}、$S_2O_3^{2-}$、SCN^- 有较严重干扰，但可在样品消化处理时除去；反应液中存在硝酸、硫酸时不干扰硒的测定。

③ 反应液中 KBH_4 的量在 $0.4\sim0.7g$ 时，吸收值较稳定的量高值。吸收完后，于室温（$25℃$）下放置 $15min$，颜色达到稳定，$24h$ 不变。

第二十三节　有机锗含量的测定方法（分光光度法）

一、方法提要

用混酸（发烟硝酸和浓硫酸）回流消化，或用干灰化法（$600\sim650℃$ 灰化完全）灰化样品，与 $Fe(OH)_3$ 共沉淀以富集锗，用苯基荧光酮-溴化十六烷基三甲胺胶束增溶分光光度法测定锗含量。本法灵敏度高，方法操作简便，精密度好。检出限为 $198ng/g$。

二、仪器

①751 紫外可见分光光度计。②酸度计。③磁力搅拌器。④样品消化装置，玻璃设备等。

三、试剂

①H_2SO_4。②HCl。③$Fe_2(SO_4)_3$。④H_2O_2。⑤CCl_4。⑥发烟硝酸。⑦GeO_2：光谱纯。⑧0.03%苯基荧光酮（CTMAB）：称 0.03g CTMAB 溶于 50mL 无水乙醇中，加 1mL 1.5mol/L H_2SO_4，再加去离子水定容至 100mL。⑨0.9% CTMAB：0.9g CTMAB 溶于去离子水中，加 1mL 9mol/L H_2SO_4，再加去离子水定容至 100mL。

四、测定步骤

1. 样品液的制备

称取粉碎样品 3.0g，置于 250mL 圆底消化瓶中，加混酸（5mL 浓硫酸和 15mL 发烟硝酸）小火回流消化至不冒烟雾，消化液呈淡黄色，如试样难消化，可补加发烟硝酸 $3\sim5mL$ 继续消化。将消化液冷却至室温，加 5mL H_2O_2 酶（30%），小火加热，反应完毕后（即消化液呈透明无色），冷却至室温。完全转移至烧杯中，于冰浴中滴加饱和 $NaOH$ 至 pH $2\sim4$，加 10mL 3.8% $Fe_2(SO_4)_3$，在 pH 计控制磁力搅拌下，用稀 $NaOH$ 溶液调 pH 至 7.5，此时铁与锗共沉淀。继续搅拌 5min 使沉淀完全，2000r/min 离心 10min，弃上清液得共沉淀物。将沉淀物用少量 3mol/L HCl 溶解，并完全转移到 125mL 分液漏斗中，加浓 HCl 使其浓度为 9mol/L，充分摇匀后用 10mL CCl_4 萃取两次，合并 CCl_4 层萃取液，以 9mol/L

HCl 洗涤，除掉上层洗液。准确量取 10.0mL 去离子水于 CCl_4 层中进行反萃取。

2. 工作曲线制作

准确称取 0.1400g GeO_2（光谱纯，称前于 110℃ 干燥 2h），制备成 $5\mu g/mL$ 的锗标准液。准确称取配制成不同浓度的标准液（$0\sim0.5\mu g/mL$）于 10mL 试管中，均加去离子水至 5mL，加 0.03% CTMAB 2mL，0.9% CTMAB 1.5mL，9mol/L H_2SO_4 1mL，混匀，补加去离子水至刻度。放置 10min 后，于 514nm 处测定吸光度。以锗的不同浓度与对应的吸光度制作工作曲线。

3. 样品液测定

精确吸取 5mL 水层萃取液，放入 10mL 具塞试管中，以下同工作曲线制作操作。

五、结果计算

由工作曲线查得样品液中锗含量（$\mu g/mL$）。

$$样品中锗含量(\mu g/g)=\frac{\rho \times V}{m}$$

式中，m——样品质量，g；ρ——查工作曲线得样品液中锗含量，$\mu g/mL$；V——样品液体积，mL。

第二十四节　茶多酚含量的测定方法（高锰酸钾直接滴定法）

一、方法提要

茶叶茶多酚易溶于热水中，在用靛红作指示剂的情况下，样品液中能被高锰酸钾氧化的物质基本上都属于茶多酚类物质。根据消耗 1mL 0.318g/100mL 的高锰酸钾相当于 5.82mg 茶多酚的换算关系，可计算出茶多酚的含量。

二、仪器

①分析天平。②电热水浴锅。③真空泵。④电动搅拌机。⑤250mL 抽滤瓶：附 65mm 细孔漏斗。⑥500mL 有柄白瓷皿。⑦100mL 容量瓶。⑧5mL 胖肚吸管等。

三、试剂

① 0.1% 靛红溶液：称取靛红 1g 加入少量水搅匀后，再慢慢加入相对密度为 1.84 的浓硫酸 50mL，冷却后用蒸馏水定容至 1000mL。如果靛红不纯，滴定终点将会不敏锐，可用下法磺化处理。称取靛红 1g，加浓硫酸 50mL，在 80℃ 烘箱或水浴中磺化 $4\sim6h$，用蒸馏水定容至 1000mL，过滤后贮存于棕色试剂瓶中。

② 0.63% 草酸溶液：准确称取草酸（$H_2C_2O_4 \cdot 2H_2O$）6.303 4g，用蒸馏水溶解后容至 1000mL。

③ 0.127% 高锰酸钾溶液的配制及标定：称取分析纯 $KMnO_4$ 1.27g，用蒸馏水溶解后定容至 1000mL，按下面方法标定。准确吸取 0.63% 草酸 10mL，置于 250mL 三角瓶中（2份），加入蒸馏水 50mL，再加入浓硫酸（相对密度为 1.84）10mL，摇匀，在 $70\sim80℃$ 水浴中保温 5min，取出后用已配好的高锰酸钾溶液进行滴定。开始慢滴，待红色消失后再滴第 2 滴，以后可逐渐加快，边滴边摇动，待溶液出现淡红色保持 1min 不变即为终点（约需 25mL）。按下式计算高锰酸钾的浓度（ω）。

$$\omega(\%)=\frac{10 \times 0.63}{KMnO_4 \text{ 用量}(mL)}$$

四、测定步骤

1. 供试液的制备

准确称取茶叶磨碎样品 1g，放在 200mL 三角烧瓶中，加入沸蒸馏水 8mL，在沸水浴中浸提 30min，然后过滤、洗涤，滤液倒入 100mL 容量瓶中，冷却至室温，最后用蒸馏水定容至 100mL，摇匀，即为供试液。

2. 测定

取 200mL 蒸馏水放在有柄瓷皿中，加入 0.1％靛红溶液 5mL，再加入供试液 5mL。开动搅拌器，用已标定的 $KMnO_4$ 溶液边搅拌边滴定，滴定速度不宜太快，一般以 1 滴/s 为宜，接近滴定终点时再慢滴。滴定溶液由深蓝色转变为亮黄色为止，记下消耗高锰酸钾的体积为 A 值。为避免视觉误差，应重复两次滴定取其平均值，然后用蒸馏水代替试液，做靛红空白滴定，所消耗高锰酸钾的体积为 B 值。

五、结果计算

$$茶多酚含量（\%）=\frac{(A-B)\times \omega \times 0.00582 \times 100}{0.318 \times m \times \dfrac{V}{T}}$$

式中，A——样品液消耗的 $KMnO_4$ 量，mL；B——空白液消耗的 $KMnO_4$ 量，mL；ω——$KMnO_4$ 浓度，％；m——样品质量，g；V——吸取样品液量，mL；T——提取样品液量，mL。

六、注释

① 配制好的高锰酸钾溶液必须避光保存，使用前需重新标定。一般情况下，一星期标定一次。

② 滴定终点的掌握上以出现亮黄色为止，溶液颜色的变化是由蓝变绿、由绿逐渐变黄。在观察时，以绿色的感觉消失亮黄开始出现为终点。红茶的终点颜色稍深，为土黄色；绿茶的终点颜色稍浅，为浅黄色。

③ 制备好的供试液不宜久放，否则引起茶多酚自动氧化，测定数值将会偏低。

第二十五节　儿茶素含量的测定方法（香荚兰素比色法）

一、方法提要

儿茶素和香荚兰素在强酸性条件下生成橘红色至紫红色的产物，红色的深浅和儿茶素的含量呈一定的比例关系。该反应不受花青苷和黄酮苷的干扰，在某种程度上可以说，香荚兰素是儿茶素的特异显色剂，而且显色灵敏度高，最低检出量可达 $0.5\mu g$。

二、仪器

①10μL 或 50μL 的微量注射器。②10～15mL 具塞刻度试管。③分光光度计。

三、试剂

①95％乙醇：A.R.。②盐酸：G.R.。③1％香荚兰素盐酸溶液：1g 香荚兰素溶于 100mL 浓盐酸中，配制好的溶液呈淡黄色，如发现变红、变蓝绿色者均属变质，不宜采用。该试剂配好后置冰箱中可用 1d，宜随配随用。

四、测定步骤

称取 1.00～5.00g 磨碎干样（一般绿茶用 1.00g，红茶用 2.00g）加 95％乙醇20mL，在水浴上提取 30min，提取过程中要保持乙醇微沸，提取完毕进行过滤。滤液冷却后加 95％乙醇定容至 25mL，为供试液。

吸取 10μL 或 20μL 供试液，加入装有 1mL 95％乙醇的刻度试管中，摇匀，再加入 1％香荚兰素盐酸溶液 5mL，加塞后摇匀显出红色，放置 40min 后，立即进行比色测定消光度（E），另以 1mL 95％乙醇加香荚兰素盐酸溶液作为空白对照。比色测定时，选用 500nm 波长，0.5cm 比色杯（如用 1cm 比色杯进行测定，必须将测得的值除以 2，折算成相当于 0.5cm 比色杯的测定值，才能进行含量计算）。

五、结果计算

当测定消光值等于 1.00 时，被测液的儿茶素含量为 145.68μg，因此测得的任一消光值只要乘以 145.68，即得被测液中儿茶素的含量。按下式计算儿茶素的总含量。

$$儿茶素总量(mg/g) = \frac{E \times 145.68}{1000} \times \frac{V_总}{V \times m}$$

式中，E——样品光密度；$V_总$——样品总溶液量，mL；V——吸取的样液量，mL；m——样品质量，g。

思 考 题

简述低聚糖、大豆异黄酮、总皂苷、褪黑素、肉碱、免疫球蛋白 IgG、EPA 和 DHA、超氧化物歧化酶、总谷胱甘肽、大蒜辣素、核苷酸、糖精、牛磺酸、甘草苷、膳食纤维、枸杞子多糖、香菇多糖、磷脂、花生四烯酸、β-胡萝卜素、维生素 E 和胡萝卜素、微量硒、有机锗、茶多酚、儿茶素含量的测定方法。

主要参考文献

[1] 陈文. 功能食品功效评价原理与动物实验方法. 北京：中国质检出版社，2011.

[2] 王健. 功能食品加工技术. 北京：化学工业出版社，2016.

[3] 阙灵，杨光，李颖，等.《既是食品又是药品的物品名单》修订概况. 中国药学杂志，2017，52（7）：521-524.

[4] 周才琼，唐春红. 功能性食品. 北京：化学工业出版社，2017.

[5] 张小莺，孙建国，陈启和. 功能性食品. 2版. 北京：科学出版社，2017.

[6] 孟宪军，迟玉杰. 功能性食品. 2版. 北京：中国农业大学出版社，2017.

[7] 孙桂菊. 我国保健食品产业发展历程及管理政策概述. 食品科学技术学报，2018，36（2）：12-19.

[8] Lee S C, Prosky L, De Vries J W D. Determination of total, soluble and insoluble dietary fiber in food—enmyzatic-gravimetric methods, MES-THIS buffer collaborative study. Journal of AOAC international，1992，75（3）：395-416.

[9] Clare P. Detailing dietary fiber. Food ingredients & Processing International，1992，9：14-17.

[10] Petel S, Majumder A, Goyal A. Potentials of exopolysaccharides from lactic acid bacteria. Indian Journal of Microbiology，2012，52（1）：3-12.

[11] Faber E J, Zoon P, Kamerling J P, et al. The exopolysaccharides produced by Streptococcus thermophilus Rs and Sts have the same repeating unit but differ in viscosity of their milk cultures. Carbohydrate Research，1998，310（4）：269-276.

[12] 孟利，张兰威. 乳酸菌胞外多糖的生理功能及其在食品中的应用. 现代食品科技，2012，21（4）：133-136.

[13] 胡盼盼，宋微，杜明. 乳酸菌胞外多糖的研究进展. 粮油食品科技，2014，22（5）：87-92.

[14] 王坤. 植物乳杆菌胞外多糖结构鉴定、化学修饰及生物活性研究. 南京：南京农业大学，2015.

[15] Bucke C. Oligosuccharide synthesis using glycosidases. Journal of Chemical Technology and Biotechnology，1996，67：217-220.

[16] 李云. 自由基对人体健康的影响及目前的预防措施. 内蒙古石油化工，2013，37（1）：87-89.

[17] 柴向华，刘智臻，吴克刚. 植物精油液相及气相清除DPPH自由基的研究. 现代食品科技，2014，11：218-222.

[18] 李向荣. 抗氧化剂和自由基与血清白蛋白相互作用的微量热和谱学研究. 新乡：河南师范大学，2014，（05）：10-22.

[19] 赵雪，董诗竹，孙丽萍，等. 维生素、海带多糖清除氧自由基的活性及机理. 水产学报，2016，（04）：531-538.

[20] 金春英，崔京兰，崔胜云. 氧化型谷胱甘肽对还原型谷胱甘肽清除自由基的协同作用. 分析化学，2015，（09）：1349-1353.

[21] Naghash H J, Massah A, Erfan A. Free-radical crosslinking copolymerization of acrylamide and N,N'-methylenebis acrylamide by used Ce(Ⅳ)/polyethylene glycol and Ce(Ⅳ)/diethylmalonate redox initiator systems. European Polymer Journal，2012，38（1）：147-150.

[22] Icfr F, Baptista P, Vilasboas M, et al. Free-radical scavenging capacity and reducing power of wild edible mushrooms from northeast Portugal：Individual cap and stipe activity. Food Chemistry，2015，100（4）：1511-1516.

[23] Buback M, Kuchta F D. Variation of the propagation rate coefficient with pressure and temperature in the free-radical bulk polymerization of styrene. Macromolecular Chemistry & Physics，2016，196（196）：1887-1898.

[24] Ensminger A H, et al. Foods and Nutrition Encydopedia：CRC press，1993.

[25] Shamberger R J. Biochemistry of Selenium Springer Science and Business Media，2012.

[26] 中华人民共和国国家卫生健康委员. 中国居民膳食营养素参考摄入量：第2部分：常量元素，WS/T 578.2—2018.

[27] 中华人民共和国国家卫生健康委员. 中国居民膳食营养素参考摄入量：第3部分：微量元素，WS/T 578.3—2017.

[28] 中华人民共和国卫生行业标准（WS/T 578.4—2018）：中国居民膳食营养素参考摄入量第4部分：脂溶性维生素.

[29] 中华人民共和国卫生行业标准（WS/T 578.4—2018）：中国居民膳食营养素参考摄入量第5部分：水溶性维生素.

[30] 郑建仙. 功能性食品学. 北京：中国轻工业出版社，2003.

[31] Vrolijk M F, Opperhuizen A, Jansen E H J M, et al. The vitamin B6 paradox：Supplementation with high concentrations of pyridoxine leads to decreased vitamin B6 function. Toxicology in Vitro，2017，44：206-212.

[32] Heetae L，GwangPyo K. Antiviral effect of vitamin A on norovirus infection via modulation of the gut microbiome. Scientific Reports，2016，6：25835.

[33] Cooperstone J L，Goetz H J，Riedl K M，et al. Relative contribution of α-carotene to postprandial vitamin A concentrations in healthy humans after carrot consumption. The American Journal of Clinical Nutrition，2017，106（1）：59-66.

[34] Larson L M，Namaste S M L，Williams A M，et al. Adjusting retinol-binding protein concentrations for inflammation：Biomarkers Reflecting Inflammation and Nutritional Determinants of Anemia（BRINDA）project. The American Journal of Clinical Nutrition，2017，106（suppl_1）：390S-401S.

[35] Hemery Y M，Laillou A，Fontan L，et al. Storage conditions and packaging greatly affects the stability of fortified wheat flour：Influence on vitamin A，iron，zinc，and oxidation. Food Chemistry，2018，240：43-50.

[36] Bintintan V V. Vitamin D as a Potential therapeutic target and prognostic marker for colorectal cancer. EBioMedicine，2018，31：11-12.

[37] del Giudice M M，Allegorico A. The role of vitamin D in allergic diseases in children. Journal of Clinical Gastroenterology，2016，50：S133-S135.

[38] Rooney M R，Harnack L，Michos E D，et al. Trends in use of high-dose vitamin D supplements exceeding 1000 or 4000 international units daily，1999—2014. Jama，2017，317（23）：2448-2450.

[39] Bouillon R. Comparative analysis of nutritional guidelines for vitamin D. Nature Reviews Endocrinology，2017，13（8）：466.

[40] Traber M G，Buettner G R，Bruno R S. The relationship between vitamin C status，the gut-liver axis，and metabolic syndrome. Redox Biology，2019，21：101091.

[41] 于新. 功能性食品与疾病预防. 北京：化学工业出版社，2015.

[42] 张广燕，蔡智军. 功能性食品及开发. 北京：化学工业出版社，2013.

[43] 张全军. 功能性食品技术. 北京：对外经济贸易大学出版社，2013.

[44] 陈海华. 食品化学. 北京：化学工业出版社，2016.

[45] 卞生珍，金英姿. 食品化学与营养. 北京：科学出版社，2016.

[46] 夏延斌，王燕. 食品化学. 北京：中国农业出版社，2015.

[47] 汪东风. 食品化学. 2版. 北京：化学工业出版社，2014.

[48] 王兴国，金青哲. 贝雷油脂化学与工艺学. 6版. 北京：中国轻工业出版社，2016.

[49] 中国营养学会. 中国居民膳食营养素参考摄入量（2013版）. 北京：科学出版社，2015.

[50] 何东平，陈明锴，汪志明. 微生物油脂发酵与加工技术. 北京：中国轻工业出版社，2016.

[51] 罗质. 油脂精炼工艺学. 北京：中国轻工业出版社，2016.

[52] 蒲凤琳，等. 功能性油脂研究与开发进展. 粮食与油脂，2016，29（8）：5-8.

[53] McGinley，Emanuel J，Tuason J，et al. Microcrystalline cellulose and glucomannan aggregates. US Patent，1995，5462761.

[54] Whister，Roy L. Subgranular crystalline starcha as fat substitutes. US Patent，1996，5580390

[55] Cassidy，Richard D. Food ingredien-fat substitute. US Patent，1993，5232730.

[56] Zolper，John T. Fat substitutes based on carrageenan gels，Proesses for producing the same and food products containing the fat substitutes. US Patent，1995，5458904.

[57] Paz M D L，Garcia-Cimenez M D，Angel-Martin M，et al. Long-chain fatty alcohols from evening primrose oil inhibit the inflammatory response in murine peritoneal macrophages. Journal of Ethnopharmacology，2014，151（10）：131-136.

[58] Rezapour-Firouzi S，Arefhosseini S R，Ebrahimi-Mamaghani M，et al. Activity of liver enzymes in multiple sclerosis patients with Hot-nature diet and co-supplemented hemp seed，evening primrose oils intervention. Complementary Therapies in Medicine，2014，22（6）：986-993.

[59] Teh S S，Morlock G E. Effect-directed analysis of cold-pressed hemp，flax and canola seed oils by planar chromatography linked with（bio）assays and mass spectrometry. Food Chemistry，2015，187：460-468.

[60] Li M Y，Wang Y Y，Cao R，et al. Dietary fish oil inhibits mechanical allodynia and thermal hyperalgesia in diabetic rats by blocking nuclear factor-κB-mediated in flammatory pathways. The Journal of nutritional biochemistry，2015，26（11）：1147-1155.

[61] Hammad S, Pu S, Jones P J. Current evidence supporting the link between dietary fatty acids and cardiovascular disease. Lipids, 2016, 51 (5): 507-517.

[62] Issazadeh-Navikas S, Teimer R, Bockermann R. Influence of dietary components on regulatory T cells. Molecular Medicine, 2012, 18 (1): 95-110.

[63] Fenton J I, Hord N G, Ghosh S, et al. Long chain omega-3 fatty acid immunomodulation and the potential for adverse health outcomes. Prostaglandins, Leukotrienes, and Essential Fatty Acids, 2013, 89 (6): 379.

[64] Park J M, Jeong M, Kim E H, et al. Omega-3 polyunsaturated fatty acids intake to regulate Helicobacter pylori-associated gastric diseases as nonantimicrobial dietary approach. BioMed Research International, 2015, 2015.

[65] Huang X, Sjögren P, Cederholm T, et al. Serum and adipose tissue fatty acid composition as biomarkers of habitual dietary fat intake in elderly men with chronic kidney disease. Nephrology Dialysis Transplantation, 2012, 29 (1): 128-136.

[66] Mahady S E, George J. Exercise and diet in the management of nonalcoholic fatty liver disease. Metabolism, 2016, 65 (8): 1172-1182.

[67] Sheila M. Innis. Omega-3 fatty acids: westernized diets and the need for dietary sources of long-chain omega-3 fatty acids. Functional Food Reviews, 2010, 2 (2): 58-68.

[68] 陈继承, 何捷, 何国庆. 降血脂功能食品研究进展. 食品科学, 2011, 32 (23): 333-338.

[69] 吴尚, 梁肖娜, 吴尚仪, 等. 调节血脂功能性乳品的研究进展. 乳业科学与技术, 2019, 42 (01): 51-57.

[70] 高玉荣, 李大鹏. 新型功能性大豆发酵食品. 北京: 中国纺织出版社, 2015.

[71] 于长青, 王颖. 功能性食品科学. 哈尔滨: 哈尔滨工程大学出版社, 2013.

[72] 卢卫红, 程翠林. 食品功能原理及评价. 哈尔滨: 哈尔滨工业大学出版社, 2014.

[73] 郑建仙. 功能性食品. 2版. 北京: 中国轻工业出版社, 2018.

[74] 李宏, 王文祥. 保健食品与功能性评价. 北京: 中国医药科技出版社, 2019.

[75] 杜杰. 阿奇霉素联合脂溶性维生素对肺炎支原体肺炎患儿体液免疫及炎症反应的影响. 临床医学研究与实践, 2019, 4 (1): 77-78.

[76] 康淑媛, 王荻, 卢彤岩. 大蒜素对鲫非特异免疫指标影响的研究. 大连海洋大学学报, 2016, 31 (2): 168-173.

[77] 毕云枫. 低聚糖在功能性食品中的应用及研究进展. 粮食与油脂, 2017, 30 (1): 9-13.

[78] 金三俊, 董佳琦, 任红立, 等. 动物蛋白质营养与免疫的研究进展. 黑龙江畜牧兽医, 2017, 6: 87-92.

[79] 李静, 牛桂芬. 功能性食品国内使用现状及应用展望. 山东化工, 2016, 45 (4): 41-42.

[80] 范丽莉, 赵恒田, 周克琴, 等. 功能性食品及其发展态势. 土壤与作物, 2018, 7 (4): 71-77.

[81] 杨海军. 功能性食品配料低聚木糖撬开大健康时代. 食品安全导刊, 2017, 25: 52-53.

[82] 胡万明. 功能性食品研究现状及发展前景. 现代食品, 2018, 13 (1): 9-11.

[83] 滕安国. 功能因子与免疫调控机制及功能食品开发. 天津科技大学学报, 2017.

[84] 王蕾, 梁自超, 孙瑞涛. 活菌制剂作为反刍动物添加剂的应用进展. 中国奶牛, 2018, 3: 9-13.

[85] 刘淑贞, 周文果, 叶伟建, 等. 活性多糖的生物活性及构效关系研究进展. 食品研究与开发, 2017, 38 (18): 221-228.

[86] 迟玉洁. 保健食品学. 北京: 中国轻工业出版社, 2016.

[87] 马丽娜, 罗白玲, 史俊杰, 等. 常见几种功能性低聚糖对肠道菌群调节机制的研究进展. 微生物学免疫学进展, 2017, 45 (6): 89-92.

[88] 赵洪一, 陈历水, 尹乐斌, 等. 功能性食品对老年人肠道菌群影响的研究进展. 农产品加工 (上), 2018, 1: 56-63.

[89] 李静. 紫甘薯花色苷对肠道菌群的调节作用. 天津: 天津科技大学, 2017.

[90] 王静. 母乳营养成分纵向调查及其影响因素. 苏州大学, 2015.

[91] 柏丹丹. 母乳营养成分含量的测定. 苏州大学, 2013.

[92] 于博, 孙言, 王婷, 等. 木瓜叶的营养素及功能活性成分研究进展. 湖北农业科学, 2016, 55 (1): 5-8.

[93] 卢微微, 钟琴, 黄建菲, 等. 木通木瓜汤用于产后泌乳效果观察. 中国护理研究, 2005, 19 (10): 2018-2019.

[94] 吴廷俊, 张浩. 中药木瓜的基源和性状鉴定. 华西医大学报, 1996, 27 (4): 404-408.

[95] 王锦玉. 猪蹄木瓜汤对产妇产后泌乳的影响. 医学美学美容, 2014, 5: 102.

[96] 李歆. 日粮中不同能量和蛋白水平对西农萨能奶山羊泌乳性能及乳成分的影响. 杨凌: 西北农林科技大学, 2012.

[97] 魏雄辉, 张建斌. 天然药物化学. 北京: 北京大学出版社, 2013.

[98]　聂麦茜.有机化学.2版.北京：冶金工业出版社，2014.

[99]　赵鲁杭，徐立红.分子医学实验技术.杭州：浙江大学出版社，2014.

[100]　梁帅峰.富锌牡蛎粉抗氧化及对小鼠酒精性肝损伤干预作用研究.新乡：河北农业大学，2015.

[101]　张铁军，贾敏，许秀举.不同剂量的锌对急性酒精性肝损伤的作用.包头医学院学报，2013，03：37-38.

[102]　陈健.蓝莓花青素拮抗化学性肝损伤及相关机制研究.北京：北京林业大学，2013.

[103]　宋德群.蓝莓花色苷对 CP 致脏器损伤的保护及抗衰老作用研究.沈阳：沈阳农业大学，2013.

[104]　金钟.沙棘叶黄酮提取物体内外抗氧化活性、应用与护肝作用的研究.哈尔滨：东北农业大学，2014.

[105]　王雪，张威，刘欢，等.沙棘多糖提取物对 LPS/D-GalN 诱导的小鼠肝损伤的保护作用及其对 TLR4，SOCS3 表达的调控.中国免疫学杂志，2015，11：1457-1460.

[106]　李鹏，魏晓霞，南婷婷，等.灵芝三萜酸对小鼠急性肝损伤的保护作用.中国医院药学杂志，2013，23：1914-1918.

[107]　黄昭琴.灵芝多糖对鹅膏毒肽所致肝损伤的保护作用研究.长沙：湖南师范大学，2015.

[108]　刘洋.肉苁蓉、草苁蓉活性成分和指纹图谱研究.长春：吉林大学，2013.

[109]　尹学哲，金延华，王玉娇，等.草苁蓉不同溶剂萃取物对对乙酰氨基酚诱导的小鼠急性肝损伤的保护作用.中国药学杂志，2014，06：469-472.

[110]　宋昊.草苁蓉乙醇提取物对扑热息痛诱导小鼠急性肝损伤的保护作用.延吉：延边大学，2015.

[111]　马茜茜，元海丹，叶利，等.不同草苁蓉提取物中化学成分及药理作用的研究进展.安徽农业科学，2015，07：11-14.

[112]　黎俊.姜黄素对铅中毒大鼠肝损伤修复作用机制研究.上海：华东理工大学，2016.

[113]　瞿绍明.几种植物提取物对酒精性肝损伤的保护作用研究.长沙：湖南农业大学，2013.

[114]　秦瑞东.一种对化学性肝损伤有辅助保护作用的保健食品研发.西安：第四军医大学，2015.

[115]　李晓军，王海霞，马跃英，等.益生菌联合大豆卵磷脂保健食品对亚急性酒精性肝损伤的辅助保护功能评价.中国微生态学杂志，2016，07：763-766.

[116]　陈湖南，陈晓林.低聚果糖在各国的法规发展历程.食品工业科技，2014，35（6）：44-45.

[117]　冯棋琴，周立梅，高文功，等.溶菌酶在食品工业中的研究进展.食品研究与开发，2015（5）：134-136.

[118]　石春卫，陈毅秋，胡静涛，等.肠道微生物群对宿主免疫系统发育和功能的调节.中国免疫学杂志，2016，32（10）：1536-1540.

[119]　孙远明.食品营养学.北京：科学出版社，2016.

[120]　王金亭，李伟.玉米麸皮膳食纤维的研究与应用现状.粮食与油脂，2016，29（10）：12-17.

[121]　吴素萍.大豆低聚糖功能特性在发酵食品中的应用.中国酿造，2013，32（7）：11-15.

[122]　吴文睿，汤有宏，李兰.小麦麸皮不溶性膳食纤维提取工艺研究.食品工业，2016（7）：183-185.

[123]　姚剑军，陆娅，陈慧.谷物膳食纤维对糖尿病人生理功能.粮食与油脂，2014（5）：17-20.

[124]　张春霞，杨云梅.丁酸菌与老年肠道功能的相关性.中国微生态学杂志，2014，26（11）：1346-1351.

[125]　祝义伟，龙勃，龙勇，等.豆渣中营养成分的检测及其含量声称.食品研究与开发，2017，38（8）：117-120.

[126]　Azmatullah A，Qamar F N，Thaver D，et al. Systematic review of the global epidemiology, clinical and laboratory profile of enteric fever. Journal of Global Health，2015，5（2）：107-118.

[127]　Hart J，Pastore G，Jones M，et al. Chronic orchalgia after surgical exploration for acute scrotal pain in children. Journal of Pediatric Urology，2016，12（3）：168. e1-168. e6.

[128]　Ladas S D，Haritos D N，Raptis S A. Honey may have a laxative effect on normal subjects because of incomplete fructose absorptionAmerican Journal of Clinical Nutrition，1995，62（6）：1212-1215.

[129]　Mugie S M，Benninga M A，Lorenzo C D. Epidemiology of constipation in children and adults：Asystematic review. Best Practice & Research Clinical Gastroenterology，2011，25（1）：3-18.

[130]　Tashiro T，Fukuda Y，Osawa T，et al. Oil and minorcomponents of sesame（Sesamumindicum L.）strains. Journal of the American Oil Chemists' Society，1990，67（8）：508-511.

[131]　郝彬秀，应剑，刘婷.蜂蜜活性和功效的研究进展.食品研究与开发，2015，36（1）：148-150.

[132]　李林燕，李昌，聂少平.黑芝麻的化学成分与功能及其应用.农产品加工，2013，（11）：58-60.

[133]　单峰，黄璐琦，郭娟，等.药食同源的历史和发展概况.生命科学，2015，27（8）：1061-1069.

[134]　吴广辉，毕韬韬.红薯营养价值及综合开发利用研究进展.食品研究与开发，2015，36（20）：189.

[135]　杨润，吕楚，冯培民.功能性便秘的中医治疗.黑龙江医学，2014，38（1）：109-110.

[136] GB 15193.1—2014 食品安全性毒理学评价程序.

[137] GB 15193.3—2014 急性经口毒性试验.

[138] GB 15193.4—2014 细菌回复突变试验.

[139] GB 15193.5—2014 哺乳动物红细胞微核试验.

[140] GB 15193.6—2014 哺乳动物骨髓细胞染色体畸变试验.

[141] GB 15193.8—2014 小鼠精原细胞或精母细胞染色体畸变试验.

[142] GB 15193.9—2014 啮齿类动物显性致死试验.

[143] GB 15193.10—2014 体外哺乳类细胞 DNA 损伤修复（非程序性 DNA 合成）试验.

[144] GB 15193.11—2015 果蝇伴性隐性致死试验.

[145] GB 15193.12—2014 体外哺乳类细胞 HGPRT 基因突变试验.

[146] GB 15193.13—2015 90 天经口毒性试验.

[147] GB 15193.14—2015 致畸试验.

[148] GB 15193.16—2014 毒物动力学试验.

[149] GB 15193.20—2014 体外哺乳类细胞 TK 基因突变试验.

[150] GB 15193.22—2014 28 天经口毒性试验.

[151] GB 15193.23—2014 体外哺乳类细胞染色体畸变试验.

[152] GB 15193.25—2014 生殖发育毒性试验.

[153] GB 15193.26—2015 慢性毒性试验.

[154] GB 15193.27—2015 致癌试验.

[155] 张守勤，等. 超高压生物技术及应用. 北京：科学出版社，2012.

[156] 常志远. 婴幼儿奶粉的完美配方. 中国乳业，2015（7）：10-11.

[157] 李晓青，吴彬彬，张艳玲，等. 螺旋藻功能及其发酵液的研究进展. 食品研究与开发，2014（23）：145-148.

[158] 朱成凯，张晓，夏道宗，等. 三叶草功能性饮料制备工艺研究. 中国食物与营养，2013，19（9）：58-60.

[159] 李涛，雷雨，陈雪勤. 香蕉汁大豆多肽运动饮料的研制. 食品研究与开发，2016，37（7）：92-96.

[160] 白亚兵，柴静. 论茶饮料对体育运动员运动功能的影响. 福建茶叶，2016，38（1）：28-29.

[161] Lee S, Han S, Kim H M, et al. Simultaneous determination of luteolin and luteoloside in dandelions using HPLC. Horticulture, Environment, and Biotechnology, 2011, 52（5）：536-539.

[162] Pak W, Takayama F, Mine M, et al. Anti-oxidative and anti-inflammatory effects of spirulina on rat model of non-alcoholic steatohepatitis. Journal of Clinical Biochemistry and Nutrition, 2012：12-18.

[163] Deguchi J, Hasegawa Y, Takagi A, et al. Four new ginkgolic acids from Ginkgo biloba. Tetrahedron Letters, 2014, 55（28）：3788-3791.

[164] Berretta M, Lleshi A, Fisichella R, et al. The role of nutrition in the development of esophageal cancer: what do we know. Front Biosci (Elite Ed), 2012, 4：351-357.

[165] Li G. Intestinal probiotics: interactions with bile salts and reduction of cholesterol. Procedia Environmental Sciences, 2012, 12：1180-1186.